全国电力行业“十四五”规划教材
高等教育电气与自动化类专业系列

自动控制理论

（第二版）

主编　常　江　袁铭润　刘明普
编写　田思庆　艾　民　杜　爽　崔　鹏
　　　滕　凯　李文龙　谢千程
主审　梁春英

中国电力出版社
CHINA ELECTRIC POWER PRESS

内 容 提 要

本书系统地介绍了自动控制理论的基本内容，着重于基本概念、基本理论和基本分析方法。全书共分9章，主要包括自动控制概述，控制系统的数学模型，线性系统的时域分析、根轨迹法、频率特性法及综合与校正，描述函数法和相平面法等非线性系统的基本分析法，线性离散系统基础理论、数学模型、分析及数字校正等，最后简单介绍了MATLAB语言与自动控制系统设计。

本书在国家智慧教育公共服务平台有配套在线课程，封面二维码链接有配套课件等数字资源，可供读者使用。

本书可作为高等工科院校自动化、电气工程及其自动化、机械设计制造及其自动化、能源与动力工程、机械电子工程、智能制造工程、机器人工程、农业机械化及其自动化等专业的本科生教材，亦可供相关专业的研究生和自动化专业工程技术人员参考。

图书在版编目（CIP）数据

自动控制理论/常江，袁铭润，刘明普主编．2版．—北京：中国电力出版社，2024.8（2024.9重印）.

ISBN 978-7-5198-8993-7

Ⅰ.TP13

中国国家版本馆CIP数据核字第2024TY3019号

出版发行：中国电力出版社
地　　址：北京市东城区北京站西街19号（邮政编码100005）
网　　址：http：//www.cepp.sgcc.com.cn
责任编辑：乔　莉（010－63412535）
责任校对：黄　蓓　常燕昆
装帧设计：王英磊
责任印制：吴　迪

印　　刷：廊坊市文峰档案印务有限公司
版　　次：2017年8月第一版　2024年8月第二版
印　　次：2024年9月北京第二次印刷
开　　本：787毫米×1092毫米　16开本
印　　张：21.5
字　　数：506千字
定　　价：59.00元

前言

自动控制技术以自动控制理论为基础，已广泛地应用于工业生产、农业生产、交通运输和国防建设的各个领域。由于自动控制技术在各个行业的广泛渗透与应用，因此自动控制理论已成为很多学科的重要技术基础课。20世纪50年代发展起来的以传递函数为核心的经典控制理论，至今仍成功地应用在控制工程的各个行业领域。深入理解、掌握自动控制理论的概念、思想和方法，对于学生日后解决实际控制工程问题，掌握控制理论其他学科领域的知识，都是必备的基础。

本书全面地阐述了自动控制的基本理论，系统地介绍了自动控制系统分析与综合设计的基本方法。全书共分9章，其中前6章介绍了线性定常连续系统的分析与综合，第7章介绍了非线性系统的分析方法，第8章介绍了线性离散系统的基本理论，第9章介绍了MATLAB语言和控制系统分析与设计。

本书第二版保留了由田思庆等主编的《自动控制理论》第一版的大部分内容。同时，对第1章的内容增加了自动控制系统实例；对第2章的拉普拉斯变换和第8章的Z变换进行了精简；对第5章线性系统的频域特性法中的内容进行了较大修改，对奈奎斯特稳定判据的阐述更加详细；对第9章内容增加了典型习题的MATLAB编程和Simulink环境仿真，图形直观，方便学生对抽象理论问题的理解。

本书针对每章内容设计了含有选择题型、判断题型的基本测试题，读者可以通过手机扫描书中的二维码，在线完成每章的基本测试，以便加强对基本概念和理论的理解与深化。为了帮助读者全面掌握每章的教学重点，厘清知识脉络，每章还设置了教学目标、小结、思维导图、思考题和习题。每章习题均有详细解答，读者可以通过手机微信扫描二维码对照参考。

本书具有为佳木斯大学自动控制原理黑龙江省省级一流线上本科课程和佳木斯大学自动化专业、机械电子工程专业黑龙江省省级一流专业建设成果教材，课程已在国家智慧教育公共服务平台上线，教学资源丰富，利于教师翻转课堂教学。

本书具有简明扼要、通俗易懂，具有条理清晰，层次分明等特点，在内容安排上注意各专业的通用性和便于不同教学时数的取舍。本书电子课件、教学大纲、教学日志可扫描封面二维码获取，供选用教材的教师参考。另外，由田思庆教授等主编的与本书相配套的辅助教材《自动控制理论学习指导与习题详解》已在中国电力出版社出版发行，可供读者参考。

本书由佳木斯大学常江、袁铭润、刘明普主编，佳木斯大学田思庆、艾民、杜爽、崔鹏、滕凯、李文龙、谢千程参加编写。其中，常江编写第1、2章，杜爽编写第3章的3.1～3.4节，崔鹏编写第3章的3.5～3.8节，滕凯编写第4章，袁铭润编写第5章，李文龙编写第6章，刘明普编写第7章，艾民编写第8章，谢千程编写第9章；田思庆编写书后习题答案。本书由黑龙江八一农垦大学梁春英教授主审，提出了宝贵的意见和建议，在此表示忠心感谢。

本书在编写过程中参考了很多优秀教材和著作，编者向收录于参考文献中的一些专家、学者表示真诚的谢意。由于编者水平有限，书中难免有不当之处，恳请使用本教材的教师、学生提出宝贵意见。有需要电子教案、习题解答等教学资源的教师可与编者联系，邮件请寄 tian_siqing@126.com。

编者

2024 年 8 月

第一版前言

自动控制技术已广泛地应用于工业生产、农业生产、交通运输和国防建设的各个领域。自动控制技术以自动控制理论为基础。由于自动控制技术在各个行业的广泛渗透与应用，因此自动控制理论已成为很多学科的重要技术基础课。20 世纪 50 年代发展起来的以传递函数为核心的经典控制理论，至今仍成功地应用在控制工程的各个行业领域。深入理解、掌握自动控制理论的概念、思想和方法，对于学生日后解决实际控制工程问题，掌握控制理论其他学科领域的知识，都是必备的基础。

本书全面地阐述了自动控制的基本理论，系统地介绍了自动控制系统分析与综合设计的基本方法。全书共分 9 章，其中前 6 章是线性定常连续系统的分析与综合，第 7 章讲述了非线性系统的分析方法，第 8 章讲述了线性离散系统的基本理论，第 9 章是关于 MATLAB 控制软件的应用简介和实例。

本书以课程的基本内容为主线，注重基本概念和原理的讲解，突出工程实用方法，在有些理论性较强的部分和主要设计方法上做了较详细的分析与讨论。本书在叙述上简明扼要、通俗易懂，具有条理清晰，层次分明等特点，在内容安排上注意各专业的通用性和便于不同教学时数的取舍。为了帮助读者掌握和运用所学理论，每章均备有足够的例题和习题。另外，由田思庆教授等主编的与本教材相配套的教材《自动控制理论学习指导与习题详解》亦在中国电力出版社出版发行，供读者学习参考。

本书由田思庆、杨康、梁春英主编。全书由田思庆教授组织、统稿，陈光军博士主审。本书在编写过程中参考了很多优秀教材和著作，编者向收录于参考文献中的一些专家、学者表示真诚的谢意。由于编者水平有限，书中难免有不当之处，恳请使用本教材的教师、学生提出宝贵意见。有需要电子教案、习题解答等教学资源的教师可与编者联系，邮件请寄 tian_siqing@126. com。

编　者

2017 年 6 月

目录

第 1 章　自动控制概述

在现代科学技术的众多领域中，自动控制技术起着越来越重要的作用。目前，自动控制技术已广泛应用于工业、农业、国防和科学技术等领域。一个国家在自动控制方面水平的高低是衡量它的生产技术和科学技术先进与否的一项重要标志。

自动控制理论是控制科学与工程学科的核心课程。自动控制技术的广泛应用不仅使生产过程实现了自动化，极大地提高了劳动生产率和产品质量，改善了劳动条件，而且在人类征服自然、探索新能源、发展空间技术和改善人民物质生活方面也起着极为重要的作用。自动控制理论不仅是一门重要的学科，而且也是科学方法论之一。因此本课程是一门非常重要的技术基础课，主要讲述自动控制的基本理论和分析、设计控制系统的基本方法。根据自动控制理论发展的不同阶段，可分为经典控制理论和现代控制理论。而随着控制理论在内容上的不断扩展和更新，经典控制理论和现代控制理论越来越趋于融合。

本章从工程实例出发，介绍自动控制的基本概念、基本方式和自动控制系统的分类，重点介绍自动控制系统的基本组成。同时简单介绍自动控制理论的发展历史。

【学习目标】

（1）了解自动控制系统的工作原理、分类和特点。

（2）掌握自动控制系统的组成，根据工作原理画出自动控制系统的框图。

（3）明确对自动控制系统的基本要求，熟悉控制系统的基本控制方式。

（4）了解自动控制理论发展概况。

1.1　自动控制系统

自动控制是指在没有人直接操作的情况下，通过控制器使一个装置或过程（统称为控制对象）自动地按照给定的规律运行，使被控物理量或保持恒定或按一定的规律变化，其本质在于无人干预。**系统**是指按照某些规律结合在一起的物体（元部件）的组合，它们互相作用、互相依存，并能完成一定的任务。为实现某一控制目标所需要的所有物理部件的有机组合体称为自动控制系统。例如：机械行业的热处理炉温度控制系统；数控车床按照预定程序自动切削工件的控制系统；火电厂锅炉蒸汽温度和压力的自动控制系统等。

反馈是控制理论中一个极其重要的概念，是控制论的基础。一个系统的输出信号直接或经过中间变换后全部或部分返回输入系统的过程，就称为反馈。根据反馈信号对输入信号进行加强和减弱，反馈分为正反馈和负反馈。正反馈：由输出端返回来的物理量会加强输入量的作用，系统不稳定，可能产生自激振荡；负反馈：由输出端返回来的物理量会减弱输入量的作用，负反馈可以改善系统的动态特性，控制和减少干扰信号的影响。负反馈系统具有自动调节能力。自动控制理论主要的研究对象一般都是闭环负反馈控制系统。

自动控制系统的种类较多，被控制的物理量各种各样，如温度、压力、液位、电压、转速、位移和力等。组成自动控制系统的元部件虽然有较大的差异，但是组成系统的结构却基本相同。下面通过两个自动控制系统的实例，来讲述自动控制系统的工作过程。

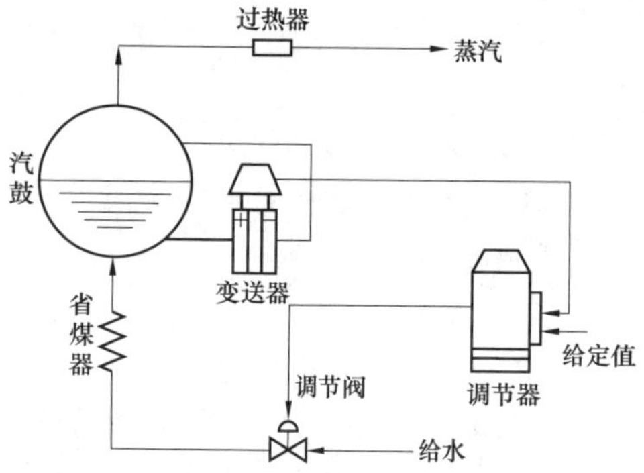

图 1-1　锅炉汽包液位控制系统示意图

(1) 锅炉汽包液位控制系统。锅炉是电厂和一些企业中常见的生产蒸汽的设备。为了保证锅炉正常运行，需要维持锅炉汽包液位为正常恒定值。锅炉汽包液位过低，易烧干锅炉而发生严重事故；锅炉汽包液位过高，则易使蒸汽带水并有溢出危险。因此，必须通过调节器严格控制锅炉汽包液位的高低，以保证锅炉正常运行。图 1-1 为锅炉汽包液位控制系统示意图。

当蒸汽的蒸发量与锅炉给水量相等时，锅炉汽包液位保持为正常给定值。当锅炉的给水量不变，而蒸汽负荷突然增加或减少时，锅炉汽包液位就会下降或上升；或者，当蒸汽负荷不变，而给水管道水压发生变化时，锅炉汽包液位也会发生变化。不论出现哪种情况，只要实际液位高度与正常给定液位之间出现误差，调节器就应立即进行控制，即开大或关小给水阀门，以使锅炉汽包液位保持在给定值上。

图 1-2 是锅炉汽包液位控制系统框图。图中，锅炉为被控对象，其输出量为被控参数汽包液位；作用于锅炉上的扰动量是指给水压力或蒸汽负荷发生的变化；测量变送器用来测量锅炉汽包液位，并转换为一定的信号输至调节器；调节器根据测量的实际液位与给定液位进行比较，得出误差值，根据误差值按一定的控制规律发出相应的输出信号推动调节阀动作，以保证锅炉汽包液位控制在恒定给定值上。

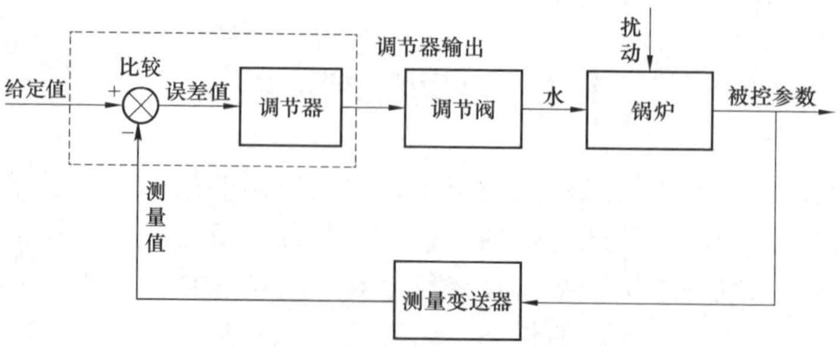

图 1-2　锅炉汽包液位控制系统框图

(2) 电阻炉温度控制系统。电阻炉温度控制系统如图 1-3 所示。图中，炉温的给定量由电位器滑动端位置所对应的电压值 u_g 给出，炉温的实际值由热电偶检测出来，并转换成电

压 u_f，再将 u_f 反馈到系统的输入端与给定电压 u_g 相比较（通过二者极性反接实现）。由于受扰动（例如电源电压波动或加热物件多少等）影响，炉温 T_c 偏离了给定值，其偏差电压经过放大，控制可逆伺服电动机 M 带动自耦变压器的滑动端，改变电压 u_c，使炉温保持在给定值上。系统的自动调节过程可表示为

$$T_c\downarrow \rightarrow u_f\downarrow \rightarrow \Delta u=(u_g-u_f)\uparrow \rightarrow u_c\uparrow \rightarrow T_c\uparrow$$

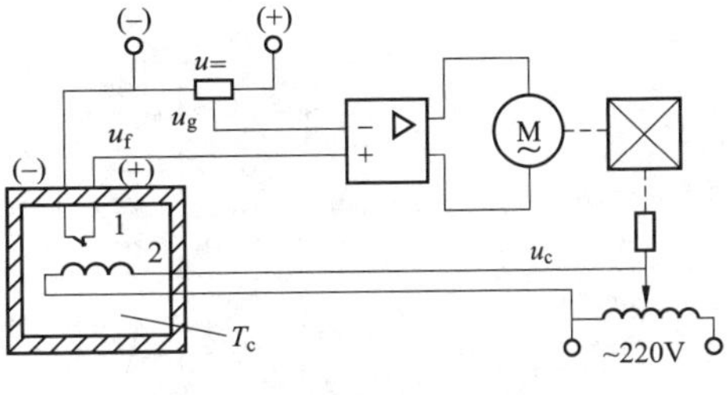

图 1-3　电阻炉温度控制系统
1—热电偶；2—加热器

1.2　开环控制和闭环控制

控制系统按其结构可分为开环控制系统、闭环控制系统和复合控制系统。

1.2.1　开环控制

如果系统的输出量与输入量间不存在反馈通路，则这种控制方式称为开环控制。在开环控制系统中，不需要对输出量进行测量，也不需要将输出量反馈到系统输入端与输入量进行比较。图 1-4 为开环控制系统框图。由图可见，这种控制系统的特点是结构简单，所用元部件少，成本低，系统一般也容易稳定。然而，因为开环控制系统没有对它的被控制量进行检测，所以当系统受到干扰作用后，被控制量一旦偏离了原有的平衡状态，系统就无法消除或减少误差，使被控制量稳定在给定值上，这是开环控制系统的一个最大缺点。正是这个缺点，大大限制了这种系统的应用范围。然而，对于控制精度不高的一些简单控制，开环控制也有其广泛的应用。例如，洗衣机就是开环控制系统，其浸湿、洗涤和漂清过程是依次进行的，在洗涤过程中，无须对其输出信号（即衣服的清洁程度）进行测量。

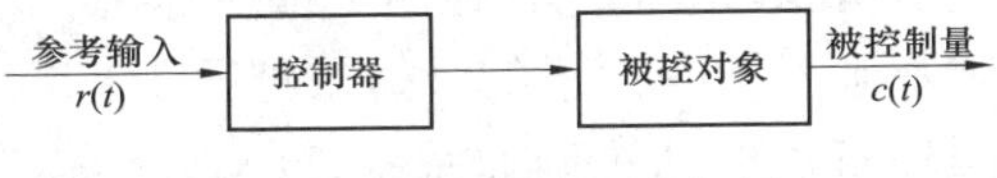

图 1-4　开环控制系统框图

图 1-5（a）为一个开环直流电动机调速系统原理图，图 1-5（b）为其框图。图中，u_g 为给定的参考输入，它经触发器和晶闸管整流装置转变为相应直流电压 u_d，并供电给直流电动机，使其产生一个 u_g 所期望的转速 n。但是，当电动机的负载、交流电网的电压以及电动机的励磁稍有变化时，电动机的转速就会随之发生变化，不能再维持 u_g 所期望的转速。

图 1-6 为数控机床中广泛应用的开环定位控制系统框图。工作台的位移是该系统的被控制量，它跟随着控制信号（控制脉冲）变化。显然这个控制系统没有抗扰动的功能。

如果系统的给定输入与被控制量之间的关系固定，且内部参数或外来扰动的变化都较小，或这些扰动因数可以事先确定并能给予补偿，则采用开环控制也能得到较为满意的控制效果。

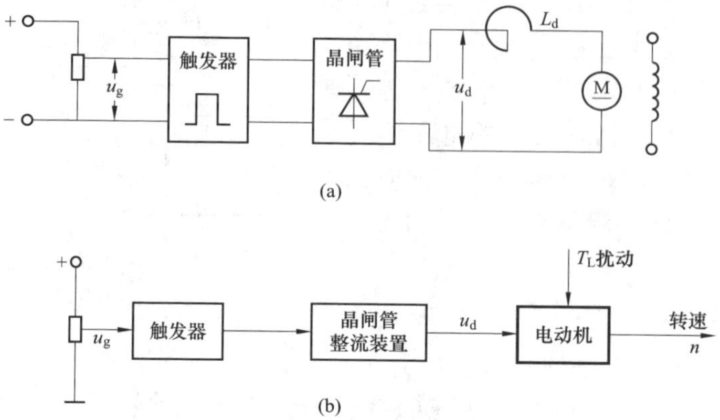

图 1-5　开环直流电动机调速系统

(a) 原理图；(b) 框图

图 1-6　开环定位控制系统框图

1.2.2　闭环控制

若将系统的被控制量反馈到它的输入端，并与参考输入相比较，这种控制方式叫作闭环控制。由于这种控制系统中存在着将被控制量经反馈环节到比较点的反馈通路，故闭环控制又称反馈控制，它是按误差进行控制的。图 1-1 和图 1-3 所示的系统都是闭环控制系统。这些系统的特点是：连续不断地对被控制量进行检测，将所测得的值与参考输入作减法运算，求得的误差信号经控制器的变换运算和放大器的放大后，驱动执行元件，以使被控制量能完全按照参考输入的要求变化。当这种系统受到来自系统内部和外部干扰信号的作用时，通过闭环控制的作用，能自动地消除或削弱干扰信号对被控制量的影响。由于闭环控制系统具有良好的抗扰动功能，因而它在控制工程中得到了广泛的应用。

闭环控制是在开环控制基础上演变而来的。如果将图 1-5 所示的开环直流电动机调速系统改接为图 1-7 所示的闭环直流电动机调速系统，则它就具有自动抗扰动功能。例如，当电动机的负载转矩 T_L 增大时，流经电动机电枢中的电流相应增大，电枢电阻上的压降也变大，从而导致电动机转速降低；而转速的降低，使测速发电机的输出电压 u_{fn} 减小，偏差电压 Δu 相应增大，经放大器放大后，使触发脉冲前移，晶闸管整流装置的输出电压 u_d 增大，从而补偿了由于负载转矩 T_L 的增大或电网电压 $u_\sim$ 的减小而造成的电动机转速下降，使电动机的转速近似保持不变。上述的调节过程可表示为：

$$\left.\begin{matrix} T_l \uparrow \\ u_\sim \downarrow \end{matrix}\right\} \to n \downarrow \to u_{fn} \downarrow \to \Delta u = (u_g - u_{fn}) \uparrow \to u_k \uparrow \to u_d \uparrow \to n \uparrow$$

1.2.3　开环控制和闭环控制的比较

一般来讲，开环控制系统结构比较简单，成本较低。开环控制的缺点是控制精度不高，抑制干扰能力差，而且对系统参数变化比较敏感。一般用于控制精度要求不高的场合，如

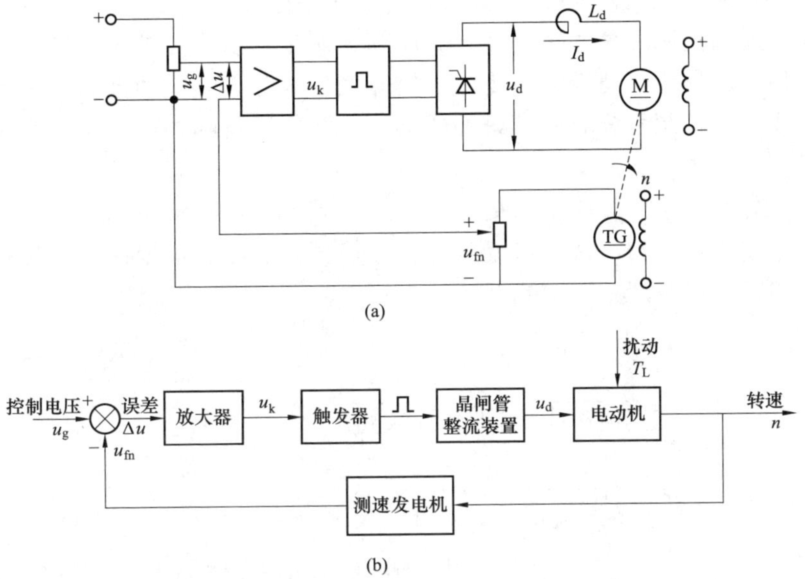

图 1-7　闭环直流电动机调速系统

（a）原理图；（b）框图

洗衣机、普通车床和步进电动机装置等。

在闭环控制系统中，只要是被控量偏离了给定值，就会产生相应的作用消除偏差，即产生以偏差消除偏差的作用。因此，闭环控制系统抑制干扰能力强。

与开环控制相比，闭环系统对参数变化不敏感，可以选用不太精密的元件构成较为精密的控制系统，获得满意的动态特性和控制精度。但是采用反馈装置，需要添加元件，造价高的同时，也增加了系统的复杂性，如果系统的结构和参数选取不当，控制过程可能变得较差，甚至出现振荡或者不稳定的情况。因此，如何分析系统，合理选择系统的结构和参数，从而获得满意的系统性能，是自动控制理论必须研究解决的问题。开环控制和闭环控制特点对比见表 1-1。

表 1-1　开环控制与闭环控制特点对照表

名称	有无反馈	元件精度要求	抗干扰能力	结构与成本
开环控制	无	高	弱，对稳定性无要求	结构简单、成本低
闭环控制	有	低	强，对稳定性要求高	结构复杂、成本高

1.2.4　复合控制系统

当控制对象具有较大延迟时间时，反馈控制不能及时调节输出的变化，会影响系统的控制精度和平稳性。将前馈控制和反馈控制结合起来，就构成复合控制，兼有开环控制和闭环控制的特点。前馈控制即是起到补偿作用的开环控制，补偿的实质是提供控制作用以尽可能地抵消扰动对系统输出的影响，它仅对特定可测扰动有效，而其他扰动还要靠闭环反馈控制来抑制。复合控制在工程上已得到广泛的应用。

前馈控制与反馈控制的最大区别在于：反馈控制是“事后”控制，即输出与给定值之间出现偏差之后，由偏差驱动控制器产生控制作用以消除偏差；而前馈控制是“事前”控制，即一旦出现设计控制系统时所考虑的扰动，控制作用就随之产生，以抵消该扰动对系统输出的影响。

图 1-8 为按给水流量扰动补偿的复合水位控制系统。给水流量的波动，势必会影响水位的变化。若给水流量可测，将给水流量变化的信号施加给前馈控制器，再控制给水流量阀门，可减少给水流量对液位控制的直接影响。

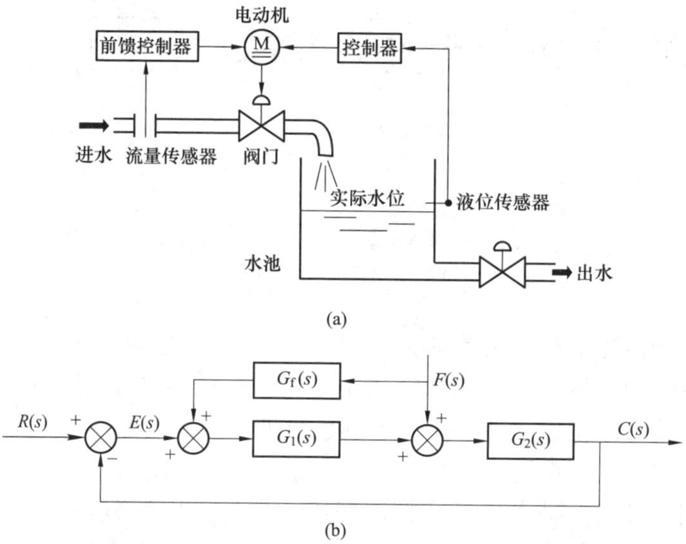

图 1-8　按给水流量扰动补偿的复合水位控制系统

（a）示意图；（b）框图

1.3　自动控制系统的基本组成

尽管控制系统复杂程度各异，但基本组成是相同的，一个简单的闭环自动控制系统由被控对象、检测装置或传感器、控制器和执行器（执行机构）四个基本部分组成，如图 1-9 所示。

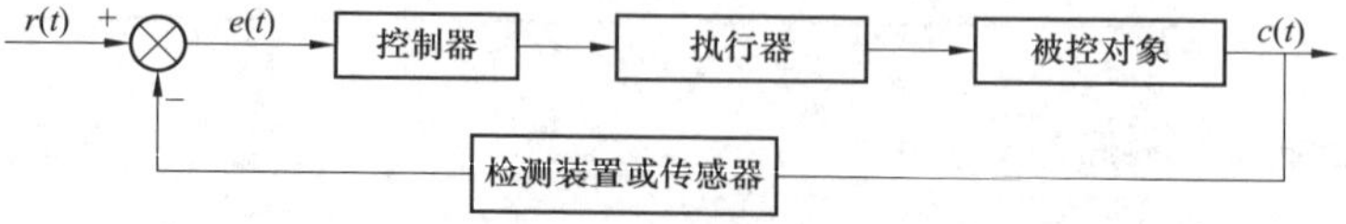

图 1-9　控制系统框图

（1）**被控对象或调节对象**：是指控制系统的工作对象控制的设备或过程。控制就是控制器对被控对象施加一种控制作用，以达到人们所期望的目标。如前面所举例子中的电阻炉、电动机等。相应地，控制系统所控制的某个物理量就是系统的被控制量或输出量，如电阻炉的温度和电动机的转速等。被控对象五花八门，从简单的温度、湿度控制到复杂工业过程控制，从民用过程的控制到导弹、卫星和飞船的发射及运行控制等。被控对象的数学模型是控制系统设计的主要依据。被控对象的动态行为可以用数学模型加以描述。

（2）**检测装置或传感器**：是指能将一种物理量检测处理并转换成另一种容易处理和使用的物理量的装置。如压力传感器、热电偶、测速发电机等。如果将人看成一个被控对象，那么人的眼睛、耳朵、鼻子、皮肤就是传感器。

（3）**控制器**：能接收传感器的测量信号，并与被控制量的设定值进行比较，得到实际测量值与设定值的偏差，然后根据偏差信号的大小和被控对象的动态特性，经过思维和推理，决定采用什么样的控制规律，以使被控制量快速、平稳、准确地达到所预定的给定值。控制规律是自动化系统功能的主要体现，一般采用比例-积分-微分控制规律。控制器是自动化系统的大脑和神经中枢，它可以是电子-机械装置。

（4）**执行器**：也称执行机构，其直接作用于被控对象，使被控制量达到所要求的数值，它是自动化系统的手和脚。执行器（执行机构）可以是电动机、阀门或由它们组成的复杂的电子-机械装置。

另外，还有一些常用术语，随着自动控制理论的进一步学习，学习者会对这些概念有更深入的理解。

（1）**输入信号**：由外部加到系统中的变量称为输入信号。

（2）**控制信号**：由控制器输出的信号，它作用在执行元件被控对象上影响和改变被控变量。

（3）**反馈信号**：被控量经由传感器等元件变换并返回输入端的信号，主要与输入信号比较（相减）产生误差信号。

（4）**扰动信号**：加在系统上的外来干扰信号，会对被控量产生不利影响。

（5）**被控量**：被控对象的输出量，例如，锅炉汽包液位、电阻炉温度和电动机转速等。

（6）**整定值**：预先设定被控量的目标值，例如，所要控制的锅炉汽包液位、电阻炉温度。

（7）**偏差**：被控量的给定值与实际值的差值。

（8）**闭环**：传递信息的闭合通路。即获得被控量的信息后，经过反馈环节与给定值进行比较产生偏差，该偏差又作用于控制器，控制被控对象，使其输出量按特定规律变化，这就形成了一个传递信息的闭合通路。

（9）**反馈控制**：先从被控对象获得信息，然后把该信息馈送给控制器的控制方法。

1.4　自动控制系统的分类

自动控制系统的形式是多种多样的，用不同的标准划分，就有不同的分类方法。常见的有下述几种。

1.4.1 线性系统和非线性系统

按照控制系统是否满足叠加原理和齐次定理划分，可以将系统分为线性系统和非线性系统。

1. 线性系统

线性系统是由线性元件组成的系统，其性能和状态可以用线性微分方程来描述，线性系统的特点是具有叠加性和齐次性，在数学上比较容易实现和处理。

叠加性：若干个输入信号同时作用于系统所产生的响应等于各个输入信号单独作用于系统所产生响应的代数和。

齐次性：当输入信号同时倍乘一常数时，响应也倍乘同一常数。

式（1-1）体现了线性系统的叠加性和齐次性

$$a_n(t)\frac{\mathrm{d}^n c(t)}{\mathrm{d}t^n}+a_{n-1}(t)\frac{\mathrm{d}^{n-1} c(t)}{\mathrm{d}t^{n-1}}+\cdots+a_1(t)\frac{\mathrm{d}c(t)}{\mathrm{d}t}+a_0(t)c(t)$$

$$=b_m(t)\frac{\mathrm{d}^m r(t)}{\mathrm{d}t^m}+b_{m-1}(t)\frac{\mathrm{d}^{m-1} r(t)}{\mathrm{d}t^{m-1}}+\cdots+b_1(t)\frac{\mathrm{d}r(t)}{\mathrm{d}t}+b_0(t)r(t) \tag{1-1}$$

式中：$r(t)$ 为系统的输入量；$c(t)$ 为系统的输出量。

在该方程式中，输出量 $c(t)$ 及其各阶导数都是一次的，并且各系数与输入量无关。线性微分方程的各项系数为常数时，称为线性定常系统。这是一种简单而重要的系统，关于这种系统已有较为成熟的研究成果和分析设计的方法。

2. 非线性系统

在构成系统的元部件中，如果有一个输入/输出特性是非线性的，则称为非线性系统。非线性系统要用非线性方程描述其输入/输出关系，非线性方程的特点是系数与变量有关，或者方程中含有变量及导数的高次幂或乘积项。例如

$$\frac{\mathrm{d}^2 c(t)}{\mathrm{d}t^2}+c(t)\frac{\mathrm{d}c(t)}{\mathrm{d}t}+c^2(t)=r(t) \tag{1-2}$$

对于非线性系统的理论研究远不如线性系统那样完整，一般只能满足于近似的定性描述和数值计算。本书第 7 章将介绍有关非线性理论的描述函数法和相平面法等基本内容。

1.4.2 连续系统和离散系统

按照控制系统中传送的时间信号的性质分类，可分为连续系统和离散系统。

1. 连续系统

如果系统中传递的信号都是时间的连续函数，则该系统称为连续系统。

2. 离散系统

系统中如果有一个传递的信号是时间上断续的信号，则该系统称为断续系统，也称采样系统，或离散系统。图 1-1 和图 1-3 所示的系统可以认为是连续系统，而计算机控制系统一定是离散系统。离散系统将在第 8 章中介绍。

1.4.3 恒值控制系统、随动控制系统和程序控制系统

按给定信号的变化规律不同，可将控制系统划分为恒值控制系统、随动控制系统和程

序控制系统。

1. 恒值控制系统

恒值控制系统的给定量是恒定不变的，这种系统的输出量也应是恒定不变。其特点是输入保持为常量，而系统的任务是排除扰动的影响，以一定的精度将输出量保持在期望的数值上。如果由于扰动的作用使输出偏离期望值而出现偏差，控制系统则会根据偏差产生控制作用，消除扰动的影响，使输出量恢复到与输入量相对应的期望的常量上。因此，恒值控制系统又称为自动调节系统。

在生产过程中，这类系统非常多。例如：在冶金领域，要保持退火炉温度为某一个恒值；在石油化学工业领域，为保证工艺和安全运行，反应器要保持压力恒定等。一般像温度、压力、流量、液位等热工参数量的控制多属于恒值控制。

2. 随动控制系统

随动控制系统又称为伺服系统或跟踪系统，其特点是给定值总在频繁或缓慢地变化，给定值的变化规律完全取决于事先不能确定的时间函数。要求系统的输出量能以一定精度跟随给定值的变化而变化。这类系统在航天、军工、机械、造船、冶金等领域得到广泛应用。

恒值控制系统和随动控制系统的任务是不一样的，但分析和设计这两种系统的理论和方法无本质不同，只是在考虑的重点上略有差异。恒值控制系统侧重于“抗扰”，随动控制系统侧重于“跟踪”。

3. 程序控制系统

如果自动控制系统的被控量是根据预先编好的程序进行控制，则该系统称为程序控制系统。在对化工、军事、冶金、造纸等生产过程进行控制时，常用到程序控制系统。例如：加热炉的温度控制就是在微机中按加热曲线编好程序进行的；洲际弹道导弹也是靠程序控制系统按事先给定轨道飞行。在这类程序控制系统中，给定值按预先的规律变化，而程序控制系统则一直保持使被控量和给定值的变化相适应。

当然，这三种系统都可以是连续的或离散的，线性的或非线性的，单变量的或多变量的。本书着重以恒值系统为例，来阐明自动控制系统的基本原理。

1.4.4　定常系统和时变系统

按系统参数是否随时间变化，可以将系统分为定常系统和时变系统。

如果控制系统的参数在系统运行过程中不随时间变化，则称为定常系统或者时不变系统，否则称为时变系统。实际系统的温度漂移、元件老化等影响均为时变因素。严格的定常系统是不存在的。在所考察的时间间隔内，若系统参数的变化相对于系统的运行缓慢得多，则可近似作为定常系统来处理。

1.4.5　单变量系统和多变量系统

按照系统输入信号和输出信号的数目，可将系统分为单输入/单输出（SI/SO）系统和多输入/多输出（MI/MO）系统。

单输入/单输出系统通常称为单变量系统，这种系统只有一个输入（不包括扰动输入）

和一个输出。多输入/多输出系统通常称为多变量系统，有多个输入和多个输出。单变量系统可以视为多变量系统的特例。

1.5　对控制系统的性能要求

评价一个系统的好坏，其指标是多种多样的，但对控制系统的基本要求（即控制系统所需的基本性能）一般可归纳为稳定性、快速性和准确性。

1. 稳定性

稳定性是保证系统正常工作的条件和基础。因为控制系统中都包含储能元件，若系统参数匹配不当，就可能引起振荡。稳定性就是指系统动态过程的振荡倾向及其能够恢复平衡状态的能力。对于稳定性满足要求的系统，当输出量偏离平衡状态时，应能随着时间收敛并且最后回到初始状态。稳定性和系统的结构参数有关。

2. 快速性

快速性是指当系统的输出量与输入量之间产生偏差时，系统消除这种偏差的快慢程度。快速性是在系统稳定的前提下提出的，它主要针对的是系统的过渡过程形式和快慢程度，即系统的动态性能。

3. 准确性

准确性是指控制系统的控制精度，一般用稳态误差来衡量。稳态误差是指以一定的输入信号作用于系统后，当调整过程趋于稳定时，输出量的实际值与期望值之间的误差。显然，这种误差越小，表示系统的输出跟随参考输入的精度越高。

上述要求简称为稳、快、准。一个自动控制系统的最基本要求是稳定性，然后进一步要求快速性和准确性。由于被控对象的具体情况不同，各种系统对稳、快、准的要求应有所侧重。例如，恒值控制系统对稳态性要求较高，随动控制系统一般对动态性能（即快速性）要求较高。

同一个系统，上述三项指标之间往往是相互制约的。提高过程的快速性，可能会引起系统的强烈振荡；改善了稳定性，控制过程又可能出现迟缓，甚至造成稳态精度也较差。如何分析和解决这些矛盾，将是本课程讨论的主要内容。系统的单位阶跃响应过程如图 1-10 所示。

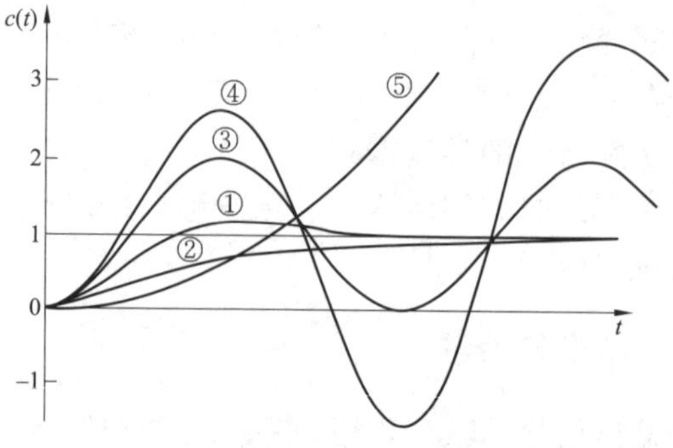

图 1-10　系统的单位阶跃响应过程

①—振荡收敛过程；②—单调收敛过程；③—等幅振荡过程；④—振荡发散过程；⑤—单调发散过程

1.6　自动控制理论发展概况

自动控制思想及其实践可以说历史悠久。它是人类在认识世界和改造世界的过程中产生的，并随着社会的发展和科学水平的进步而不断发展。依靠它，人类可以从笨重的、重复性的劳动中解放出来，从事更富创造性的工作。自动化技术是当代发展迅速、应用广泛和最引人瞩目的技术之一，是推动新的技术革命和新的产业革命的关键技术。第二次世界大战前后，由于自动武器的需要，为控制理论的研究和实践提出了更大的需求，从而大大推动了自动控制理论的发展。概括地说，控制理论发展经过了三个时期。

第一时期是 20 世纪 40 年代末到 50 年代的经典控制理论时期，着重研究单机自动化，解决单输入/单输出（Single Input Single Output，SISO）系统的控制问题；它的主要数学工具是微分方程、拉普拉斯（Laplace）变换和传递函数；主要研究方法是时域法、频域法和根轨迹法；主要问题是控制系统的稳定性、快速性及其精度。

第二时期是 20 世纪 60 年代的现代控制理论时期，着重解决机组自动化和生物系统的多输入/多输出（Multi-Input Multi-Output，MIMO）系统的控制问题；主要数学工具是一次微分方程组、矩阵论和状态空间法等；主要方法是变分法、极大值原理和动态规划理论等；重点是最优控制、随机控制和自适应控制；核心控制装置是电子计算机。

第三时期是 20 世纪 70 年代的大系统控制理论与智能控制理论时期，着重解决生物系统、社会系统这样一些众多变量的大系统的综合自动化问题；方法是时域法为主；重点是大系统多级递阶控制和智能控制等；核心装置是网络化的电子计算机。

1. 经典控制理论

1765 年瓦特（J. Watt）发明了蒸汽机。1770 年他又用离心式飞锤调速器构建了蒸汽机转速自动控制系统，使得蒸汽机转速在锅炉压力以及负载变化的条件下维持在一定的范围之内，保证动力之源。以应用蒸汽动力装置为开端的自动化初级阶段的到来，使人们在为之欢快的同时亦为多数调速系统出现振荡问题而苦恼。于是唤起许多学者开始对控制系统稳定性的研究。1868 年，英国物理学家麦克斯韦（James Clerk Maxwell）发表的论文《论调节器》首先解释了瓦特转速控制系统中出现的不稳定性问题，通过线性微分方程的建立与分析，指出了振荡现象的出现同由系统导出的一个代数方程（即特征方程）的根的分布密切相关，从而开辟了用数学方法研究控制系统运动的途径。

英国数学家劳斯（E. J. Routh）和德国数学家赫尔维茨（A. Hurwitz）分别在 1877 年和 1895 年各自独立地建立了直接根据代数方程（特征方程）的系数稳定性的准则，即代数判据（Routh-Hurwitz 判据）。这种方法不必求解微分方程式，而是直接从方程式的系数，也就是从“对象”的已知特性来判断系统的稳定性。劳斯稳定判据简单易行，至今仍广泛应用。

1892 年，俄罗斯数学力学家李雅普诺夫（A. M. Ляпунов）发表了具有深远历史意义的博士论文《论运动稳定性的一般问题》。他用严格的数学分析方法全面地论述了稳定性理论及方法，为控制理论研究奠定了坚实的基础。他的研究成果直到 50 年后才被引进自动控制系统理论领域。总之，这一时期的控制工程出现的问题多是稳定性问题，所用的数学工具是常系数微分方程。

1927 年，美国贝尔实验室的电气工程师布莱克（H. S. Black）发明了负反馈放大器，在解决电子管放大器的失真问题时首先引入反馈的概念。20 世纪 30 年代，美国贝尔实验室建设一个长距离电话网，需要配置高质量的高增益放大器。在使用中，放大器在某些条件下会不稳定而变成振荡器。针对长距离电话线路负反馈放大器应用中出现的失真等问题，1932 年，奈奎斯特（Nyquist）提出了用频率特性图形判别系统稳定性的频域判据。它不仅可以判别系统稳定与否，而且给出了稳定裕度的概念。1940 年美国学者伯德（H. Bode）引入对数坐标系，使频率法更适合工程应用。20 世纪 40 年代初尼柯尔斯（N. B. Nichols）提出了 PID 参数整定方法，同时也进一步发展了频率响应分析法。1948 年伊文思（W. R. Evans ）提出了根轨迹法，即如何靠改变系统中的某些参数改善反馈系统动态特性的方法。这是对奈奎斯特频率法的补充。

1925 年，英国物理学家赫维赛德（Oliver Heaviside）将 Laplace 变换应用到求解电网络的问题上，创立了运算微积分，不久就被应用到分析自动控制系统的问题上，并取得了显著的成就。

1942 年，哈里斯（H. Harris）引入了传递函数的概念。用框图、环节、输入和输出等信息传输的概念来描述系统的性能和关系。将对具体物理系统（如力学、电学等）的研究，统一用传递函数、频率响应等抽象的概念来描述，为理论研究创造了条件，也更具有普遍意义。实际上，这与赫维赛德创立运算微积分的前期工作是分不开的，此项工作为从微分方程分析自动控制系统到应用传递函数分析自动控制系统奠定了坚实的基础。哈里斯引入的传递函数概念（复域模型）和框图，将通信工程的频域响应方法和机械工程的时域响应方法统一起来，人们称此方法为复域方法。如果将使用微分方程分析控制系统运动的思路称为“机械工程师思路”，那么从 20 世纪开始又形成了一种“通信工程师思路”。通信工程师的思路是将系统的各个部分看成“盒子”或“框”之间的传送，由“框”中的“算子”对信号进行基于傅里叶分析的变换。

至此，以单输入单输出线性定常系统为主要研究对象，以传递函数作为系统基本的数学描述，以频域法和根轨迹法作为系统分析和设计方法的自动控制理论就建立起来了，通常称其为经典控制理论（一个函数，两种方法）。在此期间，也产生了一些非线性系统的分析方法，如相平面法、描述函数法以及采样离散系统的分析方法。有了理论指导，这时期的工业生产得到了很快的发展。尤其是二次世界大战期间，军事上，如飞机的自动导航、情报雷达的研制、炮位跟踪系统等均应用了反馈控制理论。

1948 年，数学家维纳（N. Wiener）的《控制论》一书出版，标志着控制论的正式诞生。这门“关于在动物和机器中的控制和通信的科学”（Wiener 所下的经典定义）经过了半个多世纪的不断发展，其研究内容和研究方法都有了很大的变化。该书的内容覆盖了更广阔的领域，是一部具有深远影响的著作，它是经典控制理论的总结。

2. 现代控制理论

20 世纪 50 年代，世界进入了一个和平发展时期。空间技术的发展迫切要求建立新的控制原理，以解决诸如将宇宙火箭和人造卫星用最少燃料或最短时间准确地发射到预定轨道一类的控制问题。这类控制问题十分复杂，采用经典控制理论难以解决，促使控制理论由经典控制理论向现代控制理论转变。在迅速兴起的空间技术的推动下，现代控制理论逐渐发展起来了。

1954 年，钱学森在美国用英文发表的《工程控制论》一书，可以看作是由经典控制理论向现代控制理论发展的启蒙著作。1956 年，苏联科学家庞特里亚金（Л. С. понтрягин）提出极大值原理；1957 年，美国数学家贝尔曼（R. Bellman）提出了寻求最优控制的动态规划法，极大值原理和动态规划为解决最优控制问题提供了理论工具。1959 年，美国数学家卡尔曼（R. Kalman）等人在控制系统的研究中成功地应用了状态空间法，提出了可控性和可观测性以及最优滤波理论等。同年，在美国达拉斯（Dallas）召开的第一次自动控制年会上，卡尔曼（Kalman）及伯策姆（Bertram）严谨地介绍了非线性系统稳定性。在他们的论文中，用基于状态变量的系统方程来描述系统。他们讨论了自适应控制系统（Adaptive Control System，ACS）的问题，并首次提出了现代控制理论。几乎在同一时期内，贝尔曼、卡尔曼等人将状态空间法系统地引入控制理论中。状态空间法对揭示和认识控制系统的许多重要特性具有关键的作用。其中可控性和可观测性尤为重要，成为现代控制理论最基本的两个概念。20 世纪 60 年代，一套以状态方程作为描述系统的数学模型，以最优控制和卡尔曼滤波为核心的控制系统分析、设计的新的原理和方法已经确立，这标志着现代控制理论的形成。

现代控制理论是以状态变量概念为基础，利用现代数学方法和计算机分析、综合复杂控制系统的新理论，适用于多输入多输出、时变的或非线性系统。它在本质上是一种时域法，但并不是对经典频域法的从频率域回到时间域的简单再回归，而是立足于新的分析方法，有着新目标的新理论。现代控制理论的形成主要标志是卡尔曼的滤波理论、庞特里亚金极大值原理和贝尔曼的动态规划法。它从理论上解决了系统的可控性、可观测性、稳定性以及许多复杂系统的控制问题。这一理论在航空航天、导弹控制等实际应用中取得了很大的成功，在工业生产过程控制中得到逐步应用。现代控制理论研究内容非常广泛，主要包括多变量线性系统理论、最优控制理论以及最优估计与系统辨识理论。

3. 大系统控制理论与智能控制理论

伴随着社会需求的改变和各种科学技术的进步，生产系统的规模越来越庞大，结构越来越复杂，经典控制理论和现代控制理论已经难以满足时代的需求。在这样的背景下，控制理论的发展进入了大系统控制理论与智能控制理论阶段。

大系统控制理论是针对若干个相互关联的子系统组成的大系统进行整体优化控制，被控对象从传统的工业装置推广到了包括生物、能源、交通、环境、经济和管理等各个领域；其次大系统控制理论的设计目标已经从保证被控对象的安全平稳生产，转移到了追求经济利益最大化。

智能控制理论是人工智能在控制上的应用。主要针对采用传统的控制理论无法处理、需要人的智能参与才能解决的复杂控制问题，如难以建模的被控对象、复杂多变的环境和模糊的系统信息等。智能控制发展的最初阶段是“仿人”控制，如模糊控制、专家控制等。后来在此基础上又有了许多新的发展，且与传统的控制理论取长补短、结合起来应用，以得到更好的控制效果。

目前大系统控制理论与智能控制理论仍然处在一个继续发展与完善的阶段。

1.7 自动控制系统实例

1. 蒸汽机转速调节系统

经典的瓦特蒸汽机采用了离心式飞锤调速装置来维持工作中的蒸汽机转速。瓦特对蒸汽机进行了彻底的改造，他给蒸汽机添加了一个“节流”控制器，即节流阀。“调节器”或“飞锤调节器”用于调节蒸汽流，以便确保引擎工作时速度大致均匀，这是当时反馈调节器最成功的应用。图 1-11 是瓦特蒸汽机离心调速系统原理图。

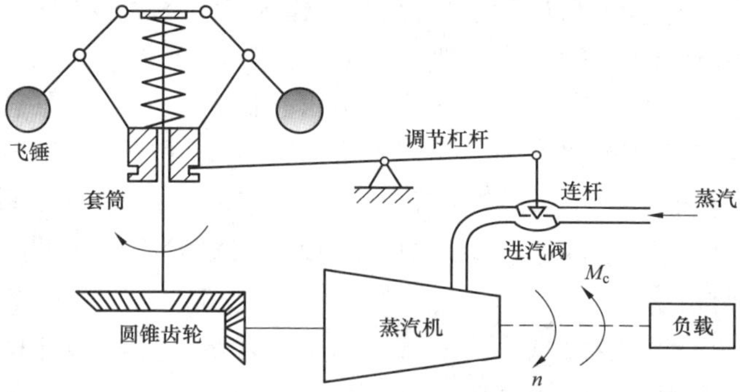

图 1-11　蒸汽机离心调速系统原理图

蒸汽机离心调速系统的工作原理：当蒸汽机带动负载转动时，通过圆锥齿轮减速带动一对飞锤做水平旋转。飞锤通过铰链带动套筒上下滑动拨动杠杆的一端，杠杆另一端通过连杆调节进汽阀的开度。蒸汽机正常运行时，飞锤旋转所产生的离心力与套筒内平衡弹簧的反弹力相平衡，套筒保持某个高度，从而使阀门处于一个平衡位置，套筒内平衡弹簧的反弹力设定了期望的转速。如果由于负载增大使阻力转矩 M 增加导致蒸汽机转速 n 下降，则飞锤因离心力减小而导致套筒向下滑动，并带动杠杆增大进汽阀的开度，从而使蒸汽机的转速回升。反之，如果由于负载减小使阻力转矩 M 减小，则结果是蒸汽机的转速 n 增加，飞锤因离心力增加而使套筒上滑，并通过杠杆减小进汽阀的开度，迫使蒸汽机转速 n 回落。这样，离心调速器就能自动地抑制负载变化对转速 n 的干扰，使蒸汽机的转速 n 保持在期望值附近。

此例的控制目标是在负载波动情况下维持蒸汽机的转速，因而是一个恒值控制系统。被控量是蒸汽机转速，被控对象是蒸汽机（如前所述，称对象是蒸汽机是为了叙述方便，实际上对象是指从进入蒸汽机的蒸汽流量到蒸汽机转速之间的过程），控制量是杠杆与连杆相连接端的上下位移，执行机构是蒸汽阀，测量反馈是飞锤和套筒机构，套筒内弹簧与飞锤和套筒机构组成套筒位置的比较环节，控制器为调节杠杆机构。

2. 工业机器人关节伺服控制系统

机器人关节伺服控制系统如图 1-12 所示。采用微处理机作为控制器。关节轴的实际位置由旋转变压器测量，转换为电的数字信号后，反馈给控制器。微处理机经过控制算法后，输出控制指令，再经过数模转换和伺服功率放大，提供给关节轴上的伺服电动机。伺服电动机根据控制指令驱动关节轴转动，直至机器人运动到达输入参考信号设定的位置为止。

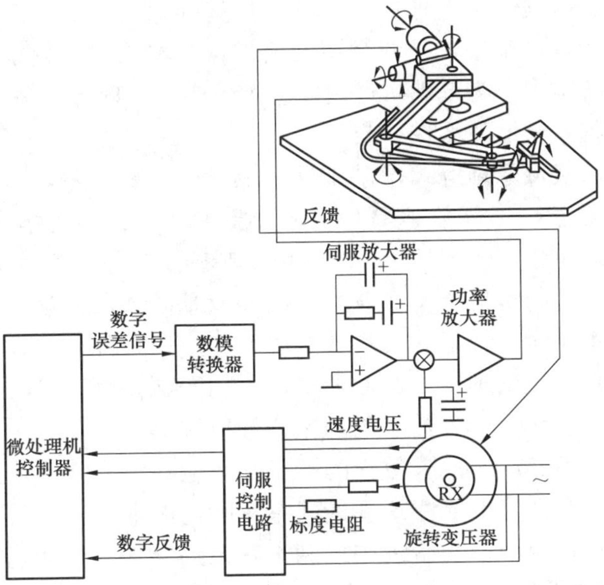

图 1-12　机器人关节伺服系统

3. 三坐标数控机床控制系统

三坐标数控机床系统如图 1-13 所示。在机械行业中广泛使用的数控机床，其进给系统是典型的闭环反馈控制系统。其中，x 方向控制工作台沿丝杠轴方向水平移动工件；y 方向控制立铣头沿与丝杠轴正交的水平方向移动；z 方向控制垂直进刀。

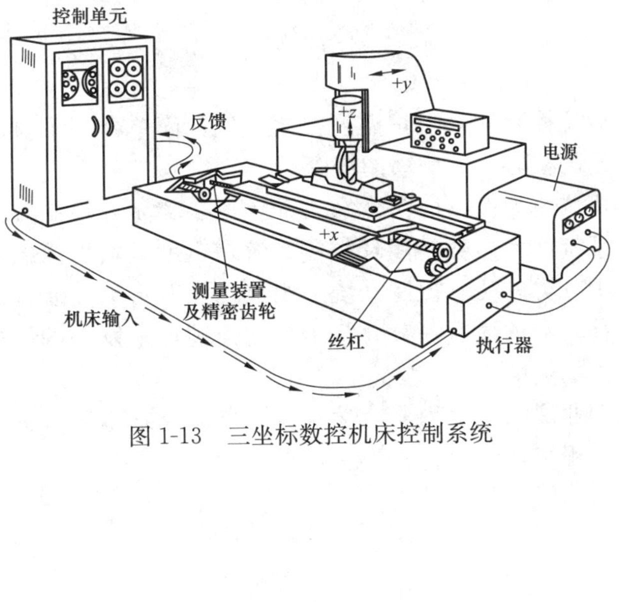

图 1-13　三坐标数控机床控制系统

1.8 本课程的特点与学习方法

自动控制理论是一门理论性较强的课程，它是讨论各类自动控制系统共性问题的一门技术科学。作为机械、电气信息类等各专业的学科基础课，它既是基础课程向专业课程的深入，又是专业课程的理论基础，是新知识的增长点。本课程以数学、物理及有关学科为理论基础，以各种系统动力学为基础，运用信息的传递、处理与反馈进行控制的思维方法，将基础课程与专业课程紧密地联系在一起。

本课程同电工学、机械原理等技术基础课程相比较，更抽象，涉及的范围更广泛。其理论基础既涉及高等数学、工程数学等知识，又要用到有关动力学和电路等理论。因此，在学习本课程之前，应有良好的数学、力学、电学基础及其他一些学科领域的知识。

自动控制理论作为控制学科相关专业的一门专业基础课，在学习中要注重学科的基本结构，控制系统的基本概念、物理含义、基本思路和应用条件，将学习重点放在自动控制理论的总体概念上；自动控制理论作为专业的“入门”课，对于没有接触过控制系统的初学者必然感到抽象，而且往往会为数学的理论推导所困惑。在学习中，要学会使用数学工具，在理论推导过程中不必过分追求数学的严密性，但一定要充分注意数学结论的准确性与物理概念的明晰性；在学习中要注意理论联系实际，注重理论学习与实际控制系统和典型例题相联系，将自动控制理论与后续的控制工程系列课程（例如运动控制系统、过程控制系统和计算机控制技术等）相结合；充分利用计算机 MATLAB 软件分析与设计控制系统。

自动控制理论不仅是一门重要的学科，而且是一门卓越的方法论。它分析与解决问题的方法是符合唯物辩证法的；它所研究的对象是“系统”；并且系统在不断地“运动”。所以，在学习本课程时，既要了解一般规律，提高抽象思维能力；又要结合专业实际，提高分析问题和解决问题的能力；总之，如何应用自动控制理论来解决实际问题才是本课程的关键和目的。

小　结

本章以锅炉汽包液位控制和电阻炉温度控制为例，简单介绍了自动控制系统的工作过程，并引出了控制理论的核心——反馈的概念。

本章以直流电动机调速为例，说明什么是开环控制和闭环控制及其区别，并指出实际生产过程的自动控制系统绝大多数是闭环控制系统，也就是负反馈控制系统。同时还介绍了自动控制系统的若干分类方法、控制系统的组成以及对自动控制系统的性能要求，即稳定性、快速性和准确性。本章最后一节介绍了自动控制理论发展的历史阶段，以便激发同学们学习自动控制理论的热情。

可以相信，随着专业课的学习积累，学生会对自动控制理论课程理解得更深，并不断地深化和应用，解决工程实际问题。

思维导图

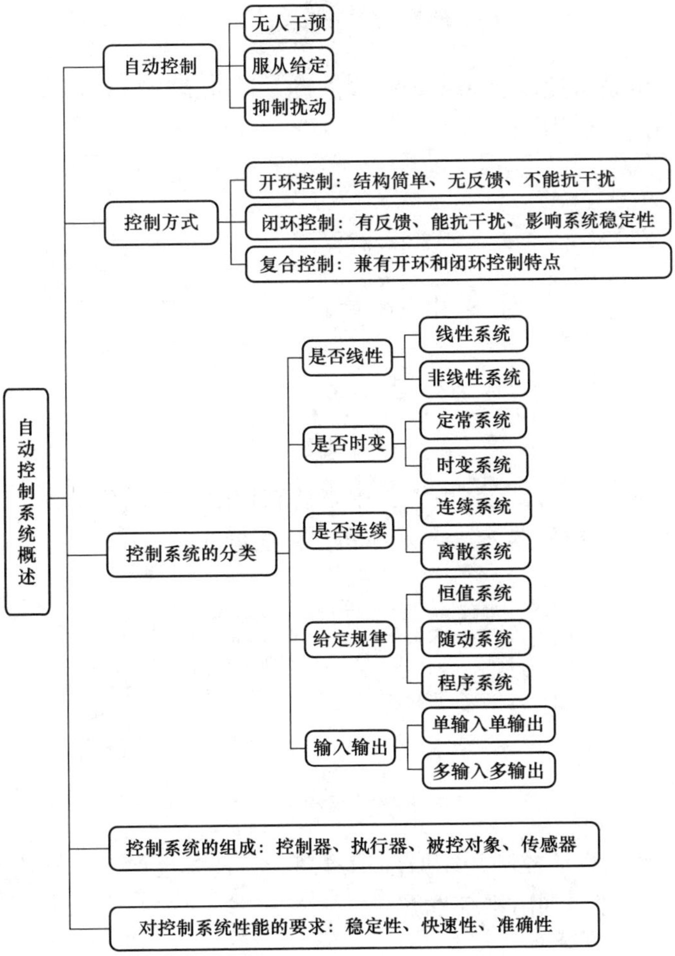

思考题

1-1　什么是自动控制？

1-2　什么是自动控制系统？自动控制系统由哪些环节组成？简述各环节的作用。

1-3　什么是开环控制、闭环控制和复合控制？阐述各自的特点。

1-4　列举几个生活中常见的开环控制和闭环控制的例子，并简述它们的工作原理。

1-5　如果将反馈接反，即将负反馈变为正反馈，将会发生什么现象？

1-6　自动控制有哪些分类方法？简述各控制系统的特点。

1-7　线性控制系统有什么特点？

1-8　什么是恒值控制系统？随动控制系统？程序控制系统？各自的特点是什么？

1-9　对控制系统的基本要求是什么？请加以说明。

1-10　什么是自动控制系统的过渡过程？主要有哪几种？

习　题

1-1　图 1-14 为电动机速度控制系统工作原理。试完成：(1) 将 a、b 与 c、d 连接成负反馈系统；(2) 画出系统框图。

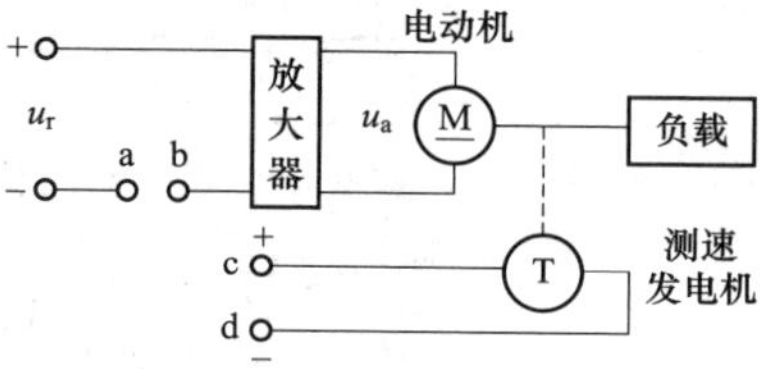

图 1-14　习题 1-1 图

1-2　图 1-15 表示一个机床控制系统，用来控制切削刀具的位移 x。说明它属于什么类型的控制系统，指出它的控制器、执行元件和被控变量。

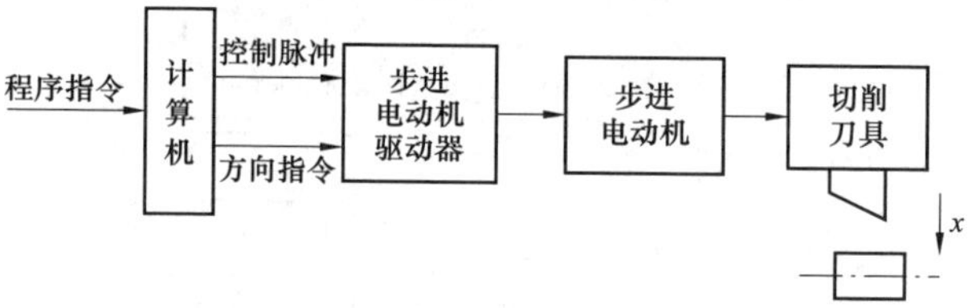

图 1-15　习题 1-2 图

1-3　图 1-16 是液位自动控制系统原理示意图。在任意情况下，希望液面高度 h 维持不变，试说明系统工作原理并画出系统框图。

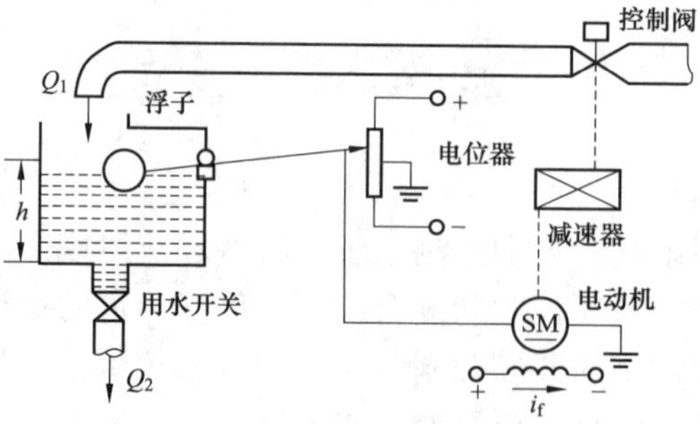

图 1-16　习题 1-3 图

1-4　图 1-17 是仓库大门自动控制系统原理示意图。试说明系统自动控制大门开闭的工作原理并画出系统框图。

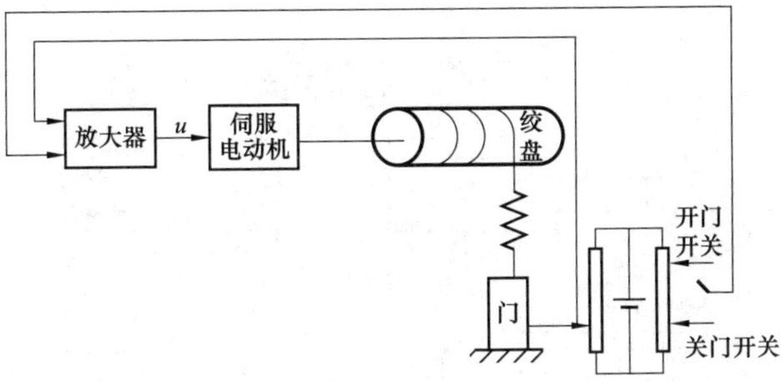

图 1-17　习题 1-4 图

1-5　图 1-18 是电阻炉温度自动控制系统示意图。试分析系统保持炉温恒定的工作过程，指出系统的被控对象、被控量以及各部件的作用，画出系统框图，指出系统属于哪种类型。

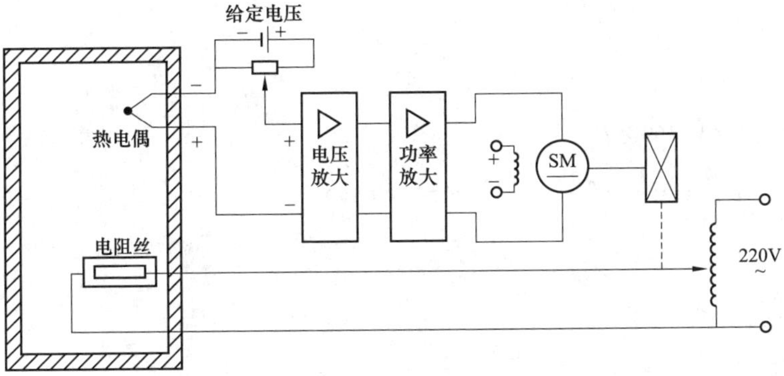

图 1-18　习题 1-5 图

1-6　图 1-19 为水温自动控制系统示意图。冷水在热交换器中由通入的蒸汽加热，从而得到一定温度的热水。冷水流量变化用流量计测量。试绘制系统框图，并说明为了保持热水温度为期望值，系统是如何工作的？系统的被控对象和控制装置各是什么？

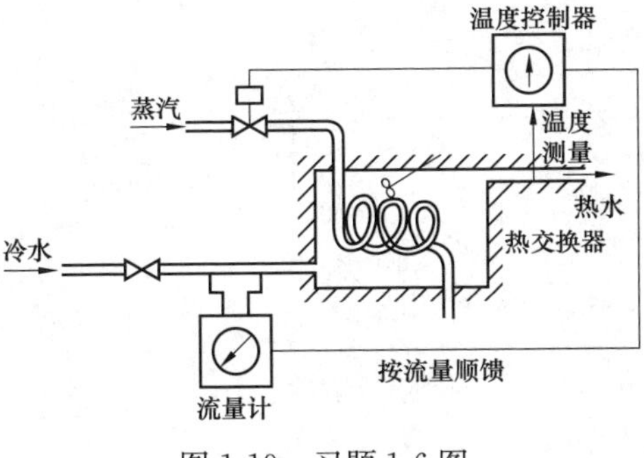

图 1-19　习题 1-6 图

1-7　许多机器，像车床、铣床和磨床都配有跟随控制器，用来复现模板的外形。图 1-20 就是一种跟随控制器系统的原理图。在此系统中，刀具能在原料上复制模板的外形。试说明其工作原理，画出系统框图。

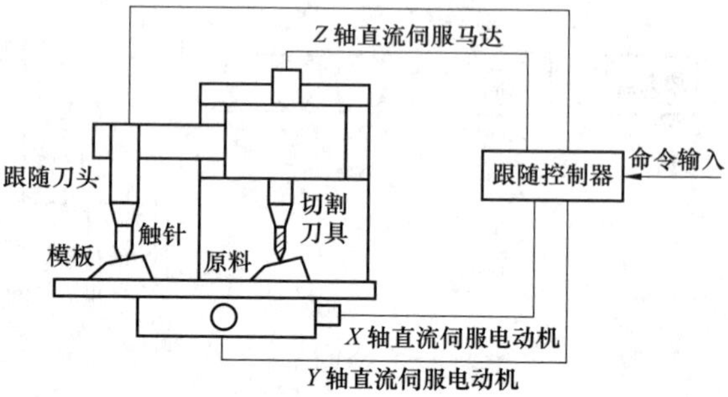

图 1-20　习题 1-7 图

1-8　判定下列方程描述的系统是线性定常系统、线性时变系统还是非线性系统［式中 $r(t)$ 是输入信号，$c(t)$ 是输出信号］。

(1) $c(t)=2r(t)+t\dfrac{\mathrm{d}^2r(t)}{\mathrm{d}t^2}$

(2) $c(t)=[r(t)]^2$

(3) $c(t)=5+r(t)\cos\omega t$

(4) $\dfrac{\mathrm{d}^3c(t)}{\mathrm{d}t^3}+3\dfrac{\mathrm{d}^2c(t)}{\mathrm{d}t^2}+6\dfrac{\mathrm{d}c(t)}{\mathrm{d}t}+c(t)=r(t)$

第 2 章　控制系统的数学模型

分析和设计控制系统的第一步是建立控制系统的数学模型。本章首先介绍控制系统数学模型的概念，然后阐述分析、设计控制系统常用的几种数学模型，包括微分方程、传递函数、结构图和信号流图。通过本章读者可了解机理分析建模的基本方法，尤其这些数学模型之间的相互关系。

【学习目标】

(1) 熟练掌握建立系统微分方程的方法和步骤。
(2) 正确理解传递函数的概念，熟练掌握典型环节的数学模型及其特点。
(3) 熟练掌握结构图、信号流图的组成及其绘制方法。
(4) 熟练运用框图等效变换和化简的方法求取传递函数。
(5) 熟练掌握运用梅森增益公式求取系统传递函数的方法。

2.1　控制系统数学模型概述

为了从理论上对控制系统的性能进行分析，首要的任务就是建立控制系统的数学模型。建立控制系统的数学模型是分析和设计控制系统的基础。控制系统的数学模型有多种形式：在时域中，数学模型一般采用微分方程、差分方程和状态方程表示；在频域中，采用频率特性；在复域中，有传递函数、动态框图。本章只介绍微分方程、传递函数和动态框图等数学模型的建立和应用。

1. 数学模型的定义

控制系统的数学模型就是描述系统输入量、输出量以及内部各变量之间关系的数学表达式。要分析动态控制系统，首先应推导出它的数学模型。数学模型是用数学方法分析系统的基础，数学分析能够用准确的数学语言描述控制系统的工作过程和特性。

自动控制理论就是将实际控制系统进行抽象化，用数学符号来描述控制系统的工作过程和特性，用数学表达式来描述控制系统的原理，进而可以采用数学的方法对控制系统进行分析和设计。因此推导一个合理的数学模型，是整个分析过程中最重要的环节。

数学模型可以有许多不同的形式。根据具体系统和条件的不同，一种数学模型可能比另一种更合适。例如，在单输入/单输出线性定常系统的瞬态响应或频率响应分析中，采用传递函数表达式可能比其他方法更方便；在最佳控制问题中，采用状态空间表达式更有利。

一旦获得了系统的数学模型，就可以用各种分析方法和计算机工具对系统进行分析和设计。

2. 数学模型的分类

数学模型是对系统运动规律的定量描述，表现为各种形式的数学表达式。根据数学模型的功能不同，可以将数学模型分为以下几种类型。

(1) 静态模型与动态模型。静态模型是指描述系统静态（工作状态不变或慢变过程）特性的模型。静态数学模型一般是以代数方程表示，数学表达式中的变量不依赖于时间，是输入与输出之间的稳态关系。动态模型是指描述系统动态或瞬态特性的模型。动态数学模型中的变量依赖于时间，一般是微分方程形式。静态数学模型可以看成是动态数学模型的特殊情况。

(2) 输入/输出描述模型与内部描述模型。输入/输出描述模型是指描述系统输入与输出之间关系的数学模型，如微分方程、传递函数和频率特性等数学模型。内部描述模型描述了系统内部状态和系统输入与输出之间的关系，也称为状态空间模型。内部描述模型不仅描述了系统输入与输出之间的关系，而且描述了系统内部信息传递关系。因此，内部描述模型比输入/输出模型更深入地揭示了系统的动态特性。

(3) 连续时间模型与离散时间模型。根据数学模型所描述的系统中的信号是连续信号还是离散信号，数学模型分为连续时间模型和离散时间模型。连续时间数学模型有微分方程、传递函数和状态空间表达式等。离散时间数学模型有差分方程、脉冲传递函数和离散状态空间表达式等。

(4) 参数模型与非参数模型。从描述方式上看，数学模型分为参数模型和非参数模型两大类。参数模型是用数学表达式表示的数学模型，如传递函数、差分方程和状态方程等。非参数模型是直接或间接从物理系统的实验分析中得到的响应曲线表示的数学模型，如脉冲响应、阶跃响应和频率特性曲线等。

数学模型虽然有不同的表示形式，但它们之间可以互相转换，可以由一种形式的模型转换为另一种形式的模型。例如，一个集中参数的系统，可以用参数模型表示，也可以用非参数模型表示；可以用输入/输出描述模型表示，也可以用状态空间模型表示；可以用连续时间模型表示，也可以用离散时间模型表示。在经典控制理论中着重研究单输入/单输出线性系统的输入量与输出量之间的对应关系，一般用输入/输出描述模型。本章主要介绍这一类系统的建模问题。

3. 控制系统的建模方法

建立控制系统的数学模型简称为建模。控制系统建模有两大类方法：一类是机理分析建模方法，常称为分析法；另一类是实验建模方法，通常称为实验法。

(1) 分析法。机理分析建模方法是通过对系统内在机理的分析，运用各种物理、化学等定律，推导出描述系统的数学关系式（通常称为机理模型）。采用机理分析建模必须清楚地了解系统的内部结构，所以常称为“白箱”建模方法。机理分析建模得到的模型展示了系统的内在结构与联系，较好地描述了系统特性。但是，机理分析建模方法具有局限性，特别是当系统内部过程变化机理还不是很清楚时，很难采用机理分析建模方法。而且，当系统结构比较复杂时，所得到的机理模型往往比较复杂，难以满足实时控制的要求。另外，机理分析建模总是基于许多简化和假设，所以，机理模型与实际系统之间存在建模误差。

机理分析建模法适用于简单、典型和常见的系统。

（2）实验法。实验法也叫辨识法，是利用系统输入与输出的实验数据或者正常运行数据构造数学模型的实验建模方法。因为系统建模方法只依赖于系统的输入与输出关系，即使对系统内部机理不了解，也可以建模，所以常称为“黑箱”建模方法。由于系统辨识是基于建模对象的实验数据或者正常运行数据，因此建模对象必须已经存在，并能够进行实验。而且，辨识得到的模型只反映系统输入与输出的特性，不能反映系统的内在信息，难以描述系统的本质。通常在对系统一无所知的情况下，采用这种建模方法。

在一般情况下，最有效的建模方法是将机理分析建模方法与系统辨识法结合起来。事实上，人们在建模时，对系统不是一点都不了解，只是不能准确地描述系统的定量关系，通常会了解系统的一些特性，例如系统的类型、阶次等，因此系统像一只“灰箱”。实用的建模方法是尽量利用人们对物理系统的认识，由机理分析提出模型结构，然后用观测数据估计出模型参数，这种方法常称为“灰箱”建模方法，实践证明这种建模方法是非常有效的。

2.2　控制系统微分方程的建立

微分方程是控制系统数学模型最基本的表达形式，利用它可以得到描述系统其他形式的数学模型。微分方程是在时域内描述系统或元件动态特性的数学表达式。通过求解微分方程，可以获得系统在输入量作用下的输出量。

控制系统中的输出量和输入量通常都是时间 t 的函数。很多常见的系统或元件的输出量和输入量之间的关系都可以用一个微分方程表示，方程中含有输出量、输入量及它们对时间的导数或积分。这种微分方程又称为动态方程或运动方程。微分方程的阶数一般是指方程中最高导数项的阶数，又称为系统的阶数。

对于单变量线性定常系统，微分方程为

$$\begin{aligned}&a_n c^{(n)}(t)+a_{n-1}c^{(n-1)}(t)+a_{n-2}c^{(n-2)}(t)+\cdots+a_1\dot{c}(t)+a_0c(t)\\=&b_m r^{(m)}(t)+b_{m-1}r^{(m-1)}(t)+b_{m-2}r^{(m-2)}(t)+\cdots+b_1\dot{r}(t)+b_0r(t)\quad(m\leqslant n)\end{aligned}\tag{2-1}$$

式中：$r(t)$ 是输入信号；$c(t)$ 是输出信号；$c^{(n)}(t)$ 表示 $c(t)$ 对 t 的 n 阶导数；a_n，a_{n-1}，…，a_0 和 b_m，b_{m-1}，…，b_0 为由系统结构参数决定的系数。

控制系统微分方程的建立步骤如下：

（1）分析。根据控制系统的工作原理及其各变量之间的关系，确定系统或各元件的输入量、输出量及中间变量。

（2）列写。根据系统中元件的具体情况，按照它们所遵循的学科规律，围绕输入量、输出量及有关中间变量，列写微分方程组。方程的个数一般要比中间变量的个数多 1。为了整理方便，列写方程时可以从输入量或者输出量开始，按照顺序列写。

（3）化简。消去中间变量，整理出只含有输入量和输出量及其各阶导数的方程。

（4）写成标准形式。一般将输出量及其导数放在方程式左边，将输入量及其导数放在方程式右边，各阶导数项按阶次由高到低的顺序排列。

列写微分方程的关键是要了解系统或元件所属学科领域的有关规律而不是数学本身。

当然，求解微分方程还是需要数学工具。

下面以电气系统和机械系统为例，说明如何列写系统或元件的微分方程式。

1. 电气系统

电气系统中最常见的是由电阻、电感、电容、运算放大器等元件组成的电路，又称电气网络。像电阻、电感、电容这类本身不含有电源的元件称为无源元件，像运算放大器这种本身包含电源的元件称为有源元件。仅由无源元件组成的电气网络称为无源网络。如果电气网络中包含有源元件或电源，就称为有源网络。

电气网络的分析基础通常是根据基尔霍夫电流定律和电压定律写出微分方程式。

基尔霍夫电流定律为：若电路有分支，它就有节点，则汇聚到某节点的所有电流之和应等于零，即

$$\sum i(t)=0 \tag{2-2}$$

基尔霍夫电压定律为：电气网络的闭合回路中，电动势的代数和等于沿回路的电压降的代数和，即

$$\sum E=\sum Ri \tag{2-3}$$

应用此定律对回路进行分析时，必须注意元件中电流的流向及元件两端电压的参考极性。

列写方程时还经常用到理想电阻、电感和电容的两端电压、电流与元件参数的关系，它们的表达式分别为

$$u=Ri;\quad u=L\frac{\mathrm{d}i}{\mathrm{d}t};\quad i=C\frac{\mathrm{d}u}{\mathrm{d}t}$$

【例 2-1】 在图 2-1 所示的电路中，电压 $u_{\mathrm{i}}(t)$ 为输入量，$u_{\mathrm{o}}(t)$ 为输出量，试列写该电路的微分方程式。

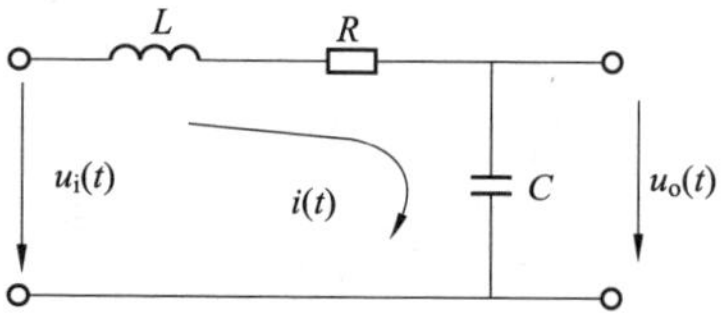

图 2-1 RLC 电路

解 设回路电流为 $i(t)$，由基尔霍夫电压定律可得

$$L\frac{\mathrm{d}i(t)}{\mathrm{d}t}+Ri(t)+u_{\mathrm{o}}(t)=u_{\mathrm{i}}(t) \tag{2-4}$$

式中：$i(t)$ 为中间变量。

$i(t)$ 和 $u_{\mathrm{o}}(t)$ 的关系为

$$i(t)=C\frac{\mathrm{d}u_{\mathrm{o}}(t)}{\mathrm{d}t} \tag{2-5}$$

将式（2-5）代入式（2-4），消去中间变量 $i(t)$，可得

$$LC\frac{\mathrm{d}^2u_{\mathrm{o}}(t)}{\mathrm{d}t^2}+RC\frac{\mathrm{d}u_{\mathrm{o}}(t)}{\mathrm{d}t}+u_{\mathrm{o}}(t)=u_{\mathrm{i}}(t)$$

上式又可以写成

$$T_1T_2\frac{\mathrm{d}^2u_{\mathrm{o}}(t)}{\mathrm{d}t^2}+T_2\frac{\mathrm{d}u_{\mathrm{o}}(t)}{\mathrm{d}t}+u_{\mathrm{o}}(t)=u_{\mathrm{i}}(t)$$

式中：$T_1=L/R$；$T_2=RC$。这是一个典型的二阶线性常系数微分方程，对应的系统也称为二阶线性定常系统。

【例 2-2】 由理想运算放大器组成的电容负反馈电路如图 2-2 所示，电压 $u_{\mathrm{i}}(t)$ 为输入量，$u_{\mathrm{o}}(t)$ 为输出量，试写出它的微分方程式。

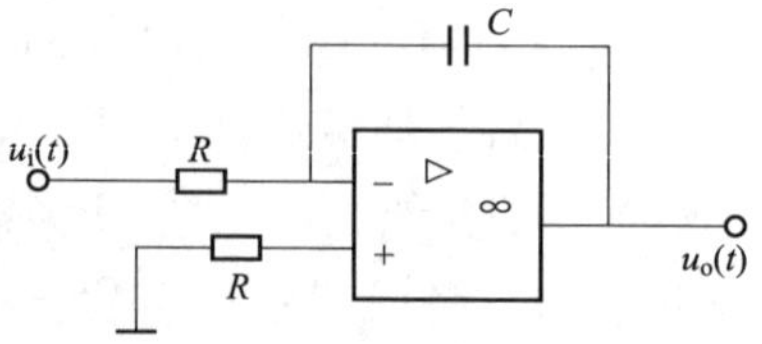

图 2-2 电容负反馈电路

解　理想运算放大器正、反相输入端的电位相同，且输入电流为零。根据基尔霍夫电流定律，有

$$\frac{u_{\mathrm{i}}(t)}{R}+C\frac{\mathrm{d}u_{\mathrm{o}}(t)}{\mathrm{d}t}=0$$

整理后得

$$RC\frac{\mathrm{d}u_{\mathrm{o}}(t)}{\mathrm{d}t}=-u_{\mathrm{i}}(t)$$

或

$$T\frac{\mathrm{d}u_{\mathrm{o}}(t)}{\mathrm{d}t}=-u_{\mathrm{i}}(t)$$

式中：$T=RC$ 称为时间常数。

这是一个典型的一阶线性常系数微分方程，对应的系统也称为一阶线性定常系统。

2. 机械系统

机械系统指的是存在机械运动的装置，它们遵循物理学的力学定律。机械运动包括直线运动（相应的位移称为线位移）和转动（相应的位移称为角位移）两种。

做直线运动的物体要遵循的基本力学定律是牛顿第二定律，即

$$\sum F=m\frac{\mathrm{d}^2x}{\mathrm{d}t^2} \tag{2-6}$$

式中：F 为物体所受到的力；m 为物体质量；x 为线位移；t 为时间。

转动的物体要遵循牛顿转动定律，即

$$\sum T=J\frac{\mathrm{d}^2\theta}{\mathrm{d}t^2} \tag{2-7}$$

式中：T 为物体所受到的转矩；J 为物体的转动惯量；θ 为角位移。

运动着的物体一般都要受到摩擦力的作用，摩擦力 F_{c} 可表示为

$$F_{\mathrm{c}}=F_{\mathrm{B}}+F_{\mathrm{f}}=f\frac{\mathrm{d}x}{\mathrm{d}t}+F_{\mathrm{f}} \tag{2-8}$$

式中：x 为位移；F_{B} 为黏性摩擦力，$F_{\mathrm{B}}=f\frac{\mathrm{d}x}{\mathrm{d}t}$，它与运动速度成正比；$f$ 为黏性阻尼系数；F_{f}为恒值摩擦力，又称库仑摩擦力。

对于转动的物体，摩擦力的作用体现为摩擦转矩 T_{c}，表达式为

$$T_{\mathrm{c}}=T_{\mathrm{B}}+T_{\mathrm{f}}=K_{\mathrm{c}}\frac{\mathrm{d}\theta}{\mathrm{d}t}+T_{\mathrm{f}} \tag{2-9}$$

式中：T_{B} 为黏性摩擦转矩，$T_{\mathrm{B}}=K_{\mathrm{c}}\frac{\mathrm{d}\theta}{\mathrm{d}t}$；$K_{\mathrm{c}}$为黏性阻尼系数；$T_{\mathrm{f}}$为恒值摩擦转矩。

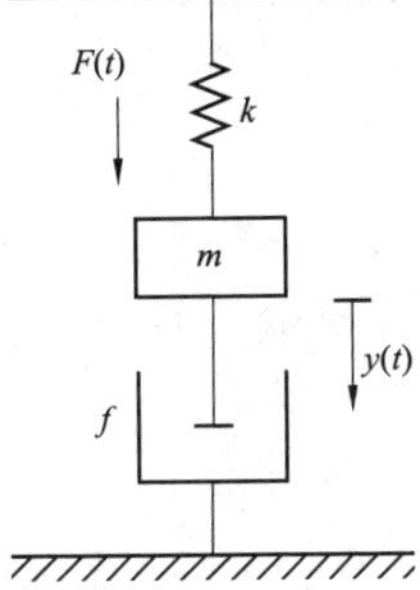

图 2-3　机械平移系统

【例 2-3】　一个由弹簧、质量和阻尼器组成的机械平移系统如图 2-3 所示。m 为物体质量，k 为弹簧弹性系数，f 为黏性阻尼系数，外力 $F(t)$ 为输入量，位移 $y(t)$ 为输出量。试列写系统的运动方程。

解　取力和位移向下为正方向。当 $F(t)=0$ 时，物体的平衡位置为位移 y 的零点。该物体 m 受到四个力的作用：外力 $F(t)$、弹簧的弹力 F_{k}、黏性摩擦力 F_{B}和重力 mg。由牛顿第二定律可知

$$F(t)-F_k-F_B+mg=m\frac{d^2y(t)}{dt^2} \tag{2-10}$$

且

$$F_B=f\frac{dy(t)}{dt} \tag{2-11}$$

$$F_k=k[y(t)+y_0] \tag{2-12}$$

$$mg=ky_0 \tag{2-13}$$

式中：y_0为$F=0$且物体处于静平衡位置时的伸长量。

将式（2-11）～式（2-13）代入式（2-10）中，得到该系统的运动方程式为

$$m\frac{d^2y(t)}{dt^2}+f\frac{dy(t)}{dt}+ky(t)=F(t)$$

或写成

$$\frac{m}{k}\times\frac{d^2y(t)}{dt^2}+\frac{f}{k}\times\frac{dy(t)}{dt}+y(t)=\frac{1}{k}F(t)$$

该系统是二阶线性定常系统。

从该例还可以看出，物体的重力不出现在运动方程中，重力对物体的运动形式没有影响。忽略重力的作用时，列出的方程就是系统的动态方程。

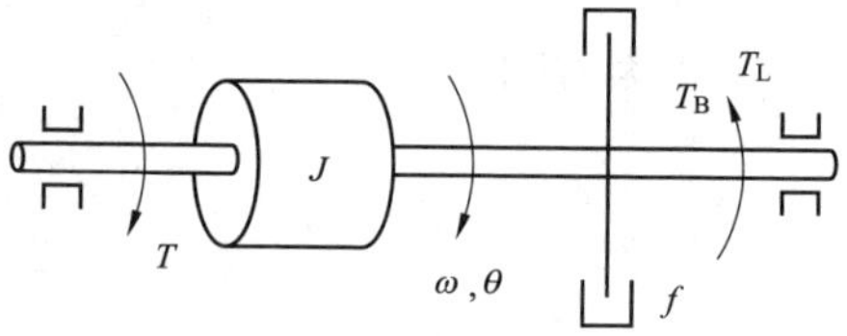

图 2-4　机械转动系统

【例 2-4】　图 2-4 所示的机械转动系统包括一个惯性负载和一个黏性摩擦阻尼器，J 为转动惯量，f 为黏性阻尼系数，ω、θ 为角速度和角位移，T_L为作用在该轴上的负载转矩，T 为作用在该轴上的主动轮转矩。以 T 为输入量，试分别列写出以 ω 为输出量和以θ 为输出量的运动方程。

解　根据牛顿转动定律有

$$J\frac{d\omega}{dt}=T-T_B-T_L \tag{2-14}$$

式中：T_B为黏性摩擦转矩，且

$$T_B=f\omega \tag{2-15}$$

将式（2-15）代入式（2-14）中可得

$$J\frac{d\omega}{dt}+f\omega=T-T_L \tag{2-16}$$

将$\omega=\frac{d\theta}{dt}$代入式（2-16）中可得

$$J\frac{d^2\theta}{dt^2}+f\frac{d\theta}{dt}=T-T_L \tag{2-17}$$

式（2-16）和式（2-17）分别是以ω 为输出量和以θ 为输出量的运动方程式。该装置实际上有两个输入量 T 和 T_L。

2.3　拉普拉斯变换

拉普拉斯变换是法国学者拉普拉斯（P. S. Laplace）首先提出的一种积分变换。拉普拉

斯变换（又称拉氏变换）是分析研究线性动态系统的数学基础。用拉氏变换求解线性微分方程，可将复杂的微积分运算转化为代数运算，使求解过程大为简化。更重要的是，利用拉氏变换可以方便地将描述系统运动状态的微分方程转换为系统的传递函数，并由此发展出用传递函数的零、极点分布和频率特性等间接地分析和设计控制系统的工程方法。本节只简单回顾拉氏变换的一些基本知识，详细内容可以参考《积分变换》相关教材。

2.3.1　拉普拉斯变换的定义

若 $f(t)$ 为实变量 t 的单值函数，且 $t<0$ 时 $f(t)=0$，$t\geqslant 0$ 时 $f(t)$ 在任一有限区间上连续或分段连续，则函数 $f(t)$ 的拉氏变换为

$$F(s)=L[f(t)]=\int_0^{\infty} f(t)\mathrm{e}^{-st}\,\mathrm{d}t \tag{2-18}$$

式中：s 为复变量，$s=\sigma+\mathrm{j}\omega$（$\sigma$、$\omega$ 均为实数）；$F(s)$ 是函数 $f(t)$ 的拉氏变换，它是一个复变函数，通常称 $F(s)$ 为 $f(t)$ 的象函数，而称 $f(t)$ 为 $F(s)$ 的原函数；L 表示进行拉氏变换的符号。

拉氏反变换为

$$f(t)=L^{-1}[F(s)]=\frac{1}{2\pi\mathrm{j}}\int_{\sigma-\mathrm{j}\infty}^{\sigma+\mathrm{j}\infty} F(s)\mathrm{e}^{st}\,\mathrm{d}s \tag{2-19}$$

式中：L^{-1}表示进行拉氏反变换的符号。

由此可见，在一定条件下，拉氏变换能将一实数域中的实变函数 $f(t)$ 变换为一个在复数域内与之等价的复变函数 $F(s)$，反之亦然。

2.3.2　典型函数的拉氏变换

1. 单位脉冲函数

单位脉冲函数的定义为

$$\delta(t)=\begin{cases}\infty, & t=0\\ 0, & t\neq 0\end{cases}$$

且有特性 $$\int_{-\infty}^{\infty}\delta(t)f(t)\mathrm{d}t=f(0)$$

$f(0)$ 为 $t=0$ 时刻 $f(t)$ 的值。

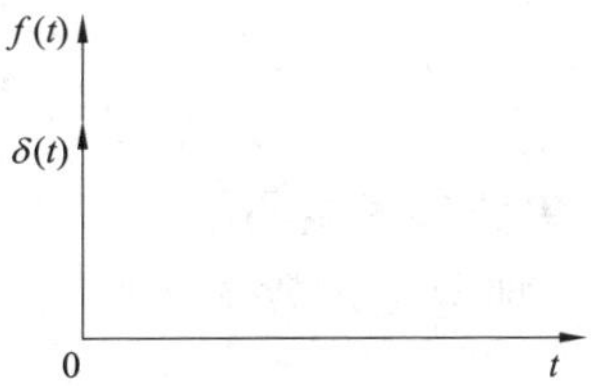

图 2-5　单位脉冲函数图像

单位脉冲函数的拉氏变换式为

$$L[\delta(t)]=\int_0^{\infty}\delta(t)\mathrm{e}^{-st}\,\mathrm{d}t=\mathrm{e}^{-st}\big|_{t=0}=1 \tag{2-20}$$

单位脉冲函数图像如图 2-5 所示。

2. 单位阶跃函数

单位阶跃函数的定义为

$$1(t)=\begin{cases}0, & t<0\\ 1, & t\geqslant 0\end{cases}$$

单位阶跃函数的拉氏变换式为

$$L[1(t)]=\int_0^{\infty} f(t)\mathrm{e}^{-st}\,\mathrm{d}t=-\frac{s^{-st}}{s}\bigg|_0^{\infty}=\frac{1}{s} \tag{2-21}$$

单位阶跃函数图像如图 2-6 所示。

3. 单位斜坡函数

单位斜坡函数图像如图 2-7 所示，它的数学表达式为

$$f(t)=\begin{cases}0, & t<0\\ t, & t\geqslant 0\end{cases}$$

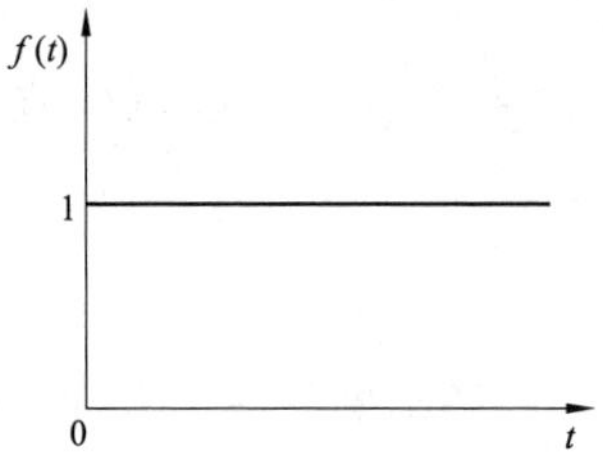

图 2-6　单位阶跃函数图像

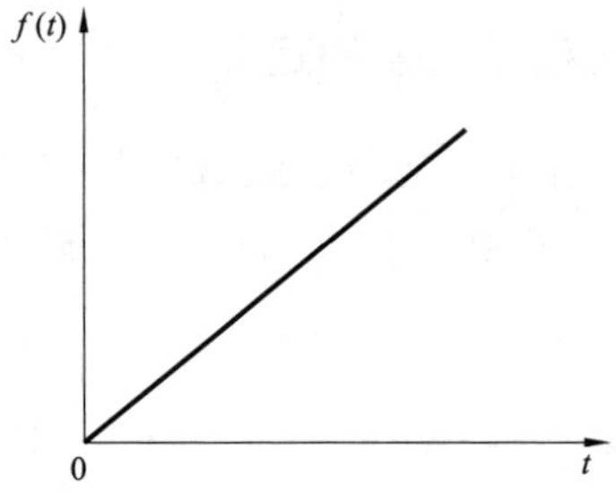

图 2-7　单位斜坡函数图像

为了得到单位斜坡函数的拉氏变换，利用分部积分公式

$$\int_a^b u\,\mathrm{d}v = uv\Big|_a^b - \int_a^b v\,\mathrm{d}u$$

得

$$L[f(t)]=\int_0^\infty t\mathrm{e}^{-st}\,\mathrm{d}t=-t\,\frac{\mathrm{e}^{-st}}{s}\Big|_0^\infty-\int_0^\infty\left(-\frac{\mathrm{e}^{-st}}{s}\right)\mathrm{d}t=\int_0^\infty\frac{\mathrm{e}^{-st}}{s}\mathrm{d}t=-\frac{1}{s^2}\mathrm{e}^{-st}\Big|_0^\infty=\frac{1}{s^2}\quad(2\text{-}22)$$

4. 指数函数

指数函数图像如图 2-8 所示，它的数学表达式为

$$f(t)=\mathrm{e}^{at},\quad t\geqslant 0$$

它的拉氏变换为

$$L[\mathrm{e}^{at}]=\int_0^\infty \mathrm{e}^{at}\mathrm{e}^{-st}\,\mathrm{d}t=\int_0^\infty \mathrm{e}^{-(s-a)t}\,\mathrm{d}t=-\frac{\mathrm{e}^{-(s-a)t}}{s-a}\Big|_0^\infty=\frac{1}{s-a}\qquad(2\text{-}23)$$

5. 单位加速度函数

单位加速度函数图像如图 2-9 所示，它的数学表达式为

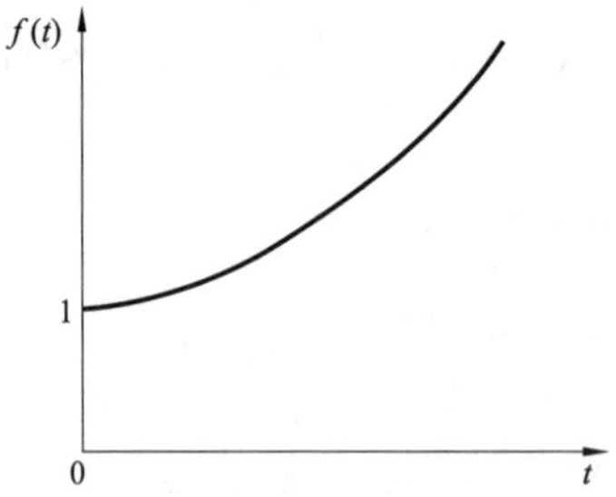

图 2-8　指数函数图像

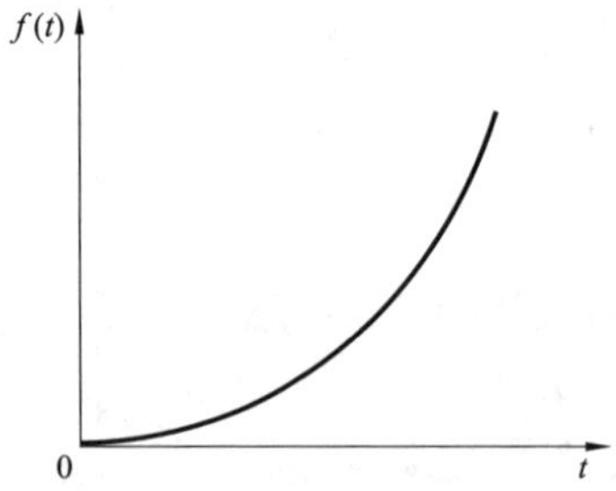

图 2-9　单位加速度函数图像

$$f(t)=\begin{cases}0, & t<0\\ \dfrac{1}{2}t^2, & t\geqslant 0\end{cases}$$

它的拉氏变换为

$$L[f(t)]=\int_0^\infty \frac{1}{2}t^2 e^{-st} dt=\frac{1}{s^3} \tag{2-24}$$

6. 正弦函数和余弦函数

正弦函数和余弦函数的拉氏变换可以利用指数函数的拉氏变换求得。由指数函数的拉氏变换，可以直接写出复指数函数的拉氏变换为

$$L[e^{j\omega t}]=\frac{1}{s-j\omega}$$

因为

$$\frac{1}{s-j\omega}=\frac{s+j\omega}{(s+j\omega)(s-j\omega)}=\frac{s+j\omega}{s^2+\omega^2}=\frac{s}{s^2+\omega^2}+j\frac{\omega}{s^2+\omega^2}$$

由欧拉公式

$$e^{j\omega t}=\cos\omega t+j\sin\omega t$$

有

$$L[e^{j\omega t}]=L[\cos\omega t+j\sin\omega t]=\frac{s}{s^2+\omega^2}+j\frac{\omega}{s^2+\omega^2}$$

分别取复指数函数的实部变换与虚部变换，则有正弦函数的拉氏变换为

$$L[\sin\omega t]=\frac{\omega}{s^2+\omega^2} \tag{2-25}$$

同时得到余弦函数的拉氏变换为

$$L[\cos\omega t]=\frac{s}{s^2+\omega^2} \tag{2-26}$$

实际应用中通常不需要根据拉氏变换定义来求解象函数和原函数，而是从拉氏变换表中直接查出。常用函数的拉氏变换见表 2-1。

表 2-1　常用函数拉氏变换对照表

序号	$f(t)$	$F(s)$
1	单位脉冲 $\delta(t)$	1
2	单位阶跃 $1(t)$	$\frac{1}{s}$
3	单位斜坡 t	$\frac{1}{s^2}$
4	e^{-at}	$\frac{1}{s+a}$
5	te^{-at}	$\frac{1}{(s+a)^2}$
6	$\sin\omega t$	$\frac{\omega}{s^2+\omega^2}$
7	$\cos\omega t$	$\frac{s}{s^2+\omega^2}$

续表

序号	$f(t)$	$F(s)$
8	$t^n(n=1, 2, 3, \cdots)$	$\dfrac{n!}{s^{n+1}}$
9	$t^n\mathrm{e}^{-at}(n=1, 2, 3, \cdots)$	$\dfrac{n!}{(s+a)^{n+1}}$
10	$\dfrac{1}{b-a}(\mathrm{e}^{-at}-\mathrm{e}^{-bt})$	$\dfrac{1}{(s+a)(s+b)}$
11	$\dfrac{1}{b-a}(b\mathrm{e}^{-bt}-a\mathrm{e}^{-at})$	$\dfrac{s}{(s+a)(s+b)}$
12	$1+\dfrac{1}{a-b}(b\mathrm{e}^{-bt}a\mathrm{e}^{-at})$	$\dfrac{1}{s(s+a)(s+b)}$
13	$\mathrm{e}^{-at}\sin\omega t$	$\dfrac{\omega}{(s+a)^2+\omega^2}$
14	$\mathrm{e}^{-at}\cos\omega t$	$\dfrac{s+a}{(s+a)^2+\omega^2}$
15	$\dfrac{1}{a^2}(at-1+\mathrm{e}^{-at})$	$\dfrac{1}{s^2(s+a)}$
16	$\dfrac{\omega_n}{\sqrt{1-\xi^2}}\mathrm{e}^{-\xi\omega_n t}\sin\omega_n\sqrt{1-\xi^2}\,t$	$\dfrac{\omega_n^2}{s^2+2\xi\omega_n s+\omega_n^2}$
17	$-\dfrac{1}{\sqrt{1-\xi^2}}\mathrm{e}^{-\xi\omega_n t}\sin(\omega_n\sqrt{1-\xi^2}\,t-\theta)$ $\theta=\arctan\dfrac{\sqrt{1-\xi^2}}{\xi}$	$\dfrac{s}{s^2+2\xi\omega_n s+\omega_n^2}$
18	$1-\dfrac{1}{\sqrt{1-\xi^2}}\mathrm{e}^{-\xi\omega_n t}\sin(\omega_n\sqrt{1-\xi^2}\,t+\theta)$ $\theta=\arctan\dfrac{\sqrt{1-\xi^2}}{\xi}$	$\dfrac{\omega_n^2}{s(s^2+2\xi\omega_n s+\omega_n^2)}$

2.3.3 拉氏变换的基本定理

1. 线性定理

若有常数 K_1、K_2和函数 $f_1(t)$ 、$f_2(t)$ ，则有

$$L[K_1 f_1(t)+K_2 f_2(t)]=K_1L[f_1(t)]+K_2L[f_2(t)]=K_1F_1(s)+K_2F_2(s) \tag{2-27}$$

线性定理表明，时间函数和的拉氏变换等于每个时间函数拉氏变换之和。

2. 平移定理

若 $L[f(t)]=F(s)$ ，则有

$$L[\mathrm{e}^{-at}f(t)]=F(s+a) \tag{2-28}$$

根据平移定理，$\mathrm{e}^{-at}f(t)$ 的拉氏变换为 $F(s+a)$。

3. 微分定理

若 $L[f(t)]=F(s)$，则有

$$L\left[\frac{\mathrm{d}f(t)}{\mathrm{d}t}\right]=sF(s)-f(0) \tag{2-29}$$

式中：$f(0)$ 是函数 $f(t)$ 在 $t=0$ 时刻的值，即为 $f(t)$ 的初始值。

同理，可得 $f(t)$ 的各阶导数的拉氏变换式为

$$L\left[\frac{\mathrm{d}^2f(t)}{\mathrm{d}t^2}\right]=s^2F(s)-sf(0)-f'(0)$$

$$L\left[\frac{\mathrm{d}^3f(t)}{\mathrm{d}t^3}\right]=s^3F(s)-s^2f(0)-sf'(0)-f''(0)$$

$$\vdots$$

$$L\left[\frac{\mathrm{d}^nf(t)}{\mathrm{d}t^n}\right]=s^nF(s)-s^{n-1}f(0)-s^{n-2}f'(0)-\cdots-f^{(n-1)}(0)$$

式中：$f'(0)$、$f''(0)$、…是原函数各阶导数在 $t=0$ 时刻的值。

如果函数 $f(t)$ 及各阶导数在 $t=0$ 时刻的值均为零，即在零初始条件下，函数 $f(t)$ 的各阶导数的拉氏变换可以写成

$$L[f'(t)]=sF(s)$$

$$L[f''(t)]=s^2F(s)$$

$$\vdots$$

$$L[f^{(n)}(t)]=s^nF(s)$$

4. 积分定理

若 $L[f(t)]=F(s)$，则有

$$L\left[\int f(t)\mathrm{d}t\right]=\frac{1}{s}F(s)+\frac{1}{s}f^{(-1)}(0) \tag{2-30}$$

式中：$f^{(-1)}(0)$ 是积分 $\int f(t)\mathrm{d}t$ 在 $t=0$ 时刻的值。

当初始条件为零时，则有

$$L\left[\int f(t)\mathrm{d}t\right]=\frac{1}{s}F(s) \tag{2-31}$$

对于多重积分的拉氏变换式是

$$L\left[\underbrace{\int\cdots\int}_{n} f(t)\mathrm{d}t\right]=\frac{1}{s^n}F(s)+\frac{1}{s^n}f^{(-1)}(0)+\cdots+\frac{1}{s}f^{-(n-1)}(0)$$

当初始条件为零时，有

$$L\left[\underbrace{\int\cdots\int}_{n} f(t)\mathrm{d}t\right]=\frac{1}{s^n}F(s)$$

5. 延时定理

若 $L[f(t)]=F(s)$，且 $t<0$ 时，$f(t)=0$，则有

$$L[f(t-\tau)]=\mathrm{e}^{-\tau s}F(s) \tag{2-32}$$

式中：函数 $f(t-\tau)$ 较原函数 $f(t)$ 沿时间轴延迟了 τ。

6. 终值定理

若 $L[f(t)]=F(s)$，并且 $\lim\limits_{t\to\infty}f(t)$ 存在，则有

$$\lim_{t\to\infty}f(t)=f(\infty)=\lim_{s\to 0}sF(s) \tag{2-33}$$

即原函数的终值等于 s 乘以象函数的初值。终值定理对于求瞬态响应的稳态值是很有用的。

7. 初值定理

若 $L[f(t)]=F(s)$，则有

$$\lim_{t\to 0}f(t)=\lim_{s\to\infty}sF(s) \tag{2-34}$$

即原函数的初值等于 s 乘以象函数的终值。

8. 卷积定理

若 $L[f_1(t)]=F_1(s)$，$L[f_2(t)]=F_2(s)$，则有

$$L\left[\int_0^{\infty}f_1(t-\tau)f_2(\tau)\mathrm{d}\tau\right]=F_1(s)F_2(s) \tag{2-35}$$

即两个时间函数 $f_1(t)$ 、$f_2(t)$ 卷积的拉氏变换等于两个时间函数的拉氏变换的乘积。卷积定理在拉氏变换中可以简化计算。

2.3.4 拉氏反变换

由象函数 $F(s)$ 求其原函数 $f(t)$，可用下列拉氏反变换公式

$$f(t)=L^{-1}[F(s)]=\frac{1}{2\pi\mathrm{j}}\int_{\sigma-\mathrm{j}\infty}^{\sigma+\mathrm{j}\infty}F(s)\mathrm{e}^{st}\mathrm{d}s \tag{2-36}$$

式中：积分路径是 s 平面上平行于虚轴的直线 $\sigma=c>\sigma_c$ ［σ_c 为 $F(s)$ 的收敛横坐标］。

式（2-36）右面的积分称为拉氏反演积分，该式是求拉氏反变换的一般公式，但它是一个复变函数的积分，计算较困难，一般不太使用。

控制工程中常遇到的 $F(s)$ 是有理分式函数，对于简单的象函数，直接使用拉氏变换对照表（表 2-1）和拉氏变换的性质便可求得其原函数；对于复杂的象函数，通常采用部分分式展开法求取原函数。即将复杂的象函数 $F(s)$ 分解成一些简单的基本象函数之和，而这些基本象函数的拉氏反变换通过查拉氏变换表易于求得，根据拉氏交换的线性性质，这些基本象函数的拉氏反变换叠加起来便可求得 $F(s)$ 的原函数。现就部分分式展开法［也称赫维赛德（Heaviside）展开定理］简介如下。

象函数 $F(s)$ 通常为 s 的有理分式，一般可以表示为

$$F(s)=\frac{B(s)}{A(s)}=\frac{b_m s^m+b_{m-1}s^{m-1}+\cdots+b_1 s+b_0}{s^n+a_{n-1}s^{n-1}+\cdots+a_1 s+a_0} \tag{2-37}$$

式中：m 和 n 为正整数，通常 $m\leqslant n$；系数 $a_i(i=0,1,\cdots,n-1)$ 和 $b_i(i=0,1,\cdots,m)$ 为常实数。

首先将式（2-37）分母多项式因式分解

$$F(s)=\frac{b_m s^m+b_{m-1}s^{m-1}+\cdots+b_1 s+b_0}{(s-p_1)(s-p_2)\cdots(s-p_n)}$$

式中：p_1，p_2，…，p_n 是 $A(s)=0$ 的根，也称为 $F(s)$ 的极点。

根据 p_n 的性质不同，分以下几种情况讨论。

1. $F(s)$ 的极点为各不相同的实数

$$F(s)=\frac{b_m s^m+b_{m-1}s^{m-1}+\cdots+b_1 s+b_0}{s^n+a_{n-1}s^{n-1}+\cdots+a_1 s+a_0}=\frac{A_1}{s-p_1}+\frac{A_2}{s-p_2}+\cdots+\frac{A_n}{s-p_n}=\sum_{i=1}^{n}\frac{A_i}{s-p_i}$$

式中：A_i 是待定系数，它是 $s=p_i$ 处的留数，其求法是

$$A_i=[F(s)(s-p_i)]_{s}=p_i$$

根据拉氏变换的线性定理，可求得原函数 $f(t)$ 为

$$f(t)=L^{-1}[F(s)]=L^{-1}\left[\sum_{i=1}^{n}\frac{A_i}{s-p_i}\right]=\sum_{i=1}^{n}A_i e^{p_i t}$$

【例 2-5】 求 $F(s)=\dfrac{s+1}{s^2+5s+6}$ 的原函数 $f(t)$。

解 将 $F(s)$ 分解为部分分式有

$$F(s)=\frac{s+1}{s^2+5s+6}=\frac{s+1}{(s+2)(s+3)}=\frac{A_1}{s+2}+\frac{A_2}{s+3}$$

$$A_1=[F(s)(s+2)]_{s=-2}=\left.\frac{s+1}{s+3}\right|_{s=-2}=-1$$

$$A_2=[F(s)(s+3)]_{s=-3}=\left.\frac{s+1}{s+2}\right|_{s=-3}=2$$

得分解式为

$$F(s)=\frac{-1}{s+2}+\frac{2}{s+3}$$

求反变换得

$$f(t)=L^{-1}[F(s)]=L^{-1}\left[\frac{-1}{s+2}+\frac{2}{s+3}\right]=-e^{-2t}+2e^{-3t}$$

2. $F(s)$ 含有共轭复数极点

$F(s)$ 有一对共轭复数极点 p_1、p_2，其余极点均为各不相同的实数极点。将 $F(s)$ 展开成

$$F(s)=\frac{b_m s^m+b_{m-1}s^{m-1}+\cdots+b_1 s+b_0}{s^n+a_{n-1}s^{n-1}+\cdots+a_1 s+a_0}=\frac{A_1 s+A_2}{(s-p_1)(s-p_2)}+\frac{A_3}{s-p_3}+\cdots+\frac{A_n}{s-p_n}$$

其中，A_1和A_2可按下式求解

$$[F(s)(s-p_1)(s-p_2)]\Big|_{\substack{s=p_1\\或s=p_2}}=\left[\frac{A_1 s+A_2}{(s-p_1)(s-p_2)}+\frac{A_3}{s-p_3}+\cdots+\frac{A_n}{s-p_n}\right]$$

$$(s-p_1)(s-p_2)\Big|_{\substack{s=p_1\\或s=p_2}}$$

即

$$[F(s)(s-p_1)(s-p_2)]\Big|_{\substack{s=p_1\\或s=p_2}}=(A_1 s+A_2)\Big|_{\substack{s=p_1\\或s=p_2}}$$

因为p_1和p_2是复数，所以上式两边都应该是复数，令等号两边的实部和虚部分别相等，可得两个方程式，联立求解即得A_1和A_2。

3. *F*(*s*) 中含有重极点

设$A(s)=0$有r个重根，则

$$F(s)=\frac{b_m s^m+b_{m-1}s^{m-1}+\cdots+b_1 s+b_0}{(s-p_0)^r(s-p_{r+1})(s-p_{r+2})}$$

将上式展开成部分分式得

$$F(s)=\frac{A_{01}}{(s-p_0)^r}+\frac{A_{02}}{(s-p_0)^{r-1}}+\cdots+\frac{A_{0r}}{s-p_0}+\frac{A_{r+1}}{s-p_{r+1}}+\cdots+\frac{A_n}{s-p_n}$$

式中：A_{r+1}，A_{r+2}，…，A_n的求法与单实数极点的情况相同。

A_{01}，A_{02}，…，A_{0r}的求法如下

$$A_{01}=[F(s)(s-p_0)^r]_{s=p_0}$$

$$A_{02}=\left[\frac{\mathrm{d}}{\mathrm{d}s}F(s)(s-p_0)^r\right]_{s=p_0}$$

$$A_{03}=\frac{1}{2!}\left[\frac{\mathrm{d}^2}{\mathrm{d}s^2}F(s)(s-p_0)^r\right]_{s=p_0}$$

$$\vdots$$

$$A_{0r}=\frac{1}{(r-1)!}\left[\frac{\mathrm{d}^{(r-1)}}{\mathrm{d}s^{(r-1)}}F(s)(s-p_0)^r\right]_{s=p_0}$$

则

$$f(t)=L^{-1}[F(s)]=\left[\frac{A_{01}}{(r-1)!}t^{(r-1)}+\frac{A_{02}}{(r-2)!}t^{(r-2)}+\cdots+A_{0r}\right]\mathrm{e}^{p_0 t}+A_{r+1}\mathrm{e}^{p_{r+1}t}+\cdots+A_n\mathrm{e}^{p_n t}\quad(t\geqslant 0)$$

2.3.5 应用拉氏变换解线性微分方程

微分方程的求解方法，可以采用数学分析的方法求解，也可以采用拉氏变换法求解。

采用拉氏变换法求解微分方程是带初值进行运算的，许多情况下应用更为方便。

用拉氏变换解线性微分方程，首先通过拉氏变换将微分方程化为象函数的代数方程，然后解出象函数，最后由拉氏反变换求得微分方程的解，具体步骤如下：

(1) 在方程两端进行拉氏变换，将时域的微分方程转化为复数域中的代数方程。

(2) 对变换后的代数方程求解得到输出量。

(3) 对代数方程的输出量进行部分分式展开。

(4) 从拉氏变换表得到输出量的拉氏反变换。

【例 2-6】 设系统微分方程为

$$\frac{\mathrm{d}^2c(t)}{\mathrm{d}t^2}+5\frac{\mathrm{d}c(t)}{\mathrm{d}t}+6c(t)=r(t)$$

若 $r(t)=1(t)$，初始条件 $c_0(0)=\dot{c}_0(0)=0$，试求 $c(t)$。

解　将方程左边进行拉氏变换得

$$\begin{aligned}&L\left[\frac{\mathrm{d}^2c(t)}{\mathrm{d}t^2}+5\frac{\mathrm{d}c(t)}{\mathrm{d}t}+6c(t)\right]\\&=[s^2C(s)-sc(0)-\dot{c}(0)]+5[sC(s)-c(0)]+6C(s)\\&=(s^2+5s+6)C(s)\end{aligned}$$

将方程右边进行拉氏变换得

$$L[r(t)]=L[1(t)]=\frac{1}{s}$$

将方程两边整理得

$$C(s)=\frac{1}{s^2+5s+6}\times\frac{1}{s}$$

利用部分分式将上式展开得

$$C(s)=\frac{1}{s(s+2)(s+3)}=\frac{A_1}{s}+\frac{A_2}{s+2}+\frac{A_3}{s+3}$$

确定系数 A_1、A_2、A_3 得

$$A_1=\frac{1}{s(s+2)(s+3)}s\bigg|_{s=0}=\frac{1}{6}$$

$$A_2=\frac{1}{s(s+2)(s+3)}(s+2)\bigg|_{s=-2}=-\frac{1}{2}$$

$$A_3=\frac{1}{s(s+2)(s+3)}(s+3)\bigg|_{s=-3}=\frac{1}{3}$$

代入原式得

$$C(s)=\frac{\frac{1}{6}}{s}+\frac{-\frac{1}{2}}{s+2}+\frac{\frac{1}{3}}{s+3}$$

查拉氏变换表得

$$c(t)=\frac{1}{6}-\frac{1}{2}\mathrm{e}^{-2t}+\frac{1}{3}\mathrm{e}^{-3t}\quad(t\geqslant 0)$$

2.4 控制系统的复域数学模型

经典控制理论研究的主要内容之一就是系统输出和输入的关系，或者说如何由已知的输入量求输出量。微分方程虽然可以表示输出和输入之间的关系，但由于微分方程的求解比较困难，所以微分方程所表示的变量间的关系总是显得很复杂。传递函数是在用拉氏变换方法求解线性系统常微分方程过程中引出来的复域中的数学模型，它等同于微分方程反映系统输入和输出的动态特性，更主要的是简单明了。它能间接地反映结构、参数变化时对系统输出的影响，而由此找出改善系统品质的方法。同时，由此发展出了用传递函数的零、极点分布和频率特性等间接地分析和设计控制系统的工程方法，即根轨迹法和频率特性法。

2.4.1 传递函数

1. 传递函数的定义

设线性定常系统的输入信号和输出信号分别为 $r(t)$ 和 $c(t)$，则该系统的动态方程可用线性常系数微分方程表示为

$$\begin{aligned}&a_n c^{(n)}(t)+a_{n-1}c^{(n-1)}(t)+a_{n-2}c^{(n-2)}(t)+\cdots+a_1\dot{c}(t)+a_0c(t)\\&=b_m r^{(m)}(t)+b_{m-1}r^{(m-1)}(t)+b_{m-2}r^{(m-2)}(t)+\cdots+b_1\dot{r}(t)+b_0r(t)\end{aligned}\tag{2-38}$$

式中：m 和 n 为正整数，通常 $m\leqslant n$；系数 a_n，a_{n-1}，…，a_1 和 b_n，b_{n-1}，…，b_1 为常实数；$c^n(t)$ 表示 $\dfrac{\mathrm{d}^n c(t)}{\mathrm{d}t^n}$。线性微分方程中，各变量及其各阶导数的幂次数不超过 1。

令 $r(t)$ 和 $c(t)$ 及其各阶导数的初始条件为零，对式（2-38）取拉氏变换得

$$\begin{aligned}&(a_ns^n+a_{n-1}s^{n-1}+a_{n-2}s^{n-2}+\cdots+a_1s+a_0)C(s)\\&=(b_ms^m+b_{m-1}s^{m-1}+\cdots+b_1s+b_0)R(s)\end{aligned}$$

式中：s 为拉氏变换中的复变量。

变量的拉氏变换式用大写字母表示，于是有

$$\frac{C(s)}{R(s)}=\frac{b_ms^m+b_{m-1}s^{m-1}+\cdots+b_1s+b_0}{a_ns^n+a_{n-1}s^{n-1}+a_{n-2}s^{n-2}+\cdots+a_1s+a_0}\tag{2-39}$$

可见，对于线性定常系统，输出信号的拉氏变换式 $C(s)$ 和输入信号的拉氏变换式 $R(s)$ 之比是一个只取决于系统结构的 s 的函数。这个函数将输出信号与输入信号联系起来。于是引出传递函数的概念。

传递函数： 在初始条件（状态）为零时，线性定常系统或元件输出信号的拉氏变换式 $C(s)$ 与输入信号的拉氏变换式 $R(s)$ 之比，称为该系统或元件的传递函数，记为

$$G(s)=\frac{C(s)}{R(s)}\tag{2-40}$$

则

$$C(s)=G(s)R(s) \tag{2-41}$$

因此，确定了系统的传递函数和输入信号的拉氏变换式，就很容易求得初始条件为零时的系统输出信号的拉氏变换，然后再运用拉氏反变换求得输出信号 $c(t)$ 的时域解。

由上述分析可见，求系统传递函数的方法就是利用它的微分方程式并取拉氏变换。

【例 2-7】 求图 2-1 所示的 RLC 电路的传递函数。

解 由［例 2-1］可知该电路的微分方程是

$$LC\frac{\mathrm{d}^2u_\mathrm{o}(t)}{\mathrm{d}t^2}+RC\frac{\mathrm{d}u_\mathrm{o}(t)}{\mathrm{d}t}+u_\mathrm{o}(t)=u_\mathrm{i}(t)$$

在零初始条件下，对其方程两边取拉氏变换得

$$(LCs^2+RCs+1)U_\mathrm{o}(s)=U_\mathrm{i}(s)$$

此电路的传递函数为

$$G(s)=\frac{C(s)}{R(s)}=\frac{U_\mathrm{o}(s)}{U_\mathrm{i}(s)}=\frac{1}{LCs^2+RCs+1}$$

【例 2-8】 求图 2-3 所示机械系统的传递函数。

解 由［例 2-3］可知该机械系统的微分方程为

$$m\frac{\mathrm{d}^2y(t)}{\mathrm{d}t^2}+f\frac{\mathrm{d}y(t)}{\mathrm{d}t}+ky(t)=F(t)$$

在零初始条件下，对其方程两边取拉氏变换得

$$(ms^2+fs+k)Y(s)=F(s)$$

该系统的传递函数为

$$G(s)=\frac{C(s)}{R(s)}=\frac{Y(s)}{F(s)}=\frac{1}{ms^2+fs+k}=\frac{\frac{1}{k}}{\frac{m}{k}s^2+\frac{f}{k}s+1}$$

2. 传递函数的性质

(1) 传递函数是复变量 s 的有理式函数，它具有复变函数的所有性质。传递函数若有复数零点或极点，则它们必为共轭。

(2) 传递函数反映线性定常系统或元件本身的固有特性，取决于系统或元件的结构和参数，与输入信号的形式无关。

(3) 传递函数只适用于线性定常系统，它与线性常系数微分方程一一对应。传递函数与微分方程具有相通性，复变量 s 相当于时域方程中的微分算子$\frac{\mathrm{d}}{\mathrm{d}t}$。

(4) 在实际系统中 $n\geqslant m$。实际系统或元件总是具有惯性，提供能源的功率也总是有限。当输入发生变化时，惯性输出还没有来得及变化，而导数代表的是变化率，即输入的变化率大于等于输出的变化率。输入是分母，输出是分子，因此 $n\geqslant m$。或者可以理解为，系统的输出不能立即完全复现输入信号，只有经过一定的时间过程后，输出量才能达到输

入量所要求的数值。

(5) 传递函数的拉氏反变换即为系统的脉冲响应。脉冲响应 $g(t)$ 是系统在单位脉冲 $\delta(t)$ 输入时的响应。系统脉冲响应 $g(t)$ 反映了系统本身的固有特性。

由于

$$R(s)=L[\delta(t)]=1; \qquad C(s)=G(s)R(s)=G(s)$$

则有

$$c(t)=g(t)$$

3. 传递函数的局限性

(1) 传递函数是在零初始条件下定义的，因此它只反映系统在零状态下的动态特性，不能反映非零初始条件下的全部运动规律。

(2) 传递函数通常只适合于描述单输入/单输出系统。

(3) 传递函数是由拉氏变换定义的，拉氏变换是一种线性变换，因此传递函数只适用于线性定常系统。

2.4.2 典型环节的传递函数

物理本质和工作原理不同的元部件，若动态特性相同，则可以用同一数学模型描述。通常将具有某种确定信息传递关系的元件或元件的一部分称为一个环节，把经常遇到的环节称为典型环节。

在控制系统中所有的元部件有电气的、机械的、液压的、光电的等，种类繁多，其工作机理各不相同，若将其对应的传递函数抽象出来，都可以看作是有限个单元的组合。因此，任何复杂的系统都可归结为由一些典型环节组成，这给建立数学模型、研究系统特性带来了极大方便。典型环节只代表一种特定的数学规律，现将其列于表 2-2 中。表中 $r(t)$ 为环节的输入信号，$c(t)$ 为环节的输出信号，$G(s)$ 为环节的传递函数。

表 2-2　　典型环节

序号	环节名称	微分方程	传递函数 $G(s)$	说明	举例
1	比例环节	$c(t)=Kr(t)$	$G(s)=K$	输出不失真跟随输入，两者成比例关系	运算放大器、齿轮减速器、电位器等
2	惯性环节	$T\dot{c}(t)+c(t)=r(t)$	$G(s)=\dfrac{1}{Ts+1}$	输出不能立即复现输入，输出无振荡	RC 网络，交、直流电动机
3	振荡环节	$T^2\ddot{c}(t)+2\xi T\dot{c}(t)+c(t)=r(t)$ $(0\leqslant\xi<1)$	$G(s)=\dfrac{1}{T^2s^2+2\xi Ts+1}$	两个独立储能元件，输出带有振荡性质	RLC 电路、弹簧阻尼器系统
4	积分环节	$c(t)=\int r(t)\mathrm{d}t$	$G(s)=\dfrac{1}{s}$	输出量与输入量的积分成正比	电动机角度与角速度关系

续表

序号	环节名称	微分方程	传递函数 $G(s)$	说明	举例
5	微分环节	$c(t)=\dot{r}(t)$	$G(s)=s$	输出量正比输入量的变化速度，预示输入信号变化趋势	测速发电机输出电压与输入角度间的关系
6	一阶微分环节	$c(t)=\tau\dot{r}(t)+r(t)$	$G(s)=\tau s+1$		
7	二阶微分环节	$c(t)=\tau^2\ddot{r}(t)+2\xi\tau\dot{r}(t)+r(t)$	$G(s)=\tau^2s^2+2\xi\tau s+1$		
8	延迟（滞后）环节	$c(t)=r(t-\tau)$	$G(s)=\mathrm{e}^{-\tau s}$	输出量要等待一段时间 τ 后，才能不失真地复现输入	管道流量的测量

应该说明的是，环节是根据运动微分方程划分的，不同的元部件可以有相同的传递函数。而同一个元部件，当输入、输出变量选择不同时，对应的传递函数一般不同。

建立基本环节的概念，系统的传递函数可以看成是由典型环节组合而成，并可以引进框图、信号流图等各种能表示系统结构的数学模型，从而能对系统做更详细的分析。

2.4.3　传递函数的标准形式

1. 有理分式形式（多项式形式）

$$G(s)=\frac{C(s)}{R(s)}=\frac{b_m s^m+b_{m-1}s^{m-1}+\cdots+b_1 s+b_0}{a_n s^n+a_{n-1}s^{n-1}+a_{n-2}s^{n-2}+\cdots+a_1 s+a_0}=\frac{M(s)}{D(s)} \tag{2-42}$$

式中

$$D(s)=a_n s^n+a_{n-1}s^{n-1}+a_{n-2}s^{n-2}+\cdots+a_1 s+a_0$$

若 $G(s)$ 是闭环传递函数，则其分母多项式 $D(s)$ 称为系统的特征多项式，$D(s)=0$ 称为系统的特征方程，$D(s)=0$ 的根称为系统的特征根或闭环极点。

2. 零、极点形式（首 1 标准型）

将传递函数的分子、分母多项式 $M(s)$、$D(s)$ 变为首 1 多项式，然后在复数范围内因式分解，可得

$$G(s)=\frac{b_m(s-z_1)(s-z_2)\cdots(s-z_m)}{a_n(s-p_1)(s-p_2)\cdots(s-p_n)}=\frac{k\prod_{j=1}^{m}(s-z_j)}{\prod_{i=1}^{n}(s-p_i)} \tag{2-43}$$

式中：k 称为根轨迹增益；z_j 为传递函数的零点；p_i 为传递函数的极点。在零、极点图上，用“×”表示极点，用“○”表示零点。

3. 时间常数形式（尾 1 标准型）

将传递函数的分子、分母多项式变为尾 1 多项式，然后在实数范围内因式分解，也称

为时间常数形式，或者典型环节形式，即

$$G(s)=\frac{K}{s^{\nu}}\times\frac{\prod_{j=1}^{m1}(\tau_j s+1)\prod_{k=1}^{m2}(\tau_k^2 s^2+2\xi_k\tau_k s+1)}{\prod_{i=1}^{n1}(T_i s+1)\prod_{l=1}^{n2}(T_l^2 s^2+2\xi_l T_l s+1)} \tag{2-44}$$

式中：$m_1+2m_2=m$，$\nu+n_1+2n_2=n$，每个因子都对应一个典型环节。

尾 1 标准型增益 K 和首 1 标准型增益 k 具有如下数量关系

$$K=k\frac{\prod_{j=1}^{m}|z_j|}{\prod_{i=1}^{n}|p_i|}$$

若 $G(s)$ 是开环传递函数，K 称为开环增益或开环放大倍数，k 称为根轨迹增益。

2.4.4 电气网络的运算阻抗与传递函数

求传递函数一般都要先列写微分方程。然而对于电气网络，采用电路理论中的运算阻抗的概念和方法，不列写微分方程也可以方便地求出相应的传递函数。

电阻 R 的运算阻抗就是电阻 R 本身。电感 L 的运算阻抗是 Ls，电容 C 的运算阻抗是 $\frac{1}{Cs}$，其中，s 是拉氏变换的复变量。将运算阻抗当成普通电阻，从形式上看，在零初始条件下，电路中的运算阻抗和电流、电压的拉氏变换式 $I(s)$、$U(s)$ 满足各种电路规律，如欧姆定律、基尔霍夫电流定律和基尔霍夫电压定律。采用普通的电路定律，经过简单的代数运算，就可能求解 $I(s)$、$U(s)$ 及相应的传递函数。采用运算阻抗的方法又称为运算法，相应的电路图称为运算电路。

【例 2-9】 在图 2-10（a）中，电压 $u_1(t)$ 和 $u_2(t)$ 分别是输入量和输出量，试求该电路的传递函数 $G(s)=\frac{U_2(s)}{U_1(s)}$。

解 将电路图 2-10（a）变成运算电路图 2-10（b），R 与 $\frac{1}{Cs}$ 组成简单的串联电路，于是

$$G(s)=\frac{U_2(s)}{U_1(s)}=\frac{\frac{1}{Cs}}{R+\frac{1}{Cs}}=\frac{1}{RCs+1}$$

这是一个惯性环节。

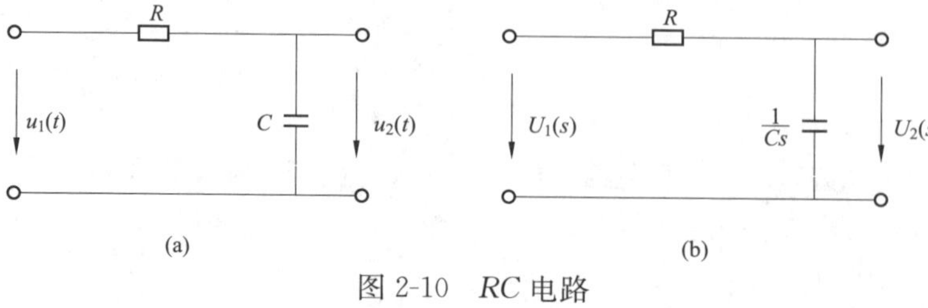

图 2-10 *RC* 电路

（a）电路图；（b）运算电路图

【例 2-10】 图 2-11 为运算放大电路，电压 u_i和 u_o分别是输入量和输出量，试求该电路的传递函数 $G(s)=\dfrac{U_o(s)}{U_i(s)}$ 。

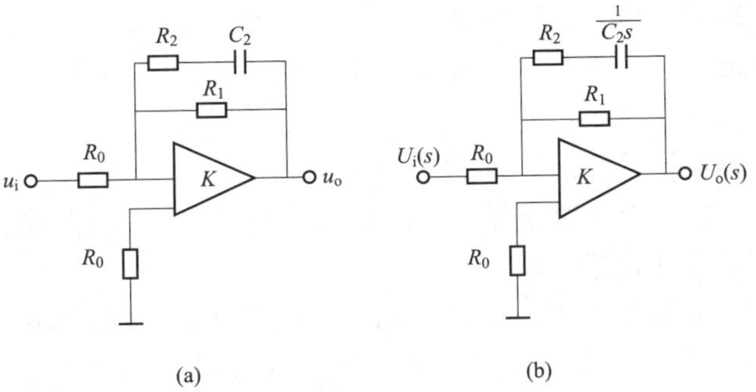

图 2-11　*RC* 运算放大电路

（a）电路图；（b）运算电路图

解　将电路图 2-11（a）变成运算电路图 2-11（b）。R_2与$\dfrac{1}{C_2s}$串联后与R_1并联，组成运算放大电路，根据运算放大器一般规律可得

$$\frac{U_o(s)}{U_i(s)}=-\frac{\dfrac{R_1\left(R_2+\dfrac{1}{C_2s}\right)}{R_1+\left(R_2+\dfrac{1}{C_2s}\right)}}{R_0}=-\frac{\dfrac{R_1(R_2C_2s+1)}{(R_1+R_2)C_2s+1}}{R_0}=-\frac{R_1}{R_0}\times\frac{R_2C_2s+1}{(R_1+R_2)C_2s+1}$$

2.5　控制系统的框图及其等效变换

控制系统的传递函数框图又称为动态结构图，它们是以图形表示的数学模型，是系统动态特性的图解形式。框图非常清楚地表示出输入信号在系统各元件之间的传递过程，利用它可以方便地求出复杂系统的传递函数。框图是分析控制系统的一个简明而又有效的工具。本节介绍如何绘制系统框图以及如何利用框图的等效变换规则求取系统的传递函数。

2.5.1　框图

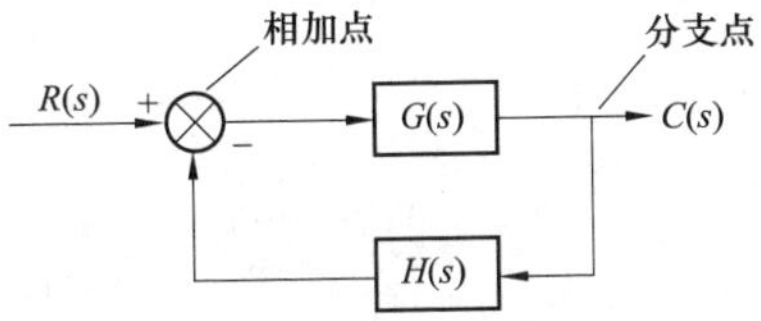

图 2-12　反馈系统框图

系统框图包括函数方框、信号流线、相加点、分支点等图形符号，如图 2-12 所示。框图是传递函数的图解化，框图中各变量均以 s 为自变量。将一个环节的传递函数写在一个方框中所组成的图形就叫函数方框。在方框的外面画上带箭头的线段表示这个环节的输入信号和输出信号。这些带箭头的线段称为信号流线。函数方框和它的信号流线就代表系统中的一个环节。符号“⊗”称为相加点或综合点，它表示求输入信号的代数和。框图中引出信号的点称为分支点或引出点。在框图中，可以从一条信号流线上引出另一条或几条信号流线，需注意的是，无论从一条信号流线或一个分支点引出

多少条信号流线，它们都代表一个信号，就等于原信号的大小。框图中信号的传递方向是单向的。

根据系统各个环节的动态微分方程及其拉氏变换式绘制系统框图的一般步骤如下：

（1）从输出量开始写，以系统输出量作为第一个方程左边的量。

（2）每个方程左边只有一个量。从第二个方程开始，每个方程左边的量是前面方程右边的中间变量。

（3）列写方程时尽量用已经出现过的量。

（4）输入量至少要在一个方程的右边出现；除输入量外，在方程右边出现过的中间变量一定要在某个方程的左边出现。

一个系统可以具有不同的框图，但输出和输入信号的关系都是相同的。

【例 2-11】 在图 2-13（a）中，电压 $u_1(t)$ 和 $u_2(t)$ 分别为输入量和输出量，试绘制系统的框图。

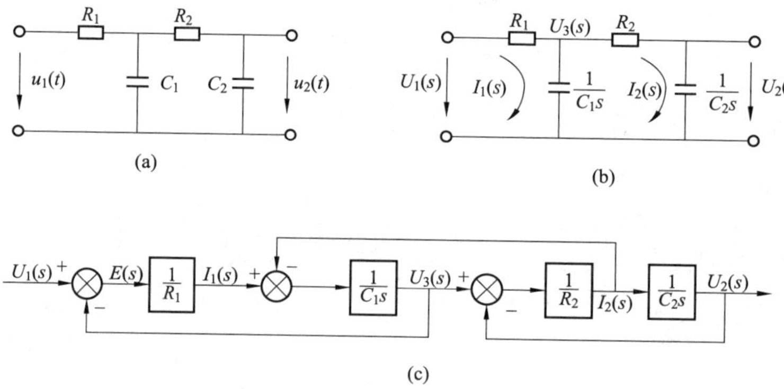

图 2-13 *RC* 滤波电路

（a）电路图；（b）运算电路图；（c）框图

解 图 2-13（a）所对应的运算电路如图 2-13（b）所示，设中间变量 $I_1(s)$、$I_2(s)$ 和 $U_1(s)$。从输出量 $U_2(s)$ 开始按上述步骤列写系统方程式如下

$$U_2(s)=\frac{1}{C_2 s}I_2(s)$$

$$I_2(s)=\frac{1}{R_2}[U_3(s)-U_2(s)]$$

$$U_3(s)=\frac{1}{C_1(s)}[I_1(s)-I_2(s)]$$

$$I_1(s)=\frac{1}{R_1}[U_1(s)-U_3(s)]$$

按照上述方程的顺序，从输出量开始绘制系统框图，如图 2-13（c）所示。

2.5.2 框图的基本变换

利用等效变换规则可以将一个复杂的结构图变换为只有一个函数方框，从而可以求得系统或任意两个变量之间的传递函数。框图等效变换使系统结构起到简化的作用，框图进行变换要遵循等效原则。

等效原则：对框图的任一部分进行变换时，变换前后该部分的输入量、输出量及其相互之间的数学关系保持不变。

1. 串联环节的等效变换

如果几个函数方框首尾相连，前一个方框的输出是后一个方框的输入，这种结构称为串联环节，如图 2-14（a）所示。

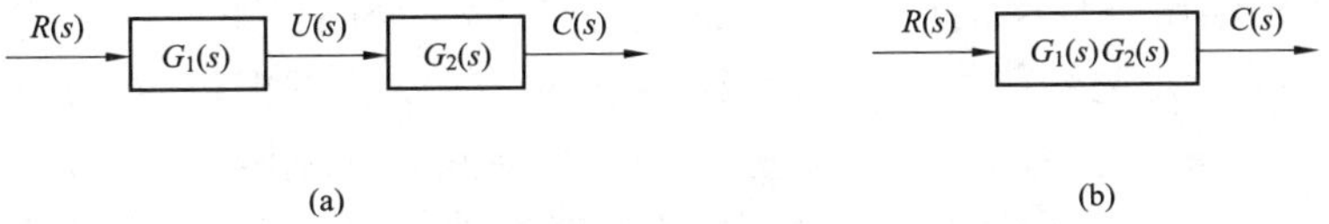

图 2-14　两个环节串联

（a）变换前；（b）变换后

由图可知

$$U(s)=G_1(s)R(s);\qquad C(s)=G_2(s)U(s)$$

消去中间变量 $U(s)$ 得

$$C(s)=G_1(s)G_2(s)R(s)$$

故两个环节串联的等效传递函数为

$$G(s)=\frac{C(s)}{R(s)}=G_1(s)G_2(s) \tag{2-45}$$

根据式（2-45）可以画出两个环节串联结构的简化框图，如图 2-14（b）所示，原来的两个函数方框简化成一个函数方框。

推论：*n* 个环节串联的等效传递函数等于它们 *n* 个传递函数的乘积，表达式为

$$G(s)=G_1(s)G_2(s)\cdots G_n(s)=\prod_{i=1}^{n}G_i(s) \tag{2-46}$$

2. 并联环节的等效变换

两个或多个环节具有同一个输入信号，而以各自环节输出信号的代数和作为总的输出信号，这种结构称为并联环节，如图 2-15（a）所示。

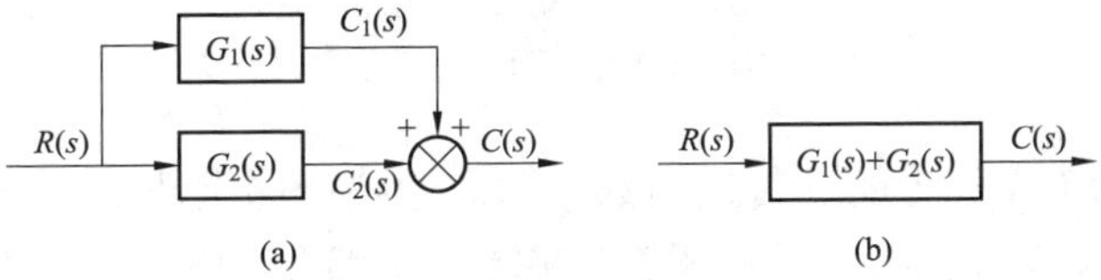

图 2-15　两个环节并联

（a）变换前；（b）变换后

由图可知

$$C(s)=C_1(s)+C_2(s)=G_1(s)R(s)+G_2(s)R(s)=[G_1(s)+G_2(s)]R(s)$$

故两个环节并联的等效传递函数为

$$G(s)=\frac{C(s)}{R(s)}=G_1(s)+G_2(s) \tag{2-47}$$

根据式（2-47）可以画出两个环节并联结构的简化框图，如图 2-15（b）所示，原来的两个函数方框和一个相加点简化成了一个函数方框。

推论：n 个环节并联的等效传递函数等于它们 n 个传递函数的代数和，表达式为

$$G(s)=G_1(s)+G_2(s)+\cdots+G_n(s)=\sum_{i=1}^{n}G_i(s) \tag{2-48}$$

3. 反馈回路的等效变换

将一个对象的输出信号反送到输入端的连接方式称为反馈。图 2-16（a）是一个基本反馈回路。图中，$R(s)$ 是输入信号，$C(s)$ 是输出信号，$Y(s)$ 为反馈信号，$E(s)$ 为误差信号。由误差信号 $E(s)$ 至输出信号 $C(s)$ 的通路称为前向通路，传递函数 $G(s)$ 称为前向通路传递函数。由输出信号 $C(s)$ 至反馈信号 $Y(s)$ 的通路称为反馈通路，传递函数 $H(s)$ 称为反馈通路传递函数。一般输入信号 $R(s)$ 在相加点前取“＋”号。此时，若反馈信号 $Y(s)$ 在相加点前取“＋”号，称为正反馈；取“－”号，称为负反馈。通常相加点前的“＋”可以省略，但“－”号不可以省略。

负反馈是自动控制系统中最常用的基本连接形式。对于负反馈系统由图 2-16（a）可知

$$\begin{aligned}C(s)&=G(s)E(s)=G(s)[R(s)-Y(s)]\\&=G(s)[R(s)-H(s)C(s)]\\&=G(s)R(s)-G(s)H(s)C(s)\end{aligned} \tag{2-49}$$

负反馈回路的等效传递函数为

$$\Phi(s)=\frac{C(s)}{R(s)}=\frac{G(s)}{1+G(s)H(s)} \tag{2-50}$$

根据式（2-50）可以绘出反馈回路简化后的框图，如图 2-16（b）所示。

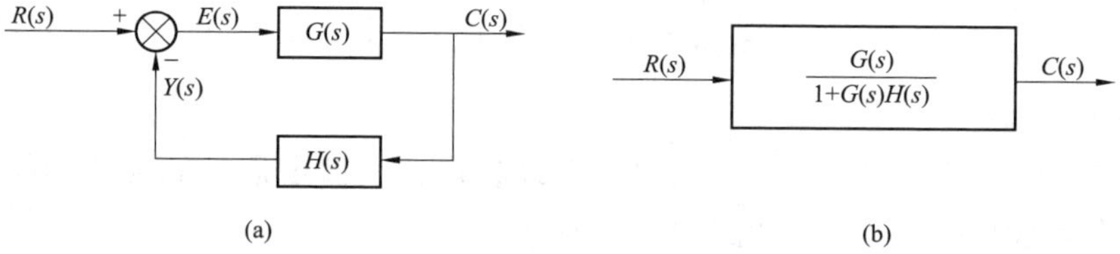

图 2-16　负反馈回路

（a）变换前；（b）变换后

在反馈回路中，$\Phi(s)$ 称为闭环传递函数。前向通路传递函数 $G(s)$ 与反馈通路传递函数 $H(s)$ 的乘积 $G(s)H(s)$ 称为开环传递函数，它等于将反馈通路在输入端的相加点之前断开后所形成的开环结构的传递函数。所以，单回路负反馈系统的闭环传递函数可表示为

$$\Phi(s)=\frac{C(s)}{R(s)}=\frac{\text{前向通路传递函数}}{1+\text{开环传递函数}}$$

同理，可得正反馈系统的闭环传递函数为

$$\Phi(s)=\frac{C(s)}{R(s)}=\frac{G(s)}{1-G(s)H(s)} \tag{2-51}$$

应注意并联与反馈的区别：环节并联，各并联环节信号的流向是相同的，没有反馈，不构成回路。

4. 相加点和分支点的移动

移动包含相加点的前移、后移和分支点的前移、后移。在移动时，变换前后输入量、输出量数学关系保持不变。

表 2-3 中列出了框图等效变换的基本规则。

表 2-3　　框图等效变换规则

变换方式	变换前	变换后	等效关系
串联	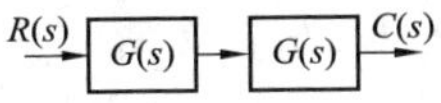	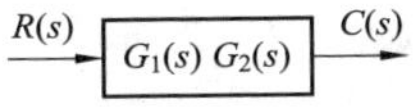	$C(s)=G_1(s)G_2(s)R(s)$
并联	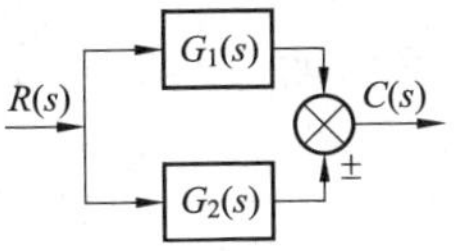	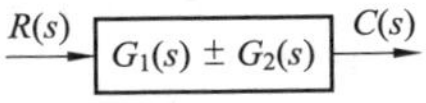	$C(s)=[G_1(s)\pm G_2(s)]R(s)$
反馈	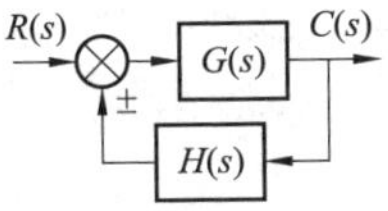	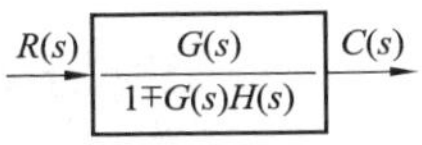	$C(s)=\dfrac{G(s)R(s)}{1\mp G(s)H(s)}$
相加点前移	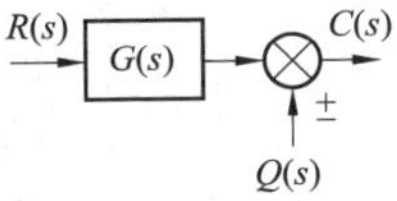	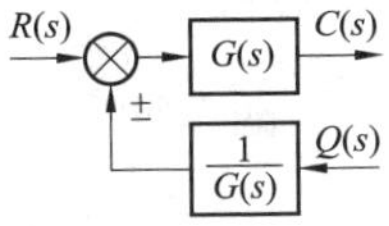	$C(s)=G(s)R(s)\pm Q(s)$ $=G(s)\left[R(s)\pm\dfrac{Q(s)}{G(s)}\right]$
相加点后移	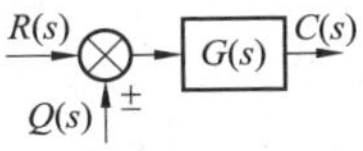	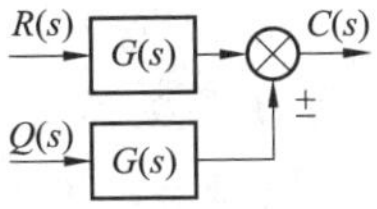	$C(s)=G(s)[R(s)\pm Q(s)]$ $=G(s)R(s)\pm G(s)Q(s)$
分支点前移	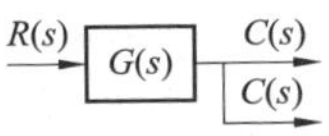	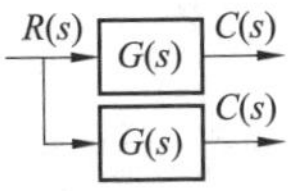	$C(s)=G(s)R(s)$
分支点后移	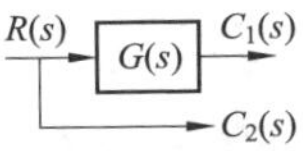	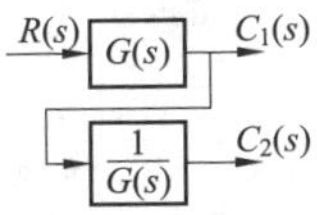	$C_1(s)=G(s)R(s)$ $C_2(s)=G(s)\dfrac{1}{G(s)}R(s)$
相加点与分支点之间的移动	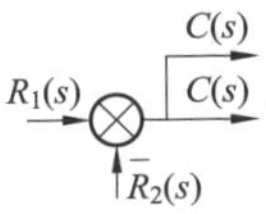	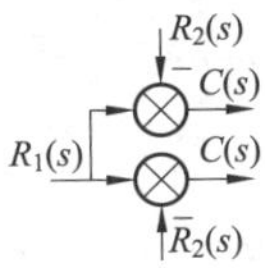	$C(s)=R_1(s)-R_2(s)$

2.5.3 框图化简

框图变换与化简是控制理论中的基本问题。框图化简最常用的方法是采用结构图变换原则，将结构图变换为只有一个方框，从而得到系统的总传递函数。

在框图化简过程中，为保证输入、输出的数学关系不变，**一般应遵循以下两条规则：**

（1）框图化简前后其前向通路中的传递函数的乘积必须保持不变。

（2）框图化简前后其回路中的传递函数的乘积必须保持不变。

化简框图时，首先将框图中显而易见的串联、并联环节和基本反馈回路用一个等效的函数框图代替。如果一个反馈回路内部存在分支点，或存在一个相加点，就称这个回路与其他回路有交叉连接，这种结构称交叉结构。化简框图的关键就是解除交叉结构，形成无交叉的多回路结构。解除交叉连接的办法就是移动分支点或相加点。表 2-3 中框图的变换规则很容易从它代表的数学表达式来证明。

框图化简具体步骤如下：

（1）确定输入量与输出量。

（2）若结构图中有交叉连接，应运用移动规则，首先消除交叉结构，化为无交叉结构。

（3）对多回路结构，可由内向外进行变换，直至变换为一个等效的方框，即所求得的传递函数。

框图化简时应注意：有效输入信号所对应的相加点尽量不要移动；分支点与分支点之间可以移动，相加点与相加点之间可以移动；尽量避免相加点和分支点之间的移动。

【例 2-12】 简化图 2-17（a）所示的多回路系统，求闭环传递函数 $\dfrac{C(s)}{R(s)}$ 及 $\dfrac{E(s)}{R(s)}$。

解 该系统有 3 个反馈回路，由 $H_1(s)$ 组成的回路称为主回路，另两 个回路是副回路。由于存在着由分支点和相加点形成的交叉点 A 和 B，首先要解除交叉。可以将分支点 A 后移到 $G_4(s)$ 的输出端，或将相加点 B 前移到 $G_2(s)$ 的输入端后再交换相邻相加点的位置，或同时移动 A 和 B。这里采用将分支点 A 后移的方法将图 2-17（a）化为图 2-17（b）。化简 G_3、G_4、H_3副回路后得到图 2-17（c）。对于图 2-17（c）中的副回路再进行串联和反馈简化得到图 2-17（d）。由该图求得

$$\frac{C(s)}{R(s)}=\frac{\dfrac{G_1G_2G_3G_4}{1+G_2G_3H_2+G_3G_4H_3}}{1+\dfrac{G_1G_2G_3G_4H_1}{1+G_2G_3H_2+G_3G_4H_3}}=\frac{G_1G_2G_3G_4}{1+G_2G_3H_2+G_3G_4H_3+G_1G_2G_3G_4H_1} \tag{2-52}$$

$$\frac{E(s)}{R(s)}=\frac{1}{1+\dfrac{G_1G_2G_3G_4H_1}{1+G_2G_3H_2+G_3G_4H_3}}=\frac{1+G_2G_3H_2+G_3G_4H_3}{1+G_2G_3H_2+G_3G_4H_3+G_1G_2G_3G_4H_1} \tag{2-53}$$

利用式（2-52）和图 2-17（d）也可求 $\dfrac{E(s)}{R(s)}$，由图可知

$$E(s)=R(s)-H_1(s)C(s)=R(s)\left[1-H_1(s)\frac{C(s)}{R(s)}\right]$$

$$\frac{E(s)}{R(s)}=1-H_1(s)\frac{C(s)}{R(s)} \tag{2-54}$$

将式（2-52）代入式（2-54）即可求出 $\frac{E(s)}{R(s)}$，结果与式（2-53）相同。

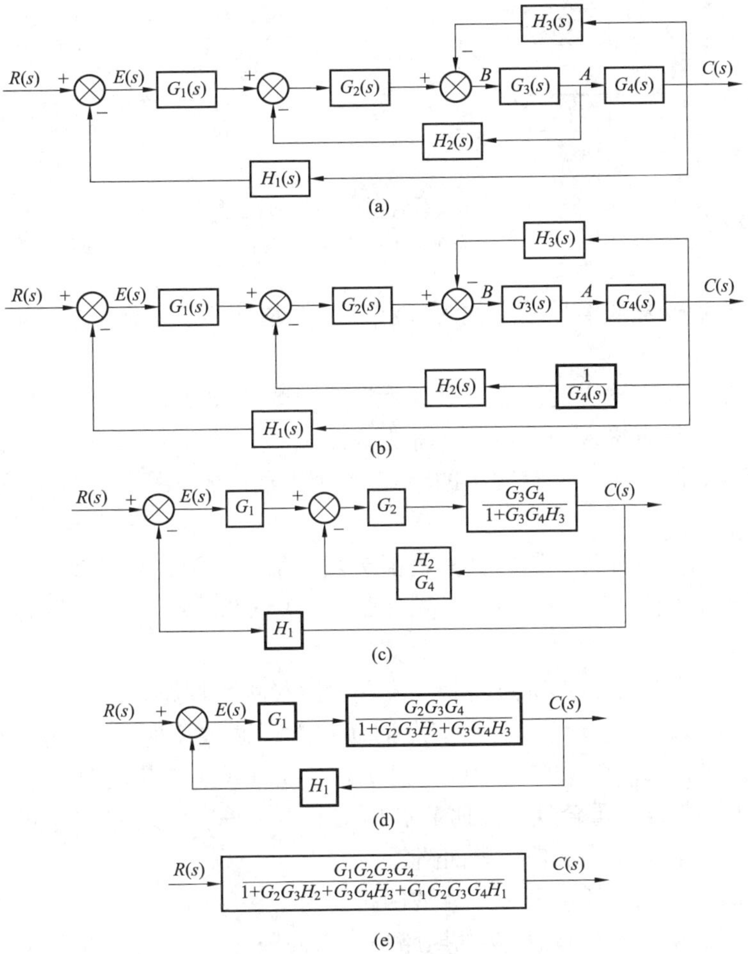

图 2-17　多回路框图的化简

（a）多回路系统；（b）分支点 A 后移；（c）化简 G_3、G_4、H_3 副回路；
（d）串联和反馈化简；（e）化简后

2.6　信号流图与梅森增益公式

1953 年，美国学者梅森（Mason）在线性系统分析中首次引入了信号流图。信号流图描述了信号从系统上一点到另一点的流动情况。1956 年，梅森在他发表的一篇论文中提出了一个增益公式，解决了复杂系统信号流图的化简问题，从而完善了信号流图方法。利用这个公式，对复杂系统的信号流图可以不经过任何结构变换，就能直接迅速地写出系统的传递函数。

2.6.1 信号流图

图 2-18 所示为反馈系统的框图和与它对应的信号流图。由图可以看出，信号流图中的网络是由一些定向线段将一些节点连接而成的。下面介绍有关信号流图的常用术语。

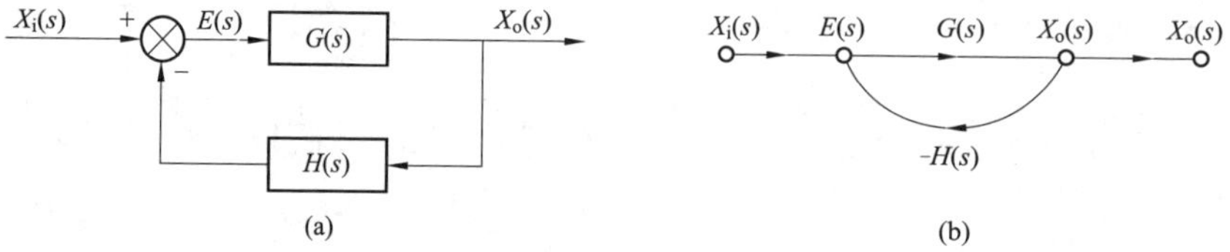

图 2-18 系统框图与信号流图

（a）系统框图；（b）信号流图

（1）节点。表示变量或信号的点称为节点。在图中用“○”表示，在“○”旁边注上信号的代号。

（2）输入节点。只有输出的节点，又称为源点。图 2-18（b）中的 $X_i(s)$ 是输入节点。

（3）输出节点。只有输入的节点，又称为汇点。图 2-18（b）中的 $X_o(s)$ 是输出节点。

（4）混合节点。既有输入又有输出的节点称为混合节点。图 2-18（b）中的 $E(s)$ 是一个混合节点。

（5）支路。定向线段称为支路，其上的箭头表明信号的流向，各支路上还标明了增益，即支路的传递函数。例如图 2-18（b）中从节点 $E(s)$ 到 $X_o(s)$ 为一支路，其中 $G(s)$ 为该支路的增益。

（6）通路。沿支路箭头方向穿过各相连支路的路径称为通路。

（7）前向通路。从输入节点到输出节点的通路上，通过任何一个节点不多于一次的通路称为前向通路。图 2-18（b）中的 $X_i(s)$ 到 $E(s)$ 再到 $X_o(s)$ 是前向通路。

（8）回路。始端与终端重合且与任何节点相交不多于一次的通路称为回路。图 2-18（b）中的 $E(s)$ 到 $X_o(s)$ 再到 $E(s)$ 是一条回路。

（9）不接触回路。没有任何公共节点的回路称为不接触回路。

（10）自回路。只与一个节点相交的回路称为自回路。

为了从信号流图求出系统的传递函数，需要将信号流图等效简化。信号流图的基本简化规则见表 2-4。

表 2-4　信号流图的基本简化规则

支路串联	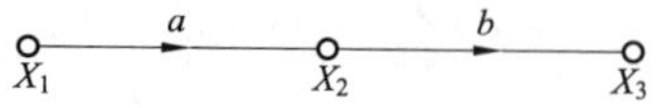	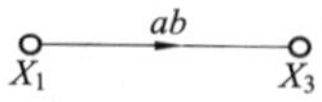
支路并联	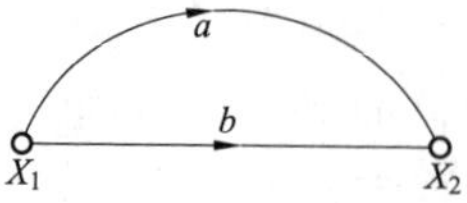	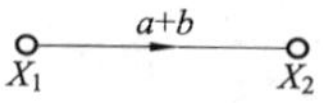

续表

消去节点	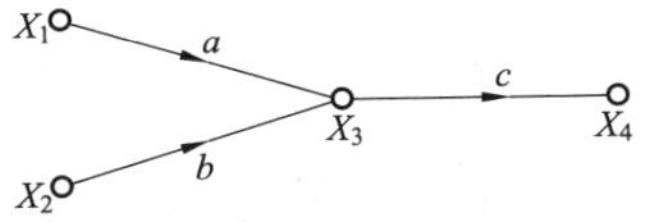	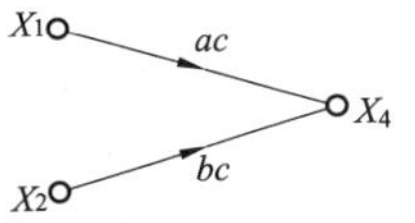
反馈回路的简化	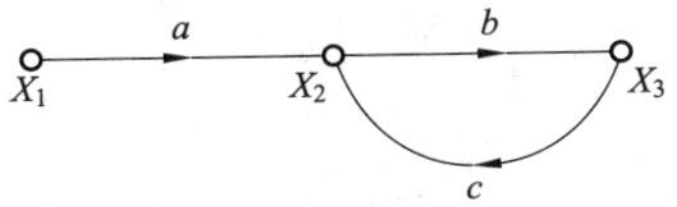	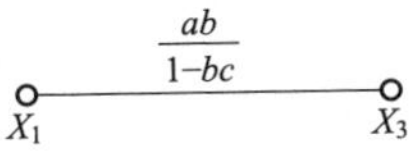
自回路的简化	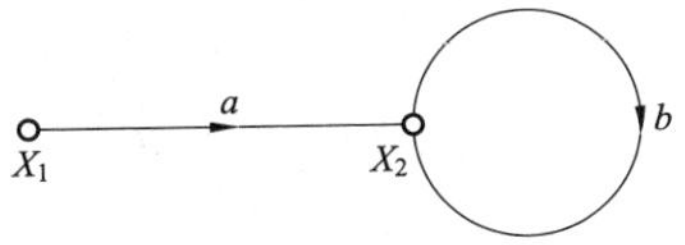	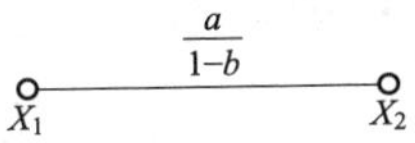

2.6.2　梅森增益公式

梅森增益公式对于求解比较复杂的多回路系统的传递函数具有很大的优越性。它不必进行费时的简化过程，而是直接观察信号流图便可求得系统的传递函数 $\Phi(s)$。

梅森增益为信号流图的一个输入节点与输出节点之间的总增益或总传递函数，其公式为

$$\Phi(s)=\frac{\sum_{k=1}^{n}P_k\Delta_k}{\Delta} \tag{2-55}$$

式中：n 为系统前向通路个数；P_k 为从输入端到输出端的第 k 条前向通路的总增益；Δ_k 为第 k 条前向通路的余子式，即将特征式 Δ 中与第 k 条前向通路相接触的回路所在项除去后所余下的部分。

特征式 Δ 的计算公式为

$$\Delta=1-\sum L_i+\sum L_iL_j-\sum L_iL_jL_k+\cdots \tag{2-56}$$

式中：$\sum L_i$ 为所有回路的回路增益之和；$\sum L_iL_j$ 为所有两两互不接触回路的回路增益乘积之和；$\sum L_iL_jL_k$ 为所有三个互不接触回路的回路增益乘积之和。

应用梅森增益公式求解信号流图传递函数的具体步骤如下：

(1) 观察并写出所有从输入节点到输出节点的前向通路的增益。

(2) 观察信号流图，找出所有的回路，并写出它们的回路增益 L_1，L_2，L_3，…。

(3) 找出所有可能组合的两个、三个…互不接触（无公共节点）回路，并写出回路增益。

(4) 写出信号流图特征式。

(5) 分别写出与第 k 条前向通路不接触部分信号流图的特征式。

(6) 代入梅森增益公式。

下面举例说明应用梅森增益公式由信号流图求取控制系统传递函数的过程。

【例 2-13】 用梅森增益公式求图 2-19 所示信号流图的总传输增益。

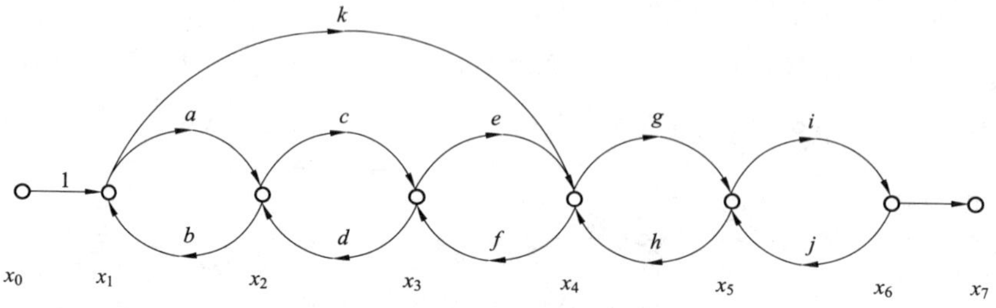

图 2-19 ［例 2-13］的信号流图

解 此系统有六个回路，即 ab、cd、ef、gh、ij、$kfdb$，因此

$$\sum L_1 = ab + cd + ef + gh + ij + kfdb$$

两个互不接触的回路有七种组合，即

$$ab-ef、ab-gh、ab-ij、cd-gh、cd-ij、ef-ij、kfdb-ij$$

所以

$$\sum L_2 = abef + abgh + abij + cdgh + cdij + efij + kfdbij$$

三个互不接触的回路只有

$$ab-ef-ij$$

所以

$$\sum L_3 = abefij$$

由此可得特征式

$$\Delta = 1 - \sum L_1 + \sum L_2 - \sum L_3$$

从输入节点到输出节点有两条前向通路：

一条前向通路为 $acegi$，它与所有的回路均接触，因此 $p_1 = acegi$，$\Delta_1 = 1$；

一条前向通路为 kgi，它不与回路 cd 接触，因此 $p_2 = kgi$，$\Delta_2 = 1 - cd$。

由此可求得系统的总传输增益为

$$T = \frac{x_7}{x_0} = \frac{\sum_{k=1}^{2} P_k \Delta_k}{\Delta}$$

$$= \frac{acegi + kgi\ (1 - cd)}{1 - (ab + cd + ef + gh + ij + kfdb) + (abef + abgh + abij + cdgh + adij + kfabij) - abefij}$$

【例 2-14】 分别利用信号流图法和框图化简方法，求图 2-20 所示系统的传递函数 $\frac{C(s)}{R(s)}$。

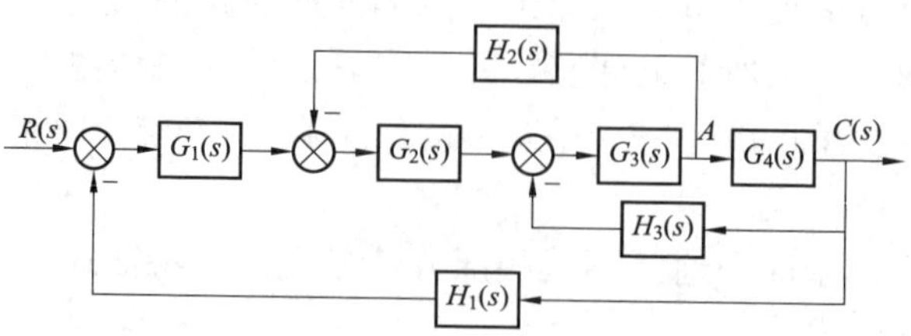

图 2-20 ［例 2-14］系统结构图

解　(1) **信号流图法**。根据系统的结构图画出对应的信号流图如图 2-21 所示。在图 2-21 所示信号流图中有三个闭合回路，并且都互相接触，所以

$$L_1=-G_1(s)G_2(s)G_3(s)G_4(s)H_1(s);\quad L_2=-G_2(s)G_3(s)H_2(s);$$

$$L_3=-G_3(s)G_4(s)H_3(s)$$

$$\Delta=1-(L_1+L_2+L_3)=1+G_1(s)G_2(s)G_3(s)G_4(s)H_1(s)+G_2(s)G_3(s)H_2(s)+G_3(s)G_4(s)H_3(s)$$

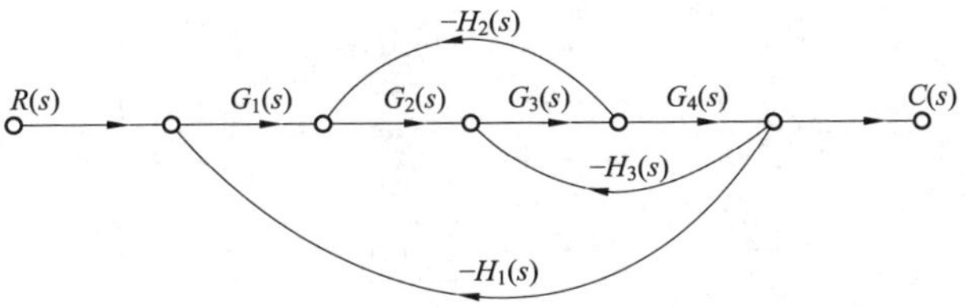

图 2-21　[例 2-14] 系统信号流图

以 $C(s)$ 作为输出信号，该系统只有一条前向通路 $P_1=G_1(s)G_2(s)G_3(s)G_4(s)$，这条前向通路与各回路都有接触，所以 $\Delta_1=1$。则系统传递函数为

$$\frac{C(s)}{R(s)}=\frac{P_1\Delta_1}{\Delta}=\frac{G_1(s)G_2(s)G_3(s)G_4(s)}{1+G_1(s)G_2(s)G_3(s)G_4(s)H_1(s)+G_2(s)G_3(s)H_2(s)+G_3(s)G_4(s)H_3(s)}$$

(2) **框图化简方法**。将分支点 A 后移到 $G_4(s)$ 输出端，得到如图 2-22 (a) 所示框图。继续化简如图 2-22 (b) ～ (d)，最终求得系统传递函数为

$$\frac{C(s)}{R(s)}=\frac{\dfrac{G_2(s)G_3(s)G_4(s)}{1+G_3(s)G_4(s)H_3(s)+G_2(s)G_3(s)H_2(s)}}{1+\dfrac{G_2(s)G_3(s)G_4(s)}{1+G_3(s)G_4(s)H_3(s)+G_2(s)G_3(s)H_2(s)}H_1(s)}$$

$$=\frac{G_1(s)G_2(s)G_3(s)G_4(s)}{1+G_1(s)G_2(s)G_3(s)G_4(s)H_1(s)+G_3(s)G_4(s)H_3(s)+G_2(s)G_3(s)H_2(s)}$$

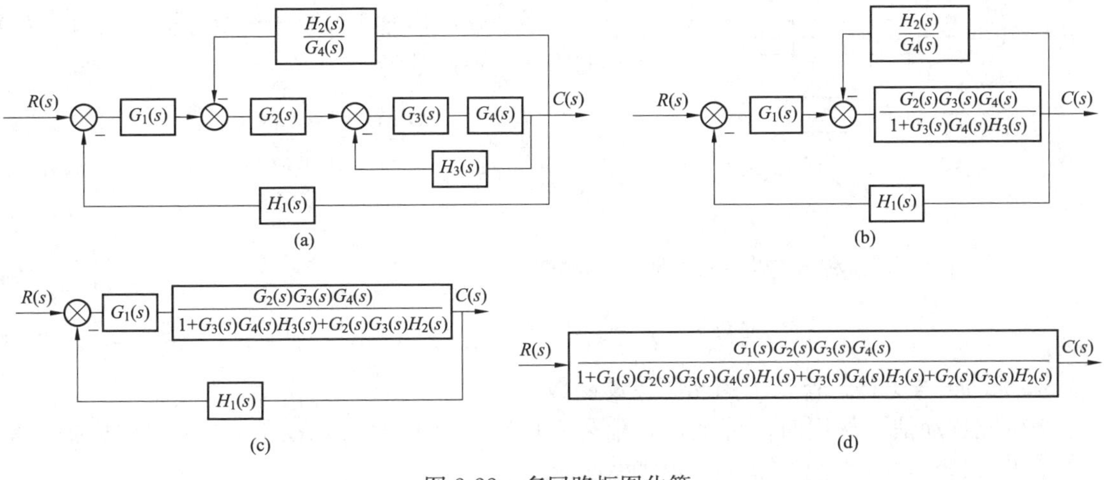

图 2-22　多回路框图化简

2.7 控制系统的传递函数

图 2-23 为控制工程中反馈控制系统的典型结构。实际控制系统不仅受到输入信号 $r(t)$ 的作用，还会受到干扰信号 $f(t)$ 的影响。在分析系统时，不仅讨论输出特性 $c(t)$，也会涉及误差响应 $e(t)$。针对不同的实际问题，需要写出不同的传递函数。

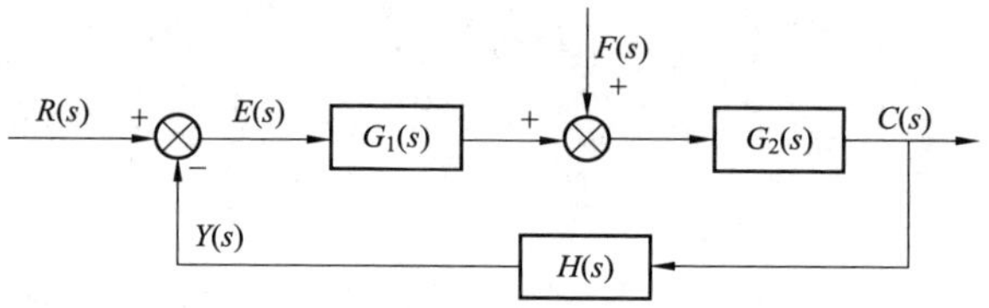

图 2-23 反馈控制系统的典型结构

图 2-23 中，$R(s)$ 为参考输入信号，$F(s)$ 为扰动输入信号，$Y(s)$ 为反馈信号，$E(s)$ 为误差信号。

1. 系统的开环传递函数

若 $F(s)=0$，将反馈信号 $Y(s)$ 在相加点前断开后，反馈信号 $Y(s)$ 与误差信号 $E(s)$ 之比，称为系统的开环传递函数。

系统的前向通路传递函数为

$$G(s)=G_1(s)G_2(s) \tag{2-57}$$

系统的开环传递函数为

$$\frac{Y(s)}{E(s)}=G_1(s)G_2(s)H(s) \tag{2-58}$$

开环传递函数等于前向通路传递函数与反馈通路传递函数的乘积。

2. 参考输入信号 $R(s)$ 作用下的闭环传递函数

当研究输入信号作用时，可令干扰信号 $F(s)=0$。这时框图 2-23 可改成框图 2-24。

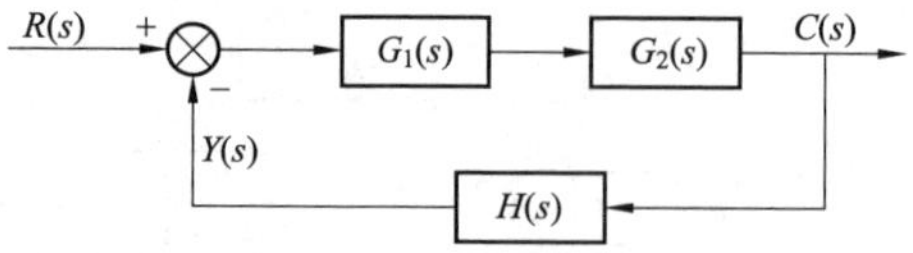

图 2-24 参考输入信号作用下的系统框图

系统输出信号 $C(s)$ 对于参考输入信号 $R(s)$ 的闭环传递函数为

$$\Phi(s)=\frac{C(s)}{R(s)}=\frac{G_1(s)G_2(s)}{1+G_1(s)G_2(s)H(s)} \tag{2-59}$$

当 $H(s)=1$ 时，称为单位负反馈，这时有

$$\Phi(s)=\frac{C(s)}{R(s)}=\frac{G_1(s)G_2(s)}{1+G_1(s)G_2(s)} \tag{2-60}$$

3. 扰动信号 $F(s)$ 作用下的闭环传递函数

当研究扰动信号作用时，可令输入信号 $R(s)=0$。这时将扰动信号 $F(s)$ 看成输入信号，由于 $R(s)=0$，框图 2-23 可变成框图 2-25。

扰动信号 $F(s)$ 作用下的闭环传递函数为

$$\Phi_F(s)=\frac{C(s)}{F(s)}=\frac{G_2(s)}{1+G_1(s)G_2(s)H(s)} \tag{2-61}$$

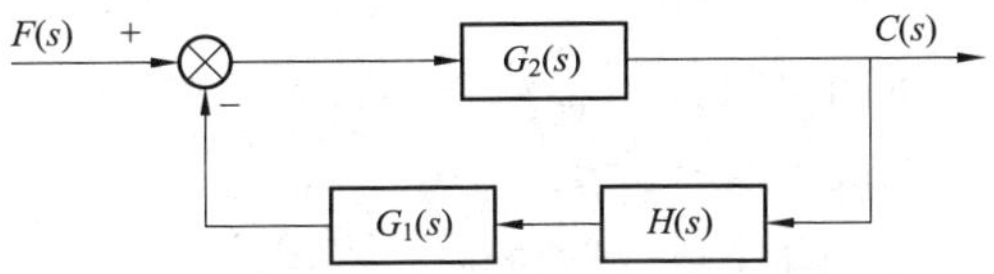

图 2-25　扰动信号作用下的系统框图

4. 系统的总输出

根据线性系统的叠加原理，当 $R(s)\neq 0$、$F(s)\neq 0$ 时，系统输出 $C(s)$ 应等于输入信号 $R(s)$ 与干扰信号 $F(s)$ 各自单独作用时的输出之和，所以有

$$C(s)=\Phi(s)R(s)+\Phi_F(s)F(s)=\frac{G_1(s)G_2(s)R(s)+G_2(s)F(s)}{1+G_1(s)G_2(s)H(s)} \tag{2-62}$$

5. 参考输入信号 $R(s)$ 作用下的误差传递函数

误差信号 $e(t)$ 的大小反映误差的大小，所以有必要了解误差信号与参考输入信号和扰动信号之间的关系。

令 $F(s)=0$，$R(s)$ 是输入量，$E(s)$ 是输出量，前向通路传递函数是 1。这时框图 2-23 可变换成框图 2-26。

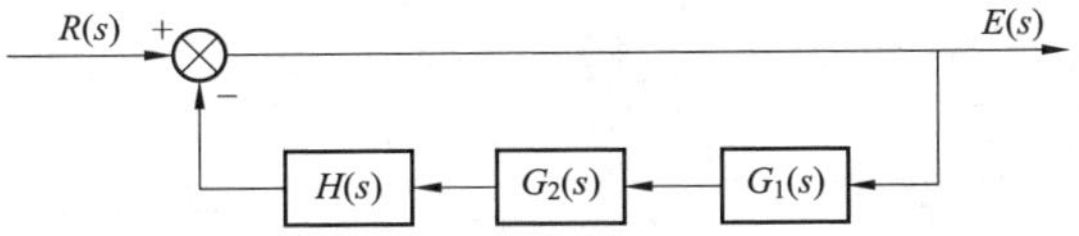

图 2-26　参考输入信号作用下的误差传递函数框图

参考输入信号 $R(s)$ 作用下的误差传递函数为

$$\Phi_{ER}(s)=\frac{E(s)}{R(s)}=\frac{1}{1+G_1(s)G_2(s)H(s)} \tag{2-63}$$

6. 扰动信号 $F(s)$ 作用下的误差传递函数

令 $R(s)=0$，$F(s)$ 是输入量，$E(s)$ 是输出量。这时框图 2-23 可变换成框图 2-27。

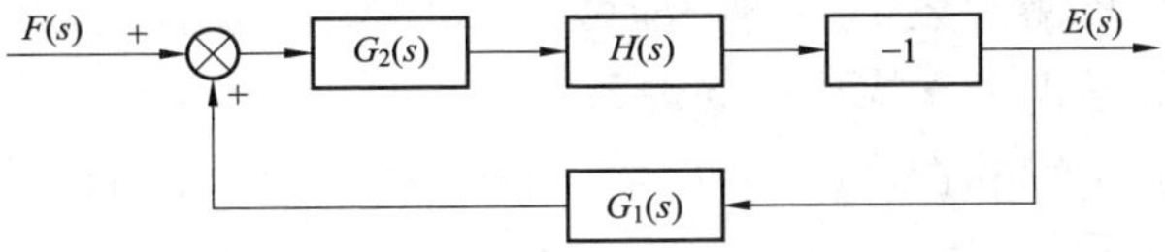

图 2-27　扰动信号作用下的误差传递函数框图

扰动信号 $F(s)$ 作用下的误差传递函数为

$$\Phi_{EF}(s)=\frac{E(s)}{F(s)}=\frac{-G_2(s)H(s)}{1+G_1(s)G_2(s)H(s)} \tag{2-64}$$

7. 系统的总误差

根据叠加原理，当 $R(s)\neq 0$、$F(s)\neq 0$ 时，系统的总误差为

$$E(s)=\Phi_{ER}(s)R(s)+\Phi_{EF}(s)F(s)=\frac{R(s)-G_2(s)H(s)F(s)}{1+G_1(s)G_2(s)H(s)} \tag{2-65}$$

综上分析可知：

(1) 系统闭环特征方程以及它的特征根是不变的，是由其系统本身决定的。比较上面

几个闭环传递函数 $\Phi(s)$ 、$\Phi_F(s)$ 、$\Phi_{ER}(s)$ 和 $\Phi_{EF}(s)$ ，可以看出它们的分母都是相同的，即系统闭环特征表达式相同。系统闭环特征方程 $1+G_1(s)G_2(s)H(s)=0$ 也是不变的，是由其系统本身决定的。

（2）闭环系统的特征多项式为其开环传递函数的分母多项式与分子多项式之和，闭环零点由前向通路传递函数零点和反馈通路传递函数极点所组成。此结论对于扰动输入而言，结论不变。

设前向通路传递函数 $G(s)$ 和反馈通路传递函数 $H(s)$ 分别为

$$G(s)=G_1(s)G_2(s)=\frac{M_1(s)}{N_1(s)};\quad H(s)=\frac{M_2(s)}{N_2(s)}$$

则开环传递函数为

$$G(s)H(s)=\frac{M_1(s)}{N_1(s)}\times\frac{M_2(s)}{N_2(s)} \tag{2-66}$$

闭环传递函数为

$$\Phi(s)=\frac{G(s)}{1+G(s)H(s)}=\frac{\dfrac{M_1(s)}{N_1(s)}}{1+\dfrac{M_1(s)}{N_1(s)}\times\dfrac{M_2(s)}{N_2(s)}}=\frac{M_1(s)N_2(s)}{M_1(s)M_2(s)+N_1(s)N_2(s)} \tag{2-67}$$

反馈的引入改变了闭环系统零、极点的分布，对于单位负反馈系统，其闭环零点与开环零点相同。

2.8 相似原理

从前面对控制系统的传递函数的研究中可以看出，对于不同的物理系统（环节）可用形式相同的微分方程与传递函数来描述，即可以用形式相同的数学模型来描述。一般情况下，能用形式相同的数学模型来描述的物理系统（环节）称为相似系统（环节），在微分方程和传递函数中占相同位置的物理量称为相似量。所以，这里讲的“相似”，只是就数学形式而言，不是就物理实质而言的。

由于相似系统（环节）的数学模型在形式上相同，因此，可用相同的数学方法对相似系统加以研究，也可以通过一种物理系统研究另一种相似的物理系统。在工程应用中，常常使用机械、电气、液压系统或它们的联合系统，下面讨论它们的相似性。

在［例 2-1］和［例 2-3］中分别研究了电气系统和机械系统。对于［例 2-1］中的 RLC 电气系统有

$$L\frac{\mathrm{d}i(t)}{\mathrm{d}t}+Ri(t)+u_o(t)=u_i(t) \tag{2-68}$$

式中：$u_o(t)=\frac{1}{C}\int i(t)\mathrm{d}t$ ，代入式（2-68）可得

$$L\frac{\mathrm{d}i(t)}{\mathrm{d}t}+Ri(t)+\frac{1}{C}\int i(t)\mathrm{d}t=u_{\mathrm{i}}(t)$$

如以电量 q 表示输出，有

$$L\frac{\mathrm{d}^2q(t)}{\mathrm{d}t^2}+R\frac{\mathrm{d}q(t)}{\mathrm{d}t}+\frac{1}{C}q(t)=u_{\mathrm{i}}(t)$$

则得系统的传递函数为

$$G(s)=\frac{Q(s)}{U_{\mathrm{i}}(s)}=\frac{1}{Ls^2+Rs+\frac{1}{C}} \tag{2-69}$$

对于［例 2-3］中的系统有

$$m\frac{\mathrm{d}^2y(t)}{\mathrm{d}t^2}+f\frac{\mathrm{d}y(t)}{\mathrm{d}t}+ky(t)=F(t) \tag{2-70}$$

因此可得系统的传递函数为

$$G(s)=\frac{Y(s)}{F(s)}=\frac{1}{ms^2+fs+k} \tag{2-71}$$

显然，这两个系统为相似系统，其相似量列于表 2-5 中。这种相似称为电压-力相似。同类的相似系统很多，表 2-6 中列举了几个例子。

表 2-5　　电气系统和机械系统的相似量

电气系统	机械系统
电压 u	力 F（力矩 M）
电感 L	质量 m（转动惯量 J）
电阻 R	黏性阻尼系数 f
电容的倒数 $\frac{1}{C}$	弹簧弹性系数 k
电量 q	位移 y（角位移 θ）
电流 i（或 q）	速度 y（角速度 θ）

表 2-6　　电压-力相似系统举例

电气系统	机械系统
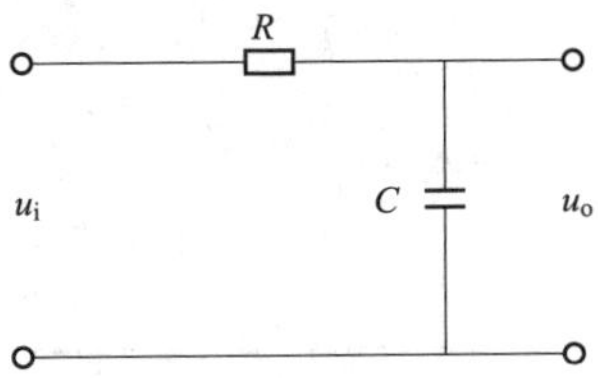 $\frac{U_{\mathrm{o}}(s)}{U_{\mathrm{i}}(s)}=\frac{1}{RCs+1}$	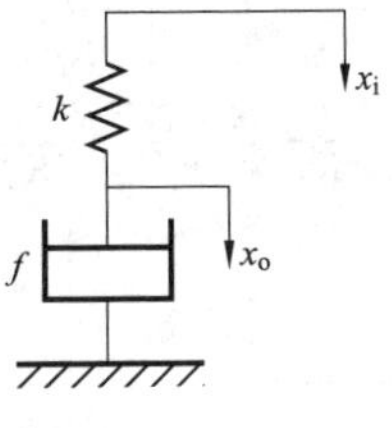 $\frac{X_{\mathrm{o}}(s)}{X_{\mathrm{i}}(s)}=\frac{1}{\frac{f}{k}s+1}$

续表

<table>
<tr><th>电气系统</th><th>机械系统</th></tr>
<tr><td>
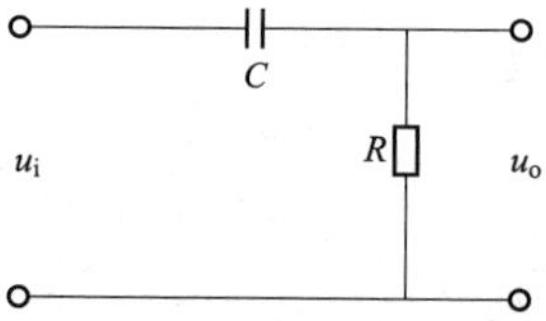

$$\frac{U_o(s)}{U_i(s)}=\frac{RCs}{RCs+1}$$
</td><td>
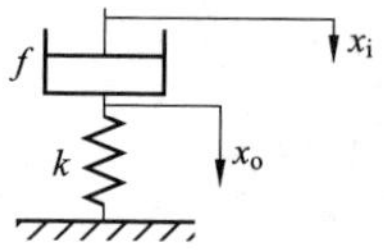

$$\frac{X_o(s)}{X_i(s)}=\frac{\frac{f}{k}s}{\frac{f}{k}s+1}$$
</td></tr>
<tr><td>
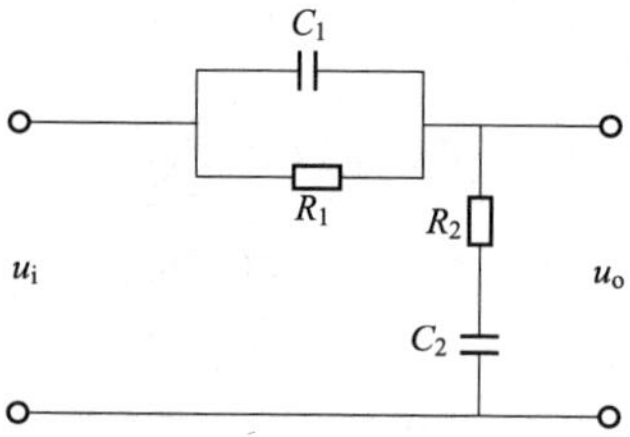

$$\frac{U_o(s)}{U_i(s)}=\frac{(R_2C_2s+1)(R_1C_1s+1)}{sR_1C_2+(R_2C_2s+1)(R_1C_1s+1)}$$
</td><td>
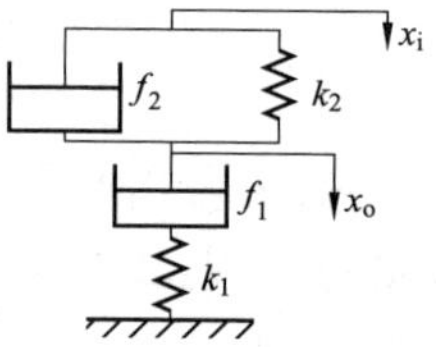

$$\frac{X_o(s)}{X_i(s)}=\frac{\left(1+\frac{f_1}{k_1s}\right)\left(1+\frac{f_2}{k_2s}\right)}{\frac{f_1}{k_2s}+\left(1+\frac{f_1}{k_1s}\right)+\left(1+\frac{f_2}{k_2s}\right)}$$
</td></tr>
<tr><td>
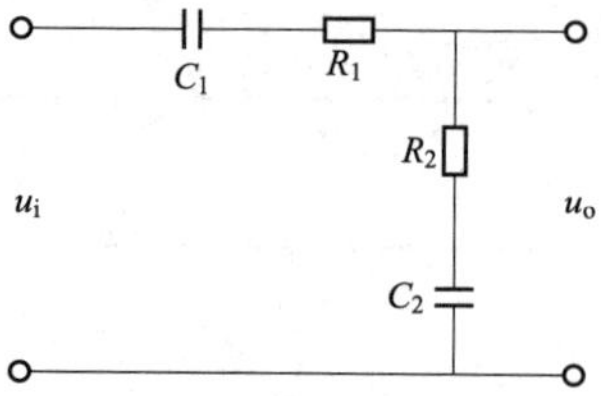

$$\frac{U_o(s)}{U_i(s)}=\frac{R_2C_2s+1}{C_2/C_1(R_1C_1s+1)+(R_2C_2s+1)}$$
</td><td>
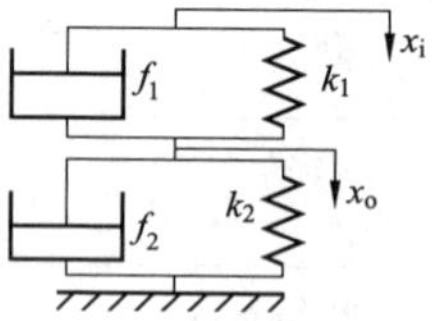

$$\frac{X_o(s)}{X_i(s)}=\frac{\frac{f_1}{k_1}s+1}{\left(\frac{f_1}{k_1}s+1\right)+\left(\frac{f_2}{k_2}+1\right)\frac{k_2}{k_1}}$$
</td></tr>
</table>

在机械、电气、液压系统中，阻尼、电阻、流阻都是耗能元件；而质量、电感、流感与弹簧、电容、流容都是储能元件，前三者可称为惯性或感性储能元件，后三者称为弹性或容性储能元件。每当系统中增加一个储能元件时，其内部就增加一层能量的交换，即增

多一层信息的交换，系统的微分方程也增高一阶。但是，采用此办法辨别系统的微分方程阶数时，一定要注意每一弹性元件、每一惯性元件是否是独立的。实际中的机械、电气、液压系统或它们混合的系统是很复杂的，往往不能凭表面上的储能元件的个数来决定系统微分方程的阶数，但此办法可以帮助列写系统微分方程。

小　结

本章讲述了自动控制系统数学模型的建立过程，主要介绍了控制系统的微分方程、传递函数、框图、信号流图等。这些数学模型是进行系统分析的数学基础。学习本章要求掌握系统微分方程的建立方法，通过拉氏变换将微分方程变换到复频域，从而求得系统的传递函数；掌握各类典型环节传递函数的表达式，能够通过控制系统的原理图绘制系统框图，并熟练运用等效变换原则化简框图和利用梅森增益公式求得系统的传递函数；掌握自动控制系统和系统框图以及信号流图中的相关概念。

常用术语和概念

数学模型(mathematical models)：描述系统行为的一组数学表达式。数学给出的系统行为描述。

线性系统(linear system)：满足叠加性和齐次性的系统。

线性近似(linear approximation)：通过建立设备的输入与输出之间的线性关系而获得的近似模型。

折中处理(trade-off)：在两个所期望的但又彼此冲突的性能指标和设计准则之间，为达成某种协调而做出的调整。

拉普拉斯变换(Laplace transform)：将时域函数 $f(t)$ 转换成复频域 $F(s)$ 的一种变换。

传递函数(transfer function)：在零初始值条件下，线性定常系统输出变量的拉普拉斯变换与输入变量的拉普拉斯变换之比。

特征方程(characteristic equation)：令传递函数的分母多项式为零的方程。

框图(block diagram)：由单方向功能方框组成的一种结构图，这些方框代表了系统元件的传递函数。

信号流图(signal-flow graph)：由节点和连接节点的有向线段所构成的一种信息结构图，是一组线性关系的图解表示。

梅森公式(Mason rule)：使用户能通过追踪系统中的回路和路径以获得其传递函数的公式。

稳态(steady state)：在响应的所有暂态项完全衰减后输出所达到的值，也称为终值。

仿真(simulation)：通过建立系统模型，利用计算机算法和软件实现对系统性能的计算或模拟。

零点(zeros)：传递函数分子多项式的根。

极点(poles)：传递函数分母多项式的根。

思维导图

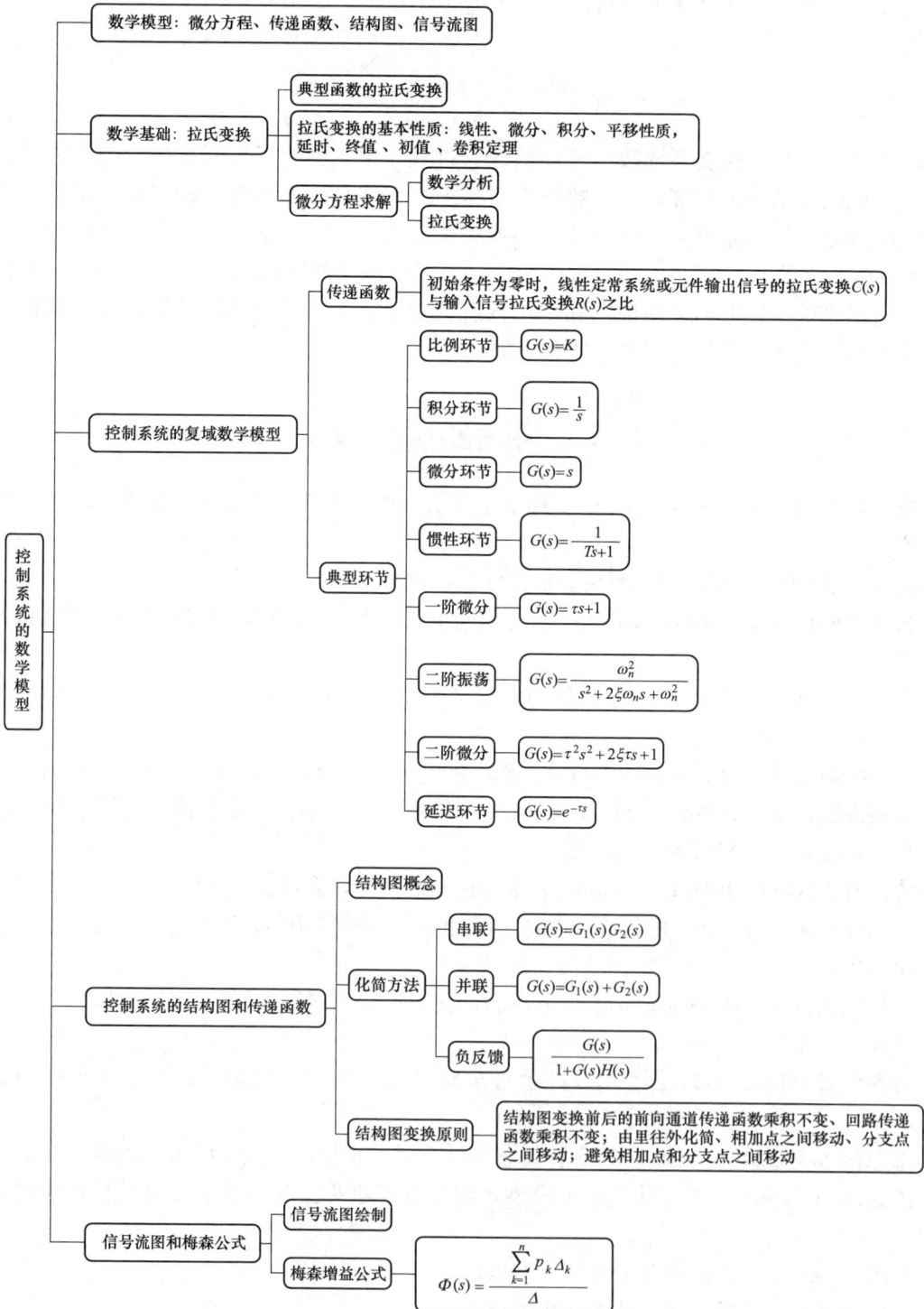

- 控制系统的数学模型
  - 数学模型：微分方程、传递函数、结构图、信号流图
  - 数学基础：拉氏变换
    - 典型函数的拉氏变换
    - 拉氏变换的基本性质：线性、微分、积分、平移性质，延时、终值 、初值 、卷积定理
    - 微分方程求解
      - 数学分析
      - 拉氏变换
  - 控制系统的复域数学模型
    - 传递函数
      - 初始条件为零时，线性定常系统或元件输出信号的拉氏变换$C(s)$与输入信号拉氏变换$R(s)$之比
    - 典型环节
      - 比例环节：$G(s)=K$
      - 积分环节：$G(s)=\frac{1}{s}$
      - 微分环节：$G(s)=s$
      - 惯性环节：$G(s)=\frac{1}{Ts+1}$
      - 一阶微分：$G(s)=\tau s+1$
      - 二阶振荡：$G(s)=\frac{\omega_n^2}{s^2+2\xi\omega_n s+\omega_n^2}$
      - 二阶微分：$G(s)=\tau^2 s^2+2\xi\tau s+1$
      - 延迟环节：$G(s)=e^{-\tau s}$
  - 控制系统的结构图和传递函数
    - 结构图概念
    - 化简方法
      - 串联：$G(s)=G_1(s)G_2(s)$
      - 并联：$G(s)=G_1(s)+G_2(s)$
      - 负反馈：$\frac{G(s)}{1+G(s)H(s)}$
    - 结构图变换原则
      - 结构图变换前后的前向通道传递函数乘积不变、回路传递函数乘积不变；由里往外化简、相加点之间移动、分支点之间移动；避免相加点和分支点之间移动
  - 信号流图和梅森公式
    - 信号流图绘制
    - 梅森增益公式：$\Phi(s)=\frac{\sum_{k=1}^{n}p_k\Delta_k}{\Delta}$

思考题

2-1　什么是系统的数学模型？系统数学模型有哪些表示方法？

2-2　建立数学模型的方法有哪些？

2-3　简述建立微分方程的一般步骤。

2-4　什么是传递函数？传递函数有哪些性质？传递函数有哪些局限性？

2-5　传递函数有哪几种表现形式？

2-6　典型环节分为哪几类，各自的传递函数是什么？

2-7　控制系统的开环传递函数、闭环传递函数、误差传递函数各自的定义是什么？这几类传递函数有什么共同点？

2-8　系统结构图有哪些特点？结构图等效变换目的是什么？

2-9　结构图等效变换的原则是什么？结构图等效变换应该注意什么？

2-10　如何由动态结构图得到信号流图？写出梅森增益公式并说明各符号代表的含义。

2-11　什么是相似系统？相似系统在自动控制系统分析与设计方面有什么意义？

习　题

2-1　已知系统的微分方程式如下，求出系统的传递函数 $\dfrac{C(s)}{R(s)}$。

(1) $\dfrac{d^3c(t)}{dt^3}+15\dfrac{d^2c(t)}{dt^2}+50\dfrac{dc(t)}{dt}+500c(t)=\dfrac{d^2r(t)}{dt^2}+2r(t)$。

(2) $5\dfrac{d^2c(t)}{dt^2}+25\dfrac{dc(t)}{dt}=0.5\dfrac{dr(t)}{dt}$。

(3) $\dfrac{d^2c(t)}{dt^2}+3\dfrac{dc(t)}{dt}+6c(t)+4\int c(t)dt=4r(t)$。

2-2　求图 2-28 所示机械系统的微分方程式和传递函数。图中 $F(t)$ 为外力，$x(t)$、$y(t)$ 为位移；k 为弹性系数，f 为阻尼系数，m 为质量，且均为常数。忽略重力影响及滑块与地面的摩擦。

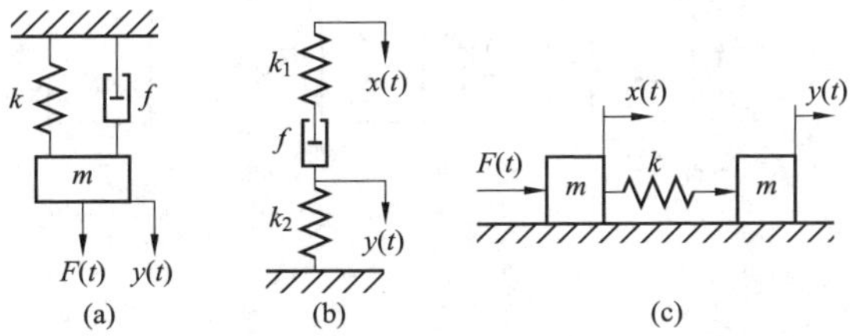

图 2-28　习题 2-2 图

2-3　证明图 2-29（a）所示的力学系统和图 2-29（b）所示的电路系统是相似系统。

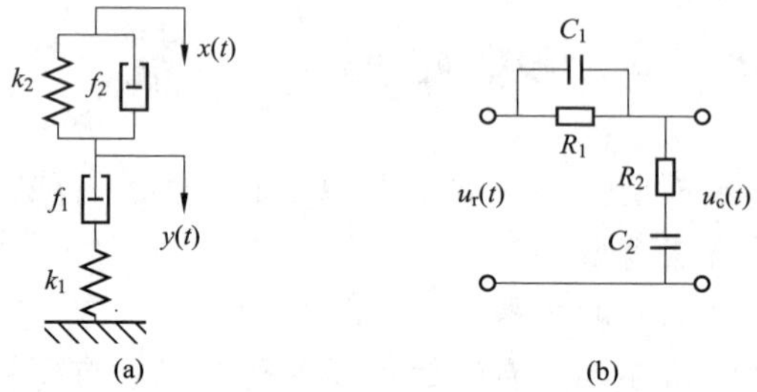

图 2-29　习题 2-3 图

2-4　求图 2-30 所示电网络的传递函数。

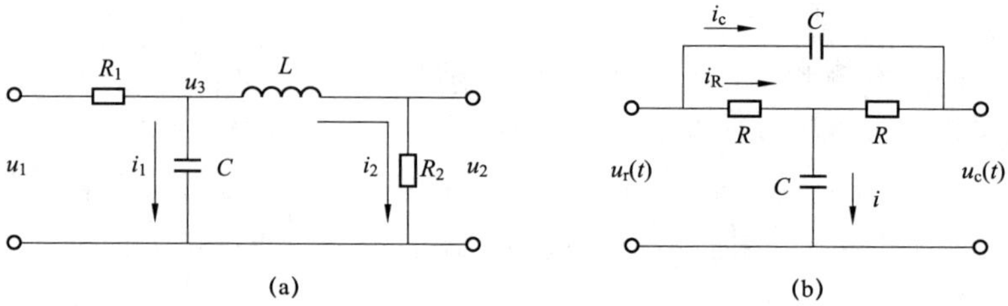

图 2-30　习题 2-4 图

2-5　求图 2-31 所示电路的传递函数 $U_o(s)/U_i(s)$ 。

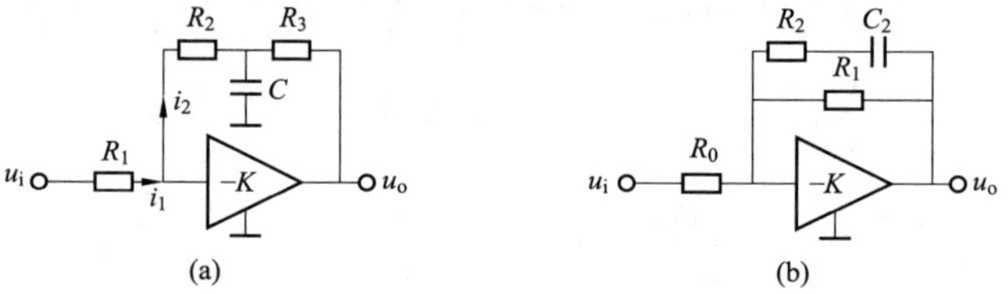

图 2-31　习题 2-5 图

2-6　由运算放大器组成的控制系统模拟电路如图 2-32 所示，求系统的闭环传递函数 $U_o(s)/U_i(s)$ 。

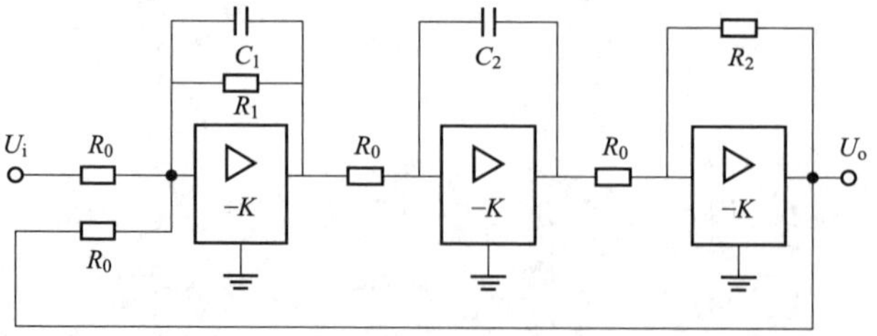

图 2-32　习题 2-6 图

2-7　试分别用框图化简方法和信号流图方法，求图 2-33 所示系统的传递函数 $\dfrac{C(s)}{R(s)}$ 和

$\dfrac{E(s)}{R(s)}$。

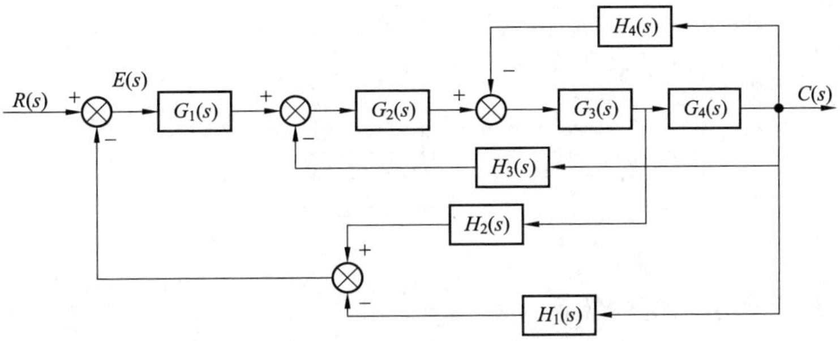

图 2-33　习题 2-7 图

2-8　试用框图化简方法，求图 2-34 所示的系统传递函数 $\dfrac{C(s)}{R(s)}$。

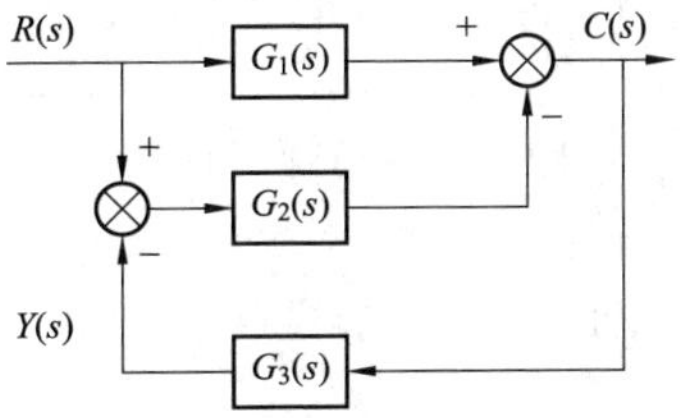

图 2-34　习题 2-8 图

2-9　试分别用框图化简方法和信号流图方法，求图 2-35 所示系统的传递函数 $\dfrac{C(s)}{R(s)}$ 和 $\dfrac{E(s)}{R(s)}$。

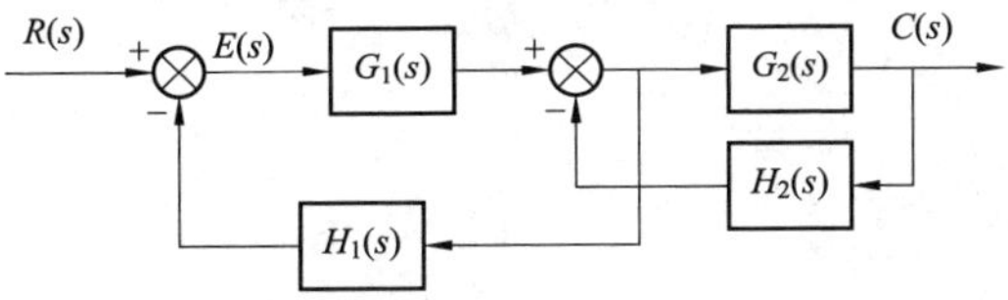

(a)

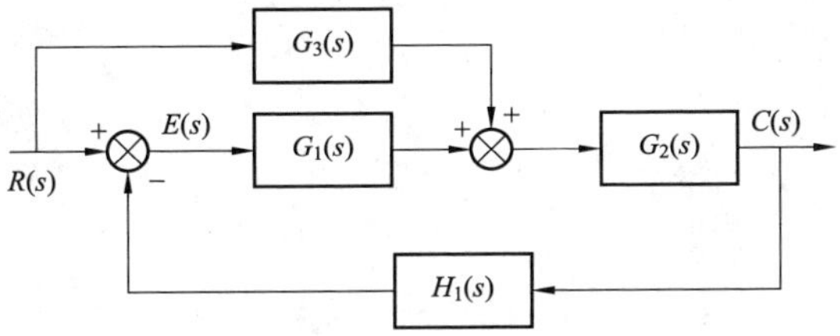

(b)

图 2-35　习题 2-9 图

2-10　试分别用变量代换方法和信号流图方法，求图 2-36 所示系统的传递函数 $\dfrac{C(s)}{R(s)}$。

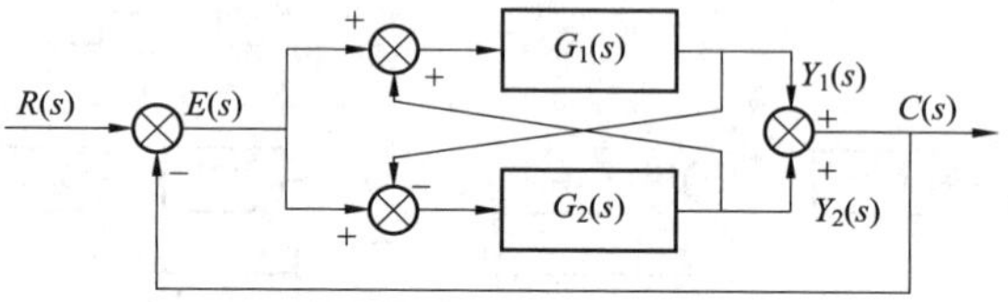

图 2-36　习题 2-10 图

2-11　求图 2-37 所示系统的传递函数 $\dfrac{C(s)}{R(s)}$。

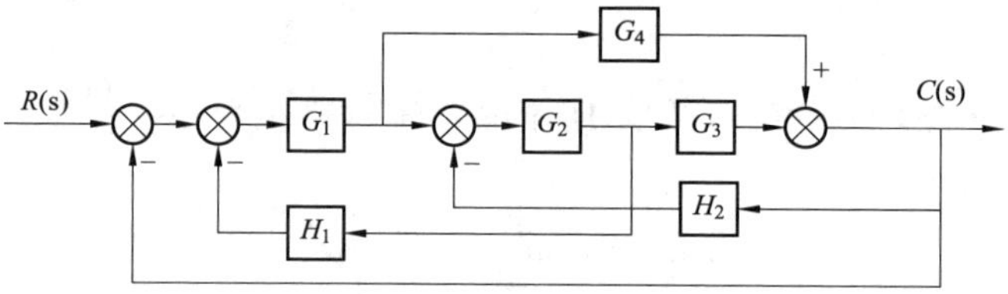

图 2-37　习题 2-11 图

2-12　求图 2-38 所示系统的闭环传递函数 $\dfrac{C(s)}{R(s)}$。

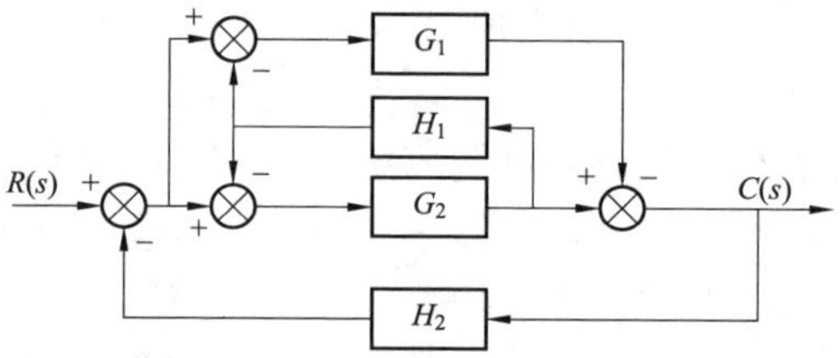

图 2-38　习题 2-12 图

第 3 章　线性系统的时域分析

对控制系统性能的要求主要是稳定性、稳态性能和动态性能。控制系统数学模型建立后，可以通过数学工具对控制系统的性能进行分析。在自动控制理论中，发展了多种分析方法。本章介绍线性定常系统的时域分析法。

时域分析法是一种在时域中对系统进行分析的方法，一般在输入端给系统施加典型输入信号，而用系统输出响应分析系统的品质。时域分析法可以提供系统时间性响应的全部信息，具有直观、准确等特点，但有时较繁琐。

本章主要围绕时域中线性控制系统的动态性能、稳定性和稳态性能展开，分别研究一阶系统、二阶系统以及高阶系统的时域响应；介绍系统稳定的充分必要条件，这是各种稳定性判据的出发点；然后介绍线性定常系统的劳斯判据、赫尔维茨判据等代数稳定判据；建立有关稳态误差的概念，介绍稳态误差的计算方法，讨论消除或减少稳态误差的途径。

【学习目标】

(1) 掌握典型一、二阶系统的数学模型及其主要参数。
(2) 熟练掌握二阶系统欠阻尼下的响应分析及其主要动态性能指标计算。
(3) 了解高阶系统阶跃响应及其与闭环零点、极点的关系，掌握闭环主导极点的概念。
(4) 熟悉系统稳定性的定义、线性定常系统稳定的充要条件及劳斯稳定判据。
(5) 熟练掌握稳态误差的概念、计算方法和减小稳态误差的措施。

3.1　典型输入信号及系统时域性能指标

时域分析法中，控制系统的性能可以通过系统对输入信号的输出时间响应过程来评价。一个系统的时间响应，不仅取决于系统本身的特性，还与输入信号的形式有关。

3.1.1　典型输入信号

为了对各种控制系统的性能进行比较，需要有一个共同的基准，即预先规定的一些具有特殊形式的实验信号作为系统的输入，然后比较各种系统对这些输入信号的反应。将便于进行分析和设计，同时也便于对各种控制系统性能进行比较而确定的一些基本的输入信号或者函数称为典型输入信号。

选取的典型输入信号尽可能简单，便于理论计算和分析处理，或能反映系统工作的大部分实际情况，或能使系统工作在最不利的情况。时域分析法中一般采用的典型输入信号及其关系见表 3-1。

表 3-1　典型输入信号及其关系

输入信号		时域关系	时域图形	$R(s)$	复域关系	示例
名称	关系式					
单位脉冲函数	$\delta(t)=\begin{cases}\infty & (t=0)\\ 0 & (t\neq 0)\end{cases}$ $\int\delta(t)\mathrm{d}t=1$	↑	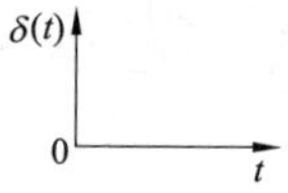	$R(s)=1$	↑	脉动电信号 冲击力
单位阶跃函数	$1(t)=\begin{cases}1 & (t\geqslant 0)\\ 0 & (t<0)\end{cases}$	$\frac{\mathrm{d}}{\mathrm{d}t}$	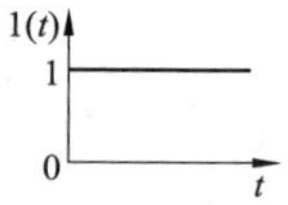	$R(s)=\frac{1}{s}$	$\times s$	等位移信号 开关输入 负荷突变
单位斜坡函数	$f(t)=\begin{cases}t & (t\geqslant 0)\\ 0 & (t<0)\end{cases}$		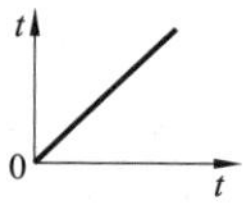	$R(s)=\frac{1}{s^2}$		等速度信号
单位加速度函数	$f(t)=\begin{cases}\frac{1}{2}t^2 & (t\geqslant 0)\\ 0 & (t<0)\end{cases}$		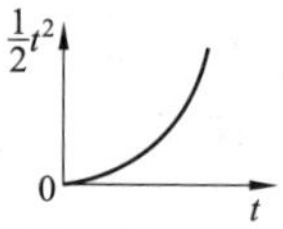	$R(s)=\frac{1}{s^3}$		等加速度信号

3.1.2　系统的时域性能指标

稳定是系统工作的前提，只有系统是稳定的，分析系统的动态性能和稳态性能以及性能指标才有意义。

实际物理系统都存在惯性，输出量的改变与系统所储存的能量有关。系统所储存的能量的改变需要有一个过程。在外作用激励下，系统从一种稳定状态转换到另一种稳定状态需要一定的时间。响应过程分为动态过程（也称为过渡过程）和稳态过程。针对这两个过程，控制系统的时域性能指标分为动态性能指标和稳态性能指标。

1. 动态性能指标

一般认为，阶跃输入对系统来讲是最严峻的工作状态，如果系统在阶跃函数作用下的暂态性能满足要求，那么系统在其他形式函数作用下的暂态响应也是令人满意的。为此，通常在阶跃函数作用下，测定或计算系统控制过程的动态性能。实际的控制使系统单位阶跃响应在达到稳态以前常常为衰减振荡过程，如图 3-1 所示，其动态性能指标如下：

（1）**延迟时间 t_d**：响应曲线第一次达到终值的一半所需的时间。

（2）**上升时间 t_r**：对于有振荡的系统，响应曲线从零第一次上升到稳态值所需的时间。对于无振荡的系统，响应曲线从终值的 10%上升到 90%所需的时间。上升时间表征了系统的响应速度，上升时间越短，响应速度越快。

（3）**峰值时间 t_p**：阶跃响应曲线超过其稳态值而达到第一个峰值所需要的时间。

（4）**最大超调量 σ_p**：系统响应的最大值 $c(t_p)$ 超出稳态值 $c(\infty)$ 的百分数，表达式为

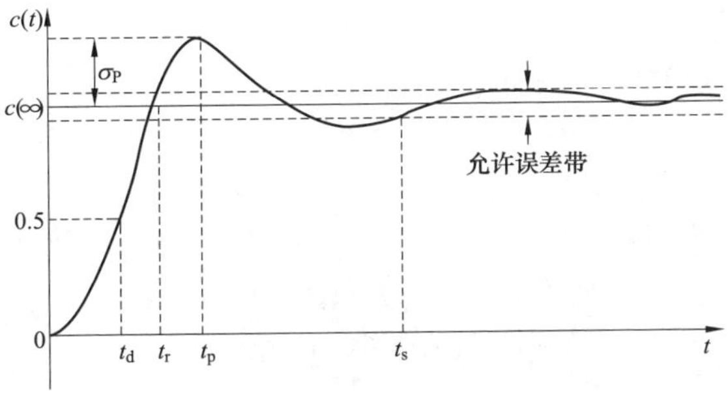

图 3-1　控制系统的阶跃响应

$$\sigma_p = \frac{c(t_p) - c(\infty)}{c(\infty)} \times 100\% \tag{3-1}$$

（5）**调节时间 t_s：**当系统的阶跃响应曲线衰减到允许的误差带内，并且以后不再超出该误差带的最小时间。即响应曲线满足式（3-2）的时间。

$$\frac{|c(t) - c(\infty)|}{c(\infty)} \leqslant \Delta \tag{3-2}$$

式中：允许误差带 $\Delta = 5\%$ 或 $\Delta = 2\%$。

（6）**振荡次数 N：**在调节时间内，响应曲线 $c(t)$ 围绕终值 $c(\infty)$ 变化的周期数。或者说，响应 $c(t)$ 穿越其稳态值 $c(\infty)$ 次数的一半。

2. 稳态性能指标

稳态误差 e_{ss} 是衡量系统控制精度或抗干扰能力的一种度量。工程上指控制系统进入稳态后（$t \to \infty$）期望的输出与实际输出的差值，差值越小，控制精度越高。

3.2　一阶系统的时域分析

工程上，许多高阶系统通常具有一、二阶系统的时间响应，高阶系统也常常被简化成一、二阶系统。因此深入研究一、二阶系统有着广泛的实际意义。

3.2.1　一阶系统的数学模型

凡可用一阶微分方程描述的控制系统，都称为一阶系统。一阶系统在控制工程实践中应用广泛。一些控制元部件及简单系统，如 RC 网络、发电机、空气加热器、液面控制系统等都可看作一阶系统。

如图 3-2（a）所示的 RC 电路，其微分方程为

$$T\frac{\mathrm{d}c(t)}{\mathrm{d}t} + c(t) = r(t) \tag{3-3}$$

式中：T 为时间常数，$T = RC$；$r(t)$ 为电路输入电压；$c(t)$ 为电路输出电压。

当该电路的初始条件为零时，典型一阶系统的闭环传递函数为

$$\Phi(s) = \frac{C(s)}{R(s)} = \frac{1}{Ts + 1} \tag{3-4}$$

相应的结构图如图 3-2（b）所示。

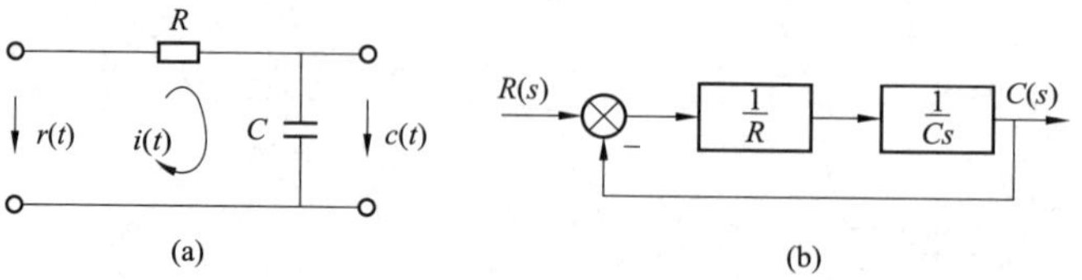

图 3-2　一阶系统电路图与结构图

（a）RC 电路图；（b）结构图

式（3-4）为一阶系统的数学模型。由于时间常数 T 是表征系统惯性的一个主要参数，因此一阶系统常被称为惯性环节。对于不同的环节，时间常数 T 可能具有不同的物理意义，但有一点是共同的，就是它总是具有时间“s”的量纲。

3.2.2　一阶系统的单位阶跃响应

若系统的输入信号为单位阶跃函数，系统的输出就是单位阶跃响应。

由 $r(t)=1(t)$，$R(s)=\frac{1}{s}$，得系统输出的拉氏变换式为

$$C(s)=\Phi(s)R(s)=\frac{1}{Ts+1}\times\frac{1}{s} \tag{3-5}$$

取 $C(s)$ 的拉氏反变换，可得单位阶跃响应为

$$c(t)=L^{-1}\left[\frac{1}{Ts+1}\times\frac{1}{s}\right]=L^{-1}\left[\frac{1}{s}-\frac{T}{Ts+1}\right]=L^{-1}\left[\frac{1}{s}-\frac{1}{s+\frac{1}{T}}\right]$$

$$=1-e^{-\frac{t}{T}}=c_{ss}+c_{tt}\quad(t\geqslant 0) \tag{3-6}$$

式中：c_{ss}为输出的稳态分量，$c_{ss}=1$；c_{tt}为输出的暂态分量，$c_{tt}=-e^{-\frac{t}{T}}$。

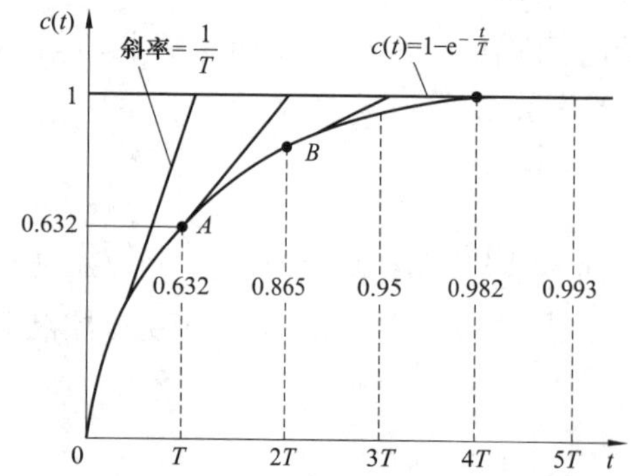

图 3-3　一阶系统单位阶跃响应曲线

当时间 t 趋于无穷大时，c_{tt}衰减为零。显然，一阶系统的单位阶跃响应曲线是一条由零开始，按指数规律单调上升，最终趋于 1 的曲线，如图 3-3 所示。由图 3-3 可知一阶系统具有以下特点：

（1）时间常数 T 是表征时间响应特性的唯一参数。当 $t=T$ 时，$c(T)=1-e^{-1}\approx 0.632$，此刻系统输出达到过渡过程总变化量的 63.2%，可用实验方法求取一阶系统的时间常数 T。

在 $t=0$ 处，系统响应的切线斜率等于$\frac{1}{T}$，即

$$\left.\frac{dc(t)}{dt}\right|_{t=0}=\left.\frac{1}{T}e^{-\frac{t}{T}}\right|_{t=0}=\frac{1}{T} \tag{3-7}$$

一阶系统的单位阶跃响应的斜率随着时间的推移是单调下降的。

（2）当误差带 $\Delta=5\%$时，调节时间 $t_s=3T$；当误差带 $\Delta=2\%$时，$t_s=4T$。时间常数 T 反映了系统响应过程的快速性，时间常数 T 越小，调节时间 t_s越小，响应过程的快速性

越好；时间常数 T 越大，惯性越大，调节时间 t_s越大，响应速度越慢。

【例 3-1】 一阶系统结构如图 3-4 所示。试完成：(1) 求该系统单位阶跃响应的调节时间 t_s；(2) 若要求 $t_s \leqslant 0.1\text{s}$，则系统的反馈系数应取多少？

解　(1) 根据一阶系统的结构图，写出系统的闭环传递函数为

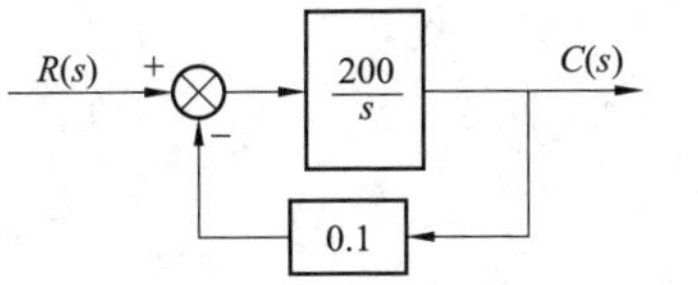

图 3-4　[例 3-1] 一阶系统结构图

$$\Phi(s)=\frac{C(s)}{R(s)}=\frac{\dfrac{200}{s}}{1+\dfrac{200}{s}\times 0.1}=\frac{10}{0.05s+1}$$

由闭环传递函数可知时间常数 $T=0.05\text{s}$，由此可得

$t_s=3T=0.15\text{s}$（误差带 $\Delta=5\%$）；　$t_s=4T=0.20\text{s}$（误差带 $\Delta=2\%$）

闭环传递函数分子上的数值 10 称为放大系数，相当于串接了一个 $K=10$ 的放大器，故调节时间 t_s与它无关，只取决于时间常数 T。

(2) 如果反馈系数为 τ ($\tau>0$)，即在图 3-4 中将反馈回路中的 0.1 换成 τ，则同样可由结构图写出系统的闭环传递函数为

$$\Phi(s)=\frac{C(s)}{R(s)}=\frac{\dfrac{200}{s}}{1+\dfrac{200}{s}\tau}=\frac{200}{s+200\tau}=\frac{\dfrac{1}{\tau}}{\dfrac{1}{200\tau}s+1}$$

由闭环传递函数可得

$$T=\frac{1}{200\tau}$$

据题意要求 $t_s \leqslant 0.1\text{s}$，则

$$t_s=3T=\frac{3}{200\tau}\leqslant 0.1\ (\Delta=5\%)$$

解得反馈系数为

$$\tau \geqslant 0.15$$

3.2.3　一阶系统的单位脉冲响应

当输入信号是单位脉冲时，系统的输出就是单位脉冲响应。

由 $r(t)=\delta(t)$，$R(s)=1$，可得系统单位脉冲响应为

$$C(s)=\Phi(s)R(s)=\frac{1}{Ts+1} \tag{3-8}$$

取 $C(s)$ 的拉氏反变换，得一阶系统的单位脉冲响应为

$$c(t)=L^{-1}\left[\frac{1}{Ts+1}\right]=L^{-1}\left[\frac{\dfrac{1}{T}}{s+\dfrac{1}{T}}\right]=\frac{1}{T}\mathrm{e}^{-\frac{1}{T}t} \tag{3-9}$$

根据式 (3-9)，画出一阶系统单位脉冲响应曲线如图 3-5 所示。由图可知系统具有以下

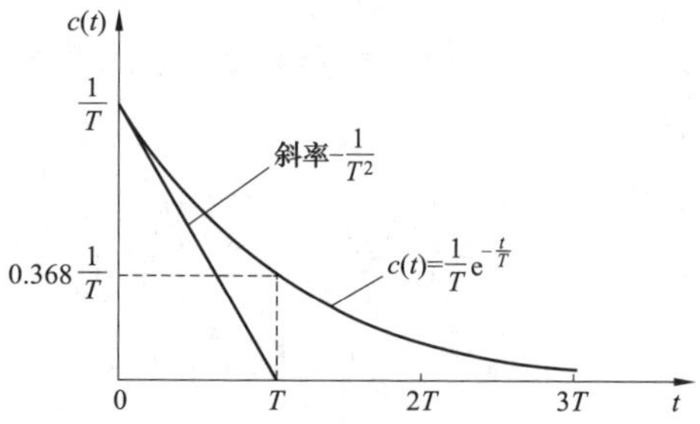

图 3-5　一阶系统的单位脉冲响应

特点：

（1）一阶系统的单位脉冲响应为一条单调下降的指数曲线，输出量的初始值为$\frac{1}{T}$；当 $t\to\infty$ 时，输出量趋于零，所以不存在稳态分量。

（2）定义上述指数曲线衰减到其初值的 2% 为过渡过程时间 t_s（调节时间），则 $t_s=4T$。T 越小，系统的惯性越小，过渡过程持续时间越短，快速性越好。

3.2.4　一阶系统的单位斜坡响应

当系统的输入信号为单位斜坡信号时，系统输出就是单位斜坡响应。

由 $r(t)=t$，$R(s)=\frac{1}{s^2}$，可得系统的输出响应为

$$C(s)=\Phi(s)R(s)=\frac{1}{Ts+1}\times\frac{1}{s^2} \tag{3-10}$$

取 $C(s)$ 的拉氏反变换，得一阶系统的单位斜坡响应为

$$c(t)=L^{-1}\left[\frac{1}{Ts+1}\times\frac{1}{s^2}\right]=L^{-1}\left[\frac{1}{s^2}-\frac{T}{s}+\frac{T}{s+\frac{1}{T}}\right]=t-T+Te^{-\frac{1}{T}t}=c_{ss}+c_{tt} \tag{3-11}$$

式中：c_{ss}为输出的稳态分量，$c_{ss}=t-T$；c_{tt}为输出的瞬态分量，$c_{tt}=Te^{-\frac{1}{T}t}$。

时间 t 趋于无穷时，输出的瞬态分量衰减为零。

一阶系统单位斜坡响应曲线如图 3-6 所示。由图可知系统具有以下特点：

（1）响应的初始速度为

$$\left.\frac{dc(t)}{dt}\right|_{t=0}=1-e^{-\frac{1}{T}t}|_{t=0}=0$$

（2）一阶系统的单位斜坡响应有误差，误差为

$$e(t)=r(t)-c(t)=t-(t-T+Te^{-\frac{1}{T}t})=T(1-e^{-\frac{1}{T}t})$$

一阶系统在斜坡输入下输出与输入总存在着一个跟踪位置误差，其数值与时间常数 T 的数值相等。因此，时间常数 T 越小，则响应越快，误差越小，输出量对输入信号的滞后时间也越短。

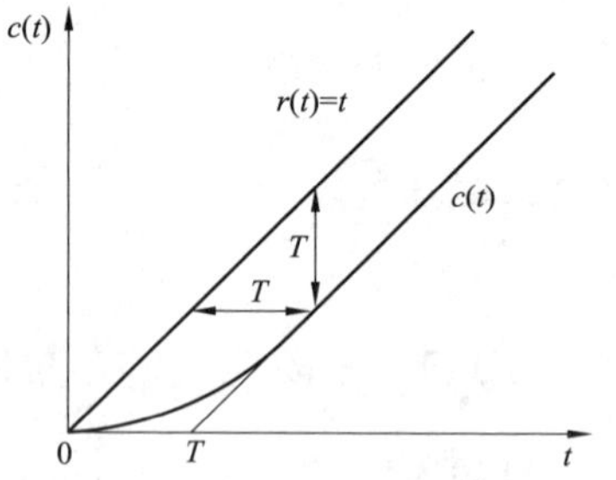

图 3-6　一阶系统的单位斜坡响应

3.2.5　三种响应之间的关系

表 3-2 表明，对于线性定常系统，若输入信号之间呈导数或积分关系，则其对应的输出信号也呈导数或积分关系。这是线性定常系统的一个重要特性。因此，研究线性定常系统的时间响应，不必对每种输入信号的响应进行数学推导，而可以根据输入信号之间的关系确定输出响应，这给问题研究带来了极大的便利。

表 3-2　　一阶系统对典型信号的响应

输入信号 $r(t)$	输出信号 $c(t)$
$\delta(t)$	$\frac{1}{T}e^{-\frac{1}{T}t}$
$1(t)$	$1-e^{-\frac{t}{T}}$
t	$t-T+Te^{-\frac{1}{T}t}$

3.3　二阶系统的时域分析

凡可用二阶微分方程描述的系统，称为二阶系统。二阶系统在控制工程中应用极为广泛，例如，*RLC* 网络、忽略了电枢电感 *L* 后的电动机、物体的运动等。此外，在分析和设计系统时，二阶系统的响应特性常被视为一种基准。因为除二阶系统外，三阶或更高阶系统有可能用二阶系统去近似，或者其响应可以表示为一、二阶系统响应的合成。所以，详细讨论和分析二阶系统的特性具有极其重要的实际意义。

3.3.1　二阶系统的数学模型

1. 典型二阶系统的模型

典型 *RLC* 电路如图 3-7（a）所示，系统是一个二阶系统，其运动方程为

$$LC\frac{d^2u_o(t)}{dt^2}+RC\frac{du_o(t)}{dt}+u_o(t)=u_i(t) \tag{3-12}$$

式中：R、L、C 分别为电阻、电感和电容参数。

在零初始条件下，输出电压和输入电压的闭环传递函数为

$$\Phi(s)=\frac{U_o(s)}{U_i(s)}=\frac{1}{LCs^2+RCs+1}=\frac{\frac{1}{LC}}{s^2+\frac{R}{L}s+\frac{1}{LC}} \tag{3-13}$$

为了使研究结果具有普遍意义，通常将二阶系统的闭环传递函数写成标准形式，即

$$\Phi(s)=\frac{C(s)}{R(s)}=\frac{\omega_n^2}{s^2+2\xi\omega_n s+\omega_n^2} \tag{3-14}$$

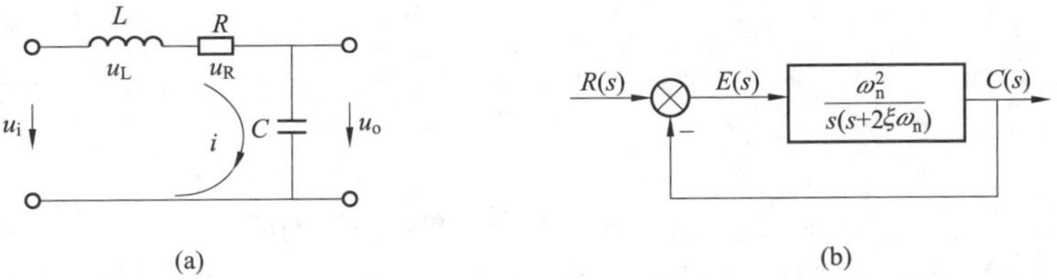

图 3-7　二阶系统的电路图和结构图

（a）*RLC* 电路原理图；（b）典型二阶系统结构图

式中：ξ为阻尼比；ω_n为无阻尼自然振荡频率。

其相对应的结构如图 3-7（b）所示。

将上述 RLC 系统的闭环传递函数与标准表达式对比，则可求得对应的ξ和ω_n值。由

$$\Phi_{(s)}\frac{\frac{1}{LC}}{s^2+\frac{R}{L}s+\frac{1}{LC}}=\frac{\omega_n^2}{s^2+2\xi\omega_n s+\omega_n^2} \tag{3-15}$$

则分子、分母一一对应可求得

$$\xi=\frac{R}{2}\sqrt{\frac{C}{L}};\quad \omega_n=\sqrt{\frac{1}{LC}}$$

令式（3-14）的闭环传递函数的分母多项式等于零，可得二阶系统的闭环特征方程

$$D(s)=s^2+2\xi\omega_n s+\omega_n^2=0 \tag{3-16}$$

二阶系统的两个特征根（即闭环极点）为

$$s_{1,2}=-\xi\omega_n\pm\omega_n\sqrt{\xi^2-1} \tag{3-17}$$

由此可见，二阶系统的时间响应取决于ξ和ω_n。随着阻尼比ξ取值的不同，二阶系统的特征根（闭环极点）不相同，系统的时间响应也不一样。对于不同的二阶系统，ξ和ω_n的物理意义不同。

2. 阻尼比不同时典型二阶系统的特征根

式（3-17）表明，典型二阶系统的特征根取决于阻尼比ξ值的大小。阻尼比ξ不同，二阶系统的特征根分布不同，其动态响应也不同，如图 3-8 所示。

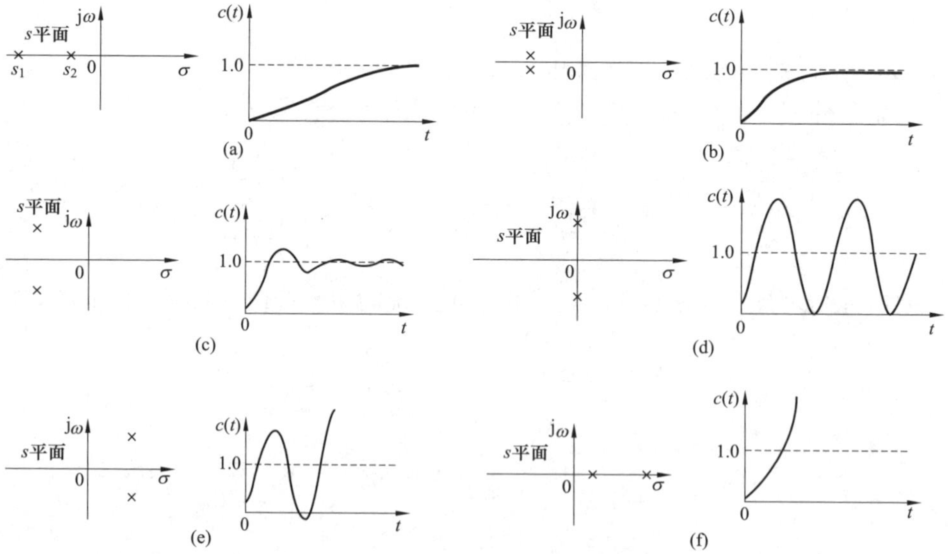

图 3-8　闭环极点分布与单位阶跃响应

(a) $\xi>1$；(b) $\xi=1$；(c) $0<\xi<1$；(d) $\xi=0$；(e) $-1<\xi<0$；(f) $\xi<-1$

(1) 过阻尼（$\xi>1$）。当$\xi>1$时，特征方程具有两个不同的负实根 $s_{1,2}=-\xi\omega_n\pm\omega_n\sqrt{\xi^2-1}$，

特征根是位于 s 平面负实轴上的两个不相等的负实极点。与临界阻尼响应曲线相同，其上升时间要比临界阻尼响应上升得慢，如图 3-8（a）所示。

(2) 临界阻尼（$\xi=1$）。当 $\xi=1$ 时，特征方程具有相同的负实根 $s_{1,2}=-\omega_n$，特征根是位于 s 平面负实轴上两个相等的负实极点。单位阶跃响应是无超调、无振荡和单调上升的收敛曲线，如图 3-8（b）所示。

(3) 欠阻尼（$0<\xi<1$）。当 $0<\xi<1$ 时，特征方程具有一对共轭复根 $s_{1,2}=-\xi\omega_n\pm j\omega_n\sqrt{1-\xi^2}$，特征根是位于 s 平面左半部的一对共轭极点。单位阶跃响应是振幅随时间按指数函数规律衰减的正弦函数曲线，如图 3-8（c）所示。

(4) 无阻尼（$\xi=0$，欠阻尼的特殊情况）。当 $\xi=0$ 时，特征方程具有一对共轭纯虚根 $s_{1,2}=\pm j\omega_n$，特征根位于 s 平面的虚轴上。单位阶跃响应是等幅振荡的正弦函数曲线，如图 3-8（d)所示。

(5) 负阻尼（$-1<\xi<0$）。当 $-1<\xi<0$ 时，特征方程具有一对正实部的共轭复根 $s_{1,2}=\xi\omega_n\pm j\omega_n\sqrt{1-\xi^2}$，特征根是位于 s 平面右半部的一对共轭极点。单位阶跃响应是发散振荡的正弦函数曲线，系统不稳定，如图 3-8（e）所示。

(6) 负阻尼（$\xi<-1$）。当 $\xi<-1$ 时，特征方程具有两个不同的正实根 $s_{1,2}=-\xi\omega_n\pm\omega_n\sqrt{\xi^2-1}$，特征根是位于 s 平面正实轴上的两个不相等的正实极点。单位阶跃响应是单调上升、发散曲线，系统不稳定，如图 3-8（f）所示。

下面根据式（3-14），研究二阶系统的时间响应及其动态性能指标的计算。无特殊说明时，假设系统的初始条件为零，即当控制信号 $r(t)$ 作用于系统之前，系统处于静止状态。

3.3.2　二阶系统的单位阶跃响应

令 $r(t)=1(t)$，即 $R(s)=\dfrac{1}{s}$，由式（3-14）求得二阶系统单位阶跃响应的拉氏变换为

$$C(s)=\Phi(s)R(s)=\frac{\omega_n^2}{s^2+2\xi\omega_n s+\omega_n^2}\times\frac{1}{s} \tag{3-18}$$

对式（3-18）进行拉氏反变换，可得二阶系统的单位阶跃响应为

$$c(t)=L^{-1}[C(s)] \tag{3-19}$$

不同的阻尼比 ξ，对应不同的特征根分布，其对输入信号的时间响应也呈现不同的特性。下面分别讨论阻尼比 ξ 不同时的二阶系统的单位阶跃响应。

1. $0<\xi<1$ 欠阻尼二阶系统的单位阶跃响应

当 $0<\xi<1$ 时，式（3-18）可以展成如下的部分分式

$$\begin{aligned}C(s)&=\frac{1}{s}-\frac{s+2\xi\omega_n}{s^2+2\xi\omega_n s+\omega_n^2}\\&=\frac{1}{s}-\frac{s+2\xi\omega_n}{(s+\xi\omega_n+j\omega_d)(s+\xi\omega_n-j\omega_d)}\\&=\frac{1}{s}-\frac{s+\xi\omega_n}{(s+\xi\omega_n)^2+\omega_d^2}-\frac{\xi\omega_n}{(s+\xi\omega_n)^2+\omega_d^2}\end{aligned}$$

$$=\frac{1}{s}-\frac{s+\xi\omega_{\mathrm{n}}}{(s+\xi\omega_{\mathrm{n}})^2+\omega_{\mathrm{d}}^2}-\frac{\xi\omega_{\mathrm{n}}}{\omega_{\mathrm{d}}}\times\frac{\omega_{\mathrm{d}}}{(s+\xi\omega_{\mathrm{n}})^2+\omega_{\mathrm{d}}^2} \tag{3-20}$$

式中：ω_{d} 为有阻尼振荡频率，$\omega_{\mathrm{d}}=\omega_{\mathrm{n}}\sqrt{1-\xi^2}$。

对式（3-20）进行拉氏反变换，得欠阻尼二阶系统的单位阶跃响应为

$$\begin{aligned}c(t)&=1-\mathrm{e}^{-\xi\omega_{\mathrm{n}}t}\cos\omega_{\mathrm{d}}t-\frac{\xi\omega_{\mathrm{n}}}{\omega_{\mathrm{d}}}\times\mathrm{e}^{-\xi\omega_{\mathrm{n}}t}\sin\omega_{\mathrm{d}}t\\&=1-\mathrm{e}^{-\xi\omega_{\mathrm{n}}t}\left(\cos\omega_{\mathrm{d}}t+\frac{\xi}{\sqrt{1-\xi^2}}\sin\omega_{\mathrm{d}}t\right)\quad(t\geqslant0)\end{aligned}$$

上式还可改写为

$$\begin{aligned}c(t)&=1-\frac{\mathrm{e}^{-\xi\omega_{\mathrm{n}}t}}{\sqrt{1-\xi^2}}\left(\sqrt{1-\xi^2}\cos\omega_{\mathrm{d}}t+\xi\sin\omega_{\mathrm{d}}t\right)\\&=1-\frac{\mathrm{e}^{-\xi\omega_{\mathrm{n}}t}}{\sqrt{1-\xi^2}}(\sin\theta\cos\omega_{\mathrm{d}}t+\cos\theta\sin\omega_{\mathrm{d}}t)\end{aligned}$$

最后推导为

$$c(t)=1-\frac{\mathrm{e}^{-\xi\omega_{\mathrm{n}}t}}{\sqrt{1-\xi^2}}\sin(\omega_{\mathrm{d}}t+\theta)\quad(t\geqslant0) \tag{3-21}$$

式中：$\theta=\arctan\frac{\sqrt{1-\xi^2}}{\xi}$，或者 $\theta=\arccos\xi$。

图 3-9 所示的三角形表述了欠阻尼二阶系统各特征参数关系。

二阶系统单位阶跃响应的误差信号为

$$e(t)=r(t)-c(t)=\frac{\mathrm{e}^{-\xi\omega_{\mathrm{n}}t}}{\sqrt{1-\xi^2}}\sin(\omega_{\mathrm{d}}t+\theta)\quad(t\geqslant0) \tag{3-22}$$

欠阻尼二阶系统单位阶跃响应及误差曲线如图 3-10 所示。

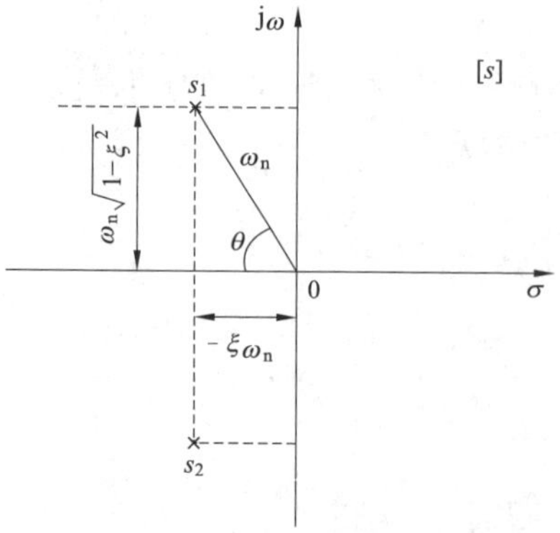

图 3-9　欠阻尼二阶系统各特征参数关系

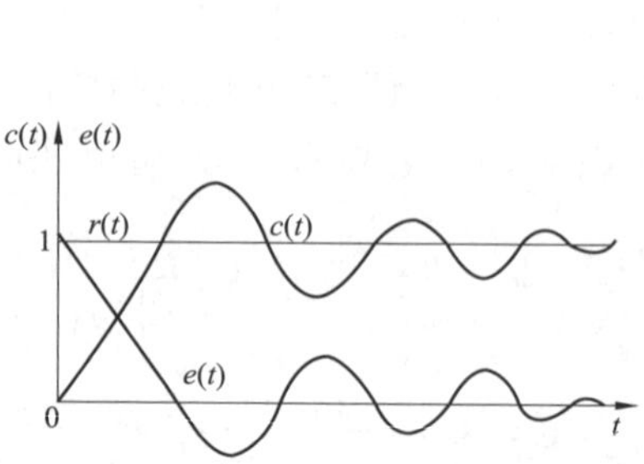

图 3-10　欠阻尼二阶系统单位阶跃响应及误差曲线

由式（3-21）和式（3-22）可以得出欠阻尼二阶系统单位阶跃响应的特点如下：

(1) 欠阻尼二阶系统的输出响应 $c(t)$ 及误差信号 $e(t)$ 为衰减的正弦振荡曲线。

(2) 欠阻尼二阶系统的单位阶跃响应由暂态分量和稳态分量两部分组成。暂态分量是一个衰减的正弦振荡，衰减振荡频率为有阻尼振荡频率 ω_d，衰减振荡周期 $T_d=\frac{2\pi}{\omega_d}$。曲线衰减速度取决于 $\xi\omega_n$ 值的大小，$\xi\omega_n$ 越大，系统的闭环极点距离虚轴越远，暂态分量衰减越快。

(3) 响应的初始值 $c(0)=0$，初始斜率 $\dot{c}(0)=0$，稳态终值 $c(\infty)=1$，稳态误差为 0。

2. $\xi=0$ 无阻尼二阶系统的单位阶跃响应

令 $\xi=0$，二阶系统单位阶跃响应式（3-18）变为

$$C(s)=\frac{1}{s}\times\frac{\omega_n^2}{s^2+\omega_n^2}=\frac{1}{s}-\frac{s}{s^2+\omega_n^2} \tag{3-23}$$

对式（3-23）进行拉氏反变换，得无阻尼二阶系统的单位阶跃响应为

$$c(t)=1-\cos\omega_n t \quad (t\geqslant 0) \tag{3-24}$$

此时的响应称为无阻尼响应。

式（3-24）表明，无阻尼二阶系统的单位阶跃响应是一条围绕给定值 1 的余弦形式的等幅振荡曲线，如图 3-11 所示。振荡频率为 ω_n，无阻尼振荡频率的名称由此而来。实际上，$\xi=0$ 是欠阻尼的一种特殊情况，将 $\xi=0$ 代入式（3-21），也可直接得到无阻尼振荡响应 $c(t)$。

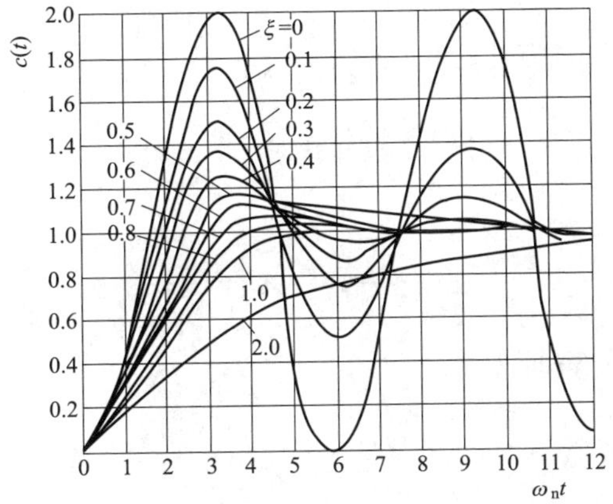

图 3-11　不同阻尼比的二阶系统单位阶跃响应曲线

频率 ω_n 和 ω_d 的物理意义如下：

(1) ω_n 是 $\xi=0$ 时二阶系统的振荡频率。ω_n 的取值完全取决于系统本身的结构参数，是系统的固有频率，也称为自然频率。

(2) ω_d 是欠阻尼（$0<\xi<1$）时二阶系统响应为衰减的正弦振荡角频率，称为有阻尼自然振荡频率。$\omega_d=\omega_n\sqrt{1-\xi^2}$，显然 $\omega_d\leqslant\omega_n$，且随着 ξ 值增大，ω_d 的值将减小。当 $\xi>1$ 时，$\omega_d=0$，意味着系统的输出响应将不再振荡。

3. $\xi=1$ 临界阻尼二阶系统的单位阶跃响应

当 $\xi=1$ 时，二阶系统单位阶跃响应式（3-18）可以展开为

$$C(s)=\frac{\omega_{n}^{2}}{(s+\omega_{n})^{2}}\times\frac{1}{s}=\frac{1}{s}-\frac{1}{s+\omega_{n}}-\frac{\omega_{n}}{(s+\omega_{n})^{2}} \tag{3-25}$$

对式（3-25）进行拉氏反变换，得临界阻尼二阶系统的单位阶跃响应为

$$c(t)=1-e^{-\omega_{n}t}(1+\omega_{n}t)\quad(t\geqslant 0) \tag{3-26}$$

$$\dot{c}(t)=\omega_{n}^{2}te^{-\omega_{n}t}\quad(t\geqslant 0)$$

$$\dot{c}(0)=0;\quad \dot{c}(\infty)=0;\quad c(\infty)=1$$

此时的响应称为临界阻尼响应。

临界阻尼二阶系统单位阶跃响应是一条无超调的单调上升曲线，曲线介于欠阻尼和过阻尼曲线之间。在 $t=0$ 时，$c(t)$ 曲线与横轴相切，随着时间的推移，响应过程的变化率为正；当时间趋于无穷长时，变化率趋于 0，响应过程趋于常值 1。一阶系统单位阶跃响应曲线在 $t=0$ 时，斜率为$\frac{1}{T}$，根据两种响应曲线可以区分是一阶系统还是临界阻尼二阶系统。

4. $\xi>1$ 过阻尼二阶系统的单位阶跃响应

当 $\xi>1$ 时，称其为过阻尼。这时二阶系统具有两个不相同的负实根，即

$$s_{1}=-\xi\omega_{n}-\omega_{n}\sqrt{\xi^{2}-1};\quad s_{2}=-\xi\omega_{n}+\omega_{n}\sqrt{\xi^{2}-1}$$

则式（3-18）可展开为

$$C(s)=\frac{\omega_{n}^{2}}{(s-s_{1})(s-s_{2})}\times\frac{1}{s}=\frac{1}{s}+\frac{A_{1}}{s-s_{1}}+\frac{A_{2}}{s-s_{2}} \tag{3-27}$$

$$c(t)=1+A_{1}e^{s_{1}t}+A_{2}e^{s_{2}t} \tag{3-28}$$

其中

$$A_{1}=\frac{1}{2\sqrt{\xi^{2}-1}(\xi+\sqrt{\xi^{2}-1})};\quad A_{2}=-\frac{1}{2\sqrt{\xi^{2}-1}(\xi-\sqrt{\xi^{2}-1})}$$

将 A_1、A_2代入式（3-28）整理得

$$c(t)=1+\frac{\omega_{n}}{2\sqrt{\xi^{2}-1}}\left(\frac{e^{s_{2}t}}{s_{2}}-\frac{e^{s_{1}t}}{s_{1}}\right)\quad(t\geqslant 0) \tag{3-29}$$

又由于

$$\frac{dc(t)}{dt}=\frac{\omega_{n}}{2\sqrt{\xi^{2}-1}}(e^{s_{2}t}-e^{s_{1}t})\quad(t\geqslant 0)$$

$$\dot{c}(0)=0;\quad \dot{c}(\infty)=0;\quad c(\infty)=1$$

由式（3-29）可知，当 $\xi>1$ 时，过阻尼二阶系统的单位阶跃响应是一条含有两个衰减指数项的无超调单调上升的曲线，如图 3-11 所示。当 $\xi\gg 1$ 时，由图 3-8（a）可知，闭环极点 s_1将比 s_2距虚轴远得多，包含 s_1的指数项要比包含 s_2的指数项衰减得快，而且与 s_1对应项的系数也小于 s_2对应项的系数，所以 s_1对系统响应的影响比 s_2对系统响应的影响要小

得多。因此，在求取输出信号 $c(t)$ 的近似解时，可以忽略 s_1 对系统的影响，将二阶系统近似看成一阶系统。

5. 负阻尼二阶系统的单位阶跃响应

当系统的阻尼比 ξ 为负时，称系统处于负阻尼状态。在这种情况下的响应称为负阻尼响应。例如，当 $-1<\xi<0$ 时，负阻尼二阶系统的单位阶跃响应为

$$c(t)=1-\frac{e^{-\xi\omega_n t}}{\sqrt{1-\xi^2}}\sin(\omega_d t+\theta)\quad (t\geqslant 0) \tag{3-30}$$

其中

$$\omega_d=\omega_n\sqrt{1-\xi^2}\text{；}\ \theta=\arccos\xi$$

从形式上看，负阻尼与欠阻尼表达式相同，但由于负阻尼的阻尼比为负，指数因子 $e^{-\xi\omega_n t}$ 具有正的幂指数，因此单位阶跃响应发散振荡。同理，$\xi\leqslant -1$ 时，系统也呈发散状态。由此可见，负阻尼比时，系统不稳定，也就没有研究负阻尼系统的意义了。

由响应曲线图 3-11 可以看出，当 $\xi\geqslant 1$ 时，即在临界阻尼或过阻尼的情况下，二阶系统的单位阶跃响应是无超调的单调上升曲线。对于欠阻尼，即 $0<\xi<1$ 的情况，二阶系统的单位阶跃响应是衰减振荡的正弦曲线。随着阻尼比 ξ 的减小，振荡程度越加严重，当 $\xi=0$ 时出现等幅振荡，当 $\xi<0$ 时为发散振荡。

阻尼比 ξ 对系统的响应影响非常大。在控制工程中，一般要求兼顾快速性和平稳性。因此，希望二阶系统工作在响应过程振荡适度、响应速度较快的欠阻尼状态。欠阻尼二阶系统在自然振荡频率相同的条件下，阻尼比 ξ 越小，超调量越大，上升时间越短，振荡越强，平稳性越差。通常取 $\xi=0.4\sim0.8$ 为宜，此时超调量适度，响应曲线振荡不严重，又有较短的调节时间。因此，设计时一般将参数 ξ 选在这个区间。若二阶系统具有相同的阻尼比 ξ 和不同的自然振荡频率 ω_n，则其振荡特性相同而响应速度不同，此时 ω_n 越大，响应速度越快。

3.3.3　欠阻尼二阶系统的动态性能指标

评价控制系统动态性能的好坏，是通过系统对单位阶跃响应函数的特征量来表示的。因此，以欠阻尼二阶系统为例，计算各项动态性能指标，其中主要有上升时间 t_r、峰值时间 t_p、最大超调量 σ_p 和调节时间 t_s 等，如图 3-12 所示，并分析它们与 ξ、ω_n 之间的关系。

1. 上升时间 t_r

根据定义，当 $t=t_r$ 时，$c(t_r)=1$。由式（3-21）得

$$1-\frac{e^{-\xi\omega_n t_r}}{\sqrt{1-\xi^2}}\sin(\omega_d t_r+\theta)=1$$

即

$$\frac{e^{-\xi\omega_n t_r}}{\sqrt{1-\xi^2}}\sin(\omega_d t_r+\theta)=0$$

因为

$$\frac{e^{-\xi\omega_n t_r}}{\sqrt{1-\xi^2}}\neq 0$$

所以

$$\sin(\omega_d t_r+\theta)=0$$

由上式得 $\omega_d t_r+\theta=\pi$，因此，上升时间为

$$t_r=\frac{\pi-\theta}{\omega_d}=\frac{\pi-\theta}{\omega_n\sqrt{1-\xi^2}} \tag{3-31}$$

式中：$\theta=\arctan\frac{\sqrt{1-\xi^2}}{\xi}$或$\theta=\arccos\xi$。其中 θ 角的定义如图 3-13 所示。

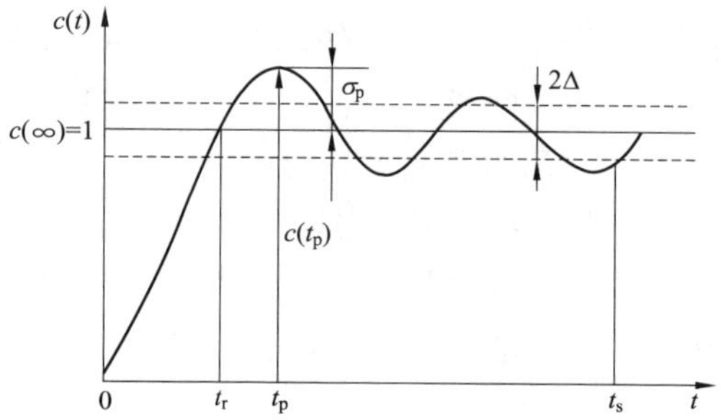

图 3-12　控制系统单位阶跃响应及其性能指标

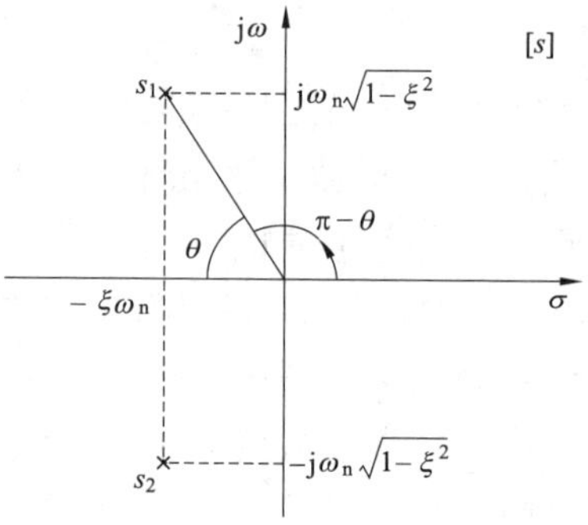

图 3-13　θ 角的定义

2. 峰值时间 t_p

将式（3-21）对时间 t 求导，并令其等于零，即 $\left.\frac{dc(t)}{dt}\right|_{t=t_p}=0$，得

$$\xi\omega_n e^{-\xi\omega_n t_p}\sin(\omega_d t_p+\theta)-\omega_d e^{-\xi\omega_n t_p}\cos(\omega_d t_p+\theta)=0$$

整理得

$$\tan(\omega_d t_p+\theta)=\frac{\sqrt{1-\xi^2}}{\xi}$$

根据图 3-13 中的 θ 与 ξ 的关系，有

$$\tan\theta=\frac{\sqrt{1-\xi^2}}{\xi}$$

则

$$\tan(\omega_d t_p+\theta)=\tan(\theta+l\pi)\quad(l=1,2,3,\cdots)$$

由于峰值时间 t_p是响应 $c(t)$ 达到第一个峰值所对应的时间，故取 $\omega_d t_p+\theta=\theta+\pi$，则有

$$t_p=\frac{\pi}{\omega_d}=\frac{\pi}{\omega_n\sqrt{1-\xi^2}} \tag{3-32}$$

3. 最大超调量 σ_p

超调量发生在峰值时间 t_p时刻，则

$$c(t_p)=1-\frac{e^{-\xi\omega_n t_p}}{\sqrt{1-\xi^2}}\sin(\omega_d t_p+\theta)=1-\frac{e^{-\xi\omega_n\frac{\pi}{\omega_n\sqrt{1-\xi^2}}}}{\sqrt{1-\xi^2}}\sin\left(\omega_d\frac{\pi}{\omega_d}+\theta\right)$$

$$=1-\frac{e^{-\frac{\xi\pi}{\sqrt{1-\xi^2}}}}{\sqrt{1-\xi^2}}\sin(\pi+\theta)=1+\frac{e^{-\frac{\xi\pi}{\sqrt{1-\xi^2}}}}{\sqrt{1-\xi^2}}\sin\theta$$

$$=1+e^{-\frac{\xi\pi}{\sqrt{1-\xi^2}}}$$

根据 $c(\infty)=1$ 和超调量的定义可得

$$\sigma_p=\frac{c(t_p)-c(\infty)}{c(\infty)}\times100\%=e^{-\frac{\xi\pi}{\sqrt{1-\xi^2}}}\times100\% \tag{3-33}$$

或

$$\sigma_p=e^{-\pi\cot\theta}\times100\% \tag{3-34}$$

由式（3-33）看出，最大超调量 σ_p 只是阻尼比 ξ 的函数，与 ω_n 无关。当二阶系统的阻尼比 ξ 确定后，即可求得对应的超调量 σ_p。反之，如果给出了超调量 σ_p 的值，也可求出相对应的阻尼比 ξ。图 3-14 给出了 σ_p 与 ξ 的关系曲线。一般为了获得良好的过渡过程，选 $\xi=0.4\sim0.8$，则其相应的超调量 $\sigma_p=25\%\sim2.5\%$。小的 ξ 值，例如 $\xi<0.4$ 时，会造成系统响应严重超调；而大的 ξ 值，例如 $\xi>0.8$ 时，将使系统的调节时间变长。当 ω_n 一定时，$\xi=0.7$ 附近，σ_p 较小，平稳性也好，因此，在设计二阶系统时一般选取 $\xi=0.707$ 为最佳阻尼比，此时系统的调节时间最短，超调量 $\sigma_p=4.3\%$，对应的 $\theta=45°$。

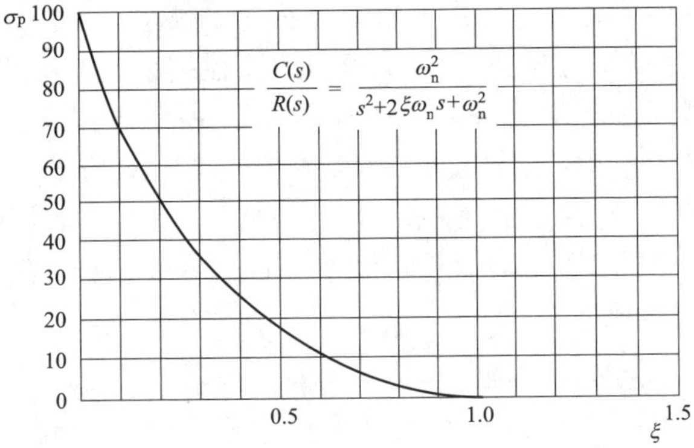

图 3-14　σ_p 与 ξ 的关系曲线

4. 调节时间 t_s

欠阻尼二阶系统的单位阶跃响应为

$$c(t)=1-\frac{e^{-\xi\omega_n t}}{\sqrt{1-\xi^2}}\sin(\omega_d t+\theta)\quad(t\geqslant0)$$

这是一个衰减的正弦振荡曲线。曲线 $1\pm\frac{1}{\sqrt{1-\xi^2}}e^{-\xi\omega_n t}$ 为该系统响应 $c(t)$ 的包络线。即响应 $c(t)$ 总是包含在一对包络线之内，如图 3-15 所示。包络线的衰减速度取决于 $\xi\omega_n$ 的值。

由调节时间 t_s 的定义可知，t_s 是包络线衰减到 Δ 区域所需的时间，此时 $c(\infty)=1$，则有

$$\frac{|c(t_s)-c(\infty)|}{c(\infty)}\leqslant\Delta\quad(t\geqslant t_s) \tag{3-35}$$

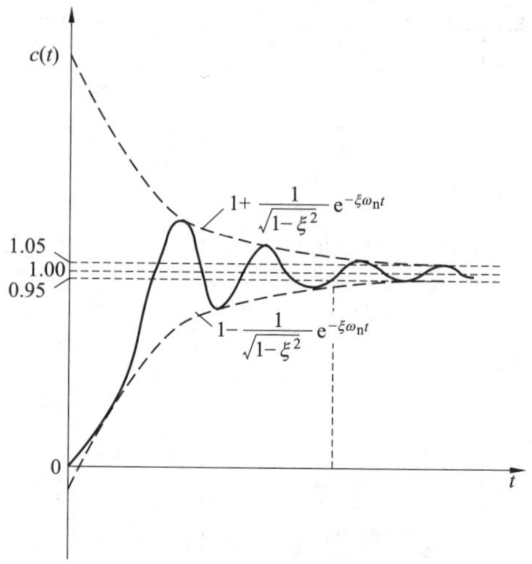

图 3-15　二阶系统单位阶跃响应的包络线

$$\left|1+\frac{e^{-\xi\omega_n t_s}}{\sqrt{1-\xi^2}}-1\right|\leqslant\Delta \tag{3-36}$$

解得

$$t_s\geqslant-\frac{\ln\Delta+\frac{1}{2}\ln(1-\xi^2)}{\xi\omega_n} \tag{3-37}$$

对于欠阻尼二阶系统，当阻尼比满足 $0<\xi<0.9$ 时，$\frac{1}{2}\ln(1-\xi^2)$ 值很小，可以忽略，则得

$$t_s=\frac{3}{\xi\omega_n}\quad(\Delta=5\%) \tag{3-38}$$

$$t_s=\frac{4}{\xi\omega_n}\quad(\Delta=2\%) \tag{3-39}$$

式（3-38）和式（3-39）表明，调节时间 t_s 与闭环极点的实部 $\xi\omega_n$ 成反比。闭环极点距虚轴的距离越远，系统的调节时间越短。系统超调量 σ_p 只取决于阻尼比 ξ，而调节时间 t_s 与阻尼比 ξ 和自然振荡频率 ω_n 都有关。当系统超调量 σ_p 的要求确定时，调节时间主要由无阻尼自然振荡频率 ω_n 决定。在不改变最大超调量 σ_p 的情况下，通过调整无阻尼自然振频率 ω_n 可以改变控制系统的快速性。

调节时间 t_s 随阻尼比 ξ 变化的关系曲线如图 3-16 所示。图中，$T=1/\xi\omega_n$，对于 $\Delta=2\%$，$\xi=0.76$ 时对应的 t_s 最小；对于 $\Delta=5\%$，$\xi=0.68$ 时对应的 t_s 最小，即快速性最好。过了曲线 $t_s(\xi)$ 的最低点，t_s 将随着 ξ 的增大而近似线性增大。从图中可以看出，当 $\xi=0.707(\theta=45^\circ)$ 时，$t_s\approx2T$，实际调节时间很短，而 $\sigma_p=4.3\%$，超调量也很小，所以一般称 $\xi=0.707$ 为"最佳阻尼比"。

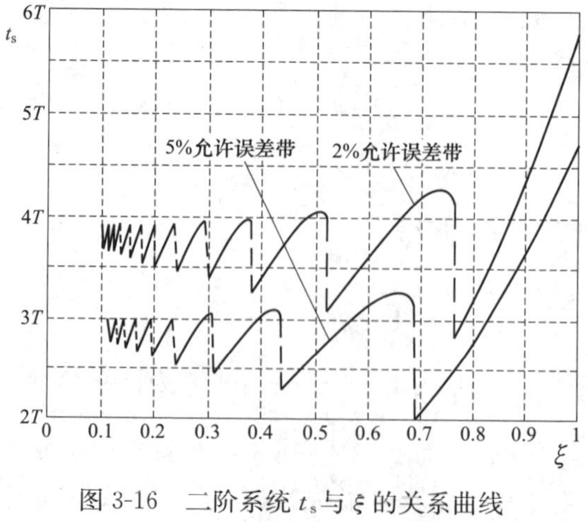

图 3-16　二阶系统 t_s 与 ξ 的关系曲线

综合上述各项性能指标的计算式可以看出，欲使二阶系统具有满意的性能指标，必须选取合适的阻尼比 ξ 和无阻尼自然振荡频率 ω_n。提高 ω_n 可以提高系统的响应速度；增大 ξ

可以提高系统的平稳性，减少超调量。一般来讲，在系统的响应速度和阻尼程度之间存在着一定的矛盾。既要增加阻尼程度、减小超调量，又要求其具有较高响应速度的设计方案，只有通过合理的折中才能实现。

【例 3-2】 三个典型二阶系统的单位阶跃响应曲线如图 3-17（a）中的①、②、③所示。其中 t_{s1}、t_{s2}分别是系统 1 和 2 的调整时间；t_{p1}、t_{p2}、t_{p3}分别是系统 1、2 和 3 的峰值时间。试在同一 s 平面上画出三个系统的闭环极点的相对位置。

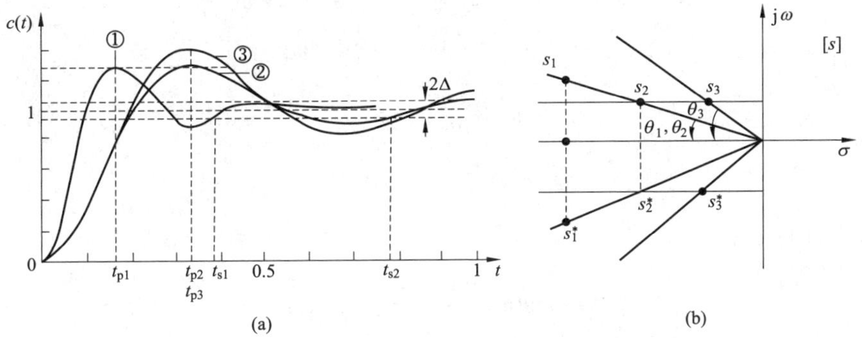

图 3-17　典型二阶系统单位阶跃响应曲线和闭环极点位置

（a）响应曲线；（b）闭环极点相对位置

解　设三个系统对应的闭环极点分别是 s_1、s_1^*，s_2、s_2^*，s_3、s_3^*，由图 3-17（a）所示曲线①、②、③可知：

（1）系统 1 和 2 对应的响应曲线①、②的最大超调量相等 $\sigma_{p1}=\sigma_{p2}$，则阻尼比 $\xi_1=\xi_2$，即对应的 $\theta_1=\theta_2$，所以 s_1、s_2在同一阻尼比线上。

（2）系统 1 和 2 对应的响应曲线①、②的自然振荡频率 $\omega_{n1}>\omega_{n2}$（$t_{s1}<t_{s2}$），又因为 $\xi_1=\xi_2\left(t_s=\dfrac{3\sim4}{\xi\omega_n}\right)$，故有 $\xi_1\omega_{n1}>\xi_2\omega_{n2}$，所以 s_1离虚轴比 s_2远，可给出 s_1、s_1^*和 s_2、s_2^*的相对位置，如图 3-17（b）所示。

（3）系统 2 和 3 对应的响应曲线②、③的峰值时间 $t_{p2}=t_{p3}$，由 $t_p=\dfrac{\pi}{\omega_d}$，得 $\omega_{d2}=\omega_{d3}$，则 s_2与 s_3的虚部相同。因系统 2 和 3 最大超调量 $\sigma_{p3}>\sigma_{p2}$，故 $\xi_3<\xi_2$，即 $\theta_3>\theta_2$。综合以上条件，可画出满足要求的三个系统的闭环极点，如图 3-17（b）所示。

【例 3-3】 设一个带速度反馈的随动系统，其结构图如图 3-18 所示。要求系统的动态性能指标为 $\sigma_p=20\%$，$t_p=1\text{s}$。试确定系统的 K 值和 τ 值，计算 t_r和 t_s数值。

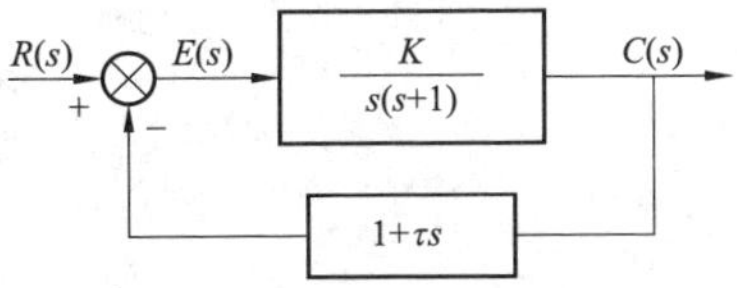

图 3-18　随动系统结构图

解　（1）根据要求的超调量 $\sigma_p=20\%$，求取相应的阻尼比 ξ 值。即由

$$\sigma_p=e^{-\pi\cot\theta}=0.2;\qquad \ln\sigma_p=-\pi\cot\theta$$

解得

$$\theta=62.86°;\qquad \xi=\cos\theta=0.456$$

（2）由已知条件 $t_p=1\text{s}$ 及已求出的 $\xi=0.456$，求无阻尼自然振荡频率 ω_n。即由

$$t_p=\frac{\pi}{\omega_d}=\frac{\pi}{\omega_n\sqrt{1-\xi^2}}$$

解得

$$\omega_n=\frac{\pi}{t_p\sqrt{1-\xi^2}}=3.53\text{rad/s}$$

（3）将此二阶系统的闭环传递函数与标准形式进行比较，求 K 及 τ 值。

由

$$\frac{C(s)}{R(s)}=\frac{K}{s^2+(1+K\tau)s+K}=\frac{\omega_n^2}{s^2+2\xi\omega_n s+\omega_n^2}$$

得

$$1+K\tau=2\xi\omega_n；\ K=\omega_n^2$$

所以

$$K=\omega_n^2=12.5$$

$$\tau=\frac{2\xi\omega_n-1}{K}=0.178$$

（4）最后计算 t_r 和 t_s。

因

$$\theta=\arctan\frac{\sqrt{1-\xi^2}}{\xi}=1.1\text{rad}$$

则

$$t_r=\frac{\pi-\theta}{\omega_n\sqrt{1-\xi^2}}=0.65\text{s}$$

$$t_s=\frac{3}{\xi\omega_n}=1.86\text{s}\quad(\Delta=5\%)；\qquad t_s=\frac{4}{\xi\omega_n}=2.48\text{s}\quad(\Delta=2\%)$$

【例 3-4】 图 3-19（a）是一个机械平移系统，当有 3N 的力阶跃输入作用于系统时，系统中的质量 m 做图 3-19（b）所示的运动。试根据这个过渡过程曲线，确定质量 m、黏性摩擦系数 f 和弹簧弹性系数 k 的数值。

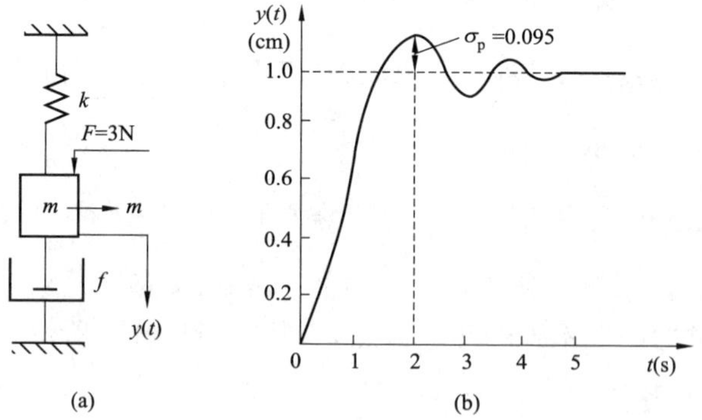

图 3-19　机械平移系统

（a）原理图；（b）响应曲线

解　根据牛顿第二定律可得系统的微分方程为

$$m\frac{d^2y}{dt^2}+f\frac{dy}{dt}+ky=F$$

上式经拉氏变换求得系统的传递函数为

$$\frac{Y(s)}{F(s)}=\frac{1}{ms^2+fs+k}\tag{3-40}$$

当输入信号 $F(t)=3\text{N}$ 时，输出量的拉氏变换式为

$$Y(s)=\frac{1}{ms^2+fs+k}\times\frac{3}{s}$$

用终值定理求 $y(t)$ 的稳态终值

$$y(\infty)=\lim_{t\to\infty}y(t)=\lim_{s\to0}sY(s)=\lim_{s\to0}\left(s\frac{1}{ms^2+fs+k}\times\frac{3}{s}\right)=\frac{3}{k}$$

由图 3-19（b）可知，$y(\infty)=0.01\text{m}$，所以

$$\frac{3}{k}=0.01$$

即

$$k=300\text{N/m}$$

由题中已知条件 $\sigma_p=9.5\%$，求得 $\xi=0.6$。又由图 3-19（b）可知 $t_p=2\text{s}$，即

$$t_p=\frac{\pi}{\omega_n\sqrt{1-\xi^2}}=2\text{s}$$

解得

$$\omega_n=\frac{\pi}{2\sqrt{1-\xi^2}}=1.96\text{s}^{-1}$$

将 $k=300$ 代入式（3-40）中得

$$\frac{Y(s)}{F(s)}=\frac{1}{ms^2+fs+300}=\frac{\frac{1}{m}}{s^2+\frac{f}{m}s+\frac{300}{m}}=\frac{1}{300}\times\frac{\frac{300}{m}}{s^2+\frac{f}{m}s+\frac{300}{m}}$$

$$\omega_n^2=\frac{300}{m};\qquad 2\xi\omega_n=\frac{f}{m}$$

解得

$$m=78\text{kg};\qquad f=2\xi\omega_n m=183.46\text{N}\cdot\text{s/m}$$

3.3.4　二阶系统的单位脉冲响应

令 $r(t)=\delta(t)$，则有 $R(s)=1$。因此，对于具有标准形式闭环传递函数的二阶系统，其脉冲响应的拉氏变换式为

$$C(s)=\frac{\omega_n^2}{s^2+2\xi\omega_n s+\omega_n^2}$$

对上式进行拉氏反变换，便可得到不同阻尼比情况下的脉冲响应函数。

欠阻尼（$0<\xi<1$）时的脉冲响应为

$$c(t)=\frac{\omega_n}{\sqrt{1-\xi^2}}e^{-\xi\omega_n t}\sin\omega_n\sqrt{1-\xi^2}\,t\quad(t\geqslant0)\tag{3-41}$$

无阻尼（$\xi=0$）时的脉冲响应为

$$c(t)=\omega_n\sin\omega_n t\quad(t\geqslant0)\tag{3-42}$$

临界阻尼（$\xi=1$）时的脉冲响应为

$$c(t)=\omega_n^2 t \mathrm{e}^{-\omega_n t} \quad (t \geqslant 0) \tag{3-43}$$

过阻尼（$\xi>1$）时的脉冲响应为

$$c(t)=\frac{\omega_n}{2\sqrt{\xi^2-1}}\left[\mathrm{e}^{-(\xi-\sqrt{\xi^2-1})\omega_n t}-\mathrm{e}^{-(\xi+\sqrt{\xi^2-1})\omega_n t}\right] \quad (t \geqslant 0) \tag{3-44}$$

上述各种情况下的脉冲响应曲线如图 3-20 所示。

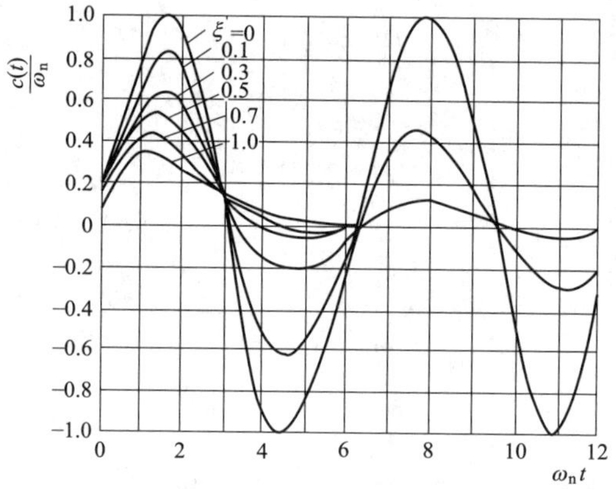

图 3-20　二阶系统的脉冲响应

单位脉冲函数是单位阶跃函数对时间的导数，所以脉冲响应除了从 $C(s)=G(s)$ 的拉氏反变换求得外，还可以通过对单位阶跃响应的时间函数求导数得到。

由图 3-20 可见，临界阻尼和过阻尼时的脉冲响应函数总是正值，或者等于零。对于欠阻尼情况，脉冲响应函数是围绕横轴振荡的函数，它有正值，也有负值。因此，可以得到如下结论：如果系统脉冲响应函数不改变符号，系统或处于临界阻尼状态或处于过阻尼状态。这时，相应的反映阶跃函数的响应过程不具有超调现象，而是单调地趋于某一常值。

为区分欠阻尼单位脉冲响应和欠阻尼单位阶跃响应，设 $c_1(t)$ 为欠阻尼单位阶跃响应，$c_2(t)$ 欠阻尼单位脉冲响应。其相应的性能指标下标也一样。

对于欠阻尼系统，对式（3-41）求导，并令其导数等于零，可求得脉冲响应函数的最大超调量发生的时间 t_{p2}，即令

$$\left.\frac{\mathrm{d}c_2(t)}{\mathrm{d}t}\right|_{t=t_{p2}}=\left.\frac{\mathrm{d}}{\mathrm{d}t}\left(\frac{\omega_n}{\sqrt{1-\xi^2}}\mathrm{e}^{-\xi\omega_n t}\sin\omega_n\sqrt{1-\xi^2}\,t\right)\right|_{t=t_{p2}}=0$$

解得

$$t_{p2}=\frac{\arctan\dfrac{\sqrt{1-\xi^2}}{\xi}}{\omega_n\sqrt{1-\xi^2}} \quad (0<\xi<1) \tag{3-45}$$

将 t_{p2} 代入式（3-41）得最大超调量为

$$\sigma_{p2}=c_2(t_{p2})=\omega_n \mathrm{e}^{-\frac{\xi}{\sqrt{1-\xi^2}}\arctan\sqrt{\frac{1-\xi^2}{\xi}}}$$

设 t_2 为单位脉冲响应 $c_2(t)$ 第一次过零的时刻，则

$$c_2(t)|_{t=t_2}=0$$

根据式（3-41）得

$$c_2(t_2)=\frac{\omega_n}{\sqrt{1-\xi^2}}e^{-\xi\omega_n t_2}\sin\omega_n\sqrt{1-\xi^2}t_2=0$$

因此

$$\sin\omega_n\sqrt{1-\xi^2}t_2=0$$

解得

$$t_2=\frac{\pi}{\omega_n\sqrt{1-\xi^2}} \tag{3-46}$$

由式（3-46）可见，欠阻尼单位脉冲响应 $c_2(t)$ 第一次过零的时刻 t_2 与其欠阻尼单位阶跃响应 $c_1(t)$ 的峰值时间 t_{p1} 完全相等。此时，对欠阻尼单位脉冲响应 $c_2(t)$ 从 0 到 t_{p1} 积分，可得

$$\int_0^{t_{p1}}c_2(t)dt=\int_0^{t_{p1}}\frac{\omega_n}{\sqrt{1-\xi^2}}e^{-\xi\omega_n t}\sin\omega_n\sqrt{1-\xi^2}t\,dt=1+e^{-\frac{\pi\xi}{\sqrt{1-\xi^2}}}=1+\sigma_{p1} \tag{3-47}$$

在图 3-21 中，由 $t=0$ 到 $t=t_{p1}$ 段的时间内，单位脉冲响应函数与横轴所包围的面积等于 $1+\sigma_{p1}$。其中，σ_{p1} 为欠阻尼二阶系统单位阶跃响应的超调量。这是欠阻尼二阶系统单位脉冲响应与单位阶跃响应特征量之间的重要关系。

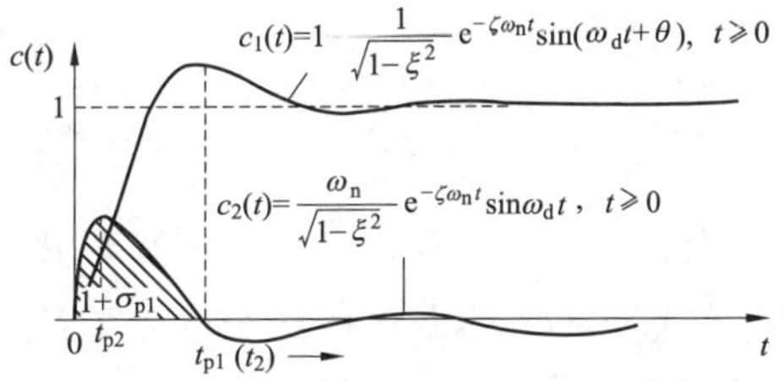

图 3-21　二阶系统欠阻尼单位脉冲响应与单位阶跃响应

3.3.5　非零初始条件下的二阶系统响应

前面分析二阶系统的响应时，曾假设系统的初始条件为零。但实际上在输入信号作用于系统的瞬间，初始条件并不一定为零，这就需要考虑初始条件的影响。

设二阶系统的运动方程具有如下形式

$$a_2\ddot{c}(t)+a_1\dot{c}(t)+a_0c(t)=b_0r(t) \tag{3-48}$$

对上式进行拉氏变换，并考虑初始条件，得

$$a_2[s^2C(s)-sc(0)-\dot{c}(0)]+a_1[sC(s)-c(0)]+a_0C(s)=b_0R(s)$$

或

$$C(s)=\frac{b_0}{a_2s^2+a_1s+a_0}R(s)+\frac{a_2[c(0)s+\dot{c}(0)]+a_1c(0)}{a_2s^2+a_1s+a_0}$$

可将上式写成如下标准形式

$$C(s)=\frac{b_0}{a_0}\times\frac{\omega_n^2}{s^2+2\xi\omega_n s+\omega_n^2}R(s)+\frac{c(0)(s+2\xi\omega_n)+\dot{c}(0)}{s^2+2\xi\omega_n s+\omega_n^2} \tag{3-49}$$

式中

$$\omega_n^2=\frac{a_0}{a_2};\qquad 2\xi\omega_n=\frac{a_1}{a_2}$$

对式（3-49）取拉氏反变换，得到在输入信号 $r(t)$ 作用下反映初始条件影响的过渡过程

$$c(t)=\frac{b_0}{a_0}c_1(t)+c_2(t) \tag{3-50}$$

式中：$c_1(t)$ 为零初始条件下反映输入信号的响应分量；$c_2(t)$ 为反映初始条件 $c(0)$、$\dot{c}(0)$ 对系统响应的分量。

关于 $c_1(t)$ 分量，在上面的分析中已作了详尽的讨论，这里只对分量 $c_2(t)$ 进行重点分析。当 $0<\xi<1$ 时，由式（3-49）求得

$$
\begin{aligned}
c_2(t) &= L^{-1}\left[\frac{c(0)(s+2\xi\omega_n)+\dot{c}(0)}{s^2+2\xi\omega_n s+\omega_n^2}\right] \\
&= e^{-\xi\omega_n t}\left[c(0)\cos\omega_d t+\frac{c(0)\xi\omega_n+\dot{c}(0)}{\omega_n\sqrt{1-\xi^2}}\sin\omega_d t\right] \\
&= \sqrt{[c(0)]^2+\left[\frac{c(0)\xi\omega_n+\dot{c}(0)}{\omega_n\sqrt{1-\xi^2}}\right]^2}\times e^{-\xi\omega_n t}\sin(\omega_d t+\theta) \quad (t\geqslant 0)
\end{aligned} \tag{3-51}
$$

式中

$$\theta=\arctan\frac{\omega_n\sqrt{1-\xi^2}}{\xi\omega_n+\dfrac{\dot{c}(0)}{c(0)}}$$

当 $\xi=0$ 时，由式（3-51）直接得

$$c_2(t)=\sqrt{[c(0)]^2+\left[\frac{\dot{c}(0)}{\omega_n}\right]^2}\times\sin\left[\omega_n t+\arctan\frac{\omega_n}{\dfrac{\dot{c}(0)}{c(0)}}\right] \quad (t\geqslant 0) \tag{3-52}$$

由式（3-51）及式（3-52）可看出，系统响应中与初始条件有关的分量 $c_2(t)$ 的振荡特性和分量 $c_1(t)$ 的振荡特性一样，取决于系统阻尼比 ξ。ξ 值越大，则 $c_2(t)$ 的振荡特性表现得越弱；反之，ξ 值越小，则 $c_2(t)$ 的振荡特性表现得越强。当 $\xi=0$ 时，$c_2(t)$ 变为等幅振荡，其振幅与初始条件有关；当 $0<\xi<1$，且 $t\to\infty$ 时，分量 $c_2(t)$ 衰减到零。分量 $c_2(t)$ 的衰减速度取决于 $\xi\omega_n$ 的大小。

由以上分析可知，对控制分量 $c_1(t)$ 研究所得的结论与非零初始条件下对系统响应的另一个分量 $c_2(t)$ 所得的结论相同。因此，在很多情况下，可不考虑非零初始条件对响应过程的影响，而只需深入研究零初始条件下控制分量的影响即可。实际上，正是因为分量 $c_2(t)$ 与分量 $c_1(t)$ 的特征方程相同，或者说闭环极点相同，所以关于分量 $c_2(t)$ 所得的各项结论和分析分量 $c_1(t)$ 时所得到的结论完全相同。

3.4 改善二阶系统动态性能的方法

二阶系统的动态性能与阻尼比 ξ 密切相关，一般通过改变阻尼比 ξ 来改善系统的快速性和平稳性。采用测速反馈和比例-微分（PD）控制方式，可以有效改善二阶系统的动态性能。

3.4.1 测速反馈控制

典型二阶系统的开环传递函数标准形式为

$$G(s)=\frac{\omega_n^2}{s(s+2\xi\omega_n)} \tag{3-53}$$

对被控制量 $c(t)$ 的速度进行测量，并将输出量的速度信号反馈到系统的输入端，与偏差信号相比较，构成一个内回路，称为测速反馈控制，测速反馈二阶系统如图 3-22 所示。

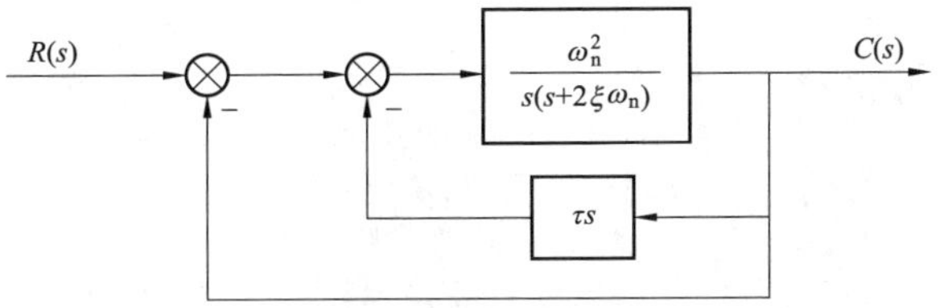

图 3-22　测速反馈二阶系统

如果系统输出量是机械位移，如角位移，则可以采用测速发电机将角位移变换为正比于角速度的电压，从而获得输出速度信号。

引入测速反馈后，系统的闭环传递函数为

$$\Phi(s)=\frac{C(s)}{R(s)}=\frac{\frac{\omega_n^2}{s^2+2\xi\omega_n s}}{1+(1+\tau s)\frac{\omega_n^2}{s^2+2\xi\omega_n s}}=\frac{\omega_n^2}{s^2+(2\xi\omega_n+\tau\omega_n^2)s+\omega_n^2}$$

$$=\frac{\omega_n^2}{s^2+2\left(\xi+\frac{1}{2}\tau\omega_n\right)\omega_n s+\omega_n^2}=\frac{\omega_n^2}{s^2+2\xi_1\omega_n s+\omega_n^2} \tag{3-54}$$

由此得出

$$\xi_1=\xi+\frac{1}{2}\tau\omega_n \tag{3-55}$$

由式（3-55）可以看出，引入测速反馈后，系统的阻尼比 ξ_1 要比原系统的阻尼比 ξ 大，因而利用测速反馈可以改善系统的各项动态性能指标。对于非标准形式的二阶系统，引入测速反馈，并适当地选取系统的其他参数，同样可以达到预定的系统动态性能指标。

【例 3-5】 已知系统框图如图 3-23 所示。试分析：(1) 该系统能否正常工作？(2) 若要求系统最佳阻尼比 $\xi=0.707$，系统应如何改进？

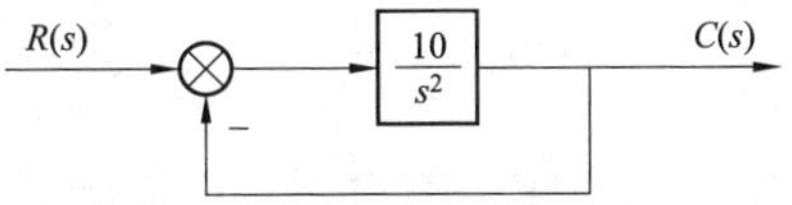

图 3-23　系统框图

解　(1) 由图 3-23 所示框图求得系统的闭环传递函数为

$$\frac{C(s)}{R(s)}=\frac{G(s)}{1+G(s)}=\frac{\frac{10}{s^2}}{1+\frac{10}{s^2}}=\frac{10}{s^2+10}$$

由系统的闭环传递函数得出

$$2\xi\omega_n=0;\quad \omega_n^2=10$$

阻尼比 $\xi=0$，系统为无阻尼等幅振荡，其单位阶跃响应为 $c(t)=1-\cos\sqrt{10}t$，自然振荡频率 $\omega_n=\sqrt{10}\,\text{rad/s}$。由于输出不能反映或跟随控制信号 $r(t)=1(t)$ 的规律，系统不能正常工作。

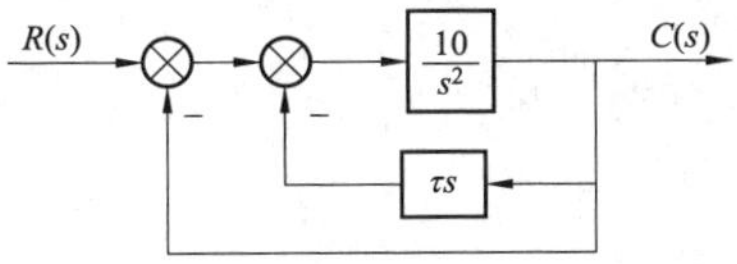

图 3-24　改进后的系统框图

(2) 欲使系统满足最佳阻尼比 $\xi=0.707$ 的要求，可以通过加入测速反馈，即引入传递函数 τs 微分环节来改进原系统。改进后的系统框图如图 3-24 所示。改进后系

统的闭环传递函数为

$$\frac{C(s)}{R(s)}=\frac{G(s)}{1+G(s)H(s)}=\frac{\frac{10}{s^2}}{1+\frac{10}{s^2}(1+\tau s)}=\frac{10}{s^2+10\tau s+10}$$

由系统的闭环传递函数得出

$$2\xi\omega_n=10\tau;\quad \omega_n^2=10$$

由已知 $\xi=0.707$ 和上列两式解出反馈系数

$$\tau=\frac{2\xi\omega_n}{10}=0.447$$

此式说明，加入测速反馈后，系统的单位阶跃响应将由无阻尼时的等幅振荡转化为最佳阻尼比的振荡过程，这时超调量 σ_p 由 100%降低到 4.3%。

3.4.2 比例-微分控制（添加开环零点）

1. 添加闭环零点

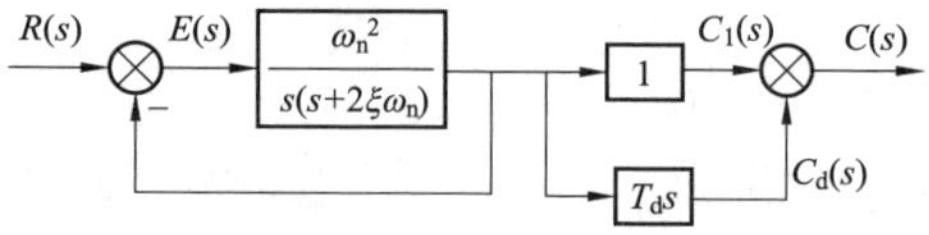

图 3-25 添加闭环零点的二阶系统结构图

添加闭环零点 $T_ds+1\left(s=-\frac{1}{T_d}\right)$ 的二阶系统结构图如图 3-25 所示。

其闭环传递函数为

$$\frac{C(s)}{R(s)}=\frac{\omega_n^2(T_ds+1)}{s^2+2\xi\omega_ns+\omega_n^2}$$

$$=\frac{\omega_n^2}{s^2+2\xi\omega_ns+\omega_n^2}+T_ds\frac{\omega_n^2}{s^2+2\xi\omega_ns+\omega_n^2}\tag{3-56}$$

系统添加了闭环零点 $s=-\frac{1}{T_d}$时，阻尼比不变。二阶系统的单位阶跃响应为

$$C_z(s)=\frac{\omega_n^2}{s(s^2+2\xi\omega_ns+\omega_n^2)}+T_ds\frac{\omega_n^2}{s(s^2+2\xi\omega_ns+\omega_n^2)}\tag{3-57}$$

或

$$c_z(t)=c(t)+T_d\dot{c}(t)\tag{3-58}$$

式中：$c(t)$ 和 $\dot{c}(t)$ 分别为典型二阶系统的单位阶跃响应和单位脉冲响应。

式（3-58）表明添加闭环零点的二阶系统的单位阶跃响应是标准二阶系统单位阶跃响应 $c(t)$ 与其微分信号 $T_d\dot{c}(t)$ 的叠加。微分分量，即 $\dot{c}(t)$ 产生了一种超前控制。由图 3-26 可见，添加闭环零点会使系统的峰值时间提前，速度加快，超调量增加。添加的闭环零点距虚轴越近，影响越显著。

2. 比例-微分控制（添加开环零点）

对于二阶系统，如果在原系统的前向通路加入比例-微分环节，即添加开环零点（T_ds+1），如图 3-27 所示，此时系统的开环传递函数变为

$$G(s)=\frac{\omega_n^2(T_ds+1)}{s(s+2\xi\omega_n)}\tag{3-59}$$

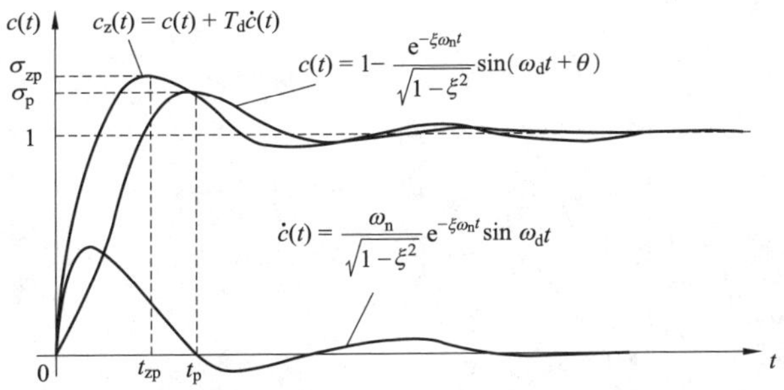

图 3-26　添加闭环零点的二阶系统单位阶跃响应曲线

其闭环传递函数为

$$\frac{C(s)}{R(s)}=\frac{G(s)}{1+G(s)}=\frac{\omega_n^2(T_d s+1)}{s^2+2\xi_1\omega_n s+\omega_n^2} \quad (3\text{-}60)$$

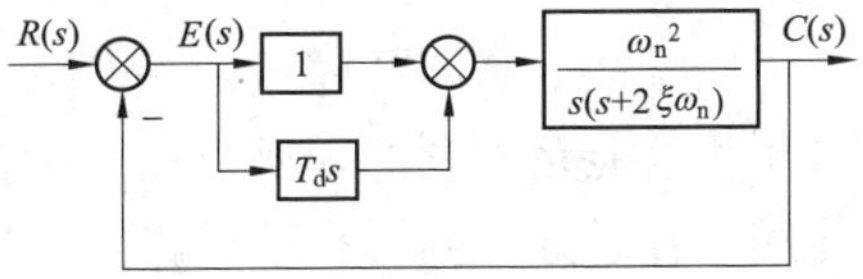

图 3-27　比例-微分控制的二阶系统结构图

式中 $$\xi_1=\xi+\frac{T_d\omega_n}{2}$$

由式（3-59）和式（3-60）可以看到，在前向通路添加的开环零点（$T_d s+1$）也是系统的闭环零点。零点的这种双重性决定了它有两个方面作用：一方面作为闭环零点，使得系统响应加快、振荡加剧；另一方面作为开环零点，使得系统的阻尼比 ξ_1 增大、改善了暂态响应的平稳性，系统的无阻尼振荡频率没有变化，合成的结果提高了系统响应，减小了超调量，从而有效地改善了系统的暂态特性。

下面再定量详细分析加入比例-微分作用后的单位阶跃响应及其性能变化。

当输入为单位阶跃信号 $r(t)=1$，$R(s)=\frac{1}{s}$ 时，可得系统的响应输出为

$$\begin{aligned}C_{pd}(s)&=\frac{\omega_n^2(T_d s+1)}{s^2+2\xi_1\omega_n s+\omega_n^2}\times\frac{1}{s}\\&=\frac{\omega_n^2}{s(s^2+2\xi_1\omega_n s+\omega_n^2)}+\frac{T_d\omega_n^2}{s^2+2\xi_1\omega_n s+\omega_n^2}\\&=\frac{\omega_n^2}{s(s^2+2\xi_1\omega_n s+\omega_n^2)}+s\,\frac{T_d\omega_n^2}{s(s^2+2\xi_1\omega_n s+\omega_n^2)}\\&=C_1(s)+T_d sC_1(s)\end{aligned}$$

其时间响应为

$$c_{pd}(t)=c_1(t)+T_d\,\dot{c}_1(t) \quad (3\text{-}61)$$

式（3-61）由两部分组成：$c_1(t)$ 是阻尼比为 ξ_1 的单位阶跃响应；$T_d\,\dot{c}_1(t)$ 是其脉冲响应的 T_d 倍。曲线 $c(t)$ 和 $c_{pd}(t)$ 为加入比例-微分环节前后二阶系统的单位阶跃响应曲线，如图 3-28 所示。通过曲线比较，可以看到系统的前向通路中加入比例-微分环节后，使系统的阻尼比增大，因此可以有效地减小原二阶系统的阶跃响应的超调量 σ_p；又由于微分的作用，提高了系统阶跃响应的速度，从而缩短了调节时间 t_s。可见，定量分析和上述加入零点的双重作用的定性分析结果是一致的。

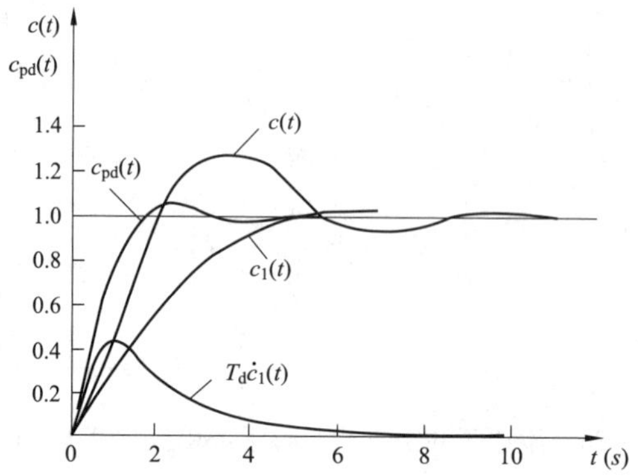

图 3-28　加入比例-微分环节前后二阶系统的单位阶跃响应曲线

无论添加的是闭环零点还是开环零点，对输入端的噪声都有明显的放大作用，对系统的抗干扰性能是不利的。所以在实际控制系统中，通常比例-微分中的微分作用或者说零点的作用不宜过强。同时在系统输入端较强的情况下，不宜采用比例-微分控制。此时，可以考虑采用测速反馈控制。

【例 3-6】　原二阶系统开环传递函数为 $G(s)=\dfrac{4}{s(s+2)}$，试分析比较原系统与加入闭环零点（0.25s+1）、开环零点（0.25s+1）之后的各动态响应。

解　(1) 原二阶系统开环传递函数为

$$G(s)=\frac{4}{s(s+2)}$$

则其闭环传递函数为

$$\Phi(s)=\frac{G(s)}{1+G(s)}=\frac{4}{s^2+2s+4}=\frac{2^2}{s^2+2\times0.5\times2s+2^2}$$

由此得，$\xi=0.5$，$\omega_n=2\text{rad/s}$，原系统响应曲线如图 3-29 中的曲线①所示。

(2) 加入闭环零点（0.25s+1）之后，系统的闭环传递函数为

$$\Phi(s)=\frac{4\times(0.25s+1)}{s^2+2s+4}=\frac{4\times(0.25s+1)}{s^2+2\times0.5\times2s+2^2}$$

由此得，$\xi=0.5$，$\omega_n=2\text{rad/s}$，加入闭环零点的响应曲线如图 3-29 中的曲线②所示。

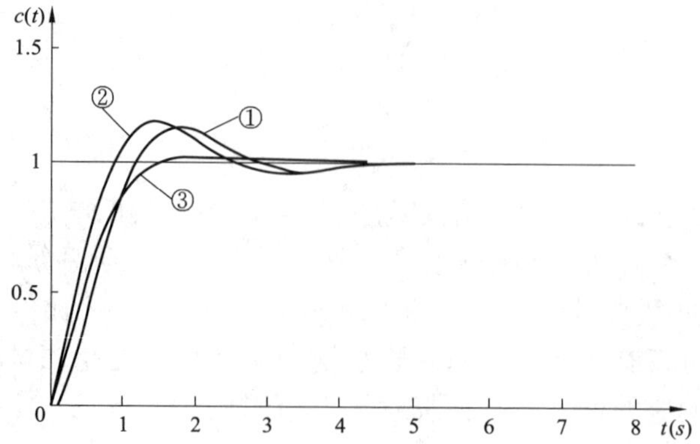

图 3-29　[例 3-6] 原系统及其加闭环零点、开环零点单位阶跃响应

通过曲线②与曲线①比较可以看出，加入闭环零点后与原系统相比，阻尼比没有变化，自然振荡频率也没有变化，但由于微分控制，使得系统快速性提高，系统振荡加快，超调量加大。

(3) 加入开环零点 $(0.25s+1)$，比例-微分作用后，开环传递函数为

$$G(s)=\frac{4(0.25s+1)}{s(s+2)}$$

则其闭环传递函数变为

$$\Phi(s)=\frac{G(s)}{1+G(s)}=\frac{\frac{4\times(0.25s+1)}{s(s+2)}}{1+\frac{4\times(0.25s+1)}{s(s+2)}}=\frac{4\times(0.25s+1)}{s^2+3s+4}=\frac{2^2\times(0.25s+1)}{s^2+2\times0.75\times2s+2^2}$$

其中，$\xi=0.75$，$\omega_n=2\text{rad/s}$，加入开环零点的响应曲线如图3-29中的曲线③所示。

通过曲线③与曲线①比较可以看出，加入开环零点（比例-微分）后与原系统相比，阻尼比增加，自然振荡频率没有变，系统超调量减小，又由于微分控制使得系统快速性变好。

3.5 高阶系统的时域分析

控制系统中的输出信号与输入信号之间的关系由三阶或三阶以上的高阶微分方程描述的系统，称为高阶系统。

在控制工程中，几乎所有的控制系统都是高阶系统。在分析系统时，要抓住主要矛盾，忽略次要因素，使分析过程简化。例如，火炮随机系统的过程类似于二阶系统的响应过程，因此火炮高阶系统近似于二阶系统，可以用二阶系统的分析方法分析火炮高阶系统。对于不能用一阶、二阶系统近似的高阶系统，其动态性能指标的确定是比较复杂的。工程上常采用闭环主导极点的概念对高阶系统进行近似分析。

3.5.1 高阶系统的单位阶跃响应

高阶系统传递函数一般可以表示为

$$\Phi(s)=\frac{M(s)}{N(s)}=\frac{b_ms^m+b_{m-1}s^{m-1}+\cdots+b_1s+b_0}{a_ns^n+a_{n-1}s^{n-1}+\cdots+a_1s+a_0}$$

$$=\frac{K\prod_{j=1}^{m}(s-z_j)}{\prod_{i=1}^{q}(s-p_i)\prod_{k=1}^{r}(s^2+2\xi_k\omega_{nk}s+\omega_{nk}^2)}\quad(n\leqslant m)\tag{3-62}$$

式中：$K=\frac{b_m}{a_n}$为常数；有 r 对共轭复数极点，$s_k=-\xi_k\omega_{nk}\pm j\omega_{nk}\sqrt{1-\xi_k^2}$，$k=1, 2, \cdots, r$，$q+2r=n$。由于 $M(s)$ 和 $N(s)$ 均为实系数多项式，故闭环零点 z_j 和极点 p_i 只能是实根或者共轭复根。因此在输入为单位阶跃函数时，输出量的拉氏变换式可表示为

$$C(s)=\frac{K\prod_{j=1}^{m}(s-z_j)}{\prod_{i=1}^{q}(s-p_i)\prod_{k=1}^{r}(s^2+2\xi_k\omega_{nk}s+\omega_{nk}^2)}\times\frac{1}{s}\quad(q+2r=n) \tag{3-63}$$

当 $0<\xi_k<1$ 时，将上式展开成部分分式，可得

$$C(s)=\frac{A_0}{s}+\sum_{i=1}^{q}\frac{A_i}{s-p_i}+\sum_{k=1}^{r}\frac{B_k s+C_k}{s^2+2\xi_k\omega_{nk}s+\omega_{nk}^2} \tag{3-64}$$

式中：A_0是 $C(s)$ 在输入极点处的留数，其值为闭环传递函数式（3-65）中的常数项比值，即

$$A_0=\lim_{s\to 0}sC(s)=\frac{b_0}{a_0} \tag{3-65}$$

A_i是 $C(s)$ 在闭环实数极点 p_i处的留数，其计算式为

$$A_i=\lim_{s\to s_i}(s-p_i)C(s)\quad(i=1,\ 2,\ \cdots,\ q) \tag{3-66}$$

B_k和 C_k是与 $C(s)$ 在闭环复数极点 $s_k=-\xi_k\omega_{nk}\pm j\omega_{nk}\sqrt{1-\xi_k^2}$ 处的留数有关的常系数。

设初始条件全部为零，将式（3-64）进行拉氏反变换，可得高阶系统的单位阶跃响应为

$$c(t)=A_0+\sum_{i=1}^{q}A_i e^{P_i t}+\sum_{k=1}^{r}D_k e^{-\xi_k\omega_{nk}t}\sin(\omega_{dk}t+\theta_k) \tag{3-67}$$

式中：D_k是与 $C(s)$ 在闭环复数极点 $s_k=-\xi_k\omega_{nk}\pm j\omega_{nk}\sqrt{1-\xi_k^2}$ 处的留数有关的常系数。

$$\omega_{dk}=\omega_{nk}\sqrt{1-\xi_k^2}$$

高阶系统的暂态响应是由多个一阶系统和二阶系统暂态分量合成的，据此得出如下结论：

（1）如果高阶系统所有闭环极点都具有负实部，即所有闭环极点都位于 s 左半平面，那么随着时间 t 的增加，$c(t)$ 中的指数项和阻尼正弦项均趋于零，高阶系统是稳定的，其稳态输出量为 A_0。

（2）对于稳定的高阶系统，闭环极点的负实部 p_i和$-\xi_k\omega_{nk}$的绝对值越大，其对应的响应分量衰减得越快；反之，则衰减缓慢。

（3）高阶系统暂态响应各分量的系数 A_i和 D_k不仅取决于闭环极点的性质和大小，而且与闭环零点也有关。闭环极点全都包含在指数项和阻尼正弦项的指数中，闭环零点虽不影响这些指数，但却影响各瞬态分量系数，即留数的大小和符号；而系统的时间响应曲线既取决于指数项和阻尼正弦项的指数，也取决于这些项的系数。

系数大且衰减慢的分量在瞬态响应过程中起主要作用，系数小且衰减快的分量在瞬态响应过程中的影响很小。因此在控制工程中对高阶系统进行性能估算时，通常忽略系数小且衰减快的那些瞬态响应分量，而高阶系统的响应可以由低阶系统的响应近似。

3.5.2 闭环主导极点

如果闭环极点中有一对共轭复数极点，或者一个实数极点距虚轴最近周围没有零点，

并且其他极点到虚轴的距离都比该极点到虚轴的距离大 5 倍以上，则这对或这个距虚轴最近的极点称为高阶系统的闭环主导极点。

闭环主导极点在单位阶跃响应中对应的瞬态响应分量衰减最慢且系数很大，因此它对高阶系统瞬态响应起主导作用。除闭环主导极点外，所有其他闭环极点由于其对应的响应分量随时间的推移而迅速衰减，对系统的时间响应过程影响甚微，因而统称为非主导极点。对于具有主导极点的高阶系统，分析它的动态过程时，可以由只有一对复数极点的二阶系统近似，也可以由一个实数主导极点的一阶系统近似，这样其性能指标就可以由二阶或一阶系统的性能指标来进行估算。

高阶系统简化为低阶系统时，首先确定系统的主导极点，然后忽略时间常数形式的高阶系统的传递函数的小时间常数项。经过这样的处理，可以确保简化前后的系统具有基本一致的动态性能和相同的稳态性能。简化前后系统的稳态值是相等的。

【例 3-7】 已知系统的闭环传递函数为 $\Phi(s)=\dfrac{(0.24s+1)}{(0.25s+1)(0.04s^2+0.24s+1)(0.0625s+1)}$，试估算系统的动态性能指标。

解　先将闭环传递函数表示为对应的零、极点形式

$$\Phi(s)=\frac{384(s+4.17)}{(s+4)(s^2+6s+25)(s+16)}$$

忽略一对偶极子 $z_1=-4.17$，$p_1=-4$ 和非主导极点 $p_2=-16$，系统的主导极点为 $p_{3,4}=-3\pm 4\mathrm{j}$。降阶处理后，时间常数形式的系统闭环传递函数为

$$\begin{aligned}\Phi(s)&=\frac{1}{0.04s^2+0.24s+1}\\&=\frac{1}{0.04(s^2+6s+25)}\\&=\frac{25}{s^2+6s+25}\end{aligned}$$

由于 $2\xi\omega_n=6$，$\omega_n^2=25$，解得 $\omega_n=5\mathrm{rad/s}$，$\xi=0.6$，所以

$$\sigma_p=\mathrm{e}^{-\frac{\xi\pi}{\sqrt{1-\xi^2}}}\times 100\%=9.5\%;\qquad t_s=\frac{3}{\xi\omega_n}=1\mathrm{s}\quad(\Delta=5\%)$$

3.6　线性控制系统的稳定性分析

只有稳定的系统才能正常工作，稳定是控制系统正常工作的首要条件，也是控制系统的重要性能。分析、判定系统的稳定性，并提出确保系统稳定的条件是自动控制理论的基本任务之一。本节只讨论线性控制系统稳定性的概念、稳定的充分必要条件和劳斯-赫尔维茨稳定判据。更复杂系统的稳定性将在后续课程研究。

3.6.1　稳定性的概念

稳定性问题最初是从力学问题的研究中提出的。现以力学系统为例，说明平衡点及其稳定性。

1. 平衡点

力学系统中，位移保持不变的点称为平衡点（位置），此时位移对时间的各阶导数为零。当所有的外部作用力为零时，位移保持不变的点称为原始平衡点（位置）。

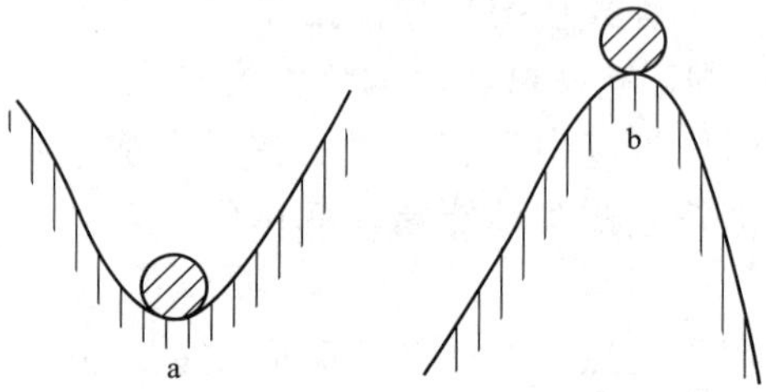

图 3-30　平衡位置点
（a）稳定平衡点；（b）不稳定平衡点

图 3-30（a）表示一个小球在光滑的凹槽里面，若小球受到扰动作用偏离平衡点 a，当扰动消失后，小球在重力和摩擦力的作用下，经过在槽内来回几次振荡最终会逐渐恢复到原平衡点 a 处，则称平衡点 a 是稳定的平衡点，此系统是稳定的。

图 3-30（b）中，小球只要受到一点外力扰动偏离平衡点 b，在重力作用下这种偏离就会越来越大，小球无法回到平衡点 b，则称平衡点 b 是不稳定的平衡点，此系统是不稳定的。

与上述力学系统相似，一般的自动控制系统中也存在平衡点。对于一个控制系统，当所有的输入信号为零，而系统输出信号保持不变的点称为平衡点。

2. 稳定性

上述实例说明在干扰信号消失后的动态过程可以反映系统稳定性。分析线性控制系统的稳定性时，系统的运动稳定性才是关键。线性系统的运动稳定性与平衡状态稳定性是等价的，因此可以说，线性定常系统的稳定性也是研究平衡状态的稳定性。稳定性是指控制系统偏离平衡点后，系统自动恢复到平衡状态的能力。

线性控制系统稳定性定义：若线性控制系统在初始扰动的影响下，其动态过程随时间的推移衰减并趋于零，则称系统渐进稳定，简称稳定。反之，若在初始扰动的影响下，系统的动态过程随时间的推移而发散，则称系统不稳定。

一个控制系统在实际工作过程中，总会受到各种各样的扰动，因而不稳定的系统是不能够正常工作的。

3.6.2　线性系统稳定的充分必要条件

脉冲信号可以看作是一种典型的扰动信号。根据系统稳定性定义，若系统对脉冲输入信号 $\delta(t)$ 的脉冲响应 $c(t)$ 收敛，即

$$\lim_{t\to\infty} c(t)=0 \tag{3-68}$$

则系统是稳定的。

若对高阶系统的单位阶跃响应式（3-67）求导，则得

$$c(t)=\sum_{i=1}^{q} C'_i \mathrm{e}^{p_i t}+\sum_{k=1}^{r} \mathrm{e}^{-\xi_k \omega_{nk} t}(A'_i \cos\omega_{dk} t+B'_i \sin\omega_{dk} t) \tag{3-69}$$

式中：设特征方程有 q 个实根 p_i，r 对共轭复根为 $s_k=-\xi_k\omega_{nk}\pm \mathrm{j}\omega_{dk}(k=1,2,\cdots,r;q+2r=n)$。

由式（3-69）可以看出：

（1）若系统的所有特征根全部具有负实部，则 $\lim\limits_{t\to\infty} c(t)=0$，系统是稳定的。

(2) 若系统的特征根中有一个或者几个为正值，则 $\lim\limits_{t\to\infty}c(t)=\infty$ ，系统是不稳定的。

(3) 若系统的特征根中有一个或者一个以上的零实部根，而其余的特征根均具有负实部，则系统或趋于常数，或趋于等幅正弦振荡。系统处于稳定和不稳定的临界状态，常称为临界稳定。临界稳定在工程上是不稳定的。

综上分析，得出下面的**结论**：

(1) 线性定常系统稳定的充分必要条件：系统的全部特征根或闭环极点都具有负实部，或者说都位于复平面的左半部。

(2) 线性定常系统的稳定性由其系统本身的参数决定，即是系统本身的固有特性，与外界输入信号无关；而非线性系统则不同，常常与外界信号有关。

(3) 如果线性定常系统稳定，则它一定是大范围稳定，且原点是其唯一的平衡点。

3.6.3　线性定常系统的代数稳定判据

线性定常系统的稳定性取决于系统极点的分布，于是判断一个系统的稳定性问题便成为如何确定系统极点分布的问题。确定系统极点的方法有两种：一种是直接求解特征方程的根；另一种是不求解特征方程，而是通过其他方法确定极点在复平面的分布并判断系统稳定性，如劳斯-赫尔维茨判据、奈奎斯特判据和根轨迹法等。

英国数学家劳斯（Routh）和德国数学家赫尔维茨（Hurwitz）分别于 1877 年和 1895 年各自独立地提出了根据系统特征方程系数来判别特征根是否存在复平面的正根及其个数的方法。由于不必求解特征方程，而用代数方法判断系统的稳定性，又称为代数稳定判据。

1. 劳斯稳定判据

设控制系统的特征方程式为

$$D(s)=a_n s^n+a_{n-1}s^{n-1}+a_{n-2}s^{n-2}+\cdots+a_1 s+a_0=0 \tag{3-70}$$

劳斯稳定判据要求将特征多项式的系数排成表 3-3 所示形式，称为劳斯表。表中前两行由特征方程的系数直接构成，其他各行的数值按照表 3-3 所示逐行计算。

表 3-3　　**劳斯表**

s^n	a_n	a_{n-2}	a_{n-4}	a_{n-6}	…
s^{n-1}	a_{n-1}	a_{n-3}	a_{n-5}	a_{n-7}	…
s^{n-2}	$b_1=\dfrac{a_{n-1}a_{n-2}-a_n a_{n-3}}{a_{n-1}}$	$b_2=\dfrac{a_{n-1}a_{n-4}-a_n a_{n-5}}{a_{n-1}}$	$b_3=\dfrac{a_{n-1}a_{n-6}-a_n a_{n-7}}{a_{n-1}}$	b_4	
s^{n-3}	$c_1=\dfrac{b_1 a_{n-3}-a_{n-1}b_2}{b_1}$	$c_2=\dfrac{b_1 a_{n-5}-a_{n-1}b_3}{b_1}$	$c_3=\dfrac{b_1 a_{n-7}-a_{n-1}b_4}{b_1}$	c_4	
⋮	⋮	⋮	⋮	⋮	⋮
s^0	a_0	0	0	0	0

这种过程一直进行到第 $n+1$ 行计算完为止。其中第 $n+1$ 行仅第一列有值，且正好是方程最后一项系数 a_0。劳斯表中系数排列呈现倒三角形。

线性定常系统稳定的必要条件：系统特征方程式所有系数均为正值，且特征方程式不缺项。

劳斯稳定判据：线性定常系统稳定的充分必要条件是劳斯表的第一列各项元素均为正值。如果劳斯表中的第一列元素有负值，则系统不稳定，并且劳斯表中第一列元素自上而下符号改变的次数等于系统正实部特征根的个数。

在计算劳斯表时，用同一个正值去乘（或除）某一行的各元素，不改变稳定判据结果，这样可以简化运算。

【例 3-8】 设控制系统的特征方程为 $D(s)=s^5+2s^4+s^3+3s^2+4s+5=0$，试用劳斯稳定判据判断系统的稳定性。

解 特征方程不缺项，各项系数均为正值，满足系统稳定的必要条件。列劳斯表如下

s^5	1	1	4	
s^4	2	3	5	
s^3	−1	3	0	（各元素乘以 2）
s^2	9	5	0	
s^1	32			（各元素乘以 9）
s^0	5			

劳斯表第一列不全是正值，符号改变两次（$+2\to-1\to+9$），说明闭环系统有两个正实部的特征根，系统不稳定。

2. 劳斯稳定判据特殊情况处理

运用劳斯稳定判据分析系统的稳定性时，若劳斯表中某一行第一列元素为零，则系统不稳定或者临界稳定。

（1）劳斯表某行第一列元素为零，而该行元素不全为零时，可用一个很小的正值 ε 代替零元素，继续计算劳斯表。

【例 3-9】 设控制系统的特征方程为 $D(s)=s^4+2s^3+3s^2+6s+1=0$，试用劳斯稳定判据判定系统的稳定性。

解 方程中不缺项，各项系数均为正值，满足系统稳定的必要条件。列劳斯表如下

s^4	1	3	1	
s^3	2	6		
s^2	$0(\varepsilon)$	1		
s^1	$\dfrac{6\varepsilon-2}{\varepsilon}\ (-\infty)$			$\lim\limits_{\varepsilon\to0}\dfrac{6\varepsilon-2}{\varepsilon}=-\infty$
s^0	1			

因为劳斯表第一列元素符号改变两次（$\varepsilon=0^+\rightarrow-\infty\rightarrow+1$），所以系统不稳定，且有两个正实部的特征根。

（2）劳斯表某行元素全部为零时，用全零行的上一行元素构成辅助方程，将辅助方程对 s 求导，然后用求导后的方程系数代替全零行的元素，继续计算劳斯表。辅助方程的次数总是偶数，辅助方程的根是特征方程根的一部分，或者为两个大小相等符号相反的实根，或者为两个共轭纯虚根。

【例 3-10】 设控制系统的特征方程为 $D(s)=s^3+2s^2+s+2=0$，试用劳斯稳定判据判定系统的稳定性。

解　方程中各项系数均为正值，满足系统稳定的必要条件。列劳斯表如下

s^3	1	1	
s^2	2	2	→构造辅助方程 $2s^2+2=0$
s^1	4	0	←辅助方程求导后的系数
s^0	2		

由上看出，劳斯表第一列元素符号相同，故系统不含具有正实部的根，而含一对纯虚根，可由辅助方程 $2s^2+2=0$，解出 $s_{1,2}=\pm \mathrm{j}$。根据韦达定理得知第三个根 $s_3=-2$，可判断系统为临界稳定。

3. 劳斯稳定判据的应用

应用劳斯稳定判据不仅可以判定系统的稳定性，还可以确定使系统稳定的参数范围。

【例 3-11】 已知控制系统的开环传递函数为 $G(s)=\dfrac{k}{s(s+1)(s+5)}$，系统结构框图如图 3-31 所示，试确定系统稳定时 k 的取值范围。

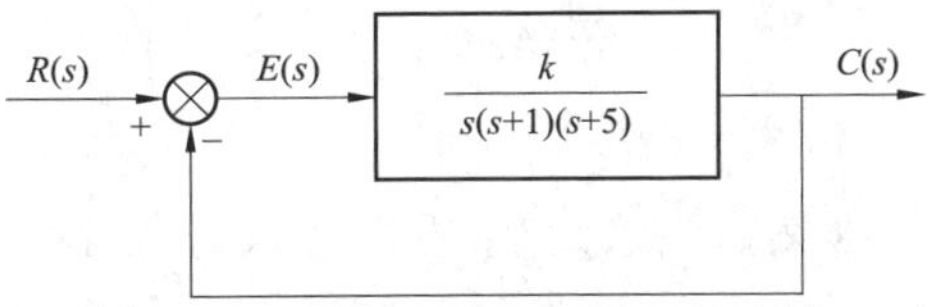

图 3-31　系统结构框图

解　系统的闭环传递函数为

$$\frac{C(s)}{R(s)}=\frac{\dfrac{k}{s(s+1)(s+5)}}{1+\dfrac{k}{s(s+1)(s+5)}}=\frac{k}{s(s+1)(s+5)+k}$$

由上式得系统的特征方程为

$$\begin{aligned}D(s)&=s(s+1)(s+5)+k\\&=s^3+6s^2+5s+k=0\end{aligned}$$

欲满足系统稳定的必要条件，必须使 $k>0$。列劳斯表如下

s^3	1	5	
s^2	6	k	辅助方程 $6s^2+k=0$
s^1	$\dfrac{30-k}{6}$		
s^0	k		

要满足稳定的条件，必须使 $k>0$，$30-k>0$。解得 k 的取值范围是

$$0<k<30$$

当 $k=30$ 时，劳斯表 s^1 行的所有元素都为 0，由上一行 s^2 构造辅助方程 $6s^2+k=0$，解得 $s_{1,2}=\pm \mathrm{j}\sqrt{5}$。即当 $k=30$ 时，系统等幅振荡，振荡频率为 $\omega_{\mathrm{n}}=\sqrt{5}\ \mathrm{rad/s}$。

4. 赫尔维茨稳定判据

设控制系统的特征方程为 $D(s)=a_n s^n+a_{n-1}s^{n-1}+a_{n-2}s^{n-2}+\cdots+a_1 s+a_0=0$

线性系统稳定的充分必要条件：特征方程的系数 a_i 为正，且由 a_i 组成的主行列式（3-71）及其顺序主子行列式 $\Delta_i(i=1,\cdots,n-1)$ 全部为正，即

$$\Delta_n=\begin{vmatrix} a_{n-1} & a_{n-3} & a_{n-5} & \cdots & 0 & 0 \\ a_n & a_{n-2} & a_{n-4} & \cdots & 0 & 0 \\ 0 & a_{n-1} & a_{n-3} & \cdots & 0 & 0 \\ 0 & a_n & a_{n-2} & \cdots & 0 & 0 \\ 0 & 0 & a_{n-1} & \cdots & 0 & 0 \\ 0 & 0 & a_n & \cdots & 0 & 0 \\ \vdots & \vdots & \vdots & \vdots & \vdots & \vdots \\ 0 & \cdots & \cdots & \cdots & a_0 & 0 \\ 0 & \cdots & \cdots & \cdots & a_1 & 0 \\ 0 & \cdots & \cdots & \cdots & a_2 & a_0 \end{vmatrix}_{n\times n}>0 \tag{3-71}$$

其中 $\Delta_1=a_{n-1}$； $\Delta_2=\begin{vmatrix} a_{n-1} & a_{n-3} \\ a_n & a_{n-2} \end{vmatrix}$； $\Delta_3=\begin{vmatrix} a_{n-1} & a_{n-3} & a_{n-5} \\ a_n & a_{n-2} & a_{n-4} \\ 0 & a_{n-1} & a_{n-3} \end{vmatrix}$

显然，当系统特征方程高于 3 次时，赫尔维茨稳定判据的计算量很大。后来李纳德（Lienard）证明，当所有 $\Delta_{2k+1}>0$ 时，系统是稳定的。

赫尔维茨行列式的特点是：第一行为第二项、第四项等偶数项的系数，第二行为第一项、第三项等奇数项的系数；第三、四行重复上两行的排列，向右移动一列，而前一列以 0 代替；以下各行，以此类推。

按照赫尔维茨稳定判据，对于 $n\leqslant 3$ 的线性控制系统，其稳定的充分必要条件还可以表示如下简单形式：

对于 $n=2$ 的系统，$a_2>0$，$a_1>0$，$a_0>0$。

对于 $n=3$ 的系统，$a_3>0$，$a_2>0$，$a_1>0$，$a_0>0$，$a_2a_1-a_3a_0>0$。

【例 3-12】 四阶系统特征方程为 $2s^4+s^3+3s^2+5s+10=0$，试用赫尔维茨稳定判据判断系统的稳定性。

解 由特征方程已知各项系数为 $a_4=2$，$a_3=1$，$a_2=3$，$a_1=5$，$a_0=10$，赫尔维茨行列式 Δ_4 为

$$\Delta_4=\begin{vmatrix} 1 & 5 & 0 & 0 \\ 2 & 3 & 10 & 0 \\ 0 & 1 & 5 & 0 \\ 0 & 2 & 3 & 10 \end{vmatrix}$$

于是

$$\Delta_1 = 1 > 0$$

$$\Delta_2 = \begin{vmatrix} 1 & 5 \\ 2 & 3 \end{vmatrix} = -7 < 0$$

因为 $\Delta_2 < 0$，不满足赫尔维茨行列式全部为正的条件，所以系统不稳定。Δ_3、Δ_4 可以不必再进行计算。

【例 3-13】 四阶系统特征方程为 $s^4 + 3s^3 + 3s^2 + 2s + 1 = 0$，试用赫尔维茨稳定判据判断系统的稳定性。

解　$n = 4$，列出系数行列式

$$\Delta_4 = \begin{vmatrix} 3 & 2 & 0 & 0 \\ 1 & 3 & 1 & 0 \\ 0 & 3 & 2 & 0 \\ 0 & 1 & 3 & 1 \end{vmatrix}$$

由此计算

$$\Delta_1 = 3 > 0$$

$$\Delta_3 = \begin{vmatrix} 3 & 2 & 0 \\ 1 & 3 & 1 \\ 0 & 3 & 2 \end{vmatrix} = 5 > 0$$

根据赫尔维茨稳定判据，当 $n > 3$ 时，若 $\Delta_{2k+1} > 0$，系统是稳定的。由此判定该闭环系统是稳定的。

3.7　线性控制系统的稳态性能分析

控制系统的过渡过程包括暂态响应和稳态响应，用超调量、上升时间、调节时间等指标来描述系统的暂态性能；用稳态误差来描述系统的稳态性能。而只有稳定的系统研究稳态误差才有意义。

由于系统自身的结构参数、外作用的类型（控制量或扰动量）以及外作用的形式（阶跃、斜坡或加速度）不同，系统不能很好跟踪输入信号而引起的稳态误差，称为原理性误差。控制系统中由于元件的不完善，如摩擦、间隙和元件老化等造成的系统误差，称为静差。静差在一般情况下可以根据具体情况计算出来，本节不对静差进行研究。

在阶跃输入作用下，通常将没有原理性稳态误差的系统称为无差系统；而将有原理性稳态误差的系统称为有差系统。

本节主要介绍稳态误差的几种计算方法，以及如何改变系统的结构，以减小或消除稳态误差。

3.7.1 控制系统的误差与稳态误差

控制系统的框图如图 3-32 所示。$R(s)$ 为参考输入信号，$C(s)$ 为输出信号。

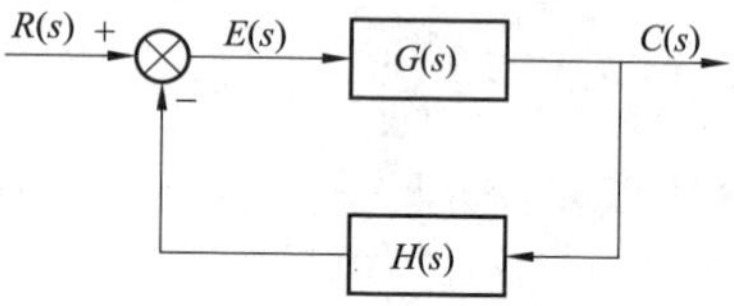

图 3-32 控制系统框图

1. 误差的两种定义

定义误差有两种方法：一是按输入端定义；另一个是按输出端定义。

（1）**按输入端定义误差**。该误差一般是指给定输入信号与反馈信号之差，即偏差，记为 $E_r(s)$，计算式为

$$E_r(s)=R(s)-C(s)H(s) \tag{3-72}$$

（2）**按输出端定义误差**。该误差一般是指反馈控制系统输出的期望值与实际值之差，记为 $E_c(s)$，计算式为

$$E_c(s)=C_r(s)-C(s)=\frac{R(s)}{H(s)}-C(s) \tag{3-73}$$

式中：$C_r(s)$ 为输入信号 $r(t)$ 对应的期望输出信号。

根据式（3-72）和式（3-73）得出输入端误差与输出端误差的关系为

$$E_r(s)=H(s)E_c(s) \tag{3-74}$$

对单位反馈系统而言，上述两种定义的误差是一致的，由于传感器的作用，单位不一样。对于非单位负反馈系统，输出端误差与输入端误差大小不相等。

按输入端定义的误差（偏差），在实际系统中通常是可以测量的，具有一定的物理意义，但其误差的理论含义不明显；按输出端定义的误差是输出时期望值与实际值之差，比较接近误差的理论意义，但它通常无法测量，只有数学意义。对于一般控制系统，若没有特殊说明，均指输入端定义的误差。

2. 动态误差与稳态误差

由图 3-32 可以求得误差信号的传递函数为

$$E(s)=\frac{1}{1+G(s)H(s)}R(s) \tag{3-75}$$

对式（3-75）进行拉氏反变换，可以得到误差时域信号。误差信号由暂态分量和稳态分量组成。暂态分量 $e_{st}(t)$ 称为动态误差；稳态分量 $e_{ss}(t)$ 称为稳态误差，即时间趋于无穷大时，误差的终值 $e_{ss}=\lim\limits_{t\to\infty}e(t)$。动态误差反映了系统的暂态性能，最大误差实际上已经由超调量等暂态性能指标描述了。一般情况下，只关心系统的稳态误差。

3.7.2 终值定理法求稳态误差

计算稳态误差一般方法的实质是利用终值定理，它适用于各种情况下的稳态误差的计算，既可以用于求输入作用下的稳态误差，也可以用于求干扰信号作用下的稳态误差。

终值定理法：设 $sE(s)$ 在 s 右半平面及虚轴上（除原点外）没有极点，则稳态误差终值 $e_{ss}(\infty)$ 为

$$e_{ss}(\infty)=\lim_{t\to\infty}e(t)=\lim_{s\to 0}sE(s) \tag{3-76}$$

当系统不稳定，或 $R(s)$ 的极点位于虚轴上以及虚轴右边时，该条件不满足，不可以采用终值定理法。例如，给定输入信号为正弦信号时，$r(t)=\sin\omega t$，其象函数 $R(s)=\dfrac{\omega}{s^2+\omega^2}$，只要在 s 平面虚轴上不解析，就不能利用终值定理求取系统稳态误差的终值。

【例 3-14】 已知单位负反馈系统的开环传递函数为 $G(s)=\dfrac{10}{s(s+4)}$，求当系统输入分别为阶跃信号、速度信号和加速度信号时的稳态误差终值。

解　系统误差信号为

$$E(s)=\frac{1}{1+G(s)}R(s)=\frac{1}{1+\dfrac{10}{s(s+4)}}R(s)=\frac{s(s+4)}{s^2+4s+10}R(s)$$

(1) 当输入阶跃信号 $r(t)=A$ 时

$$R(s)=\frac{A}{s}$$

$E(s)$ 有两个极点 $s_{1,2}=-2\pm \mathrm{j}\sqrt{6}$，且位于 s 平面的左半部，满足终值定理条件，所以

$$e_{ss}(\infty)=\lim_{s\to 0}sE(s)=\lim_{s\to 0}s\frac{s(s+4)}{s^2+4s+10}\times\frac{A}{s}=0$$

(2) 当输入速度信号 $r(t)=At$ 时

$$R(s)=\frac{A}{s^2}$$

$$e_{ss}(\infty)=\lim_{s\to 0}sE(s)=\lim_{s\to 0}s\frac{s(s+4)}{s^2+4s+10}\times\frac{A}{s^2}=\frac{2A}{5}$$

(3) 当输入加速度信号 $r(t)=\dfrac{1}{2}At^2$ 时

$$R(s)=\frac{A}{s^3}$$

$$e_{ss}(\infty)=\lim_{s\to 0}sE(s)=\lim_{s\to 0}s\frac{s(s+4)}{s^2+4s+10}\times\frac{A}{s^3}=\infty$$

实际上，$sE(s)$ 并不满足在虚轴上解析的条件。严格地讲，此时不能采用终值定理计算稳态误差；如果使用，也只能得到无穷大的结果，而这一无穷大的结果恰与实际结果相一致，因此，从便于使用的角度出发，将 $sE(s)$ 位于原点的极点划到 s 平面左半部内进行处理。

3.7.3　控制系统型别

控制系统可以按照它们跟踪阶跃输入、斜坡输入、抛物线输入等信号的能力来分类。因为系统跟踪输入信号的能力主要取决于开环传递函数中所含的积分环节个数，所以可以按照开环传递函数含有的积分环节个数 v 进行分类。

当开环传递函数写成时间常数形式为

$$G(s)H(s)=\frac{K\prod_{j=1}^{m}(\tau_j s+1)}{s^v\prod_{i=1}^{n}(T_i s+1)}\quad (m\leqslant n) \tag{3-77}$$

式中：K 为系统的开环增益；τ_j、T_i 为时间常数；v 为积分环节个数，称系统型别或无差度。无差系统是指在单位阶跃信号作用下不存在稳态误差的系统。

若含有 v 个积分环节，或者含有 v 个 $s=0$ 的极点，则称系统为 v 型系统。

当 $v=0$ 时，相应系统称为 0 型系统，也称为有差系统。

当 $v=1$ 时，相应系统称为Ⅰ型系统，也称为一阶无差系统。

当 $v=2$ 时，相应系统称为Ⅱ型系统，也称为二阶无差系统。

当 $v>2$ 时，除采用复合控制以外，一般情况下系统很难稳定，控制精度与系统的稳定性相矛盾。所以，Ⅲ型及以上系统在实际控制中几乎不使用。

3.7.4 静态误差系数法求稳态误差

设 $sE(s)$ 满足终值定理条件，下面分别讨论阶跃信号输入、斜坡信号输入和抛物线信号输入时一般系统的稳态误差终值，从而得到误差系数的概念。

控制输入 $r(t)$ 作用下的误差传递函数为

$$E(s)=\frac{1}{1+G(s)H(s)}R(s) \tag{3-78}$$

1. 阶跃信号输入时系统的稳态误差

当 $r(t)=A\times 1(t)$ 时

$$e_{ss}(\infty)=\lim_{s\to 0}[sE(s)]=\lim_{s\to 0}\left[s\frac{1}{1+G(s)H(s)}\times\frac{A}{s}\right]=\frac{A}{1+\lim\limits_{s\to 0}G(s)H(s)}=\frac{A}{1+K_p} \tag{3-79}$$

定义静态位置误差系数

$$K_p=\lim_{s\to 0}G(s)H(s) \tag{3-80}$$

对于 0 型系统

$$K_p=\lim_{s\to 0}G(s)H(s)=\lim_{s\to 0}\frac{K(\tau_1 s+1)(\tau_2 s+1)\cdots(\tau_j s+1)}{(T_1 s+1)(T_2 s+1)\cdots(T_i s+1)}=K；\ e_{ss}(\infty)=\frac{A}{1+K}$$

对于Ⅰ型或高于Ⅰ型的系统

$$K_p=\lim_{s\to 0}G(s)H(s)=\lim_{s\to 0}\frac{K(\tau_1 s+1)(\tau_2 s+1)\cdots(\tau_j s+1)}{s^v(T_1 s+1)(T_2 s+1)\cdots(T_i s+1)}=\infty;\quad e_{ss}(\infty)=\frac{A}{1+K_p}=0$$

2. 斜坡（速度）信号输入时系统的稳态误差

当 $r(t)=At$ 时

$$e_{ss}(\infty)=\lim_{s\to 0}sE(s)=\lim_{s\to 0}s\frac{1}{1+G(s)H(s)}\times\frac{A}{s^2}=\frac{A}{\lim\limits_{s\to 0}sG(s)H(s)}=\frac{A}{K_v} \tag{3-81}$$

定义静态速度误差系数

$$K_v=\lim_{s\to 0} sG(s)H(s) \tag{3-82}$$

对于 0 型系统

$$K_v=\lim_{s\to 0}[sG(s)H(s)]=\lim_{s\to 0}\left[s\frac{K(\tau_1 s+1)(\tau_2 s+1)\cdots(\tau_j s+1)}{(T_1 s+1)(T_2 s+1)\cdots(T_i s+1)}\right]=0;\quad e_{ss}(\infty)=\frac{A}{K_v}=\infty$$

对于Ⅰ型系统

$$K_v=\lim_{s\to 0}[sG(s)H(s)]=\lim_{s\to 0}\left[s\frac{K(\tau_1 s+1)(\tau_2 s+1)\cdots(\tau_j s+1)}{s(T_1 s+1)(T_2 s+1)\cdots(T_i s+1)}\right]=K;\quad e_{ss}(\infty)=\frac{A}{K_v}=\frac{A}{K}$$

对于Ⅱ型或高于Ⅱ型的系统

$$K_v=\lim_{s\to 0} sG(s)H(s)=\lim_{s\to 0} s\frac{K(\tau_1 s+1)(\tau_2 s+1)\cdots(\tau_j s+1)}{s^2(T_1 s+1)(T_2 s+1)\cdots(T_i s+1)}=\infty;\quad e_{ss}(\infty)=\frac{A}{K_v}=0$$

3. 抛物线（加速度）信号输入时系统的稳态误差

当 $r(t)=\frac{1}{2}At^2$ 时

$$e_{ss}(\infty)=\lim_{s\to 0}[sE(s)]=\lim_{s\to 0}\left[s\frac{1}{1+G(s)H(s)}\times\frac{A}{s^3}\right]=\lim_{s\to 0}\frac{A}{s^2G(s)H(s)}=\frac{A}{K_a} \tag{3-83}$$

定义静态加速度误差系数

$$K_a=\lim_{s\to 0} s^2G(s)H(s) \tag{3-84}$$

对于 0 型系统

$$K_a=\lim_{s\to 0} s^2G(s)H(s)=\lim_{s\to 0} s^2\frac{K(\tau_1 s+1)(\tau_2 s+1)\cdots(\tau_j s+1)}{(T_1 s+1)(T_2 s+1)\cdots(T_i s+1)}=0;\quad e_{ss}(\infty)=\frac{A}{K_a}=\infty$$

对于Ⅰ型系统

$$K_a=\lim_{s\to 0} s^2G(s)H(s)=\lim_{s\to 0} s^2\frac{K(\tau_1 s+1)(\tau_2 s+1)\cdots(\tau_j s+1)}{s(T_1 s+1)(T_2 s+1)\cdots(T_i s+1)}=0;\quad e_{ss}(\infty)=\frac{A}{K_a}=\infty$$

对于Ⅱ型系统

$$K_a=\lim_{s\to 0} s^2G(s)H(s)=\lim_{s\to 0} s^2\frac{K(\tau_1 s+1)(\tau_2 s+1)\cdots(\tau_j s+1)}{s^2(T_1 s+1)(T_2 s+1)\cdots(T_i s+1)}=K;\quad e_{ss}(\infty)=\frac{A}{K_a}=\frac{A}{K}$$

以上的分析结果列于表 3-4 中。采用上述稳态误差系数求稳态误差的方法适用于求误差的终值，并适用于输入信号是阶跃函数、斜坡函数、加速度函数及它们的线性组合的情况。

表 3-4　　参考输入的稳态误差

e_{ss} \ $r(t)$ 系统类型	A	At	$\frac{1}{2}At^2$
0	$\frac{A}{1+K_p}=\frac{A}{1+K}$	∞	∞
Ⅰ	0	$\frac{A}{K_v}=\frac{A}{K}$	∞
Ⅱ	0	0	$\frac{A}{K_a}=\frac{A}{K}$

注　$K_p=\lim\limits_{s\to 0}G(s)H(s)$，$K_v=\lim\limits_{s\to 0}sG(s)H(s)$，$K_a=\lim\limits_{s\to 0}s^2G(s)H(s)$。

表 3-4 表明，同一个系统，在不同形式的输入信号作用下具有不同的稳态误差。从表中可以得出以下结论：

（1）在相同的输入信号作用下，增加开环传递函数中积分环节个数 v，即增大系统型别，可以大幅度改善系统的稳态误差。

（2）对于相同型别的系统，提高系统的开环放大倍数，可以改善系统的稳态误差。

（3）增大系统的型别 v 和系统的开环放大倍数 K，可以改善系统的稳态性能，但往往会使系统的动态性能变坏，甚至使系统变得不稳定。

【例 3-15】　单位反馈系统的开环传递函数为

$$G(s)H(s)=\frac{25}{s(s+5)}$$

试求各静态误差系数和 $r(t)=1+2t+0.5t^2$ 时的稳态误差 e_{ss}。

解　该系统是稳定的，系统为Ⅰ型系统。将开环传递函数零、极点形式变为时间常数形式

$$G(s)H(s)=\frac{25}{s(s+5)}=\frac{5}{s(0.2s+1)}$$

静态位置误差系数

$$K_p=\lim_{s\to 0}G(s)H(s)=\lim_{s\to 0}\frac{5}{s(0.2s+1)}=\infty$$

静态速度误差系数

$$K_v=\lim_{s\to 0}sG(s)H(s)=\lim_{s\to 0}\frac{5}{0.2s+1}=5$$

静态加速度误差系数

$$K_a=\lim_{s\to 0}s^2G(s)H(s)=\lim_{s\to 0}\frac{5s}{0.2s+1}=0$$

当 $r_1(t)=1(t)$ 时

$$e_{ss1}=\frac{1}{1+K_p}=0$$

当 $r_2(t)=2t$ 时

$$e_{ss2}=\frac{A}{K_v}=\frac{2}{5}=0.4$$

当 $r_3(t)=0.5t^2$ 时

$$e_{ss3}=\frac{A}{K_a}=\frac{1}{0}=\infty$$

由叠加原理得

$$e_{ss}=e_{ss1}+e_{ss2}+e_{ss3}=\infty$$

【例3-16】 调速系统框图如图3-33所示。输出信号为$c(t)$ (r/min)，$K_c=0.05$V/(r/min)。求$r(t)=1$V时，系统输出端稳态误差。

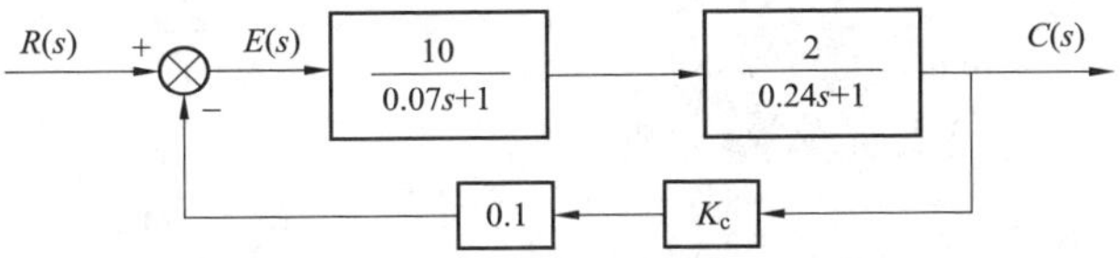

图3-33　调速系统框图

解　系统开环传递函数为

$$G(s)H(s)=\frac{0.1}{(0.07s+1)(0.24s+1)}$$

系统为0型稳定系统，$K_p=\lim\limits_{s\to 0}G(s)=0.1$。

当$r(t)=1$时，系统输入端误差$e_{ssr}(t)$为

$$e_{ssr}(\infty)=\frac{1}{1+K_p}=\frac{1}{1+0.1}=\frac{1}{1.1}(\mathrm{V})$$

系统反馈通路传递函数为常数

$$H=0.1K_c=0.005\mathrm{V/(r/min)}$$

系统输出端稳态误差$e_{ssc}(\infty)$为

$$e_{ssc}(\infty)=\frac{e_{ssr}(\infty)}{H}=\frac{1}{0.005\times 1.1}=181.8(\mathrm{r/min})$$

3.7.5　扰动信号作用下的稳态误差

前面已经介绍了系统在输入信号作用下的误差信号和稳态误差终值的计算。但是，所有控制系统除承受输入信号作用外，还经常处于各种扰动作用之下，如负载转矩的变动、放大器的零位和噪声、电源电压和频率的波动、环境温度的变化等。这些扰动将使系统输出量偏离期望值，造成误差。

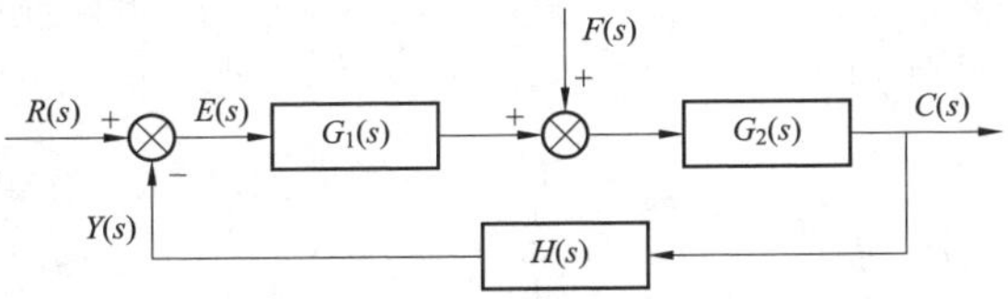

图3-34　控制系统框图

给定输入信号作用产生的误差通常称为给定误差，简称误差；而扰动信号作用产生的误差称为系统扰动误差。

对于图3-34所示系统，系统总的误差为

$$\begin{aligned}E(s)&=\Phi_{ER}(s)R(s)+\Phi_{EF}(s)F(s)\\&=\frac{1}{1+G_1(s)G_2(s)H(s)}R(s)-\frac{G_2(s)H(s)}{1+G_1(s)G_2(s)H(s)}F(s)\end{aligned}\tag{3-85}$$

式中：$\Phi_{ER}(s)$为误差信号$E(s)$对于输入信号$R(s)$的闭环传递函数；$\Phi_{EF}(s)$为误差信号$E(s)$对于扰动信号$F(s)$的闭环传递函数。

应用叠加原理，系统总的误差等于输入信号和扰动信号分别引起的误差代数和，可以分别计算。计算系统扰动作用下的稳态误差可以应用前面介绍的终值定理法，尽量不使用误差系数法。

输入端误差信号 $E(s)$ 对于扰动信号 $F(s)$ 的闭环传递函数 $\Phi_{EF}(s)$ 为

$$\Phi_{EF}(s)=\frac{E(s)}{F(s)}=\frac{-G_2(s)H(s)}{1+G_1(s)G_2(s)H(s)}$$

设

$$G_1(s)=\frac{K_1N_1(s)}{s^{\nu_1}D_1(s)},\quad G_2(s)=\frac{K_2N_2(s)}{s^{\nu_2}D_2(s)},\ N_1(0)=N_2(0)=D_1(0)=D_2(0)=1$$

$H(s)$ 是常数 H，则有

$$\Phi_{EF}(s)=\frac{E(s)}{F(s)}=\frac{-K_2s^{\nu_1}N_2(s)D_1(s)H}{s^{\nu_1+\nu_2}D_1(s)D_2(s)+K_1K_2N_1(s)N_2(s)H} \tag{3-86}$$

由式（3-86）可见，扰动作用下的稳态误差只与扰动作用点之前的传递函数 $G_1(s)$ 的积分环节的个数 ν_1 和放大倍数 K_2 有关。而参考输入下的稳态误差与系统开环传递函数 $G_1(s)G_2(s)H(s)$ 的积分环节个数 ν_1、ν_2 和放大倍数 K_1、K_2 有关。所以在系统设计中，通常在 $G_1(s)$ 中增加积分环节和增大放大倍数，既抑制了参考输入引起的稳态误差，又抑制了扰动输入引起的稳态误差。提高系统稳定性的同时，同样受到系统稳定性的限制。

3.7.6 动态误差系数法求动态误差

利用动态误差系数法求稳态误差的关键是将误差（或偏差）传递函数展开成 s 的幂级数。这种方法的特点是能求出稳态误差的时间表达式 $e_{ss}(t)$ 。

对于图 3-32 所示系统，由参考输入引起的误差记为 $E(s)$ ，将误差传递函数 $\Phi_{ER}(s)=\frac{E(s)}{R(s)}$ 在 $s=0$ 的邻域内展开成泰勒级数，得

$$\begin{aligned}\Phi_E(s)&=\frac{E(s)}{R(s)}=\frac{1}{1+G(s)H(s)}\\&=\Phi_E(0)+\dot{\Phi}_E(0)s+\frac{1}{2!}\ddot{\Phi}_E(0)s^2+\cdots+\frac{1}{l!}\Phi_E^{(l)}(0)s^l+\cdots\end{aligned} \tag{3-87}$$

式中

$$\Phi_E{}^{(l)}(0)=\Phi_E{}^{(l)}(s)\big|_{s=0}$$

于是误差信号 $E(s)$ 可以表示为如下级数

$$E(s)=\Phi_E(0)R(s)+\dot{\Phi}_E(0)sR(s)+\frac{1}{2!}\ddot{\Phi}_E(0)s^2R(s)+\cdots+\frac{1}{l!}\Phi_E{}^{(l)}(0)s^lR(s)+\cdots \tag{3-88}$$

上述无穷级数收敛于 $s=0$ 的邻域，相当于在时间域 $t\to\infty$时成立。设初始条件均为零，并忽略 $t=0$ 时的脉冲，对式（3-88）取拉氏反变换，得到输入误差信号稳态分量的时间函数

$$e_{ss}(t)=c_0r(t)+c_1\dot{r}(t)+c_2\ddot{r}(t)+\cdots=\sum_{l=0}^{\infty}c_lr^{(l)}(t) \tag{3-89}$$

式中

$$c_l=\frac{1}{l!}\Phi_E^{(l)}(0)\quad(l=0,1,2,3,\cdots) \tag{3-90}$$

系数 c_l 称为动态误差系数。关键是将有关的 $E_{ss}(s)$ 传递函数展开成 s 的幂级数。

动态误差系数法特别适用于输入信号和扰动信号是时间 t 的有限项的幂级数的情况。

此时误差传递函数的幂级数也只需要取几项便足够。

利用式（3-89）将传递函数展开成幂级数的方法往往很麻烦。常用的方法是采用多项式除法，将传递函数的分子、分母多项式按 s 的升幂排列，再作多项式除法，结果仍按 s 的升幂排列。

【例 3-17】 已知单位负反馈系统的开环传递函数为

$$G(s)H(s)=\frac{5}{s(s+1)(s+2)}$$

试求：(1) 用静态误差系数法分别求输入信号 $r(t)=4(t)$，$r(t)=6t$，$r(t)=3t^2$ 时的稳态误差终值 e_{ss}。

(2) 用动态误差系数法分别求输入信号 $r(t)=4(t)$，$r(t)=6t$，$r(t)=3t^2$ 时的稳态误差终值 e_{ss}。

解 (1) 根据劳斯稳定判据可知系统是稳定的。

静态位置误差系数

$$K_p=\lim_{s\to 0}G(s)H(s)=\lim_{s\to 0}\frac{5}{s(s+1)(s+2)}=\infty$$

静态速度误差系数

$$K_v=\lim_{s\to 0}sG(s)H(s)=\lim_{s\to 0}s\frac{5}{s(s+1)(s+2)}=2.5$$

静态加速度误差系数

$$K_a=\lim_{s\to 0}s^2G(s)H(s)=\lim_{s\to 0}s^2\frac{5}{s(s+1)(s+2)}=0$$

当 $r(t)=4(t)$ 时

$$e_{ss}=\frac{4}{1+K_p}=0$$

当 $r(t)=6t$ 时

$$e_{ss}=\frac{6}{K_v}=2.4$$

当 $r(t)=3t^2$ 时

$$e_{ss}=\frac{6}{K_a}=\infty$$

(2) 求系统的动态误差

$$\begin{aligned}\Phi_{ER}(s)&=\frac{E(s)}{R(s)}=\frac{1}{1+G(s)}\\&=\frac{s(s+1)(s+2)}{s(s+1)(s+2)+5}\\&=\frac{2s+3s^2+s^3}{5+2s+3s^2+s^3}\\&=0.4s+0.44s^2+\cdots\end{aligned}$$

$$\begin{array}{r|l}
 & 0.4s+0.44s^2+\cdots \\ \hline
5+2s+3s^2+s^3 & 2s+3s^2+s^3 \\
 & \underline{2s+0.8s^2+1.2s^3+0.4s^4} \\
 & 2.2s^2-0.2s^3-0.4s^4
\end{array}$$

$$E(s)=0.4sR(s)+0.44s^2R(s)+\cdots$$

$$e_{ss}(t)=0.4\dot{r}(t)+0.44\ddot{r}(t)+\cdots$$

当 $r(t)=4$ 时，$\dot{r}(t)=\ddot{r}(t)=0$，$e_{ss}(t)=0$；当 $t\to\infty$ 时，系统的稳态误差 $e_{ss}=0$。

当$r(t)=6t$时，$\dot{r}(t)=6$，$\ddot{r}(t)=0$，$e_{ss}(t)=2.4$；当$t\to\infty$时，系统的稳态误差$e_{ss}=2.4$。

当$r(t)=3t^2$时，$\dot{r}(t)=6t$，$\ddot{r}(t)=6$，$e_{ss}(t)=2.4t+0.44\times6=2.4t+2.64$，当$t\to\infty$时，系统的稳态误差$e_{ss}=\infty$。

用动态误差系数法求得的时间$t\to\infty$时的稳态误差与用静态误差系数法求得的结果是一致的。

3.8 减小或消除稳态误差的方法

当系统在输入信号或干扰信号作用下稳态误差不能满足设计要求时，要设法减小或消除误差。

3.8.1 增大开环放大倍数

由表 3-4 得知，增大开环放大倍数K，可以减小 0 型系统在阶跃信号作用下的稳态误差，减小 I 型系统在速度信号作用下的稳态误差，减小 II 型系统在加速度信号作用下的稳态误差，所以，增大开环放大倍数K，可以有效地减小稳态误差。但是也要注意，增大系统的开环放大倍数，只能减小某种输入信号作用下的稳态误差的数值，不能改变稳态误差的性质，对于稳态误差是 0 或者是∞的情况，增大K并不能改变稳态误差是 0 或者是∞，但是可以减缓稳态误差趋于∞的变化速度。

对于图 3-34 所示系统，增大干扰信号作用点以前的开环放大倍数K_1，可以有效地减小阶跃干扰所引起的稳态误差；增大干扰信号作用点以后的开环放大倍数K_2，对阶跃干扰所引起的误差没有影响。

适当地增大开环放大倍数可以减小稳态误差，但往往会影响到闭环系统的稳定性和动态性能。因此，必须在保证系统稳定和满足动态性能指标的范围内，采用增大开环放大倍数的方法来减小系统的稳态误差。

3.8.2 增加串联积分环节

由表 3-4 得知，在控制系统的开环传递函数中，加入积分环节，可以提高系统的型别，改变稳态误差的性质，有效地减小稳态误差。采用比例 - 积分（PI）和比例 - 积分 - 微分（PID）控制，是在系统中增加串联积分环节，可以减小或消除输入作用下的稳态误差。

对于图 3-34 所示系统，在干扰信号作用点之前增加串联积分环节，可以提高干扰信号的稳态误差的型别。可以使阶跃干扰信号作用下的稳态误差由常值变为 0。如果将串联积分环节加在干扰信号作用点之后，则对于干扰作用的稳态误差没有影响。因此，在抑制干扰产生的稳态误差时，要注意串联积分环节的位置。

在系统中增加串联积分环节，会影响系统的稳定性，并使系统的动态过程变坏。因此，必须在保证系统满足动态性能指标的前提下，增加串联积分环节。

3.8.3 复合控制

复合控制是减小和消除稳态误差的有效方法，在高精度伺服系统中有着广泛的应用。复合控制是在负反馈控制的基础上增加了前（顺）馈补偿环节，形成了由输入信号或扰动信号到被控变量的前（顺）馈通路。所以复合控制是反馈控制与前（顺）馈控制的结合，而其中的前馈控制属于开环控制方法。复合控制的优点是不改变系统的稳定性，缺点是要使用微分环节。复合控制包括按输入补偿和按扰动补偿两种情况。

1. 按输入补偿的复合控制

图 3-35 是按输入补偿的复合控制系统框图。图中 $G_r(s)$ 是前馈补偿环节。$G_r(s)R(s)$ 称为前馈补偿信号。

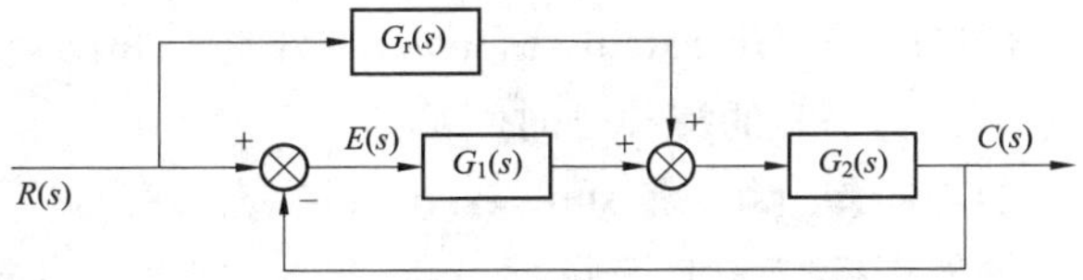

图 3-35　按输入补偿的复合控制框图

系统的误差传递函数为

$$\Phi_E(s)=\frac{E(s)}{R(s)}=\frac{1-G_r(s)G_2(s)}{1+G_1(s)G_2(s)} \tag{3-91}$$

当取 $G_r(s)=\dfrac{1}{G_2(s)}$ 时，$\Phi_E(s)=0$，从而 $E(s)=0$。系统的误差为 0，这就是对输入信号的误差全补偿。

2. 按扰动补偿的复合控制

若扰动信号可以测量到，也可以采用前馈补偿方法减小和消除误差。图 3-36 为按扰动补偿的复合控制系统框图。由图可见，误差对扰动的传递函数为

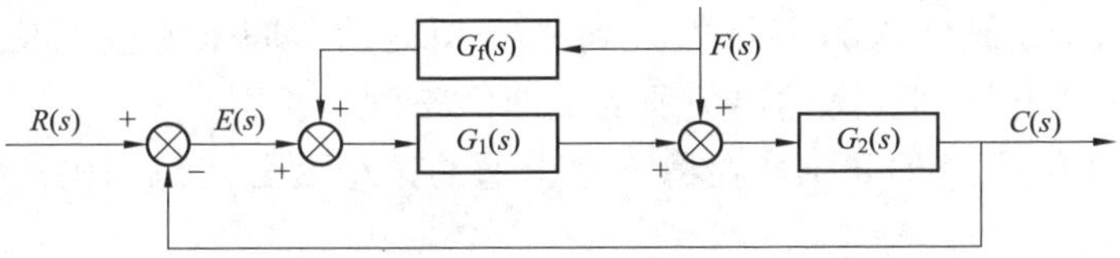

图 3-36　按扰动补偿的复合控制框图

$$\Phi_{EF}(s)=\frac{-G_2(s)-G_1(s)G_2(s)G_f(s)}{1+G_1(s)G_2(s)} \tag{3-92}$$

若取

$$G_f(s)=-\frac{1}{G_1(s)}$$

则 $\Phi_E(s)=0$，$E(s)=0$，实现了对扰动的误差全补偿。

由式（3-91）、式（3-92）可知，前馈控制不改变系统闭环传递函数的分母，不改变特征方程。这是因为前馈环节处于原系统各回路之外，也没有形成新的闭合回路。因此采用前馈补偿的复合控制不改变系统的稳定性。

小　结

本章根据系统的时域响应分析系统的动态特性、稳态特性和稳定性；主要介绍了典型输入信号，一阶、二阶系统的时域分析及性能指标，高阶系统的时域分析方法，系统的稳定性、稳态误差及减小稳态误差的方法；主要从稳定性、快速性和准确性三方面展开对系统的分析和研究。学习本章要求掌握系统在典型信号输入下一阶、二阶系统响应的相关问题，以及如何对高阶系统进行分析，熟练应用劳斯判据判定线性定常系统的稳定性，掌握稳态误差的计算等。

常用术语和概念

暂态响应（transient response）：作为时间函数的系统响应，一般指当时间趋于无穷时系统输出量趋于零的那部分时间响应。

稳态误差（steady-state error）：系统瞬态响应消失后，偏离预期响应的持续差值。

性能指标（performance index）：系统性能的定量度量。

设计指标（design specifications）：一组规定的性能指标值。

测试输入信号（test input signal）：足以对系统响应性能进行典型测试的输入信号。

超调量（overshoot）：系统输出响应的最大峰值与终值的差与终值比的百分数，用符号σ_p表示。

峰值时间（peak time）：系统对阶跃输入开始响应并上升到峰值所需的时间。

上升时间（rise time）：系统对阶跃输入的响应从某一时刻到稳态输出值一定百分比所需的时间。上升时间t_r一般用输出从阶跃输入的10%上升到90%所需的时间来度量。在工程上对欠阻尼系统，可用系统响应从开始到稳态输出值所需的时间来度量。

调节时间（settling time）：系统输出达到并维持在稳态输出值的某个百分比范围内所需的时间。

阻尼比（damping ratio）：阻尼强度的度量标准，为二阶无量纲参数。

阻尼振荡（damped oscillation）：幅值随时间而衰减的振荡。

自然振荡频率（natural frequency）：当阻尼系数为零时，由共轭虚极点引起的振荡频率。

临界阻尼（critical damping）：阻尼介于过阻尼和欠阻尼之间的边界情形。

主导极点（dominant roots）：对系统瞬态响应起主导作用的特征根。

稳定性（stability）：一种重要的系统性能。如果系统传递函数的所有极点均具有负实部，则系统是稳定的。

绝对稳定性（absolute stability）：揭示系统是否稳定而不考虑诸如稳定度这样的其他系统特性的系统描述。

相对稳定性（relative stability）：由特征方程的每个或每对根的实部所度量的系统稳定特性。

临界稳定（marginally stable）：一个系统是临界稳定的，当且仅当零输入响应在$t \to \infty$时保持有界。

稳定系统（stable system）：在有界输入作用下，其输出响应也有界的动态系统。

劳斯-赫尔维茨判据（routh-hurwitz criterion）：通过研究线性定常系统特征方程的系数来确定系统稳定性的判据。该判据指出，特征方程的正实部根的个数同劳斯表第1列中系数的符号改变的次数相等。

辅助多项式（auxiliary polynomial）：劳斯表中，零元素行的上面一行的多项式。

系统型数（type number）：传递函数$G(s)$在原点的极点个数γ[$G(s)$是前向通路传递函数]。

速度误差系数K_v（velocity error constant）：可用$\lim_{s \to 0} sG(s)$来估计的常值。系统对坡度为A的斜坡输入的稳态误差为A/K_v。

思维导图

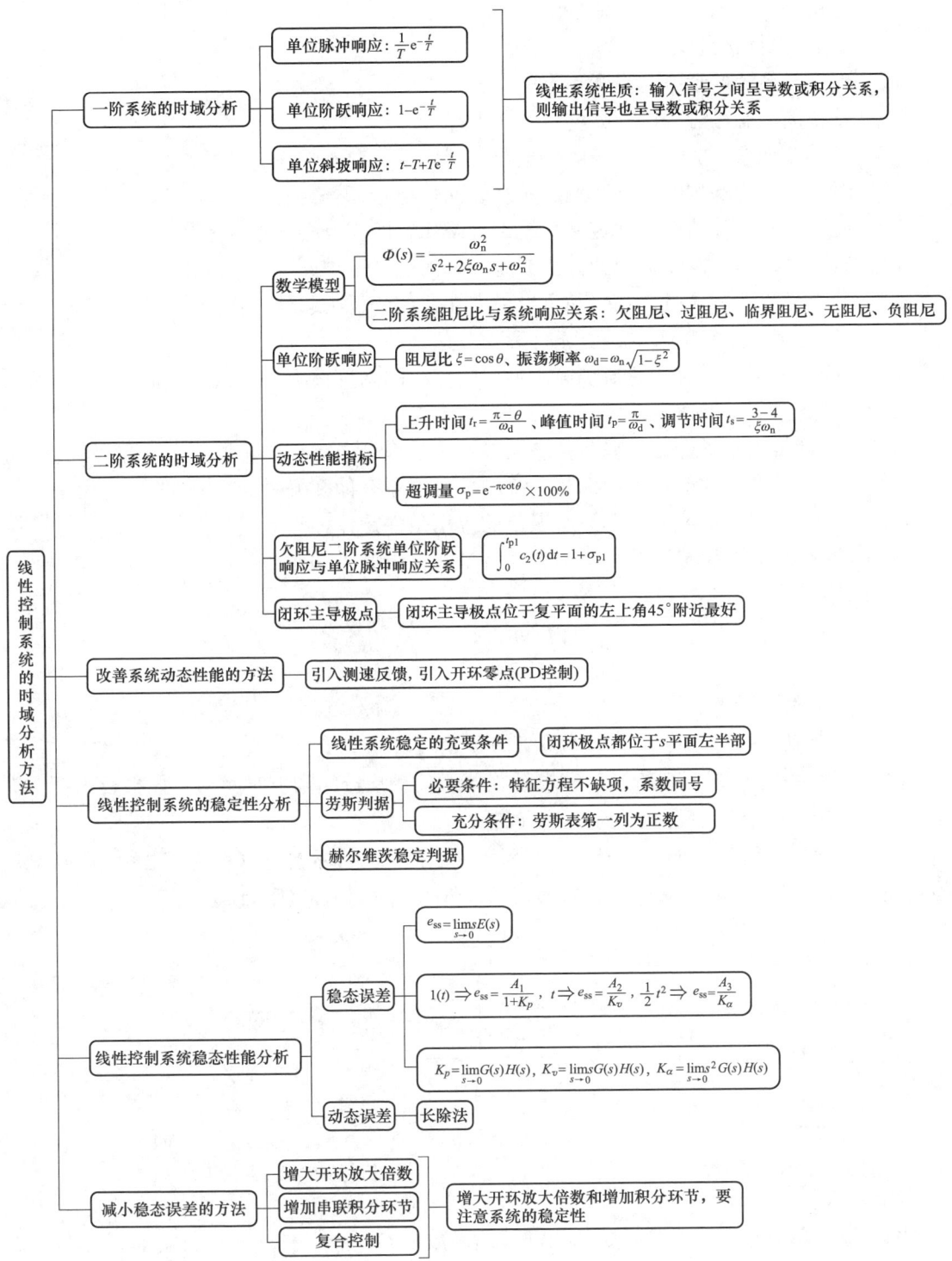

- 线性控制系统的时域分析方法
  - 一阶系统的时域分析
    - 单位脉冲响应：$\frac{1}{T}e^{-\frac{t}{T}}$
    - 单位阶跃响应：$1-e^{-\frac{t}{T}}$
    - 单位斜坡响应：$t-T+Te^{-\frac{t}{T}}$
    - 线性系统性质：输入信号之间呈导数或积分关系，则输出信号也呈导数或积分关系
  - 二阶系统的时域分析
    - 数学模型
      - $\Phi(s)=\frac{\omega_n^2}{s^2+2\xi\omega_n s+\omega_n^2}$
      - 二阶系统阻尼比与系统响应关系：欠阻尼、过阻尼、临界阻尼、无阻尼、负阻尼
    - 单位阶跃响应
      - 阻尼比 $\xi=\cos\theta$、振荡频率 $\omega_d=\omega_n\sqrt{1-\xi^2}$
    - 动态性能指标
      - 上升时间 $t_r=\frac{\pi-\theta}{\omega_d}$、峰值时间 $t_p=\frac{\pi}{\omega_d}$、调节时间 $t_s=\frac{3-4}{\xi\omega_n}$
      - 超调量 $\sigma_p=e^{-\pi\cot\theta}\times 100\%$
    - 欠阻尼二阶系统单位阶跃响应与单位脉冲响应关系
      - $\int_0^{t_{p1}} c_2(t)\,dt=1+\sigma_{p1}$
    - 闭环主导极点
      - 闭环主导极点位于复平面的左上角45°附近最好
  - 改善系统动态性能的方法
    - 引入测速反馈，引入开环零点(PD控制)
  - 线性控制系统的稳定性分析
    - 线性系统稳定的充要条件
      - 闭环极点都位于s平面左半部
    - 劳斯判据
      - 必要条件：特征方程不缺项，系数同号
      - 充分条件：劳斯表第一列为正数
    - 赫尔维茨稳定判据
  - 线性控制系统稳态性能分析
    - 稳态误差
      - $e_{ss}=\lim\limits_{s\to 0}sE(s)$
      - $1(t)\Rightarrow e_{ss}=\frac{A_1}{1+K_p}$，$t\Rightarrow e_{ss}=\frac{A_2}{K_v}$，$\frac{1}{2}t^2\Rightarrow e_{ss}=\frac{A_3}{K_a}$
      - $K_p=\lim\limits_{s\to 0}G(s)H(s)$，$K_v=\lim\limits_{s\to 0}sG(s)H(s)$，$K_a=\lim\limits_{s\to 0}s^2G(s)H(s)$
    - 动态误差
      - 长除法
  - 减小稳态误差的方法
    - 增大开环放大倍数
    - 增加串联积分环节
    - 复合控制
    - 增大开环放大倍数和增加积分环节，要注意系统的稳定性

思考题

3-1　常用的典型输入信号有哪些？

3-2　什么是时域分析法？

3-3　什么是系统的动态响应和稳态响应？

3-4　系统的动态性能指标有哪些？

3-5　简述二阶系统的阻尼比与闭环极点位置、系统动态响应的关系。

3-6　对于单位阶跃响应，欠阻尼二阶系统的性能指标公式。

3-7　简述线性系统的稳定性定义，线性系统稳定的充分必要条件是什么？

3-8　改善系统动态性能常用的方法有哪些？简述其工作原理。

3-9　什么是闭环主导极点？闭环主导极点在系统分析中起什么作用？

3-10　简述劳斯稳定判据的必要条件和充分条件。

3-11　应用劳斯判据时，劳斯表第一列出现零时的两种情况是什么，如何处理？

3-12　简述推广的韦达定理内容。

3-13　什么是控制系统的误差和稳态误差？计算稳态误差一般有哪些方法？

3-14　什么是系统的型别？型别与系统的稳态误差有什么关系？

3-15　用静态误差系数法计算稳态误差的应用条件是什么？

3-16　减小或消除稳态误差常用的方法有哪些，应该注意什么？

习　题

3-1　某系统在输入信号 $r(t)=1+t$ 作用下，测得输出响应为 $c(t)=(t+0.9)-0.9\mathrm{e}^{-10t}$。已知初始条件为零，试求该系统的传递函数。

3-2　一阶系统如图 3-37 所示，试求系统单位阶跃响应的调节时间 t_s。如果要求调节时间 $t_s=0.1\text{s}$，试求系统的反馈系数应如何调整？

3-3　一阶系统结构图如图 3-38（a）所示。要求系统闭环增益 $K=2$，且系统阶跃响应曲线如图 3-38（b）所示，试确定参数 K_1、K_2 和调节时间 t_s 的值（误差带 5%）。

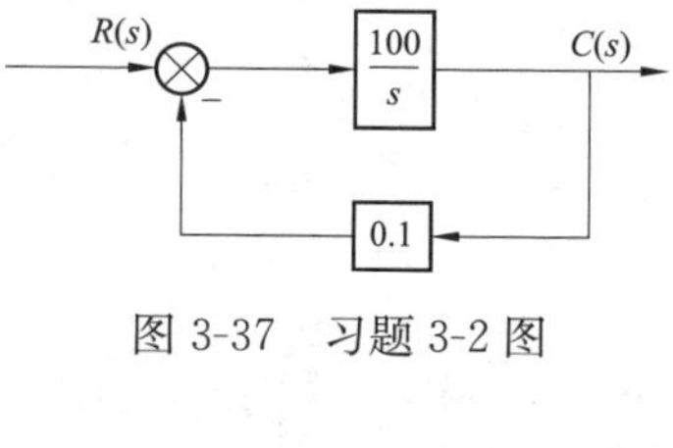

图 3-37　习题 3-2 图

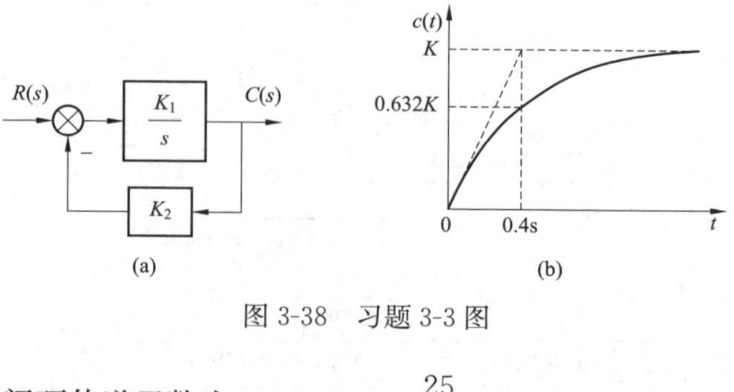

图 3-38　习题 3-3 图

3-4　已知单位负反馈二阶系统的闭环传递函数为 $\Phi(s)=\dfrac{25}{s^2+6s+25}$，试求单位阶跃响应的性能指标：上升时间 t_r、峰值时间 t_p、调节时间 t_s和超调量 σ_p。

3-5　系统的闭环传递函数为 $\Phi(s)=\dfrac{\omega_n^2}{s^2+2\xi\omega+\omega_n^2}$，为使系统单位阶跃响应最大超调量 $\sigma_p<5\%$和调节时间 $t_s=2s$，试求阻尼比 ξ 和无阻尼自然振荡频率 ω_n。

3-6　由实验测得二阶系统的单位阶跃响应曲线 $c(t)$ 如图 3-39 所示，试求系统的阻尼比 ξ 及自然振荡频率 ω_n。

3-7　某单位负反馈二阶系统由典型环节组成。它对单位阶跃输入的响应曲线如图 3-40 所示，试求该系统的开环传递函数及其参数。

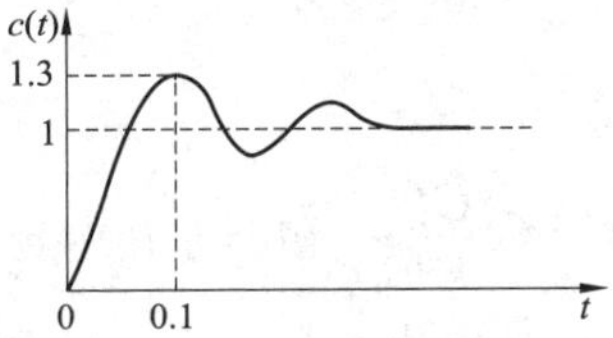

图 3-39　习题 3-6 图

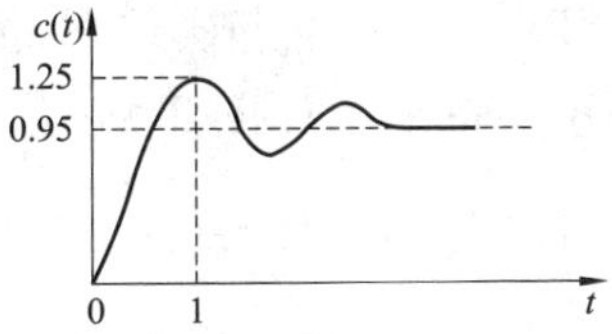

图 3-40　习题 3-7 图

3-8　已知二阶系统的单位阶跃响应为 $c(t)=10-12.5e^{-1.2t}\sin(1.6t+53.1°)$，试求系统的超调量 σ_p、峰值时间 t_p和调节时间 t_s。

3-9　已知控制系统框图如图 3-41 所示。要求该系统的单位阶跃响应 $c(t)$ 具有超调量 $\sigma_p=16.3\%$，峰值时间 $t_p=1s$。试确定前置放大器的增益 K 及内反馈系数 τ。

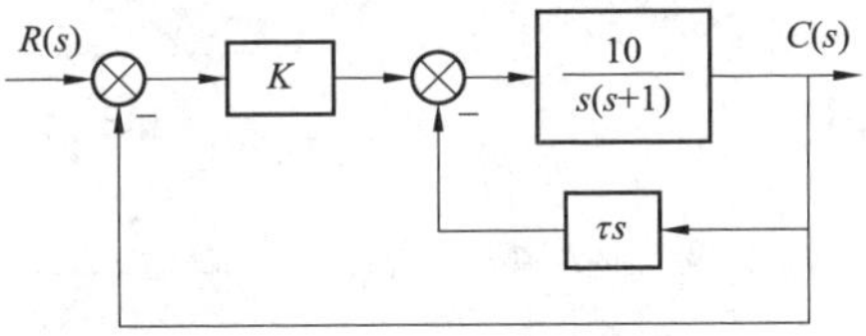

图 3-41　题 3-9 图

3-10　给定典型二阶系统的设计指标为：超调量 $\sigma_p\leqslant 5\%$，调节时间 $t_s<3s$，峰值时间 $t_p<1s$，为获得预期的响应特性，试在坐标轴上画出系统闭环极点的分布区域。

3-11　已知系统的特征方程如下：

(1) $D(s)=s^4+8s^3+18s^2+16s+5=0$。

(2) $D(s)=s^5+s^4+2s^3+2s^2+3s+5=0$。

试利用劳斯稳定判据判断系统的稳定性。

3-12　已知单位负反馈系统的开环传递函数为 $G(s)=\dfrac{k}{s(s+1)(s+2)}$，试应用劳斯稳定判据确定使闭环系统稳定时 k 的取值范围以及等幅振荡频率。

3-13　系统结构如图 3-42 所示，若系统在单位阶跃输入作用下，其输出以 $\omega_n=2rad/s$ 的频率做等幅振荡，试确定 K 和 a 值。

3-14　设控制系统的框图如图 3-43 所示。要求闭环系统的特征根全部位于 $s=-1$ 垂线左面。试确定参数 K 的取值范围。

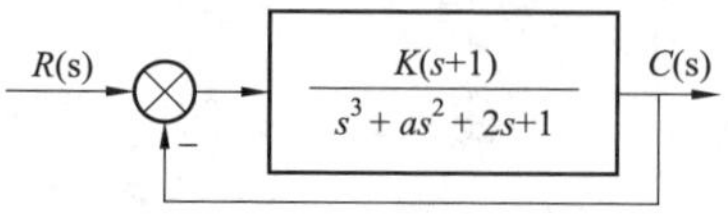

图 3-42　习题 3-13 图

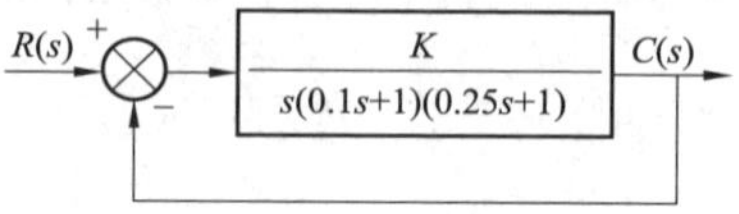

图 3-43　习题 3-14 图

3-15　单位负反馈系统的开环传递函数为 $G(s)=\dfrac{k}{s(s^2+8s+25)}$，试根据下列要求确定 k 的取值范围。

（1）使闭环系统稳定；

（2）当 $r(t)=2t$ 时，其稳态误差 $e_{ss}(t)\leqslant 0.5$。

3-16　某控制系统的框图如图 3-44 所示，试求：

（1）该系统的开环传递函数 $G(s)$、闭环传递函数 $\dfrac{C(s)}{R(s)}$ 和误差传递函数 $\dfrac{E(s)}{R(s)}$。

（2）满足阻尼比 $\xi=0.7$ 和单位斜坡响应的稳态误差 $e_{ss}=0.25$ 情况下的系统参数 K 和 τ 值。

3-17　控制系统如图 3-45 所示，输入信号 $r(t)=2+3t$，试求使 $e_{ss}<0.5$ 的 K 值范围。

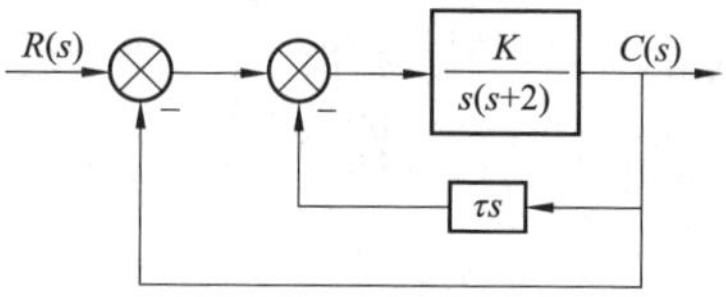

图 3-44　习题 3-16 图

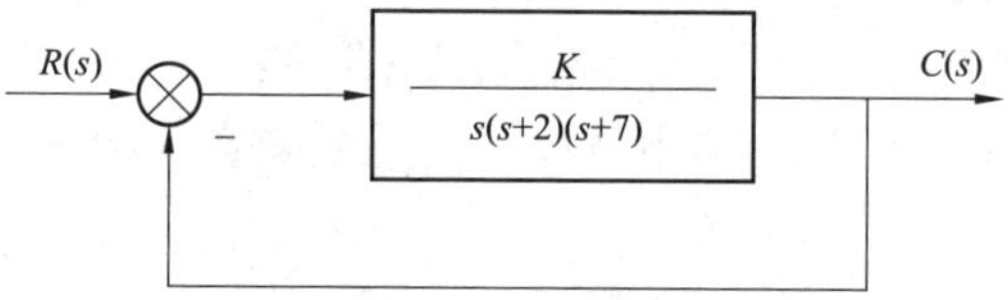

图 3-45　习题 3-17 图

3-18　单位负反馈系统的开环传递函数为 $G(s)=\dfrac{25}{s(s+5)}$，试求：

（1）各静态误差系数和 $r(t)=1+2t+0.5t^2$ 时的稳态误差 e_{ss}。

（2）当输入信号 $r(t)=1+2t+0.5t^2$，时间 $t=10\text{s}$ 时的动态误差。

3-19　系统如图 3-46 所示，输入斜坡函数 $r(t)=at$，试证明通过适当调节 K_i 值，可使系统对斜坡输入的稳态误差为零。

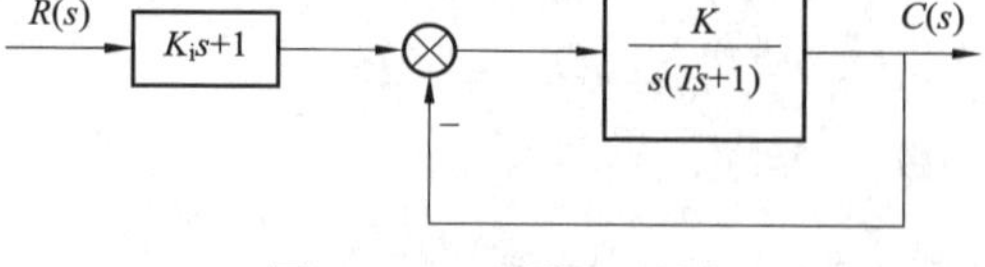

图 3-46　习题 3-19 图

3-20　假设可用传递函数 $\dfrac{C(s)}{R(s)}=\dfrac{1}{Ts+1}$ 描述温度计的特性，现在用温度计测量盛在容器内的水温，需要 1min 能测出实际水温 98%的数值。如果给容器加热，水温以 10℃/min 的速度线性变化，问温度计的稳态误差有多大？

第 4 章　线性系统的根轨迹法

线性系统的稳定性由其闭环极点（闭环系统特征根）唯一确定。而系统的动态性能、稳态性能也与闭环极点在 s 平面的位置有关。如果系统中的某些参数发生变化，就会影响系统的闭环极点分布，从而影响系统的性能。

在分析闭环系统的稳定性以及动态性能时，要求确定闭环极点的位置。根轨迹图是分析线性控制系统的工程方法，是一种利用已知的开环传递函数的零点和极点，求取闭环极点的几何作图法。根轨迹法可以很方便地在图上确定系统的闭环极点，便于分析系统的稳定性、动态性能以及参数变化对系统性能的影响，同时还可以根据对系统暂态性能的要求调整参数，确定系统开环零点和极点的位置。根轨迹法直观形象，在控制工程中获得了广泛的应用。

本章主要介绍根轨迹的概念、根轨迹的绘制规则，广义根轨迹的绘制以及应用根轨迹分析控制系统性能等。

【学习目标】

(1) 正确理解根轨迹的概念。

(2) 掌握根轨迹图的绘制规则，能熟练绘制 180°根轨迹图、0°根轨迹图及参数根轨迹图。

(3) 能用根轨迹法分析系统的稳定性和动态性能。

(4) 了解添加开环零、极点分布对系统性能的影响。

4.1　根轨迹法的基本概念

4.1.1　根轨迹的基本概念

反馈系统的闭环极点就是该系统特征方程的根。由已知反馈系统的开环传递函数确定其闭环极点分布，实际上就是解决系统特征方程的求根问题。系统的稳定性完全由它的特征根所决定，而特征方程的根又与系统参数密切相关。然而对于高阶系统而言，求根过程较为复杂。尤其是当系统的参数发生变化时，闭环特征根需要重复计算，而且不易直观看出系统参数变化对系统闭环极点分布的影响。如果系统中某个参数发生变化，那么特征方程的根会怎样变化，系统的稳定性又会怎样变化呢？当特征方程阶次较高时，手工求解方程相当繁琐。1948 年，美国控制理论名家伊文思（W. R. Evans）在《控制系统的图解分析》一文中，提出一种参数变化时，系统特征根在 s 平面上的变化轨迹的方法，简称根轨迹法。

根轨迹是当开环系统某一参数（如根轨迹增益）从零变化到无穷大时，闭环特征方程的根在 s 平面上移动的轨迹。根轨迹增益 k 是零、极点形式的开环传递函数对应的系数。

根轨迹法是在已知反馈控制系统的开环零、极点分布基础上，根据一些简单规则，利用系统参数变化图解特征方程，即根据参数变化研究闭环极点分布的一种图解方法。这种图解分析法避免了复杂的数学计算，是分析控制系统的简单方法，在分析与设计反馈系统等方面具有重要意义。

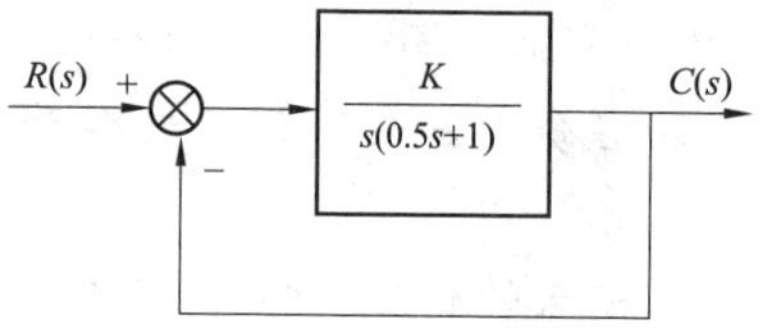

图 4-1　控制系统框图

下面结合具体例子说明根轨迹的概念。控制系统框图如图 4-1 所示，其开环传递函数为

$$G(s)=\frac{K}{s(0.5s+1)} \tag{4-1}$$

式中：K 为开环增益。

将开环传递函数 $G(s)$ 化为零、极点形式

$$G(s)=\frac{2K}{s(s+2)}=\frac{k}{s(s+2)} \tag{4-2}$$

式中：根轨迹增益 $k=2K$。

闭环传递函数为

$$\Phi(s)=\frac{C(s)}{R(s)}=\frac{G(s)}{1+G(s)}=\frac{k}{s^2+2s+k}$$

闭环系统特征方程为

$$D(s)=s^2+2s+k=0$$

两个特征根或两个闭环极点分别为

$$s_1=-1+\sqrt{1-k}\text{；}\quad s_2=-1-\sqrt{1-k}$$

（1）当 $k=0$ 时，系统两个闭环极点分别为 $s_1=0$ 及 $s_2=-2$，此时闭环极点就是开环极点。

（2）当 $0<k<1$ 时，两个闭环极点 s_1 及 s_2 均为负实数，分布在（-2，0）段负实数轴上。

（3）当 $k=1$ 时，$s_1=s_2=-1$，两个负实数闭环极点重合在图 4-2 所示的点"b"上。

（4）当 $1<k<\infty$ 时，两个闭环极点变为一对共轭复数极点 $s_{1,2}=-1\pm j\sqrt{k-1}$，共轭复数极点的实部为常值 -1，对应 $k>1$ 的闭环极点都分布在通过点（-1，j0）且平行于虚轴的直线上；当 $k\to\infty$ 时，两个闭环极点 $s_{1,2}$ 沿此直线从正、负两个方向趋于无穷远。随参数 k 的变化，给定系统闭环极点 s_1 及 s_2 的取值，及其在 s 平面的分布如图 4-2 所示。

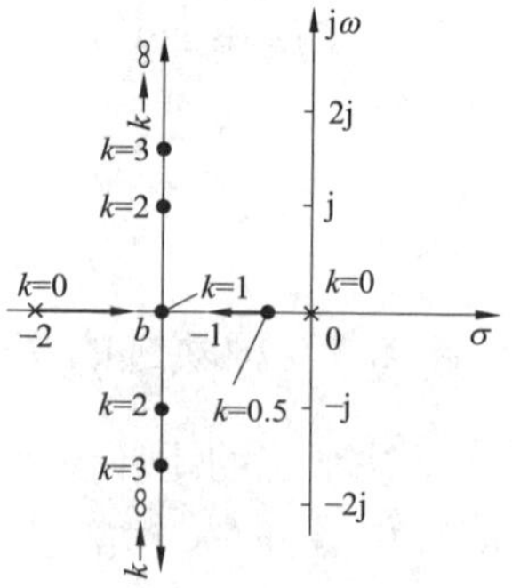

图 4-2　二阶控制系统的根轨迹图

利用计算结果在 s 平面上描点并用平滑曲线将其连接，得到 k（或 K）从零变化到无穷大时闭环极点在 s 平面上移动的轨迹，即根轨迹，如图 4-2 所示。图中根轨迹用粗实线表示，箭头表示 k（或 K）增大时两条根轨迹移动的方向。

根轨迹图直观地显示了参数 k（或 K）从零变至无穷大时闭环极点变化的情况，全面描述了参数 k（或 K）变化对闭环极点分布的影响。

4.1.2　根轨迹与系统性能

依据根轨迹图（例如图 4-2）就能分析系统性能随参数 k 的变化规律。

1. 稳定性

根轨迹增益 k 从零变化到无穷大时，图 4-2 所示的根轨迹全部落在 s 平面左半部，因此，当 $k>0$ 时，图 4-1 所示的系统是稳定的；如果系统根轨迹越过虚轴进入 s 平面右半部，则在相应 k 值下系统是不稳定的；根轨迹与虚轴交点处对应的 k 值，就是根轨迹临界增益，此时系统是临界稳定状态。

2. 稳态性能

由图 4-2 可见，开环系统在坐标原点有一个极点，系统属于 I 型系统，因而根轨迹上的 K 值就等于静态速度误差系数 K_v。

当 $r(t)=1(t)$ 时，$e_{ss}=0$；当 $r(t)=t$ 时，$e_{ss}=\dfrac{1}{K}=\dfrac{2}{k}$。

3. 动态性能

由图 4-2 可见：

(1) 当 $0<k<1$ 时，闭环特征根为实根，系统呈过阻尼状态，阶跃响应为单调上升过程。

(2) 当 $k=1$ 时，闭环特征根为二重实根，系统呈临界阻尼状态，阶跃响应仍为单调上升过程，但响应速度较 $0<k<1$ 时快。

(3) 当 $k>1$ 时，闭环特征根为一对共轭复根，系统呈欠阻尼状态，阶跃响应为振荡衰减过程，且随着 k 值增大，阻尼比减小，超调量增大。

上述分析表明，根轨迹与系统性能之间有着密切的联系，利用根轨迹可以分析系统参数增大时系统动态性能的变化趋势。根据已知的开环零、极点绘制出闭环极点的轨迹。为此需要研究闭环零、极点与开环零、极点的关系。

4.1.3　闭环零、极点与开环零、极点之间的关系

控制系统的一般结构图如图 4-3 所示，相应的开环传递函数为 $G(s)H(s)$。

假设

$$G(s)=\frac{k_G\prod\limits_{j=1}^{f}(s-z_j)}{\prod\limits_{i=1}^{g}(s-p_i)};\qquad H(s)=\frac{k_H\prod\limits_{j=f+1}^{m}(s-z_j)}{\prod\limits_{i=g+1}^{n}(s-p_i)}$$

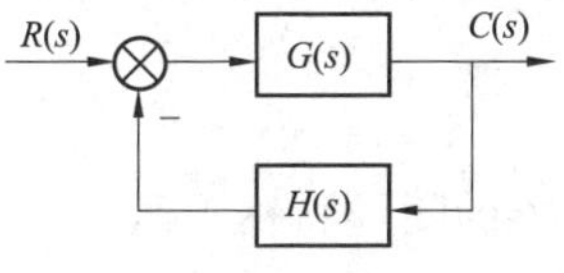

图 4-3　系统结构图

因此

$$G(s)H(s)=\frac{k\prod_{j=1}^{f}(s-z_j)\prod_{j=f+1}^{m}(s-z_j)}{\prod_{i=1}^{g}(s-p_i)\prod_{i=g+1}^{n}(s-p_i)} \tag{4-3}$$

式中：$k=k_G k_H$为系统根轨迹增益。

对于 m 个零点、n 个极点的开环系统，其开环传递函数可表示为

$$G(s)H(s)=\frac{k\prod_{j=1}^{m}(s-z_j)}{\prod_{i=1}^{n}(s-p_i)} \tag{4-4}$$

式中：z_j表示开环零点；p_i表示开环极点。

系统闭环传递函数为

$$\Phi(s)=\frac{G(s)}{1+G(s)H(s)}=\frac{k_G\prod_{j=1}^{f}(s-z_j)\prod_{i=g+1}^{n}(s-p_i)}{\prod_{i=1}^{n}(s-p_i)+k\prod_{j=1}^{m}(s-z_j)} \tag{4-5}$$

由式（4-5）可见：

（1）闭环零点由前向通路传递函数 $G(s)$ 的零点和反馈通路传递函数 $H(s)$ 的极点组成。对于单位负反馈系统 $H(s)=1$，闭环零点就是开环零点。闭环零点不随参数 k 变化，不必专门讨论。

（2）闭环极点与开环零点、开环极点以及根轨迹增益 k 均有关。闭环极点随着 k 的变化而变化。又由于闭环极点影响到系统的稳定性和动态性能，因此研究闭环极点随 k 的变化是很有必要的。

根轨迹的任务在于，由已知的开环零、极点的分布以及根轨迹增益，通过图解法找出闭环极点。闭环极点确定后，再补上零点，即可确定系统性能。

4.1.4 根轨迹方程

负反馈控制系统的一般结构如图 4-3 所示。系统的开环传递函数表示为

$$G(s)H(s)=\frac{k\prod_{j=1}^{m}(s-z_j)}{\prod_{i=1}^{n}(s-p_i)}$$

系统的闭环传递函数为

$$\Phi(s)=\frac{G(s)}{1+G(s)H(s)}$$

系统的闭环特征方程为

$$D(s)=1+G(s)H(s)=0 \tag{4-6}$$

即

$$G(s)H(s)=\frac{k\prod_{j=1}^{m}(s-z_j)}{\prod_{i=1}^{n}(s-p_i)}=-1 \tag{4-7}$$

显然，在 s 平面上凡是满足式（4-7）的点，即是根轨迹的点。式（4-7）称为负反馈控制系统的根轨迹方程。

根轨迹方程实质上是一个向量方程，由于

$$-1=1\times e^{j(2l+1)\pi}\quad (l=0,\ 1,\ 2,\ \cdots)$$

因此特征方程可以用幅值条件和相角条件表示。

幅值条件

$$|G(s)H(s)|=\frac{k\prod_{j=1}^{m}|(s-z_j)|}{\prod_{i=1}^{n}|(s-p_i)|}=1 \tag{4-8}$$

相角条件

$$\angle G(s)H(s)=\sum_{j=1}^{m}\angle(s-z_j)-\sum_{i=1}^{n}\angle(s-p_i)=\pm(2l+1)\pi\quad (l=0,\ 1,\ 2,\ \cdots) \tag{4-9}$$

式中：$\sum_{j=1}^{m}\angle(s-z_j)$、$\sum_{i=1}^{n}\angle(s-p_i)$ 分别表示所有开环零点、极点到根轨迹某一点的向量相角之和。按式（4-9），遵循 $180°+2l\pi$ 相角条件绘制的根轨迹，称为 180°根轨迹。

比较式（4-8）和式（4-9）可以看出，幅值条件与根轨迹增益 k 有关，而相角条件却与 k 无关。所以，在 s 平面上的某个点，只要满足相角条件，该点就必在根轨迹上。至于该点所对应的 k 值，可由幅值条件得出。这意味着，在 s 平面上满足相角条件的点，必定也同时满足幅值条件。因此，相角条件是确定 s 平面上一点是否在根轨迹上的充分必要条件。

【例 4-1】 闭环负反馈控制系统的开环传递函数为 $G(s)H(s)=\dfrac{k(s+4)}{s(s+2)(s+6.6)}$，在 s 平面上取一实验点 $s_1=-1.5+j2.5$，检验该点是否为根轨迹上的点。如果是，确定该点相对应的 k 值。

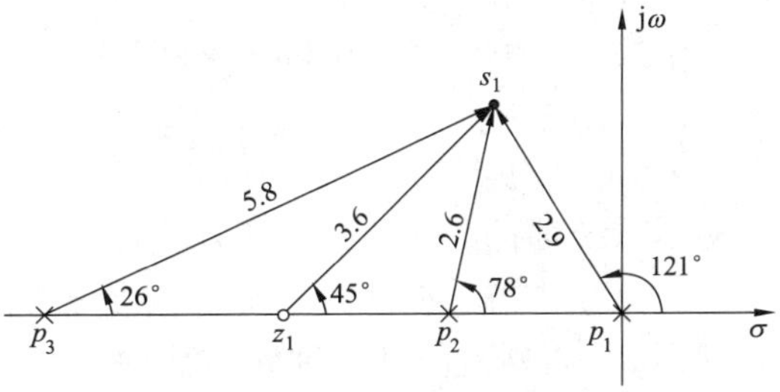

图 4-4 系统开环零、极点分布图

解 系统的开环极点 $p_1=0$、$p_2=-2$、$p_3=-6.6$ 和零点 $z_1=-4$ 标注在图 4-4 上。若 $s_1=-1.5+j2.5$ 满足根轨迹的相角条件，则 s_1 点就在根轨迹上。该点对应的相角为

$$\begin{aligned}\sum_{j=1}^{1}\angle(s-z_j)-\sum_{i=1}^{3}\angle(s-p_i)&=\angle(s_1-z_1)-\angle(s_1-p_1)-\angle(s_1-p_2)-\angle(s_1-p_3)\\&=\angle(-1.5+j2.5+4)-\angle(-1.5+j2.5)-\angle(-1.5+j2.5+2)-\angle(-1.5+j2.5+6.6)\\&=45°-121°-78°-26°=-180°\end{aligned}$$

s_1 点满足相角条件，则 s_1 点在此根轨迹上，其对应的根轨迹增益 k 值为

$$k=\frac{|s_1-p_1||s_1-p_2||s_1-p_3|}{|s_1-z_1|}=\frac{|-1.5+\mathrm{j}2.5|\times|-1.5+\mathrm{j}2.5+2|\times|-1.5+\mathrm{j}2.5+6.6|}{|-1.5+\mathrm{j}2.5+4|}$$
$$=11.8$$

4.2　绘制 180°根轨迹的基本规则

已知负反馈控制系统的开环传递函数零、极点标准形式为

$$G(s)H(s)=\frac{k\prod_{j=1}^{m}(s-z_j)}{\prod_{i=1}^{n}(s-p_i)}=\frac{k(s-z_1)(s-z_2)\cdots(s-z_m)}{(s-p_1)(s-p_2)\cdots(s-p_n)}\quad(n\geqslant m)\tag{4-10}$$

式中：$s=z_j(j=1, 2, \cdots, m)$ 为系统的开环零点；$s=p_i(i=1, 2, \cdots, n)$ 为系统的开环极点。

画根轨迹图时，用“×”表示极点，用“○”表示零点。

基于式（4-10）所示的开环传递函数，绘制 180°根轨迹的相角条件为

$$\angle G(s)H(s)=\sum_{j=1}^{m}\angle(s-z_j)-\sum_{i=1}^{n}(s-p_i)=\pm(2l+1)\pi\quad(l=0, 1, 2, \cdots)$$

下面介绍绘制 180°根轨迹的基本规则。

规则 1　根轨迹分支数

n 阶系统有 n 条分支。

根轨迹是开环系统某一参数由零变化到无穷大时，闭环极点在 s 平面上变化的轨迹。因此，根轨迹的分支数必与特征方程根的数目一致，即根轨迹的分支数等于系统的阶数，也等于开环极点、闭环极点个数。

对于式（4-10），系统的闭环特征方程 $D(s)=1+G(s)H(s)=0$ 可以表示为

$$D(s)=\prod_{i=1}^{n}(s-p_i)+k\prod_{j=1}^{m}(s-z_j)=0\tag{4-11}$$

实际系统都存在惯性，反映在传递函数上必有 $n\geqslant m$。显然闭环系统特征方程为 n 阶系统，系统有 n 个解，根轨迹的分支数即是 n，也是开环极点数。

规则 2　根轨迹的连续性和对称性

根轨迹连续且对称于实轴。

实际系统的特征方程都是实系数方程，依代数定理其特征根必为实数或共轭复数，因此根轨迹必然对称于实轴。

闭环系统的特征方程是根轨迹增益 k 的函数。当根轨迹增益 k 从零变化到无穷大时，特征方程的系数是连续变化的，因而特征根的变化也必然是连续的，因此，根轨迹是连续的。

规则 3　根轨迹的起点和终点

根轨迹起始于开环极点，终止于开环零点。当 $m<n$ 时，则有 $n-m$ 条根轨迹终止于 s

平面无穷远处。

根轨迹的起点、终点分别是指根轨迹增益 $k=0$ 和 $k\to\infty$ 时的根轨迹点的位置。将幅值条件式（4-8）改写为

$$k=\frac{\prod_{i=1}^{n}|(s-p_i)|}{\prod_{j=1}^{m}|(s-z_j)|}=\frac{s^{n-m}\prod_{i=1}^{n}\left|\left(1-\frac{p_i}{s}\right)\right|}{\prod_{j=1}^{m}\left|\left(1-\frac{z_j}{s}\right)\right|} \tag{4-12}$$

当 $s=p_i$ 时，$k=0$；当 $s=z_j$ 时，$k\to\infty$；当 $|s|=\infty$ 且 $n>m$ 时，$k\to\infty$。

规则 4　实轴上的根轨迹

实轴上某区段存在根轨迹的条件是其右侧的开环实极点与开环实零点的总数为奇数。共轭复数开环极点、零点对确定实轴上的根轨迹无影响。

例如，设开环传递函数 $G(s)H(s)=\dfrac{k(s-z_1)}{(s-p_1)(s-p_2)(s-p_3)}$，开环零点、极点在 s 平面上的位置如图 4-5 所示，其中 p_1、p_2 是共轭复数极点，p_3、z_1 在负实轴上。

在实极点 p_3 与实零点 z_1 间选实验点 s_1，则有

$$\begin{aligned}\angle G(s)H(s)&=\angle(s_1-z_1)-\angle(s_1-p_1)-\angle(s_1-p_2)-\angle(s_1-p_3)\\&=\angle(s_1-z_1)-\angle(s_1-p_3)\\&=0°-180°=-180°\end{aligned}$$

s_1 点满足轴角定理，说明 s_1 是根轨迹上的点，即在 z_1 和 p_1 之间的实轴上存在根轨迹。

在（$-\infty$，z_1）中间取实验点 s_2，则有

$$\begin{aligned}\angle G(s)H(s)&=\angle(s_2-z_1)-\angle(s_2-p_1)-\angle(s_2-p_2)-(s_2-p_3)\\&=\angle(s_2-z_1)-\angle(s_2-p_3)=180°-180°=0°\end{aligned}$$

s_2 点不满足轴角定理，说明 s_2 不是根轨迹上的点，即零点 z_1 的左侧实轴上不存在根轨迹。从图 4-5 可看到，任何一个实向量 s，例如 s_1 和共轭复向量 p_1、p_2 构成的差向量 s_1-p_1、s_1-p_2 与实轴正方向的夹角大小相等，符号相反。于是，二者之和为零。

【例 4-2】 设系统开环传递函数为 $G(s)=\dfrac{k(s+1)}{(s+2)(s+5)(s+20)}$，试说明其实轴上的根轨迹。

解　系统的开环零、极点如图 4-6 所示，开环零点为 -1，开环极点为 -2、-5、-20。

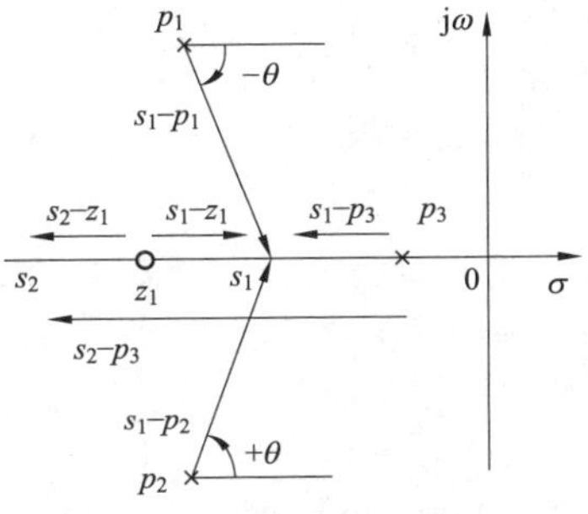

图 4-5　确定实轴上的根轨迹

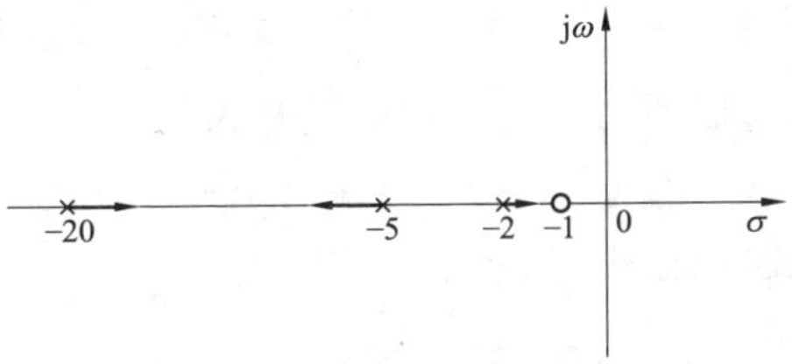

图 4-6　实轴上的根轨迹

区间［-20，-5］右边的开环零点数与极点数总和为 3，区间［-2，-1］右边的开环零点数和极点数总和为 1，说明在这两个区间的实轴上存在根轨迹。其他区间不存在根轨迹。

规则 5　根轨迹的渐近线

开环极点个数 n 大于开环零点个数 m 时，有 $n-m$ 条伸向无穷远处的根轨迹渐近线。这些渐近线在实轴上交于一点（σ_a，j0），渐近线与实轴正方向的夹角是 φ_a，且有

$$\sigma_a=\frac{\sum_{i=1}^{n}p_i-\sum_{j=1}^{m}z_j}{n-m};\quad \varphi_a=\pm\frac{180^\circ(2l+1)}{n-m}\quad (l=0,\ 1,\ 2,\ \cdots)$$

（1）渐近线与实轴正方向的夹角。假设在无穷远处有闭环极点 s，所有从有限的开环零点 z_j 和极点 p_i 指向 s 的向量相角都相等，用 φ_a 表示。因此相角条件可改写为

$$\sum_{j=1}^{m}\angle(s-z_j)-\sum_{i=1}^{n}(s-p_i)=(m-n)\varphi_a=\pm180^\circ(2l+1)\quad (l=0,\ 1,\ 2,\ \cdots)$$

所以渐近线与实轴正方向的夹角为

$$\varphi_a=\pm\frac{180^\circ(2l+1)}{n-m}\quad (l=0,\ 1,\ 2,\ \cdots)$$

（2）渐近线与实轴相交点的坐标。假设在无穷远处有闭环极点 s，则所有开环零点 z_j 和极点 p_i 指向 s 的向量长度都相等。可以认为，对于无穷远闭环极点 s 而言，所有开环零点和极点都汇集在一点，其位置为 σ_a。

当 $k\to\infty$ 和 $s\to\infty$ 时，可以认为 $p_i=z_j=\sigma_a$，$s-z_1=s-z_2=\cdots=s-p_1=s-p_2=\cdots$ $s-\sigma_a$。

由式（4-7）可得

$$\frac{\prod_{i=1}^{n}(s-p_i)}{\prod_{j=1}^{m}(s-z_j)}=(s-\sigma_a)^{n-m}=-k \tag{4-13}$$

式（4-13）左端利用多项式乘法和除法，可得

$$\begin{aligned}\frac{\prod_{i=1}^{n}(s-p_i)}{\prod_{j=1}^{m}(s-z_j)}&=\frac{(s-p_1)(s-p_2)\cdots(s-p_n)}{(s-z_1)(s-z_2)\cdots(s-z_m)}=\frac{s^n-(\sum_{i=1}^{n}p_i)s^{n-1}+\cdots}{s^m-(\sum_{j=1}^{m}z_j)s^{m-1}+\cdots}\\&=s^{n-m}+(\sum_{j=1}^{m}z_j-\sum_{i=1}^{n}p_i)s^{n-m-1}+\cdots\end{aligned} \tag{4-14}$$

式（4-13）右端利用二项式定理展开为

$$(s-\sigma_a)^{n-m}=s^{n-m}-(n-m)\sigma_a s^{n-m-1}+\cdots \tag{4-15}$$

联立式（4-14）和式（4-15）可得

$$s^{n-m}+(\sum_{j=1}^{m}z_j-\sum_{i=1}^{n}p_i)s^{n-m-1}+\cdots=s^{n-m}-(n-m)\sigma_a s^{n-m-1}+\cdots \tag{4-16}$$

式（4-16）两边 s^{n-m-1} 的系数对应相等，故有

$$\sigma_a = \frac{\sum_{i=1}^{n} p_i - \sum_{j=1}^{m} z_j}{n-m} \tag{4-17}$$

若开环传递函数无零点，取 $\sum_{j=1}^{m} z_j = 0$。

【例 4-3】 已知控制系统的开环传递函数为 $G(s)H(s)=\dfrac{k(s+1)}{s(s+4)(s^2+2s+2)}$，试确定根轨迹的数目、根轨迹的起点和终点。若终点在无穷远处，试确定渐近线和实轴的交点及夹角。

解 由于在给定系统中，$n=4$、$m=1$，根轨迹有 4 条，起点分别在 $p_1=0$、$p_2=-4$、$p_3=-1+\mathrm{j}$ 和 $p_4=-1-\mathrm{j}$ 处。$n-m=3$，所以四条根轨迹的终点有一条终止于 $z_1=-1$，其余三条趋向无穷远处。渐近线与实轴的交点 σ_a 及夹角 φ_a 分别为

$$\sigma_a = \frac{\sum_{i=1}^{4} p_i - z_1}{n-m} = \frac{0-4-1+\mathrm{j}-1-\mathrm{j}-(-1)}{4-1} = -\frac{5}{3}$$

$$\varphi_a = \pm\frac{180^\circ(2l+1)}{n-m} = \pm\frac{180^\circ(2l+1)}{3} = \pm 60^\circ,\ 180^\circ$$

根轨迹的起点和三条渐近线如图 4-7 所示，其中的一条渐近线 $\varphi(-\infty, -4)$ 处与负实轴重合，另两条为图中的虚线。

规则 6　根轨迹在实轴上的分离点与会合点

根轨迹在实轴上的分离点或会合点的坐标应满足方程 $\dfrac{\mathrm{d}k}{\mathrm{d}s}=0$，或 $\sum_{i=1}^{n}\dfrac{1}{s-p_i}=\sum_{j=1}^{m}\dfrac{1}{s-z_j}$。

图 4-8 的根轨迹中的点 a 和点 b 分别是根轨迹在实轴上的分离点和会合点，显然分离点与会合点是特征方程的实数重根。

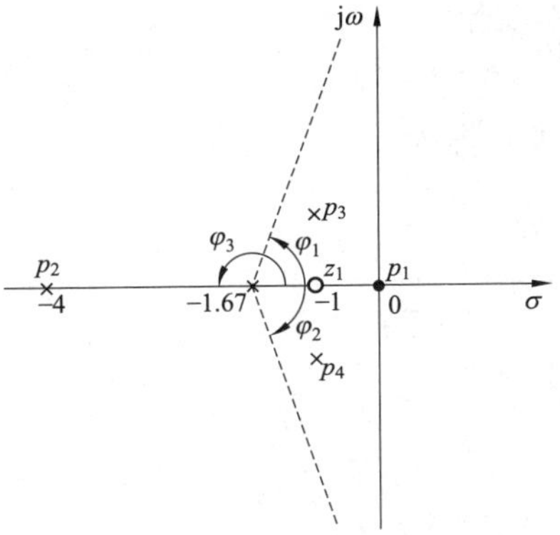

图 4-7　根轨迹的渐近线

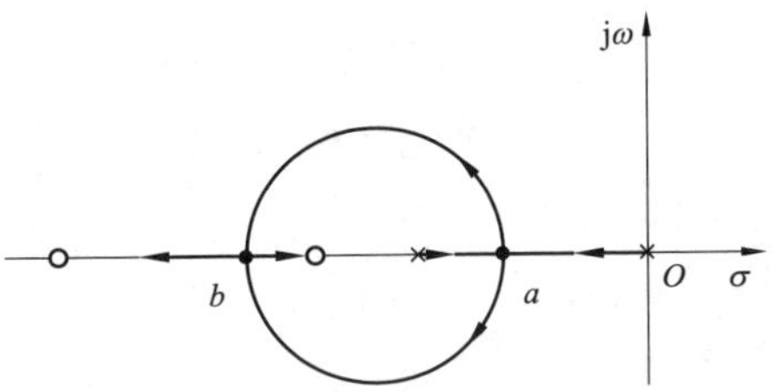

图 4-8　分离点与会合点

（1）极值法 $\dfrac{\mathrm{d}k}{\mathrm{d}s}=0$。实轴上两个相邻的开环极点之间出现分离点，即出现重根，如图 4-8

所示中的 a 点，此时分离点处的 k 值为实轴上根轨迹增益的最大值（如果看 a 点附近的共轭部分，则 a 点对应的 k 值为最小值）；实轴上两个相邻的开环零点之间出现会合点，如图 4-8 所示中的 b 点，此时会合点处的 k 值为实轴上根轨迹增益的最小值（如果看 b 点附近的共轭部分，则 b 点对应的 k 值为最大值）。因此，根轨迹在实轴上的分离点或会合点坐标可由根轨迹增益求极值 $\frac{\mathrm{d}k}{\mathrm{d}s}=0$ 的方法求得。下面进行证明。

设开环传递函数为

$$G(s)H(s)=\frac{k\prod_{j=1}^{m}(s-z_j)}{\prod_{i=1}^{n}(s-p_i)}=\frac{kB(s)}{A(s)} \tag{4-18}$$

特征方程为

$$D(s)=1+G(s)H(s)=A(s)+kB(s)=0 \tag{4-19}$$

设特征方程有 2 重根 s_{d}（分离点坐标），则特征方程可以表示为

$$D(s)=A(s)+kB(s)=(s-s_{\mathrm{d}})^2p(s) \tag{4-20}$$

式中：$p(s)$ 是 s 的 $n-2$ 次多项式。

$$\frac{\mathrm{d}D(s)}{\mathrm{d}s}=\frac{\mathrm{d}A(s)}{\mathrm{d}s}+k\frac{\mathrm{d}B(s)}{\mathrm{d}s}=2(s-s_{\mathrm{d}})p(s)+(s-s_{\mathrm{d}})^2\frac{\mathrm{d}p(s)}{\mathrm{d}s}$$

对于重根及分离点或会合点处满足 $s=s_{\mathrm{d}}$，所以方程

$$\frac{\mathrm{d}D(s)}{\mathrm{d}s}=\frac{\mathrm{d}A(s)}{\mathrm{d}s}+k\frac{\mathrm{d}B(s)}{\mathrm{d}s}=0 \tag{4-21}$$

由式（4-19）得 $k=-\frac{A(s)}{B(s)}$，代入式（4-21）中得

$$B(s)\frac{\mathrm{d}A(s)}{\mathrm{d}s}-A(s)\frac{\mathrm{d}B(s)}{\mathrm{d}s}=0 \tag{4-22}$$

即

$$\frac{\mathrm{d}}{\mathrm{d}s}\left[\frac{A(s)}{B(s)}\right]=\frac{\mathrm{d}k}{\mathrm{d}s}=0 \tag{4-23}$$

（2）经典法 $\sum_{i=1}^{n}\frac{1}{s-p_i}=\sum_{j=1}^{m}\frac{1}{s-z_j}$。设根轨迹方程为

$$1+G(s)H(s)=1+\frac{k\prod_{j=1}^{m}(s-z_j)}{\prod_{i=1}^{n}(s-p_i)}=0$$

闭环特征方程为

$$D(s)=\prod_{i=1}^{n}(s-p_i)+k\prod_{j=1}^{m}(s-z_j)=0$$

$$\prod_{i=1}^{n}(s-p_i)=-k\prod_{j=1}^{m}(s-z_j) \tag{4-24}$$

若根轨迹在 s 平面相遇，说明闭环特征方程有重根出现。设重根为 s_{d}，根据代数方程

中出现重根的条件，有

$$D'(s)=\frac{\mathrm{d}}{\mathrm{d}s}\left[\prod_{i=1}^{n}(s-p_i)+k\prod_{j=1}^{m}(s-z_j)\right]=0$$

$$\frac{\mathrm{d}}{\mathrm{d}s}\prod_{i=1}^{n}(s-p_i)=-k\frac{\mathrm{d}}{\mathrm{d}s}\prod_{j=1}^{m}(s-z_j) \tag{4-25}$$

将式（4-25）和式（4-24）等号两端对应相除，得

$$\frac{\frac{\mathrm{d}}{\mathrm{d}s}\prod_{i=1}^{n}(s-p_i)}{\prod_{i=1}^{n}(s-p_i)}=\frac{\frac{\mathrm{d}}{\mathrm{d}s}\prod_{j=1}^{m}(s-z_j)}{\prod_{j=1}^{m}(s-z_j)}$$

$$\frac{\mathrm{d}\ln\prod_{i=1}^{n}(s-p_i)}{\mathrm{d}s}=\frac{\mathrm{d}\ln\prod_{j=1}^{m}(s-z_j)}{\mathrm{d}s}$$

$$\sum_{i=1}^{n}\frac{\mathrm{d}\ln(s-p_i)}{\mathrm{d}s}=\sum_{j=1}^{m}\frac{\mathrm{d}\ln(s-z_j)}{\mathrm{d}s}$$

于是有

$$\sum_{i=1}^{n}\frac{1}{s-p_i}=\sum_{j=1}^{m}\frac{1}{s-z_j} \tag{4-26}$$

无零点时，$\sum_{i=1}^{n}\frac{1}{s-p_i}=0$。

利用两种方法求得的分离点都只是分离点的必要条件而不是充分条件。此外，只有当开环零点、极点分布对称时，系统才会在复平面出现分离点，参见图 4-9。

【例 4-4】 已知负反馈系统的开环传递函数为

$$G(s)H(s)=\frac{k(s+1)}{s^2+3s+3.25}$$

试计算其根轨迹与实轴的会合点坐标。

解 由题意可知，根轨迹方程为

$$G(s)H(s)=\frac{k(s+1)}{s^2+3s+3.25}=\frac{k(s+1)}{(s+1.5+\mathrm{j})(s+1.5-\mathrm{j})}=-1$$

该系统的开环极点为 $p_1=-1.5+\mathrm{j}$，$p_2=-1.5-\mathrm{j}$，开环零点为 $z_1=-1$，如图 4-9 所示。开环极点个数 $n=2$，所以系统有两条根轨迹分支。实轴上（$-\infty$，-1］之间存在根轨迹，当 $k\to\infty$时，一条根轨迹分支将沿实轴终止于开环零点 z_1，而另一条根轨迹分支则沿实轴负方向伸向无穷远。因此，始于开环极点 p_1、p_2 的两个根轨迹分支，在参变量 k 取某一特定值 k_1时，将由复平面进入实轴，其会合点坐标按式（4-23）求得

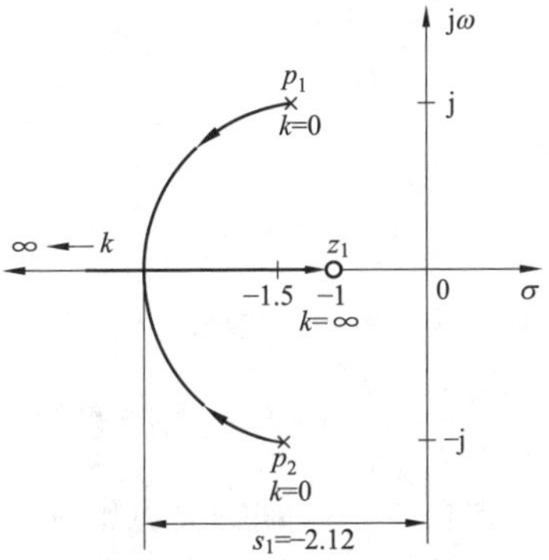

图 4-9 ［例 4-4］系统根轨迹图

$$\frac{\mathrm{d}k}{\mathrm{d}s}=\frac{\mathrm{d}}{\mathrm{d}s}\left(\frac{s^2+3s+3.25}{s+1}\right)=0$$

$$s^2+2s-0.25=0$$

$$s_1=-2.12;\quad s_2=0.12$$

显然，实数 s_1 是给定系统根轨迹与实轴的会合点坐标，s_2 不在根轨迹上，舍去。给定系统的根轨迹图如图 4-9 所示。

规则 7　根轨迹与虚轴的交点

根轨迹与虚轴相交，意味着闭环极点中的一部分位于虚轴之上，即闭环特征方程含有纯虚根。将 $s=\mathrm{j}\omega$ 代入特征方程 $D(s)=1+G(s)H(s)=0$ 中，令实部与虚部方程为零，求得根轨迹与虚轴的交点坐标值 $\mathrm{j}\omega$ 及其对应根轨迹增益 k 值，即临界根轨迹增益值。

也可根据劳斯判据求得。根轨迹与虚轴相交，表明闭环系统存在纯虚根，意味着 k 的数值使闭环系统处于临界稳定状态。令劳斯表第一列中包含 k 的项为零，即可确定根轨迹与虚轴交点上的 k 值。再利用劳斯表构造辅助方程，令其辅助方程等于零，求得纯虚根数值 $\mathrm{j}\omega$。

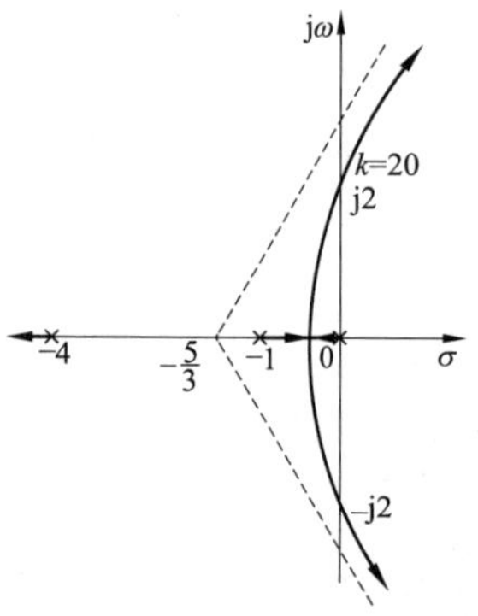

图 4-10 ［例 4-5］系统根轨迹

【例 4-5】 已知负反馈系统开环传递函数为 $G(s)=\dfrac{k}{s(s+1)(s+4)}$，其根轨迹图如图 4-10 所示。试求系统根轨迹与虚轴的交点。

解　系统的闭环特征方程为

$$D(s)=s(s+1)(s+4)+k=0$$

方法 1：令 $s=\mathrm{j}\omega$，代入特征方程 $D(s)=0$ 中，得

$$\mathrm{j}\omega(\mathrm{j}\omega+1)(\mathrm{j}\omega+4)+k=0$$

$$k-5\omega^2+\mathrm{j}(4\omega-\omega^3)=0$$

分别令实部和虚部为零，有

$$\begin{cases}k-5\omega^2=0\\4\omega-\omega^3=0\end{cases}$$

解得 $\omega=\pm2$，$k=20$，根轨迹与虚轴的交点为 $\pm\mathrm{j}2$，系统的临界根轨迹增益为 $k=20$。

方法 2：采用劳斯判据，系统的闭环特征方程为

$$D(s)=s(s+1)(s+4)+k=s^3+5s^2+4s+k=0$$

列劳斯表如下

$$\begin{array}{lll}s^3 & 1 & 4\\ s^2 & 5 & k\\ s^1 & \dfrac{20-k}{5} & \\ s^0 & k & \end{array}$$

令 $\dfrac{20-k}{5}=0$，解得根轨迹增益 $k=20$。将 $k=20$ 代入辅助方程 $5s^2+k=0$ 中，解得 $s=\pm\mathrm{j}2$，即为根轨迹与虚轴的交点坐标。

规则 8　根轨迹的出射角与入射角

根轨迹离开开环复数极点处的切线方向与实轴正方向的夹角，称为出射角，如图 4-11

中的 θ_{p1}、θ_{p2}。根轨迹进入开环复数零点处的切线方向与实轴正方向的夹角，称为入射角，如图 4-11 中的 θ_{z1}、θ_{z2}。

根轨迹的出射角按式（4-27）计算，根轨迹的入射角按式（4-28）计算。

因为 $\theta_{p1}=-\theta_{p2}$，$\theta_{z1}=-\theta_{z2}$，所以只求 θ_{p1}、θ_{z1} 即可。下面以图 4-12 所示开环极点与开环零点分布为例，说明如何求取出射角 θ_{p1}。

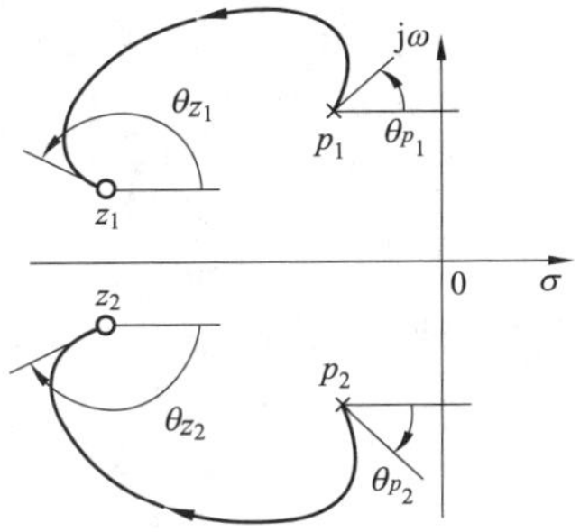

图 4-11　根轨迹的出射角与入射角

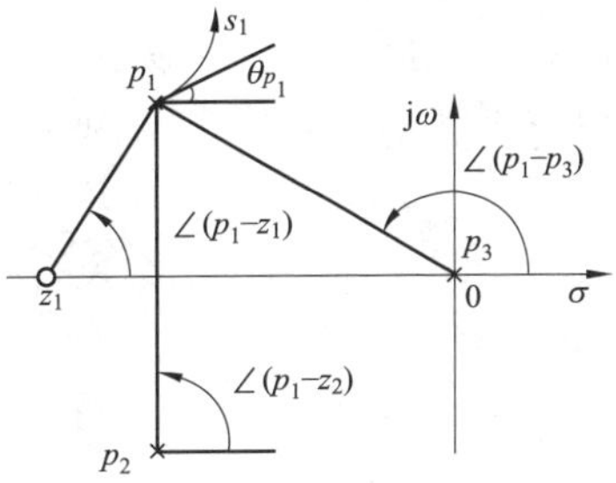

图 4-12　出射角 θ_{p1} 的求取

在图 4-12 所示的根轨迹上取一实验点 s_1，使 s_1 无限地靠近开环复数极点 p_1，即认为 $s_1=p_1$，这时 $\angle(s_1-p_1)=\theta_{p1}$，依据相角条件

$$\angle G(s)H(s)=\angle(p_1-z_1)-\theta_{p1}-\angle(p_1-p_2)-\angle(p_1-p_3)=\pm180^\circ(2l+1)$$

得出射角 θ_{p1} 为

$$\theta_{p1}=\pm180^\circ(2l+1)+\angle(p_1-z_1)-\angle(p_1-p_2)-\angle(p_1-p_3)$$

计算第 q 点根轨迹出射角的一般表达式为

$$\theta_{pq}=\pm180^\circ(2l+1)+\sum_{j=1}^{m}\angle(p_q-z_j)-\sum_{\substack{i=1\\ i\neq q}}^{n}\angle(p_q-p_i)\quad(l=0,\ 1,\ 2,\ \cdots)\tag{4-27}$$

同理可求出第 q 点根轨迹入射角的计算公式为

$$\theta_{zq}=\pm180^\circ(2l+1)+\sum_{i=1}^{n}\angle(z_q-p_i)-\sum_{\substack{j=1\\ j\neq q}}^{m}\angle(z_q-z_j)\quad(l=0,\ 1,\ 2,\ \cdots)\tag{4-28}$$

【例 4-6】 已知负反馈系统开环传递函数为 $G(s)H(s)=\dfrac{k(s+2)}{s(s+3)(s^2+2s+2)}$，其开环零点、极点位置如图 4-13 所示。试计算极点 $-1+\mathrm{j}1$ 的出射角。

解　根据题意，在图 4-13 中的 α_1、β_1、β_2 和 β_3 就是开环零、极点到起点 $-1+\mathrm{j}1$ 的矢量相角，由图得 $\alpha_1=45^\circ$，$\beta_1=135^\circ$，$\beta_2=26.6^\circ$，$\beta_3=90^\circ$。

根据出射角公式（4-27），得极点 $-1+\mathrm{j}1$ 的出射角为

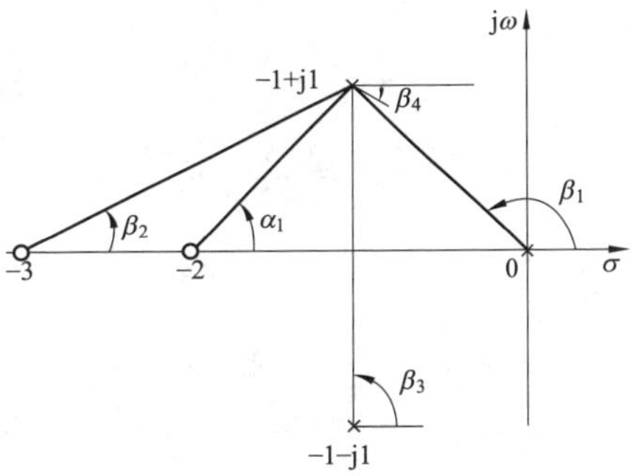

图 4-13 ［例 4-6］的根轨迹

$$\beta_4 = 180° + \alpha_1 - \beta_1 - \beta_2 - \beta_3$$
$$= 180° + 45° - 135° - 26.6° - 90° = -26.6°$$

规则 9　闭环极点之和与闭环极点之积

闭环极点之和满足 $\sum_{i=1}^{n} s_i = -a_{n-1}$，闭环极点之积满足 $\prod_{i=1}^{n} s_i = (-1)^n a_0$。

设控制系统特征方程的 n 个根分别为 s_1，s_2，…，s_n，则有

$$s^n + a_{n-1}s^{n-1} + \cdots + a_1 s + a_0 = (s - s_1)(s - s_2)\cdots(s - s_n) = 0$$

根据代数方程根与系数的关系，可写出

$$\sum_{i=1}^{n} s_i = -a_{n-1} \tag{4-29}$$

$$\prod_{i=1}^{n}(-s_i) = a_0$$

$$\prod_{i=1}^{n} s_i = (-1)^n a_0 \tag{4-30}$$

对于稳定的系统，式（4-30）也可写成

$$\prod_{i=1}^{n} |s_i| = a_0 \tag{4-31}$$

根据式（4-29）～式（4-31）可在已知系统的部分闭环极点的情况下，比较容易地确定其余闭环极点在 s 平面上的分布位置以及对应的参数值 k。

在 $n > m$ 时，由式（4-11）可知，系统的闭环特征方程一般可以表示为

$$D(s) = \prod_{i=1}^{n}(s - p_i) + k\prod_{j=1}^{m}(s - z_j) = s^n + a_{n-1}s^{n-1} + \cdots + a_1 s + a_0 = 0 \tag{4-32}$$

$$D(s) = (s - s_1)(s - s_2)\cdots(s - s_n) = s^n + \left(-\sum_{i=1}^{n} s_i\right)s^{n-1} + \cdots + \prod_{i=1}^{n}(-s_i) = 0 \tag{4-33}$$

式中：s_i是系统的闭环极点。

当 $n - m \geqslant 2$ 时，由式（4-32）可见，闭环特征方程的第二项系数 s^{n-1} 完全来源于 $\prod_{i=1}^{n}(s - p_i)$，其系数 a_{n-1}与 k 无关。无论 k 取何值，开环系统 n 个开环极点之和总是等于闭环系统特征方程的 n 个根之和，即

$$\sum_{i=1}^{n} s_i = \sum_{i=1}^{n} p_i \tag{4-34}$$

在开环极点确定的情况下，当根轨迹增益 k 从零变化到无穷大时，闭环极点之和是一个不变的常数。随着根轨迹增益 k 的增大，一部分根轨迹左移，另一部分根轨迹必右移，且移动总量为零。

规则 10　根轨迹上开环增益 K 的求取

按照相角条件绘制出系统的根轨迹后，可以按照幅值条件求出根轨迹上任一点所对应

的根轨迹增益 k 值。对应根轨迹上确定点 s_l，有

$$k_l=\frac{\prod_{i=1}^{n}|s_l-p_i|}{\prod_{j=1}^{m}|s_l-z_j|} \tag{4-35}$$

式中：$|s_l-p_i|$（$i=1, 2, \cdots, n$）和 $|s_l-z_j|$（$j=1, 2, \cdots, m$）表示 s_l 点到全部开环极点和开环零点的几何长度；无零点时，上式分母为 1。

根轨迹增益 k 与开环增益 K 可以相互转化，即

$$k=K\frac{\prod_{j=1}^{m}\tau_j}{\prod_{i=1}^{n}T_i} \quad 或 \quad K=k\frac{\prod_{j=1}^{m}|z_j|}{\prod_{i=1}^{n}|p_i|}$$

根据上述 10 条根轨迹绘制规则，可大致绘制出根轨迹图形。为便于查阅，将所有绘制 180°根轨迹规则纳入表 4-1 中。对于一般系统的根轨迹，只需应用规则 1 到规则 8 即可。一些常见系统的根轨迹图见表 4-2。

表 4-1　　绘制 180°根轨迹的基本规则

规则	内　容	基本规则
1	根轨迹的分支数	n 阶系统有 n 个分支
2	根轨迹的连续性和对称性	根轨迹连续且对称于实轴
3	根轨迹的起点和终点	根轨迹起始于开环极点，终止于开环零点。当 $m<n$ 时，则有 $n-m$ 条根轨迹终止于 S 平面的无穷远处
4	实轴上的根轨迹	实轴上某区段存在根轨迹的条件是其右侧的开环实极点与开环实零点的总数为奇数
5	根轨迹的渐近线	$n-m$ 条根轨迹渐近线与实轴交点和夹角分别为 $\sigma_a=\frac{\sum_{i=1}^{n}p_i-\sum_{j=1}^{m}z_j}{n-m}$，$\varphi_a=\pm\frac{180^\circ(2l+1)}{n-m}$　$(l=0, 1, 2, \cdots, n-m-1)$
6	根轨迹在实轴上的分离点与会合点	根轨迹在实轴上的分离点或会合点的坐标应满足方程 $\frac{dk}{ds}=0$ 或 $\sum_{i=1}^{n}\frac{1}{s-p_i}=\sum_{j=1}^{m}\frac{1}{s-z_j}$
7	根轨迹与虚轴交点	将 $s=j\omega$ 代入特征方程 $1+G(s)H(s)=0$ 中，令实部与虚部方程为零，求得交点上的 k 值和 $j\omega$ 值；也可利用劳斯判据求得
8	根轨迹的出射角与入射角	出射角 $\theta_{pq}=\pm180^\circ(2l+1)+\sum_{j=1}^{m}\angle(p_q-z_j)-\sum_{i=1,i\neq q}^{n}\angle(p_q-p_i)$　$(l=0, 1, 2, \cdots)$ 入射角 $\theta_{zq}=\pm180^\circ(2l+1)+\sum_{i=1}^{n}\angle(z_q-p_i)-\sum_{j=1,j\neq q}^{m}\angle(z_q-z_j)$　$(l=0, 1, 2, \cdots)$
9	闭环极点之和与闭环极点之积	$\sum_{i=1}^{n}s_i=-a_{n-1}$，$\prod_{i=1}^{n}s_i=(-1)^n a_0$

续表

规则	内　容	基本规则
10	根轨迹增益 k 与开环增益 K	$k=K\dfrac{\prod\limits_{j=1}^{m}\tau_j}{\prod\limits_{i=1}^{n}T_i}$，$K=k\dfrac{\prod\limits_{j=1}^{m}\lvert z_j\rvert}{\prod\limits_{i=1}^{n}\lvert p_i\rvert}$

表 4-2　　常见系统的根轨迹图

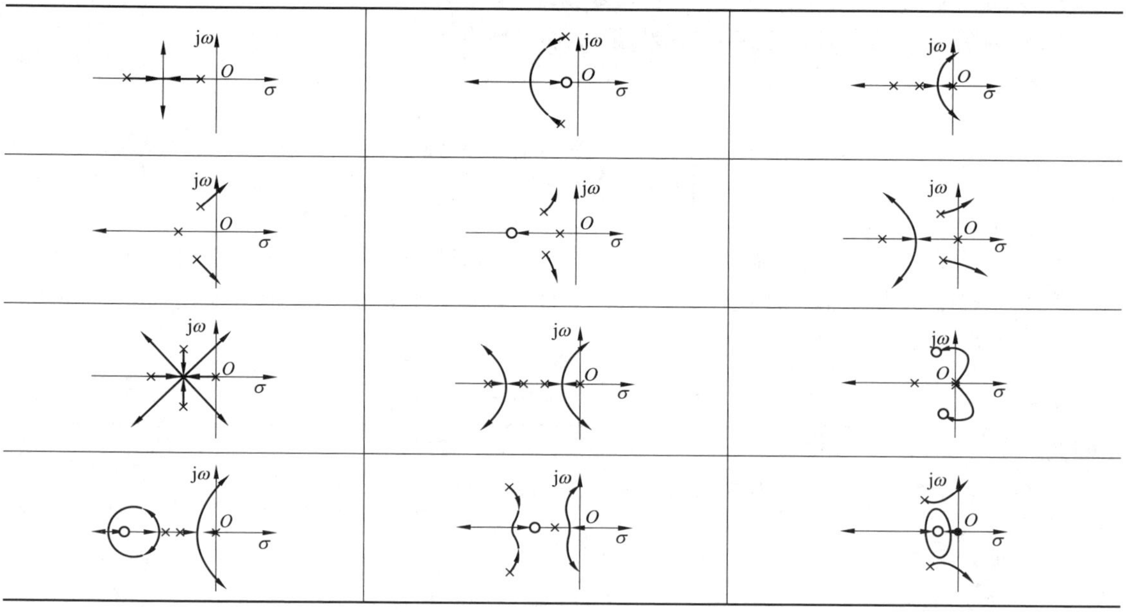

【例 4-7】 负反馈系统的开环传递函数为 $G(s)H(s)=\dfrac{k(s+2)}{s(s+1)(s+4)}$，试绘制该系统的根轨迹。

解　(1) 开环极点数 $n=3$，根轨迹起始于开环极点 $p_1=0$，$p_2=-1$，$p_3=-4$；开环零点数 $m=1$，开环零点 $z_1=-2$。

(2) 根轨迹分支数为 3 条，其中 $n-m=2$ 条根轨迹趋向无穷远，一条终止于零 $z_1=-2$。

(3) 实轴上根轨迹：实轴上存在根轨迹的区段是 $[-4,\ -2]$，$[-1,\ 0]$。

(4) 根轨迹的渐近线：由于 $n=3$，$m=1$，根轨迹有 2 条渐近直线，它们在实轴上的交点坐标和夹角分别为

$$\sigma_a=\frac{\sum\limits_{i=1}^{n}p_i-\sum\limits_{j=1}^{m}z_j}{n-m}=\frac{0-1-4-(-2)}{3-1}=-\frac{3}{2}$$

$$\varphi_a=\pm\frac{180^\circ(2l+1)}{n-m}=\pm\frac{180^\circ(2l+1)}{2}=\pm 90^\circ$$

(5) 根轨迹与实轴分离点坐标

$$\frac{dk}{ds}=\frac{d}{ds}\left[\frac{s^3+5s^2+4s}{s+2}\right]=0$$

$$(s^3+5s^2+4s)'(s+2)-(s^3+5s^2+4s)(s+2)'=0$$

$$2s^3+11s^2+20s+8=0$$

试解得根轨迹分离点坐标

$$s=-0.55$$

或根据式（4-26）求分离点坐标

$$\frac{1}{s}+\frac{1}{s+1}+\frac{1}{s+4}=\frac{1}{s+2}$$

根据上述讨论，可绘制系统根轨迹如图 4-14 所示。

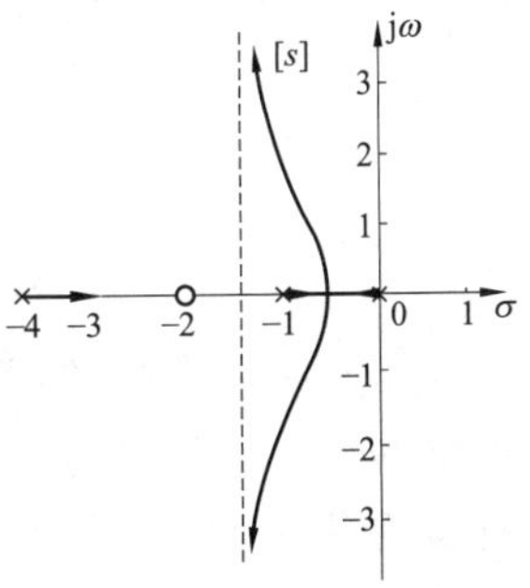

图 4-14 ［例 4-7］系统根轨迹

【例 4-8】 已知负反馈系统的开环传递函数为 $G(s)H(s)=\frac{k}{s(s+2.73)(s^2+2s+2)}$，试绘制该系统的根轨迹图。

解 （1）开环极点数 $n=4$，根轨迹起始于开环极点 $p_1=0$，$p_2=-1+j$，$p_3=-1-j$，$p_4=-2.73$。开环零点数 $m=0$。

（2）根轨迹分支数：有 $n-m=4$ 条根轨迹趋向无穷远。

（3）实轴上根轨迹：实轴上存在根轨迹的区段是 $[-2.73, 0]$。

（4）根轨迹的渐近线：由于 $n=4$，$m=0$，根轨迹有 $n-m=4$ 条渐近直线，它们在实轴上的交点坐标和夹角分别为

$$\sigma_a=\frac{\sum_{i=1}^{n}p_i-\sum_{j=1}^{m}z_j}{n-m}=\frac{0-2.73-1+j1-1-j1}{4}=-1.18$$

$$\varphi_a=\frac{180°(2l+1)}{4}=45°,135°,225°,315° \quad (l=0,1,2,3)$$

或

$$\varphi_a=\pm\frac{180°(2l+1)}{4}=\pm45°,\pm135° \quad (l=0,1)$$

（5）实轴上的分离点

$$\frac{dk}{ds}=[s(s+2.73)(s^2+2s+2)]'=0$$

$$4s^3+14.19s^2+14.92s+5.46=0$$

可以用试探法得到一个实根 $s=-2.06$，所以 $s=-2.06$ 是实轴上的分离点。

（6）根轨迹的出射角：对应极点 $p_2=-1+j$，根轨迹的出射角为

$$\begin{aligned}\theta_{p2}&=180°-\angle(p_2-p_1)-\angle(p_2-p_3)-\angle(p_2-p_4)\\&=180°-135°-90°-30°=-75°\end{aligned}$$

对应极点 $p_3=-1-j$，根轨迹的出射角为 $\theta_{p3}=75°$。

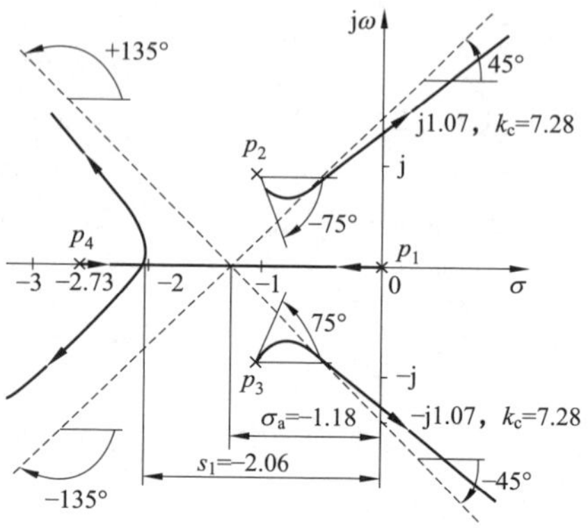

图 4-15 ［例 4-8］的根轨迹

（7）根轨迹与虚轴的交点：从渐近线的方向可以判断根轨迹与虚轴相交。

特征方程为

$$D(s)=s^4+4.73s^3+7.46s^2+5.46s+k=0$$

令 $s=\mathrm{j}\omega$，代入 $D(s)=0$ 中得

$$\omega^4-\mathrm{j}4.73\omega^3-7.46\omega^2+\mathrm{j}5.46\omega+k=0$$

令式中的实部和虚部分别等于 0，则有

$$\begin{cases}k+\omega^4-7.46\omega^2=0\\5.46\omega-4.73\omega^3=0\end{cases}$$

解得 $\omega=\pm1.07$，$k=7.28$。临界稳定时的根轨迹增益 $k=7.28$。

根据以上讨论，绘制根轨迹如图 4-15 所示。

4.3 广义根轨迹

前面介绍的仅是负反馈系统以根轨迹增益 k 作为参变量的根轨迹绘制方法。在实际工程系统的分析、设计过程中，有时需要分析正反馈条件下或其他参数（例如时间常数、测速机反馈系数等）变化对系统性能的影响。这种情形下绘制的参数根轨迹或 0°根轨迹称为广义根轨迹。

4.3.1 参数根轨迹

绘制参数根轨迹的法则与绘制以 k 为参变量的常规根轨迹的法则完全相同。关键是构造一个等效的开环传递函数，将绘制参数根轨迹的问题转化为绘制根轨迹增益 k 的常规根轨迹的形式来处理。下面举例说明参数根轨迹的绘制方法。

【例 4-9】 已知负反馈系统的开环传递函数为 $G(s)H(s)=\dfrac{1}{s(s+a)}$，试绘制系统以 a 为参变量的根轨迹图。

解 给定系统的特征方程为

$$1+\frac{1}{s(s+a)}=0$$

则

$$s^2+1+as=0$$

方程两边同除以（s^2+1），构造等效的开环传递函数，化成常规根轨迹的形式为

$$1+\frac{as}{s^2+1}=0$$

根据特征方程 $\dfrac{as}{s^2+1}=-1$，画出以 a 为参变量的根轨迹如下：

（1）开环极点数 $n=2$，起始于开环极点 $p_{1,2}=\pm\mathrm{j}$；开环零点数 $m=1$，且零点为 $z_1=0$。

(2) 根轨迹分支数为 2 条，1 条趋向零点 $z_1=0$，1 条趋向无穷远。

(3) 实轴上根轨迹：实轴上存在根轨迹的区段是 $(-\infty, 0]$。

(4) 根轨迹的渐近直线：由于 $n=2$，$m=0$，根轨迹有 $n-m=2$ 条渐近直线，它们在实轴上的交点坐标和夹角分别为

$$\sigma_a=\frac{\sum_{i=1}^{n}p_i-\sum_{j=1}^{m}z_j}{n-m}=\frac{\mathrm{j}1-\mathrm{j}1-0}{2}=0;\quad \varphi_a=\pm\frac{180^\circ(2l+1)}{n-m}=\pm 180^\circ$$

(5) 实轴上的会合点

$$\sum_{i=1}^{n}\frac{1}{s-p_i}=\sum_{j=1}^{m}\frac{1}{s-z_j}$$

$$\frac{1}{s-\mathrm{j}}+\frac{1}{s+\mathrm{j}}=\frac{1}{s}$$

解得 $s=\pm1$，其中 $s=1$ 不在根轨迹上，舍去；$s=-1$ 是会合点。

(6) 根轨迹出射角：对应极点 $p_1=\mathrm{j}$，根轨迹的出射角为

$$\theta_{p1}=180^\circ+\angle(p_2-z_1)-\angle(p_2-p_1)=180^\circ+90^\circ-90^\circ=180^\circ$$

对应极点 $p_1=\mathrm{j}$，根轨迹的出射角为 $\theta_{p2}=-180^\circ$。

根据以上讨论，最后得到系统以 a 为参变量的根轨迹如图 4-16 所示。

4.3.2　0°根轨迹

在一个较为复杂的自动控制系统中，主反馈一般均为负反馈，而局部反馈有可能出现正反馈，其结构如图 4-17 所示。这种局部正反馈的结构可能是控制对象本身的特性，也可能是为满足系统的某些性能要求在设计系统时加进去的。因此在利用根轨迹对系统进行分析和综合时，有时需要绘制正反馈系统的根轨迹。

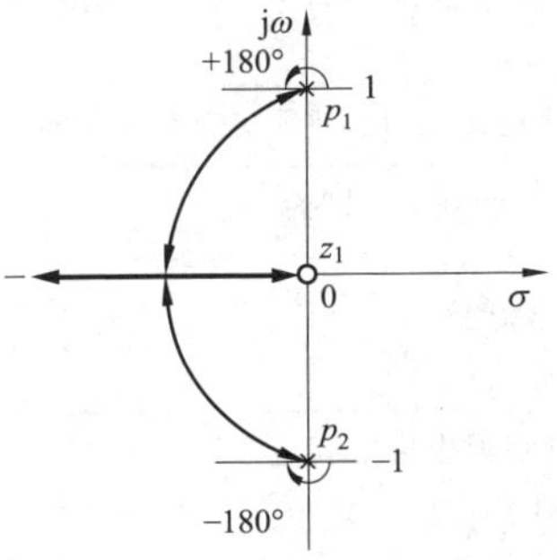

图 4-16 ［例 4-9］的根轨迹图

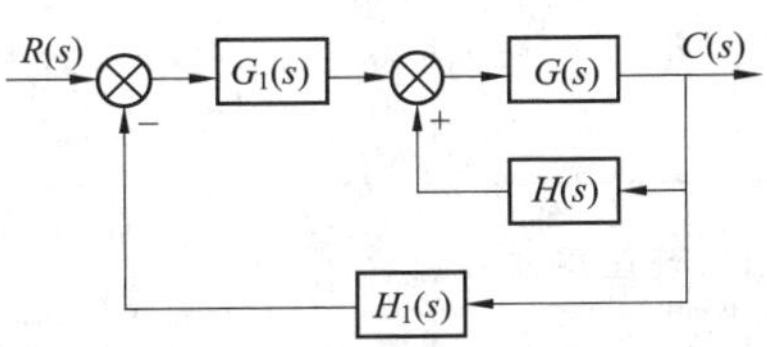

图 4-17　局部正反馈

正反馈系统的根轨迹方程为

$$D(s)=1-G(s)H(s)=0 \tag{4-36}$$

$$G(s)H(s)=\frac{k\prod_{j=1}^{m}(s-z_j)}{\prod_{i=1}^{n}(s-p_i)}=1\mathrm{e}^{\mathrm{j}0} \tag{4-37}$$

幅值条件

$$|G(s)H(s)|=\frac{k\prod_{j=1}^{m}|(s-z_j)|}{\prod_{i=1}^{n}|(s-p_i)|}=1 \tag{4-38}$$

相角条件

$$\angle G(s)H(s)=\sum_{j=1}^{m}\angle(s-z_j)-\sum_{i=1}^{n}(s-p_i)=\pm 2l\pi \quad (l=0,\ 1,\ 2,\ \cdots) \tag{4-39}$$

0°根轨迹的幅值条件与180°根轨迹的幅值条件一致，而二者相角条件有所不同。因此，绘制180°根轨迹法则中与相角条件无关的法则可直接用来绘制0°根轨迹，而与相角条件有关的规则4、规则5、规则7、规则8需要相应修改，修改后的规则见表4-3。

在应用中，除了上述正反馈时用到0°根轨迹之外，参数根轨迹的引入，也有可能用到0°根轨迹。0°根轨迹和180°根轨迹的区别主要看构造后的$G(s)H(s)=\dfrac{k\prod_{j=1}^{m}(s-z_j)}{\prod_{i=1}^{n}(s-p_i)}$的值是+1还是−1。如果是+1，就按0°根轨迹规则绘制；如果是−1，则按180°根轨迹规则绘制。

表4-3　　绘制0°根轨迹的基本规则

序号	内　容	基本规则
1	根轨迹的分支数	n阶系统有n个分支
2	根轨迹的连续性和对称性	根轨迹连续且对称于实轴
3	根轨迹的起点和终点	根轨迹起始于开环极点，终止于开环零点。当$m<n$时，则有$n-m$条根轨迹终止于S平面无穷远处
4	实轴上的根轨迹	实轴上某区段存在根轨迹的条件是其右侧的开环实极点与开环实零点的总数为偶数
5	根轨迹的渐近线	$n-m$条根轨迹渐近线与实轴交点和夹角分别为 $\sigma_\mathrm{a}=\dfrac{\sum_{i=1}^{n}p_i-\sum_{j=1}^{m}z_j}{n-m}$，$\varphi_\mathrm{a}=\pm\dfrac{360°l}{n-m}$　$(l=0,\ 1,\ 2,\ \cdots,\ n-m-1)$
6	根轨迹在实轴上的分离点与会合点	根轨迹在实轴上的分离点或会合点的坐标应满足方程 $\dfrac{\mathrm{d}k}{\mathrm{d}s}=0$或$\sum_{i=1}^{n}\dfrac{1}{s-p_i}=\sum_{j=1}^{m}\dfrac{1}{s-z_j}$
7	根轨迹与虚轴的交点	将$s=\mathrm{j}\omega$代入特征方程$1-G(s)H(s)=0$中，令实部与虚部方程为零，求得交点上的k值和$\mathrm{j}\omega$值；也可利用劳斯判据求得

续表

序号	内　容	基本规则
8	根轨迹的出射角与入射角	出射角 $\theta_{pq}=\pm 360^\circ l+\sum_{j=1}^{m}\angle(p_q-z_j)-\sum_{\substack{i=1\\i\neq q}}^{n}\angle(p_q-p_i)\quad(l=0,1,2,\cdots)$ 入射角 $\theta_{zq}=\pm 360^\circ l+\sum_{i=1}^{n}\angle(z_q-p_i)-\sum_{\substack{j=1\\j\neq q}}^{m}\angle(z_q-z_j)\quad(l=0,1,2,\cdots)$
9	闭环极点之和与闭环极点之积	$\sum_{i=1}^{n}s_i=-a_{n-1},\ \prod_{i=1}^{n}s_i=(-1)^n a_0$
10	根轨迹增益 k 与开环增益 K	$k=K\dfrac{\prod_{j=1}^{m}\tau_j}{\prod_{i=1}^{n}T_i},\ K=k\dfrac{\prod_{j=1}^{m}\lvert z_j\rvert}{\prod_{i=1}^{n}\lvert p_i\rvert}$

【例 4-10】 设某正反馈系统的开环传递函数为

$$G(s)H(s)=\frac{k(s+2)}{(s+3)(s^2+2s+2)}$$

试绘制该系统的根轨迹图。

解　(1) 系统的开环极点数 $n=3$，根轨迹起始于开环极点 $p_1=-1+\mathrm{j}$，$p_2=-1-\mathrm{j}$，$p_3=-3$；开环零点数 $m=1$，零点为 $z_1=-2$。

(2) 根轨迹分支数：有 $n-m=2$ 条根轨迹趋向无穷远，1 条根轨迹止于开环零点 $z_1=-2$。

(3) 实轴上根轨迹：实轴上存在根轨迹的区段是 $[-2,+\infty]$ 及 $[-3,-\infty]$。

(4) 根轨迹的渐近直线：根轨迹渐近线与实轴正方向夹角为

$$\varphi_a=\frac{180^\circ(2l)}{2}=0^\circ \text{ 或 } 180^\circ\quad(l=0,1)$$

注意：如本例所见仅有两条渐近线且都与实轴重合的情况，计算渐近线在实轴上的交点坐标已无意义。

(5) 实轴上的分离点

$$\frac{\mathrm{d}}{\mathrm{d}s}\left[\frac{(s+3)(s^2+2s+2)}{s+2}\right]=0$$

解得 $s=-0.8$，并且

$$k_1=\frac{|s-p_1||s-p_2||s-p_3|}{|s-z_1|}$$

$|s-p_1|=|s-p_2|=1.02$，$|s-p_3|=2.2$，$|s-z_1|=1.2$，解得 $k_1=1.9$。

(6) 根轨迹的出射角：对应极点 $p_1=-1+\mathrm{j}$，根轨迹的出射角为

$$\theta_{p1}=0°+\angle(p_1-z_1)-\angle(p_1-p_2)-\angle(p_1-p_3)$$
$$=0°+45°-90°-27°=-72°$$

则对应极点 $p_1=-1-j$，根轨迹的出射角为 $\theta_{p2}=+72°$。

（7）求根轨迹与虚轴的交点：将 $s=j\omega$ 代入特征方程 $1-G(s)H(s)=0$ 中得

$$(s+3)(s^2+2s+2)-k(s+2)=0$$

$$s^3+5s^2+8s+6-ks-2k=0$$

$$-j\omega^3-5\omega^2+8j\omega+6-jk\omega-2k=0$$

$$(-5\omega^2+6-2k)+j(-\omega^3+8\omega-k\omega)=0$$

令实部和虚部分别等于 0，则有

$$\begin{cases}-5\omega^2+6-2k=0\\-\omega^3+(8-k)\omega=0\end{cases}$$

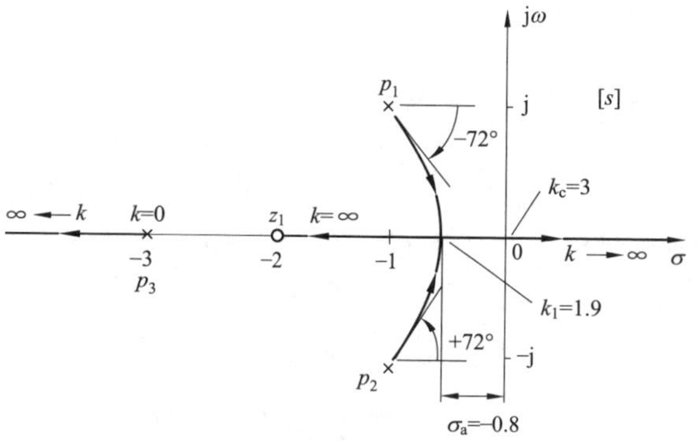

图 4-18　正反馈系统的根轨迹图

得出一个根轨迹分支与虚轴的交点坐标 $\omega=0$，临界值 $k=3$。

（8）画根轨迹，如图 4-18 所示。

综上分析，当 $k<3$ 时，系统是稳定的；当 $k\geqslant 3$ 时，系统是不稳定的。由此可见，给定的正反馈系统并不是绝对不稳定，当参变量 k 的取值介于 0～3 之间时，即使是正反馈系统，它仍能稳定的工作，只有当 $k>3$ 时系统才变为不稳定。

4.4　添加开环零、极点对根轨迹形状的影响

开环零、极点的位置决定了根轨迹的形状，而根轨迹的形状又与系统的控制性能密切相关，因而在控制系统的设计中，一般采用配置零、极点的方法来改变根轨迹的形状，以达到改善闭环系统控制性能的目的。

4.4.1　添加开环零点对根轨迹的影响

以［例 4-11］为例，说明添加开环零点对根轨迹形状产生的影响。

【例 4-11】 单位负反馈系统的开环传递函数分别为

$$G_1(s)=\frac{k}{s^2(s+3)},\quad G_2(s)=\frac{k(s+6)}{s^2(s+3)},\quad G_3(s)=\frac{k(s+1)}{s^2(s+3)}$$

试分别绘制三个系统的根轨迹，并讨论添加零点对根轨迹的影响。

解　（1）对于原系统开环传递函数 $G_1(s)=\dfrac{k}{s^2(s+3)}$

系统开环极点数 $n=3$，开环零点数 $m=0$，极点分别为 $p_{1,2}=0$，$p_3=-3$。实轴上根轨迹区段为（$-\infty$，-3）。

渐近直线与实轴交点坐标为

$$\sigma_a=\frac{\prod_{i=1}^{n}p_i-\prod_{j-1}^{m}z_j}{n-m}=\frac{-3-0}{3}=-1$$

渐近直线与实轴夹角为

$$\varphi_a=\pm\frac{180°(2l+1)}{n-m}=\pm60°,\ 180°\quad(l=0,\ 1)$$

其根轨迹如图 4-19（a）所示。

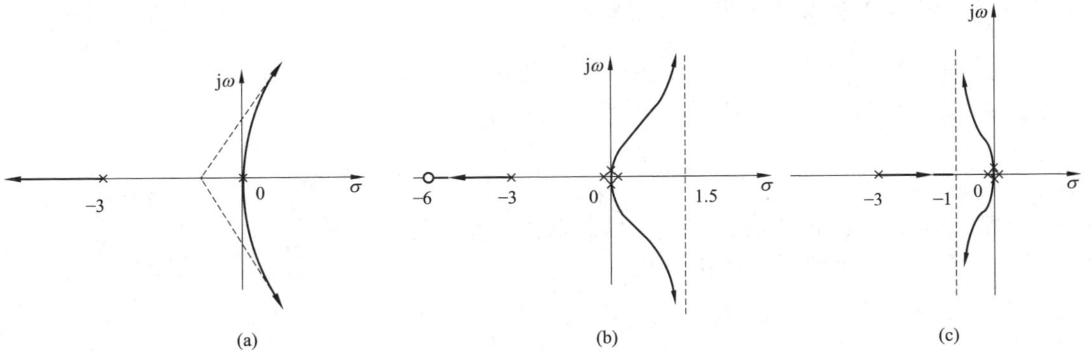

图 4-19 ［例 4-11］根轨迹图

（a）原系统根轨迹图；（b）添加零点 $z=-6$ 根轨迹图；（c）添加零点 $z=-1$ 根轨迹图

（2）对于开环传递函数

$$G_2(s)=\frac{k(s+6)}{s^2(s+3)}$$

开环极点数 $n=3$，开环极点分别为 $p_{1,2}=0$，$p_3=-3$；开环零点数 $m=1$，零点为 $z_1=-6$，实轴上根轨迹区段为（-6，-3）。

渐近直线与实轴交点坐标为

$$\sigma_a=\frac{\prod_{i=1}^{n}p_i-\prod_{j-1}^{m}z_j}{n-m}=\frac{-3+6}{2}=\frac{3}{2}$$

渐近直线与实轴夹角为

$$\varphi_a=\pm\frac{180°(2l+1)}{n-m}=\pm90°\quad(l=0)$$

其根轨迹如图 4-19（b）所示。

（3）对于开环传递函数

$$G_3(s)=\frac{k(s+1)}{s^2(s+3)}$$

开环极点数 $n=3$，开环极点分别为 $p_{1,2}=0$，$p_3=-3$；开环零点数 $m=1$，零点为 $z_1=-1$，实轴上根轨迹区段为（-3，-1）。

渐近线与实轴交点坐标为

$$\sigma_a=\frac{\prod_{i=1}^{n}p_i-\prod_{j-1}^{m}z_j}{n-m}=\frac{-3+1}{2}=-1$$

渐近线与实轴夹角为

$$\varphi_a=\pm\frac{180^\circ(2l+1)}{n-m}=\pm 90^\circ\quad(l=0)$$

其根轨迹如图 4-19（c）所示。

从此例可以看出，若添加的开环零点适当，则系统的根轨迹左移，提高系统的稳定性，有利于改善系统的动态性能。

4.4.2 添加开环极点对根轨迹的影响

添加开环极点对根轨迹形状产生的影响，仍用一个例子加以说明。

【例 4-12】 单位负反馈系统的开环传递函数分别为

$$G_1(s)=\frac{k}{s(s+2)},\quad G_2(s)=\frac{k}{s(s+2)(s+4)},\quad G_3(s)=\frac{k}{s^2(s+2)}$$

试分别绘制三个系统的根轨迹，并讨论增加极点对根轨迹的影响。

解 （1）对于原系统开环传递函数

$$G_1(s)=\frac{k}{s(s+2)}$$

原系统开环极点数 $n=2$，开环零点数 $m=0$，极点分别为 $p_1=0$，$p_2=-2$。实轴上根轨迹区段为（-2，0）。

渐近直线与实轴交点坐标为

$$\sigma_a=\frac{\prod_{i=1}^{n}p_i-\prod_{j-1}^{m}z_j}{n-m}=\frac{-2-0}{2}=-1$$

渐近直线与实轴夹角为

$$\varphi_a=\pm\frac{180^\circ(2l+1)}{n-m}=\pm 90^\circ\quad(l=0)$$

由特征方程得 $k=-s(s+2)$，$\frac{dk}{ds}=-(2s+2)=0$，解得分离点坐标为 $s=-1$。其根轨迹如图 4-20（a）所示。

（2）增加开环极点 $s=-4$，开环传递函数变为

$$G_2(s)=\frac{k}{s(s+2)(s+4)}$$

则其开环极点数 $n=3$，开环零点数 $m=0$，开环极点分别为 $p_1=0$，$p_2=-2$，$p_3=-4$。实轴上根轨迹区段为 $[-\infty,\ -4]$ 和 $[-2,\ 0]$。

渐近线与实轴交点坐标为

$$\sigma_a=\frac{\prod_{i=1}^{n}p_i-\prod_{j-1}^{m}z_j}{n-m}=\frac{0-2-4}{3}=-2$$

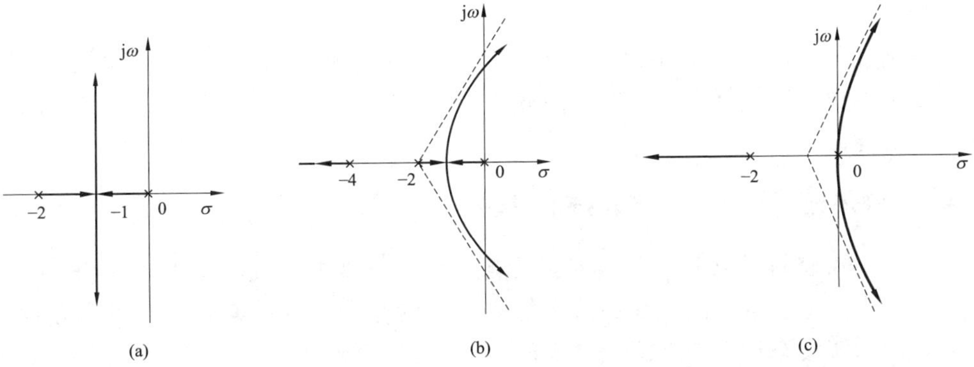

图 4-20 ［例 4-12］根轨迹图

(a) 原系统根轨迹图；(b) 添加极点 $p=-4$ 根轨迹图；(c) 添加极点 $p=0$ 根轨迹图

渐近线与实轴夹角为

$$\varphi_a=\pm\frac{180°(2l+1)}{n-m}=\pm60°,\ 180°\quad (l=0,\ 1)$$

求分离点，由特征方程可得

$$k=-s(s+2)(s+4)=-(s^3+6s^2+8s)$$

则

$$\frac{dk}{ds}=-(3s^2+12s+8)=0$$

解得 $s_1=-0.84$，$s_2=-3.15$。s_2不在根轨迹上，舍弃。分离点坐标为 $s_1=-0.84$。

与虚轴的交点，将 $s=j\omega$ 代入特征方程式 $s(s+2)(s+4)+k=0$ 中，得

$$-j\omega^3-6\omega^2+8j\omega+k=0$$

令实部和虚部分别为零

$$\begin{cases}-6\omega^2+k=0\\-\omega^3+8\omega=0\end{cases}$$

解得 $\omega_1=0$，$\omega_{2,3}=\pm\sqrt{8}$。根轨迹与虚轴的交点坐标为 $s_1=0$ 和 $s_{2,3}=\pm j\sqrt{8}$。其根轨迹如图 4-20（b）所示。系统是有条件稳定的。

(3) 增加开环极点 $s=0$，开环传递函数变为

$$G_3(s)=\frac{k}{s^2(s+2)}$$

开环极点数 $n=3$，开环零点数 $m=0$，开环极点分别为 $p_1=0$，$p_2=0$，$p_3=-2$。

实轴上根轨迹区段为［−2，0］。

渐近线与实轴交点坐标为

$$\sigma_a=\frac{\prod_{i=1}^{n}p_i-\prod_{j=1}^{m}z_j}{n-m}=\frac{-2}{3}$$

渐近线与实轴夹角为

$$\varphi_a=\pm\frac{180°(2l+1)}{n-m}=\pm60°,\ 180°\quad (l=0,\ 1)$$

根轨迹与虚轴只有一个交点 $\omega=0$。其根轨迹如图 4-20（c）所示。这时不论 k 取何值，

系统均不稳定。

总之，增加开环极点，将使根轨迹产生向右弯曲的倾向，对稳定性产生不利的影响。这一结论也可以由渐近线与实轴正方向的夹角公式看出，增加开环极点 n 变大，φ 角变小，根轨迹必向右弯曲。

4.4.3 添加开环偶极子对根轨迹的影响

偶极子是指在控制系统中与其他零、极点之间的距离相比较，相距很近的一对零点和极点。在实际中，可以有意识地在系统中加入适当的零点，以抵消对动态过程影响较大的不利极点，使系统动态过程的性能获得改善。

如果在系统的开环传递函数中添加一对开环偶极子 z_c 和 p_c，由于这对开环零点和极点重合或相近，到其他较远处根轨迹上点的向量可近似为相等，即 $|s-z_c|\approx|s-p_c|$，$\angle(s-z_c)\approx\angle(s-p_c)$。所以它们在幅值条件和相角条件中将相互抵消。开环偶极子几乎不影响根轨迹主分支，以及位于其上的闭环主导极点的位置和相应的开环根轨迹增益，因而对系统的暂态特性不会产生较大的影响。但是这对靠近原点的开环偶极子将对控制系统的稳态性能有较大的影响。下面将以实际例子加以分析。

系统的开环传递函数为 $G(s)H(s)=\dfrac{k}{s(s+1)(s+2)}$，其根轨迹如图 4-21（a）所示。其时间常数形式为 $G(s)H(s)=\dfrac{0.5k}{s(s+1)(0.5s+1)}$，对应的开环放大倍数为 $K=0.5k$。

当添加一对偶极子 $z_c=-0.1$，$p_c=-0.01$，即增加传递函数 $\dfrac{s+0.1}{s+0.01}$ 后，系统的开环传递函数变为 $G(s)H(s)=\dfrac{k(s+0.1)}{s(s+1)(s+2)(s+0.01)}$，其根轨迹如图 4-21（b）所示。其时间常数形式为 $G(s)H(s)=\dfrac{5k(10s+1)}{s(s+1)(0.5s+1)(100s+1)}$，对应的开环放大倍数为 $K=5k$。

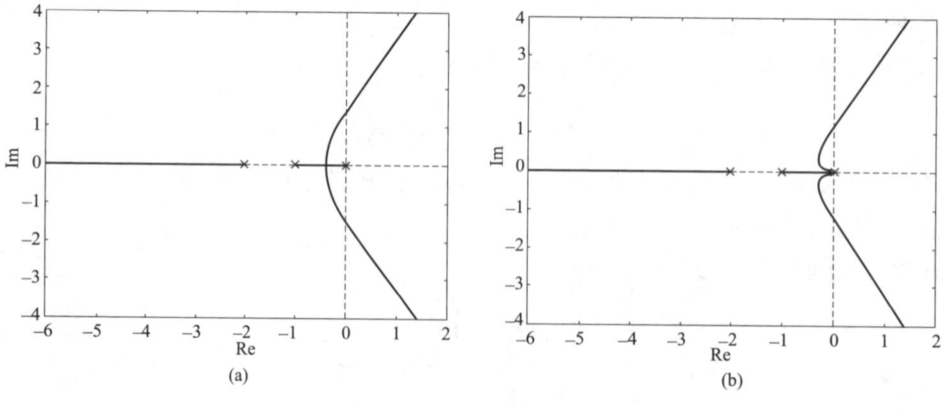

图 4-21　根轨迹图

(a) 原系统根轨迹图；(b) 添加偶极子根轨迹图

由以上例子看出，添加偶极子后，$|z_c-p_c|$ 很小，因为取 $z_c=10p_c$，所以开环增益可

以提高 10 倍。当输入斜坡信号时，稳态误差可以减小（或近似减小）10 倍。从图 4-21（a）和图 4-21（b）的对比中可以看出，在系统原点添加偶极子后，在保持系统稳定性和暂态性能基本不变的情况下，显著改善了系统的稳态性能。

在上述讨论中，强调添加的偶极子应该位于原点的附近，彼此之间靠得很近，并且保证添加的零点在极点的左侧，以便对主导极点处的根轨迹产生很小的影响；同时要求零点 $|z_c|$ 与极点 $|p_c|$ 的比值拉大，以使增益放大的倍数提高。

第 5 章频域滞后校正也是基于这个思想来提高系统的稳态性能的。尽管在分析系统的动态性能指标时可以近似认为这对偶极子相互抵消，但是在分析系统的稳态性能时，要考虑所有闭环零、极点的影响，不能忽略偶极子这样的零、极点对消的影响。

小　结

根轨迹是指当系统某一参数从零变化到无穷大时，闭环系统特征方程的根在复平面 s 上运动的轨迹。绘制根轨迹的依据是根轨迹方程，由根轨迹方程可以推出根轨迹的幅值条件和相角条件。当参数从零变化到无穷大时，可由相角条件绘制根轨迹图；当参数一定时，可根据幅值条件在根轨迹上确定与之相应的闭环极点。同时可以利用闭环主导极点的概念对系统进行定量估算。由根轨迹可以分析系统的稳定性、动态性能和稳态性能。在控制系统中适当添加一些开环零、极点，可以改变根轨迹的形状，从而达到改善系统性能的目的。

常用术语和概念

轨迹（locus）：随着参数变化而变化的路径或轨线。

根轨迹（root locus）：系统某一参数变化时，闭环系统特征方程的根在 s 平面上移动的轨迹或路径。

根轨迹法（root locus method）：通常指当系统增益 k 从零变化到无穷大时，通过确定闭环系统特征方程 $1+G(s)H(s)=0$ 的根在 s 平面上的分布轨迹来研究系统性能的方法。

根轨迹的条数（number of root locus）：在传递函数的极点数大于或等于传递函数的零点数的条件下，根轨迹的条数等于传递函数的极点数。

实轴上的根轨迹段（root locus segments on the real axis）：对于负反馈系统，实轴上的根轨迹段位于奇数个有限零点和极点的左侧。

渐近线（asymptote）：当参数变得非常大并趋于无穷大时，根轨迹所趋近的直线。渐近线的条数等于极点数与零点数之差。

渐近中心（asymptote centroid）：渐近线的中心点 σ_a。

分离点（breakaway point）：根轨迹在 s 平面相遇后又分离的点。

出射角（angle of departure）：根轨迹离开 s 平面上复数极点的角度。

参数设计（parameter design）：利用根轨迹法确定控制系统的一个或两个系统参数的设计方法。

思维导图

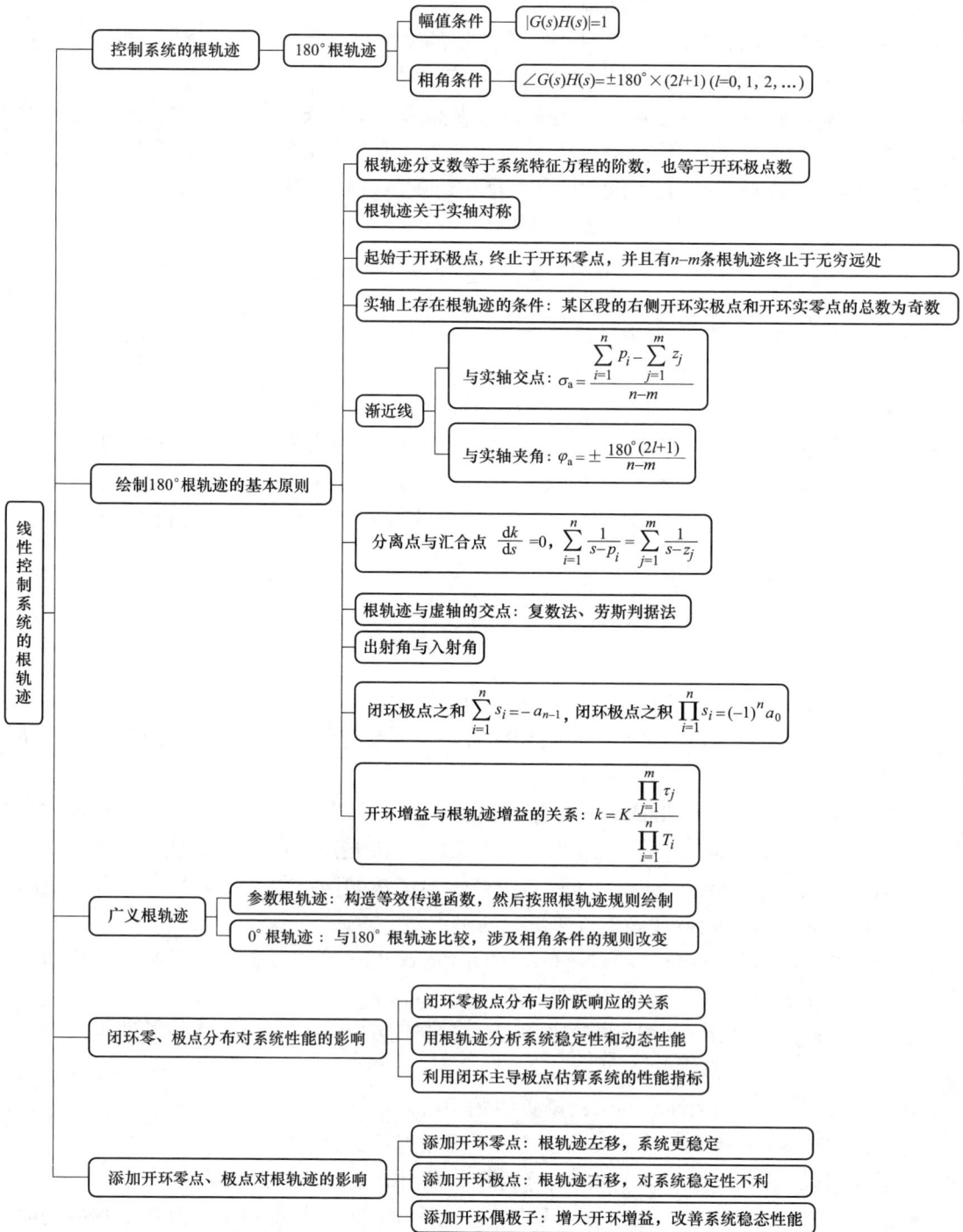

- 线性控制系统的根轨迹
  - 控制系统的根轨迹
    - 180°根轨迹
      - 幅值条件
        - $|G(s)H(s)|=1$
      - 相角条件
        - $\angle G(s)H(s)=\pm180^\circ\times(2l+1)\ (l=0,1,2,\dots)$
  - 绘制180°根轨迹的基本原则
    - 根轨迹分支数等于系统特征方程的阶数，也等于开环极点数
    - 根轨迹关于实轴对称
    - 起始于开环极点，终止于开环零点，并且有$n-m$条根轨迹终止于无穷远处
    - 实轴上存在根轨迹的条件：某区段的右侧开环实极点和开环实零点的总数为奇数
    - 渐近线
      - 与实轴交点：$\sigma_a=\dfrac{\sum\limits_{i=1}^{n}p_i-\sum\limits_{j=1}^{m}z_j}{n-m}$
      - 与实轴夹角：$\varphi_a=\pm\dfrac{180^\circ(2l+1)}{n-m}$
    - 分离点与汇合点 $\dfrac{\mathrm{d}k}{\mathrm{d}s}=0$，$\sum\limits_{i=1}^{n}\dfrac{1}{s-p_i}=\sum\limits_{j=1}^{m}\dfrac{1}{s-z_j}$
    - 根轨迹与虚轴的交点：复数法、劳斯判据法
    - 出射角与入射角
    - 闭环极点之和 $\sum\limits_{i=1}^{n}s_i=-a_{n-1}$，闭环极点之积 $\prod\limits_{i=1}^{n}s_i=(-1)^n a_0$
    - 开环增益与根轨迹增益的关系：$k=K\dfrac{\prod\limits_{j=1}^{m}\tau_j}{\prod\limits_{i=1}^{n}T_i}$
  - 广义根轨迹
    - 参数根轨迹：构造等效传递函数，然后按照根轨迹规则绘制
    - 0°根轨迹：与180°根轨迹比较，涉及相角条件的规则改变
  - 闭环零、极点分布对系统性能的影响
    - 闭环零极点分布与阶跃响应的关系
    - 用根轨迹分析系统稳定性和动态性能
    - 利用闭环主导极点估算系统的性能指标
  - 添加开环零点、极点对根轨迹的影响
    - 添加开环零点：根轨迹左移，系统更稳定
    - 添加开环极点：根轨迹右移，对系统稳定性不利
    - 添加开环偶极子：增大开环增益，改善系统稳态性能

思考题

4-1　什么是根轨迹？简述发明根轨迹的背景及其意义？

4-2　180°和 0°根轨迹的幅值条件和相角条件各是什么？

4-3　为什么说相角条件是判断平面上某点是否在根轨迹上的充要条件？幅值条件在根轨迹分析中起到什么作用？

4-4　试简述绘制 180°根轨迹的 10 条规则和画 0°根轨迹的 10 条规则。

4-5　根轨迹增益 k 和开环放大倍数 K 各自是怎么定义的，两者之间的关系如何？

4-6　在根轨迹分析中，主要研究闭环极点随某参数的变化轨迹，为什么不研究闭环零点问题？闭环零点与开环传递函数有什么关系？

4-7　绘制参数根轨迹关键点是什么？为什么可以用等效开环传递函数来绘制参数根轨迹？

4-8　简述确定根轨迹与虚轴交点坐标时的两种方法。

4-9　简述添加开环零点和开环极点对根轨迹的影响。

4-10　简述用根轨迹法分析系统性能的思路？当绘出根轨迹后，如果要求系统闭环主导极点对应的 $\xi=0.707$，怎样在轨迹上找到其对应的闭环极点？

4-11　试总结在前向通路中增加 PD 、PI 或 PID 控制器对系统根轨迹的影响。如果仅仅需要改善系统的动态性能，选择何种控制器比较合适？如果既要提高稳态精度，又要改善动态性能，一般应选择何种控制器？

4-12　什么是偶极子？添加偶极子对根轨迹是否有影响？添加偶极子是否对系统的动态性能和稳态性能有影响？

习　题

4-1　已知开环零、极点如图 4-22 所示，试绘制相应系统的根轨迹。

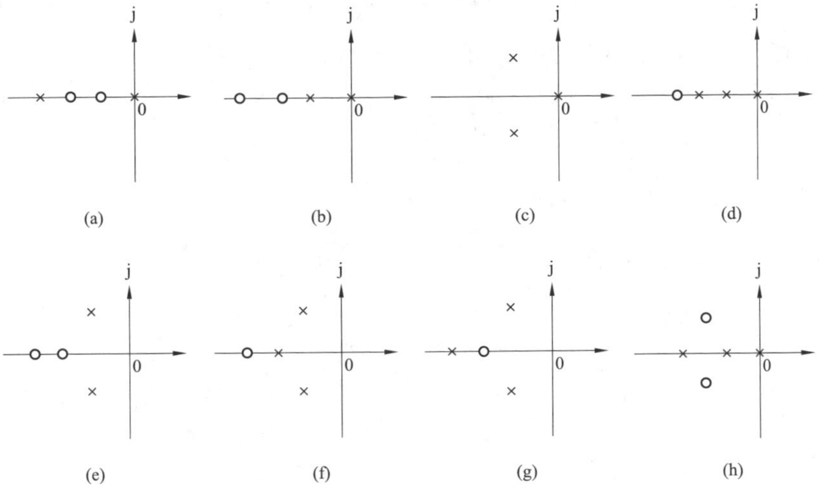

图 4-22　开环零、极点分布图

4-2 负反馈系统的开环传递函数$G(s)=\frac{k}{(s+1)(s+2)(s+4)}$，试证明$s_1=-1+j\sqrt{3}$在该系统的根轨迹上，并求出相应的$k$值。

4-3 已知单位负反馈系统的开环传递函数为$G(s)=\frac{k(s^2+2s+2)}{s^3}$，试绘制系统根轨迹，求使系统稳定的$k$值范围及临界状态下的振荡频率。

4-4 已知控制系统的特征方程为$D(s)=(s+1.5)(s^2+3s+4.5)+k=0$，试完成：(1) 绘制系统的根轨迹；(2) 指出使闭环系统稳定的k的取值范围。(3) 求出使所有闭环极点均在$s=-1$左边的k的取值范围。

4-5 控制系统如图 4-23 所示，图中参数τ为速度反馈系数。试完成：(1) 绘制以τ为参量的根轨迹，并确定系统临界阻尼时的τ值；(2) 欲使系统的单位阶跃响应的超调量$\sigma_p\leqslant 16.3\%$，试从根轨迹上确定τ应取的值和闭环极点。

4-6 系统结构如图 4-24 所示，试绘制参数变化时根轨迹的大致图形，并由根轨迹图回答下述问题：(1) 确定系统临界稳定时a值及在稳定范围内a值的取值范围；(2) 确定系统阶跃响应无超调时a的取值范围；(3) 确定系统阶跃响应有超调时a的取值范围；(4) 系统出现等幅振荡时的振荡频率。

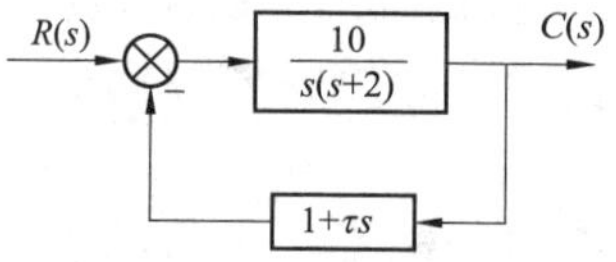

图 4-23 习题 4-5 图

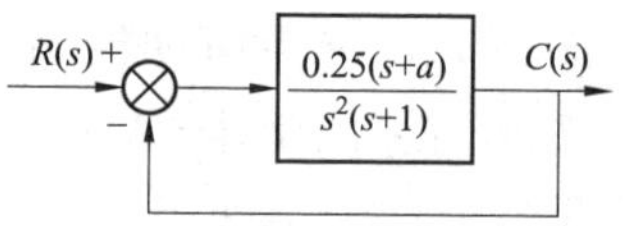

图 4-24 习题 4-6 图

4-7 设系统开环传递函数为$G(s)H(s)=\frac{20}{(s+4)(s+b)}$，试画出$b$从零变化到无穷时的根轨迹图。

4-8 设系统开环传递函数为$G(s)H(s)=\frac{k}{s(s+1)(s+2)}$，试分别画出负反馈系统和正反馈系统时的根轨迹，并加以对比分析。

第 5 章　线性系统的频率特性法

第 3、4 章分别介绍了时域分析法和根轨迹法（复域分析法），本章介绍频域分析法。频域分析法是基于频率特性或频率响应对系统进行分析和设计的一种图解方法，故又称为频率响应法，也称频率法。

频率法的优点是能比较方便地由频率特性来确定系统性能；当系统传递函数难以确定时，可以通过实验法确定频率特性，即得到系统的传递函数；在一定条件下，还能推广应用于非线性系统。因此，频率法在工程中得到了广泛的应用，它也是经典控制理论的重要内容。

本章将介绍频率响应、频率特性的概念和频率特性曲线的绘制方法，研究频域稳定判据和频域性能指标的估算等。控制系统的频域校正问题将在第 6 章介绍。

【学习目标】

（1）正确理解频率特性的概念、频率特性与传递函数的关系。

（2）熟练掌握典型环节的频率特性，由开环系统传递函数能熟练绘制出其对数频率特性图（伯德图）和幅相频率特性图（奈奎斯特图）。

（3）熟练运用奈奎斯特（Nyquist）稳定判据进行稳定性分析。

（4）由最小相位系统的频率特性图写出系统的开环传递函数。

（5）理解相对稳定性的概念，掌握稳定裕度的计算。

（6）掌握高阶系统时域指标与频域指标的关系。

5.1　频率特性的基本概念和表示方法

5.1.1　频率响应

先以 RC 电路为例，说明线性系统的频率响应。设 RC 电路的输入信号为 u_i，输出信号为 u_o，其电路如图 5-1 所示。

RC 电路的微分方程为

$$u_i(t) = Ri(t) + u_o(t)$$

$$i(t) = C\frac{du_o(t)}{dt}$$

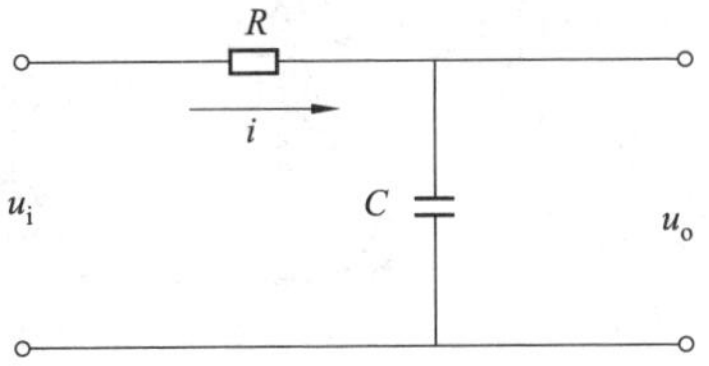

图 5-1　RC 电路

从以上两式消去中间变量 $i(t)$ 后可得

$$T\frac{\mathrm{d}u_o(t)}{\mathrm{d}t}+u_o(t)=u_i(t) \tag{5-1}$$

式中：$T=RC$，对上式进行拉氏变换，可以求得此电路的传递函数为

$$G(s)=\frac{U_o(s)}{U_i(s)}=\frac{1}{Ts+1} \tag{5-2}$$

当输入为正弦电压信号时 $u_i=U_{1m}\sin\omega t$

$$U_i(s)=\frac{U_{1m}\omega}{s^2+\omega^2} \tag{5-3}$$

由式（5-2）可得电路的输出电压为

$$U_o(s)=\frac{1}{Ts+1}\times\frac{U_{1m}\omega}{s^2+\omega^2} \tag{5-4}$$

对上式进行拉氏反变换得

$$u_o(t)=\frac{U_{1m}T\omega}{1+\tau^2\omega^2}\mathrm{e}^{-\frac{t}{T}}+\frac{U_{1m}}{\sqrt{1+T^2\omega^2}}\sin(\omega t-\arctan\omega T) \tag{5-5}$$

式中：第一项是输出的暂态分量；第二项是输出的稳态分量。当时间 $t\to\infty$时，暂态分量趋近于零，所以上述电路的稳态分量为

$$\begin{aligned}u_o(t)&=\frac{U_{1m}}{\sqrt{1+T^2\omega^2}}\sin(\omega t-\arctan\omega T)=U_{1m}\left|\frac{1}{1+\mathrm{j}\omega T}\right|\sin\left(\omega t+\angle\frac{1}{1+\mathrm{j}\omega T}\right)\\&=U_{1m}A(\omega)\sin[\omega t+\varphi(\omega)]\end{aligned} \tag{5-6}$$

式（5-6）中

$$A(\omega)=|G(\mathrm{j}\omega)|=\frac{1}{\sqrt{1+T^2\omega^2}}$$

$$\varphi(\omega)=\angle G(\mathrm{j}\omega)=-\arctan\omega T$$

由此可见，一个稳定的线性定常系统，在正弦输入信号作用下，其输出量在稳态时也是一个与输入信号同频率的正弦信号。一般来讲，输出信号的振幅和相位是与输入信号的振幅和相位不同的频率函数，如图 5-2 所示。

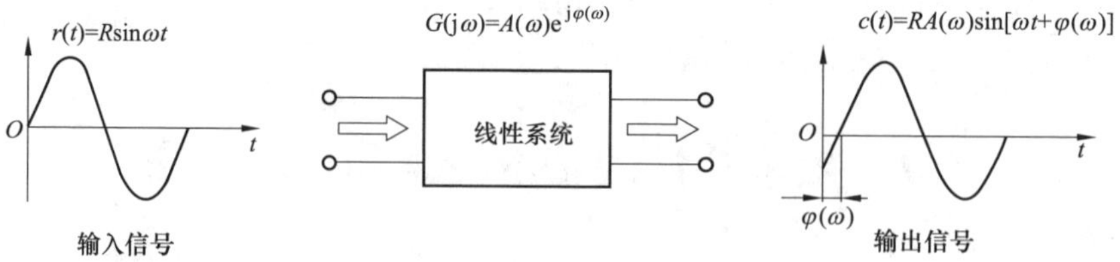

图 5-2　频率响应示意图

上述结论，除了用实验方法说明外，还可以从理论上给予证明。

设线性定常系统的传递函数可以表示为

$$G(s)=\frac{C(s)}{R(s)}=\frac{b_ms^m+b_{m-1}s^{m-1}+\cdots+b_1s+b_0}{a_ns^n+a_{n-1}s^{n-1}+\cdots+a_1s+a_0}=\frac{M(s)}{D(s)} \tag{5-7}$$

当信号 $r(t)=R\sin\omega t$ 时，有

$$R(s)=\frac{R\omega}{(s+\mathrm{j}\omega)(s-\mathrm{j}\omega)}$$

输出信号的拉氏变换式为

$$C(s)=G(s)R(s)=\frac{M(s)}{(s-p_1)(s-p_2)\cdots(s-p_n)}\times\frac{R\omega}{(s+\mathrm{j}\omega)(s-\mathrm{j}\omega)}$$
$$=\frac{a_1}{s+\mathrm{j}\omega}+\frac{a_2}{s-\mathrm{j}\omega}+\frac{b_1}{s-p_1}+\frac{b_2}{s-p_2}+\cdots+\frac{b_n}{s-p_n} \tag{5-8}$$

式中：a_1、a_2 及 $b_1,b_2,\cdots,b_n$ 均为待定系数；$p_1,p_2,\cdots,p_n$ 是系统的极点，可以是实数极点，也可以是共轭复数极点。系统是稳定的，则极点 $p_1,p_2,\cdots,p_n$ 均具有负实部，这里假定它们是互不相同的。

对式（5-8）进行拉氏反变换，可得系统对正弦输入信号的响应为

$$c(t)=a_1\mathrm{e}^{-\mathrm{j}\omega t}+a_2\mathrm{e}^{\mathrm{j}\omega t}+\sum_{i=1}^{n}b_i\mathrm{e}^{p_i t} \tag{5-9}$$

式中：p_i 具有负实部，$\lim\limits_{t\to\infty}\mathrm{e}^{p_i t}=0$。因此，当 $t\to\infty$，输出的稳态分量（称稳态响应）$c_{ss}(t)$ 为

$$c_{ss}(t)=\lim_{t\to\infty}c(t)=a_1\mathrm{e}^{-\mathrm{j}\omega t}+a_2\mathrm{e}^{\mathrm{j}\omega t} \tag{5-10}$$

由留数法可知，待定系数 a_1、a_2 为

$$a_1=G(s)\frac{R\omega}{(s+\mathrm{j}\omega)(s-\mathrm{j}\omega)}(s+\mathrm{j}\omega)\Big|_{s=-\mathrm{j}\omega}=-\frac{R}{2\mathrm{j}}G(-\mathrm{j}\omega) \tag{5-11}$$

$$a_2=G(s)\frac{R\omega}{(s+\mathrm{j}\omega)(s-\mathrm{j}\omega)}(s-\mathrm{j}\omega)\Big|_{s=\mathrm{j}\omega}=\frac{R}{2\mathrm{j}}G(\mathrm{j}\omega) \tag{5-12}$$

$G(\mathrm{j}\omega)$ 是一个复数，可以写成

$$G(\mathrm{j}\omega)=|G(\mathrm{j}\omega)|\mathrm{e}^{\mathrm{j}\angle G(\mathrm{j}\omega)} \tag{5-13}$$

考虑到 $G(\mathrm{j}\omega)$ 和 $G(-\mathrm{j}\omega)$ 是共轭复数，所以

$$G(-\mathrm{j}\omega)=|G(\mathrm{j}\omega)|\mathrm{e}^{-\mathrm{j}\angle G(\mathrm{j}\omega)}$$

利用欧拉公式，式（5-10）可推得

$$c_{ss}(t)=R|G(\mathrm{j}\omega)|\sin[\omega t+\angle G(\mathrm{j}\omega)] \tag{5-14}$$

式中：$|G(\mathrm{j}\omega)|$ 是 $G(\mathrm{j}\omega)$ 的幅值；$\angle G(\mathrm{j}\omega)$ 是 $G(\mathrm{j}\omega)$ 的相角。

由式（5-14）可得出如下结论：

（1）对于稳定的线性定常系统，当输入信号是正弦信号 $r(t)=R\sin\omega t$ 时，其稳态输出量 $c_{ss}(t)$ 也是同一频率的正弦信号，但振幅和相位不同。

（2）正弦稳态输出与正弦输入的幅值之比 $|G(\mathrm{j}\omega)|$，是复数量 $G(\mathrm{j}\omega)$ 的模或称作幅值。是频率 ω 的函数，称作幅频特性函数，简称幅频特性。

（3）正弦稳态输出与正弦输入的相位之差为 $\angle G(\mathrm{j}\omega)$，是复数量 $G(\mathrm{j}\omega)$ 的相位。是频率 ω 的函数，称作相频特性函数，简称相频特性。

5.1.2　频率特性

频率特性是指线性系统（或环节）在正弦信号作用下，其输出信号的正弦稳态分量的复向量与输入信号的复向量之比，包括幅频特性和相频特性，用 $G(\mathrm{j}\omega)$ 表示

$$G(\mathrm{j}\omega)=\frac{R|G(\mathrm{j}\omega)|\mathrm{e}^{\mathrm{j}\angle G(\mathrm{j}\omega)}}{R\mathrm{e}^{\mathrm{j}\angle 0}}=A(\omega)\angle G(\mathrm{j}\omega) \tag{5-15}$$

式中：$A(\omega)=|G(\mathrm{j}\omega)|$ 称为系统的幅频特性；$\varphi(\omega)=\angle G(\mathrm{j}\omega)$ 称为系统的相频特性。

由式（5-15）可以看出，若已知系统的传递函数 $G(s)$，只要将复变量 s 用 $\mathrm{j}\omega$ 代替，就可直接得到频率特性 $G(\mathrm{j}\omega)$

$$G(\mathrm{j}\omega)=G(s)\big|_{s=\mathrm{j}\omega} \tag{5-16}$$

频率特性 $G(\mathrm{j}\omega)$ 是一个复变量，除了写成指数式外，还可用实部和虚部形式来描述，即

$$G(\mathrm{j}\omega)=P(\omega)+\mathrm{j}Q(\omega) \tag{5-17}$$

式中：$P(\omega)$ 为频率特性 $G(\mathrm{j}\omega)$ 的实部，称为实频特性；$Q(\omega)$ 为 $G(\mathrm{j}\omega)$ 的虚部，称为虚频特性。

$$A(\omega)=\sqrt{P^2(\omega)+Q^2(\omega)}$$

$$\varphi(\omega)=\begin{cases}\arctan\dfrac{Q(\omega)}{P(\omega)} & P(\omega)>0\\ \pi-\arctan\dfrac{Q(\omega)}{P(\omega)} & P(\omega)<0\end{cases}$$

一般取 $-180°<\varphi(\omega)\leqslant 180°$。

根据上述分析，频率特性和微分方程以及传递函数一样，也是系统或环节的一种数学模型，这三种数学模型之间的关系如图 5-3 所示。

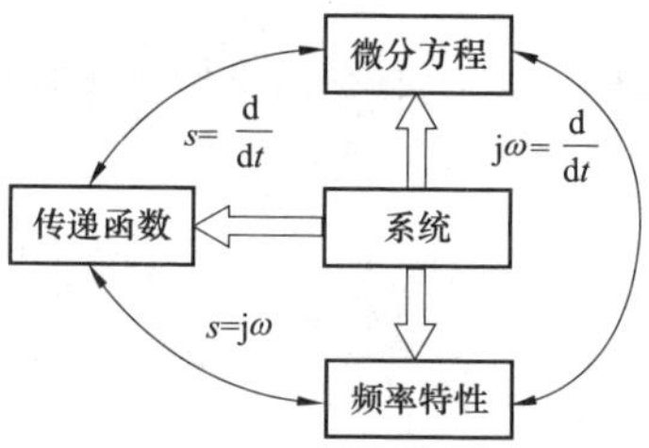

图 5-3　线性系统三种数学模型之间的关系

5.1.3　频率特性图形表示方法

用频率法分析、设计控制系统时，往往不是从频率特性的函数表达式出发，而是将线性控制系统的频率特性绘制成曲线，并根据这些曲线运用图解法对系统进行分析和研究。这些频率特性图反映了频率特性的幅值、相位与频率之间的关系。表 5-1 中给出控制工程中常见的 4 种频率特性图示法，其中 2、3 两种图示方法在实际中应用最为广泛。

表 5-1　　常用频率特性曲线及其坐标

序号	名称	图形常用名	坐标系
1	幅频特性曲线 相频特性曲线	频率特性图	直角坐标
2	幅相频率特性曲线	极坐标图、奈奎斯特图	极坐标
3	对数幅频特性曲线 对数相频特性曲线	对数频率特性图、伯德图	对数坐标
4	对数幅相特性曲线	对数幅相图、尼柯尔斯图	对数幅相坐标

5.2　对数频率特性图（伯德图）

5.2.1　对数频率特性图

对数频率特性图又称为伯德（Bode）图。伯德（Bode）图由对数幅频特性图和对数相频特性图组成。

1. 对数幅频特性图

横坐标是频率 ω，以对数分度，纵坐标是 $L(\omega)=20\lg A(\omega)$，单位是分贝（dB），按分贝值作线性刻度。

2. 对数相频特性图

横坐标是频率 ω，以对数分度，纵坐标是相角，用 $\varphi(\omega)$ 或者 $\angle G(j\omega)$ 表示，单位是度（°）或弧度（rad），表明了相频特性与频率的关系。

画伯德图时，两幅图按频率上下对齐，因此容易看出同一角频率时的幅值和相位。伯德图坐标如图 5-4 所示。

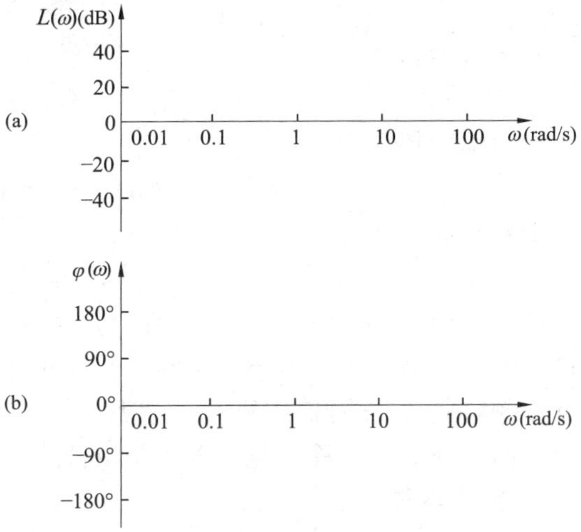

图 5-4　伯德图坐标

（a）对数幅频特性图坐标；（b）对数相频特性图坐标

两幅图的横坐标都是频率 ω，单位是 rad/s（弧度/秒），采用对数分度，即横轴上标示的是频率 ω，但它的长度实际上是按 $\lg\omega$ 来刻度的。坐标轴任意两点 ω_1 和 ω_2（设 $\omega_2>\omega_1$）之间的距离为 $\lg\omega_2-\lg\omega_1$，而不是 $\omega_2-\omega_1$。横坐标上若两对频率间距离相同，则其比值相等。

由 ω 变到 10ω 的频带宽度称为 10 倍频程，记为 dec。每个 dec 沿着走过的间距为一个单位长度。10 倍频程中的对数分度见表 5-2。因为 $\lg 0=-\infty$，所以横轴上画不出频率为 0 的点，因此，在坐标原点处的 ω 值不得为零，而是一个非零的正值。具体作图时，横坐标轴的最低频率要根据所研究的频率范围选定，对数坐标刻度如图 5-5 所示。

表 5-2　10 倍频程中的对数分度

ω	1	2	3	4	5	6	7	8	9	10
$\lg\omega$	0	0.301	0.477	0.602	0.699	0.778	0.845	0.903	0.954	1

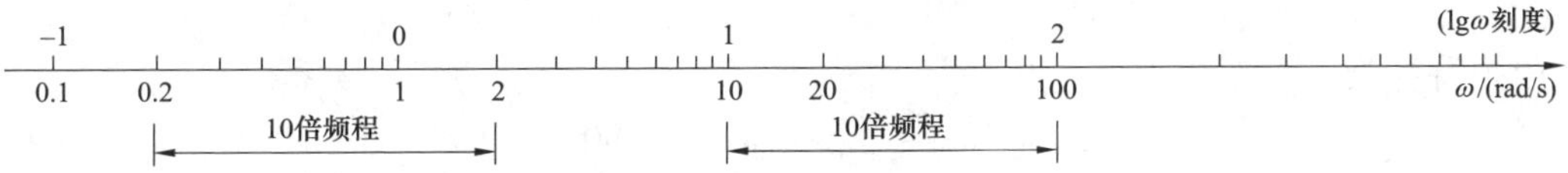

图 5-5　对数坐标刻度图

因为纵坐标是线性分度，横坐标是对数分度，由此构成的坐标系称为半对数坐标系，所以对数频率特性图绘制在半对数坐标系上。

采用对数坐标图的优点较多，主要表现在以下几方面：

（1）由于横坐标采用对数分度，相对拓宽了低频、压缩了高频。因此可以在较大频率范围内反映频率特性的变化。

（2）便于利用对数运算，可将幅值的乘除运算化为加减运算。当绘制由多个环节串联而成的系统的对数幅频特性曲线时，只要将各环节的对数幅频特性叠加起来即可，从而简化了作图的过程。

（3）若将实验所得的频率特性数据整理并用分段直线画出对数频率特性图，则很容易写出实验对象的频率特性或传递函数。

5.2.2 典型环节对数频率特性图

1. 比例环节

传递函数为

$$G(s)=K$$

频率特性为

$$G(j\omega)=K$$

对数幅频特性为

$$L(\omega)=20\lg A(\omega)=20\lg K \tag{5-18}$$

对数相频特性为

$$\varphi(\omega)=\angle G(j\omega)=0° \tag{5-19}$$

比例环节的 Bode 图如图 5-6 所示。对数幅频特性是平行于横轴的直线，经过纵坐标轴上的 $20\lg K$（dB）点。当 $K>1$ 时，直线位于横轴上方；当 $K<1$ 时，直线位于横轴下方。对数相频特性是与横轴相重合的直线（0°直线）。改变 K 值，对数幅频特性图中的直线 $20\lg K$ 向上或向下平移，但对数相频特性不改变。

2. 积分环节

传递函数为

$$G(s)=\frac{1}{s}$$

频率特性为

$$G(j\omega)=\frac{1}{j\omega}=\frac{1}{\omega}e^{-j90°}$$

对数幅频特性为

$$L(\omega)=20\lg A(\omega)=20\lg\frac{1}{\omega}=-20\lg\omega \tag{5-20}$$

对数相频特性为

$$\varphi(\omega)=\angle G(j\omega)=-90° \tag{5-21}$$

横坐标实际上是 $\lg\omega$，将 $\lg\omega$ 看成是横轴的自变量，而纵轴是函数 $L(\omega)=-20\lg\omega$，因此积分环节的对数幅频特性曲线是一条斜率为 -20dB/dec 的直线。当 $\omega=1$ 时，$L(\omega)=0$，所以该直线在 $\omega=1$ 处穿越横轴（或称 0dB 线）。由于

$$20\lg\frac{1}{10\omega}-20\lg\frac{1}{\omega}=20\lg\frac{1}{10}=-20\text{dB}$$

在该直线上，当频率由 ω 增大到 10ω 时，纵坐标数值减少 20dB，故记其斜率为 -20dB/dec。于是积分环节的对数幅频特性是过点（1，0）且斜率为 -20dB/dec 的直线。

因为 $\varphi(\omega)=-90°$，所以对数相频特性是通过纵轴上 $-90°$ 且平行于横轴的直线。积分环节伯德图如图 5-7 所示。

如果 v 个积分环节串联，则传递函数为

$$G(s)=\frac{1}{s^{v}}$$

其对数幅频特性为

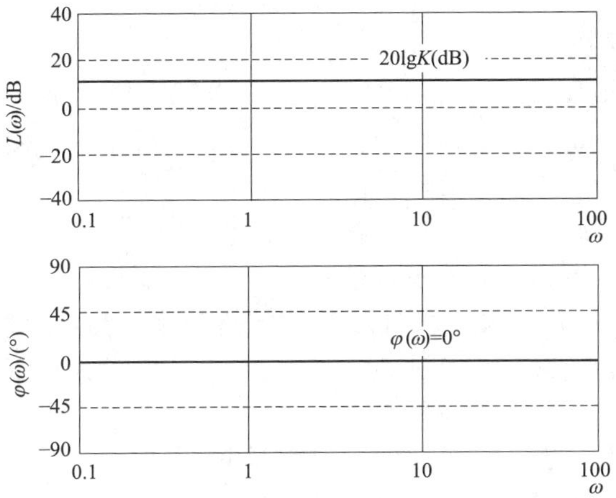

图 5-6　比例环节的 Bode 图

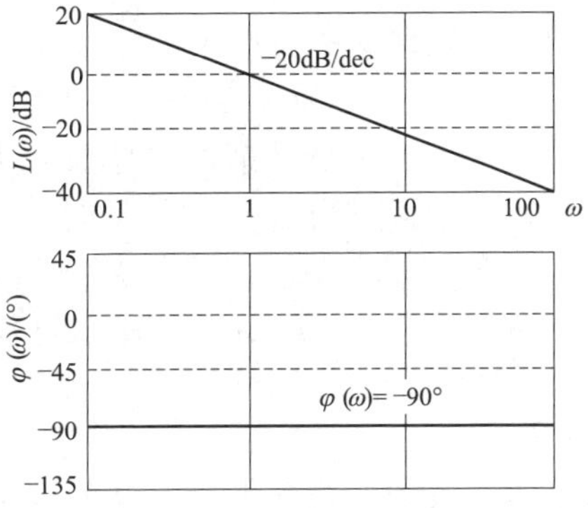

图 5-7　积分环节的伯德图

$$L(\omega)=20\lg A(\omega)=20\lg\frac{1}{\omega^{v}}=-20v\lg\omega \tag{5-22}$$

当 $\omega=1$ 时，$L(\omega)=0\text{dB}$，所以该对数幅频特性直线同样在 $\omega=1$ 处穿越横轴，只是斜率变为 $-20v\text{dB/dec}$。

因为

$$\varphi(\omega)=-90^{\circ}v \tag{5-23}$$

所以它的对数相频特性是通过纵轴上 $-90^{\circ}v$ 且平行于横轴的直线。

如果一个比例环节 K 和 v 个积分环节串联，则整个环节的传递函数和频率特性分别为

$$G(s)=\frac{K}{s^{v}} \tag{5-24}$$

$$G(\mathrm{j}\omega)=\frac{K}{\mathrm{j}^{v}\omega^{v}} \tag{5-25}$$

可见，对数相频特性 $\varphi(\omega)=-90^{\circ}v$ 与式（5-23）相同，也是一条平行于横轴的直线，因为比例环节不提供相位。

对数幅频特性为

$$L(\omega)=20\lg A(\omega)=20\lg\frac{K}{\omega^{v}}=20\lg K-20v\lg\omega \tag{5-26}$$

类似于直线方程表达式 $y=b+kx$，对数幅频特性是通过点（1，$20\lg K$）且斜率为 $-20v\text{dB/dec}$的直线；或者它也是穿越点（$\omega=\sqrt[v]{K}$，0）且斜率为 $-20v\text{dB/dec}$ 的直线。

3. 惯性环节

传递函数为

$$G(s)=\frac{1}{Ts+1}$$

频率特性为

$$G(j\omega)=\frac{1}{j\omega T+1}=\frac{1}{\sqrt{1+T^2\omega^2}}e^{-j\arctan T\omega}$$

对数幅频特性为

$$L(\omega)=20\lg A(\omega)=20\lg\frac{1}{\sqrt{T^2\omega^2+1}}=-20\lg\sqrt{T^2\omega^2+1} \tag{5-27}$$

（1）低频段。当 $\omega T\ll1$，即 $\omega\ll1/T$ 时，略去式（5-27）中的 $T^2\omega^2$，得

$$L(\omega)\approx-20\lg1=0\text{dB} \tag{5-28}$$

上式表明 $L(\omega)$ 的低频渐近线是 0dB 水平线，该线与横轴重合。

（2）高频段。当 $\omega T\gg1$，即 $\omega\gg1/T$ 时，式（5-27）略去 1，得

$$L(\omega)\approx-20\lg T\omega=-20\lg T-20\lg\omega \tag{5-29}$$

当 $\omega=1/T$ 时，$L(\omega)=0$dB，频率 $\omega=1/T$ 定义为惯性环节的转折频率；当 $\omega=10/T$ 时，$L(\omega)=-20$dB。表明 $L(\omega)$ 高频渐近线是一条经过点（$1/T$，0）且斜率为 -20dB/dec 的直线。

上述两条渐近线形成的折线为惯性环节的渐近线或称渐近对数幅频特性。惯性环节伯德图如图 5-8 所示。两条曲线在 $\omega=1/T$ 附近的误差较大，误差值由式（5-27）～式（5-29）计算，典型数值列于表 5-3 中，最大误差发生在 $\omega=1/T$ 处，误差为 -3dB。渐近线容易画，误差不超过 -3dB，在工程上是容许的，所以绘制惯性环节的对数幅频特性曲线时，一般都绘制渐近线。绘制渐近线的关键是找到转折频率 $\omega=1/T$。低于转折频率的频段，渐近线是 0dB 水平线；高于转折频率的部分，渐近线是斜率为 -20dB/dec 的直线。必要时可根据表 5-3 或式（5-27）对渐近线进行修正，从而得到精确的对数幅频特性曲线。

表 5-3　惯性环节渐近对数幅频特性误差表

ωT	0.1	0.25	0.4	0.5	1.0	2.0	2.5	4.0	10
误差/dB	−0.04	−0.26	−0.65	−1.0	−3.01	−1.0	−0.65	−0.26	−0.04

对数相频特性按式 $\varphi(\omega)=-\arctan T\omega$ 绘制，如图 5-8 所示。

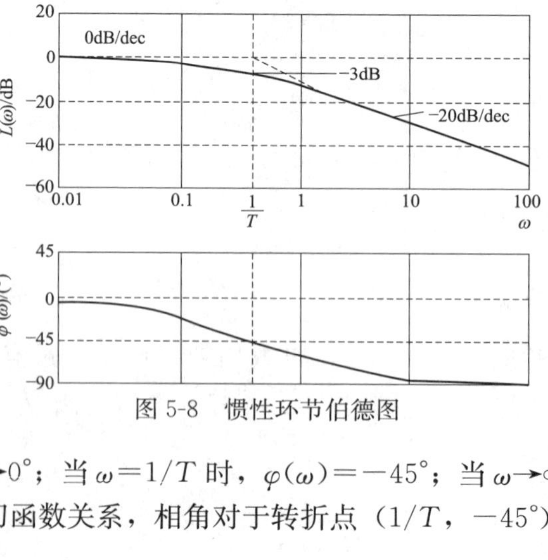

图 5-8　惯性环节伯德图

当 $\omega\to0$ 时，$\varphi(\omega)\to0°$；当 $\omega=1/T$ 时，$\varphi(\omega)=-45°$；当 $\omega\to\infty$时，$\varphi(\omega)\to-90°$。相角和频率是反正切函数关系，相角对于转折点（$1/T$，$-45°$）是斜对称的。

4. 振荡环节

传递函数为

$$G(s)=\frac{1}{T^2s^2+2\xi Ts+1}$$

频率特性为

$$G(\mathrm{j}\omega)=\frac{1}{1-T^2\omega^2+\mathrm{j}2\xi T\omega}$$

对数幅频特性为

$$L(\omega)=20\lg A(\omega)=-20\lg\sqrt{(1-T^2\omega^2)^2+(2\xi T\omega)^2} \tag{5-30}$$

对数幅频特性是角频率 ω 和阻尼比 ξ 的二元函数，它的精确曲线较复杂，一般以渐近线代替。当 $\omega T=1$，即 $\omega=1/T$ 时，称为振荡环节的转折频率。

(1) 低频段。当 $\omega T\ll 1$，即 $\omega\ll 1/T$ 时，式 (5-30) 略去 $T^2\omega^2$ 及 $2\xi T\omega$ 项，可得

$$L(\omega)\approx -20\lg 1=0\mathrm{dB} \tag{5-31}$$

上式表明 $L(\omega)$ 的低频段渐近线是 0dB 水平线，该线与横轴重合。

(2) 高频段。当 $\omega T\gg 1$，即 $\omega\gg 1/T$ 时，式 (5-30) 略去 1 和 $2\xi T\omega$，可得

$$\begin{aligned}L(\omega)&\approx -20\lg T^2\omega^2\\&=-40\lg T\omega=-40\lg T-40\lg\omega\end{aligned} \tag{5-32}$$

当 $\omega=1/T$ 时，$L(\omega)=0$dB；当 $\omega=10/T$ 时，$L(\omega)=-40$dB。这表明 $L(\omega)$ 高频段渐近线是一条经过点 $(1/T, 0)$ 且斜率为 -40dB/dec 的直线。

转折频率 $\omega=1/T$ 是一个重要的参数。低频段和高频段两条渐近线形成的折线为振荡环节的渐近线或称渐近对数幅频特性。用渐近线代替精确对数幅频特性曲线时会带来误差，必要时进行修正，误差由式 (5-30)～式 (5-32) 计算。它是 ω 与 ξ 的二元函数。在转折频率 ω_n 处误差最大，可以利用图 5-9 所示的对数幅频特性误差曲线对渐近线进行修正，得到实际的对数幅频特性曲线如图 5-10 所示。

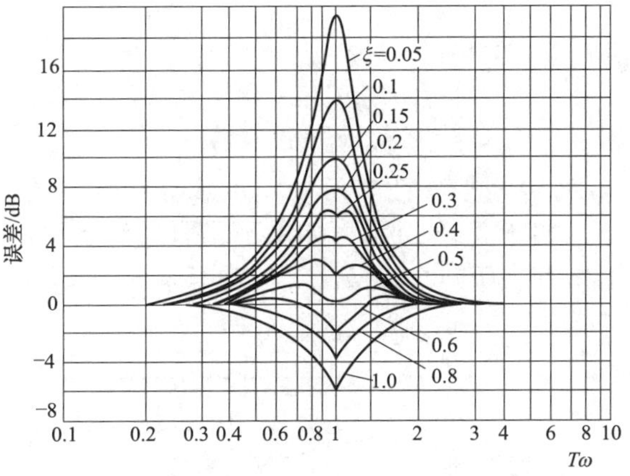

图 5-9 振荡环节对数幅频特性误差曲线

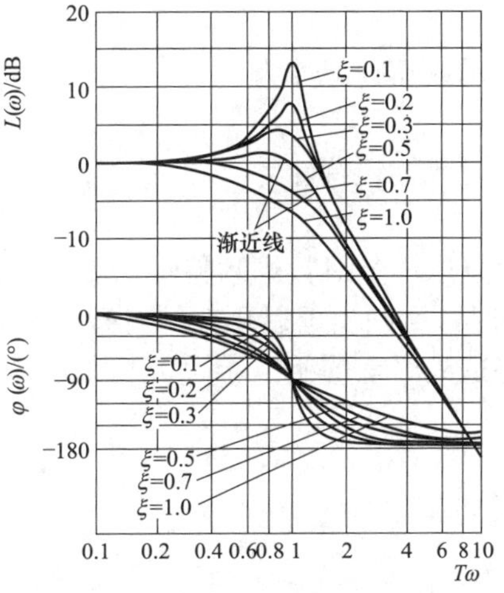

图 5-10 振荡环节的实际伯德图

由图 5-9 可以看到，当 ξ 较小，即 $\xi<0.707$ 时，在 $\omega=\omega_n$ 的附近将出现谐振峰值，ξ 越小，谐振峰值越大。谐振峰值对应的频率称为谐振频率 ω_r。

令
$$\frac{\mathrm{d}A(\omega)}{\mathrm{d}\omega}=\frac{4(1-T^2\omega^2)T^2\omega+8\xi^2T^2\omega}{-2\left[(1-T^2\omega^2)^2+(2\xi T\omega)^2\right]^{\frac{3}{2}}}=0$$

求得谐振频率

$$\omega_r = \omega_n\sqrt{1-2\xi^2} \tag{5-33}$$

将 ω_r 代入 $A(\omega)$ 中得谐振峰值

$$A(\omega_r)=\frac{1}{2\xi\sqrt{1-\xi^2}},\quad L(\omega_r)=20\lg A(\omega_r)=20\lg\frac{1}{2\xi\sqrt{1-\xi^2}}$$

转折频率 ω_n 对应的 $L(\omega_n)$ 值为

$$A(\omega_n)=\frac{1}{2\xi},\quad L(\omega_n)=20\lg A(\omega_n)=20\lg\frac{1}{2\xi}$$

由式（5-33）可知，当 $\xi<0.707$ 出现谐振时，$\omega_r<\omega_n$。ξ 越小，ω_r 越接近 ω_n，$\xi=0$ 时，$\omega_r=\omega_n$。对应一定的阻尼比 ξ 和无阻尼振荡频率 ω_n 下的谐振峰值等参数的二阶振荡对数幅频特性曲线如图 5-11 所示。

对数相频特性为

$$\varphi(\omega)=\begin{cases}-\arctan\dfrac{2\xi T\omega}{1-T^2\omega^2} & \left(\omega\leqslant\dfrac{1}{T}\right)\\ -180^\circ+\arctan\dfrac{2\xi T\omega}{T^2\omega^2-1} & \left(\omega>\dfrac{1}{T}\right)\end{cases} \tag{5-34}$$

由式（5-34）可绘出对数相频特性曲线，如图 5-10 所示。对数相频特性同样是 ω 与 ξ 的二元函数。当 $\omega\to 0$ 时，$\varphi(\omega)\to 0^\circ$；当 $\omega=1/T=\omega_n$ 时，$\varphi(\omega)=-90^\circ$；当 $\omega\to\infty$时，$\varphi(\omega)\to -180^\circ$。对数相频特性曲线关于 $(1/T,\ -90^\circ)$ 对称。

5. 延迟环节

延迟环节的传递函数为

$$G(s)=e^{-\tau s}$$

延迟环节的频率特性为

$$G(j\omega)=e^{-j\omega\tau}$$

对数幅频特性为

$$L(\omega)=20\lg A(\omega)=20\lg 1=0\text{dB}$$

对数相频特性为

$$\varphi(\omega)=-\tau\omega(\text{rad})=-57.3^\circ\tau\omega$$

延迟环节对数幅频特性为 0dB 水平线，对数相频特性与角频率 ω 成非线性变化。$\tau=0.5$ 时可绘制出延迟环节的对数幅频特性图，如图 5-12 所示。如果不采取对消措施，高频时将造成严重的相位滞后。这类延迟环节通常存在于热力、液压和气动等系统中。

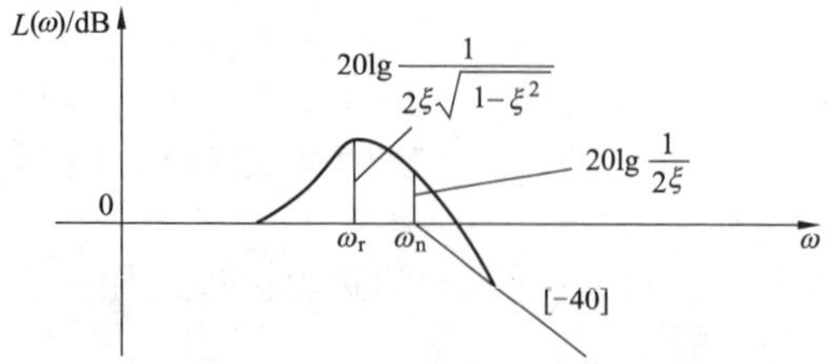

图 5-11　二阶振荡对数幅频特性曲线

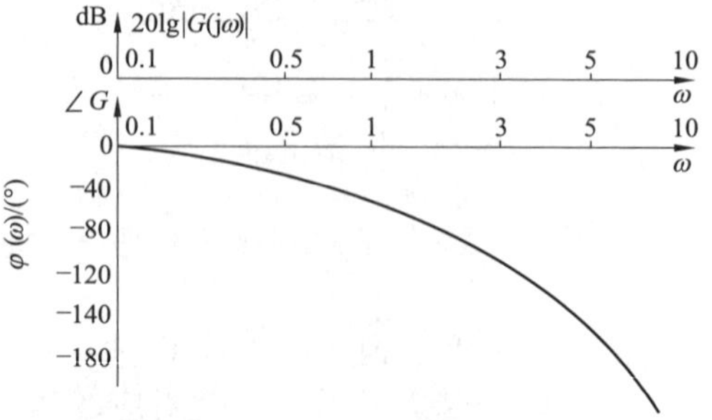

图 5-12　延迟环节伯德图

6. 微分环节

纯微分环节、一阶微分环节和二阶微分环节都属于微分环节。纯微分环节与积分环节、一阶微分环节与惯性环节、二阶微分环节与振荡环节的传递函数互为倒数，即有下述关系成立

$$G_2(s)=\frac{1}{G_1(s)}$$

设 $G_1(j\omega)=A_1(\omega)e^{j\varphi_1(\omega)}$，则

$$A_2(\omega)=\frac{1}{A_1(\omega)},\qquad \varphi_2(\omega)=-\varphi_1(\omega)$$

$$L_2(\omega)=20\lg A_2(\omega)=20\lg\frac{1}{A_1(\omega)}=-L_1(\omega)$$

传递函数互为倒数的典型环节，对数幅频曲线关于 0dB 线对称，对数相频曲线关于 0° 线对称。所以纯微分环节、一阶微分环节和二阶微分环节的伯德图如图 5-13 所示。

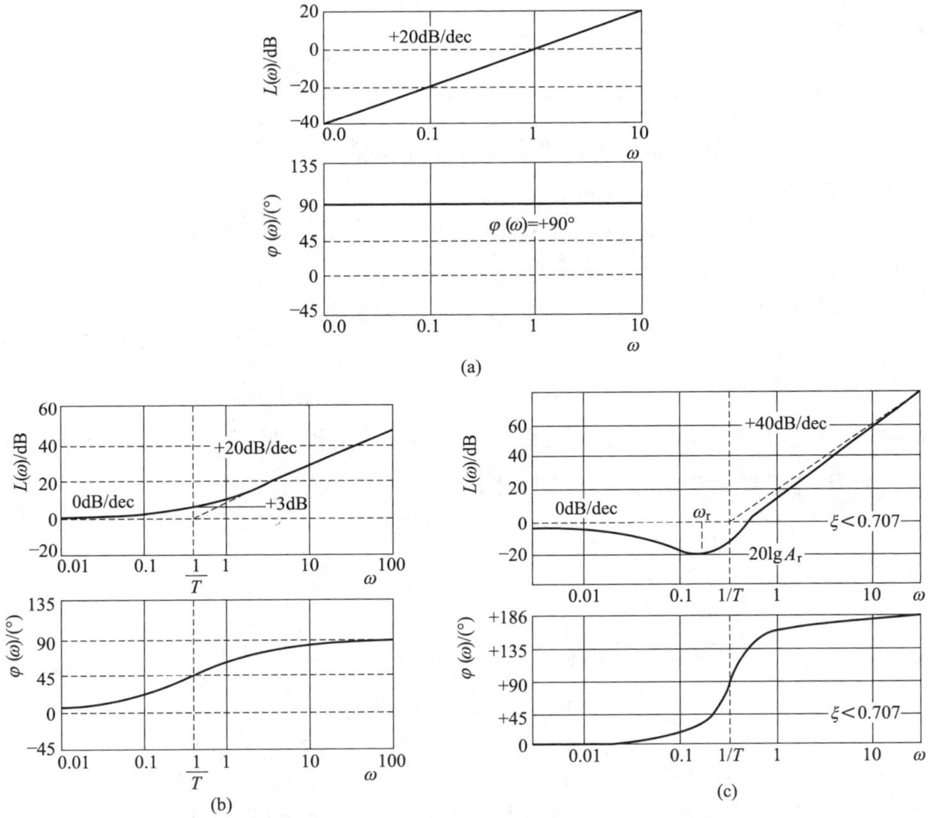

图 5-13 纯微分环节、一阶微分环节、二阶微分环节的伯德图

在图 5-14 对数幅频特性图中，常用到如下直线方程

$$k=\frac{L(\omega_b)-L(\omega_a)}{\lg\omega_b-\lg\omega_a} \tag{5-35}$$

式中：$[\omega_a, L(\omega_a)]$ 和 $[\omega_b, L(\omega_b)]$ 为半对数坐标系中直线上的两点，k 为直线斜率。

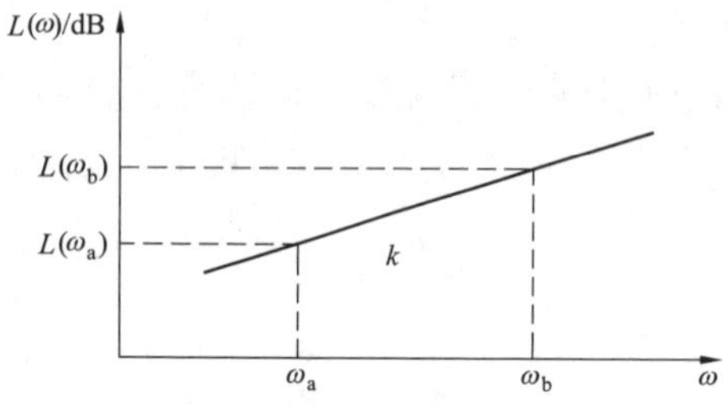

图 5-14　对数幅频特性图

5.2.3　开环对数频率特性图绘制

系统开环传递函数通常可以写成若干典型环节相乘的形式

$$G(s)H(s)=\prod_{i=1}^{n}G_i(s)$$

系统开环频率特性为

$$G(j\omega)H(j\omega)=A(\omega)e^{j\varphi(\omega)} \tag{5-36}$$

式中

$$A(\omega)=\prod_{i=1}^{n}A_i(\omega);\quad \varphi(\omega)=\sum_{i=1}^{n}\varphi_i(\omega)$$

开环对数幅频特性为

$$\begin{aligned}L(\omega)&=20\lg A(\omega)=20\lg A_1(\omega)+20\lg A_2(\omega)+\cdots+20\lg A_n(\omega)\\&=L_1(\omega)+L_2(\omega)+L_3(\omega)+\cdots+L_n(\omega)=\sum_{i=1}^{n}L_i(\omega)\end{aligned} \tag{5-37}$$

开环对数相频特性为

$$\varphi(\omega)=\varphi_1(\omega)+\varphi_2(\omega)+\cdots+\varphi_n(\omega)=\sum_{i=1}^{n}\varphi_i(\omega) \tag{5-38}$$

式中：$L_i(\omega)$ 和 $\varphi_i(\omega)$ 分别表示各典型环节的对数幅频特性和对数相频特性。

1. 开环对数幅频特性曲线的绘制

（1）将开环传递函数写成典型环节传递函数乘积形式，确定系统开环增益 K 和型别 v，将各典型环节的转折频率由小到大依次标注在频率轴上。

（2）绘制低频段渐近线。因为低频段渐近线的频率特性为 $K/(j\omega)^v$，所以低频段对数幅频渐近线是过点（1，$20\lg K$）且斜率为 $-20v$dB/dec 的直线。开环对数幅频特性 $L(\omega)$ 穿过 0dB 线所对应的频率，称为幅值穿越频率，或称为截止频率、剪切频率，记为 ω_c。由于 $L(\omega_c)=0$ 或 $A(\omega_c)=1$，此时截止频率 $\omega_c=\sqrt[v]{K}$。因此，低频段对数幅频渐近线也是过点（$\sqrt[v]{K}$，0）且斜率为 $-20v$dB/dec 的直线，如图 5-15 所示。

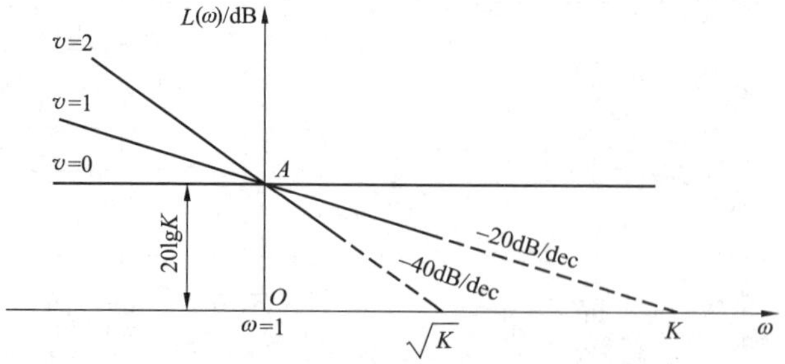

图 5-15　开环对数幅频特性的低频起始段

（3）以低频段为起始段，沿频率增大的方向，每遇到一个转折频率就改变一次渐进线的斜率。对渐近线进行叠加时，用到的规则是：在平面坐标图上，几条直线相加的结果仍为一条直线，和的斜率等于各直线斜率之和。

遇到惯性环节的转折频率，斜率减少 20dB/dec；遇到一阶微分环节的转折频率，斜率增加 20dB/dec；遇到振荡环节的转折频率，斜率减少 40dB/dec；遇到二阶微分环节的转折频率，斜率增加 40dB/dec。

最右端高频段渐近线斜率为 $-20(n-m)$dB/dec，其中 n 为 $G(s)$ 分母的阶次，m 为 $G(s)$ 分子的阶次。

(4) 如有必要，可利用误差修正曲线对系统对数幅频渐近特性曲线进行修正。通常只需修正转折频率附近的曲线即可。

2. 开环对数相频特性曲线的绘制

分别绘制各个典型环节的对数相频特性曲线，再沿频率增大的方向逐点叠加，最后将相加点连接成光滑曲线。

下面举例说明开环对数频率特性曲线的绘制过程。

【例 5-1】 已知系统开环传递函数为 $G(s)=\dfrac{64(s+2)}{s(s+0.5)(s^2+3.2s+64)}$，试绘制该系统的开环对数频率特性图。

解 (1) 将传递函数化为典型环节形式

$$G(s)=\frac{4\left(\dfrac{s}{2}+1\right)}{s\left(\dfrac{s}{0.5}+1\right)\left(\dfrac{s^2}{8^2}+0.4\times\dfrac{s}{8}+1\right)}$$

此开环传递函数由比例、积分、惯性、一阶微分和二阶振荡共 5 个环节组成。按频率由低到高的顺序标出转折频率和渐近线斜率，见表 5-4。

表 5-4　环节转折频率及其伯德图

环节名称	比例积分 $\frac{4}{s}$	惯性 $\frac{1}{2s+1}$	一阶微分 $0.5s+1$	二阶振荡 $\dfrac{1}{\left(\frac{s^2}{8^2}+0.4\times\frac{s}{8}+1\right)}$
转折频率		0.5	2	8
伯德图	−20dB/dec	−20dB/dec	+20dB/dec	−40dB/dec

开环增益 $K=4$，系统型别 $v=1$。

(2) 低频段渐近线由 $\frac{4}{s}$ 决定，过点 (1，20lg4)，即点 (1，12) 作一条斜率为 -20dB/dec 的直线，即低频段的渐近线（如图 5-16 中虚线所示）。

(3) 在 $\omega_1=0.5$ 处，惯性环节将渐近线斜率由 -20dB/dec 变为 -40dB/dec；在 $\omega_2=2$ 处，一阶微分的作用使渐近线斜率增加 $+20$dB/dec，即由 -40dB/dec 变为 -20dB/dec；在 $\omega_3=8$ 处，振荡环节又将渐近线斜率由 -20dB/dec 变为 -60dB/dec。

当 $\omega\to\infty$ 时，高频段渐近线斜率为 $-20(n-m)=-20\times(4-1)=-60$dB/dec。由此绘制出渐近对数幅频特性曲线 $L(\omega)$，如图 5-16 所示。

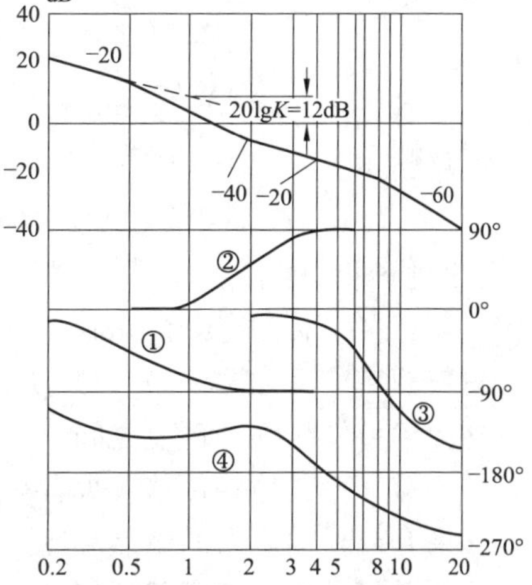

图 5-16 ［例 5-1］系统开环对数频率特性图

（4）如有必要，可利用误差曲线对 $L(\omega)$ 渐近直线进行修正。

（5）绘制对数相频特性曲线。比例环节相角恒为 0，积分环节相角恒为 $-90°$，惯性环节、一阶微分环节和二阶振荡环节的对数相频特性分别如图 5-16 中曲线①、②、③所示。将上述典型环节对数相频特性进行叠加，得到系统开环相频特性 $\varphi(\omega)$ 如图 5-16 中曲线④所示。当 $\omega\to\infty$ 时，$\varphi(\omega)=-(n-m)\times 90°=-270°$。根据这些数据就可绘制出相频特性的近似图形，如图 5-16 所示。

5.3　最小相位系统与非最小相位系统

绘制和比较几个环节的对数频率特性图。

（1）传递函数

$$G_1(s)=\frac{1}{Ts+1};\ G_2(s)=\frac{1}{Ts-1}$$

对数幅频

$$20\lg|G_1(j\omega)|=20\lg|G_2(j\omega)|=-20\lg\sqrt{T^2\omega^2+1}$$

对数相频

$$\angle G_1(j\omega)=-\arctan T\omega;\ \angle G_2(j\omega)=-180°+\arctan T\omega$$

对数频率特性如图 5-17（a）所示。

（2）传递函数

$$G_1(s)=1;\ G_2(s)=e^{-\tau s}$$

对数幅频

$$20\lg|G_1(j\omega)|=20\lg|G_2(j\omega)|=0\text{dB}$$

对数相频

$$\angle G_1(j\omega)=0;\ \angle G_2(j\omega)=-\tau\omega$$

对数频率特性如图 5-17（b）所示。

（3）传递函数

$$G_1(s)=\frac{\tau s+1}{Ts+1};\ G_2(s)=\frac{-\tau s+1}{Ts+1}\quad(0<\tau<T)$$

对数幅频

$$20\lg|G_1(j\omega)|=20\lg|G_2(j\omega)|=20\lg\sqrt{1+\tau^2\omega^2}-20\lg\sqrt{1+T^2\omega^2}$$

对数相频

$$\angle G_1(j\omega)=\arctan\tau\omega-\arctan T\omega;\ \angle G_2(j\omega)=-\arctan\tau\omega-\arctan T\omega$$

对数频率特性如图 5-17（c）所示。

在幅频特性相同的环节之间，存在着不同的相频特性，其中相位移变化最小的称为最小相位环节，而其他相位移较大者称为非最小相位环节。

如果开环传递函数的极点和零点的实部小于或等于零，称该系统为最小相位系统。如果开环传递函数中有正实部的零点或极点，或有延迟环节，则称该系统为非最小相位系统。若将 $e^{-\tau s}$ 用零点和极点的形式近似表达时，会发现它具有正实部零点。

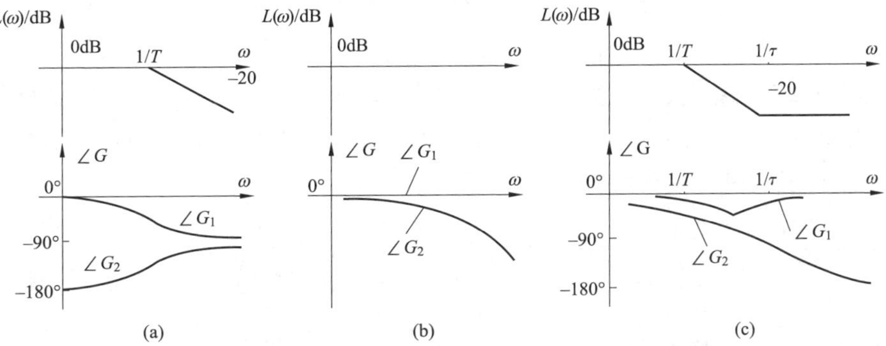

图 5-17　最小相位和非最小相位系统开环伯德图

对于最小相位系统，对数幅频特性和对数相频特性存在着唯一的对应关系。如果已知对数幅频特性，可以唯一地确定相应的相频特性和估计出系统的传递函数。反之亦然。所以两者包含的信息内容是相同的。对于最小相位系统，通常只绘制详细的对数幅频特性图。

5.4　由对数幅频特性曲线确定开环传递函数

稳定系统的输出频率响应是与输入同频率的正弦信号，而其幅值和相角的变化为频率的函数，因此可以运用频率响应实验确定稳定系统的数学模型。实验原理如图 5-18 所示。

估计被测系统的传递函数，具体步骤如下：

（1）在一定频率范围内，给被测系统输入不同频率的正弦信号，测量系统相应输出的稳态值和相位，画出系统的伯德图。

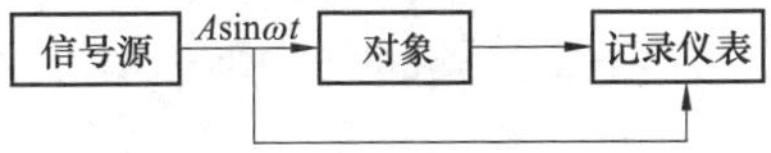

图 5-18　频率响应实验原理

（2）将测得的对数幅频特性曲线用斜率为 0、±20、±40dB/dec 等直线分段近似，求得系统的对数幅频特性曲线的渐近线。

（3）假设被测系统是最小相位系统。根据所求的对数幅频渐近线，确定环节和增益后写出系统的传递函数。

下面举例说明其方法和步骤。

【例 5-2】 图 5-19 所示为由频率响应实验获得的某最小相位系统的开环对数幅频特性曲线和开环对数幅频渐近特性曲线，试确定该系统的传递函数。

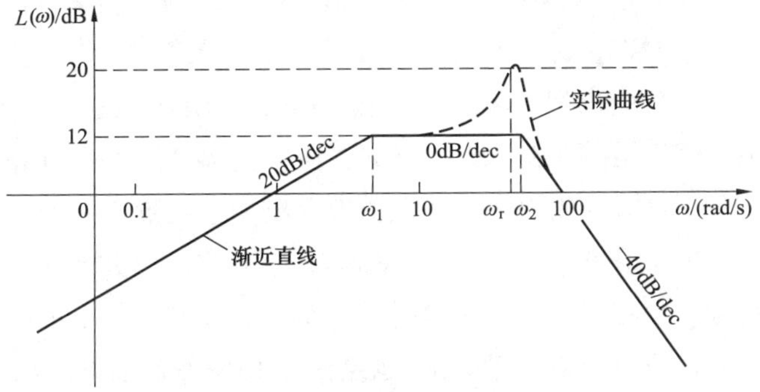

图 5-19　系统对数幅频特性曲线

解 （1）确定系统积分或微分环节的个数。由图 5-19 可知低频对数渐近直线斜率为 +20dB/dec，说明系统含有一个微分环节。

（2）确定系统传递函数表达式。图中有两个转折频率：在 ω_1 处，斜率变化 −20dB/dec，对应惯性环节；在 ω_2 处，斜率变化 −40dB/dec，附近存在谐振现象，对应振荡环节，因此所测系统应具有的传递函数为

$$G(s)=\frac{Ks}{\left(\frac{s}{\omega_1}+1\right)\left(\frac{s^2}{\omega_2^2}+2\xi\frac{s}{\omega_2}+1\right)} \tag{5-39}$$

式中：参数 ω_1、ω_2、ξ 及 K 待定。

（3）由给定条件确定传递函数中的待定参数。

低频渐近线的方程为 $L(\omega)=20\lg K\omega$

由图 5-19 可知，当 $\omega=1$ 时，$L(\omega)=0$，则得 $K=1$。

根据直线方程式 $$\frac{L(\omega_a)-L(\omega_b)}{\lg\omega_a-\lg\omega_b}=k$$

将点（1，0）、（ω_1，12）和 $k=20$ 代入直线方程 $\frac{12-0}{\lg\omega_1-\lg1}=+20$，得 $\omega_1=4$。

将点（ω_2，12）、（100，0）和 $k=-40$ 代入直线方程 $\frac{12-0}{\lg\omega_2-\lg100}=-40$，得 $\omega_2=50$。

在谐振频率 ω_r 处，谐振峰值为 $20\lg\frac{1}{2\xi\sqrt{1-\xi^2}}=20-12=8(\text{dB})$，解得 $\xi=0.2$。

根据上述解得的参数，写出传递函数

$$G(s)=\frac{s}{\left(\frac{s}{4}+1\right)\left(\frac{s^2}{50^2}+0.4\times\frac{s}{50}+1\right)}$$

5.5 幅相频率特性图（奈奎斯特图）

5.5.1 幅相频率特性图

幅相频率特性图又称为奈奎斯特（Nyquist）图或极坐标图。频率特性 $G(j\omega)=A(\omega)e^{j\varphi(\omega)}$ 是个复变量，在复平面上可以用一个点或一个矢量表示。在直角坐标或极坐标平面上，以频率 ω 为参变量，当 ω 由 $-\infty$ 变化到 $+\infty$ 时，$G(j\omega)$ 矢量的端点走过的轨迹称为幅相频率特性图。画极坐标图有两种方法：一种是求出每个 ω 对应的实部和虚部，并在图中标出相应位置；第二种是求出每个 ω 对应的幅值和相位，并在图中标出相应位置，如图 5-20 所示。

由于幅频特性是 ω 的偶函数，相频特性是 ω 的奇函数，因此，绘制图形时，利用对称性原理，一般只绘制 ω 从 0 变化到 $+\infty$ 的幅相频率特性曲线，用小箭头表示频率 ω 增大的变化方向。一般情况下，依据作图原理粗略地绘制幅相频率特性图的概略图。极坐标图的优点是在一张图上就可以较容易地得到全部频率范围内的频率特性。

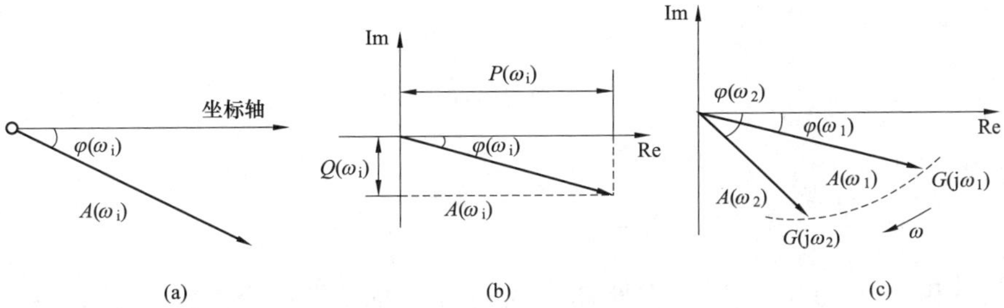

图 5-20　幅相频率特性表示法

5.5.2　典型环节的幅相图

绘制幅相特性图（Nyquist 曲线），一般只画出它的大致形状和几个关键点的准确位置。主要根据相频特性绘制，同时参考幅频特性，有时也要利用实频特性和虚频特性。

1. 比例环节

传递函数为

$$G(s)=K$$

频率特性为

$$G(j\omega)=K=K\angle 0^\circ$$

K 与 ω 自变量无关，幅值为恒值 K；相位为 0°，与 ω 自变量无关，因此比例环节的幅相图是实轴上的一条直线，如图 5-21 所示。

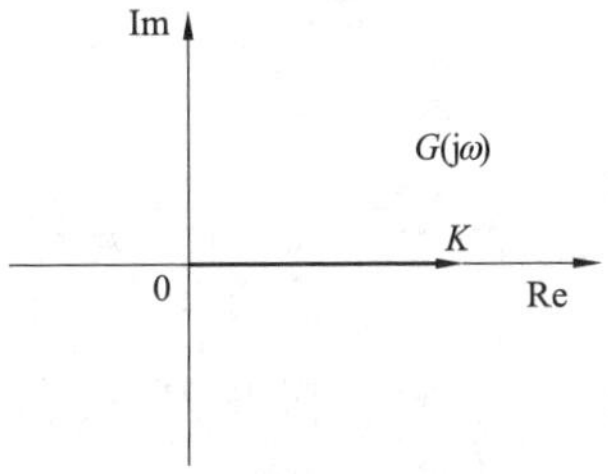

图 5-21　比例环节的幅相图

2. 惯性环节

传递函数为

$$G(s)=\frac{1}{Ts+1}$$

频率特性为

$$G(j\omega)=\frac{1}{j\omega T+1}=\frac{1}{\sqrt{\omega^2T^2+1}}\angle-\arctan T\omega$$

当 $\omega=0$ 时

$$A(\omega)=1,\quad \varphi(\omega)=0^\circ$$

当 $\omega\to\infty$时

$$A(\omega)=0,\quad \varphi(\omega)=-90^\circ$$

当 ω 由 $0\to\infty$时，幅值由 1 变到 0，相位由 0°转到-90°。可知简图在第四象限，可以证明，惯性环节幅相特性曲线是一个以点（1/2，j0）为圆心，以 1/2 为半径的半圆，如图 5-22 所示。证明如下：

由于
$$G(j\omega)=\frac{1}{j\omega T+1}=\frac{1-j\omega T}{1+T^2\omega^2}=X+jY$$

式中
$$X=\frac{1}{1+T^2\omega^2}\tag{5-40}$$

$$Y=\frac{-\omega T}{1+T^2\omega^2}\tag{5-41}$$

式（5-41）除以式（5-40）得

$$-\omega T=\frac{Y}{X} \tag{5-42}$$

将式（5-42）代入式（5-41）整理后得

$$\left(X-\frac{1}{2}\right)^2+Y^2=\left(\frac{1}{2}\right)^2 \tag{5-43}$$

由圆的方程式（5-43）表明，惯性环节幅相特性曲线是一个半圆，当 X 为正值时，Y 是一个负值，表明曲线位于实轴下方，是一个半圆，如图 5-22 所示。

3. 积分环节

传递函数为

$$G(s)=\frac{1}{s}$$

频率特性为

$$G(\mathrm{j}\omega)=\frac{1}{\mathrm{j}\omega}=\frac{1}{\omega}\angle-90^\circ$$

当 $\omega\to0$ 时，$A(\omega)\to\infty$；当 $\omega\to\infty$时，$A(\omega)=0$。

当 ω 由 $0\to\infty$时，其相位 $\varphi(\omega)$ 恒为-90°，幅值大小与 ω 成反比，在负虚轴上由无穷远止于原点，因此积分环节的幅相图是一条与负虚轴重合的直线，如图 5-23 所示。

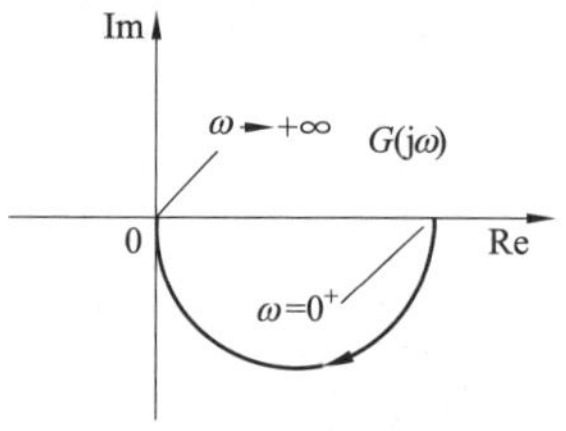

图 5-22　惯性环节的幅相图

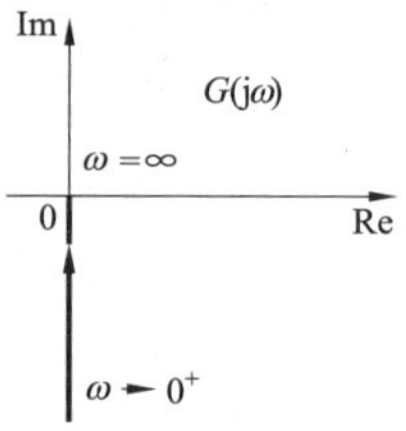

图 5-23　积分环节的幅相图

4. 振荡环节

振荡环节的传递函数为

$$G(s)=\frac{1}{T^2s^2+2\xi Ts+1}=\frac{\omega_n^2}{s^2+2\xi\omega_n s+\omega_n^2} \tag{5-44}$$

式中：T 为振荡环节的时间常数，$T>0$；$0\leqslant\xi<1$，$\omega_n T=1$。

若 $\xi\geqslant1$，它是两个惯性环节相串联。

振荡环节的频率特性为

$$G(\mathrm{j}\omega)=\frac{1}{(1-T^2\omega^2)+\mathrm{j}2\xi T\omega} \tag{5-45}$$

$$\angle G(\mathrm{j}\omega)=\begin{cases}-\arctan\dfrac{2\xi T\omega}{1-T^2\omega^2} & \left(\omega\leqslant\dfrac{1}{T}\right)\\ -180^\circ+\arctan\dfrac{2\xi T\omega}{T^2\omega^2-1} & \left(\omega>\dfrac{1}{T}\right)\end{cases} \tag{5-46}$$

$$|G(j\omega)|=\frac{1}{\sqrt{(1-T^2\omega^2)^2+(2\xi T\omega)^2}} \tag{5-47}$$

$$P(\omega)=\frac{1-T^2\omega}{(1-T^2\omega^2)^2+(2\xi T\omega)^2}$$

$$Q(\omega)=\frac{-2\xi T\omega}{(1-T^2\omega^2)^2+(2\xi T\omega)^2}$$

由上述各式可列表 5-5。

表 5-5　　振荡环节频率特性表

ω	$\angle G(j\omega)$	$\|G(j\omega)\|$	$P(\omega)$	$Q(\omega)$
0	0°	1	1	0
$1/T$	−90°	$\frac{1}{2\xi}$	0	$-\frac{1}{2\xi}$
∞	−180°	0	0	0

由表 5-5 可绘制出振荡环节的幅相图，如图 5-24 所示。曲线起始于正实轴的（1，j0）点，顺时针经第四象限后交负虚轴于$\left(0，-j\frac{1}{2\xi}\right)$，然后图形进入第三象限，在原点与负实轴相切并终止于坐标原点。幅值$\frac{1}{2\xi}$对应的频率是ω_n。

下面介绍振荡环节的谐振频率ω_r和谐振峰值M_r。

利用图 5-24 或式（5-47），在$\omega-|G(j\omega)|$的直角坐标上可画出幅频特性图$|G(j\omega)|$，其中两种典型的曲线形状如图 5-25 中曲线①和②所示。曲线①的特点是$|G(j\omega)|$从$\omega=0$的最大值$G(0)=1$开始单调衰减。曲线②的特点是$0\leqslant\omega<\infty$范围内幅频特性曲线将会出现大于起始值$G(0)$的波峰。这时称这个振荡环节产生谐振现象。$|G(j\omega)|$取得最大值时的频率称为谐振频率，记为ω_r。ω_r所对应的频率特性最大幅值$|G(j\omega_r)|$称为谐振峰值，记为A_r。

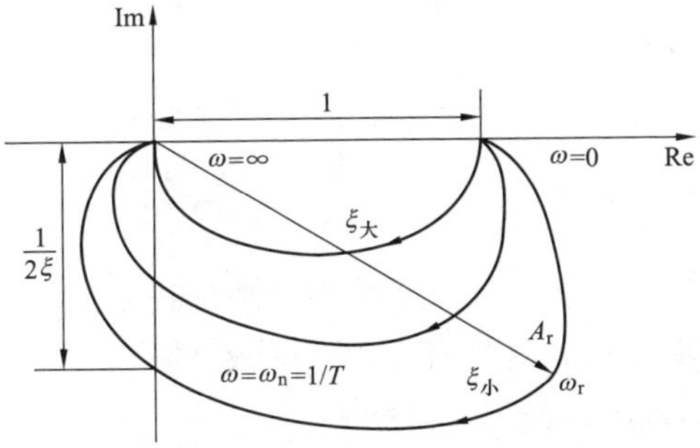

图 5-24　振荡环节的幅相图

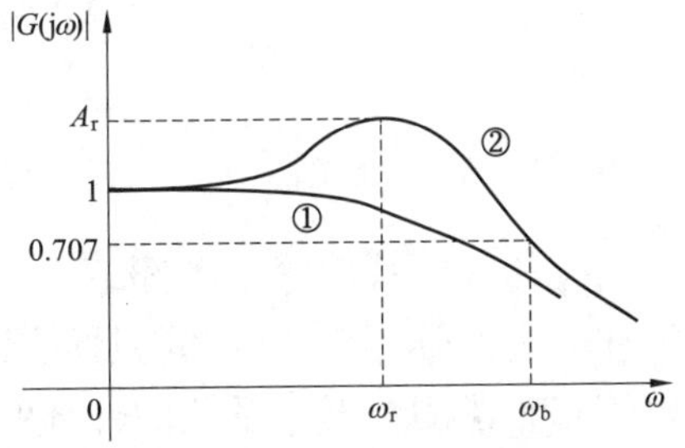

图 5-25　振荡环节的幅频特性

当$\xi<0.707$时，振荡环节将出现谐振现象。当$\xi\geqslant0.707$时，振荡环节不会出现谐振现象，$|G(j\omega)|$最大值位于$\omega=0$处，幅频特性曲线是单调衰减的。但只要$\xi<1$，振荡环节的阶跃响应就会出现超调和振荡现象。

5. 纯微分环节、一阶微分环节和二阶微分环节

根据绘制积分环节、惯性环节和振荡环节奈奎斯特图的方法，同样可以绘制出纯微分环节、一阶微分环节和二阶微分环节的幅相图，如图 5-26～图 5-28 所示。

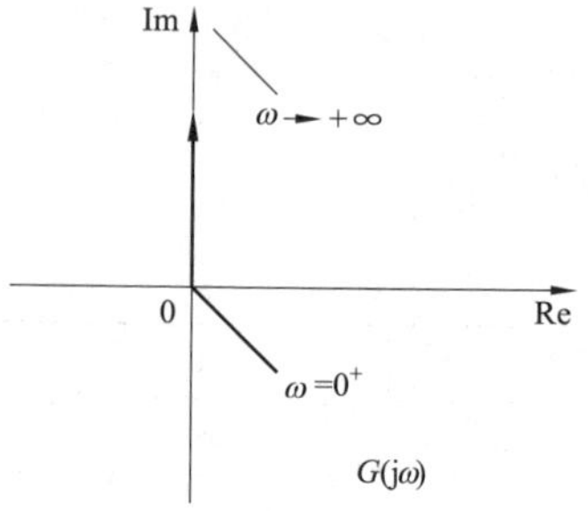

图 5-26　纯微分环节幅相图

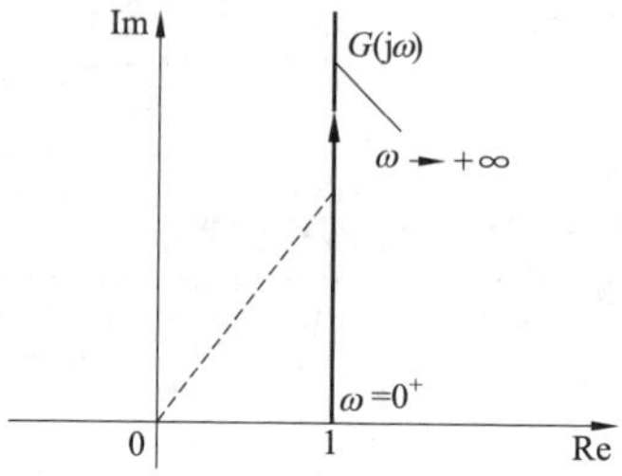

图 5-27　一阶微分环节幅相图

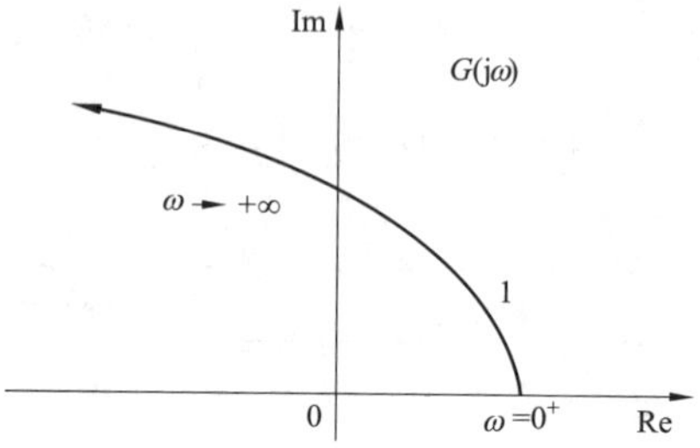

图 5-28　二阶微分环节幅相图

5.5.3　开环系统幅相图的绘制

根据开环系统频率特性的表达式，通过取点、计算和作图等可以绘制出系统的开环幅相图。在控制工程中，一般只画出幅相图的大致形状，绘图的过程中要把握好“三点一限”，即起点、终点、与负实轴的交点以及图形所经过的象限。

开环传递函数通常可以写成若干个典型环节相乘的形式

$$G(s)H(s)=\prod_{i=1}^{n}G_i(s) \tag{5-48}$$

设典型环节的频率特性为

$$G_i(\mathrm{j}\omega)=A_i(\omega)\mathrm{e}^{\mathrm{j}\varphi_i(\omega)} \tag{5-49}$$

则系统开环频率特性为

$$G(\mathrm{j}\omega)H(\mathrm{j}\omega)=A(\omega)\mathrm{e}^{\mathrm{j}\varphi(\omega)} \tag{5-50}$$

系统开环幅频特性和开环相频特性为

$$\begin{cases}A(\omega)=\prod\limits_{i=1}^{n}A_i(\omega)\\ \varphi(\omega)=\sum\limits_{i=1}^{n}\varphi_i(\omega)\end{cases} \tag{5-51}$$

开环系统的幅频特性等于各环节的幅频特性之积，开环系统相频特性等于各环节的相频特性之和，进而开环系统频率特性可以理解为各个典型环节频率特性的合成。有了各 ω 值下的幅值和相位的数据，系统的开环幅相图就可以绘制出来。

开环系统典型环节分解和典型环节的幅相图的特点是绘制开环幅相图的基础。结合工程需要，本节重点介绍无零点系统开环幅相图的概略绘制方法。

设最小相位系统的开环传递函数为

$$G(s)=\frac{b_m s^m+b_{m-1}s^{m-1}+\cdots+b_0}{a_n s^n+a_{n-1}s^{n-1}+\cdots+a_0}=\frac{KM(s)}{s^v N(s)}$$

式中：K 为开环增益；v 为系统中积分环节的个数，当 $n \neq 0$、$m=0$ 时，系统为无零点系统。

1. $v=0$ 时，无零点系统开环幅相图的绘制

【例 5-3】 某 0 型系统的开环传递函数为

$$G(s)=\frac{K}{(T_1 s+1)(T_2 s+1)(T_3 s+1)}$$

试绘制开环系统的幅相图。

解　系统的频率特性为

$$G(\mathrm{j}\omega)=\frac{K}{(\mathrm{j}\omega T_1+1)(\mathrm{j}\omega T_2+1)(\mathrm{j}\omega T_3+1)}$$

相频特性为

$$\varphi(\omega)=-\arctan T_1\omega-\arctan T_2\omega-\arctan T_3\omega$$

幅频特性为

$$A(\omega)=\frac{K}{\sqrt{(1+T_1{}^2\omega^2)(1+T_2{}^2\omega^2)(1+T_3{}^2\omega^2)}}$$

当 $\omega=0$ 时，$A(0)=K$，$\varphi(0)=0°$，幅相图起点为实轴上的一点（K，0）。

当 $\omega \to \infty$时，$A(\infty)=0$，$\varphi(\infty)=(-90°)\times 3=-270°$，幅相图以$-270°$终止于坐标原点。

当 $0<\omega<\infty$时，相位移 $\varphi(\omega)$ 随 ω 增大，始终都是负值且连续减小，当曲线顺时针由 0°减到$-270°$进入坐标原点时，曲线必然经过四、三、二象限。

由 Im $[G(\mathrm{j}\omega)]=0$，求出曲线与负实轴交点频率 ω_x，代入 Re $[G(\mathrm{j}\omega)]$，可求得曲线与负实轴的交点坐标。由实部 ω 为函数 Re $[G(\mathrm{j}\omega)]=0$ 求出交点频率 ω_y，代入 Im $[G(\mathrm{j}\omega)]$ 可求得曲线与负虚轴的交点坐标。这样可以绘出较准确的幅相图，如图 5-29 所示。

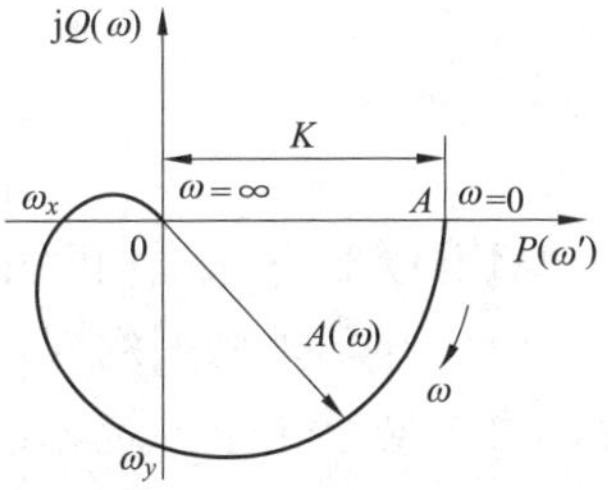

图 5-29 ［例 5-3］的 0 型系统幅相图

2. $v \neq 0$ 时，无零点系统开环幅相图的绘制

【例 5-4】 Ⅰ型系统的开环传递函数为$G(s)=\dfrac{K}{s(Ts+1)}$，试绘制系统的开环幅相图。

解　由 $G(s)$ 表达式可知，频率特性为

$$G(\mathrm{j}\omega)=\frac{K}{\mathrm{j}\omega(\mathrm{j}\omega T+1)}=\frac{-KT}{T^2\omega^2+1}-\mathrm{j}\frac{K}{\omega(T^2\omega^2+1)}$$

$$\angle G(\mathrm{j}\omega)=-90°-\arctan T\omega$$

$$|G(\mathrm{j}\omega)|=\frac{K}{\omega\sqrt{T^2\omega^2+1}}$$

由以上公式可得表 5-6。

表 5-6　　系统频率特性相关取值

ω	$\angle G(j\omega)$	$\|G(j\omega)\|$	$P(\omega)$	$Q(\omega)$
0	$-90°$	∞	$-KT$	$-\infty$
∞	$-180°$	0	0	0

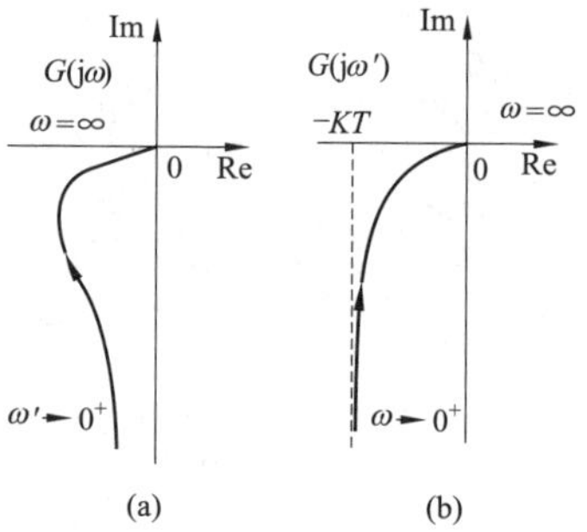

图 5-30 ［例 5-4］的Ⅰ型系统幅相图

由表 5-6 中$\angle G(j\omega)$和$|G(j\omega)|$随ω变化的情况，可绘制出频率特性幅相简图，如图 5-30（a）所示。若知道参数K、T的数值，根据$P(\omega)$和$Q(\omega)$可绘制出频率特性较准确的图形，如图 5-30（b）所示，图中的虚线为低频渐近线。图 5-30（a）、（b）虽然有些差别，但它们所反映的系统特性却是一致的。由于利用开环幅相图对系统进行分析时不需要准确知道渐近线的位置，故一般取$\omega=0$的幅频值时近似地靠近坐标虚轴。

系统开环传递函数一般形式为

$$G(s)=\frac{K\prod_{j=1}^{m}(\tau_j s+1)}{s^{v}\prod_{i=1}^{n-v}(T_i s+1)}$$

开环频率特性为

$$G(j\omega)=\frac{K\prod_{j=1}^{m}(j\omega\tau_j+1)}{(j\omega)^{v}\prod_{i=1}^{n-v}(j\omega T_i+1)}$$

概略绘制开环幅相图小结如下：

（1）开环幅相图的起点取决于比例环节K和系统积分或微分环节的个数v。当$\omega\to 0$时，对于最小相位系统，$v=0$，起点为实轴上的点K处（K为系统开环增益，注意K有正负之分）；$v\neq 0$，起始于$-90°v$（微分环节为$90°v$）的无穷远处。对于非最小相位系统，应视非最小相位环节作具体分析。

（2）开环幅相图的终点取决于开环传递函数分母、分子阶次的差。

当开环系统为最小相位系统时，一般$n>m$，故当$\omega\to\infty$时，有

$$\lim_{\omega\to\infty}G(j\omega)=0\angle-90°(n-m)$$

即最小相位系统的开环奈奎斯特图是以顺时针方向，并以$-90°(n-m)$的角度终止于原点。

（3）开环幅相图与负实轴的交点。开环奈奎斯特图与负实轴的交点的频率由虚部ω的函数 Im［$G(j\omega)$］=0 求出，代入 Re［$G(j\omega)$］，即可得交点与负实轴的交点坐标。或者令$\varphi(\omega)=-180°$，求出交点频率，再代入$A(\omega)$求得与负实轴的交点坐标。

（4）如果开环传递函数中无零点，则当$\omega\to\infty$的过程中，相角连续减小，曲线平滑地变化。如果开环传递函数中有零点，则视这些时间常数的数值大小不同，相角的变化不是单调的，曲线会有凹凸现象。因为绘制的是概略奈奎斯特图，对系统定性分析影响不大，

故这一现象无须准确反映。

对于最小相位系统的幅相图，其起点由系统的型别决定，终点止于原点，其位置由 $n-m$ 决定，含有起始点和终点的最小相位系统奈奎斯特近似曲线如图 5-31 所示。

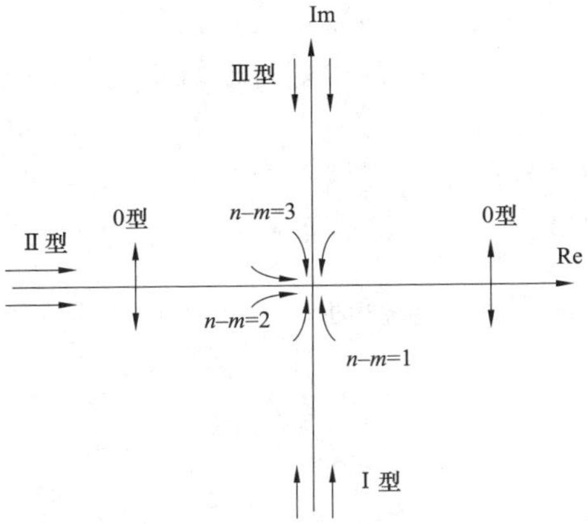

图 5-31　含有起始点、终点的幅相近似图

根据上述规则可以近似画出最小相位系统的幅相图，常见系统的幅相图见表 5-7。

表 5-7　　**常见系统的幅相图**

传递函数	$G(s)=\dfrac{K}{Ts+1}$	$G(s)=\dfrac{K}{(T_1s+1)(T_2s+1)}$	$G(s)=\dfrac{K}{(T_1s+1)(T_2s+1)(T_3s+1)}$
幅相图	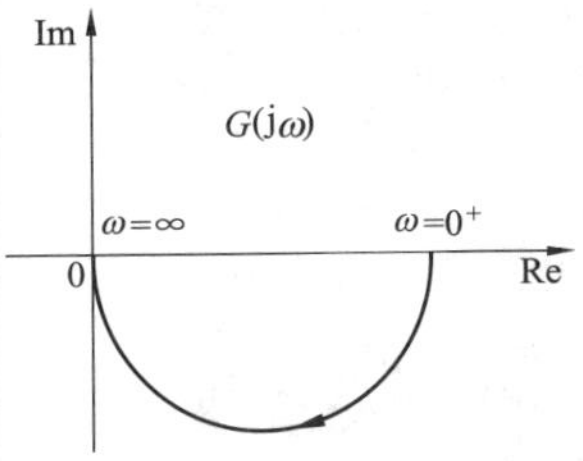	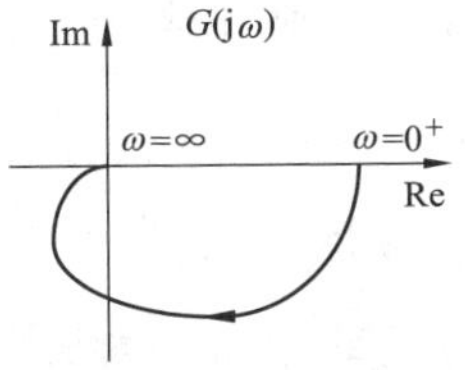	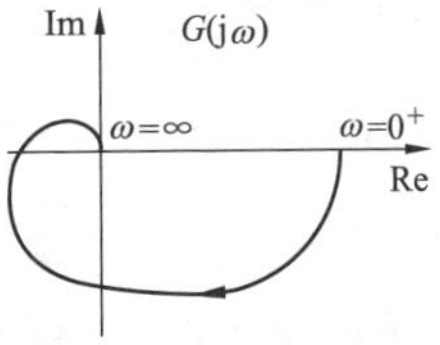
传递函数	$G(s)=\dfrac{K}{s(Ts+1)}$	$G(s)=\dfrac{K}{s(T_1s+1)(T_2s+1)}$	$G(s)=\dfrac{K}{s^2(Ts+1)}$
幅相图	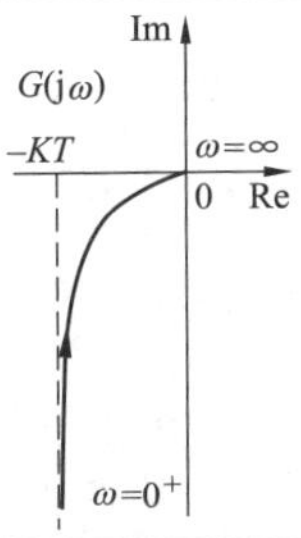	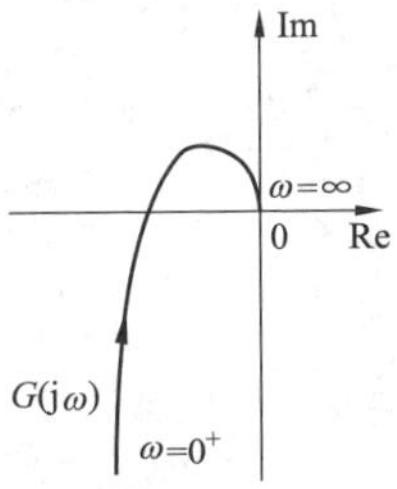	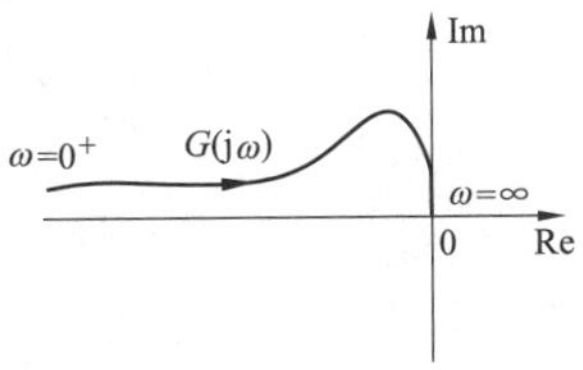

5.6　奈奎斯特稳定判据

劳斯稳定判据和根轨迹分别用系统的闭环特征方程和开环传递函数来判别系统的稳定性。虽然它们可以判别系统的稳定性，但前提是必须知道系统的闭环或开环传递函数，而有些实际系统的传递函数是难以列写的。

1932 年，奈奎斯特提出了另一种判定闭环系统稳定性的方法，称为奈奎斯特（Nyquist）稳定判据。这个判据的主要特点是利用开环频率特性判定闭环系统的稳定性。开环频率特性容易绘制，若不知道传递函数，还可由实验测出开环频率特性。此外，奈奎斯特稳定判据还能够指出稳定的程度，提示改善系统稳定性的方法。因此，奈奎斯特稳定判据在频域控制理论中有重要的地位。

奈奎斯特稳定判据的数学基础是复变函数中的柯西辐角原理，该原理在一般复变函数教材中均有介绍，本小节仅进行说明性叙述而不进行数学证明。

5.6.1 奈奎斯特稳定判据的数学基础

1. 柯西辐角原理

自变量 s 的复变函数为

$$F(s)=1+\frac{2}{s} \tag{5-52}$$

因为 $s=\sigma+\mathrm{j}\omega$ 为复变量，故 $F(s)$也是复变量，即

$$F(s)=1+\frac{2}{\sigma+\mathrm{j}\omega}=1+\frac{2\sigma}{\sigma^2+\omega^2}-\mathrm{j}\left(\frac{2\omega}{\sigma^2+\omega^2}\right) \tag{5-53}$$

$F(s)$的实部和虚部分别为

$$u=1+\frac{2\sigma}{\sigma^2+\omega^2};\quad v=\frac{-2\omega}{\sigma^2+\omega^2}$$

如果 s 平面上的点 A 位于 $s=-1+\mathrm{j}$ 处，则相应的 $F(s)$平面上有点 A'与之对应。它的 u 和 v 分别为

$$u=1-\frac{2}{2}=0;\quad v=-\frac{2}{2}=-1$$

图 5-32 表示出 s 与 $F(s)$两平面上的点 A 和点 A'，用箭头说明了点 A 到点 A'的映射。

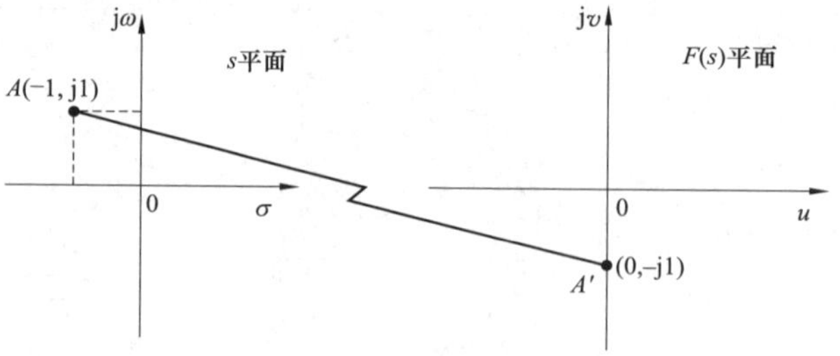

图 5-32　A 点到 A'点的映射

考虑 s 平面上的一条围线（封闭曲线），如图 5-33（a）s 平面中的 $ABCDEFGH$ 所示，要观察该围线在 $F(s)$ 平面上的映射，先求 A、C、E、G 四个点，有如下结果

$$s_A=-1+\mathrm{j}1;\quad u_{A'}+\mathrm{j}v_{A'}=0-\mathrm{j}1$$
$$s_C=1+\mathrm{j}1;\quad u_C+\mathrm{j}v_C=2-\mathrm{j}1$$
$$s_E=1-\mathrm{j}1;\quad u_{E'}+\mathrm{j}v_{E'}=2+\mathrm{j}1$$
$$s_G=-1-\mathrm{j}1;\quad u_{G'}+\mathrm{j}v_{G'}=0+\mathrm{j}1$$

仅此四点还不足以确定 $F(s)$ 平面上的全部映射围线，事实上，它是如图 5-33（b）所示的形状。

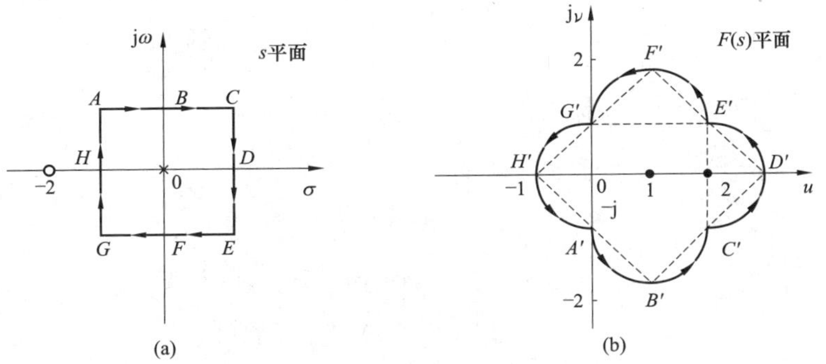

N=P−Z=1−0=1，Γ′ 逆时针包围原点一周

图 5-33　s 平面围线在 $F(s)$ 平面的映射（一）

如果将式（5-52）改写成

$$F(s)=\frac{s+2}{s} \tag{5-54}$$

则可看出 $F(s)$ 有一个极点 $s=0$，一个零点 $s=-2$。图 5-33（a）中，s 平面上的围线包围了 $F(s)$ 的极点（原点）而不包围其零点。若 s 沿 s 平面中的围线顺时针变化，则对应的映射点沿围线 $A'B'C'D'E'F'G'H'$ 逆时针旋转并包围了 $F(s)$ 平面上的原点，如图 5-33（b）所示。

如果 s 平面上的围线同时包围 $F(s)$ 的零点，如图 5-34（a）所示；将 AHG 段移到通过 $\sigma=-3$ 的 $A_1H_1G_1$，则新的映射围线在 $F(s)$ 平面上不包围原点，如图 5-34（b）所示。

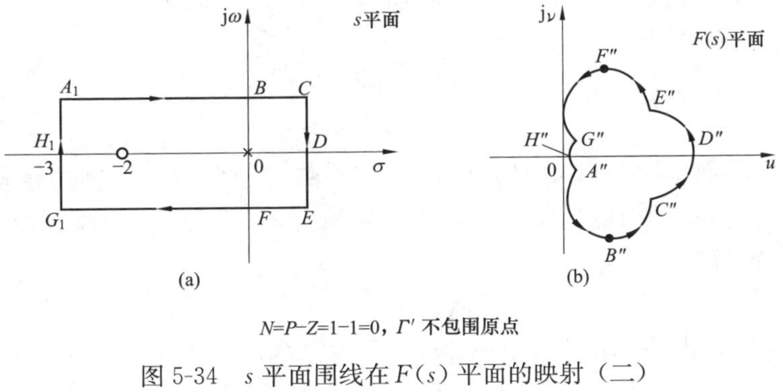

N=P−Z=1−1=0，Γ′ 不包围原点

图 5-34　s 平面围线在 $F(s)$ 平面的映射（二）

如果再将 s 平面围线的 CDE 段移到 $\sigma=-1$ 的 $C_2D_2E_2$，如图 5-35（a）所示。这时 $A_1C_2D_2E_2G_1H_1$ 包围了 $F(s)$ 的零点，但不包围其极点。此时，$F(s)$ 平面上的围线包围了原点，而方向都是顺时针的。

$F(s)$ 所表现的映射关系可以推广到一般情况，将 $F(s)$ 写成如下形式

$$F(s)=\frac{\prod_{j=1}^{m}(s-z_j)}{\prod_{i=1}^{n}(s-p_i)}$$

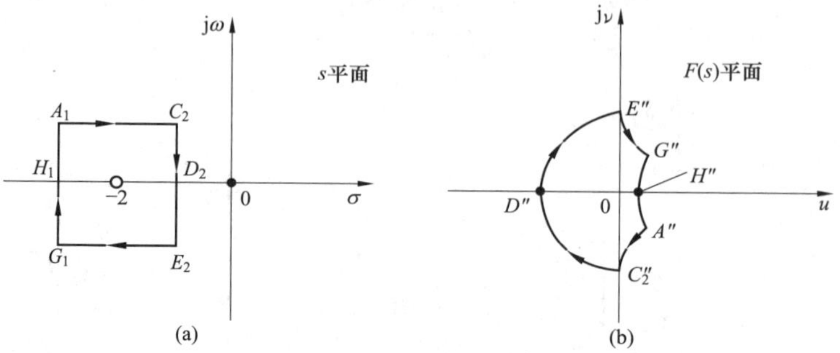

$N=P-Z=0-1=-1$，Γ'顺时针包围原点一周

图 5-35　s 平面围线在 $F(s)$ 平面的映射（三）

式中：z_i 和 p_j 分别为 $F(s)$的零点和极点。

$F(s)$的辐角为

$$\angle F(s)=\sum_{j=1}^{m}\angle(s-z_j)-\sum_{i=1}^{n}\angle(s-p_i)$$

每一个$\angle(s-z_j)$ 或$\angle(s-p_i)$ 都是从零点或极点出发到 s 平面上某一点向量的辐角（见图 5-36）。当 s 沿围线 Γ 顺时针变化一周时，由各个零、极点出发的向量对$\angle F(s)$的增量所提供的辐角贡献如下：

（1）在 Γ 以内的零点对应的辐角贡献为$-360°$。

（2）在 Γ 以内的极点对应的辐角贡献为$-360°$。

（3）在 Γ 以外的零点或极点对应的辐角贡献为 0。

因此，如果 $F(s)$在围线 Γ 内有 Z 个零点和 P 个极点，则当 s 沿围线 Γ 顺时针变化一周时，映射围线 Γ'的辐角增量为

$$\begin{aligned}\Delta\angle F(s)&=Z(-360°)-P(-360°)\\&=(P-Z)\times360°\end{aligned}$$

显然，$P-Z$ 表示映射围线 Γ'逆时针包围原点的周数。由此，可得柯西辐角定理如下：设 $F(s)$在 Γ 上及 Γ 内除有限个数的极点外是处处解析的，$F(s)$在 Γ 上既无极点也无零点，则当围线 Γ 走向为顺时针时，有

$$N=P-Z \tag{5-55}$$

式中：Z 为 $F(s)$在 Γ 内的零点个数；P 为 $F(s)$在 Γ 内的极点个数；N 为映射围线 Γ'包围 $F(s)$原点的次数，以逆时针为正，顺时针为负。

（1）图 5-33 中，$Z=0$，$P=1$，$N=P-Z=1-0=1$，故 Γ'逆时针包围原点一周。

（2）图 5-34 中，$Z=1$，$P=1$，$N=P-Z=1-1=0$，故 Γ'不包围原点。

（3）图 5-35 中，$Z=1$，$P=0$，$N=P-Z=0-1=-1$，故 Γ'顺时针包围原点一周。

（4）图 5-36（a）中，$Z=2$，$P=1$，$N=P-Z=1-2=-1$，故 Γ'顺时针包围原点一周。

（5）图 5-36（b）中，$Z=3$，$P=1$，$N=P-Z=1-3=-2$，故 Γ'顺时针包围原点两周。

（6）图 5-36（c）中，$Z=0$，$P=1$，$N=P-Z=1-0=1$，故 Γ'逆时针包围原点一周。

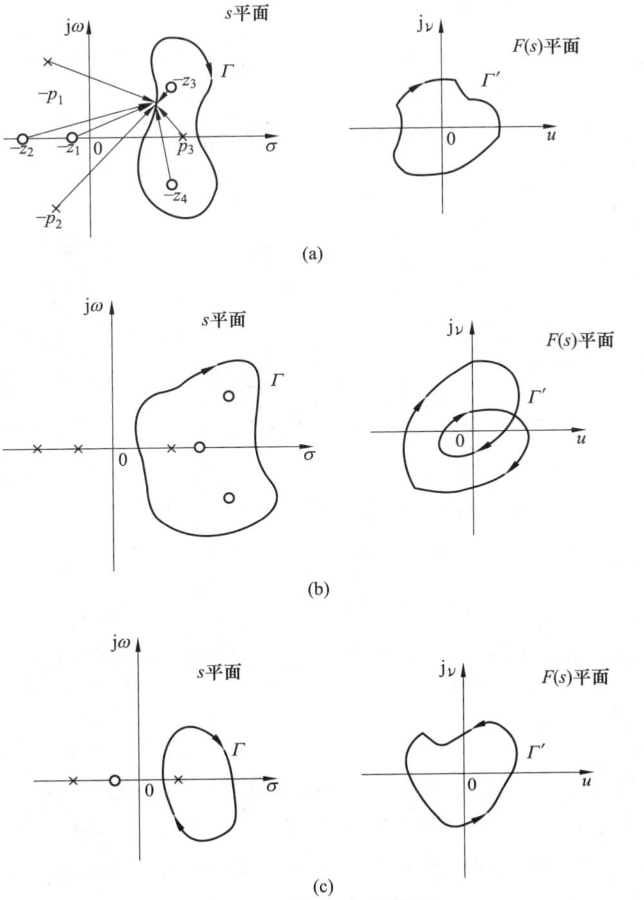

图 5-36　辐角定理说明

(a) $N=1-2=-1$；(b) $N=1-3=-2$；(c) $N=1-0=1$

柯西辐角定理对于 s 平面中满足定理条件的任何封闭曲线都成立。奈奎斯特稳定性判据就是在 s 平面上选取一个特定的封闭曲线，并利用式（5-55）得出的。

2. 构造辅助函数

设开环系统传递函数为

$$G(s)H(s)=\frac{M(s)}{N(s)}$$

引入一个辅助函数

$$F(s)=1+G(s)H(s)=1+\frac{M(s)}{N(s)}=\frac{N(s)+M(s)}{N(s)}=\frac{K\prod_{j=1}^{m}(s-z_j)}{\prod_{i=1}^{n}(s-p_i)} \tag{5-56}$$

辅助函数 $F(s)$ 具有以下特点：

(1) 辅助函数 $F(s)$ 的零点是系统闭环传递函数的极点，$F(s)$ 的极点是系统开环传递函数的极点。

(2) $F(s)$ 与开环传递函数 $G(s)H(s)$ 之间只差常量 1。$F(s)$ 平面的坐标原点就是

$G(s)H(s)$ 平面上的 $(-1, \mathrm{j}0)$ 点。

(3) 映射曲线 Γ_F 对 $F(s)$ 平面坐标原点的包围就是映射曲线 Γ_{GH} 对 $G(s)H(s)$ 平面 $(-1, \mathrm{j}0)$ 点的包围。

通过例子，图 5-37 说明了辐角原理及其映射 Γ_F 曲线与 Γ_{GH} 曲线之间的关系。

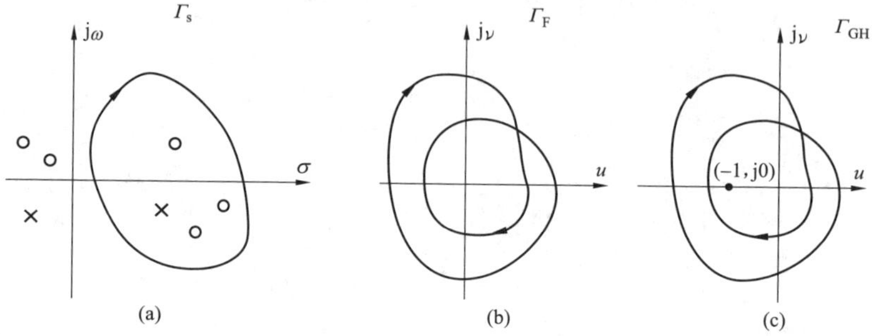

图 5-37　辐角原理及其映射关系

(a) $Z=3$，$P=1$；(b) $N=P-Z=1-3=-2$；(c) $N=-2$

由此可见，辐角原理将 $G(s)H(s)$ 平面的闭合曲线 Γ_{GH} 与系统的开环极点、闭环极点联系起来。从而为根据开环频率特性曲线判定系统稳定性提供了可能。

5.6.2　奈奎斯特稳定判据

1. 虚轴上无开环极点时的奈奎斯特围线映射及其稳定判据

闭环系统稳定的充要条件是：系统的闭环极点［辅助函数 $F(s)$ 的零点］必须全部位于 s 左半平面。使用奈奎斯特稳定判据分析系统稳定性面临的主要问题是：当已知开环传递函数的极点时，如何判断 $F(s)=1+G(s)H(s)$ 在 s 平面的右半平面有无零点，也就是说闭环传递函数在 s 平面右半部有无极点的问题。

如果有一个 s 平面的封闭围线 Γ_s 顺时针包围整个 s 平面的右半部，则 Γ_s 在 $F(s)$ 平面上的映射围线 Γ_F 包围原点的周数 N，即为 Γ_s 在 $G(s)H(s)$ 平面上的映射围线 Γ_{GH} 包围 $(-1, \mathrm{j}0)$ 点的周数 N。其中 N 应为

$$N=P(s\text{ 平面右半部开环极点数})-Z(s\text{ 平面右半部闭环极点数}) \tag{5-57}$$

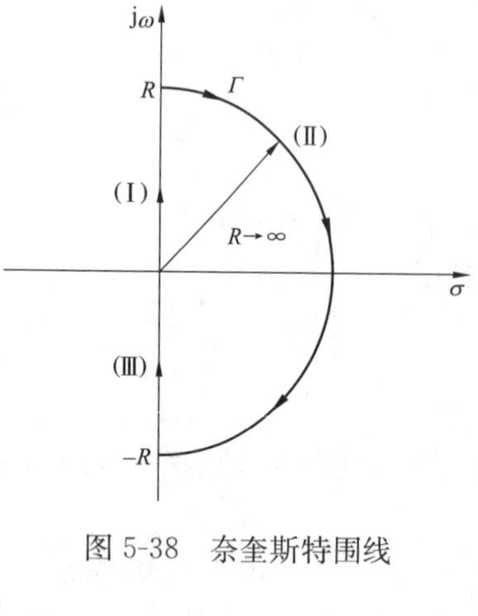

图 5-38　奈奎斯特围线

当已知 s 平面右半部开环极点个数 P 以及映射围线 Γ_{GH} 包围 $(-1, \mathrm{j}0)$ 点的周数 N 时，利用公式 $Z=P-N$，可求得 s 平面右半部闭环极点个数 Z，从而确定闭环系统的稳定性。若 $Z=0$，则闭环系统稳定；否则不稳定。

以上提出的指导思想需要构造一个能包围整个 s 平面右半部的封闭围线 Γ，即奈奎斯特围线，并且它需符合辐角定理条件。

假定 $F(s)$ 在虚轴上没有零、极点。首先构造一条封闭曲线 Γ_s，如图 5-38 所示，它按顺时针方向包围整个 s 平面右半部，称它为奈奎斯特围线。它可以分为以下

三段：

(1) Ⅰ段：正虚轴 $s=\mathrm{j}\omega$，ω 由 0 变化到∞。

(2) Ⅱ段：半径为无限大的右半圆 $s=R\mathrm{e}^{\mathrm{j}\theta}$，$R\to\infty$，$\theta$ 由 $\frac{\pi}{2}$ 变化到 $-\frac{\pi}{2}$。

(3) Ⅲ段：负虚轴 $s=-\mathrm{j}\omega$，ω 由 $-\infty$ 变化到 0。

设系统的开环传递函数为

$$G(s)H(s)=\frac{b_m s^m+b_{m-1}s^{m-1}+\cdots+b_1 s+b_0}{a_n s^n+a_{n-1}s^{n-1}+\cdots+a_1 s+a_0},\qquad n>m$$

下面分析围线 Γ_s 在 $G(s)H(s)$ 平面上的映射。

(1) 第Ⅰ段、Ⅲ段映射：是 ω 由 $0\to\infty$ 和由 $-\infty\to 0$ 时的 $G(\mathrm{j}\omega)H(\mathrm{j}\omega)$ 幅相图

$$G(s)H(s)\big|_{s=\mathrm{j}\omega}=|G(\mathrm{j}\omega)H(\mathrm{j}\omega)|\angle G(\mathrm{j}\omega)H(\mathrm{j}\omega)$$

$$G(s)H(s)\big|_{s=-\mathrm{j}\omega}=|G(-\mathrm{j}\omega)H(-\mathrm{j}\omega)|\angle G(-\mathrm{j}\omega)H(-\mathrm{j}\omega)=|G(\mathrm{j}\omega)H(\mathrm{j}\omega)|\angle -G(\mathrm{j}\omega)H(\mathrm{j}\omega)$$

围线的第Ⅰ段在 $G(s)H(s)$ 平面的映射正是前面所讲的 $\omega>0$ 时的开环频率特性的幅相图，而第Ⅲ段在 $G(s)H(s)$ 平面的映射与第Ⅰ段的开环幅相图是关于实轴对称的。

(2) 第Ⅱ段：围线 Γ_s 在 $G(s)H(s)$ 平面的映射为原点。

$$G(s)H(s)\big|_{s=\lim\limits_{R\to\infty}R\mathrm{e}^{\mathrm{j}\theta}}=\frac{b_m s^m+b_{m-1}s^{m-1}+\cdots+b_1 s+b_0}{a_n s^n+a_{n-1}s^{n-1}+\cdots+a_1 s+a_0}\bigg|_{s=\lim\limits_{R\to\infty}R\mathrm{e}^{\mathrm{j}\theta}}=\left(\lim_{R\to\infty}\frac{b_m}{a_n R^{n-m}}\right)\mathrm{e}^{-\mathrm{j}(n-m)\theta}$$

$$=\begin{cases}\dfrac{b_m}{a_n} & (n=m)\\ 0\angle-(n-m)\theta & (n>m)\end{cases}\tag{5-58}$$

上式表明，Γ 的无穷大半圆部分在 $G(s)H(s)$ 平面上的映射为 $G(s)H(s)$ 平面上的原点或者实轴上的一点。奈奎斯特围线 Γ_s 关于 $G(s)H(s)$ 的映射曲线 Γ_{GH} 称为奈奎斯特曲线 $G(\mathrm{j}\omega)H(\mathrm{j}\omega)$，它就是系统开环频率特性的幅相图。

虚轴上无开环极点时的奈奎斯特稳定判据为：若闭环系统在 s 平面右半部有 P 个开环极点，当 ω 从 $-\infty$ 变化到 $+\infty$ 时，奈奎斯特曲线 $G(\mathrm{j}\omega)H(\mathrm{j}\omega)$ 对 $(-1,\mathrm{j}0)$ 点的包围周数为 N（标定逆时针 $N>0$，顺时针 $N<0$），则系统在 s 平面右半部的闭环极点个数为 $Z=P-N$。若 $Z=0$，则闭环系统稳定；否则不稳定。

【例 5-5】 两个开环稳定的系统，其奈奎斯特曲线如图 5-39 所示，判定闭环系统的稳定性。

解 系统开环稳定时，开环极点个数 $P=0$。

在图 5-39 (a) 中，ω 从 $-\infty$ 变化到 ∞ 时，闭合的开环奈奎斯特曲线不包围 $(-1,\mathrm{j}0)$ 点，即 $N=0$，则闭环右极点个数为 $Z=P-N=0$，因此，该闭环系统稳定。

在图 5-39 (b) 中，闭合的开环奈奎斯特曲线顺时针包围 $(-1,\mathrm{j}0)$ 点两周，即 $N=-2$，则 $Z=P-N=0+2=2$，该系统在 s 右半平面上有两个闭环极点，所以闭环系统不稳定。

2. 虚轴上有开环极点时的奈奎斯特围线映射及其稳定判据

根据柯西辐角定理，s 平面奈奎斯特围线 Γ 上应当没有开环传递函数 $G(s)H(s)$ 的极点和零点，但实际控制系统的 $G(s)H(s)$ 中常常有积分环节，因而在 Γ 的路径上（s 平面的原点处）有极点，故不能应用辐角定理。为了使奈奎斯特围线不经过原点但又能包围整个

右半 s 平面，修正如下。

以原点为圆心绘制一半径为无穷小的右半圆，并用以下四段曲线构成奈奎斯特围线：

（1）Ⅰ段：正虚轴 $s=\mathrm{j}\omega$，ω 由 0 变化到∞。

（2）Ⅱ段：半径为无穷大的右半圆 $s=R\mathrm{e}^{\mathrm{j}\theta}$，$R\to\infty$，$\theta$ 由 $\pi/2$ 变化到$-\pi/2$。

（3）Ⅲ段：负虚轴 $s=-\mathrm{j}\omega$，ω 由$-\infty$变化到 0。

（4）Ⅳ段：半径为无穷小的右半圆 $s=R'\mathrm{e}^{\mathrm{j}\theta'}$，$R'\to 0$。$\theta'$ 由$-\pi/2$ 变化到 $\pi/2$，如图 5-40 所示。

可见，$v\neq 0$ 时的奈奎斯特围线与 $v=0$ 时的奈奎斯特围线只在原点附近不同。

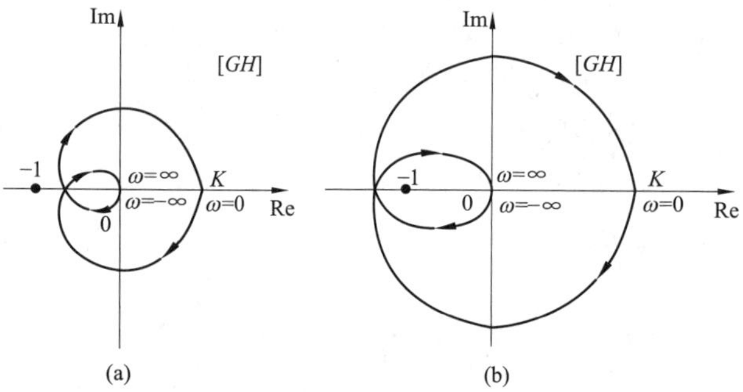

图 5-39　$v=0$ 时的开环奈奎斯特图

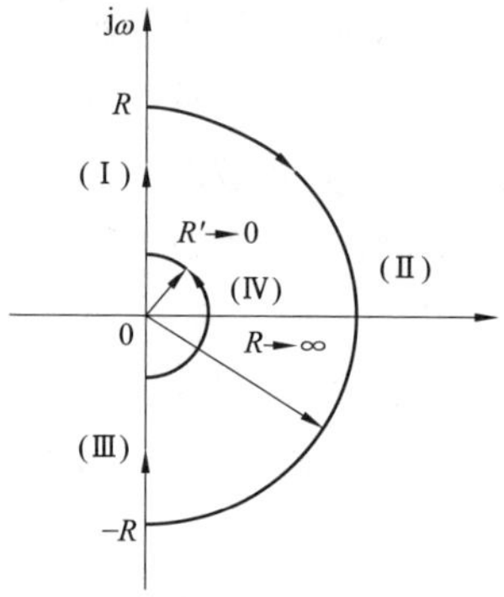

图 5-40　开环系统含积分环节的奈奎斯特围线

设开环系统的传递函数为

$$G(s)H(s)=\frac{K\prod_{j=1}^{m}(\tau_j s+1)}{s^v\prod_{i=1}^{n-v}(T_i s+1)}\quad(v\geqslant 1)$$

下面分析围线 Γ 在 GH 平面上的映射。

（1）第Ⅰ段和第Ⅲ段

$$s=\pm\mathrm{j}\omega$$

$$G(s)H(s)\big|_{s=\mathrm{j}\omega}=|G(\mathrm{j}\omega)H(\mathrm{j}\omega)|\,\mathrm{e}^{\mathrm{j}\angle G(\mathrm{j}\omega)H(\mathrm{j}\omega)}$$

封闭围线 Γ 的第Ⅰ段在 GH 平面的映射正是前面所讲的 $\omega>0$ 时的开环频率特性的幅相曲线，而第Ⅲ段在 GH 平面的映射与第Ⅰ段的开环幅相曲线是关于实轴对称的。

（2）当 s 在 Γ 的第Ⅱ段上运动时，它在 GH 平面的映射为原点，原因如下

$$G(s)H(s)\big|_{s=\lim\limits_{R\to\infty}R\mathrm{e}^{\mathrm{j}\theta}}=\frac{b_m s^m+b_{m-1}s^{m-1}+\cdots+b_1 s+b_0}{a_n s^n+a_{n-1}s^{n-1}+\cdots+a_1 s+a_0}\Bigg|_{s=\lim\limits_{R\to\infty}R\mathrm{e}^{\mathrm{j}\theta}}=\left(\lim_{R\to\infty}\frac{b_m}{a_n R^{n-m}}\right)\mathrm{e}^{-\mathrm{j}(n-m)\theta}$$

$$=\begin{cases}\dfrac{b_m}{a_n} & (n=m)\\[2ex] 0\mathrm{e}^{-\mathrm{j}(n-m)\theta} & (n>m)\end{cases}\tag{5-59}$$

上式表明，Γ 的无穷大半圆部分在 GH 平面上的映射为 GH 平面上的原点或者实轴上的一点。而这一点与频率特性 $G(\mathrm{j}\omega)H(\mathrm{j}\omega)$ 在 $\omega\to\infty$的映射相一致。

（3）第Ⅳ段半径为无穷小的右半圆

$$G(s)H(s)\big|_{s=\lim\limits_{R'\to 0}R'e^{j\theta'}}=\lim_{R'\to 0}\frac{K}{R'^{v}}e^{-jv\theta'}=\infty e^{-jv\theta'}$$

θ' 由 $-\pi/2$ 变化到 $\pi/2$ 时，$-v\theta'$ 由 $v\pi/2\to 0\to -v\pi/2$，顺时针转动 $v\pi$。

可见，第Ⅳ段半径为无穷小的右半圆在 GH 平面的映射为顺时针转动的无穷大圆弧，旋转的角度为 $v\pi$ 。

综上可知，绘制奈奎斯特围线 Γ 的映射围线 Γ' 时，可以不必考虑 s 在无穷大半圆上变化的情况，而认为 s 只在整个虚轴和原点或原点附近的小半圆上变化。需注意的是，若开环传递函数含有 v 个积分环节，ω 由 $-\infty\to\infty$，是指 ω 由 $-\infty\to 0^-\to 0\to 0^+\to\infty$，此时，奈奎斯特曲线是需要顺时针增补 $v\pi$ 角度的无穷大半径的圆弧。

虚轴上有开环极点时的奈奎斯特稳定判据为：当 ω 由 $-\infty\to\infty$ 变化时，增补后的开环奈奎斯特曲线逆时针方向包围（-1，j0）点 P 周，当 $N=P$ 时，判定闭环系统稳定。P 是开环传递函数正实部极点的个数。

3. 奈奎斯特稳定判据在 $1/2\Gamma_{GH}$ 映射曲线上的应用

考虑到 Γ_{GH} 曲线的对称性，在利用奈奎斯特图判别闭环系统稳定性时，为了简便起见，通常只绘制出 ω 从 $0\to 0^+\to\infty$ 段的 $1/2\Gamma_{GH}$ 映射曲线，此时确定系统在 s 平面右半部极点个数公式为

$$Z=P-2N \tag{5-60}$$

式中：P 为开环系统在 s 平面右半部的极点个数；N 是正频部分对应的奈奎斯特曲线包围（-1，j0）点的周数。若 $Z=0$，则闭环系统稳定；否则不稳定。

对于Ⅰ型以上的系统，需注意补充 $0\to 0^+$ 时奈奎斯特映射曲线。

【例 5-6】 三个系统开环传递函数的奈奎斯特图如图 5-41 所示，系统开环稳定，试判断三个闭环系统的稳定性。

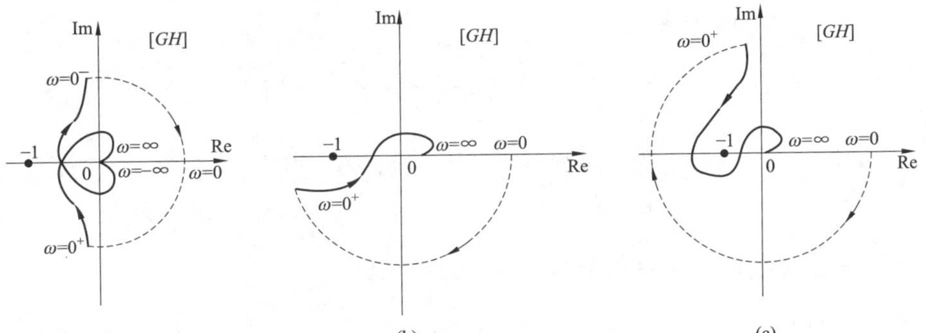

图 5-41 ［例 5-6］图

解　系统开环稳定，$P=0$。

在图 5-41（a）中，当 ω 由 $-\infty\to\infty$ 时，增补后的奈奎斯特曲线不包围（-1，j0）点，根据 $Z=P-N=0$，该闭环系统稳定。

在图 5-41（b）、（c）中，当 ω 由 $0\to\infty$ 时，两个系统增补后的奈奎斯特曲线都不包围（-1，j0）点，即 $N=0$，根据 $Z=P-N=0$，判断两个闭环系统都稳定。其中图 5-

41（c）中若不增补 $0\to0^+$ 对应的曲线，则判别结果将出错。

4. 利用穿越次数的奈奎斯特稳定判据

对于复杂的开环极坐标图，采用包围周数的概念判定闭环系统稳定性容易出错。开环频率特性轨迹包围（-1，j0）点，必然穿越（$-\infty$，-1）这段负实轴。为了简化判定过程，引用正、负穿越的概念。

如果开环极坐标图以逆时针方向包围（-1，j0）点一周，则此曲线必然从上向下穿越负实轴的（$-\infty$，-1）线段一次。由于这种穿越伴随着相角增加，故称为正穿越，表示为 N^+。反之，开环极坐标图按顺时针方向包围（-1，j0）点一周，则该曲线必然从下向上穿越负实轴的（$-\infty$，-1）线段一次。这种穿越伴随着相角减小，故称为负穿越，表示为 N^-。正穿越次数 N^+ 和负穿越次数 N^- 标识如图 5-42 所示。

利用穿越次数奈奎斯特稳定判据在 $1/2\Gamma_{GH}$ 映射曲线上的应用公式为

$$Z=P-2N \tag{5-61}$$

式中：$N=N^+-N^-$；Z 为 s 平面右半部闭环极点个数。若 $Z=0$，则闭环系统稳定；否则闭环系统不稳定。

开环极坐标图还会出现一种情况，即开环极坐标图起始于（或终止于）（-1，j0）点左侧的负实轴。其穿越的次数记为 1/2 次，称为半次穿越。若穿越方向为逆时针方向（从上向下），称为半次正穿越；若穿越方向为顺时针方向（从下向上），称为半次负穿越。

【例 5-7】 系统开环传递函数有 2 个正实部极点，开环极坐标图如图 5-43 所示，试判断闭环系统的稳定性。

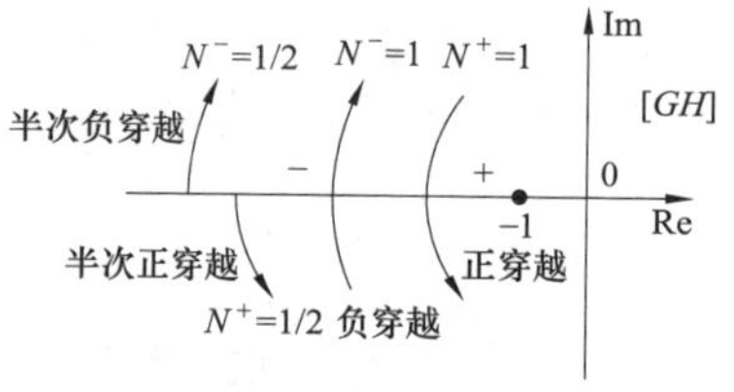

图 5-42 正、负穿越

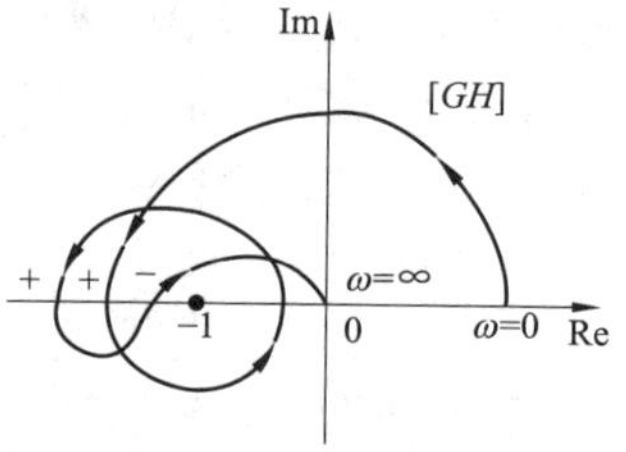

图 5-43 ［例 5-7］图

解 $P=2$，ω 由 $0\to\infty$ 变化，极坐标图在（-1，j0）点左方正负穿越负实轴次数之差是 $N=N^+-N^-=2-1=1$，$Z=P-2N=2-2\times1=0$，所以闭环系统稳定。

5.6.3 基于对数频率特性的奈奎斯特稳定判据

在工程上，常用伯德图对控制系统进行分析和设计。将奈奎斯特稳定判据的条件“翻译”到伯德图上，直接应用伯德图来判别闭环系统的稳定性将更为方便。因此，对数频率稳定判据也称为伯德图在奈奎斯特稳定判据中的应用，是奈奎斯特稳定判据的另一种形式。

奈奎斯特图和相应的伯德图有如下的对应关系：

（1）奈奎斯特图上的单位圆对应于伯德图上的 0dB 线，单位圆以外的区域对应于对数幅频特性中 0dB 线以上的区域。

（2）奈奎斯特图上的负实轴对应于伯德图的 $-180°$ 相位线。

奈奎斯特图在（-1，j0）点左方的正、负穿越在伯德图上的表示为：在 $L(\omega)>0$dB 的频段内，随着 ω 的增加，相频特性 $\varphi(\omega)$ 曲线从下向上穿过 $-180°$ 线，相位增加，称为正穿越。反之，相频特性 $\varphi(\omega)$ 曲线从上向下穿越 $-180°$ 线，相位减少，称为负穿越。

基于对数频率特性的奈奎斯特稳定判据为：P 为正实部的开环极点个数，Z 为正实部的闭环极点个数，当 ω 由 $0\rightarrow\infty$ 变化时，在 $L(\omega)>0\text{dB}$ 的所有频段内，增补后的相频特性曲线对 $-180°$ 线的正、负穿越次数之差为 N，即 $N=N^{+}-N^{-}$，若 $Z=P-2N=0$，则闭环系统稳定；否则闭环系统不稳定。

需强调的是，当开环系统含有 v 个积分环节时，相频特性应增补 ω 由 $0\rightarrow0^{+}$ 部分的 $0°\rightarrow-90°v$ 线。

【例 5-8】 系统开环伯德图和开环正实部极点个数 P 如图 5-44 所示，判定闭环系统稳定性。

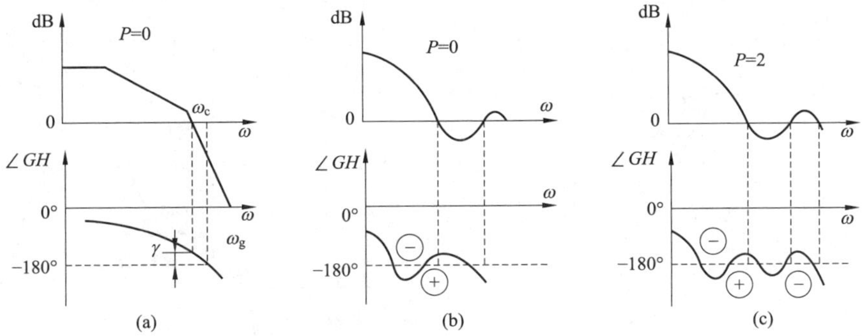

图 5-44 ［例 5-8］图

解 图 5-44（a）中，$P=0$，对数幅频特性 $L(\omega)>0\text{dB}$ 的所有频段内，相频特性曲线没有穿越 $-180°$ 线，$N=0$，$Z=P-2N=0-0=0$，故闭环系统稳定。

图 5-44（b）中，$P=0$，对数幅频特性 $L(\omega)>0\text{dB}$ 的所有频段内，相频特性曲线对 $-180°$ 线的正、负穿越次数之差为 $N=N^{+}-N^{-}=1-1=0$，$Z=P-2N=0$，故闭环系统稳定。

图 5-44（c）中，$P=2$，对数幅频特性 $L(\omega)>0\text{dB}$ 的所有频段内，相频特性曲线对 $-180°$ 线的正、负穿越次数之差 $N=N^{+}-N^{-}=1-2=-1$，$Z=P-2N=2-2\times(-1)=4$，故闭环系统不稳定。

5.7　控制系统的相对稳定性

5.7.1　稳定裕度

前面介绍的稳定判据是分析系统是否稳定，称为绝对稳定性分析。而对于一个稳定的系统而言，还有一个稳定的程度，即相对稳定性的概念。相对稳定性与系统的动态性能指标有着密切的关系。在设计一个控制系统时，不仅要求系统是绝对稳定的，而且还应保证系统具有一定的稳定程度。

对于一个最小相位系统而言，$G(j\omega)H(j\omega)$ 曲线越靠近 $(-1,\ j0)$，系统阶跃响应的振荡就越强烈，系统相对稳定性就越差。因此，可用 $G(j\omega)H(j\omega)$ 曲线对点（-1，j0）的接近程度来表示系统的相对稳定性。一般采用相角裕度和幅值裕度来定量地表示系统的相对稳定性。

相角裕度和幅值裕度是系统开环频域指标，它们与闭环系统的动态性能密切相关。

1. 相角裕度

在 GH 平面上，画出以原点为圆心的单位圆，开环奈奎斯特曲线与单位圆交点所对应的角频率称为幅值穿越频率，或者称为截止频率、剪切频率，记为 ω_c。此时 $A(\omega_c)=|G(j\omega)H(j\omega)|=1$，如图 5-45（a）、（b）所示。在伯德图上，由于 $L(\omega_c)=20\lg A(\omega_c)=0$，截止频率 ω_c 即是开环幅频特性与 0dB 线交点所对应的角频率，如图 5-45（c）、（d）所示。

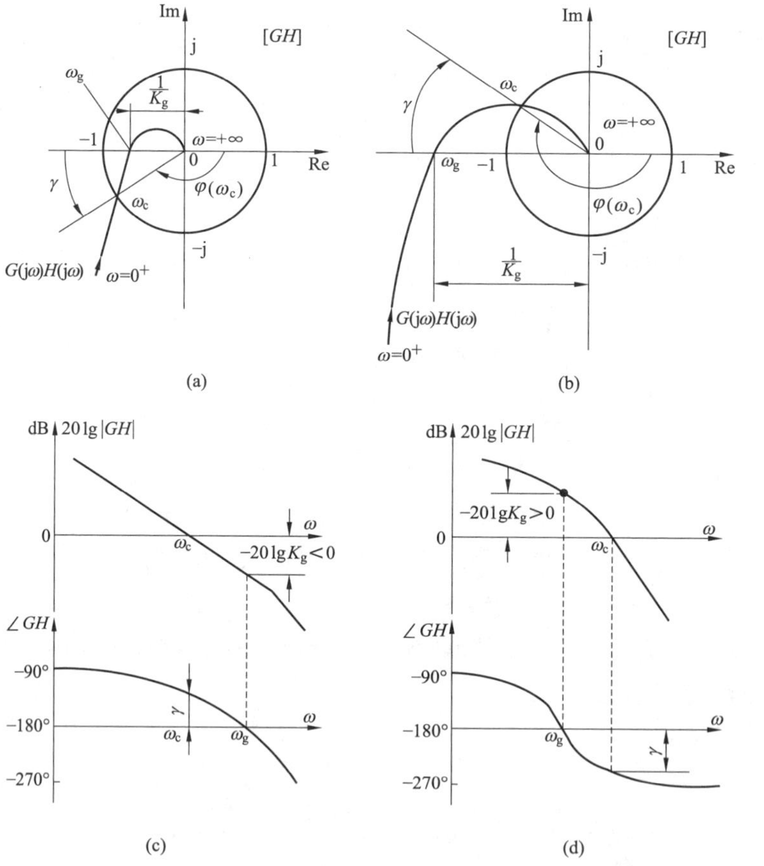

图 5-45　相角裕度与幅值裕度

（a）正相角裕度，正幅值裕度；（b）负相角裕度，负幅值裕度；

（c）正相角裕度，正幅值裕度；（d）负相角裕度，负幅值裕度

相角裕度是指开环幅相频率特性 $G(j\omega)H(j\omega)$ 的幅值 $A(\omega_c)=1$ 时的向量与负实轴的夹角，记为 γ。也就是频率特性在截止频率 ω_c 处所对应的相位与 $-180°$ 之差［见图 5-45（a）、（b）］，其表达式为

$$\gamma=\varphi(\omega_c)-(-180°)=180°+\varphi(\omega_c) \tag{5-62}$$

相角裕度的物理意义： 如果闭环系统是稳定的，则相角裕度作为量值指明了系统的开环相频特性 $\varphi(\omega_c)$ 再减少多少度就不稳定了。开环奈奎斯特图通过点（-1，j0）时，闭环系统是临界稳定。对于开环稳定的系统，欲使闭环稳定，其相角裕度必须为正，即 $\gamma>0$。一个良好的控制系统，通常要求 γ 在 30°～60°之间。

2. 幅值裕度

开环频率特性的相角为－180°的角频率称为相角穿越频率，记为 ω_g

$$\varphi(\omega_g)=-180° \tag{5-63}$$

幅值裕度是开环幅频特性幅值的倒数，记作

$$K_g=\frac{1}{|G(\mathrm{j}\omega_g)H(\mathrm{j}\omega_g)|}=\frac{1}{A(\omega_g)} \tag{5-64}$$

对于式（5-64）两边取对数，得到幅值裕度

$$20\lg K_g=-20\lg A(\omega_g)=-L(\omega_g)$$

K_g 的分贝值等于 $L(\omega_g)$ 与 0dB 之间的距离（0dB 下为正）。$A(\omega_g)<1$，则 $K_g>1$，$20\lg K_g>0$dB，称幅值裕度为正；反之称幅值裕度为负，如图 5-45（c）、（d）所示。当开环放大系数变化而其他参数不变时，ω_g 不变，但 $A(\omega_g)$ 变化。

幅值裕度的物理意义： 如果闭环系统是稳定的，那么系统的开环增益再增大 K_g 倍，系统就处于临界稳定；或者在伯德图上，开环对数幅频特性 $L(\omega)$ 再向上移动多少分贝，系统就不稳定了。

对于开环稳定的系统，欲使闭环稳定，其幅值裕度应为正值，即 $20\lg K_g>0$dB。一个良好的系统，一般要求 $K_g=2$～3.16dB 或 $K_g=6$～10dB。

5.7.2　稳定裕度计算

当计算相角裕度 γ 时，首先要计算截止频率 ω_c。求 ω_c 较方便的方法是由 $G(s)H(s)$ 绘制 $L(\omega)$ 曲线，由 $L(\omega)$ 曲线与 0dB 线的交点确定 ω_c。求幅值裕度 K_g，要先确定相角穿越频率 ω_g。对于阶数不太高的系统，可直接用三角方程 $\angle G(\mathrm{j}\omega_g)=-180°$，求解 ω_g。或者是将 $G(\mathrm{j}\omega_g)H(\mathrm{j}\omega_g)$ 写成实部和虚部形式，令虚部为零而求得 ω_g。

【例 5-9】 最小相位系统开环传递函数为 $G(s)H(s)=\dfrac{K}{(T_1s+1)(T_2s+1)(T_3s+1)}$，分析开环增益 K 的大小对系统稳定性的影响，如图 5-46 所示。

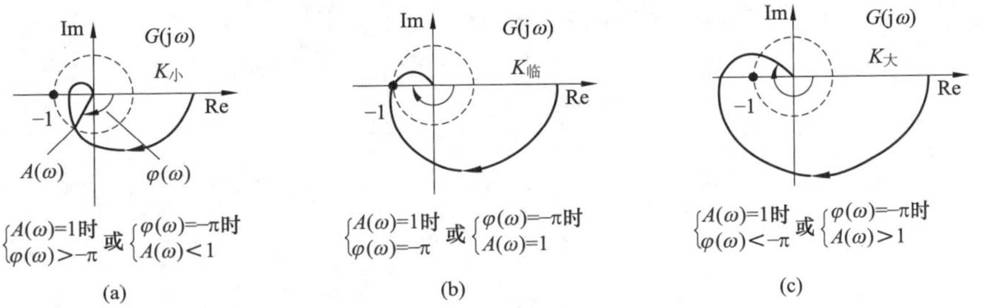

图 5-46　K 增大时系统稳定性的变化

（a）系统稳定；（b）临界稳定；（c）不稳定

解 由图 5-46 可以看出，当 K 较小时，极坐标图不包围（-1，j0）点，系统是稳定的；K 取临界值时，极坐标图穿过（-1，j0）点，系统是临界稳定的；当 K 再增大时，极坐标图包围了（-1，j0）点，系统不稳定。

从图 5-46 还可以看出，坐标图穿过单位圆时，即当模为 1，系统稳定时，$\gamma>0°$；临界稳定时，$\gamma'=0°$；系统不稳定时，$\gamma'<0°$。

5.8 利用开环对数幅频特性分析系统的性能

在频域中对系统进行分析和设计时，通常以频域指标为依据，但是频域指标不如时域指标直观、准确。因此，需进一步探讨频域指标与时域指标之间的关系。考虑到对数频率特性在控制工程中应用的广泛性，本节以伯德图为基本形式，讨论开环对数幅频特性 $L(\omega)$ 的形状与系统性能指标之间的关系，以及根据频域指标与时域指标的数量关系估算出系统的时域响应性能。

5.8.1 开环对数幅频特性“三频段”与闭环系统性能的关系

频率特性法的主要特点之一，是根据系统的开环频率特性分析闭环系统的性能。对最小相位系统进行分析时，通常只要关注其对数幅频特性即可。实际系统的开环对数幅频特性 $L(\omega)$ 一般都符合如图 5-47 所示的特征，即左端低频部分较高，右端高频部分较低。将开环对数幅频特性 $L(\omega)$ 分成低频段、中频段和高频段三个频段。一般来说，低频段主要是指第一个转折频率以前的部分，中频段是指截止频率 ω_c 附近的频段，高频段是指频率远大于 ω_c（$\omega>10\omega_c$）的频段。为了分析方便，又不失一般性，在本节的讨论中均以单位负反馈系统作为讨论对象。

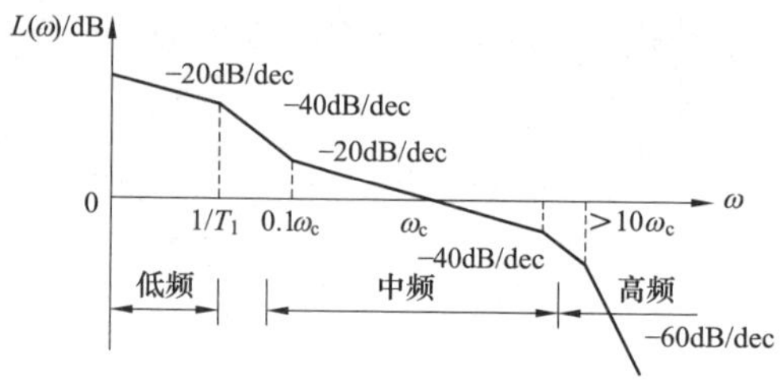

图 5-47 系统开环对数幅频特性图

需要指出的是，开环对数幅频特性三频段的划分是相对的，各频段之间没有严格的界限。一般控制系统的频段范围在 0.01～100rad/s 之间。下面分析各频段与系统性能之间的关系。

1. 低频段与系统稳态性能的关系

低频段是指开环对数幅频特性曲线在第一个转折频率以前的区段，这一段的特性主要由积分环节 v 和开环增益 K 决定。设某单位反馈系统的传递函数为

$$G(s)=\frac{K\prod_{j=1}^{m}(\tau_j s+1)}{s^v\prod_{i=1}^{n-v}(T_i s+1)}\quad(n\geqslant m)$$

当 $\omega\to 0$ 时，低频段的数学模型可近似表示为 $G(s)=\frac{K}{s^v}$，对应的频率特性为 $G(\mathrm{j}\omega)=\frac{K}{(\mathrm{j}\omega)^v}$。低频段的开环对数幅频特性为

$$L(\omega)=20\lg A(\omega)=20\lg\frac{K}{\omega^{v}}=20\lg K-20v\lg\omega \tag{5-65}$$

低频段的开环对数幅频特性曲线如图 5-48 所示，渐近线斜率与系统型别有关，斜率为$-20v$dB/dec。斜率为0dB/dec的对应 0 型系统，斜率为-20dB/dec的对应 Ⅰ 型系统，斜率为-40dB/dec的对应 Ⅱ 型系统。同时，$L(\omega)$低频渐近线（或其延长线）在 $\omega=1$ 处的纵坐标值为 $20\lg K$，K 对应系统的静态误差系数，从数值上看，低频渐近线（或其延长线）交于 0dB 线处的频率值 ω_0和开环增益 K 的关系为$K=\omega^{v}$。

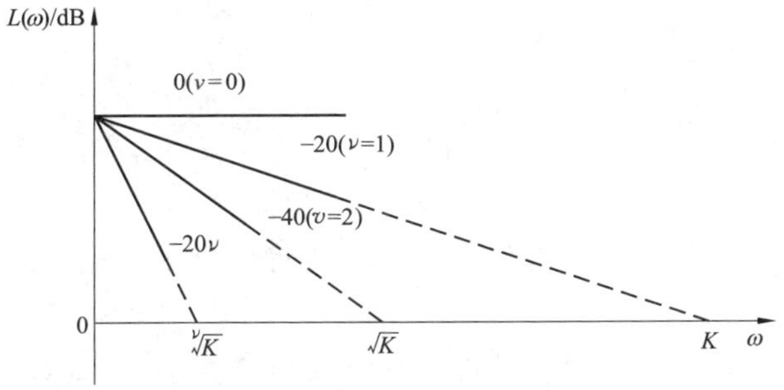

图 5-48　低频段的开环对数幅频特性曲线

若已知低频段的开环对数幅频特性曲线，则很容易得到 K 值和积分环节数 v，所以低频段的频率特性决定了系统的稳态性能。开环对数幅频特性曲线的位置越高，说明开环增益 K 越大；低频渐近线斜率越负，说明积分环节数越多，均表明系统稳态性能越好。

2. 中频段与系统动态性能的关系

中频段是指开环对数幅频特性曲线在截止频率 ω_c附近的频段，即 $L(\omega)$ 穿过 0dB 线的频段。中频段反映了系统动态响应的平稳性和快速性，即系统的动态性能。下面对中频段斜率分别为-20dB/dec 和-40dB/dec 两种情况及其动态特性进行分析。

（1）截止频率 ω_c与系统动态性能的关系。设系统开环对数幅频特性曲线的中频段斜率为-20dB/dec，且占据频段比较宽，如图 5-49（a）所示。若只从与中频段相关的平稳性和快速性来考虑，可近似认为整个曲线是一条斜率为-20dB/dec 的直线。其对应的开环传递函数为

$$G(s)\approx\frac{K}{s}=\frac{\omega_c}{s}$$

闭环传递函数为

$$\Phi(s)=\frac{G(s)}{1+G(s)}=\frac{\dfrac{\omega_c}{s}}{1+\dfrac{\omega_c}{s}}=\frac{1}{\dfrac{1}{\omega_c}s+1}$$

这相当于一阶系统。其阶跃响应按指数规律变化，无振荡。

调节时间为

$$t_s\approx 3T=\frac{3}{\omega_c}$$

可见，在一定条件下，ω_c越大，t_s越小，系统响应越快，截止频率ω_c反映了系统响应的快速性。

（2）中频段斜率与系统动态性能的关系。设系统开环对数幅频特性曲线的中频段斜率为−40dB/dec，且占据频段较宽，如图 5-49（b）所示。同理，可近似认为整个曲线是一条斜率为−40dB/dec 的直线。其开环传递函数为

$$G(s) \approx \frac{K}{s^2} = \frac{\omega_c^2}{s^2}$$

闭环传递函数为

$$\Phi(s) = \frac{G(s)}{1+G(s)} = \frac{\frac{\omega_c^2}{s^2}}{1+\frac{\omega_c^2}{s^2}} = \frac{\omega_c^2}{s^2+\omega_c^2}$$

可见，系统含有一对闭环共轭纯虚根$\pm j\omega_c$，这相当于无阻尼二阶系统，系统处于临界稳定状态。

综上所述，开环对数幅频特性过ω_c的中频段斜率最好为−20dB/dec，而且期望其长度尽可能长些，以确保系统具有足够的相角裕度。如果过ω_c的中频段斜率为−40dB/dec，中频段占据的频率范围不宜过长，否则平稳性和快速性变差，即便稳定，稳定裕度也不大。可进一步推知，若以−60dB/dec 或更负的斜率穿越ω_c，则系统难以稳定。故通常取中频段斜率为−20dB/dec,且具有一定的中频宽，以期得到满意的平稳性，并通过提高ω_c来保证系统的快速性。

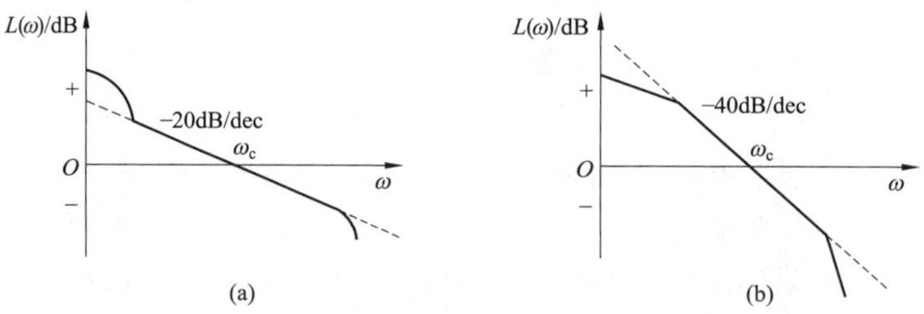

图 5-49　中频段的开环对数幅频特性曲线

3. 高频段与抑制干扰

高频段是指开环对数幅频特性曲线在中频段以后的频段（一般$\omega > 10\omega_c$）。开环对数幅频特性在高频段的幅值，直接反映了系统对输入端高频干扰信号的抑制能力。

在开环对数幅频特性的高频段，一般$L(\omega)=20\lg|G(j\omega)| \leqslant 0$，即$|G(j\omega)| \leqslant 1$，故有

$$|\Phi(j\omega)| = \frac{|G(j\omega)|}{|1+G(j\omega)|} \approx |G(j\omega)|$$

可见，闭环幅频特性与开环幅频特性近似相等。因此，开环幅频特性高频段的分贝值越低，表明闭环系统对高频信号的抑制能力越强，即系统的抗干扰能力越强。高频段的转折频率对应着系统的小时间常数，因而对系统动态性能的影响不大。

5.8.2　系统频域性能指标与时域性能指标

控制系统性能的优劣以性能指标来衡量。由于研究方法和应用领域的不同，性能指标有很多种，大体上可以归纳成两类：频域性能指标和时域性能指标。频域性能指标与时域动态性能指标对照见表 5-8。

表 5-8　系统的频域性能指标与时域暂态性能指标对照表

系统暂态响应特性	频域性能指标		时域动态性能指标
	闭环频域指标	开环频域指标	
相对稳定性	谐振峰值 M_r	相角裕度 γ，幅值裕度 K_g，在截止频率 ω_c附近幅频曲线斜率为－20dB/dec，频率宽度 h	超调量 σ_p，振荡次数 N
快速性	带宽频率 ω_b，谐振频率 ω_r	截止频率 ω_c	调节时间 t_s，上升时间 t_r，峰值时间 t_p

时域性能指标包括静态性能指标和动态性能指标。静态性能指标包括稳态误差 e_{ss}、无差度 v 以及开环增益 K。动态性能指标包括调节时间 t_s、超调量 σ_p、上升时间 t_r、峰值时间 t_p和振荡次数 N 等。常用的动态指标是 t_s和 σ_p。

频域性能指标包括开环频域指标和闭环频域指标。开环频域指标有截止频率 ω_c、相角裕度 γ、幅值裕度 K_g等，常用的是 ω_c和 γ。闭环频域指标有谐振频率 ω_r、谐振峰值 M_r和带宽频率 ω_b。虽然这些频域性能指标没有时域性能指标那样直观，但在二阶系统中，它们与时域性能指标有着确定的对应关系，在高阶系统中，也有着近似的对应关系。

根据开环频率特性分析系统性能是控制系统分析和设计的一种主要方法，它的特点是简便实用。但在工程实际中，有时也需对闭环频率特性有所了解，并据此来分析系统性能。

5.8.3　二阶系统开环频率特性与时域性能指标的关系

典型二阶系统的开环传递函数为

$$G(s)=\frac{\omega_n^2}{s(s+2\xi\omega_n)}$$

系统的开环频率特性为

$$G(j\omega)=\frac{\omega_n^2}{j\omega(j\omega+2\xi\omega_n)}$$

幅频特性为

$$A(\omega)=\frac{\omega_n^2}{\omega\sqrt{\omega^2+(2\xi\omega_n)^2}}$$

相频特性为

$$\varphi(\omega)=-90^\circ-\arctan\frac{\omega}{2\xi\omega_n}$$

二阶系统的开环对数幅频特性曲线如图 5-50 所示。在时域分析法中，二阶系统的性能

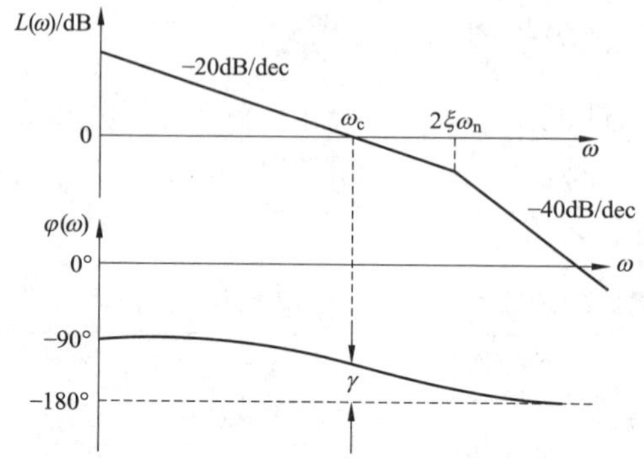

图 5-50　二阶系统开环对数幅频特性曲线

主要是用超调量 σ_p 衡量系统的平稳性，用调节时间 t_s 衡量系统的快速性。而在频率特性法中，常用相角裕度 γ 衡量系统的相对稳定性，用截止频率 ω_c 反映系统的快速性。下面分析它们之间的关系。

1. 相角裕度 γ 和超调量 σ_p 之间的关系

计算二阶系统的截止频率 ω_c，令

$$A(\omega_c)=\frac{\omega_n^2}{\omega_c\sqrt{\omega_c^2+(2\xi\omega_n)^2}}=1$$

即

$$\omega_c^4+4\xi^2\omega_n^2\omega_c^2-\omega_n^4=0$$

求得

$$\omega_c=\omega_n\sqrt{\sqrt{1+4\xi^4}-2\xi^2} \tag{5-66}$$

相角裕度

$$\begin{aligned}\gamma&=180°+\varphi(\omega_c)=180°-90°-\arctan\frac{\omega_c}{2\xi\omega_n}\\&=\arctan\frac{2\xi\omega_n}{\omega_c}\\&=\arctan\frac{2\xi}{\sqrt{\sqrt{1+4\xi^4}-2\xi^2}}\end{aligned} \tag{5-67}$$

可见，对于典型二阶系统，相角裕度 γ 只与系统的阻尼比 ξ 有关，它们之间的关系曲线如图 5-51 所示。由曲线可知，ξ 越大，则 γ 越大，系统的平稳性及相对稳定性越高。一般情况下，当 $0<\xi<0.707$ 时，即有

$$\xi=0.01\gamma \tag{5-68}$$

当 $\gamma=30°\sim60°$ 时，$\xi=0.3\sim0.6$，相应的超调量 $\sigma_p=37\%\sim9.5\%$。根据典型二阶系统的超调量 σ_p 和阻尼比 ξ 的关系，可确定 ξ 与 σ_p 关系曲线如图 5-51 所示。根据以上分析可知，相角裕度 γ 越大，阻尼比 ξ 越大，超调量 σ_p 越小；反之亦然。

2. 截止频率 ω_c、相角裕度 γ 与调节时间 t_s 之间的关系

根据时域分析的结果有

$$t_s = \frac{3 \sim 4}{\xi \omega_n} \tag{5-69}$$

将式（5-66）与式（5-69）相乘，得

$$t_s \omega_c = \frac{3 \sim 4}{\xi} \sqrt{\sqrt{1+4\xi^4} - 2\xi^2} \tag{5-70}$$

再由式（5-70）和式（5-67）可得

$$t_s \omega_c = \frac{6 \sim 8}{\tan\gamma} \tag{5-71}$$

将式（5-71）的函数关系绘成曲线，如图 5-52 所示。可见，调节时间 t_s 与截止频率 ω_c 和相角裕度 γ 有关。$t_s\omega_c$ 与相角裕度 γ 成反比；在 γ 不变时，截止频率 ω_c 越高，调节时间 t_s 越短，系统的响应速度越快。故可用截止频率 ω_c 来表征系统暂态响应的快速性。

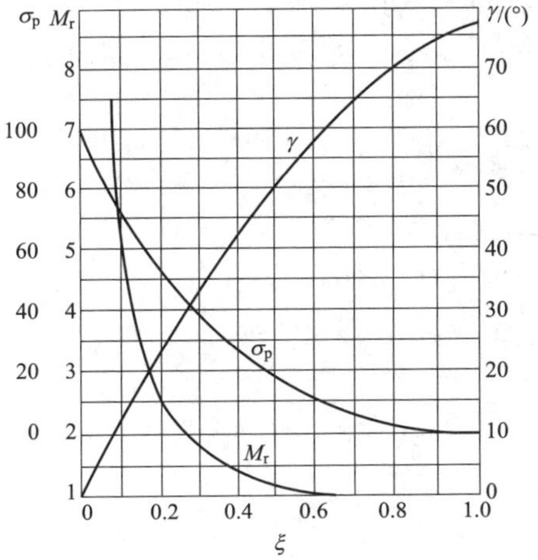

图 5-51　二阶系统 σ_p、M_r、γ 与 ξ 之间的关系曲线

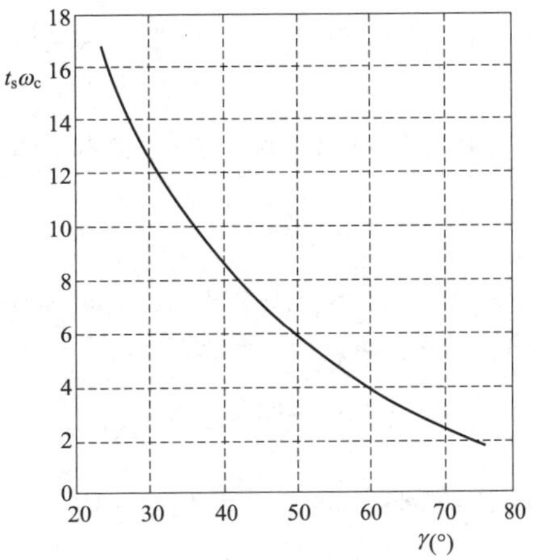

图 5-52　二阶系统 $t_s\omega_c$ 与 γ 的关系曲线

5.9　利用闭环频率特性分析系统的性能

5.9.1　闭环频率特性的频域指标

对单位负反馈系统，开环频率特性 $G(j\omega)$ 与闭环频率特性 $M(j\omega)$ 的关系为

$$M(j\omega) = \frac{G(j\omega)}{1+G(j\omega)} \tag{5-72}$$

利用计算机辅助或者尼科尔斯图等，根据开环频率特性求得系统的闭环频率特性，通过闭环频率特性间接反映系统的性能。作用在控制系统的信号除了控制输入外，常伴随输入端和输出端的多种确定性扰动和随机噪声，因而闭环系统的频域性能指标反映控制系统跟踪控制输入信号和抑制干扰信号的能力。图 5-53 为闭环幅频特性的典型形状，由图可见，闭环幅频特性的低频部分变化缓慢，较为平滑，随着 ω 增大，幅频特性出现最大值

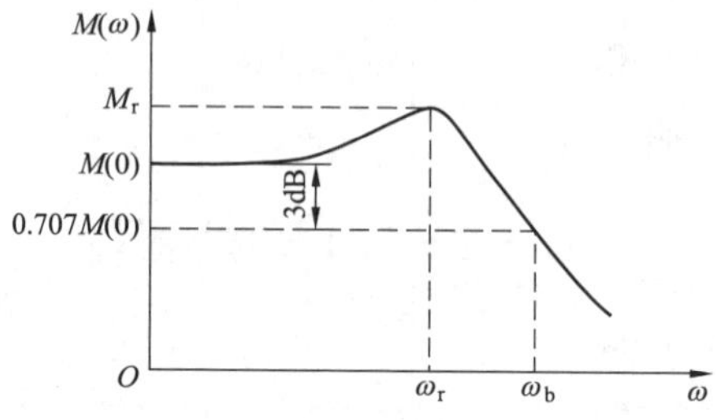

图 5-53　闭环幅频特性曲线

$M(\omega_r)$，继而以较大的陡度衰减至零，闭环频域性能指标如下。

1. 零频幅值 M(0)

$M(0)$ 是 $\omega=0$ 时的闭环幅频值，也是系统单位阶跃响应的稳态值，它表征了系统跟踪阶跃信号输入时的稳态精度。如果 $M(0)=1$，则意味着当阶跃函数作用于系统时，系统响应的稳态值与输入值一致，即此时系统的稳态误差为 0。$M(0)$ 值越接近 1，系统的稳态精度越高。

对于单位负反馈系统，设其低频段的开环传递函数为

$$G(s)=\frac{K}{s^{v}}$$

式中：v 为开环系统含有积分环节的个数。

其闭环传递函数为

$$\Phi(s)=\frac{G(s)}{1+G(s)}=\frac{K}{s^{v}+K}$$

闭环频率特性为

$$\Phi(\mathrm{j}\omega)=\frac{K}{(\mathrm{j}\omega)^{v}+K}$$

当 $v=0$ 时

$$M(0)=\lim_{\omega\to 0}\left|\frac{K}{(\mathrm{j}\omega)^{0}+K}\right|=\frac{K}{1+K}<1 \tag{5-73}$$

$M(0)\neq 1$ 时，开环系统为 0 型，此时系统在阶跃信号作用下存在静差，即 $e_{ss}\neq 0$。$M(0)$ 越接近于 0，说明 K 值越大，系统的稳态误差越小。

当 $v\geqslant 1$ 时

$$M(0)=\lim_{\omega\to 0}\left|\frac{K}{(\mathrm{j}\omega)^{v}+K}\right|=1 \tag{5-74}$$

$M(0)=1$ 时，开环系统为Ⅰ型及其以上的系统，此时系统在阶跃信号作用下没有静差，即 $e_{ss}=0$。

2. 谐振频率 ω_r

曲线的低频部分变化缓慢、平滑，随着频率的不断增加，曲线出现大于 $M(0)$ 的波峰，称这种现象为谐振，对应的频率为谐振频率 ω_r，它在一定程度上反映了系统的快速性。ω_r 越大，系统动态响应越快。

3. 谐振峰值 M_r

幅频特性最大值 M_m 与零频幅值 $M(0)$ 之比称为谐振峰值 $M_r=\dfrac{M_m}{M(0)}$。M_r 反映了系统的相对稳定性，M_r 值大，系统的阶跃响应的超调量大，相对稳定性较差。当 $v \geqslant 1$ 时，$M(0)=1$，$M_r=M_m$。

4. 带宽频率 ω_b

闭环幅频特性 $M(\omega)$ 从零频幅值 $M(0)$ 衰减到 $0.707M(0)$（或对数幅频曲线下降 3dB）时，对应的频率 ω_b 称为带宽频率，也称为闭环截止频率。$0 \sim \omega_b$ 的频率范围称为系统的频带宽度，简称带宽。系统的带宽反映了系统对噪声的滤波特性和瞬态响应特性。带宽越宽，说明信号对高频信号的衰减越小，跟踪快速变化信号的能力越强，即动态响应的速度越快，闭环系统对输入信号的复现也就越好，但是容易将高频扰动信号引入系统。带宽越宽，滤波性能越好，但从抑制噪声的观点看，系统的带宽不宜太大。所以在设计系统时带宽需要从快速性和降噪两方面进行折中考虑。

闭环系统滤掉频率大于带宽频率 ω_b 的信号分量，保持频率低于带宽频率的信号分量，这称为低通特性。控制系统的闭环频率特性一般具有低通滤波器的特点，而描述低通滤波器特性的一个重要特征量是它的带宽。

综上所述，在已知系统稳定的条件下，可以根据系统的闭环幅频特性曲线对系统进行定性分析。零频幅值 $M(0)$ 反映系统的稳态误差，谐振峰值 M_r 反映系统的平稳性，带宽频率 ω_b 反映系统的快速性，闭环幅频特性 $M(\omega)$ 在 ω_b 处的斜率反映系统抗干扰的能力。

5.9.2　二阶系统闭环频域指标与时域指标的关系

二阶系统开环传递函数的标准式为

$$G(s)=\frac{\omega_n^2}{s(s+2\xi\omega_n)}$$

二阶系统闭环传递函数的标准式为

$$\Phi(s)=\frac{C(s)}{R(s)}=\frac{\omega_n^2}{s^2+2\xi\omega_n s+\omega_n^2}$$

二阶系统闭环幅频特性为

$$M(\omega)=\frac{\omega_n^2}{\sqrt{(\omega_n^2-\omega^2)^2+(2\xi\omega_n\omega)^2}} \tag{5-75}$$

1. 谐振峰值 M_r 与超调量 σ_p 的关系

由二阶振荡环节幅频特性的讨论可知，当 $\xi \leqslant 0.707$ 时，典型二阶系统的谐振频率 ω_r 和谐振峰值 M_r 为

$$\omega_r=\omega_n\sqrt{1-2\xi^2} \tag{5-76}$$

$$M_r=\frac{1}{2\xi\sqrt{1-\xi^2}} \tag{5-77}$$

将式（5-77）所描述的谐振峰值 M_r 与阻尼比 ξ 的函数关系一并绘制于图 5-51 中。曲线

表明，M_r 和 σ_p 一样，都反映了系统的平稳性和相对稳定性，M_r 越小，系统的阻尼性能越好。$M_r=1.2\sim1.5$ 时，对应 $\sigma_p=20\%\sim30\%$，这时的动态过程适度振荡，平稳性和快速性均较好。控制工程中常以 $M_r=1.3$ 作为系统设计的依据。若 $M_r>2$，则 $\sigma_p>40\%$。

2. 闭环谐振频率 ω_r、带宽频率 ω_b 与调整时间 t_s 的关系

根据带宽的定义，在带宽频率 ω_b 处，典型二阶系统闭环频率特性的幅值为

$$M(\omega_b)=\frac{\omega_n^2}{\sqrt{(\omega_n^2-\omega^2)^2+(2\xi\omega_n\omega)^2}}=\frac{\sqrt{2}}{2}$$

由此解出

$$\omega_b=\omega_n\sqrt{(1-2\xi^2)+\sqrt{2-4\xi^2+4\xi^4}} \tag{5-78}$$

二阶系统单位阶跃响应的调节时间为

$$t_s=\frac{3\sim4}{\xi\omega_n}\quad(\Delta=5\%\sim2\%) \tag{5-79}$$

将式（5-79）与式（5-76）相乘，得二阶系统调节时间 t_s 与 ω_r 的关系为

$$\omega_r t_s=\frac{3\sim4}{\xi}\sqrt{1-2\xi^2} \tag{5-80}$$

将式（5-79）与式（5-78）相乘，得 t_s 与 ω_b 的关系为

$$\omega_b t_s=\frac{3\sim4}{\xi}\sqrt{(1-2\xi^2)+\sqrt{2-4\xi^2+4\xi^4}} \tag{5-81}$$

根据式（5-81）可以求得 $\omega_b t_s$ 与 M_r 的函数关系，并绘成曲线如图 5-54 所示。在 ξ 或者 M_r、σ_p 一定的情况下，ω_b 或者 ω_r 越大，t_s 就越小。因此，ω_b、ω_r 表征了控制系统的响应速度。在一般情况下，为提高系统的响应速度，要求系统具有较宽的带宽。但从抑制噪声角度来看，系统的带宽又不宜过宽。在设计控制系统过程中，通常需在上述两个相互矛盾的方面折中考虑。

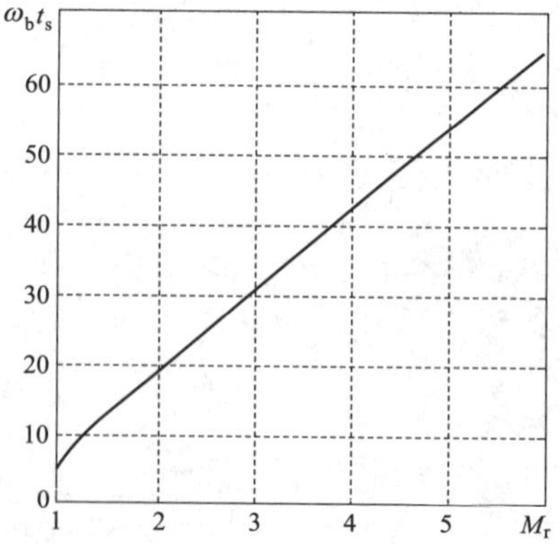

图 5-54　二阶系统 $\omega_b t_s$ 与 M_r 的关系曲线

5.9.3　高阶系统频域指标和时域指标的关系

常用的开环频域指标有截止频率 ω_c 和相角裕度 γ，常用的闭环频域指标有谐振频率 ω_r、带宽频率 ω_b 和谐振峰值 M_r。对于高阶系统，开环频域指标、闭环频域指标与系统时域指标不存在像二阶系统那样简单的定量关系，要想导出它们之间的关系式是很困难的。如果高阶系统中有一对复数极点构成闭环主导极点，则可以近似按二阶系统的闭环频域指标与时域指标之间的关系进行分析。如果不能简化为二阶系统，在工程实践中，常用一些经验公式来近似地估算高阶系统的动态性能指标。一般情况下，采用下面的经验公式表征频域指标和时域指标之间的关系。

$$M_r=\frac{1}{\sin\gamma} \tag{5-82}$$

$$\sigma_p=0.16+0.4(M_r-1)\quad(0\leqslant M_r\leqslant 1.8) \tag{5-83}$$

$$t_s=\frac{\pi}{\omega_c}[2+1.5(M_r-1)+2.5(M_r-1)^2]\quad(0\leqslant M_r\leqslant 1.8) \tag{5-84}$$

小　结

频率特性是线性系统（或部件）在正弦输入信号作用下的稳态输出与输入之比。它和传递函数、微分方程一样能反映系统的动态性能，因而它是线性系统（或部件）的又一形式的数学模型。

频率特性图因其采用坐标不同，分为幅相特性图、对数频率特性图和对数幅相特性图。各种形式之间互通，每种形式有其特定的适用场合。对数频率特性图在分析系统参数变化对系统性能的影响以及运用频率法校正时很方便，实际工程应用较广泛；对数幅相特性图分析闭环系统的稳定性时比较直观。

最小相位系统的幅频特性与相频特性对应。可以用实验的方法确定幅频特性并估计它们的数学模型，这是频率响应法的一大优点。

奈奎斯特稳定判据是根据开环频率特性曲线围绕（-1，j0）点的情况（即 N 等于多少）和开环传递函数在 s 右半平面的极点数 P 来判别对应闭环系统的稳定性。利用奈奎斯特判据，不仅可以判断系统的稳定性，而且引出相角裕度 γ 和增益裕度 K_g 的概念来表述系统的稳定程度。

开环频域指标（ω_c、γ）或闭环频域指标（ω_b、ω_r 和 M_r）与系统的时域指标密切相关。它们之间对于二阶系统有着准确的对应关系，高阶系统有着近似的关系，可以利用这些关系估算闭环系统的时域指标。

常用术语和概念

Fourier 变换（Fourier transform）：从时间函数 $f(t)$ 到频率函数 $F(\omega)$ 的变换。

频率响应（frequency response）：系统对正弦输入信号的稳态响应。

频率特性函数（transfer function in the frequency domain）：当输入为正弦信号时，输出与输入的傅里叶变换之比，常记为 $G(\mathrm{j}\omega)$，简称频率特性或频率响应函数。该信号也可以为任意的非周期信号。

极坐标图（polar polt）：$G(\mathrm{j}\omega)$的实部和虚部的关系图，亦称为幅相特性曲线或奈奎斯特图。

分贝（dB）（decibel）：对数增益的度量单位。

对数幅频（logarithmic magnitude）：频率特性幅值的对数，即 $20\lg|G(\mathrm{j}\omega)|$，其中，$G(\mathrm{j}\omega)$为频率特性函数。

伯德图（Bode plot）：频率特性的对数幅值和对数频率 ω 之间的关系图以及频率特性的相角与对数频率 ω 之间的关系图。

对数坐标图（logarithmic plot）：即伯德图（Bode plot）。

幅值穿越频率（gain crossover frequency）：幅频特性为 1 或伯德图幅频特性穿过 0dB 线时所对应的频率。

转折频率（corner frequency）：由于零点或极点的影响，对数幅频特性渐近线的斜率发生变化时的对应频率。转折频率又称为交接频率。

最小相位（minimum phase）：传递函数的所有零点和极点都在 s 左半平面，但可包括原点的零、极点。

非最小相位（nonminimum phase）：传递函数有 s 右半平面或 $\mathrm{j}\omega$ 轴的极点或零点，当 s 从 0 变化到 $+\infty$时，它总有更大的相位变化。

辐角原理（principle of the argument）：如果闭合曲线沿顺时针方向包围复变函数 $F(s)$ 的 Z 个零点和 P 个极点，那么对应的 $F(s)$ 平面上的映射曲线将沿顺时针方向包围 $F(s)$ 平面的原点 $N(N=Z-P)$ 次，也称为柯西（Cauchy）定理。

奈奎斯特稳定判据（Nyquist stability criterion）：如果系统的开环传递函数 $G(s)$在 s 右半平面的极点数为 0，那么闭环控制系统稳定的充要条件为 $G(s)$平面上的映射曲线不包围或净包围（-1，j0）0 次；如果系统的开环传递函数 $G(s)$在 s 右半平面有 P 个极点，那么闭环控制系统稳定的充要条件为 $G(s)$ 平面上的映射曲线逆时针方向包围（-1，j0）点 P 次。

相角裕度（phase margin）：$G(s)$ 平面上的奈奎斯特映射曲线绕原点旋转到使它的单位幅值点与（-1，j0）点重合，导致闭环系统变为临界稳定时所需的相角移动量。

增益裕度（gain margin）：使系统达到临界稳定所需的系统增益的放大倍数。

谐振频率（resonant frequency）：由共轭复极点引起的，闭环频率响应取得最大幅值时所对应的频率，用 ω_{r}表示。

频率响应的最大值（maximum value of the frequency response）：由复极点对引起，出现在谐振频率点上的响应峰值，又称为谐振峰值 M_{r}。

带宽（bandwidth or BW）：从低频开始到频率响应的对数幅值下降 3dB 所对应的频率范围，表示为 BW 或 ω_{b}。

对数幅相特性图（Nichols Chart）：以相角为横坐标，对数幅值为纵坐标的开环频率特性 $G(\mathrm{j}\omega)$和闭环频率特性 $M(\mathrm{j}\omega)$ 曲线。

思维导图

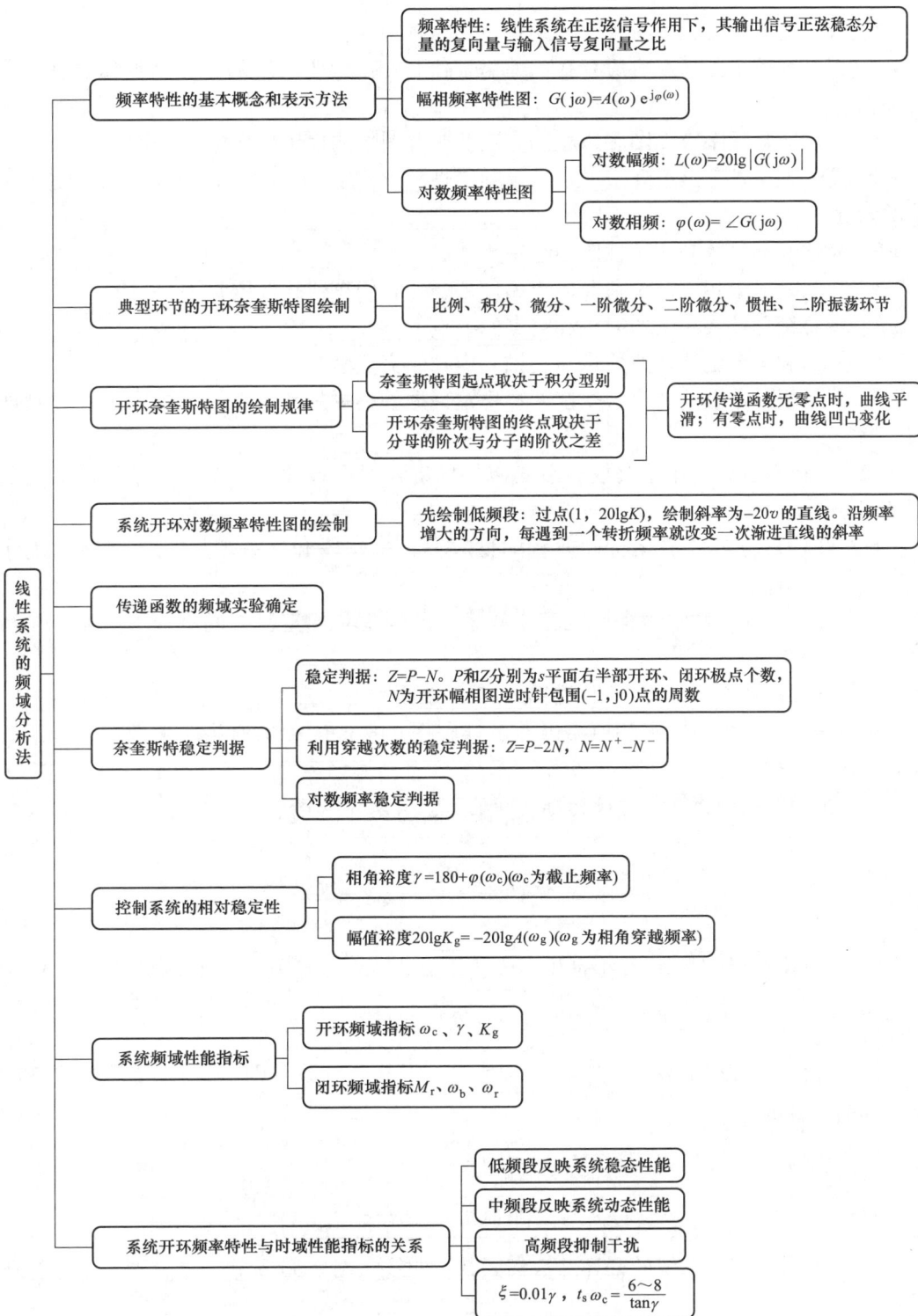

- 线性系统的频域分析法
  - 频率特性的基本概念和表示方法
    - 频率特性：线性系统在正弦信号作用下，其输出信号正弦稳态分量的复向量与输入信号复向量之比
    - 幅相频率特性图：$G(\mathrm{j}\omega)=A(\omega)\,\mathrm{e}^{\mathrm{j}\varphi(\omega)}$
    - 对数频率特性图
      - 对数幅频：$L(\omega)=20\lg|G(\mathrm{j}\omega)|$
      - 对数相频：$\varphi(\omega)=\angle G(\mathrm{j}\omega)$
  - 典型环节的开环奈奎斯特图绘制
    - 比例、积分、微分、一阶微分、二阶微分、惯性、二阶振荡环节
  - 开环奈奎斯特图的绘制规律
    - 奈奎斯特图起点取决于积分型别
    - 开环奈奎斯特图的终点取决于分母的阶次与分子的阶次之差
    - 开环传递函数无零点时，曲线平滑；有零点时，曲线凹凸变化
  - 系统开环对数频率特性图的绘制
    - 先绘制低频段：过点(1，20lg$K$)，绘制斜率为$-20v$的直线。沿频率增大的方向，每遇到一个转折频率就改变一次渐进直线的斜率
  - 传递函数的频域实验确定
  - 奈奎斯特稳定判据
    - 稳定判据：$Z=P-N$。P和Z分别为s平面右半部开环、闭环极点个数，N为开环幅相图逆时针包围$(-1,\mathrm{j}0)$点的周数
    - 利用穿越次数的稳定判据：$Z=P-2N$，$N=N^{+}-N^{-}$
    - 对数频率稳定判据
  - 控制系统的相对稳定性
    - 相角裕度$\gamma=180+\varphi(\omega_c)$($\omega_c$为截止频率)
    - 幅值裕度$20\lg K_g=-20\lg A(\omega_g)$($\omega_g$为相角穿越频率)
  - 系统频域性能指标
    - 开环频域指标 ω_c、γ、K_g
    - 闭环频域指标M_r、ω_b、ω_r
  - 系统开环频率特性与时域性能指标的关系
    - 低频段反映系统稳态性能
    - 中频段反映系统动态性能
    - 高频段抑制干扰
    - $\xi=0.01\gamma$，$t_s\omega_c=\dfrac{6\sim8}{\tan\gamma}$

思考题

5-1　什么是系统的频率特性、幅频特性和相频特性?

5-2　控制系统正弦稳态响应存在的前提是什么?试说明系统的传递函数和频率响应之间的关系。

5-3　简述对数频率特性图和幅相图，以及两种图形的横纵坐标定义。

5-4　简述如何求各典型环节的对数幅频特性的斜率、转折频率，以及如何绘制各典型环节的渐近直线。

5-5　简述开环对数频率特性图的绘制步骤。

5-6　什么是最小相位系统和非最小相位系统，它们有什么性质?

5-7　试总结开环幅相图的起点和终点的特点。

5-8　如何利用奈奎斯特曲线求与实轴、虚轴的交点坐标?

5-9　简述辐角定理的内容、奈奎斯特稳定判据的推导思路和奈奎斯特一般稳定判据的内容。

5-10　简述基于利用穿越次数的奈奎斯特稳定判据内容和基于对数频率特性的奈奎斯特稳定判据内容。

5-11　开环系统对数幅频特性曲线的低频段、中频段和高频段各表征闭环系统什么性能?

5-12　系统开环对数幅频特性在截止频率处的斜率和稳定性之间有什么关系?在系统设计时如何考虑三频段?

5-13　开环频域指标、闭环频域指标各都包含哪些物理量?简述这些物理量的含义。

5-14　什么是相角裕度和幅值裕度?怎样利用相角裕度和幅值裕度来判断闭环系统的稳定性?

5-15　试说明频域指标和时域指标之间的定性关系。

习　题

5-1　一单位负反馈控制系统的开环传递函数为 $G(s)=\dfrac{1}{s+1}$，试求输入信号 $r(t)=\sin(t+30°)$ 作用下，系统的稳态输出 $c(t)$ 和稳态误差 $e_{ss}(t)$。

5-2　系统开环传递函数为 $G(s)=\dfrac{1}{(Ts+1)(\tau s-1)}$，试分别绘制 $\tau<T$、$\tau=T$ 和 $\tau>T$ 三种情况下的幅相图。

5-3　绘制下列开环传递函数对应的伯德图。

(1) $G(s)=\dfrac{2}{(2s+1)(8s+1)}$；(2) $G(s)=\dfrac{40(s+0.5)}{s(s+0.2)(s^2+s+1)}$

5-4　已知最小相位系统的开环对数幅频特性曲线如图 5-55 所示，试分别写出各开环传递函数。

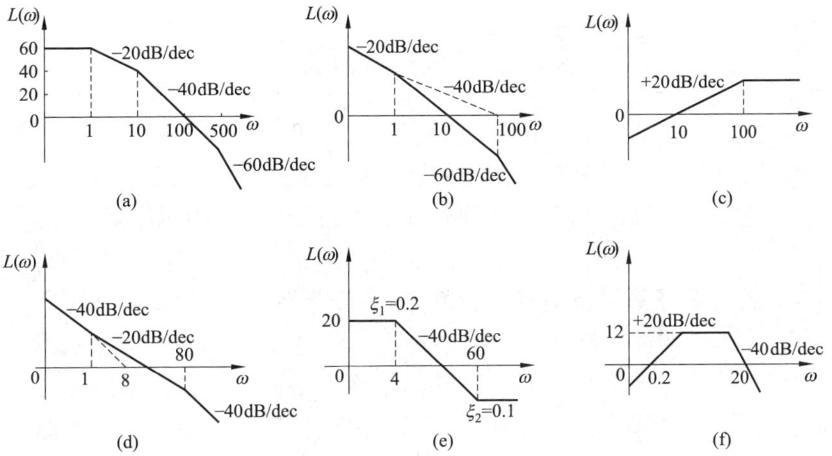

图 5-55　习题 5-4 图

5-5　两个最小相位系统的开环对数幅频特性曲线如图 5-56 所示，图中虚线为修正后的精确特性，试确定系统的开环传递函数。

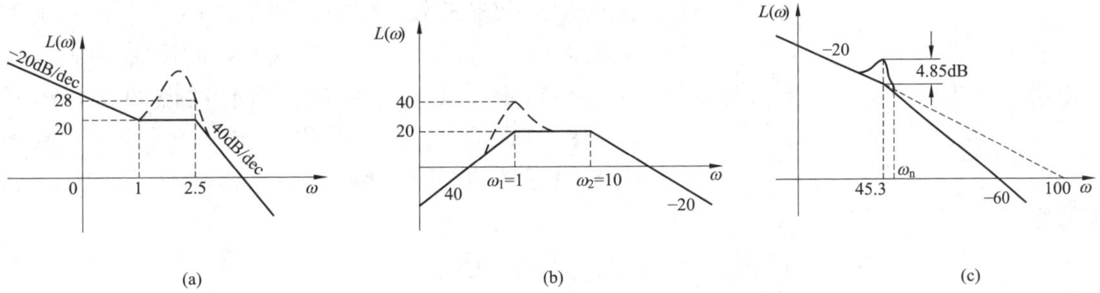

图 5-56　习题 5-5 图

5-6　系统开环传递函数为 $G(s)=\dfrac{K}{(s+0.5)(s+1)(s+2)}$，试分别绘制 $K=5$ 和 $K=15$ 时的幅相图，并判断闭环系统的稳定性。

5-7　试根据奈奎斯特判据，判断图 5-57（1）～（10）所示曲线对应闭环系统的稳定性。已知曲线（1）～（10）对应的开环传递函数如下（按由左至右顺序）：

(1) $G(s)=\dfrac{K}{(T_1s+1)(T_2s+1)(T_3s+1)}$；(2) $G(s)=\dfrac{K}{s(T_1s+1)(T_2s+1)}$；

(3) $G(s)=\dfrac{K}{s^2(Ts+1)}$；(4) $G(s)=\dfrac{K(T_1s+1)}{s^2(T_2s+1)}(T_1>T_2)$；(5) $G(s)=\dfrac{K}{s^3}$；

(6) $G(s)=\dfrac{K(T_1s+1)(T_2s+1)}{s^3}$；(7) $G(s)=\dfrac{K(T_5s+1)(T_6s+1)}{s(T_1s+1)(T_2s+1)(T_3s+1)(T_4s+1)}$；

(8) $G(s)=\dfrac{K}{T_1s-1}(K>1)$；(9) $G(s)=\dfrac{K}{T_1s-1}(K<1)$；(10) $G(s)=\dfrac{K}{T_1s-1}(K<1)$

5-8　典型二阶系统的传递函数为 $G(s)=\dfrac{\omega_n^2}{s^2+2\xi\omega_n s+\omega_n^2}$，图 5-58 给出该传递函数对

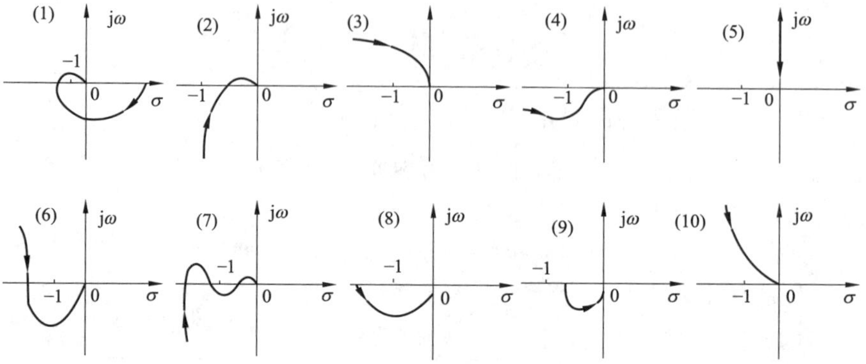

图 5-57　习题 5-7 图

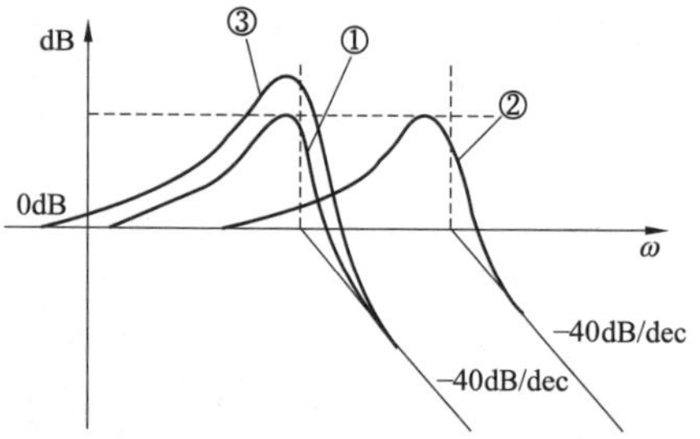

图 5-58　习题 5-8 图

应不同参数值时的三条对数幅频特性曲线①、②和③。试完成：

（1）在 s 平面上画出三条曲线所对应的传递函数极点（s_1，s_1^*；s_2，s_2^*；s_3，s_3^*）的相对位置。

（2）比较三个系统的超调量（σ_{p1}、σ_{p2}、σ_{p3}）和调整时间（t_{s1}、t_{s2}、t_{s3}）的大小，并简要说明理由。

5-9　最小相位系统的开环伯德图如图 5-59 所示，图中曲线①、②、③和④分别表示放大系数 K 为不同值时的对数幅频特性，试判断对应的闭环系统的稳定性。

5-10　典型二阶系统的伯德图如图 5-60 所示，已知参数 $\omega_n=3$，$\xi=0.7$，试确定截止频率 ω_c 和相角裕度 γ。

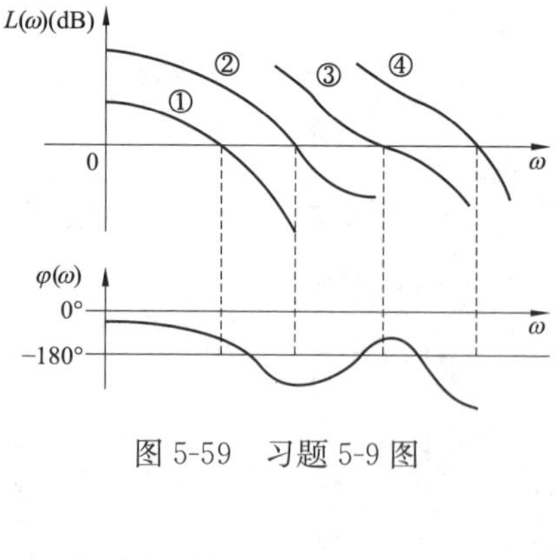

图 5-59　习题 5-9 图

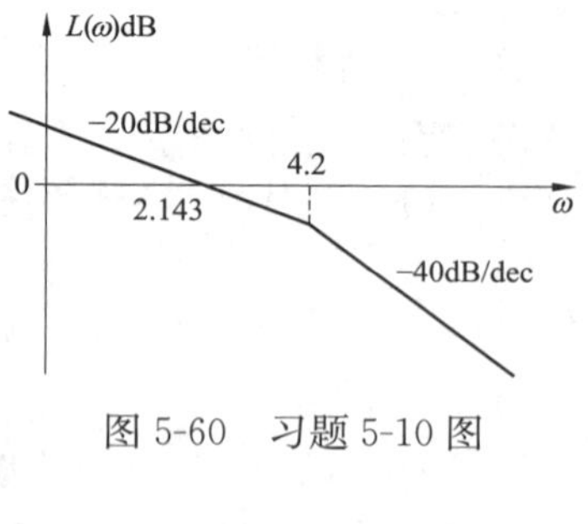

图 5-60　习题 5-10 图

5-11　已知负反馈系统的开环传递函数为 $G(s)H(s)=\dfrac{K}{s(0.2s+1)(0.05s+1)}$。试完成：

（1）求 $K=1$ 时系统的相角裕度和幅值裕度；

（2）求通过调整增益 K 值大小，使得系统的幅值裕度 $20\lg K_g=20\text{dB}$，相角裕度 $\gamma\geqslant 40^\circ$。

5-12　已知最小相位系统的开环对数幅频渐近特性如图 5-61 所示。试完成：

(1) 写出系统的开环传递函数；

(2) 利用稳定裕度判别系统的稳定性；

(3) 若要求系统具有 30°稳定裕度，试求开环放大系数 K 应改变的倍数。

5-13　已知最小相位系统伯德图如图 5-62 所示。试计算该系统在 $r(t)=\frac{1}{2}t^2$ 作用下的稳态误差和相角裕度。

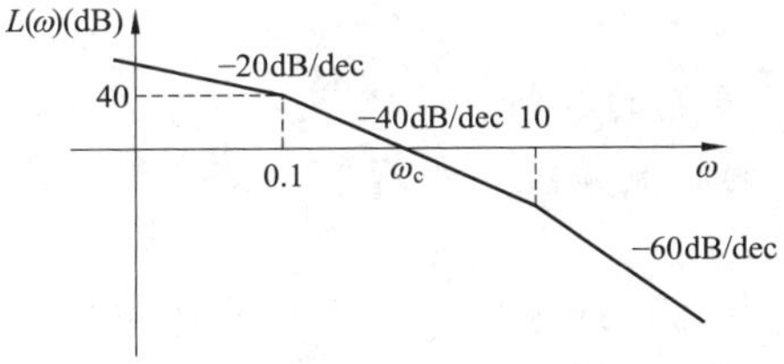

图 5-61　习题 5-12 图

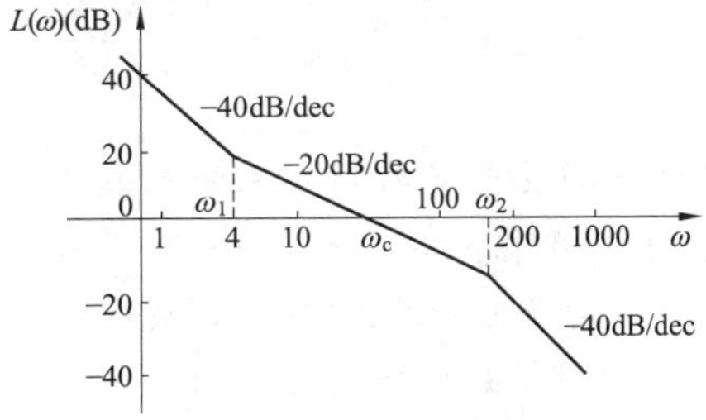

图 5-62　习题 5-13 图

5-14　某最小相位系统的开环对数幅频特性如图 5-63 所示。试完成：

(1) 写出系统开环传递函数；

(2) 利用相角裕度判断系统的稳定性；

(3) 将其对数幅频特性向右平移 10 倍频程，试讨论对系统性能的影响。

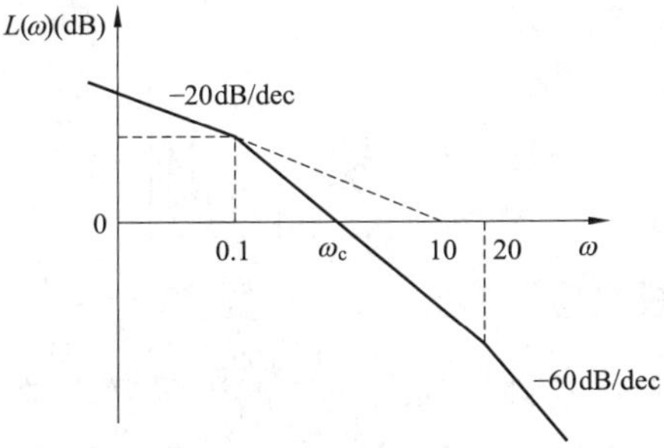

图 5-63　习题 5-14 图

5-15　对于高阶系统，要求时域指标 $\sigma_p=18\%$，$t_s=0.05s$，试将其转换成频域指标。

第 6 章　线性系统的综合与校正

系统分析主要是指针对系统的稳态性能和动态性能的分析，以及某些参数变化对上述性能影响的分析。系统分析的目的是设计一个满意的控制系统，当现有系统不满足要求时，需要找到改善系统性能的方法，这就是系统的校正。

分析控制系统性能的方法有时域法、根轨迹法和频率特性法等。在系统分析的基础上，将原有系统的特性加以修正与改造，利用校正装置使系统能够实现给定的性能指标，这样的工程方法称为系统的校正。经典控制理论中系统校正所采用的主要方法有根轨迹法和频率特性法。

【学习目标】

（1）明确系统校正问题的一般概念。

（2）熟练掌握基于频率法的串联超前校正、滞后校正和滞后-超前校正的分析与设计。

（3）熟悉期望频率特性法。

6.1　概　　述

6.1.1　系统校正的一般概念

自动控制系统一般由控制器及被控对象组成。当明确了被控对象后，就可根据给定的技术、经济等指标来确定控制方案，进而选择测量元件、放大器和执行机构等构成控制系统的基本部分，这些基本部分称为**固有部分**。当由系统固有部分组成的控制系统不能满足性能指标的设计要求时，在已选定系统固有部分基础上，还需要增加适当的元件，使重新组合起来的控制系统能全面满足性能指标的设计要求，这就是控制系统设计中的综合与校正。

控制系统的综合与校正，是在已知系统的固有部分和对控制系统提出的性能指标基础上进行的。校正就是在系统不可变部分的基础上，加入适当的校正装置，使系统整个特性发生变化，从而使系统满足给定的各项性能指标。校正要解决的问题就是增加必要的元件，使重新组合起来的控制系统能全面满足性能指标的设计要求。加入校正元件后，使原系统在性能指标方面的缺陷得到补偿。

从数学角度看，校正是改变了系统的传递函数，即系统的闭环零点和极点发生了变化，适当选取校正装置可以使系统具有期望的闭环零、极点，从而使系统达到期望的特性。从物理角度来看，校正是将原来的控制信号 $e(t)$ 转变为新的控制信号 $m(t)$，如图 6-1 所示。

6.1.2　校正方式

在选择了校正装置后，就要知道校正装置应放在系统中什么位置，按照校正装置在系统中的连接方式，可分为串联校正、反馈校正和复合校正。

1. 串联校正

将校正装置串接于系统前向通路之中，这种形式称为串联校正。为了避免功率损耗，应尽量选择小功率的校正元件，一般串联校正环节安置在前向通路中能量较低的部位，如接在系统误差测量点和放大器之间，如图 6-1 所示。图中，$G(s)$、$H(s)$ 为系统的不可变部分，$G_c(s)$ 为校正部分。

校正前系统的闭环传递函数为

$$\Phi(s)=\frac{G(s)}{1+G(s)H(s)}$$

串联校正后系统的闭环传递函数为

$$\Phi_c(s)=\frac{G_c(s)G(s)}{1+G_c(s)G(s)H(s)}$$

串联校正分析简单，应用范围广，工程上较多采用串联校正。串联校正还可分为串联超前校正、串联滞后校正和串联滞后-超前校正；校正装置又分为无源串联校正装置和有源串联校正装置两类。无源串联校正装置通常由 RC 网络组成，结构简单，成本低，但会使信号产生幅值衰减，因此常常附加放大器。有源串联校正装置由 RC 网络和运算放大器组成，参数可调，工业控制中常用的 PID 控制器就是一种有源串联校正装置。

2. 反馈校正

将校正装置接在系统的局部反馈通路中，称为反馈校正，连接方式如图 6-2 所示。校正环节一般位于内反馈通路中。

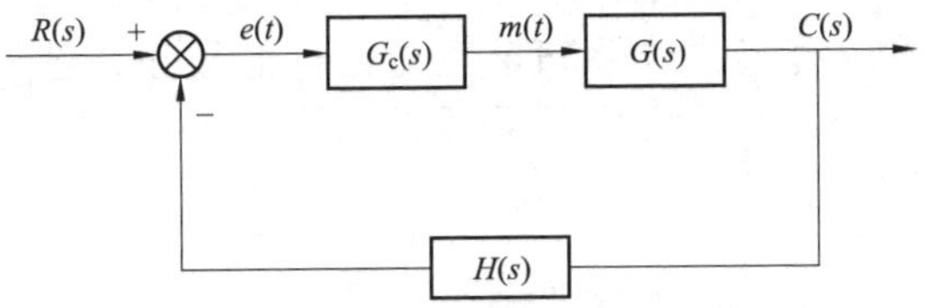

图 6-1　串联校正

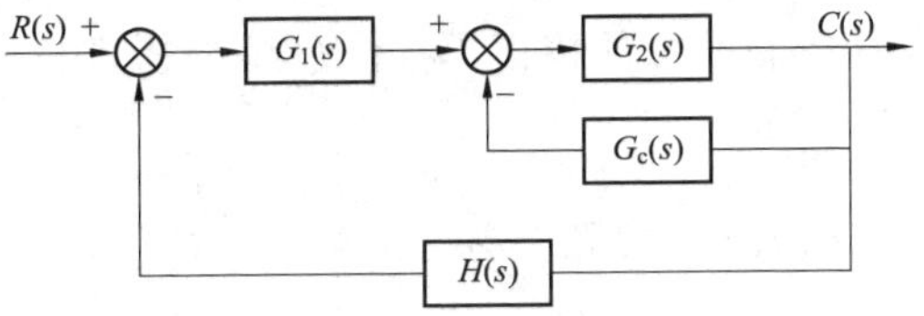

图 6-2　反馈校正

校正前系统的闭环传递函数为

$$\Phi(s)=\frac{G_1(s)G_2(s)}{1+G_1(s)G_2(s)H(s)}$$

反馈校正后系统的闭环传递函数为

$$\Phi_c(s)=\frac{G_1(s)G_2(s)}{1+G_2(s)G_c(s)+G_1(s)G_2(s)H(s)}$$

可见，反馈校正也改变了系统的闭环传递函数，选择适当的校正装置同样能使系统实现给定的性能指标。

反馈校正装置接在反馈通路中，接收的信号通常来自系统输出端或执行机构的输出端，即反馈校正的信号是从高功率点传向低功率点，因此，反馈校正一般无须附加放大器，也不宜采用有源元件。为了保证反馈回路稳定，反馈校正所包围的环节不宜过多，一般精度要求较高。反馈校正还能抑制反馈环内部参数波动或非线性因素对系统性能的不良影响。

串联校正和反馈校正是在系统主反馈回路内采用的校正方式，控制系统设计中，经常采用串联校正和反馈校正两种方式，串联校正要比反馈校正设计简单，工程上采用串联校正方式更多一些。

3. 复合校正

复合校正是指在系统中同时采用前馈校正和反馈校正的一种综合校正方式。

前馈校正又称为顺馈校正，是在系统主反馈回路之外采用的校正方式。校正方式不在控制回路中，主要针对可测扰动或输入信号进行设计。前馈控制属于开环控制方式。

如图 6-3 所示，前馈校正的作用通常有两种：①对参考输入信号进行整形和滤波，即按输入补偿的前馈控制；②对扰动信号进行测量、转换后接入系统，形成一条附加的对扰动影响进行补偿的通路，即按扰动补偿的前馈控制。

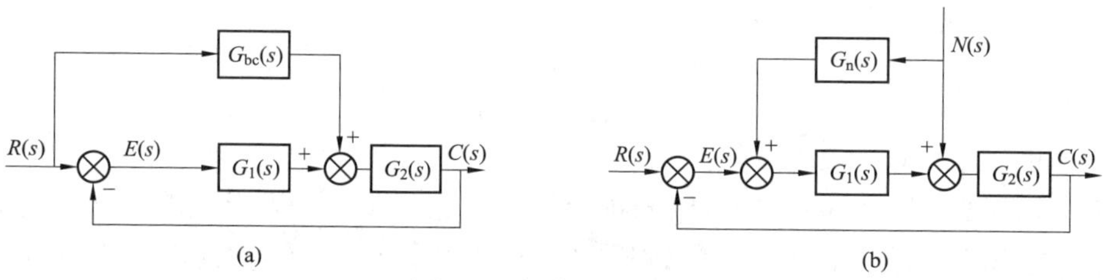

图 6-3　复合校正控制

（a）按输入补偿的前馈控制；（b）按扰动补偿的前馈控制

在系统设计中，具体采用何种校正方式，主要取决于系统结构的特点、采用的元件、信号的性质、经济条件以及设计者的经验等因素。除了上述几种校正方式外，也可以采用混合校正方式。例如，在串联校正的基础上再进行反馈校正，这样可以综合两种校正的优点。控制系统的校正不会像系统分析那样只有单一答案，能够满足性能指标的校正方法不是唯一的。

6.1.3　校正方法

确定了校正方法后，就是确定校正装置的结构和参数。目前主要有两大类校正方法：分析法和综合法。

分析法又称试探法，这种方法是将校正装置归结为易于实现的几种类型，例如，超前校正、滞后校正、滞后-超前校正等。它们的结构已知，且参数可调。设计者首先根据经验确定校正方法，然后根据系统的性能指标要求，恰当地选择某一类型的校正装置，然后再确定这些校正装置的结构和参数。分析法的优点是校正装置简单，可以设计成产品，例如工业上常用的 PID 调节器等。因此，这种方法在工程上得到了广泛的应用。

综合法又称期望特性法，基本思想是按照设计任务所要求的性能指标，构造期望的数学模型，然后选择校正装置的数学模型，使系统校正后的数学模型等于期望的数学模型。综合法虽然简单，但得到的校正环节的数学模型一般比较复杂，在实际应用中受到很大的限制，不过仍然是一种重要的方法，尤其对校正装置的选择有很好的指导作用。

性能指标主要有时域性能指标和频域性能指标。针对时域性能指标，在时域内进行的校正称为根轨迹法校正；针对频域性能指标，在频域内进行的校正称为频率法校正。根轨迹法校正是基于根轨迹分析法，通过增加新的或者消去原有的开环零点或开环极点来改变原根轨迹走向，得到新的闭环极点，从而使系统实现给定的性能指标，达到设计要求。如果性能指标以阻尼比、自然振荡频率或超调量、调节时间、上升时间及稳态误差等时域特征量给出时，避免指标换算，可以采用根轨迹法校正。频率法校正是基于开环频率特性的校正，使闭环系统满足给定的动静态特性指标的要求。在控制系统设计中，如果性能指标以开环频率特性的相角裕度、截止频率以及开环增益 K、稳态误差等频域特征量给出时，为了避免指标换算，一般采用频率特性法校正。

一般来说，用频域法进行校正比较简单。目前，工程技术上习惯采用频率特性法进行设计。频域法的设计指标是间接指标，频域法虽然简单，但只是一种间接方法。时域指标和频域指标是可以相互转换的，对于典型的二阶系统存在着明确的数学关系，对于高阶系统也有简单的近似关系。常用的时域、频域指标及其换算关系见表 6-1 和表 6-2。本书只介绍常用的频域校正方法。

表 6-1　二阶系统的时域和频域性能指标

类别	性能指标	计算公式
时域指标	超调量	$\sigma_P = e^{-\frac{\xi\pi}{\sqrt{1-\xi^2}}} \times 100\%$
	调节时间	$t_s = \dfrac{3}{\xi\omega_n}$　$(\Delta = 5\%)$
频域指标	谐振峰值	$M_r = \dfrac{1}{2\xi\sqrt{1-\xi^2}}$　$(\xi \leqslant 0.707)$
	谐振频率	$\omega_r = \omega_n\sqrt{1-2\xi^2}$
	带宽频率	$\omega_b = \omega_n\sqrt{(1-2\xi^2)+\sqrt{2-4\xi^2+4\xi^4}}$
	截止频率	$\omega_c = \omega_n\sqrt{\sqrt{4\xi^4+1}-2\xi^2}$
	相角裕度	$\gamma = \arctan\dfrac{\xi}{\sqrt{\sqrt{1+4\xi^4}-2\xi^2}}$
时频换算	调节时间	$t_s = \dfrac{6}{\omega_c\tan\gamma}$
	超调量	$\sigma_P = \exp\left(-\pi\sqrt{\dfrac{M_r-\sqrt{M_r^2-1}}{M_r+\sqrt{M_r^2+1}}}\right)\times 100\%$

表 6-2　高阶系统性能指标的经验公式

性能指标	经验公式
谐振峰值	$M_r = \dfrac{1}{\sin\gamma}$　(或者 $\xi = 0.01\gamma$)
超调量	$\sigma_P = 0.16 + 0.4(M_r - 1)$　$(1 \leqslant M_r \leqslant 1.8)$
调节时间	$t_s = \dfrac{k\pi}{\omega_c}$，$k = 2 + 1.5(M_r-1) + 2.5(M_r-1)^2$　$(1 \leqslant M_r \leqslant 1.8)$

6.2　基本控制规律分析

在确定校正装置的具体形式时，应先了解校正装置所提供的控制规律，以便选择相应的元件。通常采用比例（P）、积分（I）、微分（D）等基本控制规律，或者采用它们的某些组合，例如，比例-微分（PD）、比例-积分（PI）、比例-积分-微分（PID）等，以实现对系统的有效控制。这些控制规律用有源模拟电路很容易实现，且技术成熟。另外，数字计算机可将PID等控制规律编成程序对系统进行实时控制。

6.2.1　比例（P）控制规律

具有比例控制规律的控制器称为比例控制器，又称P控制器。其特性和比例环节完全相同，它实质上是一个可调增益的放大器。比例控制只改变信号的增益而不影响相位。比例控制器结构如图6-4（a）所示。

动态方程为

$$m(t)=K_Pe(t) \tag{6-1}$$

传递函数为

$$\frac{M(s)}{E(s)}=K_P \tag{6-2}$$

频率特性为

$$\frac{M(j\omega)}{E(j\omega)}=K_P \tag{6-3}$$

式中：K_P为比例系数，或称P控制器比例增益。

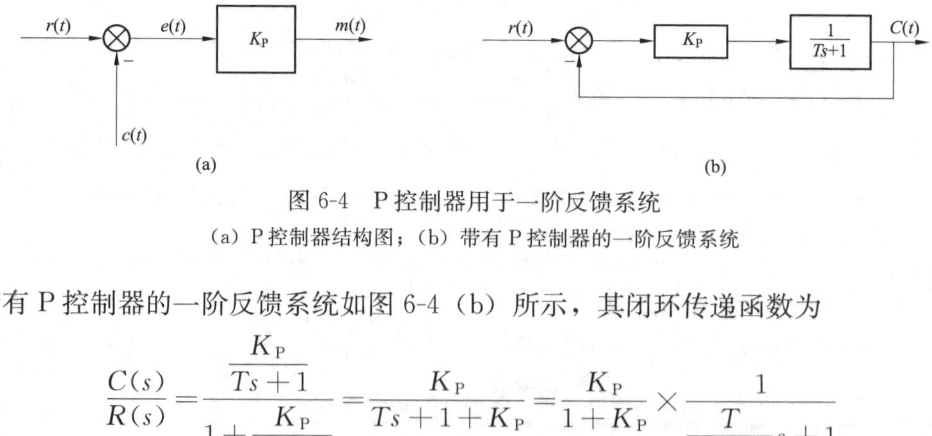

图6-4　P控制器用于一阶反馈系统

（a）P控制器结构图；（b）带有P控制器的一阶反馈系统

带有P控制器的一阶反馈系统如图6-4（b）所示，其闭环传递函数为

$$\frac{C(s)}{R(s)}=\frac{\dfrac{K_P}{Ts+1}}{1+\dfrac{K_P}{Ts+1}}=\frac{K_P}{Ts+1+K_P}=\frac{K_P}{1+K_P}\times\frac{1}{\dfrac{T}{1+K_P}s+1}$$

显然，K_P越大，稳态精度越高，系统的时间常数$T'=\dfrac{T}{1+K_P}$越小，意味着系统的反应速度越快。将系统的一阶惯性环节换成二阶振荡环节，仍可得到类似的结论。

比例控制器的作用总结如下：

（1）在系统中增大比例系数K_P，可减少系统的稳态误差以提高稳态精度。

（2）增大 K_P 可降低系统的惯性，减少系统的时间常数，改善系统的快速性。

（3）提高 K_P 往往会降低系统的相对稳定性，甚至会造成系统的不稳定，因此在调节 K_P 时，要加以注意。在系统校正设计中，很少单独采用比例控制。

6.2.2　比例-微分（PD）控制规律

具有比例-微分控制规律的控制器称为比例微分控制器，又称 PD 控制器。其结构如图 6-5（a）所示。

动态方程为

$$m(t)=K_P e(t)+K_P\tau\frac{\mathrm{d}e(t)}{\mathrm{d}t} \tag{6-4}$$

传递函数为

$$\frac{M(s)}{E(s)}=K_P(\tau s+1) \tag{6-5}$$

式中：K_P 为比列系数；τ 为微分时间常数。

由式（6-4）可以看出，微分控制的输出 $\tau\frac{\mathrm{d}e(t)}{\mathrm{d}t}$ 与输入信号 $e(t)$ 的变化率成正比，即微分控制只在动态过程中才会起作用，对恒定稳态情况则起阻断作用。因此，微分控制在任何情况下都不能单独使用。通常微分控制总是和比例控制一起使用。

从图 6-5（b）可以看出，微分控制的输出信号 $m(t)$ 在时间上比 $e(t)$“提前”了，这显示了微分控制的预测作用。正是由于这种对动态过程的预测作用，微分控制使得系统的响应速度变快，超调减小，振荡减轻。

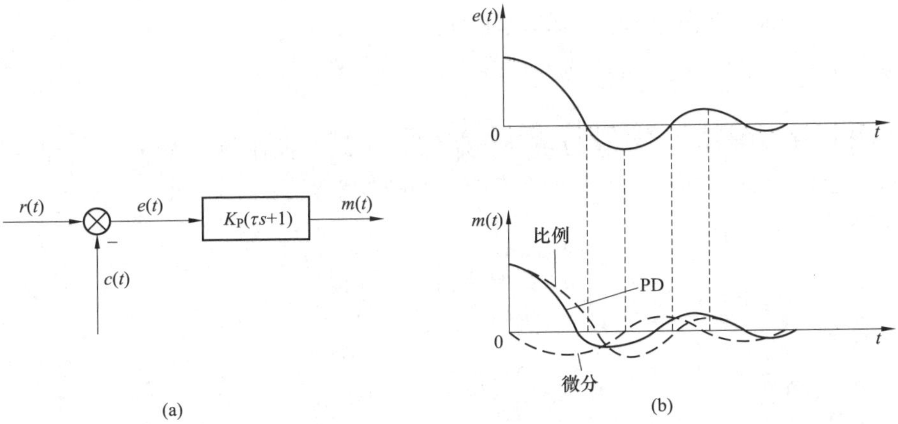

图 6-5　PD 控制器及对系统的影响

（a）PD 控制器结构图；（b）PD 控制器的输入和输出对比曲线

【例 6-1】 设 PD 控制系统如图 6-6 所示，其中，$G_0(s)=\frac{1}{s^2}$，试分析比例-微分控制器 $G_c(s)=K_P(\tau s+1)$ 对该系统性能的影响。

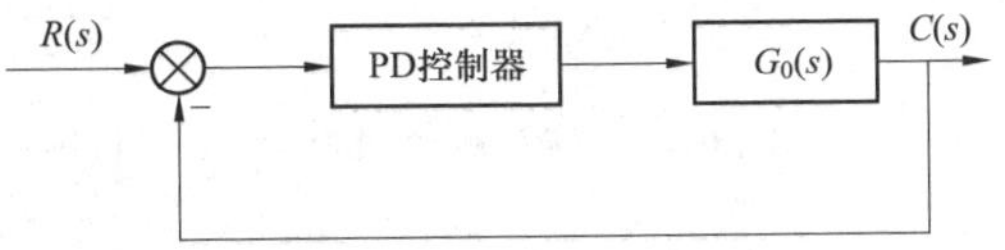

图 6-6　PD 控制系统

解　无 PD 控制器时，系统的开环传递函

数为 $$G_0(s)=\frac{1}{s^2}$$

系统特性方程为 $$s^2+1=0$$

从特征方程看，该系统的阻尼比等于零，其输出信号 $c(t)$ 为等幅振荡形式，系统处于临界稳定状态。

加入 PD 控制器后，系统的开环传递函数变为

$$G_0(s)G_c(s)=\frac{K_P(\tau s+1)}{s^2}$$

系统特征方程为

$$s^2+K_P\tau s+K_P=0$$

此时系统的阻尼比为 $\xi=\frac{\tau\sqrt{K_P}}{2}$，阻尼比大于零，因此系统是稳定的。这是因为 PD 控制器的加入提高了系统的阻尼程度，使特征方程 s 项的系数由零增大，系统的阻尼程度可通过改变 PD 控制器参数 K_P和 τ 来调整。从该例中可以看出，PD 控制器可以改善系统的稳定性，调节动态性能。**PD 控制器的作用**总结如下：

（1）PD 控制器为系统中增加了一个 $-1/\tau$ 的开环零点，根轨迹左移，提高了系统的稳定性，同时也提高了系统的响应速度，改善了系统的动态性能。

（2）微分环节提供了一个正的超前相角，增加了相角裕度（使相频特性向上拉），提高了系统的相对稳定性。

（3）微分环节增加了阻尼程度，减小了超调量，使系统的响应速度提高。微分控制器能反映输入信号的变化趋势，产生有效的早期修正信号，具有“预见”性，且有提前调节作用，可以提高系统的快速性。但是微分控制器对噪声敏感，易将其他干扰信号引入控制系统中。在一般情况下微分控制器不单独使用。

6.2.3 积分（Ⅰ）控制规律

具有积分控制规律的控制器称为积分控制器，又称Ⅰ控制器。积分控制器的输出信号 $m(t)$ 是输入信号 $e(t)$ 对时间的积分，其结构如图 6-7 所示。

动态方程为

$$m(t)=K_I\int_0^t e(t)\mathrm{d}t \tag{6-6}$$

传递函数为

$$\frac{M(s)}{E(s)}=\frac{K_I}{s} \tag{6-7}$$

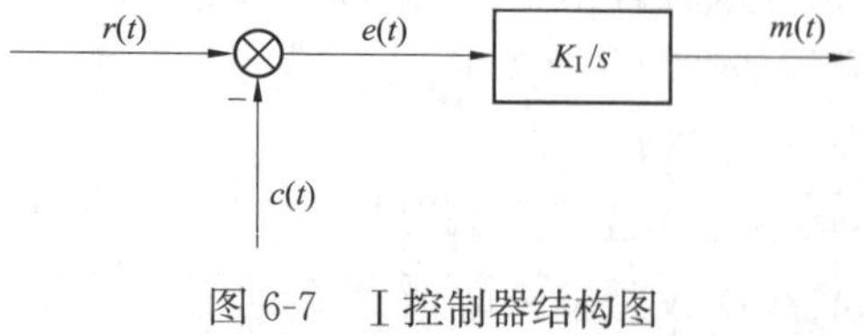

图 6-7　Ⅰ控制器结构图

Ⅰ控制器的输出反映的是对输入信号的积分，因此，当输入信号为零时，积分控制仍然有不为零的输出。正是由于这一独特的作用，可以用它来消除稳态误差。

Ⅰ控制器的作用是可以提高系统的型别，有利于改善系统的稳态性能。但是，Ⅰ控制器的引入，常会影响系统的稳定性。它一般不单独采用，而是和 P 控制器一起构成比例-积分

控制器后再使用。

6.2.4　比例-积分（PI）控制规律

具有比例-积分控制规律的控制器称为比例积分控制器，又称为 PI 控制器。PI 控制器的输出信号 $m(t)$ 能同时成比例地反映其输入信号 $e(t)$ 和它的积分，其结构如图 6-8 所示。

动态方程为

$$m(t)=K_{\mathrm{P}}e(t)+\frac{K_{\mathrm{P}}}{T_{\mathrm{I}}}\int_0^t e(t)\mathrm{d}t \tag{6-8}$$

传递函数为

$$\frac{M(s)}{E(s)}=K_{\mathrm{P}}\left(1+\frac{1}{T_{\mathrm{I}}s}\right)=\frac{K_{\mathrm{P}}}{T_{\mathrm{I}}}\times\frac{T_{\mathrm{I}}s+1}{s} \tag{6-9}$$

比例积分控制的作用是在保证系统稳定的基础上提高系统的型别，从而提高系统的稳态精度，改善其稳态性能。在串联校正中，相当于在系统中增加一个位于原点的开环极点，同时增加了一个位于 s 左半平面的开环零点。位于原点的开环极点提高了系统的型别，减小了系统的稳态误差，改善了稳态性能；而增加的开环零点提高了系统的阻尼程度，减小了 PI 控制器极点对系统稳定性和动态过程产生的不利影响。比例积分控制在工程实际中应用比较广泛。

【例 6-2】 设 PI 控制系统如图 6-9 所示，其中，$G_0(s)=\dfrac{K_0}{s(T_0s+1)}$，试分析 PI 控制器 $G_c(s)=K_{\mathrm{P}}\left(1+\dfrac{1}{T_{\mathrm{I}}s}\right)$ 对系统性能的影响。

解　（1）稳态性能。原系统是Ⅰ型，加入 PI 控制器后，系统变为Ⅱ型。系统的开环传递函数为

$$G(s)=G_c(s)G_0(s)=\frac{K_0K_{\mathrm{P}}(T_{\mathrm{I}}s+1)}{T_{\mathrm{I}}s^2(T_0s+1)}$$

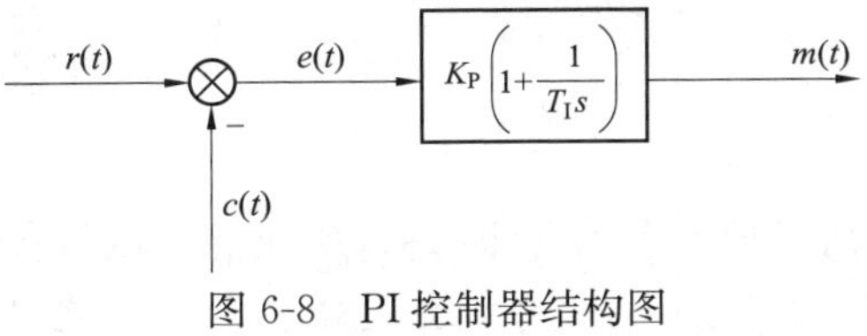

图 6-8　PI 控制器结构图

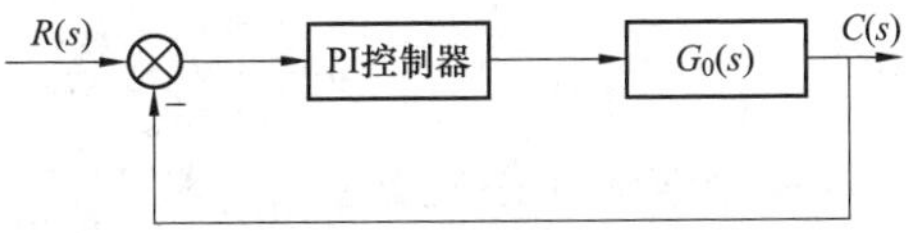

图 6-9　PI 控制系统

从上式看出，控制系统变为Ⅱ型，对阶跃信号、斜坡信号的稳态误差为零，如果参数选择合适，加速度响应的稳态误差也可以明显下降。这说明 PI 控制器改善了系统的稳态性能。

（2）稳定性。

1）原系统是不稳定的，当只加积分环节时，$G_c(s)=\dfrac{K_{\mathrm{P}}}{T_{\mathrm{I}}s}$，系统的开环传递函数为

$$G(s)=G_0(s)G_c(s)=\frac{K_0K_{\mathrm{P}}}{T_{\mathrm{I}}s^2(T_0s+1)}$$

闭环系统的特征方程为

$$D(s)=T_{\mathrm{I}}s^2(T_0s+1)+K_0K_{\mathrm{P}}=T_{\mathrm{I}}T_0s^3+T_{\mathrm{I}}s^2+K_0K_{\mathrm{P}}=0$$

显然，上式中缺 s 的一次项，系统仍不稳定。

2）加入比例-积分环节时，控制器的传递函数为

$$G_c(s)=\frac{K_P(T_I s+1)}{T_I s}$$

系统的开环传递函数为

$$G(s)=G_c(s)G_0(s)=\frac{K_0K_P(T_I s+1)}{T_I s^2(T_0 s+1)}$$

闭环系统的特征方程为

$$D(s)=1+G_c(s)G_0(s)=0$$

$$T_I T_0 s^3+T_I s^2+K_0K_P T_I s+K_0K_P=0$$

从上式看出，只要合理选择参数就能使系统稳定。这说明 PI 控制器使系统的型别从Ⅰ型上升到Ⅱ型，并可满足系统稳定的要求。

6.2.5 比例-积分-微分（PID）控制规律

由比例、积分、微分环节组成的控制器称为比例-积分-微分控制器，简称为 PID 控制器，其结构如图 6-10 所示。这种组合具有三种单独控制规律各自的特点。

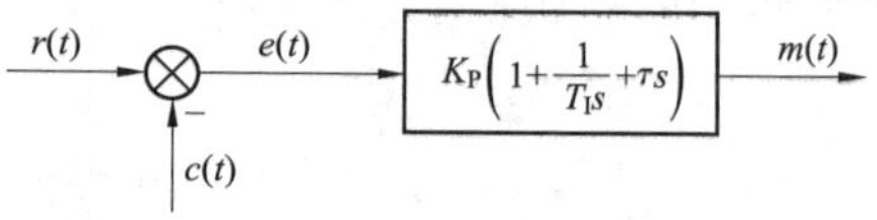

图 6-10 PID 控制器结构图

动态方程为

$$m(t)=K_P e(t)+\frac{K_P}{T_I}\int_0^t e(t)\mathrm{d}t+K_P\tau\frac{\mathrm{d}e(t)}{\mathrm{d}t} \tag{6-10}$$

传递函数为

$$\frac{M(s)}{E(s)}=K_P\left(1+\frac{1}{T_I s}+\tau s\right) \tag{6-11}$$

将式（6-11）改写成

$$\frac{M(s)}{E(s)}=\frac{K_P}{T_I}\times\frac{T_I\tau s^2+T_I s+1}{s}$$

若 $4\tau/T_I<1$，传递函数可以近似写成

$$\frac{M(s)}{E(s)}=\frac{K_P}{T_I}\times\frac{(\tau s+1)(T_I s+1)}{s}$$

PID 控制器的作用是具有 PD 和 PI 双重作用，能够较全面地提高系统的控制性能，是一种应用比较广泛的控制器。PID 控制器具有一个极点，除使系统提高一个型别之外，还提供了两个负实零点。PID 控制规律既保持了 PI 控制规律提高系统稳态性能的优点，同时又比 PI 控制器多提供了一个负实零点，从而在动态性能方面比 PI 控制器更具有优越性。一般来说，PID 控制器在系统频域校正中，积分部分应发生在系统频率特性的低频段，以提高系统的稳定性能；微分部分发生在系统频率特性的中频段，以改善系统的动态性能。

6.3 串 联 校 正

6.3.1 串联超前校正（PD）

如果一个串联校正网络频率特性具有正的相位角，就称为超前校正。一般当系统的动

态性能不满足要求时，采用超前校正。超前校正改善系统的动态性能指标，校正中频段部分，使相角变化平缓。

超前校正的基本原理：利用超前校正网络的相位超前特性来增大系统的相角裕度，改变原系统中频区的形状，使截止频率 ω_c 处的直线斜率为 -20dB/dec，并且要求校正网络的最大相角出现在系统的截止频率处。

PD 控制器属于超前校正。理想 PD 控制器在物理上很难实现，而且近似 PD 控制器比理想 PD 控制器的抗干扰能力强，因为在高频段理想 PD 控制器频率特性为 20dB/dec 上升直线，而近似 PD 控制器在 $\omega=1/T$ 处幅值衰减，相当于高频噪声信号衰减，抗干扰能力增强。因此，在实际工程中，一般采用近似 PD 控制器，其传递函数为

$$G_c(s)=\frac{\alpha Ts+1}{Ts+1}\quad(\alpha>1)\tag{6-12}$$

1. 超前校正网络及其幅频特性

有源超前校正网络如图 6-11 所示。从传递函数可知，要想提供超前相角，必须 $\alpha T>T$，即 $\alpha>1$。超前校正的零、极点分布如图 6-12 所示。其中，零点总是位于极点的右边，改变 α 和 T 的值，零、极点可位于 s 平面负实轴上任意位置，从而产生不同的校正效果。

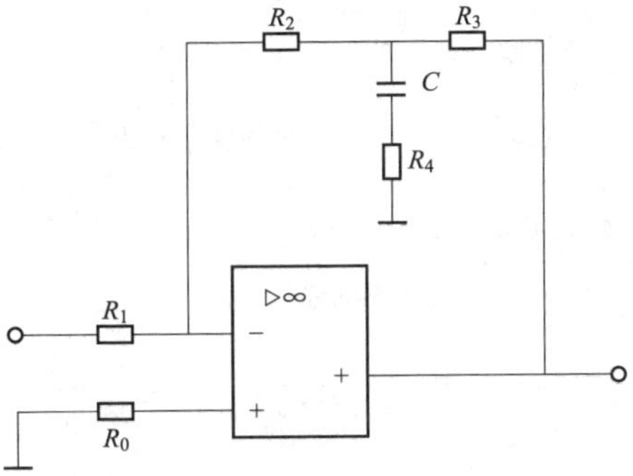

图 6-11　超前校正网络

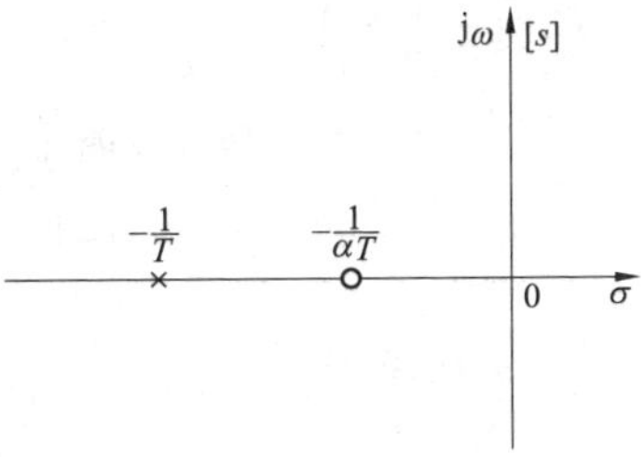

图 6-12　超前校正零、极点

该电路的传递函数为

$$G_c(s)=-\frac{k_c(\tau s+1)}{Ts+1}\qquad(\tau>T)$$

式中

$$k_c=\frac{R_2+R_3}{R_1};\qquad \tau=\left(\frac{R_2R_3}{R_2+R_3}+R_4\right)C;\qquad T=R_4C;\qquad R_0=R_1$$

令 $\tau=\alpha T$，不考虑 k_c 的超前校正传递函数为

$$G_c(s)=\frac{\alpha Ts+1}{Ts+1}\quad(\alpha>1)$$

超前校正网络的频率特性为

$$G_c(j\omega)=\frac{1+j\alpha T\omega}{1+jT\omega}\quad(\alpha>1)\tag{6-13}$$

其相频特性为

$$\varphi(\omega)=\angle G_c(j\omega)=\arctan\alpha T\omega-\arctan T\omega\tag{6-14}$$

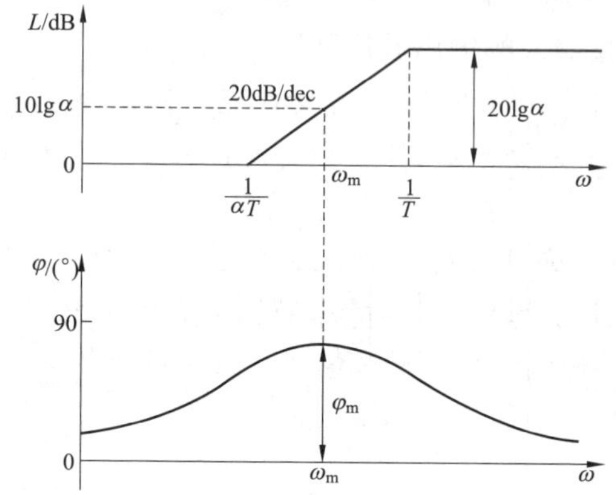

图 6-13　超前校正网络（PD）伯德图

即

$$\varphi(\omega)=\arctan\frac{\alpha T\omega-T\omega}{1+\alpha T^2\omega^2} \tag{6-15}$$

幅频特性为

$$20\lg|G_c(j\omega)|=20\lg\frac{\sqrt{1+(\alpha T\omega)^2}}{\sqrt{1+(T\omega)^2}} \tag{6-16}$$

超前校正网络的伯德图如图 6-13 所示。

由式（6-15）可看出，相频特性 $\varphi(\omega)$ 除了是角频率 ω 的函数外，还和 α 值有关，对于不同 α 值的相频特性曲线如图 6-14（a）所示。

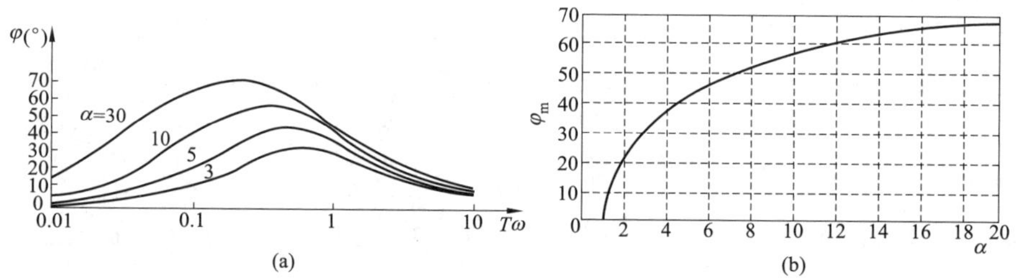

图 6-14　$\varphi(\omega)$、φ_m与 α 的关系

（a）不同 α 值的相频特性；（b）φ_m 与 α 的关系曲线

从图 6-13 伯德图可以看出，超前校正对频率在$\frac{1}{\alpha T}$～$\frac{1}{T}$之间的输入信号有微分作用，具有超前相角，超前校正的名称由此而来。同时，在最大超前相角角频率 ω_m处，具有最大超前相角 φ_m。

由式（6-14）对 $\varphi(\omega)$ 求导得

$$\frac{d\varphi(\omega)}{d\omega}=\frac{\alpha T}{1+\alpha^2T^2\omega^2}-\frac{T}{1+T^2\omega^2} \tag{6-17}$$

令$\frac{d\varphi(\omega)}{d\omega}=0$，可求得相频特性 $\varphi(\omega)$ 的最大值 φ_m及对应的角频率 ω_m分别为

$$\omega_m=\frac{1}{\sqrt{\alpha}T} \tag{6-18}$$

$$\varphi_m=\arctan\frac{\alpha-1}{2\sqrt{\alpha}}=\arcsin\frac{\alpha-1}{\alpha+1} \tag{6-19}$$

$$\alpha=\frac{1+\sin\varphi_m}{1-\sin\varphi_m} \tag{6-20}$$

设 ω_1为频率$\frac{1}{\alpha T}$和$\frac{1}{T}$的几何中心，则应有

$$\lg\omega_1=\frac{1}{2}\left(\lg\frac{1}{\alpha T}+\lg\frac{1}{T}\right)$$

解得 $\omega_1=\dfrac{1}{\sqrt{\alpha}T}$，恰好与式（6-18）完全相同，故最大超前相角角频率 ω_m 是 $\dfrac{1}{\alpha T}$ 和 $\dfrac{1}{T}$ 的几何中心。

式（6-19）是最大超前相角计算公式，$\varphi_m(\omega)$ 只与 α 有关。α 越大，$\varphi_m(\omega)$ 越大，对系统补偿相角也越大，对高频干扰越严重，这是因为超前校正近似为一阶微分环节。图 6-14（b）给出了 φ_m 与 α 的关系曲线。当 $\alpha>20$ 时，$\varphi_m(\omega)=65°$ 的增加就不显著了。一般取 $\alpha=5\sim20$，超前校正补偿的相角不超过 65°。

2. 超前校正设计

超前校正设计的基本思路： 利用超前校正网络的相位超前特性来增大系统的相角裕度，要求校正网络的最大相位角出现在系统的截止频率处。

利用伯德图的叠加特性，可以比较方便地在原系统伯德图上，添加超前校正网络的伯德图。由于在原系统的中频段加入校正装置 $G_c(s)$，而 $G_c(s)$ 中微分先起作用，叠加后就将系统原幅频特性曲线向上抬，所以校正后系统的截止频率 ω_c 大于原系统的截止频率 ω_{c0}，即 $\omega_c>\omega_{c0}$。那么需要将原幅频特性曲线抬高多少呢？由于系统校正后要在 ω_c 处过零，也就是校正前原幅频特性曲线与校正装置的幅频特性曲线在 ω_c 处叠加为零。又由于校正装置的幅频特性曲线在 ω_c 处的高度为 $10\lg\alpha$，因此只要满足原幅频特性曲线在 ω_c 处的高度 $20\lg|G_0(j\omega_c)|=10\lg\alpha$，就可以使校正后的系统幅频特性曲线恰好穿过 ω_c，并且此时 $\omega_c=\omega_m$，满足校正后系统在 ω_c 处的相角达到最大值，系统超前校正原理伯德图如图 6-15 所示。

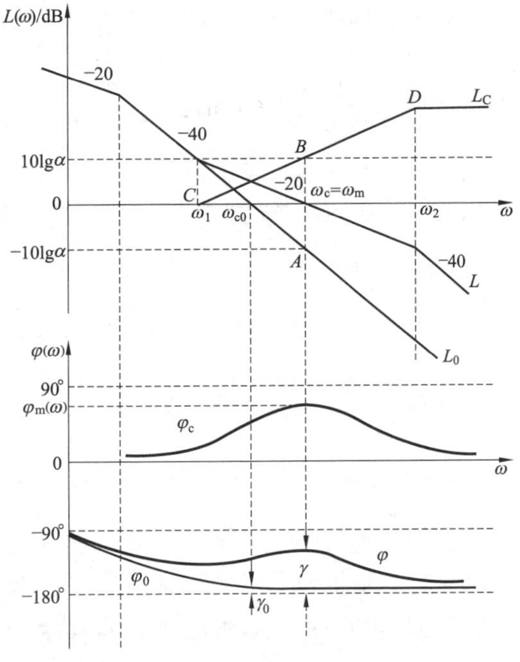

图 6-15　系统超前校正原理伯德图

将 $\omega=\omega_m=\dfrac{1}{\sqrt{\alpha}T}$ 代入式（6-16）中，得其最大相角处所对应的幅值为

$$20\lg|G_c(j\omega)|=20\lg\sqrt{\alpha}=10\lg\alpha \tag{6-21}$$

或

$$\alpha=\frac{1}{|G_0(j\omega_c)|^2}$$

校正后系统的传递函数用 $G(s)$ 表示，即

$$G(s)=G_0(s)G_c(s)$$

当 $\omega=\omega_c=\omega_m$ 时

$$20\lg|G(j\omega_c)|=20\lg|G_0(j\omega_c)|+20\lg|G_c(j\omega_c)|=0\text{dB}$$

所以

$$20\lg|G_0(j\omega_c)|=-20\lg|G_c(j\omega_c)|=-10\lg\alpha$$

超前校正设计步骤：

（1）根据稳态误差的要求，确定系统的型别和开环增益 K。

（2）根据开环增益 K，绘制未校正系统的伯德图，确定原系统频率响应 ω_{c0}、γ_0、K_{g0}。当系统要求 $\omega_c>\omega_{c0}$，$\gamma_0<\gamma$ 时，可以采用超前校正。

（3）根据给定的相角裕度 γ，计算校正装置需要提供的最大超前相角为

$$\varphi_m=\gamma-\gamma_0+\Delta\gamma$$

一般当未校正系统的截止频率 ω_{c0} 处的斜率为 -40dB/dec 时，追加的超前相角 $\Delta\gamma=5°\sim15°$；当未校正系统的截止频率 ω_{c0} 处的斜率为 -60dB/dec 时，追加的超前相角 $\Delta\gamma=15°\sim25°$。如果 $\varphi_m>60°$，则一级超前校正不能达到要求的 γ 指标。

（4）由 φ_m 和公式 $\alpha=\dfrac{1+\sin\varphi_m}{1-\sin\varphi_m}$，确定校正装置参数 α。

（5）由 α 确定 ω_c 和 T 值。由 $20\lg|G_0(j\omega_c)|=-10\lg\alpha$ 或者 $\alpha=\dfrac{1}{|G_0(j\omega_c)|^2}$ 确定 ω_c；由 α 和 $\omega_c=\omega_m=\dfrac{1}{T\sqrt{\alpha}}$ 确定 T 值；写出校正装置的传递函数 $G_c(s)=\dfrac{\alpha Ts+1}{Ts+1}$。

（6）画出校正后系统的伯德图，验算校正后系统的各项性能指标是否满足要求。如果不满足要求，则可改变 $\Delta\gamma$ 值，按照上述步骤重新设计。

若已知校正后截止频率 ω_c，则上述步骤（1）和（2）不变，其余步骤改为：利用 $20\lg|G_0(j\omega_c)|=-10\lg\alpha$，确定出 α 值；再根据 $\omega_c=\omega_m=\dfrac{1}{T\sqrt{\alpha}}$ 确定 T 值；写出校正装置的传递函数 $G_c(s)=\dfrac{\alpha Ts+1}{Ts+1}$。

【例 6-3】 考虑二阶单位负反馈控制系统，开环传递函数为 $G_0(s)=\dfrac{K}{s(0.5s+1)}$，给定设计要求为：系统的相角裕度不小于 50°，系统斜坡响应的稳态误差为 5%。

解 （1）根据稳态误差的要求 $e_{ss}=1/K\leqslant0.05$，求得 $K\geqslant20$，取 $K=20$。

（2）画伯德图，求出未校正系统的频率响应。

当 $\omega=1$ 时，$20\lg K=20\lg20=26$dB。

开环传递函数伯德图如图 6-16 所示，由

$$20\lg\frac{20}{\omega_{c0}\sqrt{(0.5\omega_{c0})^2+1}}=0$$

得截止频率

$$\omega_{c0}=6.3\text{rad/s}$$

则

$$\gamma_0=180°+\angle G_0(j\omega_{c0})=180°+(-90°-\arctan0.5\times6.3)=17.6°<50°,\ K_g=\infty$$

可见未加校正时，系统是稳定的，但相角裕度低于性能指标的要求，因此采用超前校正。

（3）计算串联超前校正最大超前相角 φ_m 和 α 值。取 $\Delta\gamma=10°$，则

$$\varphi_m=\gamma-\gamma_0+\Delta\gamma=50°-17.6°+10.6°=43°$$

$$\alpha=\frac{1+\sin\varphi_m}{1-\sin\varphi_m}=5.25$$

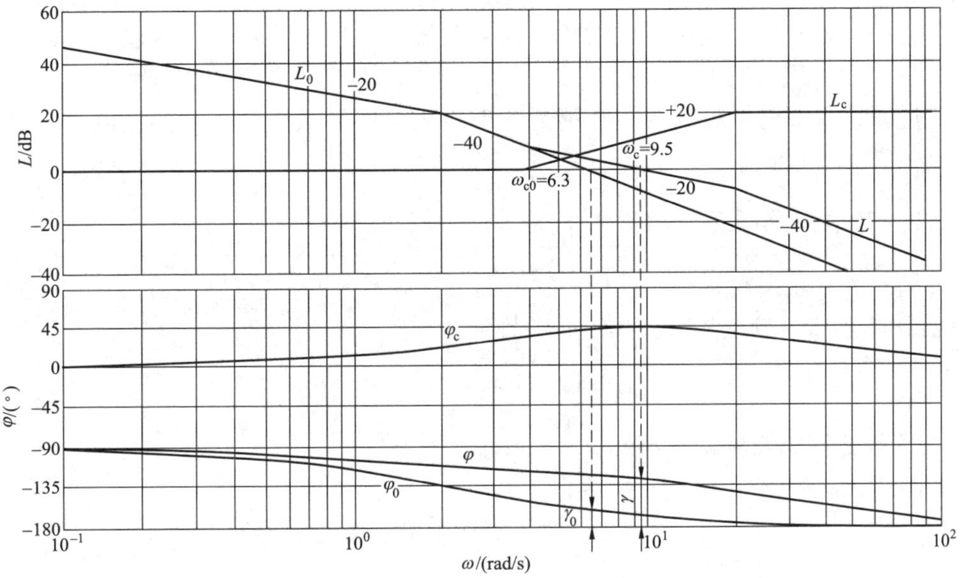

图 6-16 ［例 6-3］的伯德图

（4）由 φ_m 和 α 确定 ω_c。由

$$20\lg|G_0(j\omega_c)| = -10\lg\alpha \quad 或 \quad \alpha = \frac{1}{|G_0(j\omega_c)|^2}$$

得

$$5.25 = \frac{\omega_c^2(1+0.25\omega_c^2)}{400}$$

则截止频率

$$\omega_c = 9.5\text{rad/s}$$

根据 $\omega_c = \omega_m = \dfrac{1}{T\sqrt{\alpha}}$，解得 $T=0.05$s，则可得串联超前校正的传递函数为

$$G_c(s) = \frac{\alpha Ts+1}{Ts+1} = \frac{0.26s+1}{0.05s+1} = \frac{\dfrac{1}{3.8}s+1}{\dfrac{1}{20}s+1}$$

（5）校验。校正后系统的开环传递函数为

$$G(s) = G_0(s)G_c(s) = \frac{20(0.26s+1)}{s(0.5s+1)(0.05s+1)}$$

当 $\omega_c=9.5$rad/s 时，相角裕度

$$\begin{aligned}\gamma &= 180° + \angle G(j\omega_c) \\ &= 180 - 90° + \arctan(0.26\omega_c) - \arctan(0.5\omega_c) - \arctan(0.05\omega_c) \\ &= 55°\end{aligned}$$

经检验满足设计要求。如果不满足要求，则增大 $\Delta\gamma$ 值，从步骤（3）开始重新计算。

综上所述，串联超前校正装置使系统的相角裕度增大，从而降低了系统的超调量。系统校正完后，$\omega_c > \omega_{c0}$，由于 $t_s = \dfrac{k\pi}{\omega_c}$，$\omega_c$ 变大，使调节时间 t_s 下降，系统响应速度加快。

在有些情况下，串联超前校正的应用受到限制。例如，当未校正系统的相角在所需截止频率附近向负相角急剧减小时，采用串联超前校正往往效果不大。或者，当需要超前相角的数量很大时，超前校正网络的系数 α 选得很大，从而使系统带宽过大，高频噪声能较顺利地通过系统，降低系统的抗干扰能力，严重时可能导致系统失控。在此类情况下，应当考虑其他类型的校正。

6.3.2 串联滞后校正（PI）

在控制系统中，采用具有滞后相角的校正装置对系统的特性进行校正，称为滞后校正。PI 控制器就属于滞后校正装置。其传递函数为

$$G_c(s)=\frac{\beta Ts+1}{Ts+1}\quad(\beta<1) \tag{6-22}$$

1. 滞后校正网络及其幅频特性

有源滞后校正网络如图 6-17 所示。

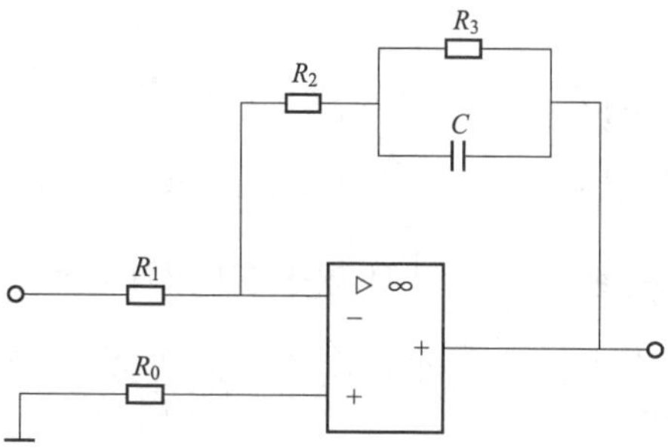

图 6-17 有源滞后校正网络

该电路的传递函数为

$$G_c(s)=-k_c\frac{\beta Ts+1}{Ts+1}\quad(\beta<1) \tag{6-23}$$

式中

$$T=R_3C;\ \beta=\frac{R_2}{R_2+R_3};\ k_c=\frac{R_2+R_3}{R_1};\ R_0=R_1$$

不考虑 k_c 的滞后校正网络传递函数为

$$G_c(s)=\frac{\beta Ts+1}{Ts+1}\quad(\beta<1)$$

频率特性为

$$G_c(j\omega)=\frac{1+j\beta T\omega}{1+jT\omega} \tag{6-24}$$

相频特性为

$$\angle G_c(j\omega)=\varphi(\omega)=\arctan\beta T\omega-\arctan T\omega \tag{6-25}$$

滞后校正网络的伯德图如图 6-18（a）所示，在 $\frac{1}{T}$ 和 $\frac{1}{\beta T}$ 之间，积分先起作用。

$\frac{1}{\beta T}$ 处的幅值为

$$L\left(\frac{1}{\beta T}\right)=-20\left(\lg\frac{1}{\beta T}-\lg\frac{1}{T}\right)=20\lg\beta \tag{6-26}$$

与超前校正类似，ω_m 也正好出现在频率 $\frac{1}{T}$ 和 $\frac{1}{\beta T}$ 的几何中心处。

令

$$\frac{d\varphi(\omega)}{d\omega}=0$$

求得

$$\omega_m=\frac{1}{\sqrt{\beta}T} \tag{6-27}$$

$$\varphi_m=\arcsin\frac{1-\beta}{1+\beta}$$

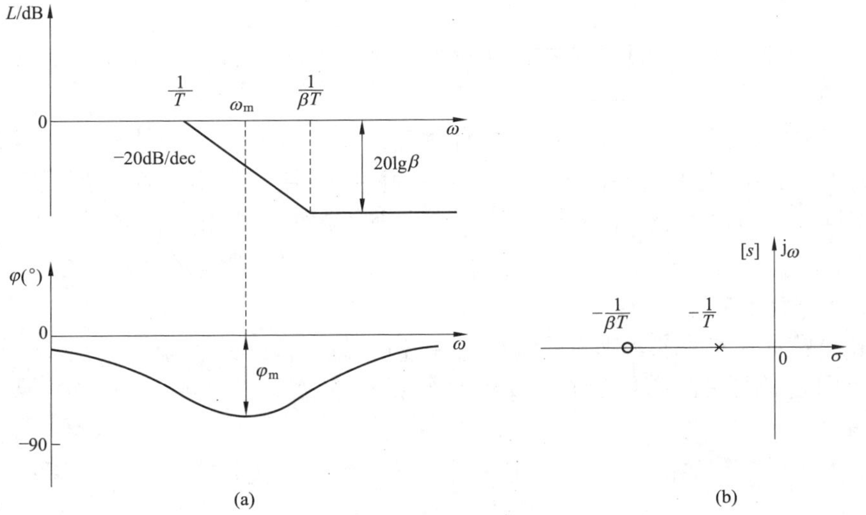

图 6-18 滞后校正网络

(a) 滞后校正网络 (PI) 伯德图；(b) 滞后校正零、极点图

滞后校正零、极点分布如图 6-18 (b) 所示。零点位于极点的左侧，实际上这对零、极点就是所谓的偶极子。改变 β 和 T 的值，即可以在 s 平面上合理配置偶极子，提高系统的开环增益，从而达到改善系统稳态性能的目的，同时又不影响系统原有的动态性能。

2. 滞后校正设计

以图 6-19 为例阐述相位滞后校正的工作原理。原有系统的开环对数幅频和相频特性为 L_0、φ_0。L_0 在中频段截止频率 ω_{c0} 附近为 -40dB/dec，系统动态响应的平稳性较差。从相频曲线可知，系统接近于临界稳定。在原系统中串入滞后校正装置时，为了不对系统的相角裕度产生不良影响，要使校正装置产生的最大滞后相角处于未校正系统的低频段，校正装置的第二个转折频率 $\frac{1}{\beta T} \ll \omega_c$，一般取 $\frac{1}{\beta T}=\left(\frac{1}{10}\sim\frac{1}{5}\right)\omega_c$。

串联滞后校正是利用滞后校正装置的高频幅值衰减特性，使校正后系统的截止频率下降。滞后校正装置提供的最大滞后相角远离系统的截止频率 ω_c，因此相角滞后特性对系统的动态性能和稳定性的影响非常小。在 ω_c 处滞后校正装置提供的相角很小，校正后系统的相角裕度是靠原系统的相角储备提供的，从而使系统获得足够的相角裕度。

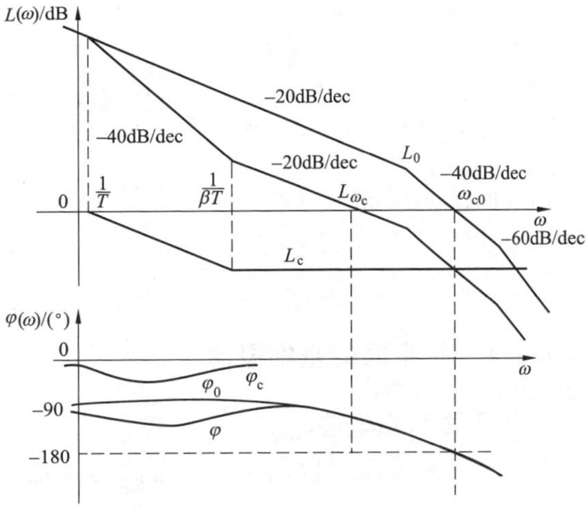

图 6-19 系统滞后校正原理伯德图

从串联滞后校正的频率响应来看，它本质是一种低通滤波器。经串联滞后校正的系统对低频信号具有较强的放大能力，从而提高系统的稳态性能；而对频率较高

的信号具有衰减特性，削弱中高频噪声信号，增强抗干扰能力，防止系统不稳定。高频衰减特性使系统的带宽变窄，降低了控制系统的快速性。可以说，滞后校正是以牺牲快速性换取了系统的稳定性。

另外，串入相位滞后校正环节后并没有改变原系统最低频段的特性，故不会影响原系统的稳态精度。如果在加入上述滞后校正装置的同时，适当提高开环增益，可进一步改善系统的稳态性能。所以对稳定性和稳态性能要求高的系统常采用滞后校正。

当 $\omega_c < \omega_{c0}$，$\gamma_0(\omega_{c0}) < \gamma$，并且 $\gamma_0(\omega_c) > \gamma$ 时，可以考虑采用滞后校正。

滞后校正设计步骤：

（1）根据稳态误差要求，确定系统型别和开环增益 K。

（2）利用已确定的 K，绘制未校正系统的伯德图，确定原系统的频率特性 ω_{c0}、$\gamma_0(\omega_{c0})$、K_{g0}。

（3）当校正后系统的截止频率 ω_c 未知时，可以利用式（6-28），求截止频率 ω_c。

$$\gamma_0(\omega_c) = 180° + \angle G_0(j\omega_c) = \gamma + \Delta\gamma \tag{6-28}$$

式中：γ 是要求的相角裕度；$\Delta\gamma = 10° \sim 15°$ 是补偿相角。

（4）令未校正系统的伯德图在 ω_c 处的增益为 $-20\lg\beta$，由此确定滞后校正网络参数 β 为

$$20\lg|G_0(j\omega_c)| = -20\lg\beta \tag{6-29}$$

$$\beta = \frac{1}{|G_0(j\omega_c)|} \tag{6-30}$$

（5）确定参数 T。由 β 和 $\frac{1}{\beta T} = \left(\frac{1}{10} \sim \frac{1}{5}\right)\omega_c$，求得 T。由此写出校正装置的传递函数为 $G_c(s) = \frac{\beta Ts + 1}{Ts + 1}$。

（6）画出校正后系统的伯德图，验算校正后系统的各项性能指标，若达不到设计指标要求，则要调整参数 $\frac{1}{\beta T} = \left(\frac{1}{10} \sim \frac{1}{5}\right)\omega_c$，重新校正计算。

【例 6-4】 设某控制系统不可变部分的开环传递函数为 $G_0(s) = \frac{K}{s(s+1)(0.5s+1)}$，要求系统具有如下性能指标：①开环增益 $K = 5s^{-1}$；②相角裕度 $\gamma \geqslant 40°$；③幅值裕度 $K_g(\mathrm{dB}) \geqslant 10\mathrm{dB}$。试确定串联滞后校正装置的参数。

解 （1）计算考虑开环增益的未校正系统的频率响应 ω_{c0}、γ_0、K_{g0}。

由
$$\frac{5}{0.5\omega_{c0}^3} = 1$$

解得
$$\omega_{c0} = 2.1\mathrm{rad/s}$$

则
$$\angle G_0(j\omega_{c0}) = -90° - \arctan\omega_{c0} - \arctan 0.5\omega_{c0} = -200°$$

得
$$\gamma_0 = 180° + \angle G_0(j\omega_{c0}) = 180° - 90° - \arctan\omega_{c0} - \arctan 0.5\omega_{c0} = -20°$$

根据相角穿越频率定义

$$\angle G_0(j\omega_{g0}) = -90° - \arctan\omega_{g0} - \arctan 0.5\omega_{g0} = -180°$$

$$\arctan\omega_{g0} = 90° - \arctan 0.5\omega_{g0}$$

两边取正切
$$\omega_{g0} = \frac{1}{0.5\omega_{g0}}$$

解得相角穿越频率 $$\omega_{g0}=\sqrt{2}\ \text{rad/s}$$
则
$$K_{g0}=-20\lg\left.\frac{5}{\omega_{g0}\sqrt{\omega_{g0}^2+1}\times\sqrt{(0.5\omega_{g0})^2+1}}\right|_{\omega_{g0}=\sqrt{2}}=-4.4\text{dB}$$
$$\gamma_0(\omega_{c0})=-20°<40°;\quad K_{g0}=-4.4\text{dB}<0\text{dB}$$
系统不稳定，需要校正，且因 $\gamma_0(\omega_{c0})=-20°$，所需要的补偿相角较大，相位超前校正不能满足要求，故采用滞后校正。

(2) 依据对相角裕度 $\gamma_0(\omega_c)=\gamma+\Delta\gamma=40°+10°=50°$的要求，确定截止频率 ω_c。

由 $\gamma_0(\omega_c)=180°+\angle G_0(j\omega_c)=50°$
$$180°-90°-\arctan\omega_c-\arctan0.5\omega_c=50°$$
得 $$\arctan\omega_c+\arctan0.5\omega_c=40°$$
$$\frac{\omega_c+0.5\omega_c}{1-0.5\omega_c^2}=\tan40°$$
则 $$\omega_c=0.5\text{rad/s}$$

(3) 由 ω_c确定 β。
$$\beta=\frac{1}{|G_0(j\omega_c)|}=\frac{0.5\sqrt{0.5^2+1}\times\sqrt{(0.5\times0.5)^2+1}}{5}=0.1$$

(4) 确定参数 T。取$\frac{1}{\beta T}=\frac{1}{5}\omega_c=\frac{1}{5}\times0.5=0.1$，求得 $\beta T=10$，$T=100$。

滞后校正装置的传递函数为
$$G_c(s)=\frac{\beta Ts+1}{Ts+1}=\frac{10s+1}{100s+1}$$

(5) 验算校正系统的性能指标。校正后，系统的开环传递函数为
$$G(s)=G_0(s)G_c(s)=\frac{5}{s(s+1)(0.5s+1)}\times\frac{(10s+1)}{(100s+1)}$$
其相频特性为
$$\begin{aligned}\angle G(j\omega_c)&=-90°-\arctan\omega_c-\arctan0.5\omega_c-\arctan100\omega_c+\arctan10\omega_c\\&=-139.8°\end{aligned}$$
则
$$\gamma=180°+\angle G(j\omega_c)=180°-139.8°\approx40°$$
由相角穿越频率的定义有
$$\angle G(j\omega_g)=-180°$$
计算得 $$\omega_g=1.3\text{rad/s}$$
因此
$$\begin{aligned}K_g&=-20\lg|G(j\omega_g)|\\&=-20\lg\frac{5\times\sqrt{(10\times1.3)^2+1}}{1.3\times\sqrt{1.3^2+1}\times\sqrt{(0.5\times1.3)^2+1}\times\sqrt{(100\times1.3)^2+1}}\\&=14\text{dB}>10\text{dB}\end{aligned}$$
从计算结果看出，校正后系统满足性能指标要求系统的伯德图如图 6-20 所示。

6.3.3 串联滞后-超前校正（PID）

由于滞后校正和超前校正各有特点，有时会将超前校正和滞后校正综合起来应用，这种校正网络称为滞后-超前校正网络。其传递函数为

$$G_c(s)=\frac{\beta T_2 s+1}{T_2 s+1}\times\frac{\alpha T_1 s+1}{T_1 s+1}\quad(\beta<1,\ \alpha>1,\ T_1<T_2) \tag{6-31}$$

1. 滞后-超前校正网络及其幅频特性

有源滞后-超前校正网络如图 6-21（a）所示，其零、极点配置如图 6-21（b）所示。

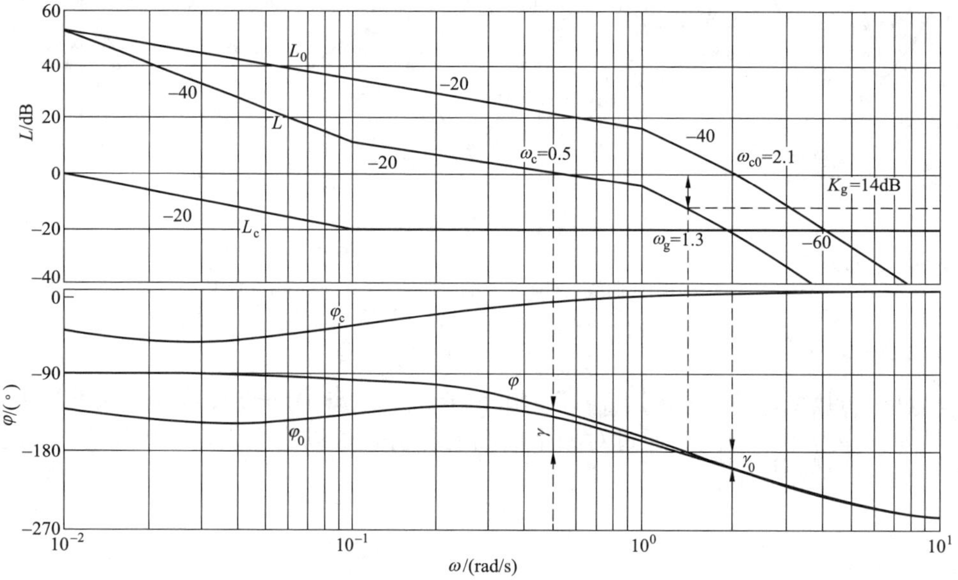

图 6-20 ［例 6-4］的伯德图

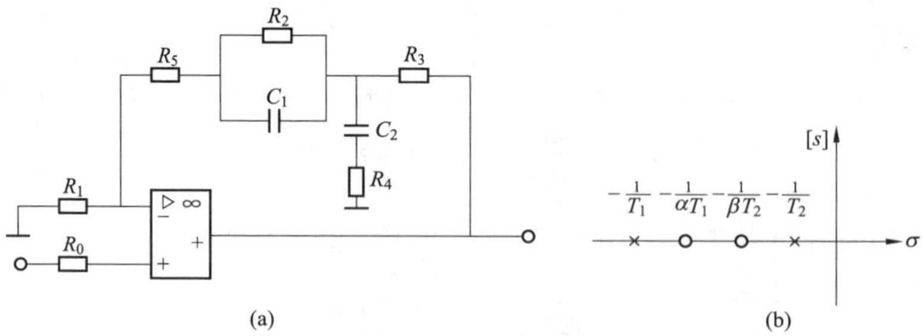

图 6-21 滞后-超前校正网络伯德图和零、极点图

（a）滞后-超前校正网络；（b）滞后-超前校正零、极点配置

其传递函数为

$$G_c(s)=-k\frac{\beta T_2 s+1}{T_2 s+1}\times\frac{\alpha T_1 s+1}{T_1 s+1}\quad(\beta<1,\ \alpha>1)$$

式中 $\beta T_2=\frac{R_1R_2}{R_1+R_2}C_1$； $T_1=R_4C_2$； $T_2=R_2C_1$

$$k=\frac{R_2+R_1}{R_1}; \quad \alpha T_1=(R_3+R_4)C_2$$

当不考虑 k 时，PID 控制器的传递函数为式（6-31），由此式可知 PID 控制器的频率特性为

$$G_c(j\omega)=\frac{j\beta T_2\omega+1}{jT_2\omega+1}\times\frac{j\alpha T_1\omega+1}{jT_1\omega+1} \quad (\beta<1,\ \alpha>1)$$

前一项构成了滞后校正网络，后一项构成了超前校正网络。其伯德图如图 6-22 所示。

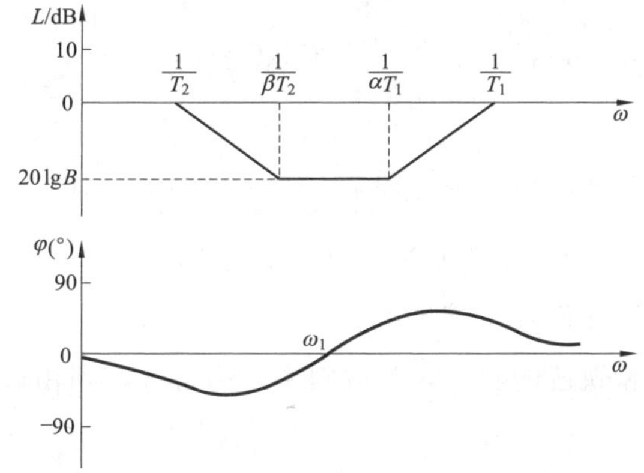

图 6-22　滞后-超前校正网络（PID）的伯德图

2. 滞后-超前校正设计

超前校正通常可以改善控制系统的快速性和超调量，主要用来改变未校正系统的中频段形状，以便提高系统的动态性能。而滞后校正主要用来校正系统的低频段，用来增大未校正系统的开环增益。如果既需要有快速响应特性，又要获得良好的稳态精度，则可以采用滞后-超前校正。滞后-超前校正具有互补性，滞后校正部分和超前校正部分既发挥了各自的长处，又用对方的长处弥补了自身的短处。

（1）滞后-超前校正设计方案： 滞后-超前校正的频域设计实际是滞后校正和超前校正的综合。

若 $\omega_c>\omega_{c0}$，$\gamma_0(\omega_{c0})<\gamma$，则可以考虑超前校正。

若 $\omega_c<\omega_{c0}$，$\gamma_0(\omega_{c0})<\gamma$，并且 $\gamma_0(\omega_c)>\gamma$，则可以采用滞后校正。

若 $\omega_c<\omega_{c0}$，$\gamma_0(\omega_{c0})<\gamma$，并且 $\gamma_0(\omega_c)<\gamma$，则要在滞后校正的基础上再加超前校正，即采用滞后-超前校正。

设计滞后-超前校正装置可以采用先滞后、后超前或者先超前、后滞后两种设计方法。

（2）滞后-超前校正设计步骤：

1）根据校正前系统的开环传递函数 $G_0(s)$ 和对稳态误差的要求，确定控制系统开环增益 K。

2）利用已确定 K，绘制未校正系统的伯德图，确定原系统的频率响应 ω_{c0}、γ_0、K_{g0}。

3）若条件未给 ω_c时，可选 $\omega_c=\omega_{g0}$。

4）确定校正装置。或者按先超前再滞后方法设计，或者按先滞后再超前的方法设计。

a）按先超前再滞后方法设计步骤：

① 根据给定的相角裕度 γ，计算校正装置需要提供的最大超前相角 φ_m。

$$\varphi_m=\gamma-\gamma_0(\omega_c)+(5^\circ\sim10^\circ)$$

$$\alpha=\frac{1+\sin\varphi_m}{1-\sin\varphi_m}$$

再由 α 和 $\omega_c=\omega_m=\dfrac{1}{T_1\sqrt{\alpha}}$，确定 T_1 值。由此写出校正装置的传递函数 $G_{cc}(s)=\dfrac{\alpha T_1 s+1}{T_1 s+1}$。

② 超前校正后系统的传递函数为 $G'(s)=G_{cc}(s)G_0(s)$。

③ 滞后校正设计。由 $20\lg|G'(j\omega_c)|=-20\lg\beta$ 或 $\beta=\dfrac{1}{|G'(j\omega_c)|}$，确定 β。

由 β 和 $\dfrac{1}{\beta T_2}=\left(\dfrac{1}{10}\sim\dfrac{1}{5}\right)\omega_c$，确定 T_2。

由此写出滞后校正装置的传递函数 $G_{cz}(s)=\dfrac{\beta T_2 s+1}{T_2 s+1}$。

b）按先滞后再超前方法设计步骤：

① 确定滞后校正装置传递函数 $G_{cz}(s)=\dfrac{\beta T_2 s+1}{T_2 s+1}$。

滞后部分的两个交接频率为 $\omega_1=\dfrac{1}{T_2}$，$\omega_2=\dfrac{1}{\beta T_2}=\left(\dfrac{1}{15}\sim\dfrac{1}{5}\right)\omega_c$，一般取 $\beta=0.1$，由此求得 ω_2、ω_1，即可得 βT_2 和 T_2，写出 $G_{cz}(s)=\dfrac{\beta T_2 s+1}{T_2 s+1}$。

② 确定超前校正装置传递函数 $G_{cc}(s)=\dfrac{\alpha T_1 s+1}{T_1 s+1}$。

超前部分的两个交接频率为 $\omega_3=\dfrac{1}{\alpha T_1}$，$\omega_4=\dfrac{1}{T_1}$；取 $\alpha=10$，则 $\omega_3=0.1\omega_4$。过 $[\omega_c, -L_0(\omega_c)]$ 点做 20dB/dec 直线，设该线与 0dB 直线相交点为 ω_4，与 $20\lg\beta$ 直线相交点为 ω_3。

根据直线方程 $\dfrac{L_c(\omega_c)-0}{\lg\omega_c-\lg\omega_4}=20$，求得 ω_4，即得 T_1、αT_1，由此可以写出超前校正装置的传递函数 $G_{cc}(s)=\dfrac{\alpha T_1 s+1}{T_1 s+1}$。

5）画出校正后系统的伯德图，验算校正后系统的性能指标是否满足要求。

【例 6-5】 设某控制系统不可变部分的开环传递函数为 $G_0(s)=\dfrac{K}{s(s+1)(0.5s+1)}$，要求系统具有如下性能指标：①开环增益 $K=10\text{s}^{-1}$；②相角裕度 $\gamma\geqslant45^\circ$；③幅值裕度 $K_g\geqslant10\text{dB}$。试设计滞后-超前校正装置的参数。

解　方案一：采用先超前再滞后校正方法。

（1）画出考虑开环增益的未校正系统的伯德图如图 6-23 所示。

由图并根据近似公式得

$$\frac{10}{0.5\omega_c^3}\approx1;\ \omega_{c0}=2.7\text{rad/s}$$

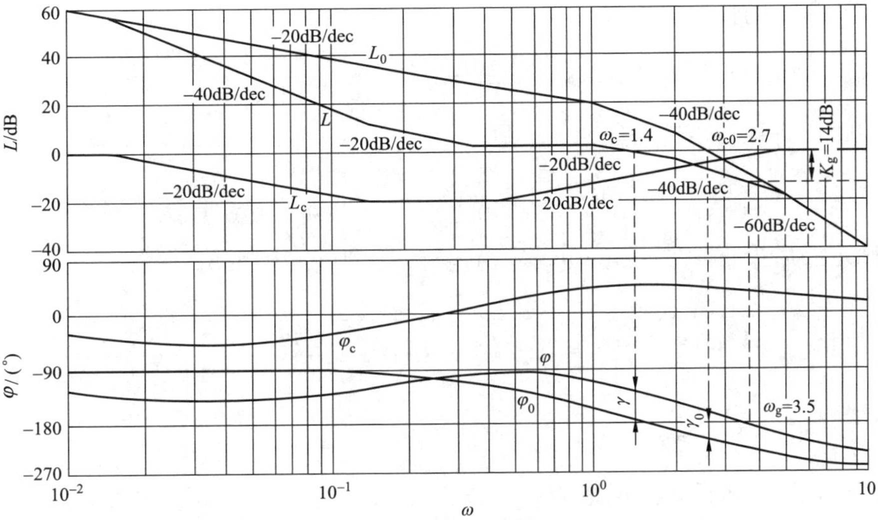

图6-23 方案一系统校正前后的伯德图

未校正系统的相角裕度

$$\begin{aligned}\gamma_0&=180°+\angle G_0(j\omega_{c0})\\&=180°-90°-\arctan\omega_{c0}-\arctan0.5\omega_{c0}\\&=-33°<\gamma=45°\end{aligned}$$

确定相角穿越频率 ω_{g0}，幅值裕度 K_{g0}。

由 $$\angle G_0(j\omega_g)=-90°-\arctan\omega_{g0}-\arctan0.5\omega_{g0}=-180°$$

解得

$$\omega_{g0}=1.4\text{rad/s};K_{g0}=-20\lg\frac{10}{\omega_{g0}\sqrt{1+\omega_{g0}^2}\sqrt{1+0.25\omega_{g0}^2}}=-11<0\text{dB}$$

性能指标不合乎要求，故需要校正。$20\lg|G_0(j\omega)|$ 以 −60dB/dec 过 0dB/dec 线，只加一个超前校正网络不能满足相角裕度的要求。如果让中频段（ω_{c0} 附近）特性衰减，再让超前校正发挥作用，可能使性能指标满足要求，中频段特性衰减正好由滞后校正完成。因此，采用滞后-超前校正。

（2）选择校正后的频率 ω_c。若 ω_c 取值过大，则要补偿的相角过大，实现困难；若 ω_c 取值过小，则对系统响应的快速性不利，对完全复现输入信号也可能不利。当系统对 ω_c 无特殊要求时，一般可选 ω_{g0} 作为 ω_c，则取 $\omega_c=1.4\text{rad/s}$。

同时，$\omega_c<\omega_{c0}$，且 $\gamma_0(\omega_c)=(180°-90°-\arctan\omega_c-\arctan0.5\omega_c)|_{\omega c=1.4}=0.5°<\gamma=45°$。

可见，只采用滞后校正不满足设计要求，与以上分析一致，需采用滞后-超前校正。

（3）确定超前校正参数。若确定 $\omega_c=1.4\text{rad/s}$，则

$$\varphi_m=\gamma-\gamma_0(\omega_c)+(5°\sim10°)=45°-(180°-90°-\arctan\omega_c-\arctan0.5\omega_c)+10°=55°$$

$$\alpha=\frac{1+\sin\varphi_m}{1-\sin\varphi_m}=10$$

将 $\alpha=10$，$\omega_c=1.4$ 代入 $\omega_c=\dfrac{1}{T_1\sqrt{\alpha}}$ 中，求得 $T_1=0.22$。

超前校正装置的传递函数为

$$G_{cc}(s)=\frac{\alpha T_1 s+1}{T_1 s+1}=\frac{2.2s+1}{0.22s+1}$$

超前校正后系统的传递函数为

$$G'(s)=G_{cc}(s)G_0(s)=\frac{2.2s+1}{0.22s+1}\times\frac{10}{s(s+1)(0.5s+1)}$$

（4）确定滞后校正参数。由 $20\lg|G'(\mathrm{j}\omega_c)|=-20\lg\beta$ 确定 β

$$\beta=\frac{1}{|G'(\mathrm{j}\omega_c)|}=\frac{1}{|G_0(\mathrm{j}\omega_c)G_{cc}(\mathrm{j}\omega_c)|_{\omega_c=1.4}}=\frac{1}{\left|\frac{10}{s(s+1)(0.5s+1)}\times\frac{2.2s+1}{0.22s+1}\right|}=0.095$$

由 $\frac{1}{\beta T_2}=\frac{\omega_c}{10}$，求得 $T_2=75$。

写出滞后校正装置的传递函数为

$$G_{cz}(s)=\frac{\beta T_2 s+1}{T_2 s+1}=\frac{7.5s+1}{75s+1}$$

$$G(s)=G_{cz}(s)G_{cc}(s)G_0(s)=\frac{7.5s+1}{75s+1}\times\frac{2.2s+1}{0.22s+1}\times\frac{10}{s(s+1)(0.5s+1)}$$

（5）校验性能指标 。当 $\omega_c=1.4\text{rad/s}$ 时，$\angle G_0(\mathrm{j}\omega_c)=-180°$。则

$$\begin{aligned}\gamma&=180°+\angle G(\mathrm{j}\omega_c)=\angle G_{cz}(\mathrm{j}\omega_c)+\angle G_{cc}(\mathrm{j}\omega_c)\\&=\arctan 7.5\omega_c+\arctan 2.2\omega_c-\arctan 75\omega_c-\arctan 0.22\omega_c\\&=50°>45°\end{aligned}$$

系统校正前后伯德图如图 6-23 所示，由图得 $\omega_g=3.5\text{rad/s}$， 幅值裕度 $K_g=14\text{dB}>10\text{dB}$。说明校正后的系统完全符合性能指标要求。

方案二：采用先滞后再超前校正方法。

步骤(1)、(2)与方案一相同。画出考虑开环增益的未校正系统的伯德图如图 6-24 所示。

（3）确定滞后校正参数。取 $\omega_2=\frac{1}{\beta T_2}=\frac{1}{14}\omega_c$， 得 $\omega_2=0.1$，$\beta T_2=10$， 根据工程经验，选 $\beta=0.1$，得 $T_2=100$，$\omega_1=0.01$。由此可得滞后校正的传递函数为

$$G_{cz}(s)=\frac{\beta T_2 s+1}{T_2 s+1}=\frac{10s+1}{100s+1}$$

（4）确定超前校正参数。确定超前校正参数的原则是要保证校正后的系统截止频率 $\omega_c=1.4\text{rad/s}$。由图 6-24 得

$$L_0(\omega_c)=20\lg|G_0(\mathrm{j}\omega_c)|=20\lg\left.\frac{10}{\omega_c\sqrt{1+\omega_c^2}\sqrt{1+0.25\omega_c^2}}\right|_{\omega_c=1.4}=11\text{dB}$$

所以

$$L_c(\omega_c)=20\lg|G_c(\mathrm{j}\omega_c)|=-11\text{dB}$$

在图 6-24 中，过（1.4rad/s，−11dB）点作 20dB/dec 直线，设该线与 0dB 直线相交点为 ω_4，则

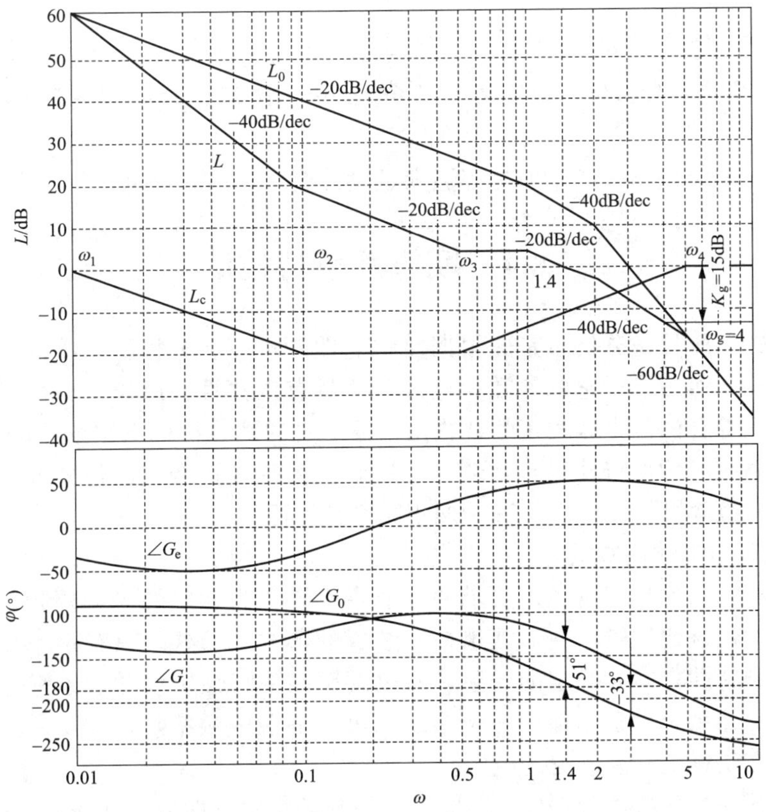

图 6-24　方案二系统校正前后的伯德图

$$\frac{L_c(\omega_c)-0}{\lg\omega_c-\lg\omega_4}=20;\quad \frac{-11-0}{\lg 1.4-\lg\omega_4}=20$$

求得 $\omega_4=5$，$\omega_3=0.1\omega_4=0.5$，则 $T_1=\dfrac{1}{\omega_4}=0.2$，$\alpha T_1=\dfrac{1}{\omega_3}=2$，因此得超前校正部分的传递函数为

$$G_{cc}(s)=\frac{\alpha T_1 s+1}{T_1 s+1}=\frac{2s+1}{0.2s+1}$$

最后求得滞后-超前校正装置的传递函数为

$$G_c(s)=G_{cz}(s)G_{cc}(s)=\frac{10s+1}{100s+1}\times\frac{2s+1}{0.2s+1}$$

(5) 校验性能指标。校正后系统的开环传递函数为

$$G(s)=G_{cz}(s)G_{cc}(s)G_0(s)$$

当 $\omega_c=1.4\text{rad/s}$ 时，$\angle G_0(\mathrm{j}\omega_c)=-180°$，则

$$\begin{aligned}\gamma&=180°+\angle G(\mathrm{j}\omega_c)=\angle G_{cz}(\mathrm{j}\omega_c)+\angle G_{cc}(\mathrm{j}\omega_c)\\&=\arctan 10\omega_c-\arctan 100\omega_c+\arctan 2\omega_c-\arctan 0.2\omega_c\\&=51°>45°\end{aligned}$$

校正后系统的传递函数为

$$G(s)=G_{cz}(s)G_{cc}(s)G_0(s)=\frac{10s+1}{100s+1}\times\frac{2s+1}{0.2s+1}\times\frac{10}{s(s+1)(0.5s+1)}$$

由图 6-24 得 $\omega_g=4\text{rad/s}$，幅值裕度 $K_g=15\text{dB}>10\text{dB}$。说明校正后的系统完全符合性能指标要求。

尽管两种方案结果不一样，但是都能满足设计要求。由此可见，校正设计答案不唯一。

6.4　期望频率特性法

前面介绍的串联校正分析法是先根据要求的性能指标和未校正系统的特性，选择串联校正装置的结构，然后设计它的参数，这种方法具有试探性，所以也称为试探分析法。下面介绍串联校正综合法。串联校正综合法是根据给定的性能指标求出期望的开环频率特性，然后与未校正系统的频率特性进行比较，最后确定系统校正装置的形式及参数。综合法的主要依据是期望频率特性，所以又称为期望频率特性法。

1. 期望频率特性法基本概念

期望频率特性法就是将对系统要求的性能指标转化为期望的对数幅频特性，然后再与原系统的幅频特性进行比较，从而得出校正装置的形式和参数。只有最小相位系统的对数幅频特性和相频特性之间有确定的关系，所以期望频率特性法仅适合于最小相位系统的校正。由于工程上的系统大多是最小相位系统，再加上期望频率特性法简单易行，因此，期望频率特性法在工程上有着广泛的应用。

设期望的开环频率特性为 $G(\mathrm{j}\omega)$，原系统的开环频率特性为 $G_0(\mathrm{j}\omega)$，串联校正装置的频率特性为 $G_c(\mathrm{j}\omega)$，则有 $G(\mathrm{j}\omega)=G_0(\mathrm{j}\omega)G_c(\mathrm{j}\omega)$，即 $G_c(\mathrm{j}\omega)=\dfrac{G(\mathrm{j}\omega)}{G_0(\mathrm{j}\omega)}$。

其对数幅频特性为

$$L_c(\mathrm{j}\omega)=L(\mathrm{j}\omega)-L_0(\mathrm{j}\omega) \tag{6-32}$$

式（6-32）表明，对于期望的校正系统，当确定了期望对数幅频特性之后，就可以得到校正装置的对数幅频特性，从而写出校正装置的传递函数。

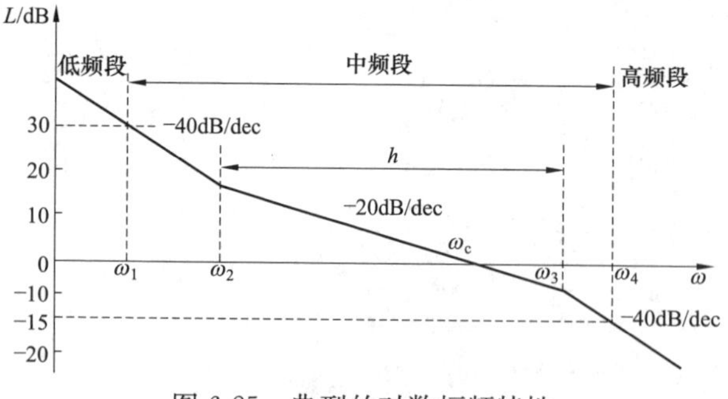

图 6-25　典型的对数幅频特性

如图 6-25 所示，典型系统的对数幅频特性可分为三个区域：低频段主要反映系统的稳态性能，其增益要足够大，以保证系统稳态精度的要求；中频段主要反映系统的动态性能，一般应以 −20dB/dec 的斜率穿越 0dB 线，并保持一定的宽度，用 h 来表示，其大小为 $h=\omega_3/\omega_2$，以保证合适的相角裕度和幅值裕度，从而使系统得到良好的动态性能；高频段的增益要尽可能小，以抑制系统的噪声。与中频段两侧相连的直线斜率为−40dB/dec。

在用“期望特性”进行校正时，常用相互转化的公式为

$$\sigma_P=0.16+0.4(M_r-1) \tag{6-33}$$

$$\omega_c = \frac{k\pi}{t_s} \tag{6-34}$$

$$k = 2 + 1.5(M_r - 1) + 2.5(M_r - 1)^2 \tag{6-35}$$

$$h = \frac{M_r + 1}{M_r - 1} \tag{6-36}$$

$$\omega_2 \leqslant \frac{2}{h+1}\omega_c \tag{6-37}$$

$$\omega_3 \geqslant \frac{2h}{h+1}\omega_c \tag{6-38}$$

$$\gamma = \arcsin\frac{1}{M_r} \tag{6-39}$$

2. 期望频率特性法校正设计步骤

（1）根据对系统型别及稳态误差的要求，确定型别及开环增益 K。

（2）考虑开环增益后，绘制未校正系统的幅频特性曲线①。

（3）根据动态性能指标的要求，由经验公式计算频率指标 ω_c 和 γ。

（4）绘制系统期望幅频特性曲线②。

1）根据已确定型别和开环增益 K，绘制期望低频特性曲线。

2）根据 ω_c、γ、h、ω_2、ω_3 绘制中频段特性曲线。为了保证系统具有足够的相角裕度，取中频段的斜率为−20dB/dec。

3）绘制期望特性低频、中频过渡曲线，斜率一般为−40dB/dec。一般高频和系统不可变部分斜率一致，已利于设计装置简单。

（5）由曲线②、①得到串联校正装置对数幅频特性曲线③。由此写出校正传递函数 $G_c(s)$。

（6）验算，检验校正系统后的性能指标是否满足要求。

【例 6-6】 设某控制系统不可变部分的传递函数为 $G_0(s) = \dfrac{200}{s(0.1s+1)(0.025s+1)}$，要求设计串联校正装置使系统满足如下性能指标：①单位阶跃响应最大超调量 $\sigma_p \leqslant 30\%$；②调整时间 $t_s \leqslant 0.6\text{s}$。

解　（1）绘制未校正系统的对数幅频特性图，如图 6-26 中曲线①所示。

由 $\dfrac{200}{0.0025\omega_{c0}^3} = 1$，求得 $\omega_{c0} = 43\text{rad/s}$，$\gamma_0 = -34°$，原系统不稳定。

（2）由经验公式计算 ω_c、γ、h、ω_2、ω_3。

由 $\sigma_P = 0.16 + 0.4(M_r - 1)$，求得 $M_r = 1.35$；

由 $k = 2 + 1.5(M_r - 1) + 2.5(M_r - 1)^2$，求得 $k = 2.83$；

$\omega_c = \dfrac{k\pi}{t_s} = \dfrac{2.83\pi}{0.6} = 14.8\text{rad/s}$，为留有裕量，取 $\omega_c = 15\text{rad/s}$。

$\gamma = \arcsin\dfrac{1}{M_r} = \arcsin\dfrac{1}{1.35} = 47.8°$，为留有裕量，取 $\gamma = 50°$。

$h = \dfrac{M_r + 1}{M_r - 1} = \dfrac{1.35 + 1}{1.35 - 1} = 6.7$。

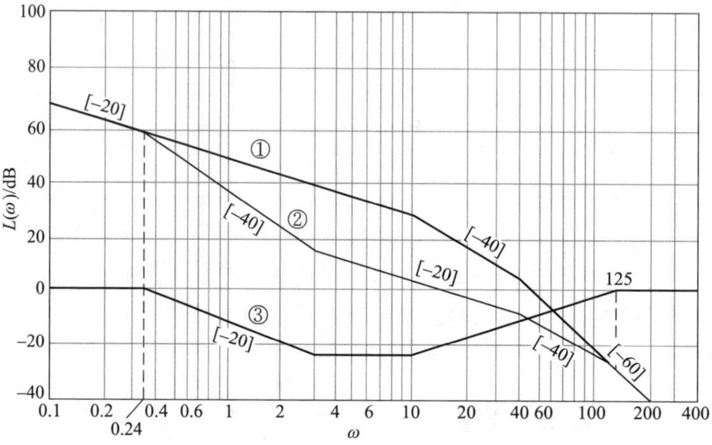

图 6-26 ［例 6-6］的伯德图

①—$L_0(\omega)$；②—$L(\omega)$；③—$L_c(\omega)$

$\omega_2 \leqslant \frac{2}{h+1}\omega_c = \frac{2}{6.7+1} \times 15 = 3.9$rad/s，取 $\omega_2 = 3$rad/s。

$\omega_3 \geqslant \frac{2h}{h+1}\omega_c = \frac{2 \times 6.7}{6.7+1} \times 15 = 26$rad/s，取 $\omega_3 = 40$rad/s。

（3）绘制期望频率特性图。期望的低频段的斜率应为－20dB/dec，已知未校正系统的型别为“Ⅰ”，因此期望特性低频段与系统不可变部分的低频段重合。过 $\omega_c = 15$rad/s 点作斜率为－20dB/dec 的直线，其上下限频率分别为 $\omega_2 = 3$rad/s，$\omega_3 = 40$rad/s。过 ω_2 点作斜率为－40dB/dec 的直线，与低频段交于频率 $\omega_1 = 0.24$rad/s；过 ω_3 点作斜率为－40dB/dec 的直线，与高频段交于频率 $\omega_4 = 125$rad/s，完成期望特性曲线②的绘制。

（4）确定校正环节对数幅频特性。将曲线②与曲线①相减，得到校正环节对数幅频特性曲线③，由曲线③写出校正装置曲线传递函数为

$$G_c(s) = \frac{\left(\frac{1}{3}s+1\right)\left(\frac{1}{10}s+1\right)}{\left(\frac{1}{0.24}s+1\right)\left(\frac{1}{125}s+1\right)} = \frac{(0.33s+1)(0.1s+1)}{(4.16s+1)(0.008s+1)}$$

（5）验算性能指标。校正后系统的传递函数为

$$G(s) = G_c(s)G_0(s) = \frac{200(0.33s+1)}{s(4.16s+1)(0.008s+1)(0.025s+1)}$$

$$\gamma = 180° - 90° + \arctan 0.33\omega_c - \arctan 4.16\omega_c - \arctan 0.008\omega_c - \arctan 0.025\omega_c = 52.2°$$

由 $h = \frac{\omega_3}{\omega_2} = \frac{40}{3} = 13.3$ 得

$$M_r = \frac{h+1}{h-1} = 1.16,\quad k = 2 + 1.5(M_r - 1) + 2.5(M_r - 1)^2 = 2.3$$

$$\sigma_p = 0.16 + 0.4(M_r - 1) = 22.4\% < 30\%$$

由 $\omega_c = 15$rad/s 求得

$$t_s=\frac{k\pi}{\omega_c}=\frac{2.22\times3.14}{15}=0.48\text{s}<0.6\text{s}$$

经检验，最大超调量 σ_p、调节时间 t_s 都满足给定性能指标。

小　结

本章介绍了综合与校正的基本概念和校正方式；介绍了比例、积分、微分及其组合等控制规律；重点介绍了超前校正、滞后校正和滞后-超前校正装置的频率特性及其用频率特性法对系统进行校正的基本思想和设计步骤。工程上常采用期望频率特性法进行系统校正与设计。

系统的综合与校正是选择合适的校正装置与原系统连接，使系统的性能指标得到改善或补偿的过程。系统的综合与校正是系统分析的逆问题。系统分析的结果具有唯一性，而系统的综合与校正是非唯一的。

相比系统分析，系统的综合与校正的实践性更强，读者应注重理论联系实际，将自己所学的理论应用到实践中去。

常用术语和概念

系统分析（system analysis）：在已知控制系统中加入测试输入信号，测量系统的输出响应或性能指标的过程。

综合（synthesis）：构建新的物理系统的过程，将分离的元部件组合成一个有机的整体。

设计（design）：为达到特定的目的，构思或创建系统的结构、组成和技术细节的过程。

校正（compensation）：改变或调节控制系统，使之能获得满意的性能。

控制器设计（controller design）：设计系统中控制器的结构和参数的过程。

PID 控制器（PID controller）：由比例项、积分项和微分项三项之和组成的控制器，其中每项的增益均可调，相当于滞后-超前校正环节。比例增益主要是提高系统响应速度和控制精度，但要注意闭环系统的稳定性；积分系数主要是提高控制精度；微分系数可以增大系统阻尼，减小系统超调量。

PID 参数整定（PID parameters tuning）：PID 控制器的比例、积分和微分三个可调参数的选取问题。它的选取是影响控制系统性能的主要因素之一，通常采用工程整定方法。

前置滤波器（prefilter）：在计算误差信号之前，对输入信号 $R(s)$ 进行滤波的传递函数 $G(s)$。

鲁棒控制系统（robust control system）：在被控过程存在显著不确定的情况下设计的仍具备预期性能的控制系统。

系统灵敏度（system sensitivity）：闭环系统传递函数的变化与引起这一变化的被控过程传递函数（或参数）的微小增量之比。

优化（optimization）：调整系统参数以获得最满意或最优设计。

思维导图

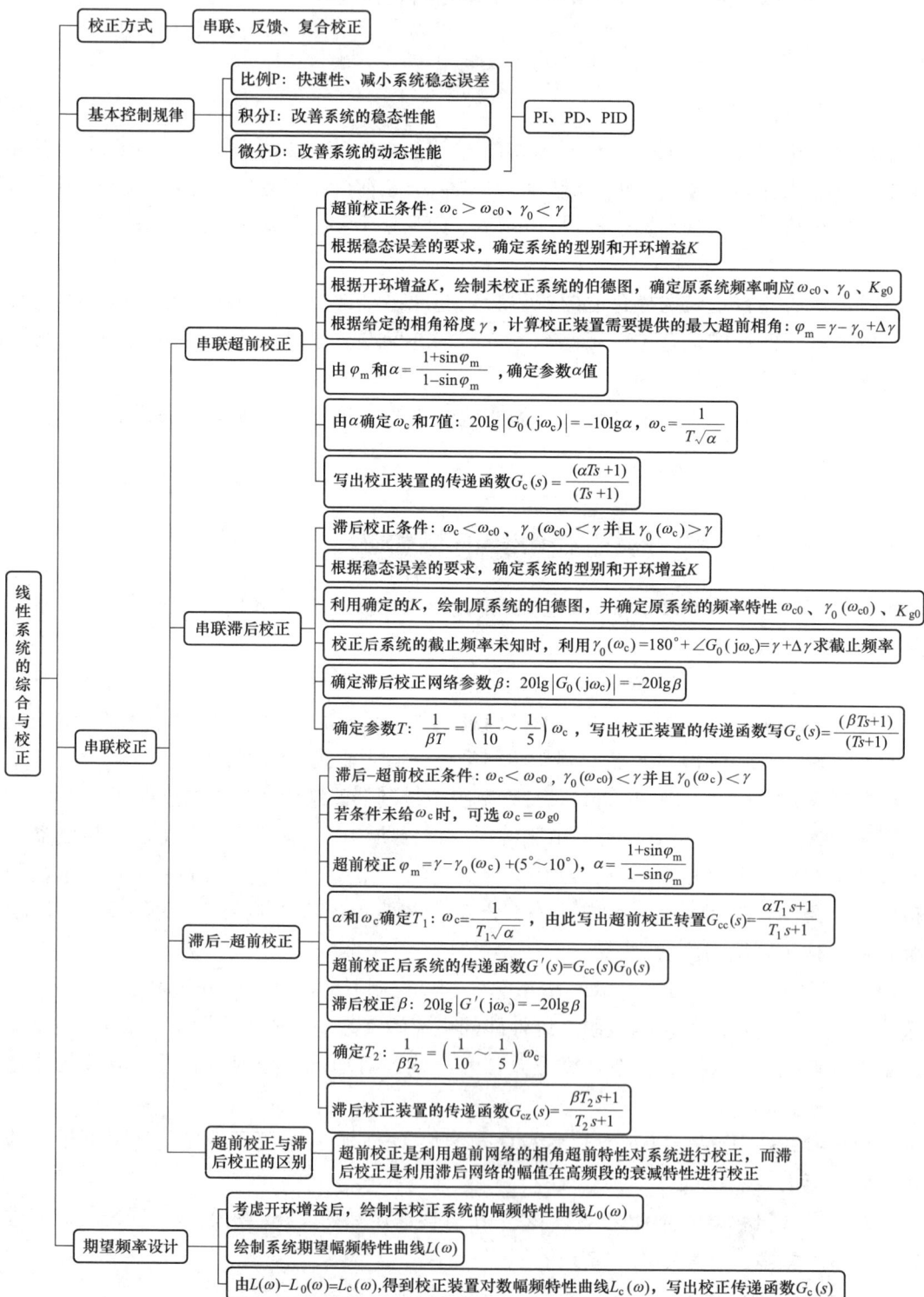

- 线性系统的综合与校正
  - 校正方式
    - 串联、反馈、复合校正
  - 基本控制规律
    - 比例P：快速性、减小系统稳态误差
    - 积分I：改善系统的稳态性能
    - 微分D：改善系统的动态性能
    - （以上组合）PI、PD、PID
  - 串联校正
    - 串联超前校正
      - 超前校正条件：$\omega_c > \omega_{c0}$、$\gamma_0 < \gamma$
      - 根据稳态误差的要求，确定系统的型别和开环增益K
      - 根据开环增益K，绘制未校正系统的伯德图，确定原系统频率响应ω_{c0}、γ_0、K_{g0}
      - 根据给定的相角裕度γ，计算校正装置需要提供的最大超前相角：$\varphi_m=\gamma-\gamma_0+\Delta\gamma$
      - 由φ_m和$\alpha=\dfrac{1+\sin\varphi_m}{1-\sin\varphi_m}$，确定参数$\alpha$值
      - 由α确定ω_c和T值：$20\lg|G_0(j\omega_c)|=-10\lg\alpha$，$\omega_c=\dfrac{1}{T\sqrt{\alpha}}$
      - 写出校正装置的传递函数$G_c(s)=\dfrac{(\alpha Ts+1)}{(Ts+1)}$
    - 串联滞后校正
      - 滞后校正条件：$\omega_c<\omega_{c0}$、$\gamma_0(\omega_{c0})<\gamma$并且$\gamma_0(\omega_c)>\gamma$
      - 根据稳态误差的要求，确定系统的型别和开环增益K
      - 利用确定的K，绘制原系统的伯德图，并确定原系统的频率特性ω_{c0}、$\gamma_0(\omega_{c0})$、K_{g0}
      - 校正后系统的截止频率未知时，利用$\gamma_0(\omega_c)=180^\circ+\angle G_0(j\omega_c)=\gamma+\Delta\gamma$求截止频率
      - 确定滞后校正网络参数β：$20\lg|G_0(j\omega_c)|=-20\lg\beta$
      - 确定参数T：$\dfrac{1}{\beta T}=\left(\dfrac{1}{10}\sim\dfrac{1}{5}\right)\omega_c$，写出校正装置的传递函数写$G_c(s)=\dfrac{(\beta Ts+1)}{(Ts+1)}$
    - 滞后-超前校正
      - 滞后-超前校正条件：$\omega_c<\omega_{c0}$，$\gamma_0(\omega_{c0})<\gamma$并且$\gamma_0(\omega_c)<\gamma$
      - 若条件未给ω_c时，可选$\omega_c=\omega_{g0}$
      - 超前校正$\varphi_m=\gamma-\gamma_0(\omega_c)+(5^\circ\sim10^\circ)$，$\alpha=\dfrac{1+\sin\varphi_m}{1-\sin\varphi_m}$
      - α和ω_c确定T_1：$\omega_c=\dfrac{1}{T_1\sqrt{\alpha}}$，由此写出超前校正转置$G_{cc}(s)=\dfrac{\alpha T_1s+1}{T_1s+1}$
      - 超前校正后系统的传递函数$G'(s)=G_{cc}(s)G_0(s)$
      - 滞后校正β：$20\lg|G'(j\omega_c)|=-20\lg\beta$
      - 确定T_2：$\dfrac{1}{\beta T_2}=\left(\dfrac{1}{10}\sim\dfrac{1}{5}\right)\omega_c$
      - 滞后校正装置的传递函数$G_{cz}(s)=\dfrac{\beta T_2s+1}{T_2s+1}$
    - 超前校正与滞后校正的区别
      - 超前校正是利用超前网络的相角超前特性对系统进行校正，而滞后校正是利用滞后网络的幅值在高频段的衰减特性进行校正
  - 期望频率设计
    - 考虑开环增益后，绘制未校正系统的幅频特性曲线$L_0(\omega)$
    - 绘制系统期望幅频特性曲线$L(\omega)$
    - 由$L(\omega)-L_0(\omega)=L_c(\omega)$，得到校正装置对数幅频特性曲线$L_c(\omega)$，写出校正传递函数$G_c(s)$

思考题

6-1　为什么要对控制系统进行校正？系统校正常采用哪些方法？

6-2　按校正装置在系统中的位置不同，可以将系统校正划分为哪些方式？

6-3　为什么说单纯使用比例控制很难使系统同时获得满意的动静态性能？

6-4　为什么在校正网络中很少使用纯微分环节？

6-5　积分控制有什么特点？为什么在控制系统中很少单独使用积分控制？

6-6　简述 PID 控制器中比例、积分、微分控制规律各自的特点及其作用。

6-7　画出超前校正网络和滞后校正网络的频率特性，并说明它们各有哪些特点？

6-8　简述超前校正、滞后校正、滞后-超前校正的工作原理以及它们的应用条件。

6-9　试比较超前校正和滞后校正有哪些不同？

6-10　相位滞后网络的相角是滞后的，为什么可以用来改善系统的相角裕度？

6-11　试说明期望频率特性法进行系统校正的设计步骤。

习　题

6-1　有源校正网络如图 6-27 所示，试写出传递函数，并说明可以起到何种校正作用。

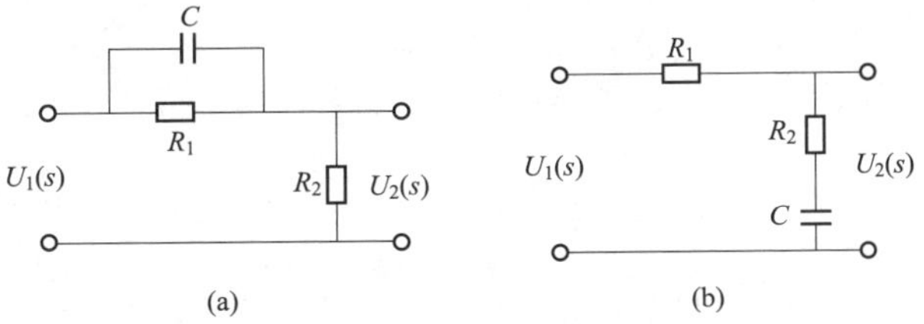

图 6-27　习题 6-1 图

6-2　校正前最小相位系统 $G_0(s)$ 的对数幅频特性如图 6-28 中曲线①所示。串联校正后，系统 $G(s)$ 的开环对数幅频特性如图 6-28 中曲线②所示。试完成：

(1) 根据特性曲线写出 $G_0(s)$ 和 $G(s)$ 的传递函数。

(2) 写出校正装置 $G_c(s)$ 的传递函数，绘制 $G_c(s)$ 的开环对数幅频特性曲线。

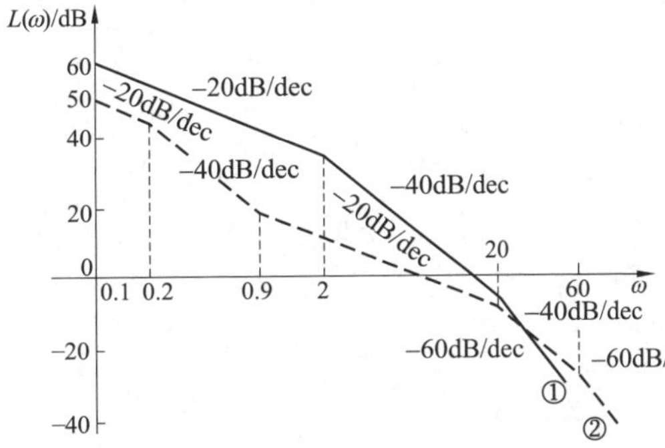

图 6-28　习题 6-2 图

6-3　设单位负反馈系统的开环传递函数为 $G_0(s)=\dfrac{K}{s(s+1)}$，要求系统在单位斜坡输入作用下稳态误差 $e_{ss}\leqslant 0.05$，开环截止频率 $\omega_c\geqslant 7.5\text{rad/s}$，相角裕度 $\gamma\geqslant 45^\circ$，幅值裕度 $K_g\geqslant 10\text{dB}$，试设计串联校正装置。

6-4　设单位负反馈系统的开环传递函数为 $G_0(s)=\dfrac{K}{s(s+1)(0.25s+1)}$，要求校正后系统的静态速度误差系数 $K_v\geqslant 5$，相角裕度 $\gamma\geqslant 45^\circ$，试设计串联滞后校正装置。

6-5　设单位负反馈系统的开环传递函数为 $G_0(s)=\dfrac{K\mathrm{e}^{-0.03s}}{s(s+1)(0.2s+1)}$，要求系统的开环增益 $K=30$，截止频率 $\omega_c\geqslant 2.5\mathrm{rad/s}$，相角裕度 $\gamma=40^\circ\pm 5^\circ$。试完成：

（1）判断采用何种串联校正方式能达到系统要求，并说明理由。

（2）若采用滞后-超前校正，校正装置的传递函数为 $G_c(s)=\dfrac{(2s+1)(s+1)}{(20s+1)(0.01s+1)}$，求校正后系统的截止频率 ω_c 和相角裕度 γ，检验能否满足系统设计要求。

6-6　设单位负反馈系统的开环传递函数为 $G_0(s)=\dfrac{K}{s(0.12s+1)(0.02s+1)}$，欲使校正后系统满足开环增益 $K\geqslant 70$，超调量 $\sigma_p\leqslant 40\%$，调节时间 $t_s\leqslant 1.0\mathrm{s}$ 的性能指标，试采用期望频率特性法设计串联校正环节 $G_c(s)$。

第 7 章　非线性控制系统分析

前面章节阐述了线性定常系统的分析与综合。如果系统中元部件输入/输出静态特性的非线性程度不严重，并满足可线性化条件，则可用线性控制理论对系统进行分析研究。凡不能进行线性化处理的非线性特性均称作本质非线性，而能进行线性化处理的非线性特性均称作非本质非线性。

由于非线性问题概括了除线性问题以外的所有数学关系，包含的范围非常广泛，因此，对于非线性控制系统，目前还没有通用的分析设计方法。本章讨论的非线性系统主要是本质非线性系统，主要介绍工程上常用的描述函数法和相平面分析法。

【学习目标】

（1）掌握描述函数的概念及使用条件，会求非线性系统的描述函数。

（2）熟悉典型非线性环节的描述函数和负倒描述函数的特性，能用描述函数法分析非线性系统的稳定性，计算自激振荡频率和幅值。

（3）掌握相平面法的有关概念和相平面图的性质。

（4）掌握用解析法和等倾线法绘制相平面图，用相平面法分析控制系统的性能。

7.1　非线性系统概述

7.1.1　非线性现象的普遍性

组成实际控制系统的元部件总存在一定程度的非线性。例如：晶体管放大器有一个线性工作范围，超出这个范围，放大器就会出现饱和现象；电动机输出轴上总是存在摩擦转矩和负载转矩，只有在输入超过启动电压后，电动机才会转动，存在不灵敏区；当输入达到饱和电压时，由于电动机磁性材料的非线性，输出转矩会出现饱和，因而限制了电动机的最大转速；各种传动机构由于机械加工和装配上的缺陷，在传动过程中总存在着间隙；开关或继电器会导致信号的跳变等。

实际控制系统中，非线性因素广泛存在，线性系统模型只是在一定条件下忽略了非线性因素影响或进行线性化处理后的理想模型。当系统中包含有本质非线性元件，或者输入的信号过强，使某些元件超出了其线性工作范围时，再用线性分析方法来研究这些系统的性能，得出的结果往往与实际情况相差很远，甚至得出错误的结论。

由于非线性系统不满足叠加原理，前 6 章介绍的线性系统分析设计方法原则上不再适用，因此必须寻求研究非线性控制系统的方法。

7.1.2 典型的非线性特性

实际控制系统中的非线性特性种类有很多。下面介绍几种典型的非线性特性。

1. 饱和特性

系统只能在一定的范围内保持输出和输入之间的线性关系，当输入超出该范围时，其输出限定为一个常值，这种特性称为饱和特性，如图 7-1 所示。图中，$e(t)$、$x(t)$ 分别为非线性元部件的输入、输出信号，其数学表达式为

$$x(t)=\begin{cases} ka & [e(t)>a] \\ ke(t) & [-a\leqslant e(t)\leqslant a] \\ -ka & [e(t)<-a] \end{cases} \tag{7-1}$$

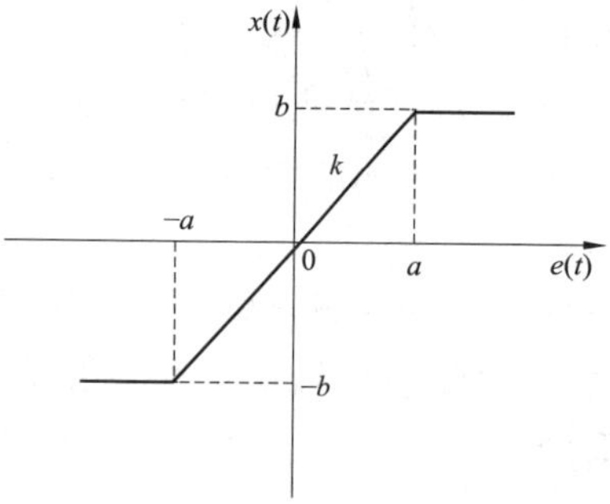

图 7-1 饱和特性

式中：a 为线性区宽度；k 为线性区特性的斜率。

饱和特性在控制系统中普遍存在。许多元部件的运动范围由于受到能源、功率等条件的限制，都具有饱和特性。调节器一般由电子器件组成，输入信号不可能再大时，就形成饱和输出。有时饱和特性是在执行单元形成的，如阀门开度不能再大、电磁关系中的磁路饱和等。因此在分析一个控制系统时，一般要将饱和特性的影响考虑在内。含饱和特性的控制系统框图如图 7-2 所示。

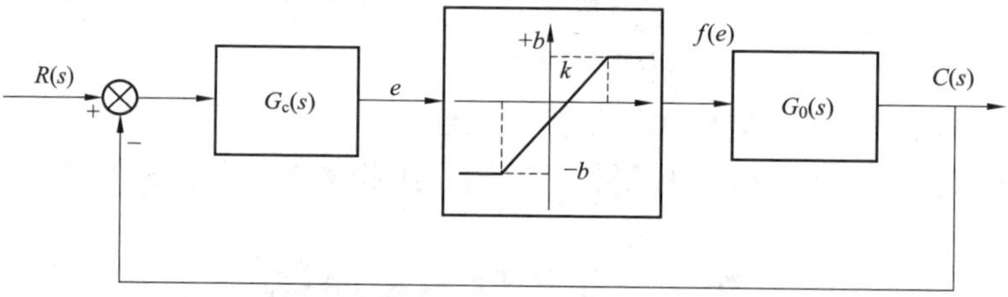

图 7-2 含饱和特性的控制系统框图

2. 死区（不灵敏区）特性

输入量超过一定值后才有输出的特性称为死区特性，也称为不灵敏区特性，如图 7-3 所示。其数学表达式为

$$x(t)=\begin{cases} 0 & [|e(t)|\leqslant a] \\ k[e(t)-a\,\mathrm{sign}e(t)] & [|e(t)|>a] \end{cases} \tag{7-2}$$

式中：a 为死区宽度；k 为线性输出的斜率。

$$\mathrm{sign}e(t)=\begin{cases} +1 & [e(t)>0] \\ -1 & [e(t)<0] \end{cases}$$

一般的测量元件、执行机构都存在不灵敏区。例如：某些检测元件对于小于某值的输入量不敏感；某些执行机构在输入信号比较小时不会动作，只有在输入信号大到一定程度以后才会有输出。当不灵敏区很小，或者对于系统的运行无不良影响时，这种情况下可忽

略不计。但是，对于控制精度要求很高的系统，测量值中的不灵敏区应引起重视。

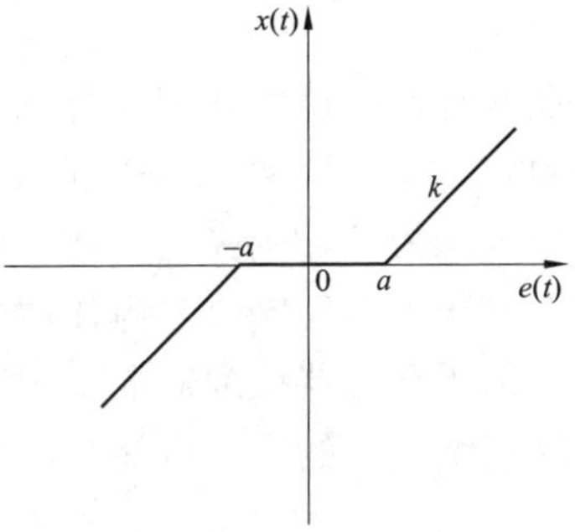

图 7-3　死区特性

3. 间隙特性

间隙非线性的特点是：当输入量改变方向时，输出量保持不变，一直到输入量的变化超出一定的数值（间隙消除）后，输出量才跟着变化。各种传动机构中，由于加工精度和运行元部件动作的需要，总会存在间隙。齿轮传动的间隙及液压传动的油隙等都属于间隙特性。在齿轮传动中，当主动轮改变方向时，从动轮保持原位不动，直到间隙消除之后才改变方向。间隙特性如图 7-4 所示，其数学表达式为

$$x(t)=\begin{cases}k[e(t)-a\,\mathrm{sign}\dot{x}(t)] & (\dot{x}\neq 0)\\ b\,\mathrm{sign}e(t) & (\dot{x}=0)\end{cases} \tag{7-3}$$

控制系统中有间隙特性存在时，将使系统输出信号在相位上产生滞后，从而使系统的稳定裕度减少，稳定性变差。

4. 继电器特性

继电器是广泛用于控制系统和保护装置中的器件。由于继电器吸合及释放状态下的磁阻不同，吸合电压与释放电压也不相同。因此，继电器的特性有一个滞环，输入和输出关系不完全是单值的，这种特性称为具有滞环的三位置继电器特性。典型继电器特性如图 7-5 所示，其数学表达式为

$$x(t)=\begin{cases}0 & [-me_0<e(t)<e_0,\ \dot{e}(t)>0]\\ 0 & [-e_0<e(t)<me_0,\ \dot{e}(t)<0]\\ M\mathrm{sign}e(t) & [|e(t)|\geqslant e_0]\\ M & [e(t)\geqslant me_0,\ \dot{e}(t)<0]\\ -M & [e(t)\leqslant -me_0,\ \dot{e}(t)>0]\end{cases} \tag{7-4}$$

式中：e_0 为继电器吸合电压；me_0 为继电器释放电压；M 为饱和输出。

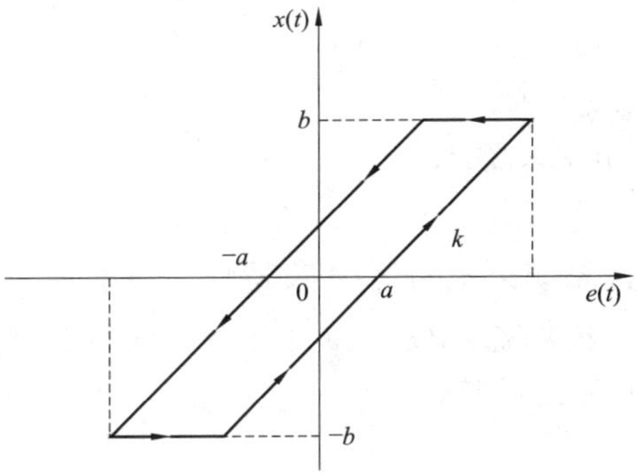

图 7-4　间隙特性

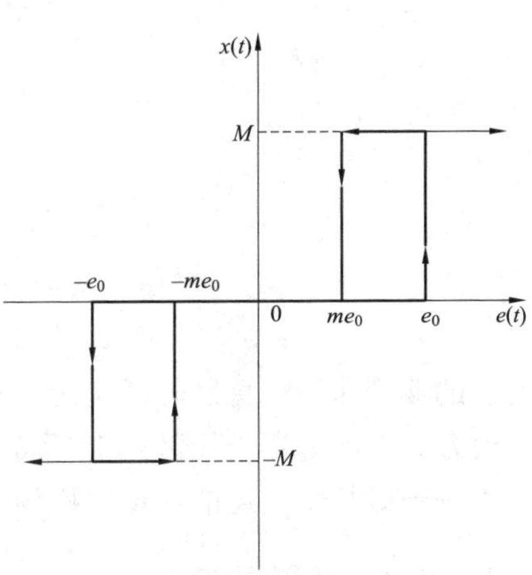

图 7-5　继电器特性

由图 7-5 可以看出，继电器的吸合电压和释放电压不相等，因此，继电器非线性特性不仅含有死区特性和饱和特性，还含有滞环特性。若 $e_0=0$，即继电器吸合电压和释放电压均为零的零值切换，称为理想继电器，如图 7-6（a）所示；若 $m=1$，即继电器吸合电压和释放电压相等，则称为有死区的继电器，如图 7-6（b）所示；若 $m=-1$，即继电器的正向释放电压等于反向吸合电压时，则称为具有滞环的继电器，如图 7-6（c）所示。死区的存在是由于继电器线圈需要一定数量的电流才能产生吸合作用。滞环的存在是由于铁磁元件特性使继电器的吸合电流与释放电流不相等造成的。

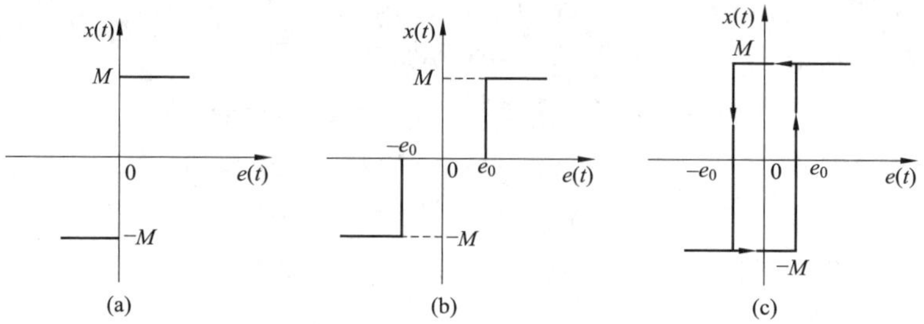

图 7-6　几种特殊继电器特性

（a）理想继电器；（b）有死区继电器；（c）具有滞环的继电器

5. 变增益特性

变增益特性如图 7-7 所示，其数学表达式为

$$x(t)=\begin{cases}k_1e(t) & [|e(t)|\leqslant a]\\ k_2e(t) & [|e(t)|>a]\end{cases} \tag{7-5}$$

式中：k_1、k_2 为变增益特性斜率；a 为切换点。

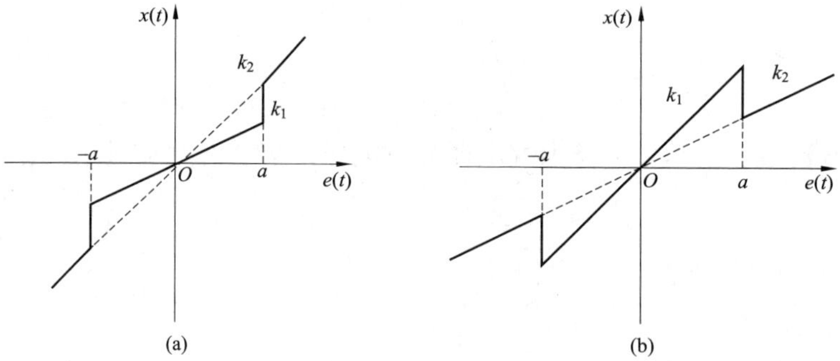

图 7-7　变增益特性

（a）输入信号小；（b）输入信号大

除上述的典型非线性特性外，实际上非线性系统还有许多复杂特性。有些属于前述各种情况的组合，如继电器＋死区＋滞环特性、分段增益或变增益特性等，还有些非线性特性是不能用一般函数来描述的，可以称为不规则非线性特性。

7.1.3　非线性系统的特点

非线性系统与线性系统有着本质的区别，下面介绍非线性系统的特点。

1. 非线性系统不满足叠加原理

对于线性系统，可以用叠加原理求解；而对于非线性系统，不能应用叠加原理。这是因为非线性系统不同于线性系统，需用非线性微分方程来描述，而叠加原理不能用于求解非线性微分方程。目前，对于非线性微分方程的求解，还没有像线性微分方程那样有统一的求解方法。

需要指出的是，对于非线性控制系统而言，在许多实际问题中，并不需要求解其输出响应过程，通常是将讨论问题的重点放在系统是否稳定，系统是否产生自激振荡，计算自激振荡的振幅与频率值，以及消除自激振荡等有关稳定性问题的分析上。

目前，还没有通用的方法来分析和设计非线性系统。在工程上，对于含非本质非线性的控制系统，通常基于小偏差线性化方法近似为线性控制系统来处理；对于含本质非线性的高阶控制系统，常常采用基于谐波线性化概念建立的描述函数法分析有关稳定性的问题；对于含本质非线性的二阶系统，一般可应用相平面法分析和设计。

2. 非线性系统的稳定性和系统的结构、参数和初始条件等有关

线性系统的稳定性只和系统本身的结构形式和参数有关，而与系统的初始状态和外加信号无关。线性系统若稳定，则无论受到多大的扰动，扰动消失后一定回到唯一的平衡点（原点）。

非线性系统的稳定性不仅取决于系统本身的结构和参数，而且还与系统的初始状态和输入信号有关。非线性系统的平衡点可能不止一个，所以非线性系统的稳定性只能针对确定的平衡点来讨论。一个非线性系统在某些平衡点可能是稳定的，在另外一些平衡点却可能是不稳定的；在小扰动时可能稳定，大扰动时却可能不稳定。

对于相同结构和参数的系统，在不同的初始条件下，运动的最终状态可能完全不同。例如，有的系统初始值处于较小区域内时是稳定的，而初始值处于较大区域内时则变为不稳定。因此，在谈非线性系统是否稳定时，应说明系统的初始条件。

3. 不能用纯频率法分析和校正非线性系统

在线性系统中，输入为正弦函数时，稳态输出也是同频率的正弦函数，输入和稳态输出之间仅在幅值和相位上有所不同，因而可以用频率特性法分析和校正线性系统。对于非线性系统，如输入为正弦函数，其稳态输出通常是包含有一定数量的高次谐波的非正弦周期函数。非线性系统有时可能出现跳跃谐振等现象，所以不能用纯频率方法分析和校正非线性系统。

4. 非线性系统存在自激振荡现象

线性系统的时域响应仅有两种基本形式，即稳定或不稳定，表现的物理现象为发散或收敛。然而，在非线性系统中，除了从平衡状态发散或收敛于平衡状态两种运动形式外，还存在即使无外部激励作用，也可能产生具有一定振幅和频率的振荡，这种振荡称为自激振荡。

自激振荡是在没有外部激励作用下，系统内部自身产生的稳定的周期运动（等幅振荡），即当系统受到轻微扰动作用时偏离原来的周期运动状态，在扰动消失后，系统运动能重新回到原来的等幅振荡过程。

改变非线性系统的结构和参数，可以改变自激振荡的振幅和频率，或消除自激振荡。

自激振荡是非线性系统独有的现象，有时也简称为自振荡。

7.1.4 非线性控制系统的分析方法

非线性系统的复杂性和特殊性，使得非线性问题的求解非常困难，到目前为止，还没有形成用于研究非线性系统的通用方法。虽然有一些针对特定非线性问题的系统分析方法，但适用范围有限。其中，描述函数法和相平面分析法是在工程上广泛应用的方法。

描述函数法又称为谐波线性化法，它是一种工程近似方法。描述函数法可以用于研究一类非线性控制系统的稳定性和自激振荡问题，给出自激振荡过程的基本特性（如振幅、频率）与系统参数（如放大系数、时间常数等）的关系，为系统的初步设计提供一个思考方向。

相平面分析法是一种用图解法求解二阶非线性常微分方程的方法。相平面上的轨迹曲线描述了系统状态的变化过程，因此可以在相平面图上分析平衡状态的稳定性和系统的时间响应特性。

用计算机直接求解非线性微分方程，以数值解形式进行仿真研究，是分析和设计复杂非线性系统的有效方法。随着计算机技术的发展，计算机仿真已成为研究非线性系统的重要手段。

7.2 描述函数法

描述函数法是达尼尔（P. J. Daniel）于 1940 年首先提出的。**描述函数法的基本思想：**当系统满足一定的假设条件时，系统中非线性环节在正弦信号作用下的输出可用一次谐波分量（即基波）来近似，由此导出非线性环节的近似等效频率特性，即描述函数。这时非线性系统就近似等效为一个线性控制系统，并可用线性系统理论中的频率法对系统进行分析。频率法主要用来分析在无输入作用的情况下非线性系统的稳定性和自激振荡等问题，此方法不受系统的阶次限制。描述函数法只能用来研究系统的频率响应特性，不能给出时域响应的确切信息。

7.2.1 描述函数法的基本概念

为了应用描述函数法分析非线性系统，要求元件和系统应满足以下条件：

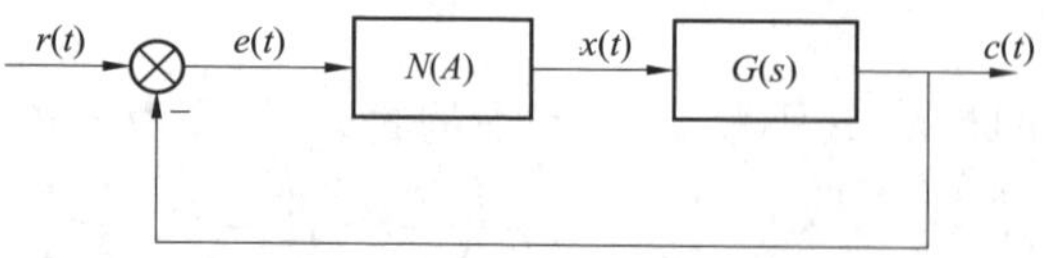

图 7-8 典型非线性系统框图

（1）非线性系统结构可简化成只有一个非线性环节 $N(A)$ 和一个线性环节 $G(s)$ 相串联的典型形式，如图 7-8 所示。

（2）线性部分要具有低通滤波特性。

（3）高次谐波的幅值要远小于基波的幅值。

（4）非线性元件输入和输出信号同周期变化。

（5）非线性特性是斜对称的，这样输出中的常值分量为零。

在图 7-8 所示的含有本质非线性环节的控制系统中，$G(s)$ 为控制系统的固有特性，其

频率特性为 $G(j\omega)$。一般情况下，$G(j\omega)$ 具有低通滤波特性，也就是说，信号中的高频分量受到不同程度的衰减，可以近似认为高频分量不能传递到输出端。此时，非线性环节的输出近似等于基波分量的值。

设非线性环节的输入信号为正弦信号

$$e(t)=A\sin\omega t$$

式中：A 是正弦信号的幅值；ω 是正弦信号的频率。

许多非线性环节的输出信号 $x(t)$ 就是同周期的非正弦信号，可以将 $x(t)$ 展开为傅里叶级数，即

$$\begin{aligned} x(t) &= \frac{A_0}{2}+\sum_{n=1}^{\infty}(A_n\cos n\omega t+B_n\sin n\omega t) \\ &= \frac{A_0}{2}+\sum_{n=1}^{\infty}X_n\sin(n\omega t+\theta_n) \end{aligned} \tag{7-6}$$

式中

$$A_0=\frac{1}{\pi}\int_0^{2\pi}x(t)\mathrm{d}(t)$$

$$A_n=\frac{1}{\pi}\int_0^{2\pi}x(t)\cos n\omega t\,\mathrm{d}\omega t \quad (n=1，2，3\cdots) \tag{7-7}$$

$$B_n=\frac{1}{\pi}\int_0^{2\pi}x(t)\sin n\omega t\,\mathrm{d}\omega t \quad (n=1，2，3\cdots) \tag{7-8}$$

$$X_n=\sqrt{A_n^2+B_n^2} \tag{7-9}$$

$$\theta_n=\arctan\frac{A_n}{B_n} \tag{7-10}$$

则

$$x(t)\approx x_1(t)=A_1\cos\omega t+B_1\sin\omega t=X_1\sin(\omega t+\theta_1) \tag{7-11}$$

式中

$$A_1=\frac{1}{\pi}\int_0^{2\pi}x(t)\cos\omega t\,\mathrm{d}\omega t \tag{7-12}$$

$$B_1=\frac{1}{\pi}\int_0^{2\pi}x(t)\sin\omega t\,\mathrm{d}\omega t \tag{7-13}$$

$$X_1=\sqrt{A_1^2+B_1^2} \tag{7-14}$$

$$\theta_1=\arctan\frac{A_1}{B_1} \tag{7-15}$$

仿照线性系统频率特性的概念，**描述函数定义为**非线性环节输出信号的基波分量 $x_1(t)$ 与正弦输入信号 $e(t)$ 的复数比，即

$$N(A，\omega)=\frac{x_1(t)}{e(t)}=\frac{X_1}{A}\angle\theta_1=\frac{B_1+jA_1}{A}=\frac{\sqrt{A_1^2+B_1^2}}{A}\angle\arctan\frac{A_1}{B_1} \tag{7-16}$$

若非线性元件没有储能元件，则描述函数 $N(A，\omega)$ 仅是输入幅值 A 的函数，与 ω 无关，记为 $N(A)$。当非线性特性为单值奇函数时，由于这时的 $A_1=0$，从而 $\theta_1=0$，故其描述函数 $N(A)$ 为实函数，这说明 $x_1(t)$ 与 $e(t)$ 同相。

7.2.2　典型非线性特性的描述函数

求取描述函数的一般步骤：

（1）绘制输入、输出波形图，写出正弦输入时非线性环节输出的数学表达式。

（2）由波形分析输出量 $x(t)$ 的对称性，计算 A_1、B_1。

（3）描述函数为 $N(A)=\dfrac{B_1+jA_1}{A}=\dfrac{\sqrt{A_1^2+B_1^2}}{A}\angle\arctan\dfrac{A_1}{B_1}$。

1. 饱和特性的描述函数

饱和特性及其对正弦输入的输出波形如图 7-9 所示。

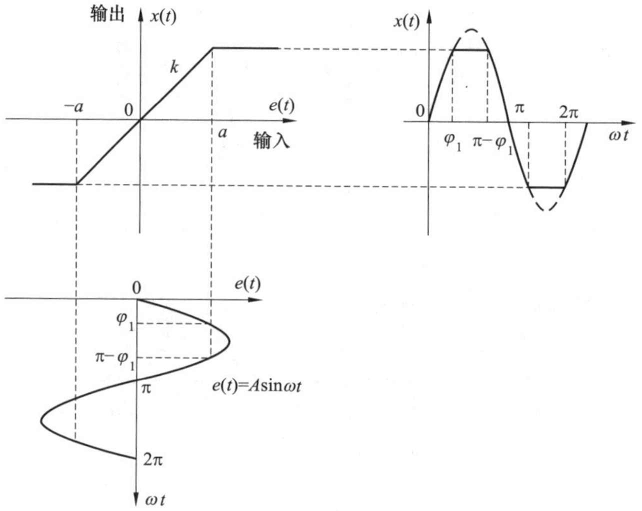

图 7-9　饱和特性及其对正弦输入的输出波形

输入正弦信号 $e(t)=A\sin\omega t$ 时，输出信号为

$$x(t)=\begin{cases}kA\sin\omega t & (0\leqslant\omega t<\varphi_1)\\ ka & (\varphi_1\leqslant\omega t\leqslant\pi-\varphi_1)\\ kA\sin\omega t & (\pi-\varphi_1<\omega t\leqslant\pi)\end{cases}\tag{7-17}$$

式中

$$\varphi_1=\arcsin\frac{a}{A}$$

由于 $x(t)$ 是单值奇函数且关于原点对称，故 $A_0=0$，$A_1=0$，其中 B_1 的计算式为

$$\begin{aligned}B_1&=\frac{1}{\pi}\int_0^{2\pi}x(t)\sin\omega t\,d\omega t=\frac{4}{\pi}\int_0^{\frac{\pi}{2}}x(t)\sin\omega t\,d\omega t\\&=\frac{4}{\pi}\int_0^{\varphi_1}kA\sin\omega t\sin\omega t\,d\omega t+\frac{4}{\pi}\int_{\varphi_1}^{\frac{\pi}{2}}kA\sin\omega t\,d\omega t\\&=\frac{2kA}{\pi}\left[\arcsin\frac{a}{A}+\frac{a}{A}\sqrt{1-\left(\frac{a}{A}\right)^2}\right]\qquad(A\geqslant a)\end{aligned}$$

$$X_1=\sqrt{A_1^2+B_1^2}=B_1$$

式中，令 $\theta_1=\arctan\dfrac{A_1}{B_1}=0$，则饱和特性的描述函数为

$$N(A)=\frac{X_1}{A}\angle\theta_1=\frac{2k}{\pi}\left[\arcsin\frac{a}{A}+\frac{a}{A}\sqrt{1-\left(\frac{a}{A}\right)^2}\right]\quad(A\geqslant a)\tag{7-18}$$

可以看到，描述函数是输入正弦信号幅值 A 的函数。

2. 死区特性的描述函数

死区特性及其对正弦输入的输出波形如图 7-10 所示。

输入正弦信号 $e(t)=A\sin\omega t$ 时，输出信号 $x(t)$ 为

$$x(t)=\begin{cases}0 & (0\leqslant\omega t<\varphi_1)\\ k(A\sin\omega t-a) & (\varphi_1\leqslant\omega t\leqslant\pi-\varphi_1)\\ 0 & (\pi-\varphi_1<\omega t\leqslant\pi)\end{cases}\tag{7-19}$$

式中
$$\varphi_1=\arcsin\frac{a}{A}$$

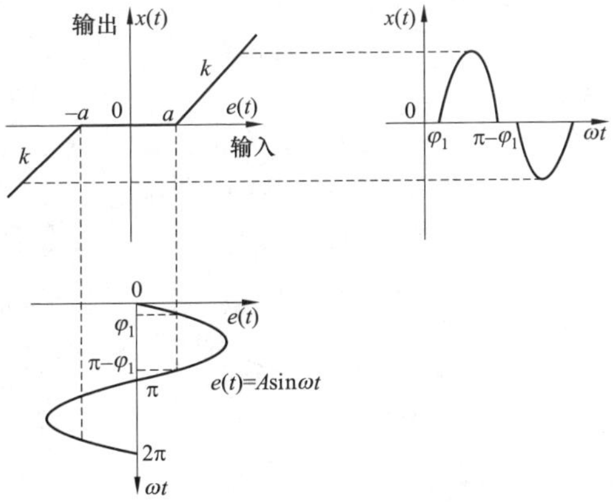

图 7-10　死区特性及其对正弦输入的输出波形

由于死区特性输出 $x(t)$ 是单值奇函数且关于原点对称，故 $A_0=0$，$A_1=0$。其中 B_1 的计算公式为

$$B_1=\frac{4}{\pi}\int_0^{\frac{\pi}{2}}x(t)\sin\omega t\,\mathrm{d}\omega t=\frac{4}{\pi}\int_{\varphi_1}^{\frac{\pi}{2}}k(A\sin\omega t-a)\sin\omega t\,\mathrm{d}\omega t$$
$$=\frac{2KA}{\pi}\left[\frac{\pi}{2}-\arcsin\frac{a}{A}-\frac{a}{A}\sqrt{1-\left(\frac{a}{A}\right)^2}\right]\quad(A\geqslant a)$$
$$N(A)=\frac{X_1}{A}\angle\theta_1=\frac{\sqrt{A_1^2+B_1^2}}{A}\angle\arctan\frac{A_1}{B_1}=\frac{B_1}{A}\angle 0^\circ$$
$$=\frac{2k}{\pi}\left[\frac{\pi}{2}-\arcsin\frac{a}{A}-\frac{a}{A}\sqrt{1-\left(\frac{a}{A}\right)^2}\right]\quad(A\geqslant a)\tag{7-20}$$

3. 间隙特性的描述函数

间隙特性及其对正弦输入的输出波形如图 7-11 所示。

输入正弦信号 $e(t)=A\sin\omega t$ 时，输出信号 $x(t)$ 为

$$x(t)=\begin{cases}k(A\sin\omega t-a) & \left(0\leqslant\omega t<\dfrac{\pi}{2}\right)\\ k(A-a) & \left(\dfrac{\pi}{2}\leqslant\omega t\leqslant\pi-\varphi_1\right)\\ k(A\sin\omega t+a) & (\pi-\varphi_1<\omega t\leqslant\pi)\end{cases}\tag{7-21}$$

式中
$$\varphi_1=\arcsin\frac{A-2a}{A}$$

由于间隙特性输出 $x(t)$ 是多值奇函数且关于原点对称，故 $A_0=0$。由式（7-12）、式（7-13）分别得

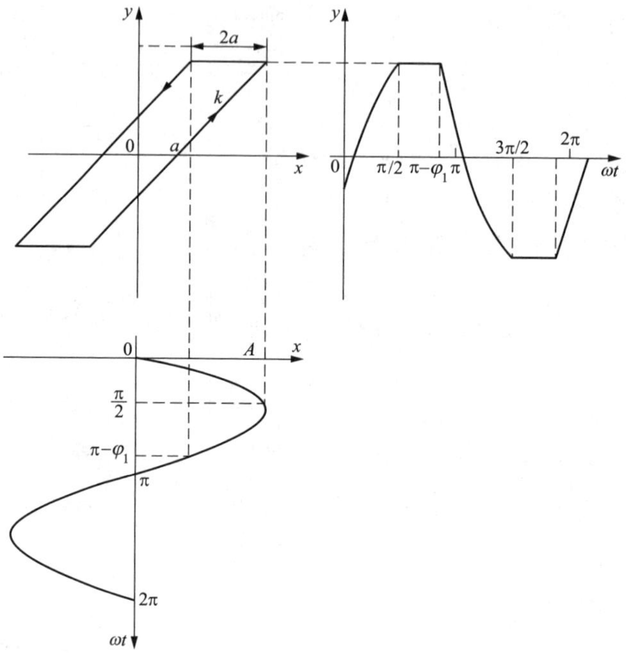

图 7-11　间隙特性及其对正弦输入的输出波形

$$
\begin{aligned}
A_1 &= \frac{2}{\pi}\int_0^{\pi} x(t)\cos\omega t\,\mathrm{d}\omega t \\
&= \frac{2}{\pi}\int_0^{\frac{\pi}{2}} k(A\sin\omega t - a)\cos\omega t\,\mathrm{d}\omega t + \frac{2}{\pi}\int_{\frac{\pi}{2}}^{\pi-\varphi_1} k(A-a)\cos\omega t\,\mathrm{d}\omega t + \\
&\quad \frac{2}{\pi}\int_{\pi-\varphi 1}^{\pi} k(A\sin\omega t + a)\cos\omega t\,\mathrm{d}\omega t \\
&= \frac{4ka}{\pi}\left(\frac{a}{A}-1\right) \quad (A \geqslant a)
\end{aligned}
$$

$$
\begin{aligned}
B_1 &= \frac{2}{\pi}\int_0^{\pi} x(t)\sin\omega t\,\mathrm{d}\omega t \\
&= \frac{2}{\pi}\int_0^{\frac{\pi}{2}} k(A\sin\omega t - a)\sin\omega t\,\mathrm{d}\omega t + \frac{2}{\pi}\int_{\frac{\pi}{2}}^{\pi-\varphi_1} k(A-a)\sin\omega t\,\mathrm{d}\omega t + \\
&\quad \frac{2}{\pi}\int_{\pi-\varphi_1}^{\pi} k(A\sin\omega t + a)\sin\omega t\,\mathrm{d}\omega t \\
&= \frac{kA}{\pi}\left[\frac{\pi}{2} + \arcsin\left(1-\frac{2a}{A}\right) + 2\left(1-\frac{2a}{A}\right)\sqrt{\frac{a}{A}\left(1-\frac{a}{A}\right)}\,\right] \quad (A \geqslant a)
\end{aligned}
$$

$$
\begin{aligned}
N(A) &= \frac{X_1}{A}\angle\theta_1 = \frac{\sqrt{A_1^2 + B_1^2}}{A}\angle\arctan\frac{A_1}{B_1} \\
&= \frac{k}{\pi}\left[\frac{\pi}{2} + \arcsin\left(1-\frac{2a}{A}\right) + 2\left(1-\frac{2a}{A}\right)\sqrt{\frac{a}{A}\left(1-\frac{a}{A}\right)}\,\right] + \\
&\quad \mathrm{j}\,\frac{4ka}{\pi A}\left(\frac{a}{A}-1\right) \quad (A \geqslant a)
\end{aligned}
\tag{7-22}
$$

4. 继电器特性的描述函数

具有不灵敏区与滞环的继电器特性及其对正弦输入的输出波形如图 7-12 所示。

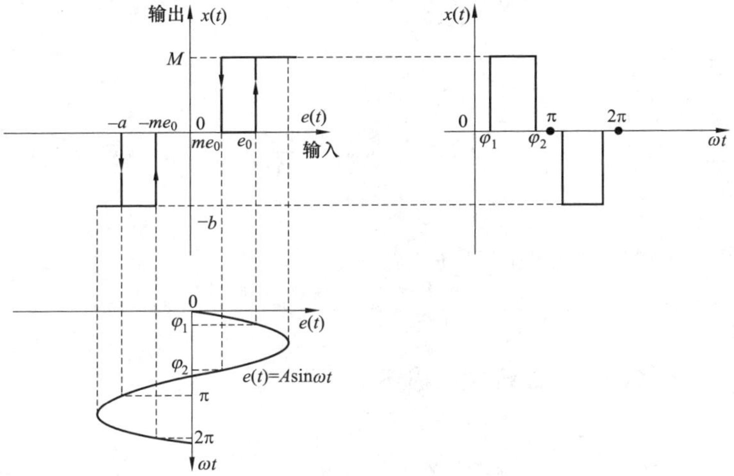

图 7-12　具有不灵敏区与滞环的继电器特性及其对正弦输入的输出波形

输入正弦信号 $e(t)=A\sin\omega t$ 时，输出信号 $x(t)$ 为

$$x(t)=\begin{cases}0 & (0\leqslant \omega t<\varphi_1)\\ M & (\varphi_1\leqslant \omega t\leqslant \pi-\varphi_2)\\ 0 & (\pi-\varphi_2<\omega t\leqslant \pi+\varphi_1)\\ -M & (\pi+\varphi_1<\omega t\leqslant 2\pi-\varphi_2)\\ 0 & (2\pi-\varphi_2<\omega t\leqslant 2\pi)\end{cases} \tag{7-23}$$

式中

$$\varphi_1=\arcsin\frac{e_0}{A};\ \varphi_2=\pi-\arcsin\frac{me_0}{A}\quad (0<m<1,\ A\geqslant e_0)$$

由图 7-12 可见，$x(t)$ 为奇对称函数，故

$$A_0=0$$

$$\begin{aligned}A_1&=\frac{1}{\pi}\int_0^{2\pi}x(t)\cos\omega t\,\mathrm{d}\omega t\\&=\frac{1}{\pi}\int_{\varphi_1}^{\pi-\varphi_2}M\cos\omega t\,\mathrm{d}\omega t+\frac{1}{\pi}\int_{\pi+\varphi_1}^{2\pi-\varphi_2}-M\cos\omega t\,\mathrm{d}\omega t\\&=\frac{2}{\pi}\int_{\varphi_1}^{\pi-\varphi_2}M\cos\omega t\,\mathrm{d}\omega t\\&=\frac{2Me_0}{\pi A}(m-1)\end{aligned}$$

$$\begin{aligned}B_1&=\frac{1}{\pi}\int_0^{2\pi}x(t)\sin\omega t\,\mathrm{d}\omega t\\&=\frac{1}{\pi}\int_{\varphi_1}^{\pi-\varphi_2}M\sin\omega t\,\mathrm{d}\omega t+\frac{1}{\pi}\int_{\pi+\varphi_1}^{2\pi-\varphi_2}-M\sin\omega t\,\mathrm{d}\omega t\end{aligned}$$

$$=\frac{2M}{\pi}\left[\sqrt{1-\left(\frac{e_0}{A}\right)^2}+\sqrt{1-\left(\frac{me_0}{A}\right)^2}\right]$$

$$N(A)=\frac{X_1}{A}\angle\theta_1=\frac{\sqrt{A_1^2+B_1^2}}{A}\angle\arctan\frac{A_1}{B_1}$$

则

$$N(A)=\frac{2M}{\pi A}\left[\sqrt{1-\left(\frac{e_0}{A}\right)^2}+\sqrt{1-\left(\frac{me_0}{A}\right)^2}\right]+\mathrm{j}\,\frac{2Me_0}{\pi A^2}(m-1)\quad(0<m<1,\ A\geqslant e_0)\tag{7-24}$$

当 $e_0=0$，得理想继电器特性的描述函数为

$$N(A)=\frac{4M}{\pi A}\tag{7-25}$$

当 $m=1$，得不灵敏区继电器特性的描述函数为

$$N(A)=\frac{4M}{\pi A}\sqrt{1-\left(\frac{e_0}{A}\right)^2}\quad(A\geqslant e_0)\tag{7-26}$$

当 $m=-1$，得滞环继电器特性的描述函数为

$$N(A)=\frac{4M}{\pi A}\sqrt{1-\left(\frac{e_0}{A}\right)^2}-\mathrm{j}\,\frac{4Me_0}{\pi A^2}\tag{7-27}$$

以上几种典型非线性环节的输入/输出波形及描述函数见表 7-1。

表 7-1　典型非线性环节的输入/输出波形及描述函数

名称	非线性特性	描述函数（$A\geqslant a$）	$-\frac{1}{N(A)}$ 曲线
饱和特性	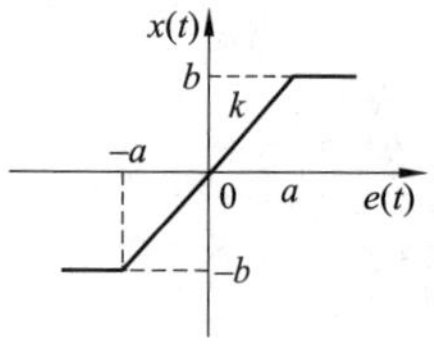	$N(A)=\frac{2k}{\pi}\left[\arcsin\frac{a}{A}+\frac{a}{A}\sqrt{1-\left(\frac{a}{A}\right)^2}\right]$	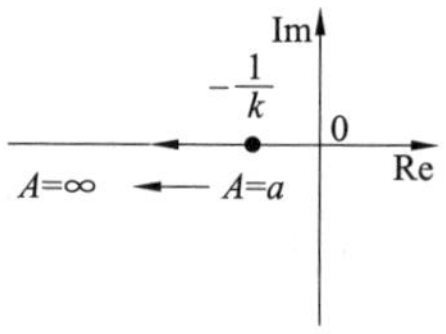
死区特性	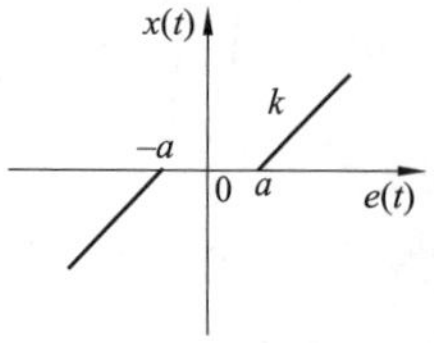	$N(A)=\frac{2k}{\pi}\left[\frac{\pi}{2}-\arcsin\frac{a}{A}-\frac{a}{A}\sqrt{1-\left(\frac{a}{A}\right)^2}\right]$	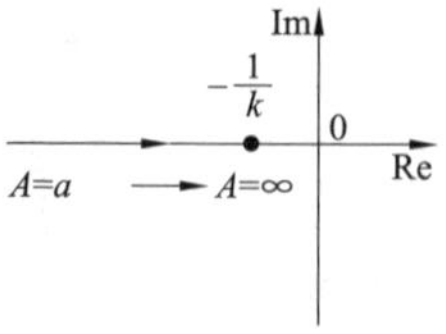
间隙特性	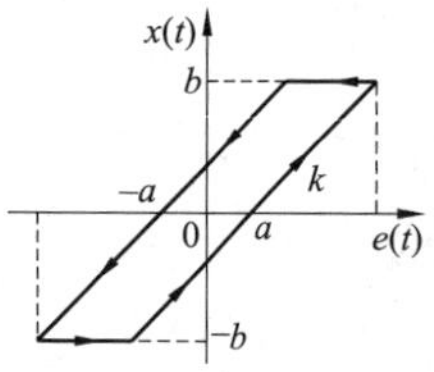	$N(A)=\frac{k}{\pi}\left[\frac{\pi}{2}+\arcsin\left(1-\frac{2a}{A}\right)+2\left(1-\frac{2a}{A}\right)\sqrt{\frac{a}{A}\left(1-\frac{a}{A}\right)}\right]+\mathrm{j}\,\frac{4ka}{\pi A}\left(\frac{a}{A}-1\right)$	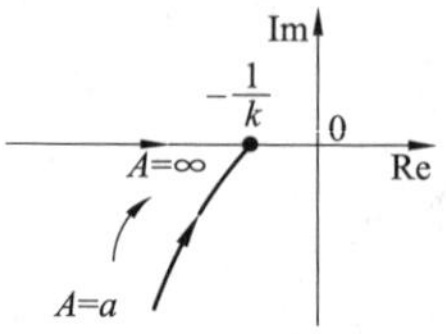

续表

名称	非线性特性	描述函数（$A\geqslant a$）	$-\frac{1}{N(A)}$ 曲线
理想继电器特性	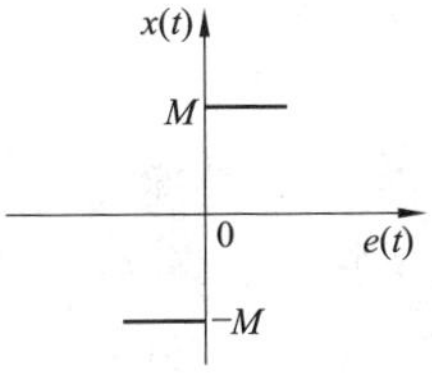	$N(A)=\frac{4M}{\pi A}$	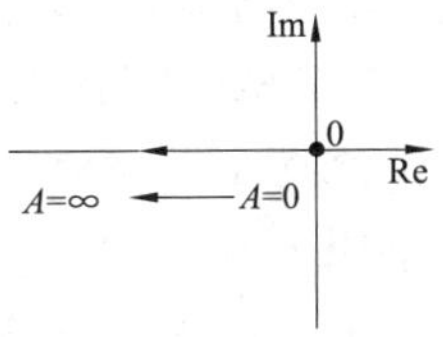
不灵敏区继电器特性	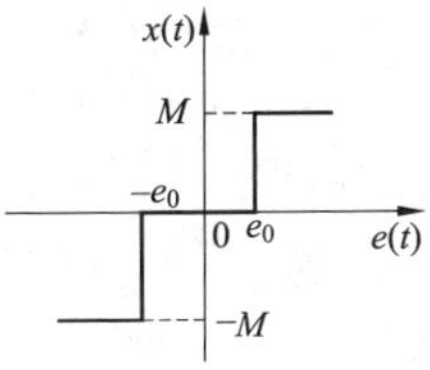	$N(A)=\frac{4M}{\pi A}\sqrt{1-\left(\frac{e_0}{A}\right)^2}$	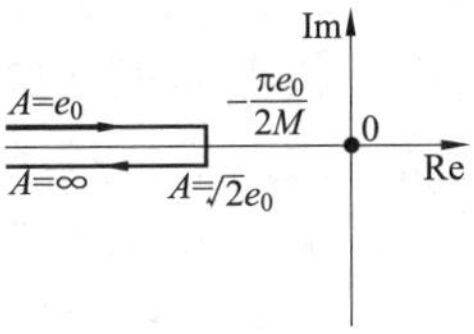
滞环继电器	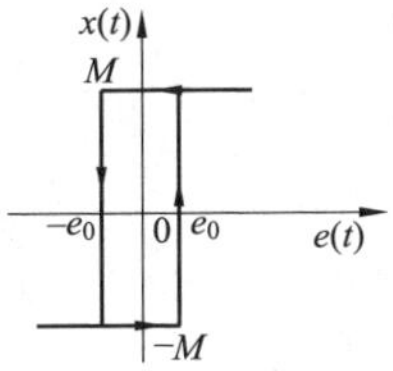	$N(A)=\frac{4M}{\pi A}\left[\sqrt{1-\left(\frac{e_0}{A}\right)^2}-\mathrm{j}\frac{e_0}{A}\right]$	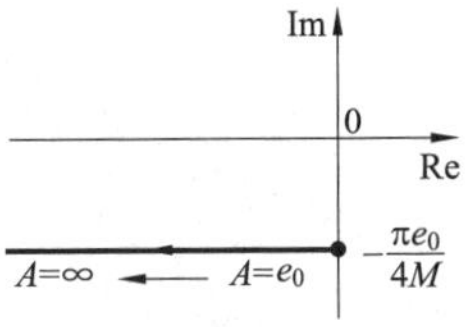

7.2.3　组合非线性特性的描述函数

当非线性系统中含有两个以上典型非线性环节时，可求出等效的非线性特性的描述函数。

1. 非线性环节的并联

设系统中有两个非线性环节并联，而且非线性特性都是单值函数，因此它们的描述函数 $N_1(A)$ 和 $N_2(A)$ 都是实函数，如图 7-13 和图 7-14所示。当输入 $e(t)=A\sin\omega t$ 时，两个环节输出的基波分量分别为输入信号乘以各自的描述函数，即

$$x_1=N_1(A)A\sin\omega t$$
$$x_2=N_2(A)A\sin\omega t$$

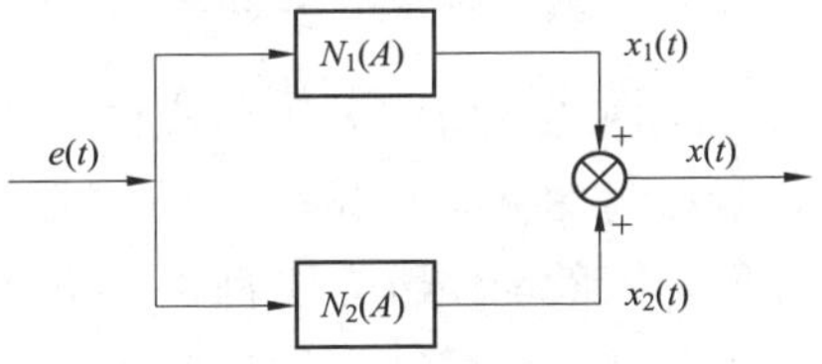

图 7-13　非线性环节并联

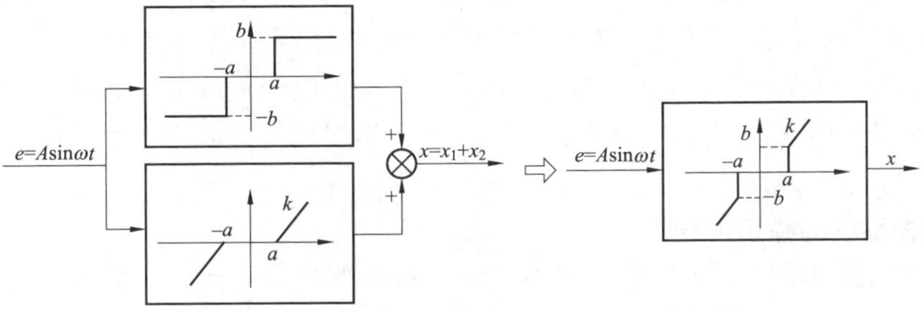

图 7-14　两个非线性环节并联及其等效非线性特性

所以总的描述函数为

$$N(A)=N_1(A)+N_2(A) \tag{7-28}$$

当 $N_1(A)$ 和 $N_2(A)$ 是复函数时，结论不变。总之，数个非线性环节并联后，总的描述函数等于各非线性环节描述函数之和。

2. 非线性环节的串联

当两个非线性环节串联时，其总的描述函数不等于两个非线性环节描述函数的乘积，这是因为在 $e(t)=A\sin\omega t$ 作用下 $N_1(A)$ 的输出 x_1 为非正弦周期函数，它除基波外还含有高次谐波，而这些高次谐波在未被滤掉的情况下便随同基波一起加到 $N_2(A)$ 的输入端，这对于 $N_2(A)$ 来说不符合谐波线性化的条件，故不存在描述函数 $N_2(A)$。为此，需要通过等效换算实现。首先要求出这两个非线性环节的等效非线性特性，然后根据等效的非线性特性求总的描述函数，如图 7-15 和图 7-16 所示。应注意的是，如果两个非线性环节的前后次序调换，等效的非线性特性并不相同，总的描述函数也不一样，这一点与线性环节串联的化简规则明显不同。

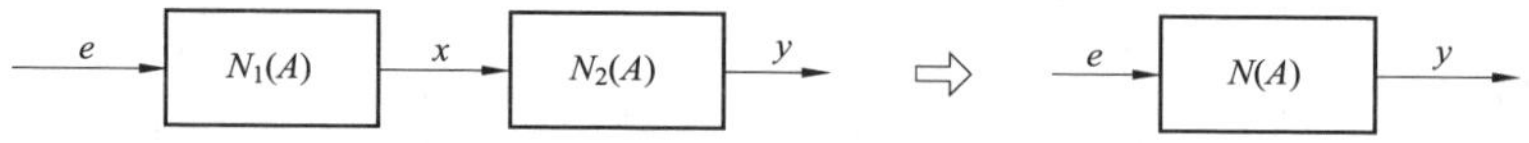

图 7-15　非线性环节串联

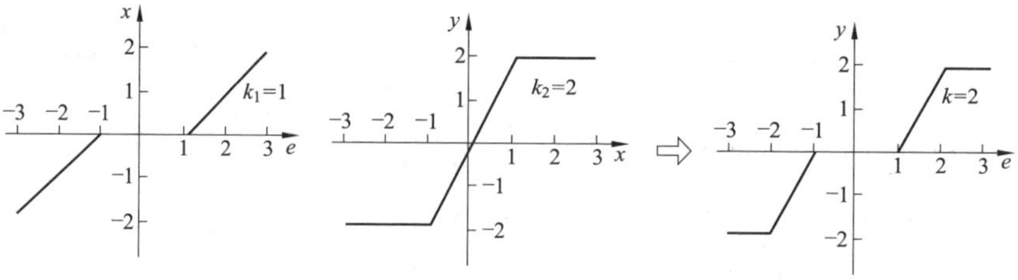

图 7-16　两个非线性环节串联及其等效非线性特性

7.2.4　非线性系统的描述函数分析

应用描述函数法分析非线性系统主要包括判断系统是否稳定，是否产生自激振荡，确定自激振荡的振幅与频率以及对系统进行校正以消除自激振荡等内容。应用描述函数法，对任何阶次的非线性系统都可以进行分析。

为此，需要将非线性控制系统的线性部分与非线性部分进行等效变换，从而将整个非线性控制系统表示成线性等效部分 $G(s)$ 和非线性等效部分 $N(A)$ 相串联的标准结构形式。如果系统满足描述函数法的条件，则在非线性元件的输出中主要是基波分量。那么非线性元件可以等效为一个具有描述函数 $N(A, \mathrm{j}\omega)$ 或 $N(A)$ 的线性环节，如图 7-17 所示，因此可以用频率法进行研究。需要注意的是，图 7-17 中不能用传递函数表示，因为这里的分析是在正弦输入信号下进行的。

1. 非线性系统的稳定性分析

利用描述函数法分析非线性系统的稳定性，实际上是线性系统中的奈奎斯特判据在非线性系统中的推广。非线性系统结构框图如图 7-17 所示，由该图可以得到谐波线性化后的

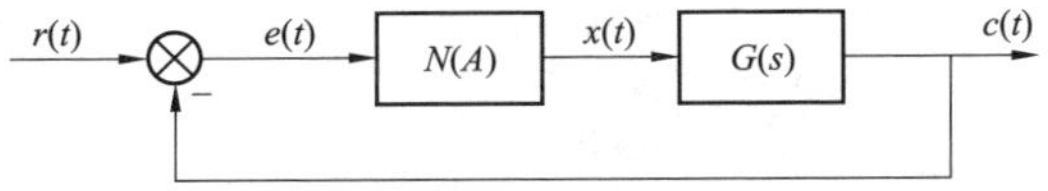

图 7-17　非线性系统结构框图

闭环频率响应为

$$\frac{C(\mathrm{j}\omega)}{R(\mathrm{j}\omega)}=\frac{N(A)G(\mathrm{j}\omega)}{1+N(A)G(\mathrm{j}\omega)} \tag{7-29}$$

系统在 $s=\mathrm{j}\omega$ 时的闭环特征方程为

$$1+N(A)G(\mathrm{j}\omega)=0 \tag{7-30}$$

得到

$$G(\mathrm{j}\omega)=-\frac{1}{N(A)} \tag{7-31}$$

式中：$-\dfrac{1}{N(A)}$ 称为非线性特性的负倒描述函数。

式（7-31）中有两个未知数：频率 ω 和振幅 A。如果式（7-31）成立，相当于 $G(\mathrm{j}\omega)$ 与 $-\dfrac{1}{N(A)}$ 相交，有解 A_0 及 ω_0，这意味着系统中存在着频率为 ω_0 和振幅为 A_0 的等幅振荡，即非线性系统的自激振荡。这种情况相当于在线性系统中，开环频率响应 $G(\mathrm{j}\omega)$ 穿过其稳定临界点（-1，j0），只是这里 $-\dfrac{1}{N(A)}$ 不是一个点，而是临界点的一条随 A 变化的轨迹线。其稳定临界点并不像线性系统那样固定不变，而是与非线性元件正弦输入 $A\sin\omega t$ 的振幅 A 有关，非线性特性的负倒描述函数曲线 $-\dfrac{1}{N(A)}$ 便是这种稳定临界点的轨迹。因此可以用 $G(\mathrm{j}\omega)$ 轨迹和 $-\dfrac{1}{N(A)}$ 轨迹之间的相对位置来判别非线性系统的稳定性。

只需研究线性部分 $G(\mathrm{j}\omega)$ 是最小相位系统的情况。为了研究非线性系统的稳定性，首先在奈奎斯特图上画出频率特性 $G(\mathrm{j}\omega)$ 和负倒特性 $-\dfrac{1}{N(A)}$ 两条轨迹，在 $G(\mathrm{j}\omega)$ 曲线上标明 ω 增加的方向，在 $-\dfrac{1}{N(A)}$ 上标明 A 增加的方向。

非线性系统的奈奎斯特稳定判据：

（1）如果 $G(\mathrm{j}\omega)$ 的轨迹不包围 $-\dfrac{1}{N(A)}$ 的轨迹，如图 7-18（a）所示，则非线性系统是稳定的，不可能产生自激振荡。$G(\mathrm{j}\omega)$ 距离 $-\dfrac{1}{N(A)}$ 越远，系统的相对稳定性越好。

（2）如果 $G(\mathrm{j}\omega)$ 的轨迹包围 $-\dfrac{1}{N(A)}$ 的轨迹，如图 7-18（b）所示，则非线性系统是不稳定的，不稳定系统的响应是发散的。在任何扰动作用下，该系统的输出将无限增大，直至系统停止工作。在这种情况下，系统也不可能产生自激振荡。

（3）如果 $G(j\omega)$ 的轨迹与 $-\dfrac{1}{N(A)}$ 的轨迹相交，如图 7-18（c）所示，交点处的 ω_0 和 A_0 对应系统中的一个等幅振荡。这个等幅振荡可能是自激振荡，也可能不是自激振荡，并在一定条件下收敛或发散。这要根据具体情况分析确定。

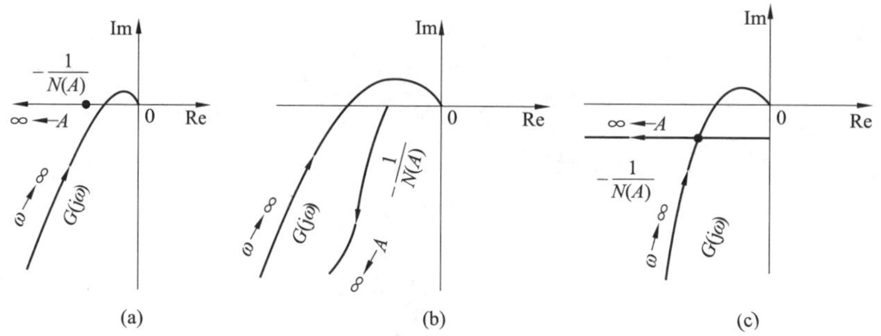

图 7-18　非线性系统的奈奎斯特稳定判据

（a）稳定；（b）不稳定；（c）自激振荡

2. 自激振荡的确定

当 $G(j\omega)$ 的轨迹与 $-\dfrac{1}{N(A)}$ 轨迹相交，即方程 $G(j\omega)=-\dfrac{1}{N(A)}$ 有解时，方程的解 ω_0 和 A_0 对应着一个周期运动信号的频率和振幅。只有稳定的周期运动才是非线性系统的自激振荡。

所谓稳定的周期运动，是指系统受到轻微扰动作用偏离原来的运动状态，在扰动消失后，系统的运动又能重新恢复到原来频率和振幅的等幅持续振荡。不稳定的周期运动是指系统一经扰动就由原来的周期运动变为收敛、发散或转移到另一稳定的周期运动状态。

自激振荡的分析如图 7-19 所示。

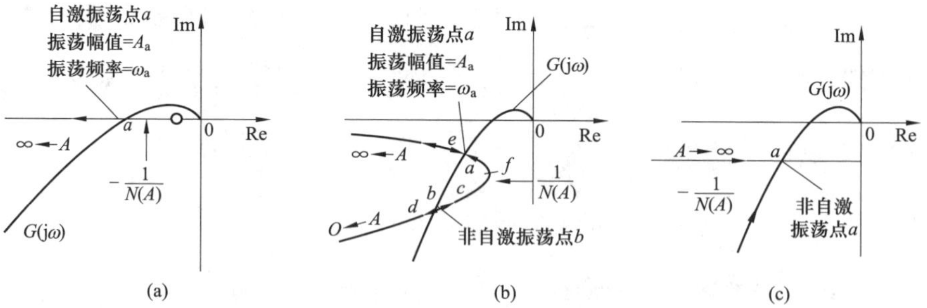

图 7-19　自激振荡的分析

（a）自激振荡点；（b）两个临界稳定点；（c）非自激振荡点

在图 7-19（b）中，$G(j\omega)$ 与 $-\dfrac{1}{N(A)}$ 有两个交点 a 和 b。a 点处对应的频率和振幅为 ω_a 和 A_a，b 点处对应的频率和振幅为 ω_b 和 A_b。这说明系统中可能产生两个不同频率和振幅的周期运动，这两个周期运动能否维持，是不是自激振荡必须具体情况具体分析。

在图 7-19（b）中，假设系统原来工作在 b 点，如果受到一个轻微的外界扰动，使非线

性元件输入振幅 A 增加，则工作点沿着 $-\dfrac{1}{N(A)}$ 轨迹上 A 增大的方向移到 c 点，由于 c 点被 $G(\mathrm{j}\omega)$ 曲线所包围，系统不稳定，响应是发散的。所以非线性元件输入振幅 A 将增大，工作点沿着 $-\dfrac{1}{N(A)}$ 曲线上 A 增大的方向向 a 点转移。反之，如果系统受到轻微扰动是使非线性元件的输入振幅 A 减小，则工作点将移到 d 点。由于 d 点不被 $G(\mathrm{j}\omega)$ 曲线包围，系统稳定，响应收敛，振荡越来越弱，A 逐渐衰减为零。因此 b 点对应的周期运动不是稳定的，在 b 点不能产生自激振荡。

若系统原来工作在 a 点，如果受到一个轻微的外界扰动，使非线性元件的输入振幅 A 增大，则工作点由 a 点移到 e 点。由于 e 点不被 $G(\mathrm{j}\omega)$ 所包围，系统稳定，响应收敛，工作点沿着 A 减小的方向又回到 a 点。反之，如果系统受到轻微扰动使 A 减小，则工作点将由 a 点移到 f 点。由于 f 点被 $G(\mathrm{j}\omega)$ 曲线所包围，系统不稳定，响应发散，振荡加剧，使 A 增加。于是工作点沿着 A 增加的方向又回到 a 点。这说明 a 点的周期运动是稳定的，系统在这一点产生自激振荡，振荡的频率为 ω_a，振幅为 A_a。

由上面的分析可知，图 7-19（b）所示系统在非线性环节的正弦输入振幅 $A < A_b$ 时，系统收敛；$A > A_b$ 时，系统产生自激振荡，自激振荡的频率为 ω_a，振幅为 A_a。系统的稳定性与初始条件及输入信号有关，这正是非线性系统与线性系统的不同之处。

综上所述，在复平面上，将线性部分 $G(\mathrm{j}\omega)$ 曲线包围的区域看成是不稳定区域，而不被 $G(\mathrm{j}\omega)$ 曲线包围的区域看成是稳定区域，如图 7-20 所示。

（1）当交点处的 $-\dfrac{1}{N(A)}$ 曲线沿着 A 增加的方向由不稳定区域进入稳定区域时，则该交点代表的是稳定的周期运动，产生自激振荡，即是自激振荡点，如图 7-20 中的 a 点、图 7-19（a）中的 a 点和图 7-19（b）中的 a 点。

（2）当交点处的 $-\dfrac{1}{N(A)}$ 曲线沿着 A 增加的方向由稳定区域进入不稳定区域时，则该交点代表的是不稳定的周期运动，不产生自激振荡，即不是自激振荡点，如图 7-20 中的 b 点、图 7-19（b）中的 b 点和图 7-19（c）中的 a 点。

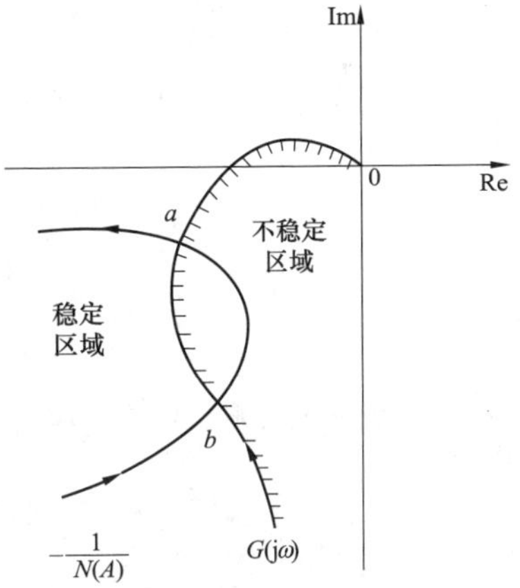

图 7-20　稳定区域和不稳定区域

3. 自激振荡振幅和频率的确定

自激振荡可以用正弦振荡近似表示，在形成自激振荡的情况下，自激振荡的振幅 A 和自激振荡的频率 ω 由 $-\dfrac{1}{N(A)}$ 曲线和 $G(\mathrm{j}\omega)$ 曲线的交点确定。下面举例说明如何利用描述函数法分析非线性系统。

【例 7-1】 设含理想继电器特性的系统框图如图 7-21 所示。试确定其自激振荡的振幅和频率。

解　理想继电器特性的负倒描述函数为

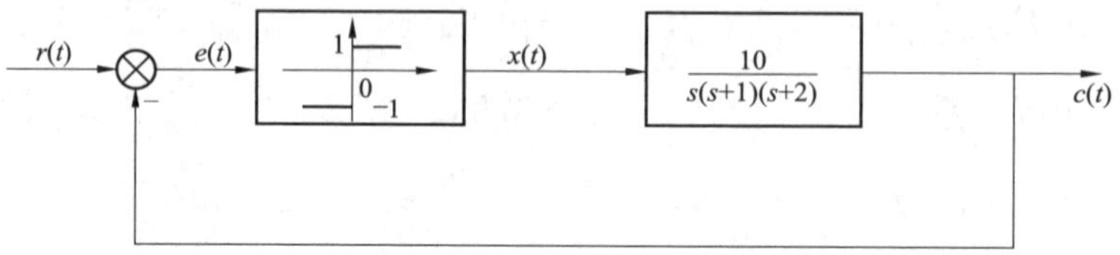

图 7-21　非线性系统框图

$$-\frac{1}{N(A)}=-\frac{\pi}{4}A$$

（1）确定自激振荡频率 ω。在奈奎斯特图上，$-\frac{1}{N(A)}$ 是其整个负实轴，给定系统的线性部分频率响应 $G(\mathrm{j}\omega)$ 如图 7-22 所示，它和 $-\frac{1}{N(A)}$ 特性的交点为稳定交点，代表系统的自激振荡，其频率 ω 可由 $\angle G(\mathrm{j}\omega)=-180^\circ$ 求得，即

$$-90^\circ-\arctan\omega-\arctan2\omega=-180^\circ$$

解得自激振荡的频率 $\omega=\sqrt{2}\,\mathrm{rad/s}$。

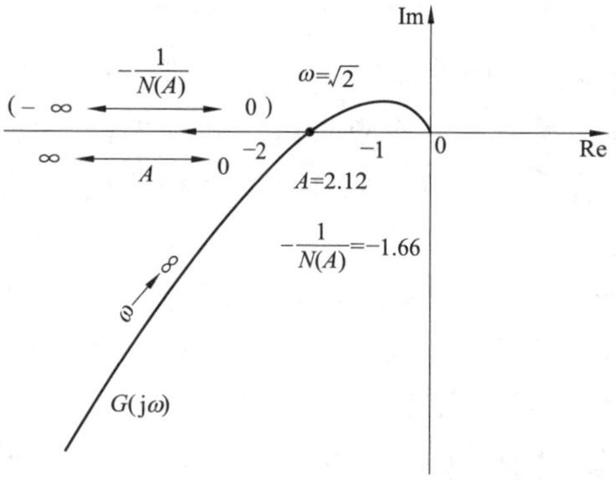

图 7-22　含理想继电器特性系统奈奎斯特图

（2）确定自激振荡振幅 A。将 $\omega=\sqrt{2}$ 代入 $|G(\mathrm{j}\omega)|$ 中得

$$|G(\mathrm{j}\omega)|=\frac{10}{\omega\sqrt{\omega^2+1}\sqrt{\omega^2+4}}=\frac{5}{3}$$

令

$$|G(\mathrm{j}\omega)|=\frac{1}{N(A)}$$

则

$$\frac{5}{3}=\frac{\pi}{4}A$$

解得自激振荡的振幅 $A=2.12$。

7.3　相平面法

相平面法是庞加莱（Poincaré. H）于 1885 年首先提出来的。相平面法是求解一阶、二阶线性或非线性系统的一种图解法，可以用来分析系统的稳定性、平衡位置、时域响应、稳态精度以及初始条件对系统运动的影响。

7.3.1　相平面的基本概念

1. 相平面和相轨迹

设一个二阶系统可以用下列微分方程描述

$$\ddot{x}+f(x,\dot{x})=0 \tag{7-32}$$

式中：$f(x,\dot{x})$ 为 x 和 $\dot{x}$ 的线性函数或非线性函数。

该系统的时域响应可以用 $x(t)$ 和 $\dot{x}(t)$ 与 t 的关系图来表示，即求时域响应 $x(t)$ 和 $\dot{x}(t)$，通过响应曲线来分析系统。在响应曲线上很容易确定任意时刻 t 的位置 $x(t)$ 和速度 $\dot{x}(t)$，如图 7-23（a）、（b）所示。

如果取 x 和 $\dot{x}$ 作为平面上的横纵坐标轴，构成直角坐标平面，则系统在每一时刻上的运动状态都对应于平面上的一点，这个平面称为相平面。当时间 t 变化时，该点在 x-$\dot{x}$ 平面上描绘出的轨迹表征系统状态的演变过程，该轨迹称为相轨迹，如图 7-23（c）所示。

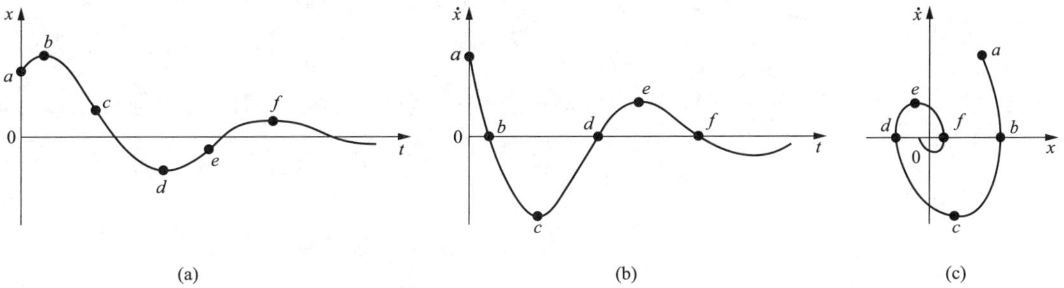

图 7-23　时域响应与相轨迹图

（a）x-t 响应曲线；（b）$\dot{x}$-t 响应曲线；（c）$\dot{x}$-x 响应曲线

2. 相平面图

相平面和相轨迹曲线构成相平面图。在相平面上，由不同初始条件对应的一簇相轨迹构成的图像，称为相平面图。通过对相平面图的分析，可以完全确定系统所有的动态性能，这种分析方法称为相平面法。

7.3.2　相轨迹的性质

在一些情况下，相平面图对称于 x 轴、$\dot{x}$ 轴或同时对称于 x 轴和 $\dot{x}$ 轴。相平面图的对称性可从描述系统的微分方程确定。

若二阶系统的微分方程为　　　$\ddot{x}=f(x,\dot{x})$

上式可改写成

$$\frac{\mathrm{d}\dot{x}}{\mathrm{d}t}=f(x,\dot{x}) \tag{7-33}$$

式（7-33）两边同时除以 $\frac{\mathrm{d}x}{\mathrm{d}t}=\dot{x}$，有

$$\frac{\mathrm{d}\dot{x}}{\mathrm{d}x}=\frac{f(x,\dot{x})}{\dot{x}} \tag{7-34}$$

式中：$\frac{\mathrm{d}\dot{x}}{\mathrm{d}x}$ 表示相轨迹在点 $(x,\dot{x})$ 处的斜率。

相轨迹任一点均满足此方程，式（7-34）称为相轨迹的斜率方程。

利用相轨迹的性质，有利于相轨迹的绘制。根据相轨迹的斜率方程，可以得到相轨迹的性质。

1. 相轨迹的对称性

若 $f(x,\dot{x})=f(x,-\dot{x})$，即 $f(x,\dot{x})$ 是 $\dot{x}$ 的偶函数，则相轨迹对称于 x 轴。

若 $f(x,\ \dot{x})=-f(-x,\ \dot{x})$，即 $f(x,\ \dot{x})$ 是 x 的奇函数，则相轨迹对称于 $\dot{x}$ 轴。

若 $f(x,\ \dot{x})=-f(-x,\ -\dot{x})$，则相轨迹对称于原点。

2. 相轨迹的运动方向

若 $\dot{x}>0$，则 x 增大；若 $\dot{x}<0$，则 x 减小。因此，在相平面的上半部，相轨迹从左向右运动；而在相平面的下半部，相轨迹从右向左运动。总之，相轨迹总是按顺时针方向运动，如图 7-24 所示。

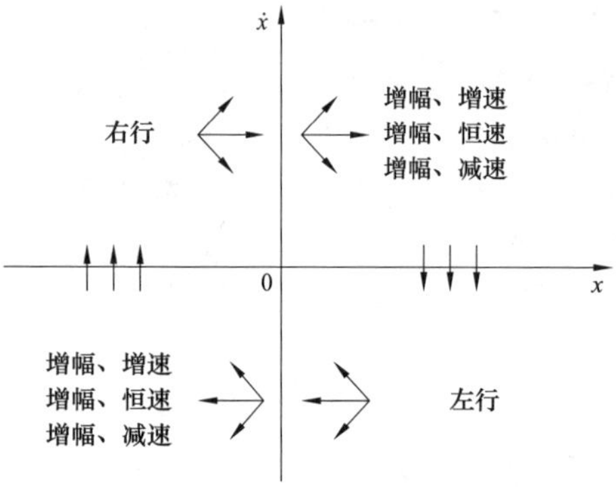

图 7-24　相轨迹运动方向

3. 相轨迹 *x* 轴垂直正交

相轨迹与 x 轴相交时，$\dot{x}=0$，由式(7-34)可知，斜率 $\dfrac{d\dot{x}}{dx}$ 为无穷大，因此相轨迹总是以 $\pm 90°$ 方向穿过 x 轴，即相轨迹与 x 轴垂直正交，如图 7-24 所示。

4. 相轨迹的普通点与奇点

相轨迹在相平面上任意一点（$x,\ \dot{x}$）的斜率为

$$\frac{d\dot{x}}{dx}=\frac{f(x,\ \dot{x})}{\dot{x}}$$

只要在点（$x,\ \dot{x}$）处不同时满足 $\dot{x}=0$ 和 $\ddot{x}=f(x,\ \dot{x})=0$，则相轨迹的斜率就是一个确定的值，此点称为普通点。在普通点处，相轨迹上每一点的斜率是唯一确定的，即通过该点的相轨迹只有一条。

同时满足 $\dot{x}=0$ 和 $\ddot{x}=f(x,\ \dot{x})=0$ 的特殊点称为奇点。奇点处的斜率为

$$\frac{d\dot{x}}{dx}=\frac{f(x,\ \dot{x})}{\dot{x}}=\frac{0}{0}$$

即相轨迹的斜率不确定，这说明通过该点的相轨迹有一条以上。因为奇点处 $\dot{x}=0$，所以奇点只能出现在 x 轴上。在奇点处，$\dot{x}=0$，$\ddot{x}=f(x,\ \dot{x})=0$，即速度和加速度同时为零，这表示系统不再运动，而是处于平衡状态，所以奇点也称为平衡点。

7.3.3　相轨迹的绘制

应用相平面法分析非线性系统，首先要绘制相轨迹。绘制相轨迹常用的方法有解析法和等倾线法。

1. 解析法

一般来说，描述系统的微分方程比较简单，通常采用解析法绘制相轨迹。用求解微分方程的方法找出 x 和 $\dot{x}$ 之间的关系，从而可在相平面上绘制相轨迹，这种方法称为解析法。

（1）分离变量积分法。方程为

$$\ddot{x}=f(x) \tag{7-35}$$

因为

$$\ddot{x}=\dot{x}\frac{d\dot{x}}{dx} \tag{7-36}$$

将式（7-36）代入式（7-35），进行积分得

$$\int_{\dot{x}_0}^{\dot{x}} \dot{x}\,\mathrm{d}\dot{x} = \int_{x_0}^{x} f(x)\,\mathrm{d}x \tag{7-37}$$

（2）消去变量 t 法。根据给定的微分方程分别求出 $\dot{x}$ 和 x 对时间 t 的函数关系，然后再从这两个关系式中消去变量 t，便得相轨迹方程。

【例 7-2】 设二阶系统的微分方程为 $\ddot{x}+M=0$，初始条件为 $x(0)=x_0$，$\dot{x}(0)=0$，M 为常数，试绘制系统的相轨迹。

解　下面使用两种方法绘制相轨迹。

方法 1：分离变量积分法。由方程可得

$$\dot{x}\frac{\mathrm{d}\dot{x}}{\mathrm{d}x}+M=0$$

$$\dot{x}\,\mathrm{d}\dot{x}=-M\mathrm{d}x$$

方程两边同时积分得　$\frac{1}{2}(\dot{x}^2-\dot{x}_0^2)=-M(x-x_0)$

代入初始条件可得解析关系式为　$\dot{x}^2=-2M(x-x_0)$

方法 2：消去变量 t 法。对微分方程 $\ddot{x}=-M$ 积分一次，求得

$$\dot{x}=-Mt$$

对上式再进行一次积分，得到　$x=-\frac{1}{2}Mt^2+x_0$

在上列 $\dot{x}$、x 与 t 的关系式中消去变量 t，最终求得相轨迹方程为

$$\dot{x}^2=-2M(x-x_0)$$

根据相轨迹方程，在相平面 $x-\dot{x}$ 上分别绘制 $M=\pm1$ 时的相轨迹，如图 7-25 所示。由图可见，给定系统的相平面图是一簇对称于 x 轴的抛物线。

【例 7-3】 二阶系统的运动方程为 $\ddot{x}+2\xi\omega_{\mathrm{n}}\dot{x}+\omega_{\mathrm{n}}^2x=0$，当 $\xi=0$ 时，试绘制系统的相轨迹。

解　由解析法有　$\dot{x}\frac{\mathrm{d}\dot{x}}{\mathrm{d}x}+\omega_{\mathrm{n}}^2x=0$

即　$\dot{x}\,\mathrm{d}\dot{x}=-\omega_{\mathrm{n}}^2x\,\mathrm{d}x$

方程两边同时积分，得　$\int_{\dot{x}_0}^{\dot{x}}\dot{x}\,\mathrm{d}\dot{x}=-\omega_{\mathrm{n}}^2\int_{x_0}^{x}x\,\mathrm{d}x$

$$\frac{1}{2}(\dot{x}^2-\dot{x}_0^2)=-\frac{1}{2}\omega_{\mathrm{n}}^2(x^2-x_0^2)$$

$$x^2+\frac{\dot{x}^2}{\omega_{\mathrm{n}}^2}=c^2$$

式中：c 是由初始条件（x_0，$\dot{x}_0$）决定的常数，$c=\sqrt{x_0^2+\frac{\dot{x}_0^2}{\omega_{\mathrm{n}}^2}}$。

在相平面上，这是一个以原点为圆心的椭圆方程。当初始条件不同时，相轨迹是以（x_0，$\dot{x}_0$）为起始点的椭圆簇。系统的相平面图如图 7-26 所示，表明系统的响应是等幅振荡周期运动。图中箭头表示时间 t 增大的方向。

2. 等倾线法

等倾线法是一种不必求解微分方程，而是通过作图方法间接绘制相轨迹的方法。等倾

线是指在相平面内对应相轨迹上具有等斜率点的连线。

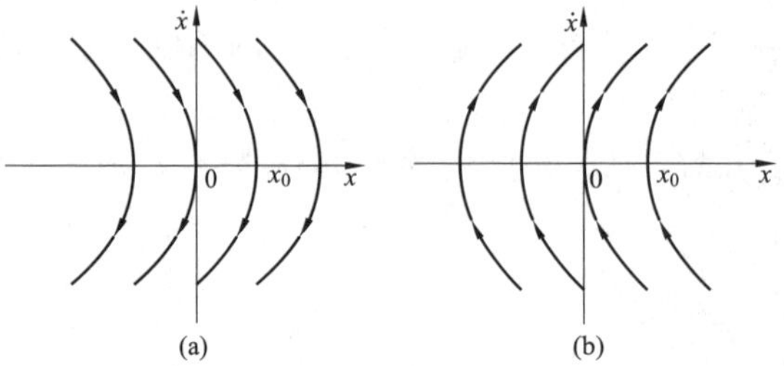

图 7-25　相平面图

(a) $M=1$；(b) $M=-1$

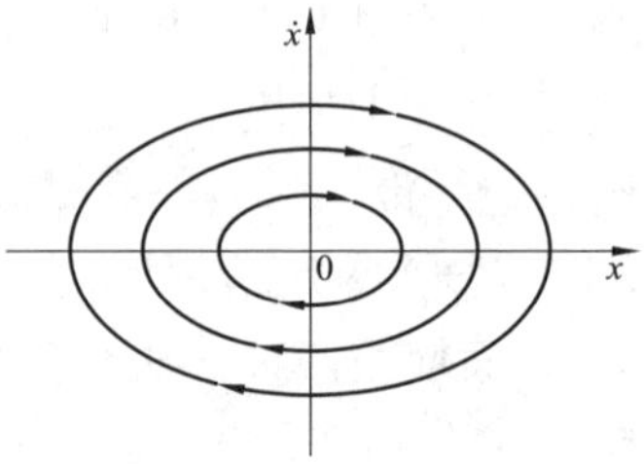

图 7-26　零阻尼二阶系统的相平面图

将 $\ddot{x}=\dot{x}\dfrac{\mathrm{d}\dot{x}}{\mathrm{d}x}$ 代入二阶非线性系统方程 $\ddot{x}+f(x,\ \dot{x})=0$ 中，得到相轨迹的斜率方程为

$$\frac{\mathrm{d}\dot{x}}{\mathrm{d}x}=-\frac{f(x,\ \dot{x})}{\dot{x}} \tag{7-38}$$

令 $\alpha=\dfrac{\mathrm{d}\dot{x}}{\mathrm{d}x}$，即用 α 表示相轨迹的斜率，若取斜率 α 为常数，则相轨迹的等倾线方程为

$$\dot{x}=-\frac{f(x,\ \dot{x})}{\alpha} \tag{7-39}$$

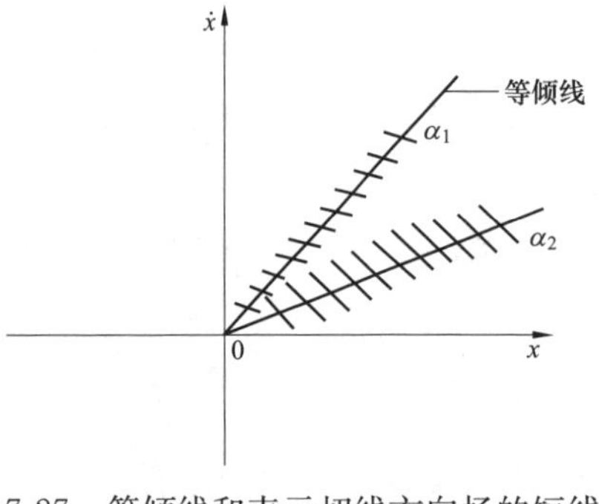

图 7-27　等倾线和表示切线方向场的短线段

给定一个斜率值 α，根据式（7-39），便可以在相平面上作出一条等倾线。改变 α 的值，便可以作出若干条等倾斜线，即等倾线簇。如在这些等倾线上的各点画出斜率等于该等倾线所对应 α 值的短线段，则这些短线段便在整个相平面构成了相轨迹切线的方向场，如图 7-27 所示。由此，只需由初始条件确定的点出发，沿着切线方向将这些短线段用光滑连续曲线连接起来，便得到给定系统的相轨迹。

【例 7-4】 已知二阶系统为 $\ddot{x}+\dot{x}+x=0$，试用等倾线法作该系统的相轨迹图。

解 将 $\ddot{x}=\dot{x}\dfrac{\mathrm{d}\dot{x}}{\mathrm{d}x}=\alpha\dot{x}$ 代入方程，得等倾线方程为

$$\dot{x}=-\frac{1}{1+\alpha}x$$

设 $\alpha=\dfrac{\mathrm{d}\dot{x}}{\mathrm{d}x}$ 为定值，等倾线方程为过原点的直线方程，其斜率为

$$K=-\frac{1}{1+\alpha}$$

上式为等倾线斜率 K 与相轨迹斜率 α 的关系。给定一系列相轨迹斜率 α 的值，便得到一系列等倾线斜率 K 的值。表 7-2 列出了不同 α 值下等倾线的斜率 K 以及等倾线与 x 轴的夹角 θ 值。

表 7-2　　不同 α 值下等倾线的斜率 K 以及等倾线与 x 轴的夹角 θ

α	-1	$-\frac{5}{4}$	$-\frac{3}{2}$	$-\frac{5}{3}$	-2	$-\frac{5}{2}$	-3	-5
$K=-\frac{1}{1+\alpha}$	∞	4	2	$\frac{3}{2}$	1	$\frac{2}{3}$	$\frac{1}{2}$	$\frac{1}{4}$
θ	90°	76°	63.4°	56.3°	45°	33.7°	26.6°	14°
α	3	1	$\frac{1}{3}$	0	$-\frac{1}{3}$	$-\frac{1}{2}$	$-\frac{3}{4}$	-1
$K=-\frac{1}{1+\alpha}$	$-\frac{1}{4}$	$-\frac{1}{2}$	$-\frac{3}{4}$	-1	$-\frac{3}{2}$	-2	-4	∞
θ	−14°	−26.6°	−36.9°	−45°	−56.3°	−63.4°	−76°	90°

当 $\alpha=-1$ 时，$\ddot{x}=-\dot{x}$，代入方程 $\ddot{x}+\dot{x}+x=0$ 后，得 $x=0$，即 $\dot{x}$ 轴为等倾线；相轨迹切线方向的短线段斜率 $\alpha=-1$，即短线段与 x 轴夹角为−45°。

当 $\alpha=-2$ 时，$\dot{x}=x$ 为等倾线，等倾线与 x 轴夹角为 45°；相轨迹切线方向的短线段斜率 $\alpha=-2$，即短线段与 x 轴夹角为−63.4°。

当 $\alpha=3$ 时，$\dot{x}=-\frac{1}{4}x$ 为等倾线，等倾线与 x 轴夹角为−14°；相轨迹切线方向的短线段斜率 $\alpha=3$，即短线段与 x 轴夹角为 71.6°。

当 $\alpha=0$ 时，$\dot{x}=-x$ 为等倾线，等倾线与 x 轴夹角为−45°；相轨迹切线方向的短线段斜率 $\alpha=0$，短线段与 x 轴夹角为 0°，即一条水平线。

图 7-28 绘出 α 取不同值时的等倾线，并在其上画出了代表相轨迹切线方向的短线段。根据这些短线段表示的方向场，很容易绘制出从某一点起始的特定的相轨迹。例如从图 7-28中的 A 点出发，顺着短线段的方向可以逐渐过渡到 B 点、C 点……，从而绘出一条相应的相轨迹。由此可以得到系统的相轨迹图，如图 7-28 所示。

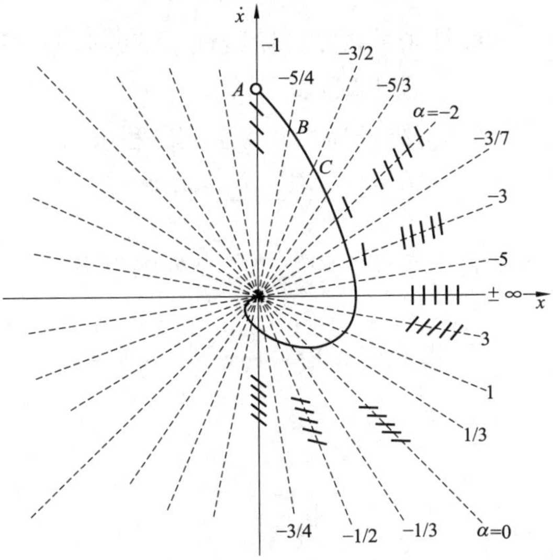

图 7-28　等倾线法作相轨迹图

7.3.4 线性系统的相轨迹

许多本质非线性系统常常可以进行分段线性化处理，而许多非本质性非线性系统也可以在平衡点附近进行增量线性化处理。因此，可以从一、二阶线性系统的相轨迹入手进行研究，为非线性系统的相平面分析提供手段。

1. 一阶线性系统的相轨迹

【例 7-5】 设一阶线性系统为 $\dot{x}+ax=0$，$x_0=b$，试画出其相平面图。

解 由方程得到相轨迹方程为

$$\dot{x}=-ax$$

相轨迹为过点 $x=b$、斜率为 $-a$ 的直线。当 $a>0$，斜率 $-a<0$ 时，相轨迹如图 7-29（a)所示，相轨迹收敛于原点，系统稳定；当 $a<0$，斜率 $-a>0$ 时，相轨迹如图 7-29（b)所示，相轨迹沿直线发散，趋于无穷远，系统不稳定。

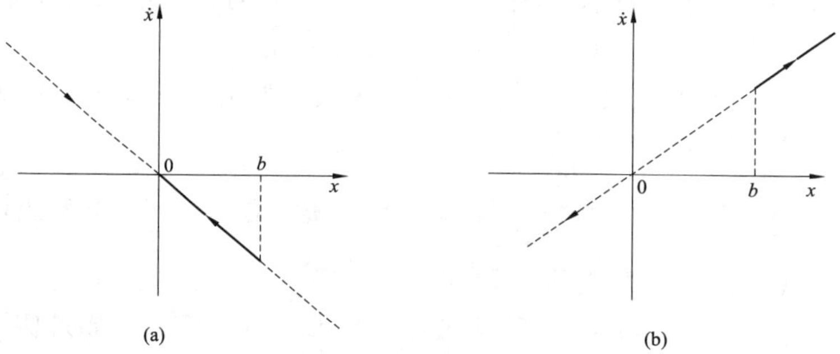

图 7-29　一阶系统的相轨迹图

（a）相轨迹收敛（$a>0$)；（b）相轨迹发散（$a<0$)

2. 二阶线性系统的相轨迹

设二阶系统的微分方程为

$$\ddot{x}+f(x,\ \dot{x})=0$$

若 $f(x,\ \dot{x})$ 是 x 及 $\dot{x}$ 的线性函数，则二阶线性系统的微分方程为

$$\ddot{x}+2\xi\omega_n\dot{x}+\omega_n^2x=0 \tag{7-40}$$

分别取 x 及 $\dot{x}$ 为相平面的横坐标与纵坐标，并将上列方程改写为

$$\frac{d\dot{x}}{dx}=-\frac{2\xi\omega_n\dot{x}+\omega_n^2x}{\dot{x}} \tag{7-41}$$

式（7-41）代表描述二阶系统自由运动的相轨迹各点处的斜率。

令

$$\begin{cases}\ddot{x}=f(x,\ \dot{x})=2\xi\omega_n\dot{x}+\omega_n^2x=0\\ \dot{x}=0\end{cases} \tag{7-42}$$

有

$$\begin{cases}x=0\\ \dot{x}=0\end{cases} \tag{7-43}$$

由式（7-42）可知坐标原点（0，0）为系统的奇点。当二阶系统的阻尼比 ξ 不同时，系统的特征根在复平面上的分布不同，则相应有六种性质不同的奇点。因此，根据线性系统的奇点类型和式（7-41），利用等倾线法或者解析法解出系统的相轨迹方程 $\dot{x}=f(x)$，即可以绘制出相应的相轨迹，确定系统相平面上的运动状态。详细推导可以参考有关文献。将不同情形下的二阶线性系统相轨迹图归纳整理，列在表 7-3 中。

表 7-3　　二阶线性系统的相轨迹

序号	系统方程		极点分布	相轨迹	奇点	相轨迹方程
	方程	参数				
1		$\xi\geqslant 1$	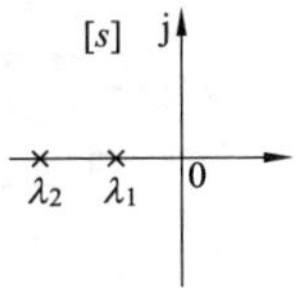	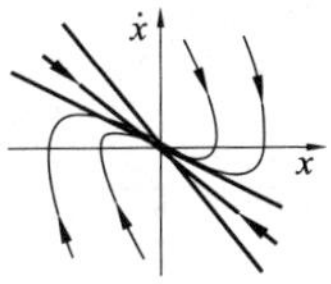	(0, 0) 稳定节点	抛物线（收敛） 特殊相轨迹： $\begin{cases}\dot{x}=\lambda_1 x\\\dot{x}=\lambda_2 x\end{cases}$
2		$0<\xi<1$	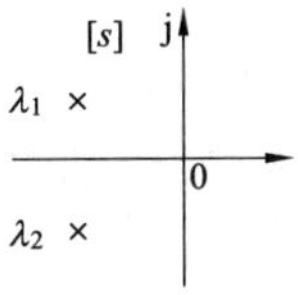	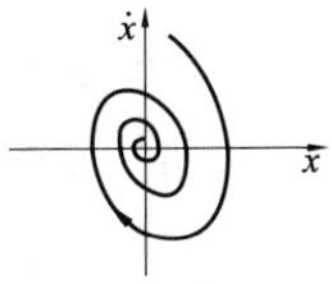	(0, 0) 稳定焦点	对数螺旋线（收敛）
3	$\ddot{x}+2\xi\omega_n\dot{x}+\omega_n^2 x=0$	$\xi=0$	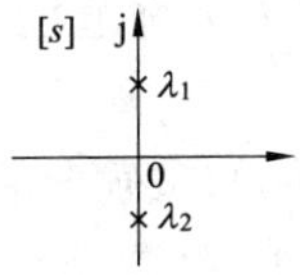	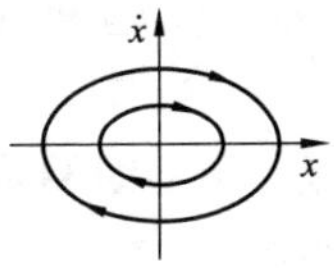	(0, 0) 中心点	椭圆
4		$-1<\xi<0$	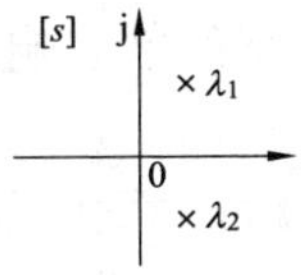	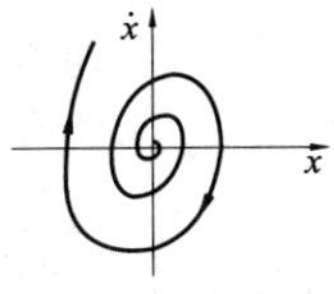	(0, 0) 不稳定焦点	对数螺旋线（发散）
5		$\xi<-1$	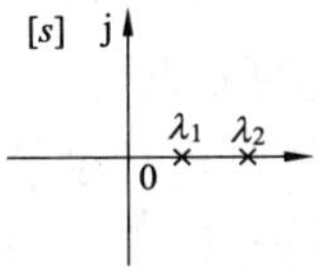	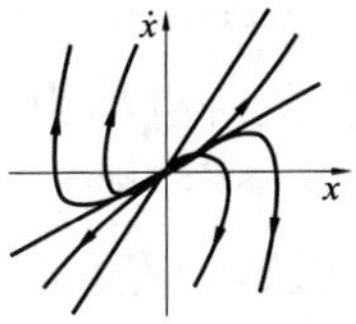	(0, 0) 不稳定节点	抛物线（发散） 特殊相轨迹： $\begin{cases}\dot{x}=\lambda_1 x\\\dot{x}=\lambda_2 x\end{cases}$
6	$\ddot{x}+2\xi\omega_n\dot{x}-\omega_n^2 x=0$		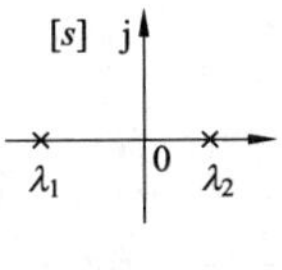	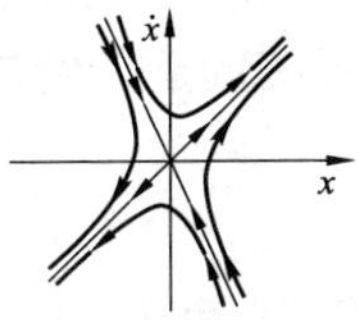	(0, 0) 鞍点	双曲线 特殊相轨迹： $\begin{cases}\dot{x}=\lambda_1 x\\\dot{x}=\lambda_2 x\end{cases}$
7	$\ddot{x}+a\dot{x}=0$	$a>0$	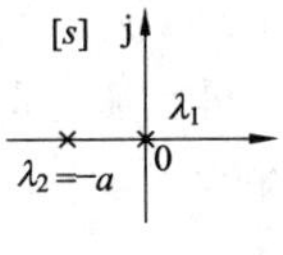	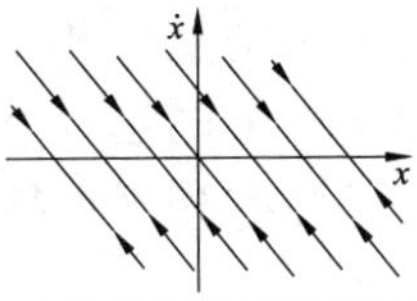	x 轴	$\begin{cases}\dot{x}=0\\\dot{x}=-ax+C\end{cases}$

续表

序号	系统方程		极点分布	相轨迹	奇点	相轨迹方程
	方程	参数				
8	$\ddot{x}+a\dot{x}=0$	$a<0$	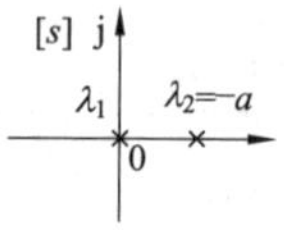	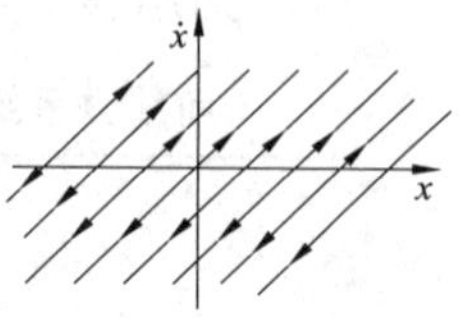	x 轴	$\begin{cases}\dot{x}=0\\ \dot{x}=-ax+C\end{cases}$
9	$\ddot{x}=0$		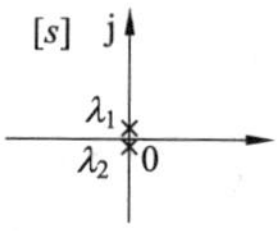	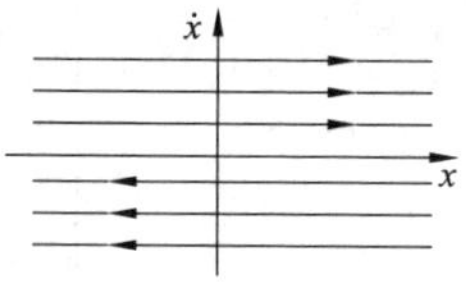	x 轴	$\dot{x}=C$

在式（7-35）中令 $\dot{x}=\ddot{x}=0$，可以得出唯一解 $x_e=0$，这表明二阶线性系统的奇点（或平衡点）就是相平面的原点。根据系统极点在复平面上的位置分布以及相轨迹的形状，将奇点分为不同的类型。

（1）当 $\xi\geqslant 1$ 时，λ_1、λ_2 为两个负实根，系统处于过阻尼（或临界阻尼）状态，动态响应按指数衰减。对应的相轨迹是一簇趋向相平面原点的抛物线，相应的奇点称为稳定的节点。

（2）当 $0<\xi<1$ 时，λ_1、λ_2 为一对具有负实部的共轭复根，系统处于欠阻尼状态，动态响应为衰减振荡过程。对应的相轨迹是一簇收敛的对数螺旋线，相应的奇点称为稳定的焦点。

（3）当 $\xi=0$ 时，λ_1、λ_2 为一对共轭纯虚根，系统的动态响应是简谐（等幅振荡）运动，相轨迹是一簇同心椭圆，称这种奇点为中心点。

（4）当 $-1<\xi<0$ 时，λ_1、λ_2 为一对具有正实部的共轭复根，系统的自由响应振荡发散，对应的相轨迹是发散的对数螺旋线。相应奇点称为不稳定的焦点。

（5）当 $\xi<-1$ 时，λ_1、λ_2 为两个正实根，系统的自由响应为非周期发散状态，对应的相轨迹是发散的抛物线簇。相应的奇点称为不稳定的节点。

（6）若系统极点 λ_1、λ_2 为两个符号相反的实根，此时系统的自由响应呈现非周期发散状态。对应的相轨迹是一簇双曲线，相应奇点称为鞍点，是不稳定的平衡点。

当系统至少有一个为零的极点时，很容易解出相轨迹方程（见表 7-3 中序号 7、8、9），由此绘制相平面图，可以分析系统的运动特性。

7.3.5 极限环

以上讨论了奇点问题，对于线性系统，奇点的类型完全决定了系统的性能，或者说，线性系统奇点的类型完全决定了系统整个相平面上的运动状态。但对于非线性系统，奇点的类型不能确定系统在整个相平面上的运动状态，只能确定奇点（平衡点）附近的运动特征，所以还要研究离开奇点较远处的相平面图的特征，其中，极限环的确定具有特别重要的意义。

极限环是指相平面图中存在的孤立的封闭相轨迹。所谓孤立的封闭相轨迹是指在这类封闭曲线的邻近区域内只存在着卷向它或起始于它而卷出的相轨迹。自激振荡是非线性系统中一个很重要的现象，前面曾用描述函数法加以研究，自激振荡反映在相平面图上，是相轨迹缠绕成的一个环，即极限环。极限环对应着周期性的运动，相当于描述函数分析法中 $G(\mathrm{j}\omega)$ 曲线与 $-1/N(A)$ 曲线有交点的情况，即自激振荡。极限环将相平面分为内部平面和外部平面。相轨迹不能穿越极限环从环内进入环外，也不能从环外进入环内。

非线性控制系统可能没有极限环，也可能有一个或多个极限环。

二阶无阻尼线性系统的相轨迹虽然是封闭的椭圆，但它不是极限环。因为它不是卷向某条封闭曲线或由某条封闭曲线卷出的相轨迹。

极限环可分为稳定极限环、不稳定极限环和半稳定极限环。非线性系统的自激振荡在相平面上对应一个稳定的极限环。

1. 稳定极限环

如果极限环内部和外部的相轨迹都逐渐向它逼近，则这样的极限环称为稳定的极限环，对应系统的自激振荡，如图 7-30 所示。

2. 不稳定极限环

如果极限环内部和外部的相轨迹都逐渐远离它，这样的极限环称为不稳定的极限环，如图 7-31 所示。

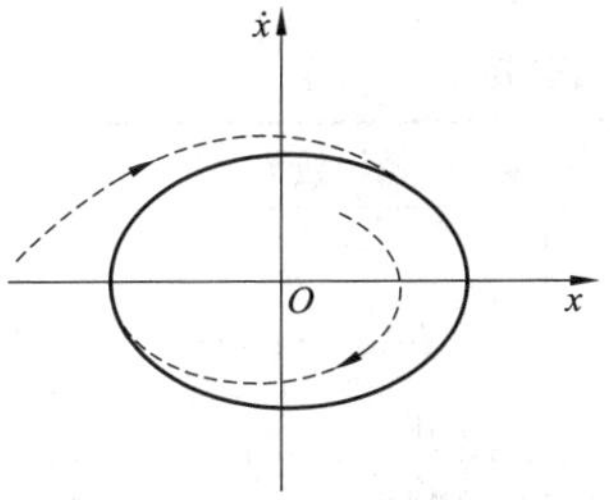

图 7-30　稳定极限环

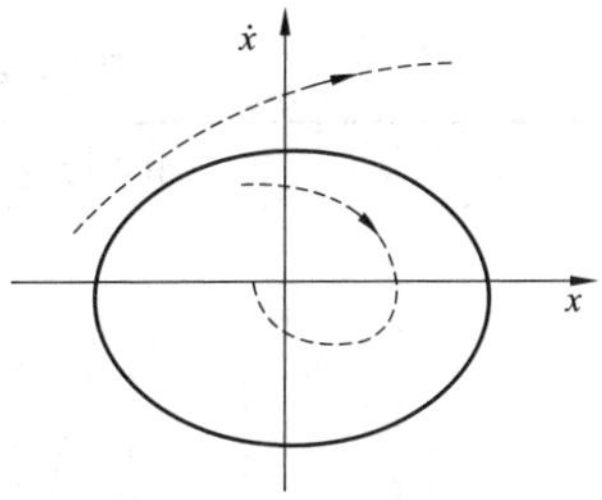

图 7-31　不稳定极限环

3. 半稳定极限环

如果极限环内部的相轨迹逐渐向它逼近，而外部的相轨迹逐渐远离它；或者，极限环内部的相轨迹逐渐远离它，而外部的相轨迹逐渐向它逼近。这两种极限环都称为半稳定极限环，具有这种极限环的系统不会产生自激振荡，系统的运动或者趋于发散［见图 7-32（a）］，或者趋于收敛［见图 7-32（b）］。

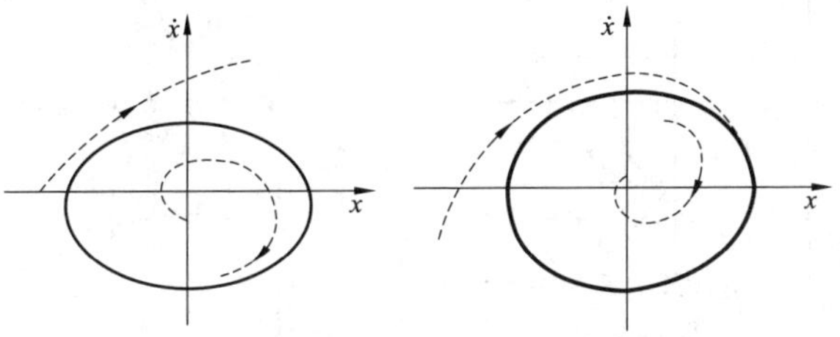

图 7-32　半稳定极限环

（a）运动趋于发散；（b）运动趋于收敛

7.3.6 非线性系统相平面分区线性化分析方法

许多非线性控制系统所含有的非线性特性是分段线性的。用相平面法分析这类系统时，一般采用“分区-衔接”的方法。根据非线性特性的线性分段情况，用几条分界线（开关线）将相平面分成几个线性区域，在各线性区域内，分别用微分方程来描述。然后，分别绘出各线性区域的相平面图。最后，将相邻区间的相轨迹衔接成连续的曲线，即可获得系统的相平面图。每个区域都具有一个奇点，如果奇点位于该区域之内，称为实奇点；如果奇点位于该区域之外，由于相轨迹永远不能达到这个奇点，故称虚奇点。

绘制相轨迹的一般步骤为：

（1）将非线性特性用分段的线性特性来表示，写出相应线段的数学表达式。

（2）在相平面上选择合适的坐标，一般常用误差 e 及其导数 $\dot{e}$ 作为横坐标及纵坐标。然后将相平面根据非线性特性划分成若干区域，使非线性特性在每个区域内都呈线性特性。

（3）确定每个区域的奇点类别及其在相平面上的位置。

（4）在各个区域内分别画出各自的相轨迹。

（5）将相邻区间的相轨迹衔接成连续的曲线，便得到整个非线性系统的相轨迹。基于该相轨迹，可以全面分析二阶非线性系统的动态特性及稳态特性。

几种常用线性方程的相轨迹见表 7-4。熟悉这些相轨迹，再利用“分区-衔接”的方法，即可画出非线性系统的相轨迹，有利于研究非线性系统的动态性能等。

表 7-4　　几种常用线性方程相轨迹

序号	相轨迹方程	相轨迹	序号	相轨迹方程	相轨迹
1	$\ddot{e}+\dot{e}+e=0$	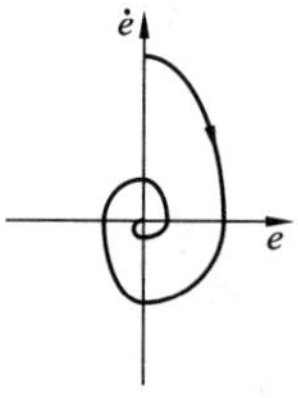 稳定焦点	3	$\ddot{e}+\dot{e}-1=0$ $\dot{e}\dfrac{\mathrm{d}\dot{e}}{\mathrm{d}\dot{e}}+\dot{e}-1=0$ $\alpha\dot{e}+\dot{e}-1=0$ $\dot{e}=\dfrac{1}{1+\alpha}$	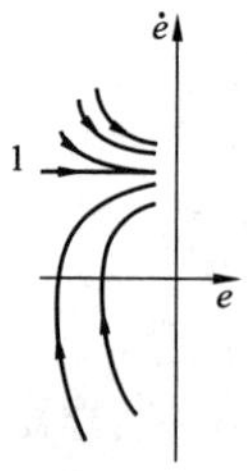 渐近线 $\dot{e}=1$
2	$\ddot{e}+\dot{e}+1=0$ $\dot{e}\dfrac{\mathrm{d}\dot{e}}{\mathrm{d}e}+\dot{e}+1=0$ $\alpha\dot{e}+\dot{e}+1=0$ $\dot{e}=\dfrac{-1}{\alpha+1}$	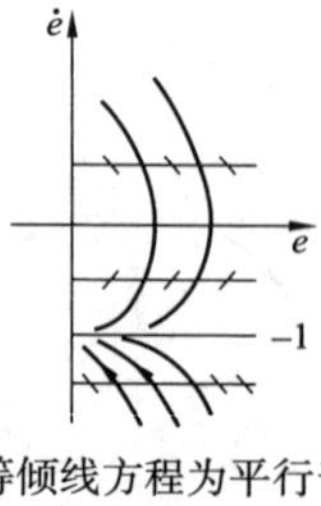 等倾线方程为平行于横轴的直线渐近线 $\dot{e}=-1$	4	$\ddot{e}+\dot{e}=0$ $\dot{e}\dfrac{\mathrm{d}\dot{e}}{\mathrm{d}e}+\dot{e}=0$ $\dot{e}=0$，$\dfrac{\mathrm{d}\dot{e}}{\mathrm{d}e}=-1$	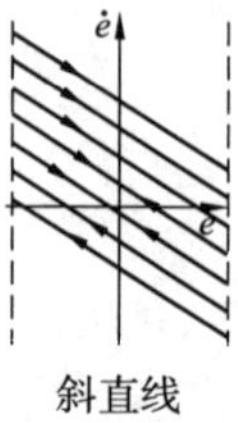 斜直线

续表

序号	相轨迹方程	相轨迹	序号	相轨迹方程	相轨迹
5	$\ddot{e}+e=0$ $\dot{e}\dfrac{\mathrm{d}\dot{e}}{\mathrm{d}e}+e=0$ $\dot{e}\mathrm{d}\dot{e}+e\mathrm{d}e=0$ $\dot{e}^2+e^2=c^2$	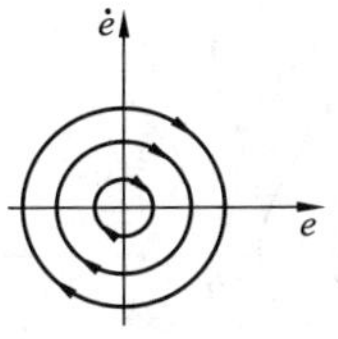 中心圆	7	$\ddot{e}=-1$ $\dot{e}^2=-2e+c$	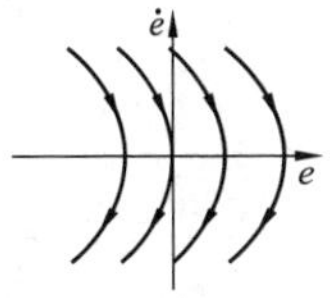 抛物线
6	$\ddot{e}=1$ $\dot{e}\dfrac{\mathrm{d}\dot{e}}{\mathrm{d}e}=1$ $\dot{e}\mathrm{d}\dot{e}=\mathrm{d}e$ $\dot{e}^2=2e+c$	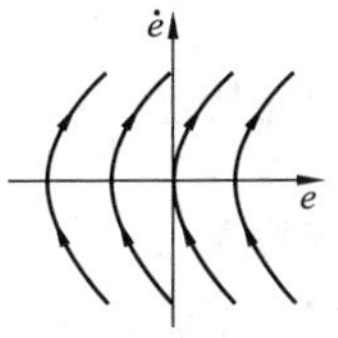 抛物线	8	$\ddot{e}+e-2=0$ $\dot{e}\dfrac{\mathrm{d}\dot{e}}{\mathrm{d}e}+e-2=0$ $\dot{e}\mathrm{d}\dot{e}+e\mathrm{d}e-2\mathrm{d}e=0$ $\dot{e}^2+e^2-4e=c_1$ $\dot{e}^2+(e-2)^2=c^2$	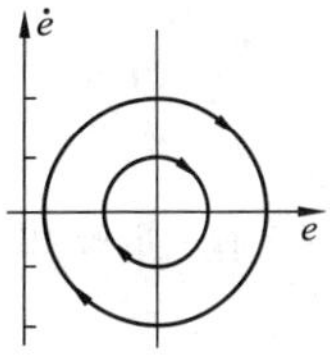 中心圆

【例 7-6】 设含饱和非线性特性的非线性系统结构图如图 7-33 所示，其中饱和特性的数学表达式为

$$x=\begin{cases}M & (e>e_0)\\ e & (|e|\leqslant e_0)\\ -M & (e<-e_0)\end{cases} \tag{7-44}$$

试分析当输入信号 $r(t)=R\cdot 1(t)$ 时系统的动态特性和稳态特性。

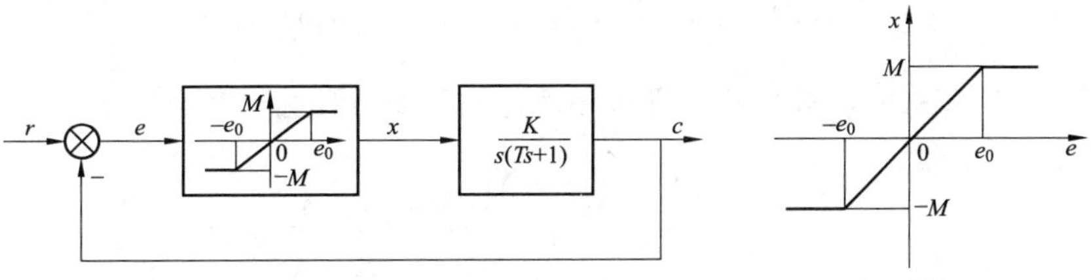

(a)　　　　(b)

图 7-33　非线性系统结构图

(a) 结构图；(b) 饱和特性

解　由图 7-33 可知，描述系统运动的微分方程为

$$\begin{cases}T\ddot{c}+\dot{c}=Kx\\ c=r-e\end{cases}$$

由以上方程组写出以误差 e 为输出变量的系统运动方程为

$$T\ddot{e}+\dot{e}+Kx=T\ddot{r}+\dot{r} \tag{7-45}$$

当输入信号 $r(t)=R\cdot 1(t)$ 时，$\dot{r}=\ddot{r}=0$，故式（7-45）可写成

$$T\ddot{e}+\dot{e}+Kx=0 \tag{7-46}$$

根据饱和非线性特性，相平面可分成三个区域，即Ⅰ区（$|e|\leqslant e_0$）、Ⅱ区（$e>e_0$）和Ⅲ区（$e<-e_0$），如图 7-34 所示。

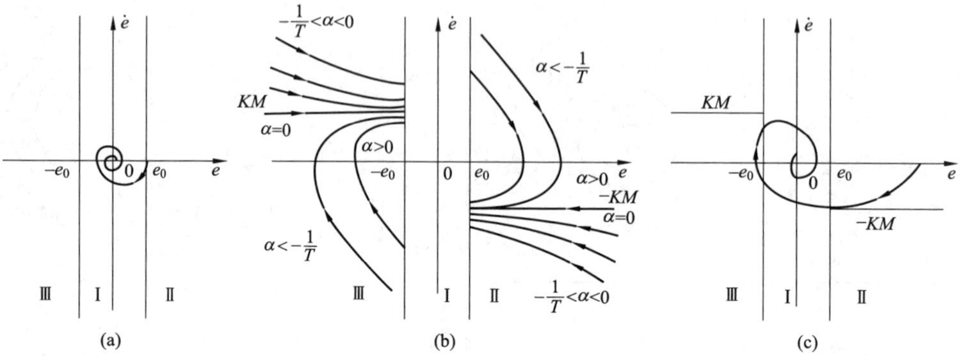

图 7-34　非线性系统相轨迹图

（1）非线性系统工作在Ⅰ区时，系统的运动方程为

$$T\ddot{e}+\dot{e}+Ke=0 \quad (|e|\leqslant e_0) \tag{7-47}$$

将 $\dot{e}=0$ 和 $\ddot{e}=0$ 代入式（7-47），可以求得 $e=0$，即相平面 $e-\dot{e}$ 的原点（0，0）为Ⅰ区相轨迹的奇点。该奇点因位于Ⅰ区内，故为实奇点。

从式（7-47）看出，若 $1-4TK<0$，则系统在Ⅰ区工作于欠阻尼状态，这时的奇点（0，0）为稳定焦点，如图 7-34（a）所示；若 $1-4TK>0$，则系统在Ⅰ区工作于过阻尼状态，这时的奇点（0，0）为稳定节点。

（2）非线性系统工作在Ⅱ、Ⅲ区，即饱和区时，由式（7-44）和式（7-46）求得非线性特性的运动方程为

$$\begin{cases}T\ddot{e}+\dot{e}+KM=0 & (e>e_0)\\ T\ddot{e}+\dot{e}-KM=0 & (e<-e_0)\end{cases} \tag{7-48}$$

将 $\ddot{e}=\dot{e}\dfrac{\mathrm{d}\dot{e}}{\mathrm{d}e}$ 代入式（7-48），求得Ⅱ、Ⅲ区相轨迹的斜率方程为

$$\begin{cases}\dfrac{\mathrm{d}\dot{e}}{\mathrm{d}e}=-\dfrac{1}{T}\times\dfrac{\dot{e}+KM}{\dot{e}} & (e>e_0)\\ \dfrac{\mathrm{d}\dot{e}}{\mathrm{d}e}=-\dfrac{1}{T}\times\dfrac{\dot{e}-KM}{\dot{e}} & (e<-e_0)\end{cases} \tag{7-49}$$

$\alpha=\dfrac{\mathrm{d}\dot{e}}{\mathrm{d}e}$，则分别求得Ⅱ、Ⅲ区的等倾线方程为

$$\begin{cases}\dot{e}=-\dfrac{KM}{T\alpha+1} & (e>e_0)\\ \dot{e}=\dfrac{KM}{T\alpha+1} & (e<-e_0)\end{cases} \tag{7-50}$$

应用等倾线法，基于式（7-50），在相平面图的Ⅱ、Ⅲ区分别绘制的一簇相轨迹如图 7-34（b）所示，其中直线

$$\dot{e}=-KM \qquad (\text{Ⅱ区})$$

$$\dot{e}=KM \qquad (\text{Ⅲ区})$$

分别为Ⅱ、Ⅲ区内 $\alpha=0$ 的等倾线。由图 7-34（b）可见，Ⅱ区的全部相轨迹均渐近于 $\dot{e}=-KM$；Ⅲ区的全部相轨迹均渐近于 $\dot{e}=KM$，故称 $\alpha=0$ 的两条等倾线为相轨迹的渐近线。

基于图 7-34（a）、（b）绘制图 7-34（c），此图为阶跃输入信号作用下含饱和特性的非线性系统的完整相轨迹图，其中相轨迹的初始点由 $e(0)=r(0)-c(0)$ 和 $\dot{e}(0)=\dot{r}(0)-\dot{c}(0)$ 来确定。图 7-34（c）为 $e(0)>e_0$ 及 $\dot{c}(0)=0$ 的相轨迹。

由图 7-34（c）可见，含饱和特性的二阶非线性系统，阶跃输入信号时，其相轨迹收敛于稳定焦点或节点（0，0），系统无稳态误差。

【例 7-7】 理想继电器型非线性控制系统如图 7-35 所示，系统在阶跃信号作用下，试用相平面法分析该系统的运动。

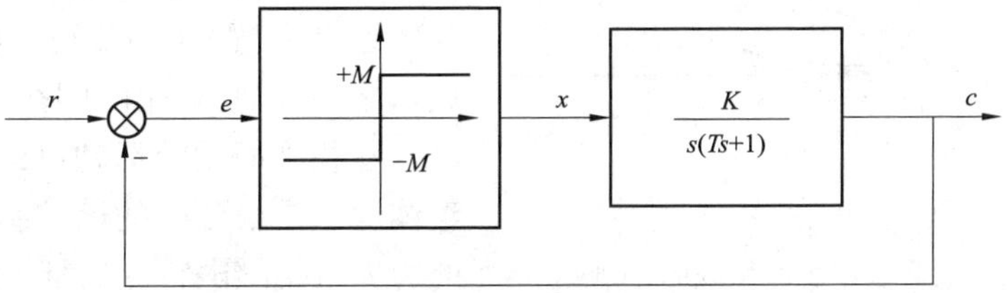

图 7-35　理想继电器型非线性控制系统

解　系统的线性部分为

$$T\ddot{c}+\dot{c}=Kx \tag{7-51}$$

非线性部分为

$$x=\begin{cases}M & (e>0)\\ -M & (e<0)\end{cases} \tag{7-52}$$

误差方程为

$$e(t)=r(t)-c(t) \tag{7-53}$$

对于阶跃信号　　$r(t)=1(t)$；$\dot{r}(t)=0$；$\ddot{r}(t)=0$

所以有　　$c(t)=1(t)-e(t)$；$\dot{c}(t)=-\dot{e}(t)$；$\ddot{c}(t)=-\ddot{e}(t)$

将上式代入原方程（7-51），得到以误差 $e(t)$ 为变量的运动方程为

$$T\ddot{e}+\dot{e}=-Kx \tag{7-54}$$

由于 x 为理想继电器型非线性的输出，代入上式可以得到 $e>0$ 和 $e<0$ 的两个运动方程。

（1）Ⅰ区：当 $e>0$ 时，$x=M$，运动方程为

$$T\ddot{e}+\dot{e}=-KM \tag{7-55}$$

等倾线方程为

$$\dot{e}=-\frac{KM/T}{\alpha+1/T} \tag{7-56}$$

其为水平线方程，因此等倾线为布满右半平面的水平线，且 $\alpha=0$ 时等倾线斜率等于相轨迹斜率，$\dot{e}=-KM$ 是相轨迹渐近线。e-$\dot{e}$ 平面上右半平面的相轨迹如图 7-36 所示。

（2）Ⅱ区：当 $e<0$ 时，$x=-M$，运动方程为

$$T\ddot{e}+\dot{e}=KM \tag{7-57}$$

等倾线方程为

$$\dot{e}=\frac{KM/T}{\alpha+1/T} \tag{7-58}$$

等倾线为布满左半平面的水平线，且 $\alpha=0$ 时等倾线斜率等于相轨迹斜率，$\dot{e}=KM$ 是相轨迹渐近线。e-$\dot{e}$ 平面上左半平面的相轨迹如图 7-36 所示。

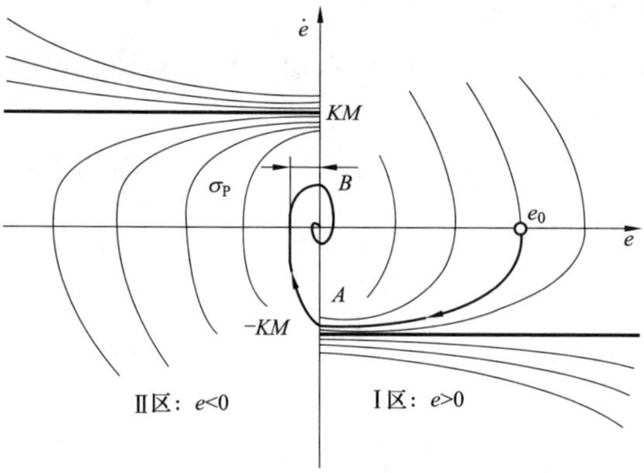

图 7-36　理想继电器型非线性系统的相轨迹

当给定初始条件时，系统的运动从（0，e_0）开始在第Ⅰ区，依照运动方程式（7-55），运动进入第Ⅳ象限，如图 7-36 中实线所示。到达误差 $e=0$ 的界面（图 7-36中的 A 点）后，系统的运动进入第Ⅱ区。在第Ⅱ区，系统的运动服从第Ⅱ区的运动方程式（7-57），沿实线运动到 B 点，之后又进入到第Ⅰ区。

从相平面图的运动可以看到，相轨迹的整体运动是由分区的运动组合而成的。分区的边界就是继电特性的翻转条件 $e=0$。该系统的组合运动是衰减振荡型，且没有极限环出现。当时间趋于无穷大时，误差趋于零。由图 7-36 可以读到系统超调量 σ_P 的大小。

上述理想继电器型控制的二阶系统，虽然控制是开关型的，但是系统的运动从整体上来看与二阶线性系统的运动类似。开关型控制器的结构与成本都要大大低于线性控制器，因此，在许多控制应用中，经常采用继电器型控制方法。

7.4　改善非线性系统性能的措施

非线性因素的存在，往往给系统带来不利的影响，如静差增大、响应迟钝或发生自激振荡等。一方面，消除或减小非线性因素的影响，是非线性系统研究中一个有实际意义的内容；另一方面，恰当地利用非线性特性，常常又可以有效地改善系统的性能。非线性特性类型很多，在系统中接入的方式也各不相同，所以非线性系统的校正没有通用的方法，需要根据具体问题采取适宜的措施。

7.4.1　调整线性部分的结构参数

1. 改变参数

减小线性部分增益，$G(j\omega)$ 曲线会收缩，当 $G(j\omega)$ 曲线与 $-1/N(A)$ 曲线不再相交时，自激振荡消失。由于 $G(j\omega)$ 曲线不再包围 $-1/N(A)$ 曲线，因此闭环系统能够稳定工作。

2. 利用反馈校正方法

如图 7-37（a）所示系统，为了消除系统自身固有的自激振荡，可在线性部分加入局部反馈，如图中虚线所示。适当选取反馈系数 τ，可以改变线性环节幅相特性曲线的形状，使校正前的 $G_1(j\omega)$ 曲线变为校正后的 $G_2(j\omega)$ 曲线，且 $G_2(j\omega)$ 曲线不再与负倒描述函数曲线相交，如图7-37（b）所示，故自激振荡不再存在，从而保证了系统的稳定性。但加入局部反馈后，系统由原来的Ⅱ型变为Ⅰ型，将带来稳态速度误差，这是不利的一面。

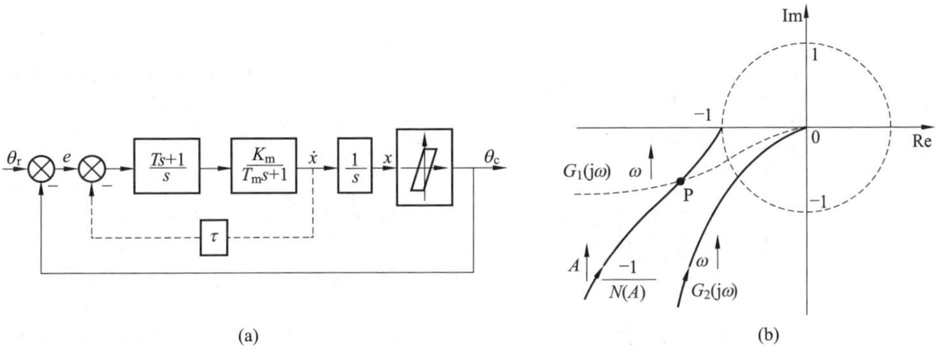

图7-37　引入反馈消除自激振荡

（a）非线性系统结构图；（b）幅相曲线和负倒描述函数曲线

7.4.2　改变非线性特性

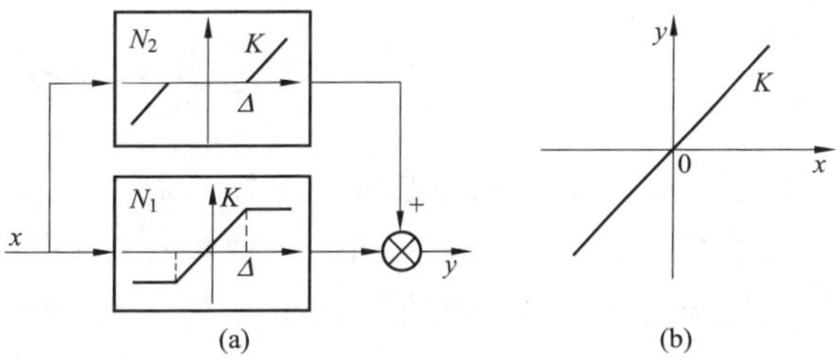

图7-38　死区特性和饱和特性并联

一般系统部件中固有的非线性特性是不易改变的，要消除或减小其对系统的影响，可以引入新的非线性特性。现举例说明，设 N_1 为饱和特性，若选择 N_2 为死区特性，并使得死区范围 Δ 等于饱和特性的线性段范围，且保持二者线性段斜率相同，则并联后总的输入、输出特性为线性特性，如图7-38所示。

由描述函数也可以证明

$$N_1(A)=\frac{2k}{\pi}\left[\arcsin\frac{a}{A}+\frac{a}{A}\sqrt{1-\left(\frac{a}{A}\right)^2}\right]$$

$$N_2(A)=\frac{2k}{\pi}\left[\frac{\pi}{2}-\arcsin\frac{a}{A}-\frac{a}{A}\sqrt{1-\left(\frac{a}{A}\right)^2}\right]$$

故
$$N_1(A)+N_2(A)=k$$

7.4.3　非线性特性的利用

非线性特性可以给系统的控制性能带来许多不利的影响，但是如果运用得当，有可能获得线性系统所无法实现的理想效果。

图7-39所示为非线性阻尼控制系统结构图。在线性控制中，常用速度反馈来增加系统的阻尼，改善动态响应的平稳性。但是这种校正在减小超调量的同时，往往降低了响应的速度，影响系统的稳态精度。采用非线性校正，在速度反馈通路中串入死区特性，则系统输出量小于死区 e_0 时，没有速度反馈，系统处于弱阻尼状态，响应较快。而当输出量增大，超过死区 $-e_0$ 时，速度反馈被接入，系统阻尼增大，从而抑止了超调量，使输出快速、平稳地跟踪输入。图7-40中，曲线①、②、③分别为系统无速度反馈、采用线性速度反馈

和采用非线性速度反馈下的阶跃响应曲线。由图可见，非线性速度反馈时，系统的动态过程（曲线③）既快又稳，系统具有良好的动态性能。

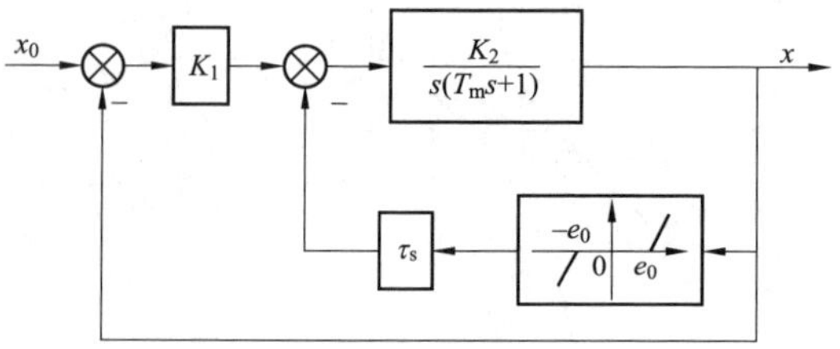

图 7-39　非线性阻尼控制系统

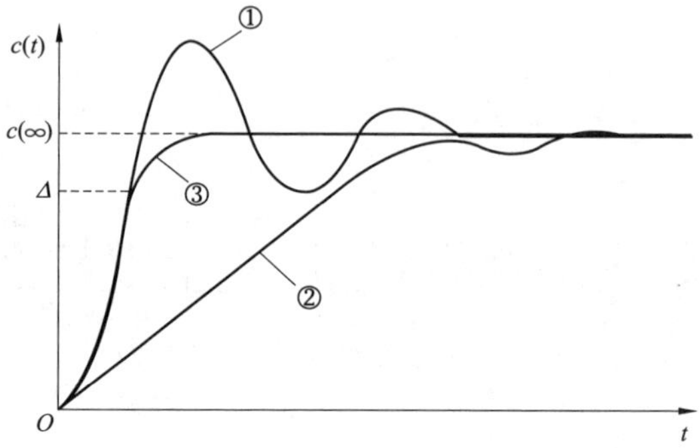

图 7-40　非线性阻尼下的阶跃响应
①—无速度反馈时响应曲线；②—采用线性速度反馈时响应曲线；③—采用非线性速度反馈

小　结

本章首先介绍了几种典型的非线性特性及其它们的特点。重点介绍了两种工程上常用的非线性系统的设计方法：描述函数法和相平面法。

描述函数法是频率法在一定的条件下在非线性系统中的应用，核心是计算非线性特性的描述函数和它的负倒特性，并利用它来分析系统的稳定性和自激振荡。

相平面法是一种用图解法来求解二阶非线性微分方程的分析方法，不仅可以判定系统的稳定性、自激振荡，还可以计算其动态响应。

最后简单介绍了改善非线性系统性能的措施以及非线性系统特性的利用。

常用术语和概念

非线性系统（nonlinear system）：不能使用叠加原理描述的系统。

谐波线性化（harmonic linearization）：非线性系统在一定条件时，以及非线性环节在正弦输入信号作用下，利用傅里叶级数仅考虑非线性环节特性输出中的基波分量，将非线性环节近似等价为在一定条件下的线性系统环节来描述。

描述函数法（describing function）：正弦输入信号作用下，非线性环节的稳态输出中一次谐波分量和输入信号的复数比为非线性环节的描述函数。

相平面（phase plane）：以系统某个变量为横坐标，以该变量的导数为纵坐标的平面。

相轨迹（phase locus）：系统的某个变量在相平面上随时间变化的轨迹，它可以反映系统的稳定性、准确性以及暂态特性。它主要用于描述一阶、二阶系统的性能。

自激振荡（self-excited oscillation）：系统在未有外加激励作用下，系统输出响应仍然会存在某一固定振幅和频率的振荡过程。

极限环（limiting loop）：在相平面上的一个闭合形状的自激振荡。

思维导图

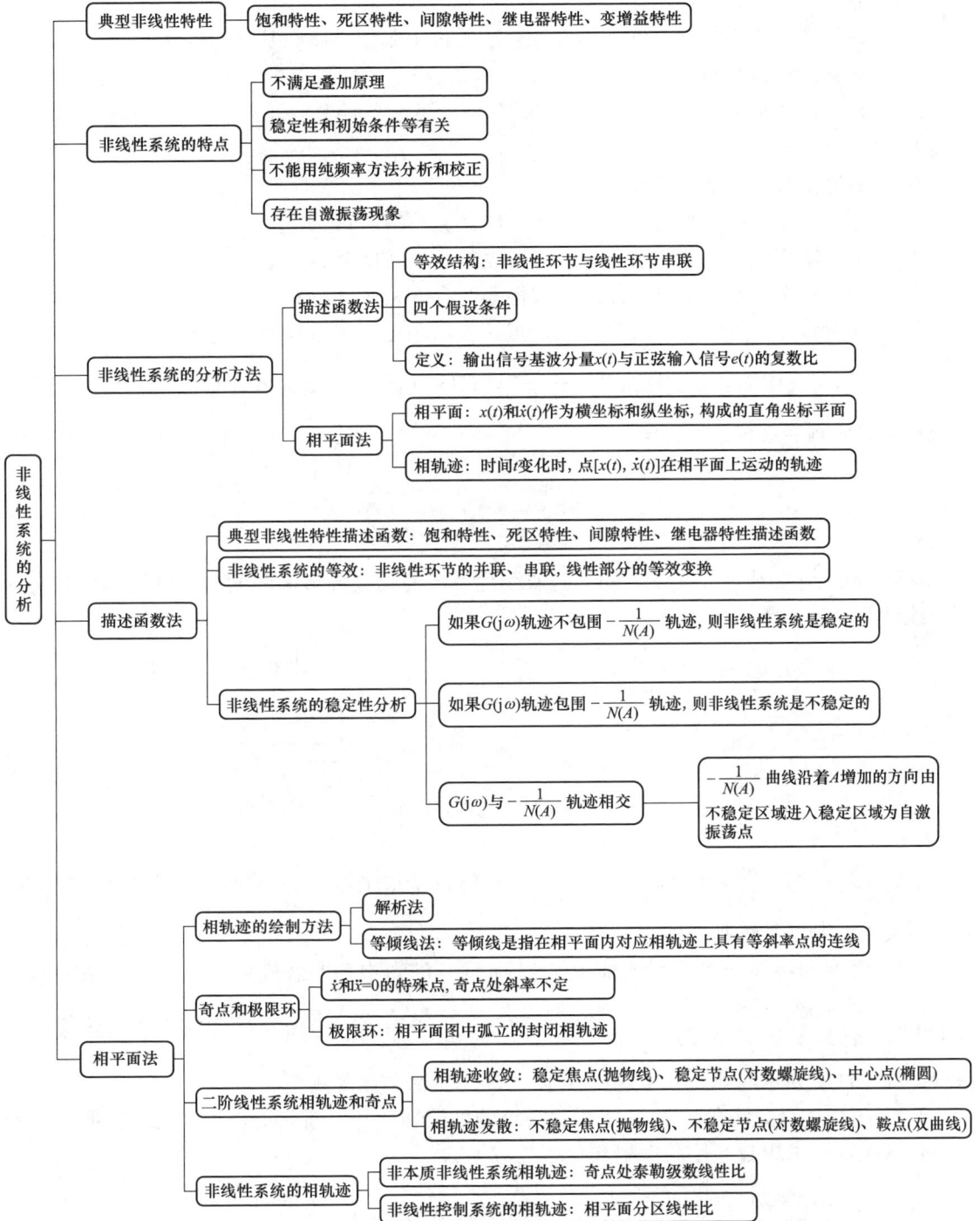

- 非线性系统的分析
  - 典型非线性特性
    - 饱和特性、死区特性、间隙特性、继电器特性、变增益特性
  - 非线性系统的特点
    - 不满足叠加原理
    - 稳定性和初始条件等有关
    - 不能用纯频率方法分析和校正
    - 存在自激振荡现象
  - 非线性系统的分析方法
    - 描述函数法
      - 等效结构：非线性环节与线性环节串联
      - 四个假设条件
      - 定义：输出信号基波分量$x(t)$与正弦输入信号$e(t)$的复数比
    - 相平面法
      - 相平面：$x(t)$和$\dot{x}(t)$作为横坐标和纵坐标，构成的直角坐标平面
      - 相轨迹：时间t变化时，点$[x(t), \dot{x}(t)]$在相平面上运动的轨迹
  - 描述函数法
    - 典型非线性特性描述函数：饱和特性、死区特性、间隙特性、继电器特性描述函数
    - 非线性系统的等效：非线性环节的并联、串联，线性部分的等效变换
    - 非线性系统的稳定性分析
      - 如果$G(j\omega)$轨迹不包围$-\frac{1}{N(A)}$轨迹，则非线性系统是稳定的
      - 如果$G(j\omega)$轨迹包围$-\frac{1}{N(A)}$轨迹，则非线性系统是不稳定的
      - $G(j\omega)$与$-\frac{1}{N(A)}$轨迹相交
        - $-\frac{1}{N(A)}$曲线沿着A增加的方向由不稳定区域进入稳定区域为自激振荡点
  - 相平面法
    - 相轨迹的绘制方法
      - 解析法
      - 等倾线法：等倾线是指在相平面内对应相轨迹上具有等斜率点的连线
    - 奇点和极限环
      - $\dot{x}$和$\ddot{x}=0$的特殊点，奇点处斜率不定
      - 极限环：相平面图中孤立的封闭相轨迹
    - 二阶线性系统相轨迹和奇点
      - 相轨迹收敛：稳定焦点(抛物线)、稳定节点(对数螺旋线)、中心点(椭圆)
      - 相轨迹发散：不稳定焦点(抛物线)、不稳定节点(对数螺旋线)、鞍点(双曲线)
    - 非线性系统的相轨迹
      - 非本质非线性系统相轨迹：奇点处泰勒级数线性比
      - 非线性控制系统的相轨迹：相平面分区线性比

思考题

7-1 非线性系统有哪些特点？

7-2 非线性系统为什么不能采用线性系统的传递函数来研究其动态性能？

7-3 常见的非线性特性有哪些？

7-4 采用描述函数法分析非线性系统的基本假设条件是什么？为什么要做出这样的假设？

7-5 描述函数法的实质是什么？

7-6 什么是相平面？相轨迹？相轨迹的绘制方法有哪些？

7-7 试说明用等倾线法作出非线性二阶系统相轨迹的基本步骤。

7-8 什么是奇点？什么是极限环？线性系统存在极限环吗？

7-9 二阶线性系统有多少种类型的奇点，概略画出各个奇点对应的相轨迹。

7-10 如何应用描述函数法分析 $\dfrac{-1}{N(A)}$ 与 $G(\mathrm{j}\omega)$ 的曲线交点是否是自激振荡点？若没有交点，如何判断系统是否稳定？

习题

7-1 试分别将图 7-41（a）、（b）的非线性系统简化成环节串联的典型结构图形式，并写出线性部分的传递函数。

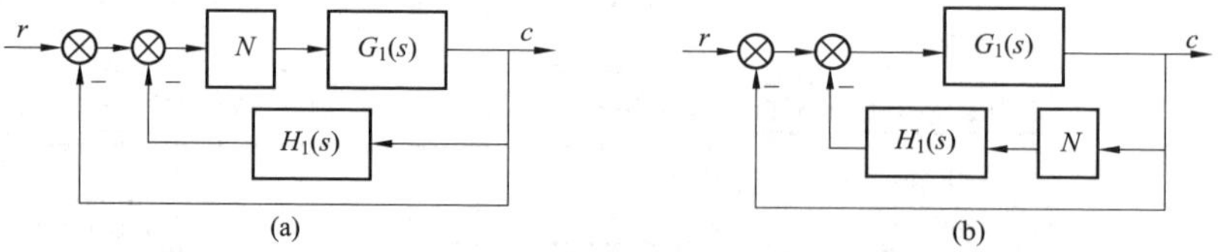

图 7-41 习题 7-1 图

7-2 图 7-42 所示各系统，若 $\dfrac{-1}{N(A)}$ 与 $G(\mathrm{j}\omega)$ 有交点，判断交点是否为自激振荡点。若没有交点，判断系统是否稳定。

7-3 含饱和特性非线性系统如图 7-43 所示。已知饱和非线性的描述函数为 $N(A)=\dfrac{2k}{\pi}\left[\arcsin\dfrac{a}{A}+\dfrac{a}{A}\sqrt{1-\left(\dfrac{a}{A}\right)^2}\right]$，其中参数 $a=1$，$k=2$，$A\geqslant a$。试应用描述函数法分析系统的稳定性，并求取 $K=15$ 时系统自激振荡的振幅和振荡频率。

7-4 用描述函数法分析图 7-44 所示系统的稳定性，并判断系统是否存在自激振荡。若存在自激振荡，求出自激振荡振幅和频率（$M=1>h$）。

7-5 非线性系统结构如图 7-45 所示。其描述函数为 $N(A)=\dfrac{4b}{\pi A}\sqrt{1-\left(\dfrac{a}{A}\right)^2}$，$a=b=1$。试完成：

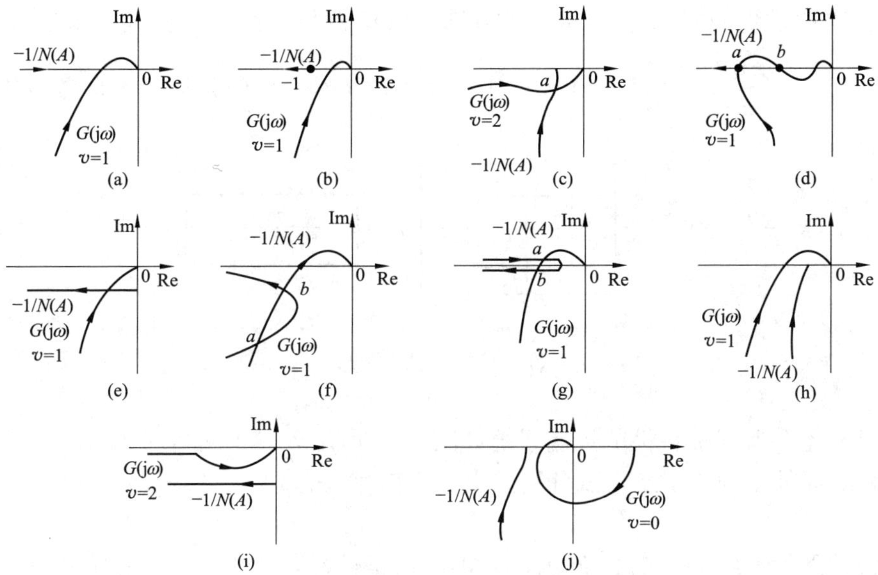

图 7-42　习题 7-2 图

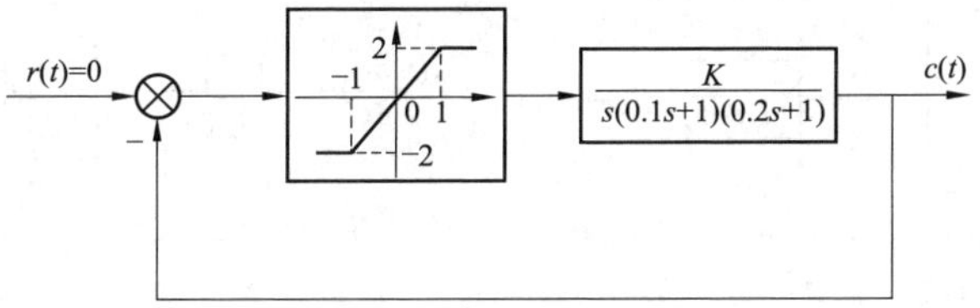

图 7-43　习题 7-3 图

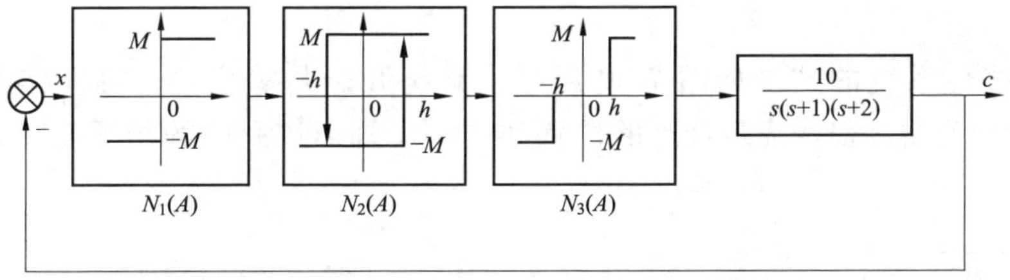

图 7-44　习题 7-4 图

（1）若 $K=5$，确定该系统自激振荡的振幅和频率。

（2）若要消除自激振荡，试确定 K 的最大值。

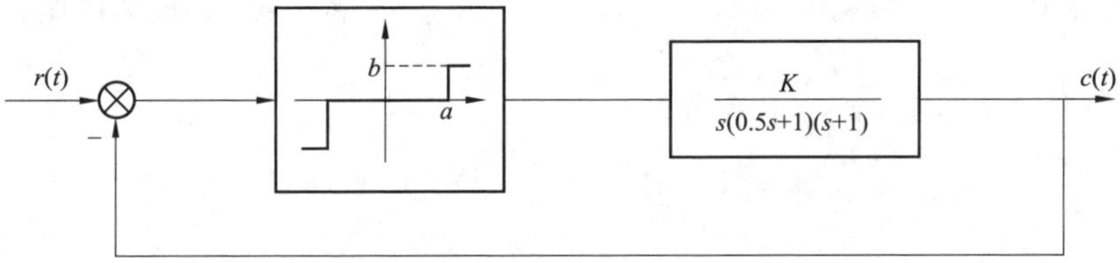

图 7-45　习题 7-5 图

7-6　非线性系统如图 7-46 所示，带有滞环继电器特性的非线性描述函数为 $N(A)=\frac{4b}{\pi A}\sqrt{1-\left(\frac{1}{A}\right)^2}-\mathrm{j}\frac{4ab}{\pi A^2}\quad(A\geqslant 1)$，试用描述函数法判断系统是否发生自激振荡。

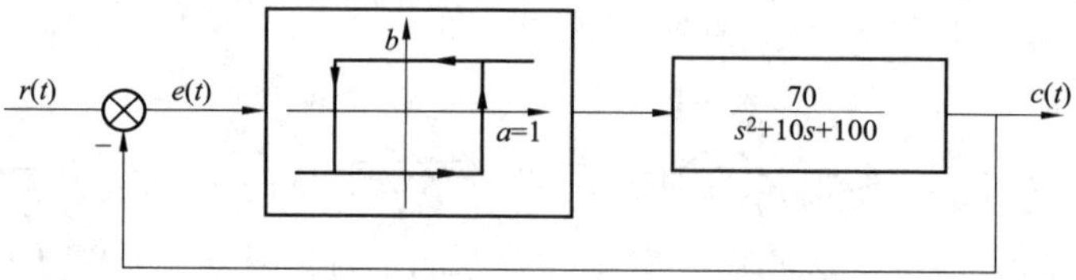

图 7-46　习题 7-6 图

7-7　具有饱和非线性特性的控制系统如图 7-47 所示，其中 $e_0=0.2$，$M=0.2$，$K=4$，$T=1$，设系统原处于静止状态，试分别画出输入信号取 $r(t)=1$ 和 $r(t)=-2+0.4t$ 时的相轨迹图。

7-8　设非线性系统如图 7-48 所示，在零初始条件时，$r(t)=1$，试画出当 $M=1$ 时的相轨迹图，判断系统稳定性及系统最大误差。

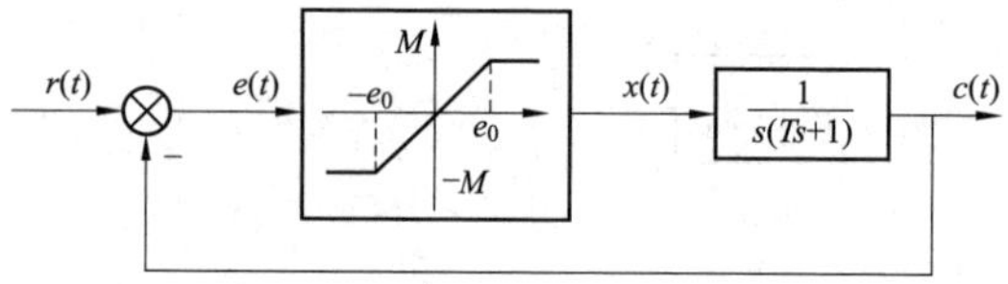

图 7-47　习题 7-7 图

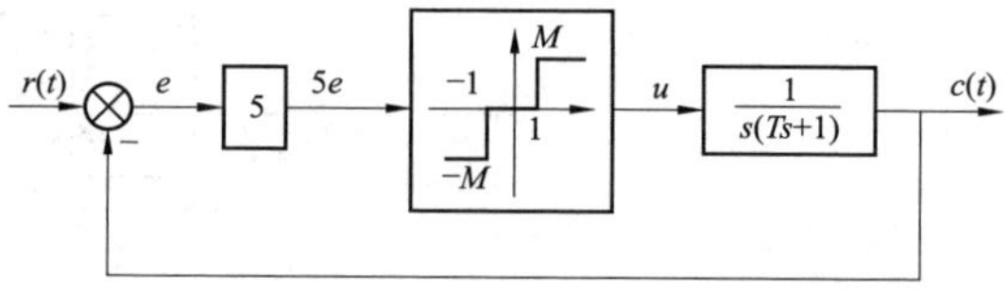

图 7-48　习题 7-8 图

7-9　具有饱和非线性特性的控制系统如图 7-49 所示，试用相平面法分析系统的阶跃响应。

7-10　非线性系统的结构如图 7-50 所示。系统开始是静止的，输入信号 $r(t)=4\times 1(t)$，试写出开关线方程，确定奇点的位置和类型，画出该系统的相平面图，并分析系统的运动过程。

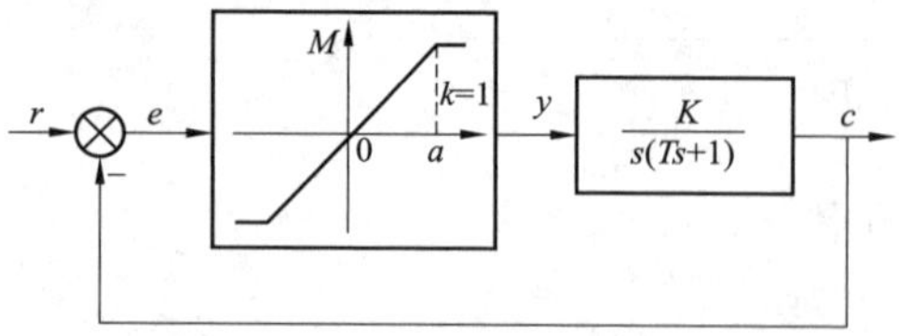

图 7-49　习题 7-9 图

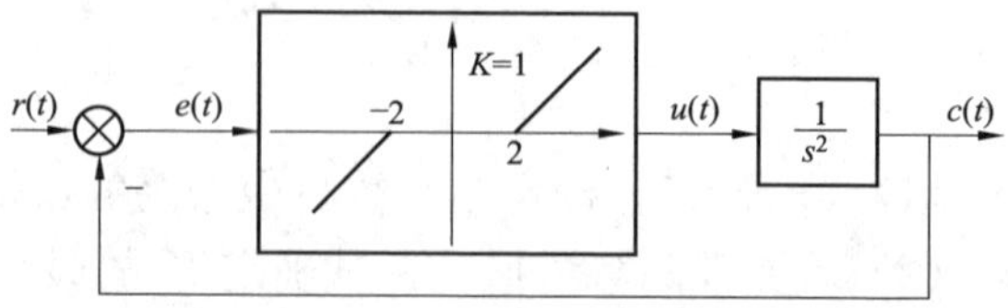

图 7-50　习题 7-10 图

第 8 章　线性离散系统的分析

随着计算机、数字信号技术的发展与应用，采样及数字控制系统在控制中的应用越来越普及。前面第 2～6 章主要讨论了线性定常连续系统的分析与校正，本章将介绍线性离散控制系统的分析与校正。首先给出信号采样过程和保持的数学描述，然后介绍分析离散系统的数学工具——Z 变换理论，之后讲述描述离散系统的数学模型——差分方程和脉冲传递函数，在此基础上讨论线性离散系统的分析方法。

【学习目标】

(1) 掌握离散控制系统的相关概念、采样过程、采样定理和零阶保持器的含义与传递函数。

(2) 掌握 Z 变换的定义、性质和 Z 变换与 Z 反变换的求取方法。

(3) 熟悉差分方程的特点及求解方法；理解脉冲传递函数的概念，会求采样系统开环、闭环脉冲传递函数。

(4) 掌握离散控制系统稳定性的判别方法。

(5) 掌握离散控制系统稳态误差计算方法，了解采样系统极点分布与瞬态响应之间的关系。

8.1　概　　述

离散控制系统是指控制系统在一处或多处传递的信号为脉冲序列或数码形式的在时间上是离散的系统。

如果在系统中使用了采样开关，将连续信号转变为脉冲序列控制系统，则称此系统为**采样控制系统**。

如果在系统中采用了数字计算机或数字控制器，其信号是以数码形式传递的，则称此系统为**数字控制系统**。

通常将采样控制系统和数字控制系统统称为离散控制系统。

离散系统与连续系统相比，既有本质上的不同，又有分析研究方面的相似性。利用 Z 变换法研究离散系统，可以将连续系统中的许多概念和方法推广应用到离散系统。

目前，离散系统最广泛应用形式是以计算机为控制器的数字控制系统。也就是说，数字控制系统是一种以数字计算机为控制器控制具有连续工作状态的被控对象的闭环控制系统。因此，数字控制系统包括工作于离散状态下的数字计算机和工作于连续状态下的被控对象两大部分。

图 8-1（a）给出了数字控制系统的原理框图。图中，计算机作为校正装置被引进系统，它只能接收时间上离散、数值上被量化的数码信号。而系统的被控量 $c(t)$、给定量 $r(t)$ 一般在时间上是连续的模拟信号。因此要将这样的信号送入计算机运算，就必须先将误差量 $e(t)$ 用采样开关在时间上离散化，再由模数转换器（A/D）将其在每个离散点上进行量化，转换成数码信号，然后进入计算机进行数字运算。输出的仍然是时间上离散、数值上被量化的数码信号。数码信号不能直接作用于被控对象，因为在两个离散点之间是没有信号的，必须在离散点之间补上输出信号值，一般可采用保持器的办法。最简单的保持器是零阶保持器，它将前一个采样点的值一直保持到后一个采样点出现之前，因此其输出是阶梯状的连续信号［见图 8-1 中信号 $u_h(t)$］作用到被控对象上。数模转换和信号保持都是由数模转换器（D/A）完成的。

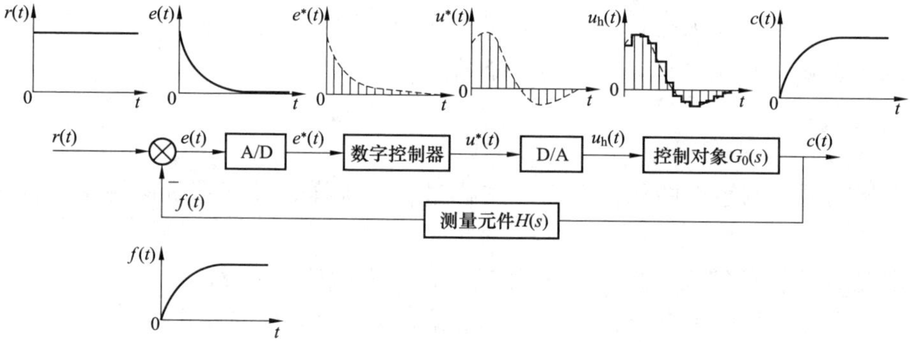

(a)

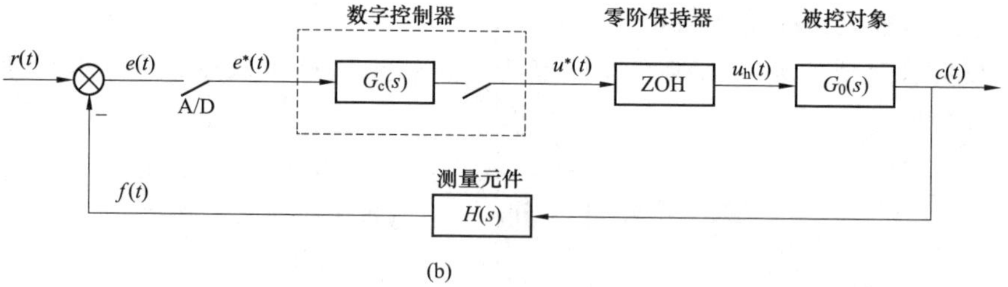

(b)

图 8-1　数字控制系统

（a）原理框图；（b）结构图

图中的 A/D 和 D/A 起着模拟量和数字量之间转换的作用。当数字计算机字长足够长，转换精度足够高时，可忽略量化误差影响，近似认为转换有唯一的对应关系，此时，A/D 相当于仅是一个采样开关，D/A 相当于一个保持器。将计算机的计算规律近似用传递函数 $G_c(s)$ 加一个采样开关来等效描述，这样就可将图 8-1（a）简化为图 8-1（b）所示的结构图，从而可以对离散系统进行分析和校正。

数字计算机运算速度快，精度高，逻辑功能强，通用性好，价格低，在自动控制领域中被广泛采用。**数字控制系统较之相应的连续系统具有以下优点：**

（1）由数字计算机构成的数字控制器，控制规律由软件实现，因此，与模拟控制装置相比，控制规律修改调整方便，控制灵活。

（2）数字信号的传递可以有效地抑制噪声，从而提高系统的抗干扰能力。

（3）可用一台计算机分时控制若干个系统，提高设备的利用率，经济性好，同时也为生产的网络化、智能化控制和管理奠定基础。

8.2　信号采样过程与保持

8.2.1　采样过程

将连续信号转变成离散信号的过程称为采样过程，实现该过程的装置称为采样器或采样开关。采样器的采样过程可以用一个周期性闭合的开关形象地表示，开关闭合时才有输出，其值等于采样时刻的模拟量 $e(t)$，开关打开时没有输出。该开关闭合的周期为 T，每次闭合的时间为 τ。如图 8-2 所示的连续信号 $e(t)$ 经过采样开关后，就变成周期为 T、宽度为 τ 的采样信号，即脉冲序列 $e^*(t)$。

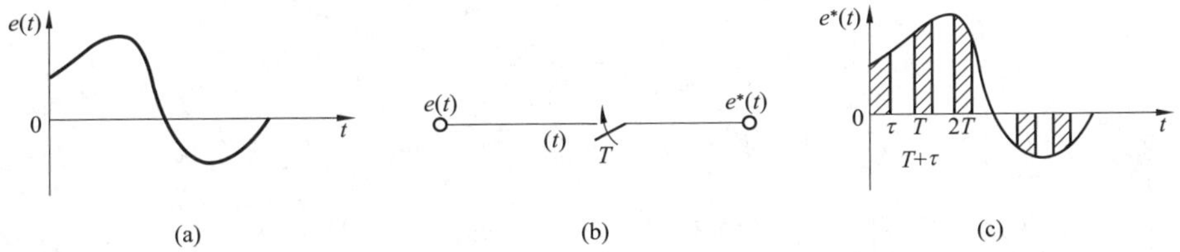

图 8-2　实际采样过程

（a）连续信号；（b）实际采样开关；（c）实际采样输出

实际上采样开关每次闭合的时间 τ 远小于采样周期 T，也远小于系统中连续部分的最大时间常数，因此在分析采样控制系统时可认为 τ 趋向于零。这样采样开关的输出可以看成是理想的脉冲序列 $e^*(t)$，如图 8-3 所示。

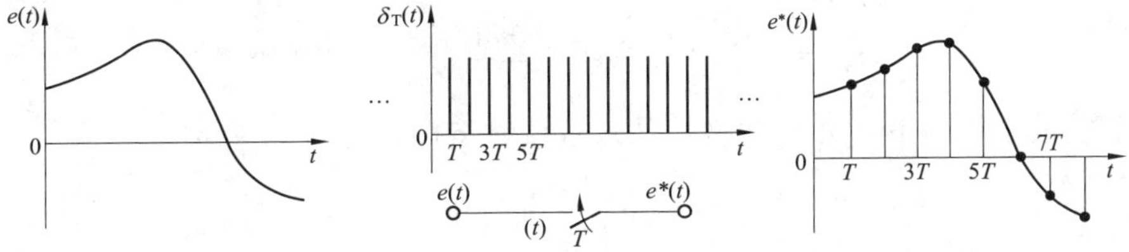

图 8-3　理想采样过程

（a）连续信号；（b）理想采样开关；（c）理想采样输出

对采样系统的定量研究，必须用数学表达式描述信号的采样过程。根据图 8-3 可以写出 $e^*(t)$ 的数学表达式为

$$
\begin{aligned}
e^*(t) &= e(0)\delta(t) + e(T)\delta(t-T) + e(2T)\delta(t-2T) + \cdots \\
&= \sum_{n=0}^{\infty} e(nT)\delta(t-nT) = e(t)\sum_{n=0}^{\infty}\delta(t-nT)
\end{aligned}
\tag{8-1}
$$

$$\delta_T(t)=\sum_{n=0}^{\infty}\delta(t-nT)=\delta(t)+\delta(t-T)+\delta(t-2T)+\cdots \tag{8-2}$$

式中：n 是采样拍数。

由式（8-1）可以看出，采样器相当于一个幅值调制器，理想脉冲序列 $e^*(t)$ 可看成是理想单位脉冲序列 $\delta_T(t)$ 对连续信号调制形成的。图 8-3 中，$\delta_T(t)$ 是载波，只决定采样周期；而 $e(t)$ 为被调制信号，其采样时刻的值 $e(nT)$ 决定调制后的幅值。

8.2.2 采样定理

一般采样控制系统加到被控对象上的信号都是连续信号，那么如何将离散信号不失真地恢复到原来的形状，这就涉及采样频率如何选择的问题。采样定理指出了由离散信号完全恢复相应连续信号的必要条件。

由于理想单位脉冲序列 $\delta_T(t)$ 是周期函数，可以展开为复数形式的傅里叶级数为

$$\delta_T(t)=\sum_{n=-\infty}^{\infty}C_n e^{jn\omega_s t} \tag{8-3}$$

$$C_n=\frac{1}{T}\int_{-\frac{T}{2}}^{\frac{T}{2}}\delta_T(t)e^{-jn\omega_s t}\,dt$$

式中：ω_s 称为采样频率，$\omega_s=\dfrac{2\pi}{T}$；T 为采样周期；C_n 为傅里叶级数系数。

在 $[-T/2,\ T/2]$ 区间内，$\delta_T(t)$ 仅在 $t=0$ 时刻有值，且 $e^{jn\omega_s t}\big|_{t=0}=1$，所以

$$C_n=\frac{1}{T}\int_{-\frac{T}{2}}^{\frac{T}{2}}\delta_T(t)e^{-jn\omega_s t}\,dt=\frac{1}{T} \tag{8-4}$$

将式（8-4）代入式（8-3）中，得

$$\delta_T(t)=\sum_{n=-\infty}^{\infty}\frac{1}{T}e^{jn\omega_s t} \tag{8-5}$$

再将式（8-5）代入式（8-1）中，有

$$e^*(t)=e(t)\sum_{n=-\infty}^{\infty}\frac{1}{T}e^{jn\omega_s t}=\frac{1}{T}\sum_{n=-\infty}^{\infty}e(nT)e^{jn\omega_s t} \tag{8-6}$$

式（8-6）两边取拉氏变换，由拉氏变换的复数位移定理，得到

$$E^*(s)=\frac{1}{T}\sum_{n=-\infty}^{\infty}E(s+jn\omega_s) \tag{8-7}$$

令 $s=j\omega$，得到采样信号 $e^*(t)$ 的傅里叶变换

$$E^*(j\omega)=\frac{1}{T}\sum_{n=-\infty}^{\infty}E(j\omega+jn\omega_s) \tag{8-8}$$

式中：$E(j\omega)$ 为相应连续信号 $e(t)$ 的傅里叶变换；$|E(j\omega)|$ 为连续信号 $e(t)$ 的频谱。

一般来讲，连续信号的频带宽度是有限的，其频谱 $|E(j\omega)|$ 是单一的连续频谱，如图 8-4（a）所示，其中 ω_{max} 为连续频谱 $|E(j\omega)|$ 中的最高频率。

$|E^*(j\omega)|$ 为采样信号 $e^*(t)$ 的频谱。式（8-8）表明，采样信号 $e^*(t)$ 是以采样频率 ω_s 为周期的无穷多个频谱之和，除主频谱外，还包含无限多个附加的高频频谱分量。$n=0$ 的频谱称为采样频谱的主分量，它与连续频谱 $|E(j\omega)|$ 形状一致，其幅值是连续信号频谱

的 $1/T$ 倍，其余频谱（$n=\pm 1$，± 2，…）都是由于采样而引起的高频频谱，称为采样频谱的谱分量。

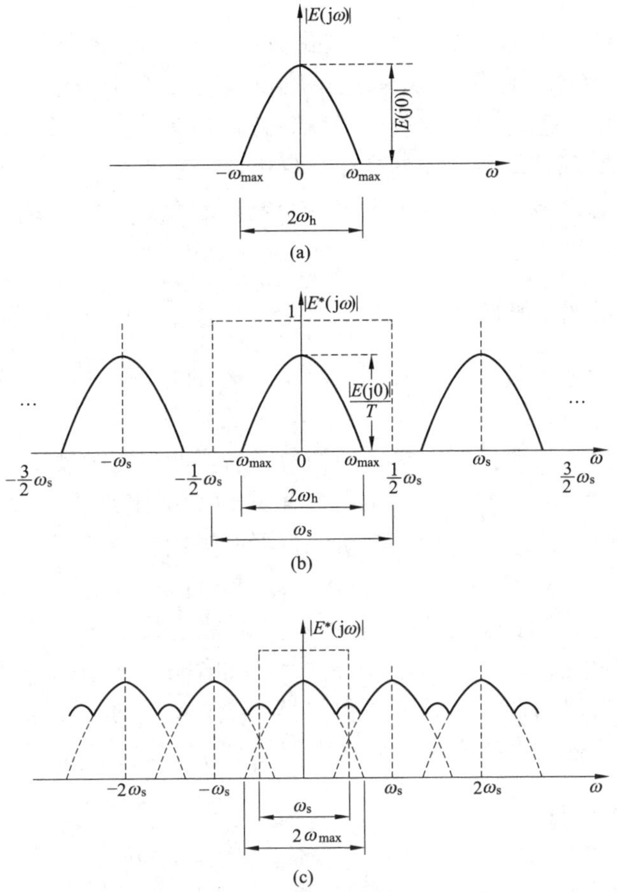

图 8-4　信号的输入和输出频谱

(a) 连续信号 $e(t)$ 的频谱；(b) $\omega_s \geqslant 2\omega_{max}$ 时离散信号的频谱；(c) $\omega_s < 2\omega_{max}$ 时离散信号的频谱

香农（Shannon）采样定理：如果连续信号 $e(t)$ 频谱中所含的最高频率为 ω_{max}，采样器的采样频率为 ω_s，则 $e^*(t)$ 频谱不混叠的条件为

$$\omega_s \geqslant 2\omega_{max} \tag{8-9}$$

采样定理说明，若采样器的采样频率 ω_s 大于或等于其输入连续信号 $e(t)$ 的频谱中最高频率 ω_{max} 的两倍，即 $\omega_s \geqslant 2\omega_{max}$，则能够从采样信号 $e^*(t)$ 中完全复现 $e(t)$。

采样定理的结论可从频谱分析结论中得到直观说明。

当 $\omega_s \geqslant 2\omega_{max}$ 时，可以用一个理想滤波器［见图 8-4（b）中虚线画出的矩形］滤除 $n=0$ 以外的频率响应，只留下主频谱，这时信号的频谱和原信号频谱形状一样，在幅值上是原信号频谱的 $1/T$ 倍，经过一个 T 倍的放大器就可得到原连续信号的频谱。

当 $\omega_s < 2\omega_{max}$ 时，$e^*(t)$ 经过理想滤波器后的频谱［见图 8-4（c）中虚线矩形框中的图形］与原信号频谱相比，产生了畸变，频率分量之间发生了重叠。因此，恢复不到原来信号。这就是采样定理所得出的结论。

采样定理只是给出了选择采样频率的指导原则，因为一般信号的 ω_{max} 很难求出，且带宽有限，也很难满足。ω_s 的选择是根据具体问题和实际条件通过实验方法确定的，在实际中总是取 ω_s 比 $2\omega_{max}$ 大得多。

采样周期 T 是离散系统设计中的一个重要因素。采样定理只给出了不产生频率混叠时采样周期 T 的最大值（或采样频率 ω_s 的最小值）。显然，T 选得越小，即采样频率 ω_s 选得越大，获得控制过程的信息越多，控制效果就越好。但是，如果 T 选得过小，将增加不必要的计算负担，难以实现较复杂的控制规律。反之，T 选得过大，会给控制过程带来较大的误差，影响系统的动态性能，甚至导致系统不稳定。因此，采样周期 T 要依据实际情况综合考虑，合理选择。

8.2.3　信号的复现（零阶保持器）

将离散信号转换为连续信号的过程通常称为信号的复现。信号的复现是通过加入保持器实现的。保持器有零阶、一阶、二阶等形式，最常用的是零阶保持器。因为一阶以上的保持器实现较复杂，比零阶保持器有更大的相角滞后，所以很少使用。

零阶保持器是将某采样时刻 nT 的采样值 $e(nT)$ 恒定地保持到下一采样时刻 $(n+1)T$，即在 $[nT, (n+1)T]$ 区间内，零阶保持器的输出值一直保持为 $e(nT)$，即

$$e(t)=e(nT)\quad [nT\leqslant t\leqslant (n+1)T] \tag{8-10}$$

如果将零阶保持器输出的阶梯信号的中点光滑地连接起来，就可以得到与连续信号 $e(t)$ 形状一致但在时间上滞后 $T/2$ 的曲线 $e_h(t)$，如图 8-5 所示。$e_h(t)$ 与 $e(t)$ 形状近似相同，只是滞后了半个采样周期，这是零阶保持器引起的。零阶保持器的滞后效应会给系统带来不利影响。但零阶保持器基本上将 $e^*(t)$ 恢复到了 $e(t)$。

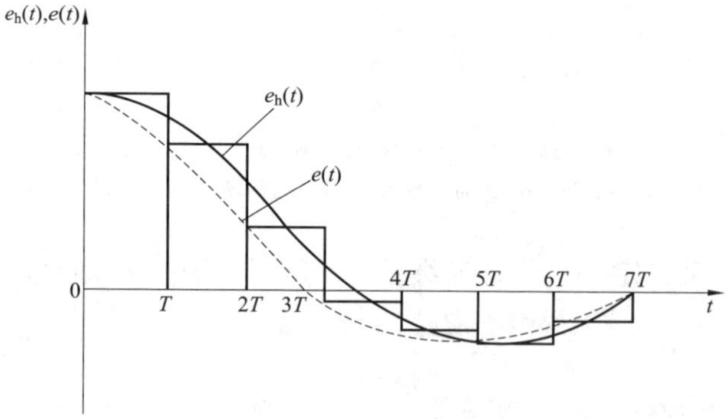

图 8-5　零阶保持器的输入/输出信号

给零阶保持器输入一个理想的单位脉冲 $\delta(t)$，则其单位脉冲响应函数 $g_h(t)$ 是幅值为 1、宽度为 T 的方波，它可以分解为两个单位阶跃函数的和，如图 8-6 所示。

$$g_h(t)=1(t)-1(t-T) \tag{8-11}$$

零阶保持器的传递函数为

$$G_h(s)=\frac{1}{s}-\frac{1}{s}e^{-Ts}=\frac{1}{s}(1-e^{-Ts}) \tag{8-12}$$

式（8-12）中令 $s=j\omega$，则零阶保持器的频率特性为

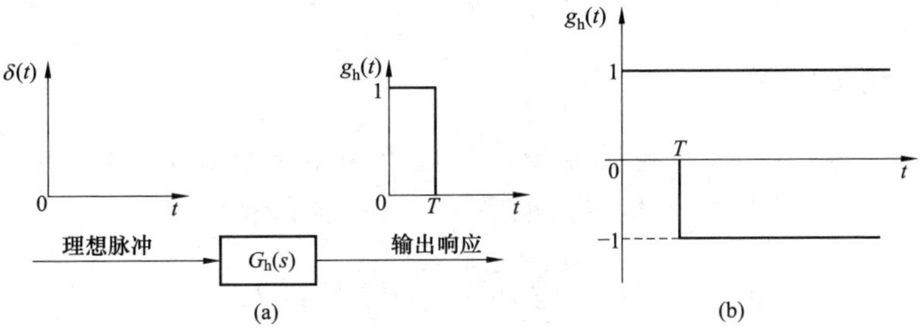

图 8-6　零阶保持器的输出特性

(a) 响应过程；(b) 输出响应信号的合成

$$G_h(j\omega)=\frac{1}{j\omega}(1-e^{-j\omega T}) \tag{8-13}$$

将式 (8-13) 写成指数形式为

$$G_h(j\omega)=\frac{2e^{-j\frac{\omega T}{2}}(e^{j\frac{\omega T}{2}}-e^{-j\frac{\omega T}{2}})}{2j\omega}=\frac{2Te^{-j\frac{\omega T}{2}}\sin\frac{\omega T}{2}}{\omega T}=T\frac{\sin\frac{\omega T}{2}}{\frac{\omega T}{2}}e^{-j\frac{\omega T}{2}} \tag{8-14}$$

幅频特性

$$|G_h(j\omega)|=T\frac{\left|\sin\frac{\omega T}{2}\right|}{\frac{\omega T}{2}} \tag{8-15}$$

相频特性

$$\angle G_h(j\omega)=-\frac{\omega T}{2}=-\frac{\omega}{\omega_s}\pi \tag{8-16}$$

零阶保持器幅频特性、相频特性分别如图 8-7 (a)、(b) 所示。从幅频特性看，其幅值随频率值的增大而迅速衰减，说明零阶保持器是低通滤波器，但没有截止频率，高频分量仍能通过一部分。从相频特性看，零阶保持器产生相角滞后，随 ω 的增大而加大，在 $\omega=\omega_s$ 处，相移达$-180°$，所以零阶保持器会对闭环系统的稳定性产生不利影响。

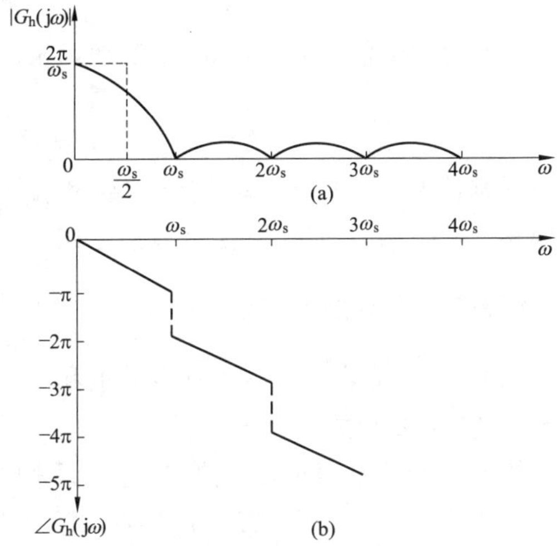

图 8-7　零阶保持器的频率特性图

(a) 幅频特性；(b) 相频特性

8.3 Z 变换

拉氏变换是研究线性定常连续系统的基本数学工具。在连续系统中，拉氏变换将问题从时域变换到频域，将解微分方程转化为解代数方程，从而使求解微分方程得以简化。

Z 变换是研究线性定常离散系统的基本数学工具。Z 变换是在离散信号拉氏变换基础上，经过变量代换引申出来的一种变换。离散系统中，通过 Z 变换将问题从离散的时间域

转到 z 域，将解常系数线性差分方程转化为求解代数方程。

8.3.1 Z 变换的定义

对连续时间信号 $e(t)$ 进行拉氏变换，其拉氏变换函数为 $E(s)$。考虑到 $t<0$ 时，$e(t)=0$，则 $e(t)$ 经过周期为 T 的等周期采样后，得到离散时间信号

$$e^*(t)=\sum_{n=0}^{\infty}e(nT)\delta(t-nT)$$

对上式表示的离散信号进行拉氏变换，可得

$$E^*(s)=\sum_{n=0}^{\infty}e(nT)\mathrm{e}^{-nTs} \tag{8-17}$$

式中：$E^*(s)$ 为离散拉氏变换式。因复变量 s 含在指数函数 e^{-nTs} 中不便计算，为此引进一个新的复变量 z，即

$$z=\mathrm{e}^{Ts} \tag{8-18}$$

将式（8-18）代入式（8-17）中，得到以 z 为变量的函数 $E(z)$，即

$$E(z)=\sum_{n=0}^{\infty}e(nT)z^{-n} \tag{8-19}$$

$E(z)$ 即为离散信号 $e^*(t)$ 的 Z 变换，常记为

$$E(z)=Z[e^*(t)]=Z[e(nT)]=\sum_{n=0}^{\infty}e(nT)z^{-n}$$

通常情况下，如果一个连续函数可求其拉氏变换，则可相应求得其 Z 变换，如果拉氏变换在 s 域收敛，则其 Z 变换通常也在 z 域收敛。

8.3.2 Z 变换的方法

求取 Z 变换常用的方法有级数求和法、部分分式法和留数法。

1. 级数求和法

级数求和法是根据 Z 变换的定义而来的，将式（8-19）展开可得

$$E(z)=e(0)+e(T)z^{-1}+e(2T)z^{-2}+\cdots \tag{8-20}$$

可见，只要得到 $e(t)$ 在各采样时刻的值，便可按式（8-20）直接写出 Z 变换的级数展开式，然后将它写成闭合形式，便可求得 $e(t)$ 的 Z 变换。

【例 8-1】 已知 $e(t)=1(t)$，求其 Z 变换 $E(z)$。

解
$$E(z)=\sum_{n=0}^{\infty}e(nT)z^{-n}=1+z^{-1}+z^{-2}+\cdots=\frac{z}{z-1}$$

【例 8-2】 已知 $e(t)=\mathrm{e}^{-at}$，求其 Z 变换 $E(z)$。

解

$$E(z)=\sum_{n=0}^{\infty}\mathrm{e}^{-anT}z^{-n}=1+\mathrm{e}^{-aT}z^{-1}+\mathrm{e}^{-2aT}z^{-2}+\cdots$$
$$=\frac{1}{1-\mathrm{e}^{-aT}z^{-1}}=\frac{z}{z-\mathrm{e}^{-aT}}$$

2. 部分分式法

利用部分分式法求 Z 变换时，先求出已知连续函数的拉氏变换式 $E(s)$，通过部分分式法可以展开成一些简单函数的拉氏变换式之和，使每一部分分式对应简单的时间函数，然后分别求取每一项的 Z 变换，最后作化简运算，求得 $E(s)$ 对应的 Z 变换 $E(z)$。

有时可以直接由 $E(s)$ 的部分分式，再通过查表的方法，求得部分分式拉氏变换所对应的 Z 变换，最后化简，求得 $E(s)$ 对应的 Z 变换。为了书写方便，这一过程常表示为

$$G(z)=Z[G(s)]$$

但注意 $G(z)$ 实际对应的是 $g^*(t)$ 的 Z 变换。

【例 8-3】 已知 $G(s)=\dfrac{a}{s(s+a)}$，求 $G(z)$。

解

$$G(s)=\frac{A}{s}+\frac{B}{s+a}=\frac{1}{s}-\frac{1}{s+a}$$

对上式取拉氏反变换求得

$$L^{-1}[G(s)]=1(t)-\mathrm{e}^{-at}$$

进行 Z 变换

$$G(z)=\frac{z}{z-1}-\frac{z}{z-\mathrm{e}^{-aT}}=\frac{z(1-\mathrm{e}^{-aT})}{(z-1)(z-\mathrm{e}^{-aT})}$$

3. 留数法

若已知连续信号 $e(t)$ 的拉氏变换 $E(s)$ 和它的全部极点 s_i（$i=1,2,\cdots,n$），则可用下列的留数计算公式求 $E(z)$

$$E(z)=\sum_{i=1}^{n}\mathrm{Res}\left[E(s)\frac{z}{z-\mathrm{e}^{sT}}\right]_{s=s_i} \tag{8-21}$$

当 $E(s)$ 具有非重极点 s_i 时

$$\mathrm{Res}\left[E(s)\frac{z}{z-\mathrm{e}^{sT}}\right]_{s=s_i}=\lim_{s\to s_i}\left[E(s)\frac{z}{z-\mathrm{e}^{sT}}(s-s_i)\right] \tag{8-22}$$

当 $E(s)$ 在 s_i 处具有 r 重极点时

$$\mathrm{Res}\left[E(s)\frac{z}{z-\mathrm{e}^{sT}}\right]_{s=s_i}=\frac{1}{(r-1)!}\lim_{s\to s_i}\frac{\mathrm{d}^{r-1}}{\mathrm{d}s^{r-1}}\left[E(s)\frac{z}{z-\mathrm{e}^{sT}}(s-s_i)^r\right] \tag{8-23}$$

【例 8-4】 已知 $E(s)=\dfrac{s(2s+3)}{(s+1)^2(s+2)}$，求其 Z 变换 $E(z)$。

解 $E(s)$ 的极点为 $s_{1,2}=-1$，$s_3=-2$，则

$$E(z)=\frac{1}{(2-1)!}\lim_{s\to-1}\frac{\mathrm{d}}{\mathrm{d}s}\left[\frac{s(2s+3)}{(s+1)^2(s+2)}\times\frac{z}{z-\mathrm{e}^{sT}}(s+1)^2\right]+\lim_{s\to-2}\left[\frac{s(2s+3)}{(s+1)^2(s+2)}\times\frac{z}{z-\mathrm{e}^{sT}}(s+2)\right]$$

$$=\frac{-Tz\mathrm{e}^{-T}}{(z-\mathrm{e}^{-T})^2}+\frac{2z}{z-\mathrm{e}^{-2T}}$$

上面介绍三种求 Z 变换的方法。级数求和法和留数法的适用范围广，而部分分式法是在有理函数 $E(s)$ 较为简单时使用。但是常用函数的拉氏变换可用部分分式法分解为几个简单函数的拉氏变换之和，通过查表可以得到其 Z 变换，所以在工程计算中常采用部分分

式法。常用函数的 Z 变换见表 8-1。

表 8-1　常用函数的 Z 变换表

序号	$e(t)$ 或 $e(k)$	$E(s)$	$E(z)$
1	$\delta(t)$	1	1
2	1 (t)	$\dfrac{1}{s}$	$\dfrac{z}{z-1}$
3	t	$\dfrac{1}{s^2}$	$\dfrac{Tz}{(z-1)^2}$
4	$\dfrac{1}{2}t^2$	$\dfrac{1}{s^3}$	$\dfrac{T^2z(z+1)}{2(z-1)^3}$
5	e^{-at}	$\dfrac{1}{s+a}$	$\dfrac{z}{z-e^{-aT}}$
6	te^{-at}	$\dfrac{1}{(s+a)^2}$	$\dfrac{Tze^{-aT}}{(z-e^{-aT})^2}$
7	$1-e^{-at}$	$\dfrac{a}{s(s+a)}$	$\dfrac{(1-e^{-aT})z}{(z-1)(z-e^{-aT})}$
8	$\sin\omega t$	$\dfrac{\omega}{s^2+\omega^2}$	$\dfrac{z\sin\omega T}{z^2-2z\cos\omega T+1}$
9	$\cos\omega t$	$\dfrac{s}{s^2+\omega^2}$	$\dfrac{z(z-\cos\omega T)}{z^2-2z\cos\omega T+1}$
10	$e^{-at}\sin\omega t$	$\dfrac{\omega}{(s+a)^2+\omega^2}$	$\dfrac{ze^{-aT}\sin\omega T}{z^2-2ze^{-aT}\cos\omega T+e^{-2aT}}$
11	$e^{-at}\cos\omega t$	$\dfrac{s+a}{(s+a)^2+\omega^2}$	$\dfrac{z^2-ze^{-aT}\cos\omega T}{z^2-2ze^{-aT}\cos\omega T+e^{-2aT}}$
12	a^k		$\dfrac{z}{z-a}$
13	$\delta(t-kT)$	e^{-kTs}	z^{-k}

8.3.3　Z 变换的性质

在求函数 Z 变换的过程中，适当利用 Z 变换的性质可以使计算大为简化。

1. 线性性质

若 $E_1(z)=Z[e_1(t)]$，$E_2(z)=Z[e_2(t)]$，$E(z)=Z[e(t)]$，并设 a 为常数或为与 t 和 z 无关的变量，则有

$$Z[ae(t)]=aE(z) \tag{8-24}$$

$$Z[e_1(t)\pm e_2(t)]=E_1(z)\pm E_2(z) \tag{8-25}$$

2. 位移定理

实数位移定理又称平移定理。实数位移的含义是指整个采样序列在时间轴上左右平移若干采样周期，向左平移为超前，向右平移为延迟。定理如下：

设 $e(t)$ 的 Z 变换为 $E(z)$，则

$$Z[e(t-nT)]=z^{-n}E(z) \tag{8-26}$$

$$Z[e(t+nT)]=z^n\left[E(z)-\sum_{k=0}^{n-1}e(kT)z^{-k}\right] \tag{8-27}$$

式中：n 为正整数。

按照移动的方式，式（8-26）称为迟后定理，式（8-27）称为超前定理。其中，算子 z 有明确的物理意义，z^{-n}表明采样信号迟后 n 个采样周期，z^n 表示采样信号超前 n 个采样周期。但是，z^n 仅用于计算，在物理系统中并不存在。

实数位移定理在用 Z 变换求解差分方程时经常用到，它可将差分方程转化为 z 域的代数方程。

【例 8-5】 计算 $e^{-a(t-T)}$ 的 Z 变换，其中 a 为常数。

解　由实数位移定理

$$Z[e^{-a(t-T)}]=z^{-1}z[e^{-at}]=z^{-1}\frac{z}{z-e^{-aT}}=\frac{1}{z-e^{-aT}}$$

3. 初值定理

设 $e(t)$ 的 Z 变换为 $E(z)$，且有极限 $\lim\limits_{z\to\infty}E(z)$ 存在，则 $e(t)$ 的初始值为

$$e(0)=\lim_{t\to 0}e(t)=\lim_{z\to\infty}E(z) \tag{8-28}$$

4. 终值定理

如果 $e(t)$ 的终值 $e(\infty)$ 存在，则

$$e(\infty)=\lim_{t\to\infty}e(t)=\lim_{z\to 1}(z-1)E(z) \tag{8-29}$$

5. 卷积定理

设 $Z[e_1(t)]=E_1(z)$，$Z[e_2(t)]=E_2(z)$，则其离散卷积

$$g(nT)=e_1(nT)e_2(nT)=\sum_{k=0}^{\infty}e_1(kT)e_2[(n-k)T]$$

则有

$$G(z)=E_1(z)E_2(z) \tag{8-30}$$

卷积定理指出，两个离散函数卷积的 z 变换等于它们各自函数 z 变换的乘积。

8.3.4　Z 反变换的方法

由函数 $E(z)$ 求出离散序列 $e(kT)$ 的过程就是 Z 反变换，记为 $e(kT)=Z^{-1}[E(z)]$，下面介绍求 Z 反变换的三种常用方法。

1. 长除法

用长除法将 $E(z)$ 展开成 z^{-1}的无穷级数，根据负位移定理可以得到 $e(kT)$，即

$$E(z)=\frac{b_0z^m+b_1z^{m-1}+\cdots+b_m}{a_0z^n+a_1z^{n-1}+\cdots+a_n}\quad(n>m)$$

将 $E(z)$ 展开

$$E(z)=c_0z^0+c_1z^{-1}+c_2z^{-2}+\cdots \tag{8-31}$$

对应原函数为

$$e(kT)=c_0\delta(t)+c_1\delta(t-T)+c_2\delta(t-2T)+\cdots \tag{8-32}$$

【例 8-6】 已知$E(z)=\dfrac{z}{z^2-4z+3}$，求$e(kT)$。

解 用长除法

$$
\begin{array}{r l}
 & z^{-1}+4z^{-2}+13z^{-3}+\cdots \\
z^2-4z+3\,\big) & z \\
 & \underline{z-4+3z^{-1}} \\
 & \quad 4-3z^{-1} \\
 & \quad \underline{4-16z^{-1}+12z^{-2}} \\
 & \qquad 13z^{-1}-12z^{-2} \\
 & \qquad \underline{13z^{-1}-42z^{-2}+39z^{-3}} \\
 & \qquad\qquad 30z^{-2}-39z^{-3}
\end{array}
$$

则
$$E(z)=\frac{z}{z^2+4z+3}=z^{-1}+4z^{-2}+13z^{-3}+\cdots$$
$$e(kT)=\delta(t-T)+4\delta(t-2T)+13\delta(t-3T)+\cdots$$

2. 部分分式法

将Z变换函数式$E(z)$分解为部分分式，再通过查表，对每一个分式分别做反变换。考虑到在Z变换表中，所有Z变换函数在其分子上普遍都有因子z，所以通常将$E(z)$展开成$E(z)=zE_1(z)$的形式，即

$$E(z)=zE_1(z)=z\left[\frac{A_1}{z-z_1}+\frac{A_2}{z-z_2}+\cdots+\frac{A_i}{z-z_i}\right] \tag{8-33}$$

式中系数A_i计算式为

$$A_i=[E_1(z)(z-z_i)]_{z=z_i} \tag{8-34}$$

【例 8-7】 已知$E(z)=\dfrac{z}{z^2-4z+3}$，求其Z反变换$e(kT)$。

解
$$E(z)=\frac{z}{(z-3)(z-1)}=\frac{1}{2}\left(\frac{z}{z-3}-\frac{z}{z-1}\right)$$

因为
$$Z^{-1}\left[\frac{z}{z-a}\right]=a^k$$

所以
$$e(kT)=\frac{1}{2}(3^k-1^k)=\frac{1}{2}(3^k-1)\quad (k=0,\ 1,\ 2,\ \cdots)$$

3. 留数法

在留数法中，离散序列$e(kT)$等于$E(z)z^{k-1}$各个极点上留数之和，即

$$e(kT)=\sum_{i=1}^{n}\mathrm{Res}\left[E(z)z^{k-1}\right]_{z\to z_i} \tag{8-35}$$

式中：z_i表示$E(z)$的第i个极点。

极点上的留数分两种情况求取：

单极点的情况

$$\mathrm{Res}[E(z)z^{k-1}]_{z\to z_i}=\lim_{z\to z_i}[(z-z_i)E(z)z^{k-1}] \tag{8-36}$$

n阶重极点的情况

$$\text{Res}[E(z)z^{k-1}]_{z\to z_i}=\frac{1}{(n-1)!}\lim_{z\to z_i}\frac{\text{d}^{n-1}[(z-z_i)^nE(z)z^{k-1}]}{\text{d}z^{n-1}} \tag{8-37}$$

【例 8-8】 用留数法求 $E(z)=\dfrac{z}{(z-1)^2(z-2)}$ 的反变换。

解　$E(z)$ 有两个极点 $z_1=1$，$z_2=2$，分别求其留数。

当 $z_1=1$ 时

$$\text{Res}\left[\frac{zz^{k-1}}{(z-1)^2(z-2)}\right]_{z=1}$$

$$=\frac{1}{(2-1)!}\lim_{z\to1}\frac{\text{d}}{\text{d}z}\left[(z-1)^2\frac{z^k}{(z-1)^2(z-2)}\right]$$

$$=\lim_{z\to1}\frac{\text{d}}{\text{d}z}\left[\frac{z^k}{(z-2)}\right]=\lim_{z\to1}\frac{kz^{k-1}(z-2)-z^k}{(z-2)^2}=-k-1$$

当 $z_2=2$ 时

$$\text{Res}\left[\frac{zz^{k-1}}{(z-1)^2(z-2)}(z-2)\right]_{z=2}=\lim_{z\to2}\left[\frac{z^k}{(z-1)^2}\right]=2^k$$

所以

$$e(kT)=-k-1+2^k\quad(k=0,1,2,\cdots)$$

8.4　离散系统的数学模型

8.4.1　差分方程及其解法

离散控制系统中某些地方的信号是断续的或采样的，可以用差分方程来描述输出与输入的关系，用 Z 变换来求解差分方程，用脉冲传递函数对离散系统进行动态分析。

1. 差分和差分方程

(1) **差分。**差分是指一个函数的两值之差，由各阶差分组成的方程就是差分方程。微分方程可以用来描述连续系统，而差分方程可以用来描述离散系统的输入、输出在采样时刻的关系。

(2) **前向差分方程。**差分方程中的未知序列是递增方式，即由 $c(k)$，$c(k+1)$，$c(k+2)$，⋯ 组成的差分方程，称为前向差分方程，其一般表达式为

$$\begin{aligned}&c(k+n)+a_1c(k+n-1)+\cdots+a_{n-1}c(k+1)+a_nc(k)\\&=b_0r(k+m)+b_1r(k+m-1)+\cdots+b_{m-1}r(k+1)+b_mr(k)\quad(m\leqslant n)\end{aligned} \tag{8-38}$$

前向差分方程描述了 $k+n$ 时刻输出值与此时刻之前的输出值和输入值之间的关系。因为方程中用到了当前时刻（即 k 时刻）之后的系统输入、输出值，故该模型称作系统的预测模型。

(3) **后向差分方程。**差分方程中的未知序列是递减方式，即由 $c(k)$，$c(k-1)$，$c(k-$

2），… 组成的差分方程，称为后向差分方程，其一般表达式为

$$
\begin{aligned}
& c(k)+a_1c(k-1)+\cdots+a_nc(k-n) \\
& =b_0r(k)+b_1r(k-1)+\cdots+b_mr(k-m) \quad (m\leqslant n)
\end{aligned} \tag{8-39}
$$

前向差分方程和后向差分方程并无本质的区别，前向差分方程多用于描述非零初始条件的离散系统，后向差分方程多用于描述零初始条件的离散系统，若不考虑初始条件，就系统输入、输出而言，两者完全等价。后向差分方程时间概念清楚，便于编写程序；前向差分方程便于讨论系统阶次及采用 Z 变换法计算初始条件不为零的解等。

（4）**差分方程的阶数。**差分方程的阶数是指未知序列的自变量序号中最高值与最低值之差。例如，式（8-40）、式（8-42）是三阶差分方程，式（8-41）是二阶差分方程。

$$kc(k+3)-c^2(k)=r(k) \tag{8-40}$$

$$3c(k+2)-2c(k+1)c(k)=r(k) \tag{8-41}$$

$$c(k)-7c(k-1)+16c(k-2)-12c(k-3)=r(k) \tag{8-42}$$

若差分方程中每一项包含的未知序列或其移位序列仅以线性形式出现，则称为线性差分方程，否则称为非线性差分方程。例如，式（8-42）为线性差分方程，式（8-40）、式（8-41）为非线性差分方程。

若差分方程中每一项的系数与离散变量 k 无关，则称为常系数差分方程，否则称为变系数差分方程。例如，式（8-40）为变系数非线性差分方程，式（8-41）为常系数非线性差分方程，式（8-42）为常系数线性差分方程。

2. 差分方程的解法

求解差分方程常用的有迭代法和 Z 变换法。前者适用于计算机数值解法，后者可利用解析式求解。

（1）**迭代法解差分方程。**迭代法是已知离散系统的差分方程和输入、输出序列的初始值，利用递推关系逐步计算出所需要的输出值的方法。

【例 8-9】 求解采样系统的差分方程 $c(k)+c(k-1)=r(k)+2r(k-2)$，已知初始条件为 $r(k)=\begin{cases}k & (k>0)\\ 0 & (k\leqslant 0)\end{cases}$，$c(0)=2$。

解 令 $k=1$，有 $c(1)+c(0)=r(1)+2r(-1)$，则 $c(1)+2=1+0$，求得 $c(1)=-1$。令 $k=2$，有 $c(2)+c(1)=r(2)+2r(0)$，则 $c(2)+(-1)=2+0$，求得 $c(2)=3$。同理，可求得 $c(3)=2$，$c(4)=6$。

（2）**Z 变换法解差分方程。**用 Z 变换法解差分方程和用拉氏变换解微分方程类似，将常系数线性差分方程两端取 Z 变换，并利用 Z 变换的实数位移定理，得到以 z 为变量的代数方程，然后对代数方程的解 $C(z)$ 取 Z 反变换，求得输出序列 $c(kT)$。

【例 8-10】 试用 Z 变换法解二阶微分方程 $c(k+2)+3c(k+1)+2c(k)=0$，初始条件 $c(0)=0$，$c(1)=1$。

解 根据实数位移定理

$$Z[c(k+2)]=z^2C(z)-z^2C(0)-zC(1)=z^2C(z)-z$$

$$Z[3c(k+1)]=3zC(z)-3zC(0)=3zC(z)$$

$$Z[2c(k)]=2C(z)$$

代入原式，得

$$(z^2+3z+2)C(z)=z$$

$$C(z)=\frac{z}{z^2+3z+2}=\frac{z}{z+1}-\frac{z}{z+2}$$

查 Z 变换表，求出 Z 反变换

$$c(kT)=(-1)^k-(-2)^k \quad (k=0,\ 1,\ 2,\ \cdots)$$

8.4.2　脉冲传递函数

脉冲传递函数是离散系统的一种数学模型。如果说离散系统差分方程对应于连续系统的微分方程，那么离散系统脉冲传递函数对应于连续系统的传递函数，它们是对离散系统的数学描述，直接反映了离散系统的特征。

与连续系统传递函数的定义相似，线性离散系统的脉冲传递函数定义为：在零初始条件下，系统输出采样信号的 Z 变换与输入采样信号的 Z 变换之比，记作

$$G(z)=\frac{Z[c^*(t)]}{Z[r^*(t)]}=\frac{C(z)}{R(z)} \tag{8-43}$$

线性开环离散系统结构如图 8-8 所示。其中输入信号 $r(t)$ 经过采样后变为采样信号 $r^*(t)$，$r^*(t)$ 是连续部分传递函数 $G(s)$ 的输入信号；$G(s)$ 的输出信号 $c(t)$ 是连续信号，$c(t)$ 经（虚拟的）同步采样开关后得到采样信号 $c^*(t)$。

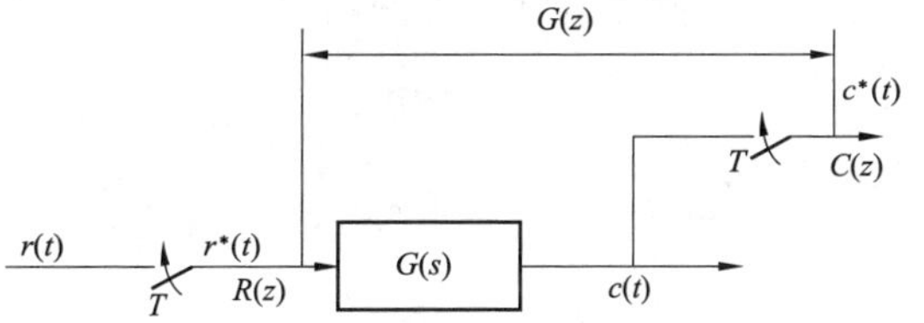

图 8-8　开环离散系统

式（8-43）表明，如果已知 $R(z)$ 和 $G(z)$，则在零初始条件下，线性定常离散系统的输出采样信号为

$$c^*(t)=Z^{-1}[C(z)]=Z^{-1}[G(z)R(z)] \tag{8-44}$$

应当明确虚设的采样开关假定是与输入采样开关同步工作的，但它实际上不存在。只是表明脉冲传递函数所能描述的只是输出连续函数 $c(t)$ 在采样时刻的离散值 $c^*(t)$。如果系统的实际输出 $c(t)$ 比较平滑，且采样频率较高，则可用 $c^*(t)$ 近似描述 $c(t)$。

与连续系统传递函数的性质相对应，离散系统脉冲传递函数具有下列性质：

(1) 脉冲传递函数是复变量 z 的复函数（一般是 z 的有理分式）。

(2) 脉冲传递函数只与系统自身的结构和参数有关。

(3) 系统的脉冲传递函数与系统的差分方程有直接联系，z^{-1} 相当于一拍延迟因子。

(4) 系统的脉冲传递函数是系统的单位脉冲响应序列的 Z 变换。

8.4.3　开环系统脉冲传递函数

离散系统中，n 个环节串联时，串联环节间有无同步采样开关，脉冲传递函数是不相同的。

1．串联环节间无采样开关时的开环系统脉冲传递函数

图 8-9（a）所示开环系统串联环节间无采样开关。开环系统的传递函数为

$$G(s)=G_1(s)G_2(s)$$

根据脉冲传递函数定义

$$G(z)=\frac{C(z)}{R(z)}=Z[G_1(s)G_2(s)]=G_1G_2(z) \tag{8-45}$$

式（8-45）表明，没有理想采样开关隔开的两个线性连续环节串联时，开环系统的脉冲传递函数等于这两个环节传递函数乘积后的 Z 变换。该结论可以推广到 n 个环节串联时的情形。

【例 8-11】 设开环离散系统如图 8-9（a）所示，其中 $G_1(s)=\frac{1}{s}$，$G_2(s)=\frac{a}{s+a}$，求出其串联环节等效的脉冲传递函数 $G(z)$。

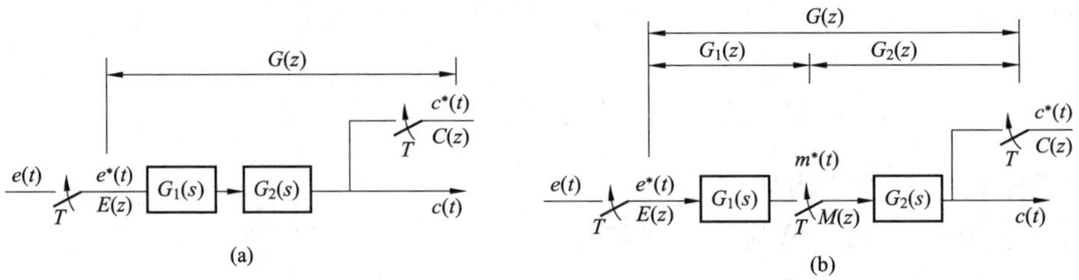

图 8-9　串联环节框图

（a）无采样开关；（b）有同步采样开关

解　$$G(z)=Z[G_1(s)G_2(s)]=G_1G_2(z)=Z\left[\frac{a}{s(s+a)}\right]=Z\left[\frac{1}{s}-\frac{1}{s+a}\right]$$

$$=\frac{z}{z-1}-\frac{z}{z-e^{-aT}}=\frac{z(1-e^{-aT})}{(z-1)(z-e^{-aT})}$$

2．串联环节间有采样开关时的开环系统脉冲传递函数

图 8-9（b）所示开环系统串联环节间有同步采样开关。由脉冲传递函数定义有

$$M(z)=E(z)G_1(z)$$
$$C(z)=M(z)G_2(z)$$

所以

$$C(z)=E(z)G_1(z)G_2(z)$$

因此，开环系统脉冲传递函数为

$$G(z)=\frac{C(z)}{R(z)}=G_1(z)G_2(z) \tag{8-46}$$

式（8-46）表明，有理想采样开关隔开的两个线性环节串联时，开环系统的脉冲传递函数等于这两个环节各自的脉冲传递函数之积。该结论可以推广到 n 个环节串联时的情形。

【例 8-12】 离散系统如图 8-9（b）所示，其中 $G_1(s)=\frac{1}{s}$，$G_2(s)=\frac{a}{s+a}$，求出其串

联环节等效的脉冲传递函数 $G(z)$。

解

$$G(z)=G_1(z)G_2(z)=Z\left[\frac{1}{s}\right]Z\left[\frac{a}{s+a}\right]$$

$$=\frac{z}{z-1}\times\frac{az}{z-\mathrm{e}^{-aT}}=\frac{az^2}{(z-1)(z-\mathrm{e}^{-aT})}$$

比较［例 8-11］和［例 8-12］可以看出，有无采样开关的系统的脉冲传递函数是不同的。其零点不同，但极点相同。

通常情况下，$G_1(z)G_2(z)\neq G_1G_2(z)$，因此考察有串联环节开环系统的脉冲传递函数时，必须区别其串联环节间有无采样开关。

3. 有零阶保持器时的开环系统脉冲传递函数

有零阶保持器串联的开环离散系统如图 8-10 所示。图中零阶保持器的传递函数 $G_\mathrm{h}(s)=\dfrac{1-\mathrm{e}^{-Ts}}{s}$，$G_0(s)$ 为连续部分的传递函数，两环节之间无同步采样开关相隔。由图 8-10 中可知开环系统的传递函数为

$$G(s)=\frac{1-\mathrm{e}^{-Ts}}{s}G_0(s)=\frac{1}{s}G_0(s)-\frac{\mathrm{e}^{-Ts}}{s}G_0(s)$$

$z=\mathrm{e}^{Ts}$，根据脉冲传递函数定义

$$G(z)=Z\left[\frac{1}{s}G_0(s)\right]-Z\left[\frac{\mathrm{e}^{-Ts}}{s}G_0(s)\right]$$

$$=Z\left[\frac{1}{s}G_0(s)\right]-z^{-1}Z\left[\frac{G_0(s)}{s}\right]$$

有零阶保持器串联时，开环系统脉冲传递函数为

$$\frac{C(z)}{R(z)}=(1-z^{-1})Z\left[\frac{1}{s}G_0(s)\right]$$

【例 8-13】 系统如图 8-10 所示，与零阶保持器串联的环节为 $G_0(s)=\dfrac{a}{s(s+a)}$，求系统的脉冲传递函数 $G(z)$。

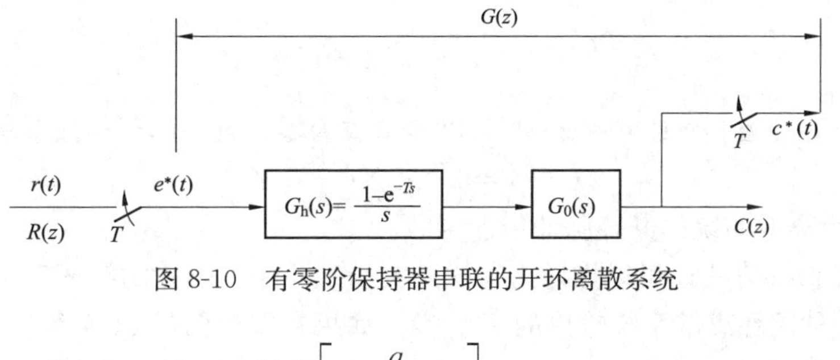

图 8-10　有零阶保持器串联的开环离散系统

解

$$G(z)=(1-z^{-1})Z\left[\frac{a}{s^2(s+a)}\right]$$

$$=(1-z^{-1})Z\left[\frac{1}{s^2}-\frac{1}{as}+\frac{1}{a(s+a)}\right]$$
$$=\frac{(aT-1+e^{-aT})z+(1-e^{-aT}-aTe^{-aT})}{a(z-1)(z-e^{-aT})}$$

8.4.4 闭环系统脉冲传递函数

在闭环系统中，采样开关的位置有多种配置方式，因此闭环离散系统结构图形式不唯一。图 8-11 是一种比较常见的误差采样闭环离散系统结构图。图中，虚线所示的采样开关是为了便于分析而设的，所有采样开关都同步工作，采样周期为 T。

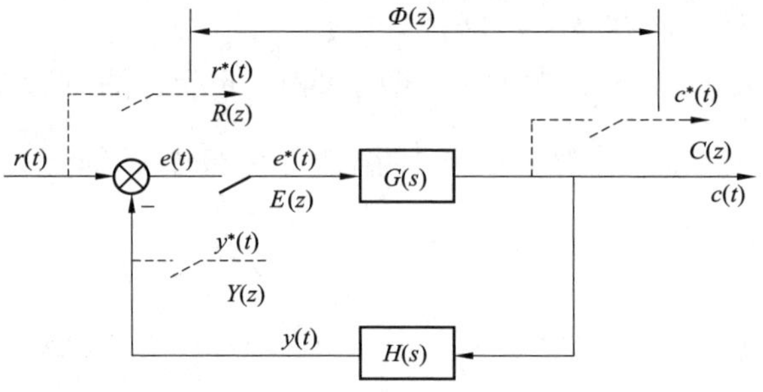

图 8-11　闭环离散控制系统

由图 8-11 可见

$$E(z)=R(z)-Y(z);\quad Y(z)=GH(z)E(z)$$

整理得
$$E(z)=\frac{1}{1+GH(z)}R(z)$$

又因为
$$C(z)=E(z)G(z)=\frac{G(z)}{1+GH(z)}R(z)$$

由此可得离散系统的闭环脉冲传递函数为

$$\Phi(z)=\frac{C(z)}{R(z)}=\frac{G(z)}{1+GH(z)}\tag{8-47}$$

离散系统的误差闭环脉冲传递函数为

$$\Phi_E(z)=\frac{E(z)}{R(z)}=\frac{1}{1+GH(z)}\tag{8-48}$$

与连续系统一样，令 $\Phi(z)$ 或 $\Phi_E(z)$ 的分母多项式为零，可得闭环离散系统的特征方程为

$$D(z)=1+GH(z)=0\tag{8-49}$$

式中：$GH(z)$ 为离散系统的开环脉冲传递函数。

用与上面类似的方法还可以推导出采样开关为不同配置形式的闭环系统脉冲传递函数。表 8-2 列出了几种闭环离散系统输出的 Z 变换。如果在误差信号 $e(t)$ 处没有采样开关，则等效的输入采样信号 $r^*(t)$ 便不存在，此时不能求出闭环离散系统的脉冲传递函数，而只能写出输出的 Z 变换的表达式 $C(z)$。

表 8-2　　典型闭环离散系统及输出 Z 变换

序号	系统框图	$C(z)$
1	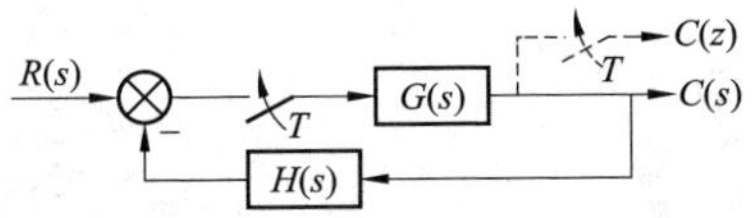	$C(z)=\dfrac{G(z)R(z)}{1+GH(z)}$
2	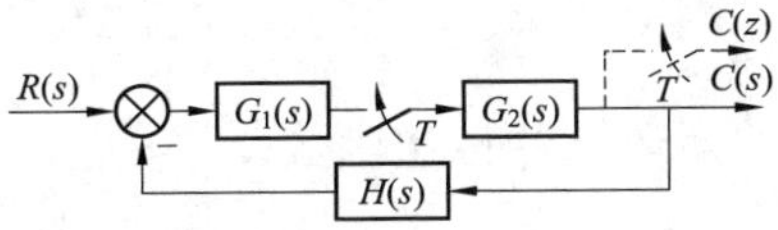	$C(z)=\dfrac{RG_1(z)G_2(z)}{1+G_1G_2H(z)}$
3	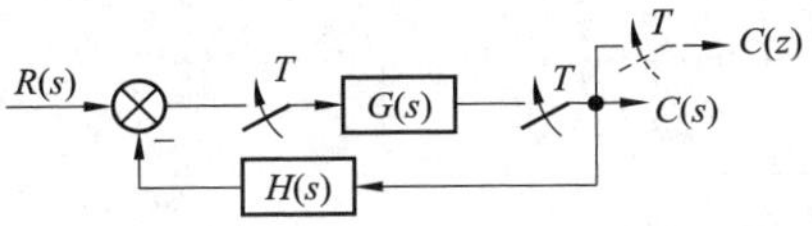	$C(z)=\dfrac{G(z)R(z)}{1+G(z)H(z)}$
4	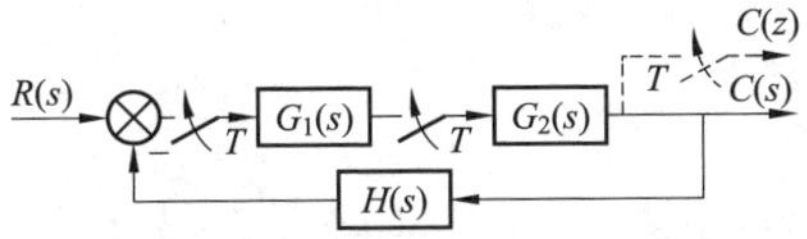	$C(z)=\dfrac{G_1(z)G_2(z)R(z)}{1+G_1(z)G_2H(z)}$
5	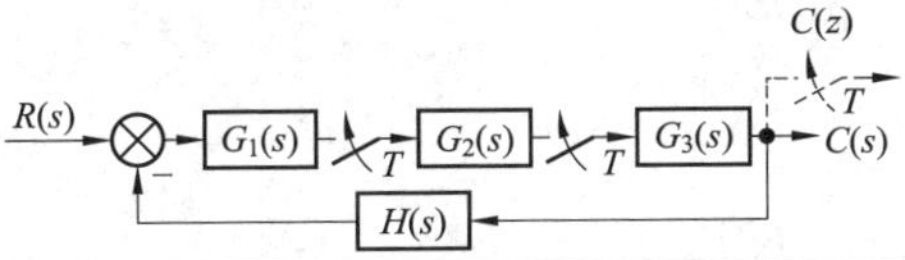	$C(z)=\dfrac{RG_1(z)G_2(z)G_3(z)}{1+G_2(z)G_1G_3H(z)}$
6	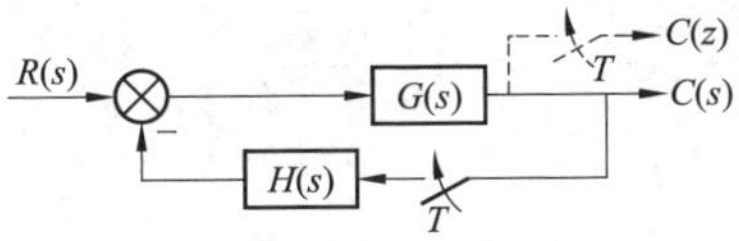	$C(z)=\dfrac{RG(z)}{1+GH(z)}$
7	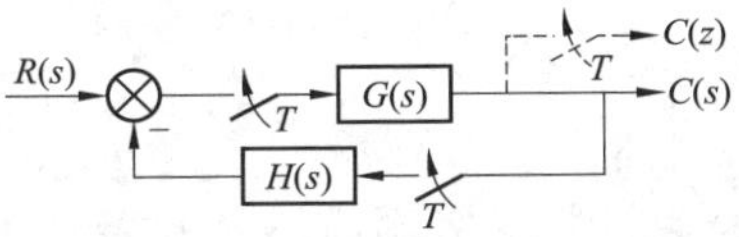	$C(z)=\dfrac{G(z)R(z)}{1+G(z)H(z)}$
8	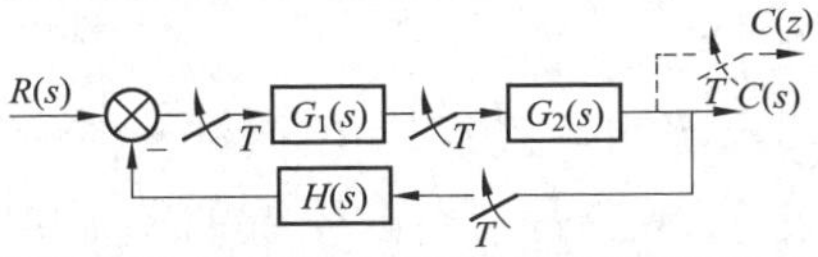	$C(z)=\dfrac{G_1(z)G_2(z)R(z)}{1+G_1(z)G_2(z)H(z)}$

【例 8-14】 闭环离散系统结构图如图 8-12 所示，求系统被控信号 $C(s)$ 的 Z 变换。

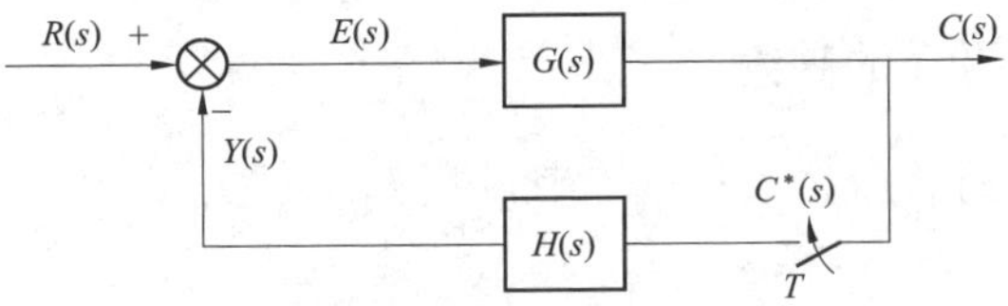

图 8-12　闭环离散系统

解　从图中可得

$$C(s)=E(s)G(s)$$

$$E(s)=R(s)-H(s)C^*(s)$$

$$C(s)=[R(s)-H(s)C^*(s)]G(s)=RG(s)-HG(s)C^*(s)$$

对上式求 Z 变换

$$C(z)=RG(z)-HG(z)C(z)$$

所以，输出信号的 Z 变换为

$$C(z)=\frac{RG(z)}{1+HG(z)}$$

【例 8-15】 试求图 8-13 所示的离散控制系统的闭环脉冲传递函数。

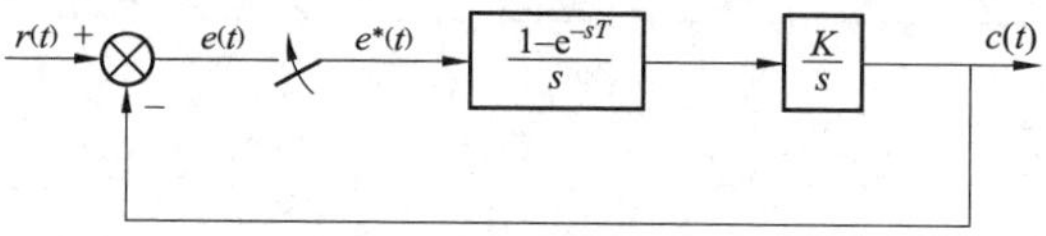

图 8-13　闭环离散系统

解　前向通路的传递函数为

$$G(z)=Z\left[\frac{1-e^{-Ts}}{s}\times\frac{K}{s}\right]=(1-z^{-1})Z\left[\frac{K}{s^2}\right]=\frac{z-1}{z}\times\frac{KTz}{(z-1)^2}=\frac{KT}{z-1}$$

因此，闭环离散系统的脉冲传递函数为

$$\Phi(z)=\frac{C(z)}{R(z)}=\frac{G(z)}{1+GH(z)}=\frac{\dfrac{KT}{z-1}}{1+\dfrac{KT}{z-1}}=\frac{KT}{z-1+KT}$$

8.5　稳定性分析

与线性连续系统分析相类似，稳定性分析是线性定常离散系统分析的重要内容。本节主要讨论如何在 z 域和 w 域中分析离散系统的稳定性。

由第 3 章可知，连续系统稳定的充要条件是其全部闭环极点均位于 s 左半平面，s 平面的虚轴就是系统稳定的边界。对于离散系统，通过 Z 变换后，离散系统的特征方程转化为 z 的代数方程，简化了离散系统的分析。Z 变换只是以 z 代替了 $z=e^{Ts}$，在稳定性分析中，可以将 s 平面上的稳定范围映射到 z 平面上来，在 z 平面上分析离散系统的稳定性。

8.5.1　s 平面到 z 平面的映射

设 s 域的任意点可表示为 $s=\sigma+j\omega$，其映射到 z 域为

$$z=e^{(\sigma+j\omega)T}=e^{\sigma T}e^{j\omega T}=|z|e^{j\omega T} \tag{8-50}$$

于是 s 域到 z 域的映射关系式为

$$|z|=e^{\sigma T};\quad \angle z=\omega T \tag{8-51}$$

式中：T 为采样周期。

该式表明，在 s 域中任意一点 $s=\sigma+j\omega$，相应地在 z 域上对应一点，其模为 $e^{\sigma T}$，角度

为 ωT，且随 ω 而改变。当 ω 从 $-\frac{\pi}{T} \to \frac{\pi}{T}$ 连续变化时，相角 $\angle z=\omega T$ 由 $-\pi$ 变化到 π。因此 s 平面上的虚轴在 z 平面上的映射是以原点为圆心的单位圆。s 平面到 z 平面的基本映射关系如图 8-14 所示。

当 $\sigma=0$ 时，$|z|=1$，表示 s 平面的虚轴映射到 z 平面上是一个单位圆。

当 $\sigma>0$ 时，$|z|>1$，表示 s 右半平面映射到 z 平面是单位圆以外的区域。

当 $\sigma<0$ 时，$|z|<1$，表示 s 左半平面映射到 z 平面是单位圆内部的区域。

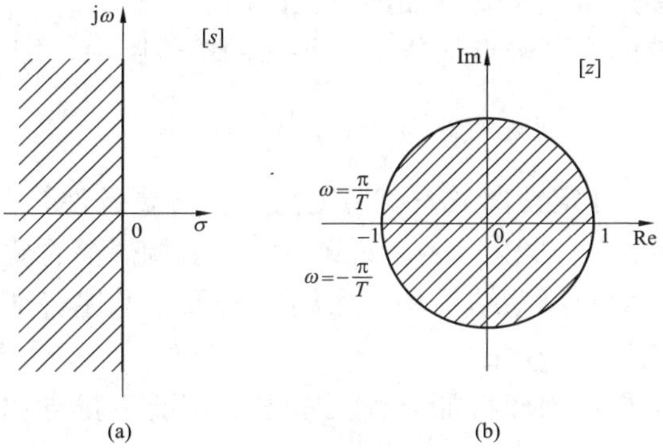

图 8-14　s 平面到 z 平面的映射

(a) s 平面；(b) z 平面

由此可见，当复变量 s 从 s 平面虚轴的 $-j\infty$ 到 $j\infty$ 变化时，复变量 z 在 z 平面上将按逆时针方向沿单位圆重复转过无数圈。

在连续系统中，闭环传递函数的极点位于 s 平面的左半平面时（实部 $\sigma_i<0$），则系统是稳定的。由式（8-51）可得 s 平面与 z 平面的映射关系，见表 8-3。

表 8-3　s 平面到 z 平面的映射关系

在 s 平面内	在 z 平面内	稳定性
$\sigma_i<0$	$\|z_i\|<1$	系统稳定
$\sigma_i=0$	$\|z_i\|=1$	临界稳定
$\sigma_i>0$	$\|z_i\|>1$	系统不稳定

8.5.2　线性离散系统稳定的充要条件

离散系统稳定性的概念与连续系统相同。如果一个线性定常离散系统的脉冲响应序列趋于 0，则系统是稳定的，否则不稳定。

假设离散系统输出 $c^*(t)$ 的 Z 变换可以写为

$$C(z)=\frac{M(z)}{D(z)}R(z) \tag{8-52}$$

式中：$M(z)$ 和 $D(z)$ 分别表示系统闭环脉冲传递函数 $\Phi(z)$ 的分子和分母多项式，并且 $D(z)$ 的阶数高于 $M(z)$ 的阶数。

在单位脉冲 $\delta(t)=1$、$R(z)=1$ 作用下，系统输出为

$$C(z)=\frac{M(z)}{D(z)}=\sum_{i=1}^{n}\frac{c_i z}{z-p_i} \tag{8-53}$$

式中：$p_i(i=1, 2, 3, \cdots, n)$ 为 $\Phi(z)$ 的极点。

对式（8-53）求 Z 反变换，得

$$c(kT)=\sum_{i=1}^{n}c_i p_i^k \tag{8-54}$$

若要系统稳定，即要使 $\lim\limits_{k\to\infty}c(kT)=0$，则必须有 $|p_i|<1(i=1, 2, 3, \cdots, n)$，这表明离散系统的全部极点必须严格位于 z 平面的单位圆内。

此外，只要离散系统的全部极点均位于 z 平面的单位圆内，即 $|p_i|<1$，则一定有

$$\lim_{k\to\infty}c(kT)=\lim_{k\to\infty}\sum_{i=1}^{n}c_i p_i^k=0$$

说明系统稳定。由此可得线性定常离散系统稳定的充分必要条件是：系统闭环脉冲传递函数的全部极点均位于 z 平面的单位圆内，或者说系统的所有特征根的模都小于1，即 $|z_i|<1$。

这与从 s 域到 z 域映射的讨论结果是一致的。如果在上述特征根中，有位于 z 平面单位圆之外时，则闭环系统是不稳定的。

应当指出，上述结论是在闭环特征方程无重根的情况下推导出来的，但对于有重根的情况，结论也是一致的。

【例 8-16】 已知闭环离散系统结构如图 8-15 所示，$G(z)=\dfrac{0.368z+0.264}{(z-1)(z-0.368)}$，试判断该系统的稳定性。

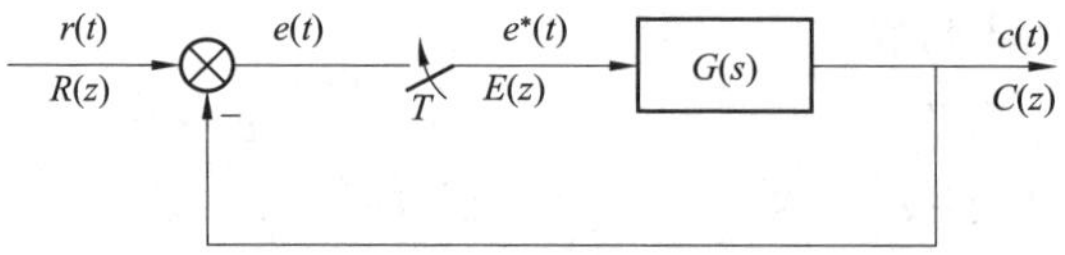

图 8-15 ［例 8-16］闭环离散系统结构

解 离散系统的闭环传递函数为 $\dfrac{C(z)}{R(z)}=\dfrac{G(z)}{1+G(z)}$

离散系统的特征方程为 $1+G(z)=0$

即 $1+\dfrac{0.368z+0.264}{(z-1)(z-0.368)}=0$

则 $z^2-z+0.632=0$

特征根为 $z_{1,2}=\dfrac{1\pm\sqrt{1-4\times0.632}}{2}=0.5\pm \mathrm{j}0.618$

该系统的两个特征根 $z_{1,2}$ 是一对共轭复根，模为

$$|z_1|=|z_2|=\sqrt{0.5^2+0.618^2}=0.795<1$$

因为两个特征根 $z_{1,2}$ 都分布在 z 平面单位圆内，所以该系统是稳定的。

8.5.3 稳定性判据

在分析连续系统稳定性时，采用劳斯稳定判据，由特征方程的各项系数直接判断它的

根是否全具有负实部，从而判断出系统是否稳定。而在离散系统中需要判断系统特征方程中的根是否都在 z 平面的单位圆内。劳斯判据不能判别特征方程的根是否落在单位圆内，所以不能直接用来判断离散系统的稳定性，需要引用一个新的坐标变换。即采用 W 变换，将 z 平面的单位圆内的区域映射到 w 平面的左半平面。

1. W 变换与 w 域中的劳斯稳定判据

做变量代换，令

$$z=\frac{w+1}{w-1} \tag{8-55}$$

则有

$$w=\frac{z+1}{z-1} \tag{8-56}$$

上两式表明，复变量 z 和 w 互为线性变换，故 W 变换是一种可逆的双线性变换。

令复变量

$$z=x+\mathrm{j}y \tag{8-57}$$

$$w=u+\mathrm{j}v \tag{8-58}$$

将式（8-57）代入式（8-56）中得

$$\begin{aligned} w&=\frac{z+1}{z-1}=\frac{(x+1)+\mathrm{j}y}{(x-1)+\mathrm{j}y} \\ &=\frac{x^2+y^2-1}{(x-1)^2+y^2}-\mathrm{j}\frac{2y}{(x-1)^2+y^2}=u+\mathrm{j}v \end{aligned} \tag{8-59}$$

显然

$$u=\frac{x^2+y^2-1}{(x-1)^2+y^2} \tag{8-60}$$

由式（8-60）可知，分母恒为正，$|z|=\sqrt{x^2+y^2}$，则：

（1）当 $x^2+y^2>1$，$|z|>1$ 时，$u>0$，表明 z 平面上的单位圆外的区域映射到 w 平面虚轴的右侧。

（2）当 $x^2+y^2=1$，$|z|=1$ 时，$u=0$，表明 z 平面上的单位圆周映射到 w 平面的虚轴。

（3）当 $x^2+y^2<1$，$|z|<1$ 时，$u<0$，表明 z 平面上的单位圆内的区域映射到 w 平面虚轴的左侧。

z 平面与 w 平面的映射关系如图 8-16 所示。由于有这样的对应关系，就可以由 z 域中的复变量 z 是否在单位圆内，变成 w 域中复变量 w 是否在 w 平面的左半部，从而可以用劳斯稳定判据判断离散系统的稳定性。

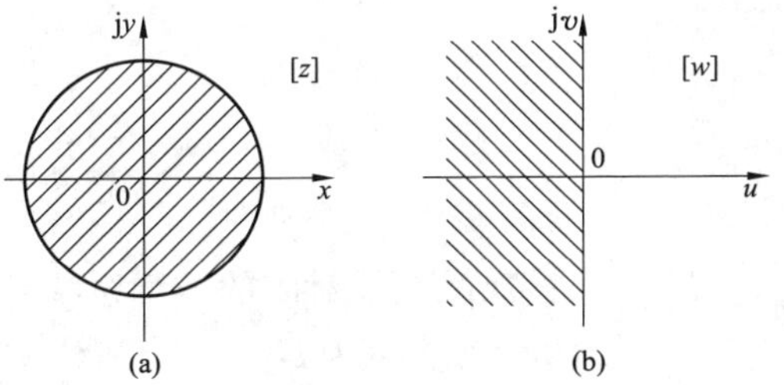

图 8-16　z 平面与 w 平面的映射关系

（a）z 平面；（b）w 平面

判断方程式 $D(w)=0$ 的根是否全具有负实部，可以采用劳斯稳定判据。**判别离散系统稳定性的步骤为：**

（1）求出离散系统的特征方程 $D(z)=0$。

（2）令 $z=\dfrac{w+1}{w-1}$，代入特征方程 $D(z)=0$ 中，得到 w 域的特征方程 $D(w)=0$。

(3) 利用劳斯稳定判据，判断 $D(w)=0$ 的根是否全部具有负实部，从而判别离散系统是否稳定。

【例 8-17】 已知离散系统的闭环特征方程为 $D(z)=45z^3-117z^2+119z-39=0$，用劳斯稳定判据判断系统的稳定性。

解 对 $D(z)$ 做双线性变换，将 $z=\dfrac{w+1}{w-1}$ 代入 $D(z)=0$ 中得

$$D(z)=45\left(\frac{w+1}{w-1}\right)^3-117\left(\frac{w+1}{w-1}\right)^2+119\left(\frac{w+1}{w-1}\right)-39=0$$

化简后，得 w 域的特征方程为 $w^3+2w^2+2w+40=0$

列出劳斯表为

$$\begin{array}{lll} w^3 & 1 & 2 \\ w^2 & 2 & 40 \\ w^1 & \dfrac{2\times 2-40}{2}=-18 & 0 \\ w^0 & 40 & \end{array}$$

劳斯表第一列系数有负数，说明系统不稳定。同时，第一列系数符号变化两次，$+2\to-18\to+40$，说明在 w 域右半平面有两个闭环极点，即在 z 域平面单位圆外有两个特征根，因此说明离散系统是不稳定的。

【例 8-18】 采样控制系统结构图如图 8-17（a）所示。讨论当连续系统、离散系统的采样周期为 $T=0.5$、$T=1$、$T=2$ 时，系统稳定的 K 值范围。

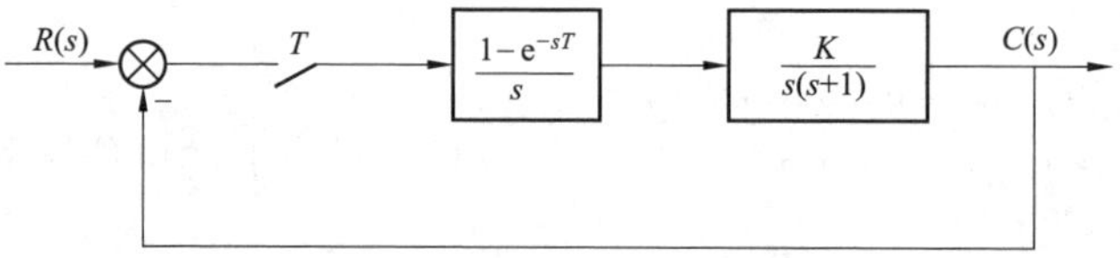

(a)

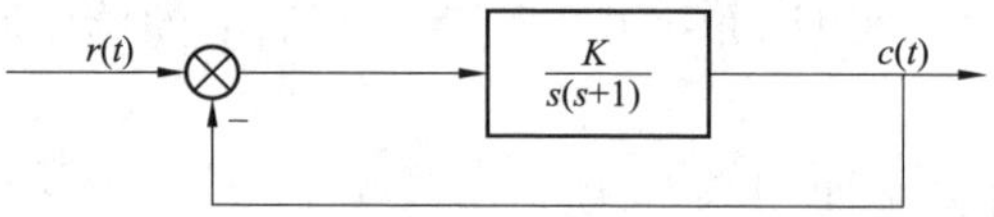

(b)

图 8-17 系统结构图

(a) 离散系统；(b) 离散系统对应的连续系统

解 (1) 该离散系统对应的连续系统结构如图 8-17（b）所示。

连续系统的特征方程为 $D(s)=1+G(s)=s^2+s+K=0$。由劳斯判据可知，只要 $K>0$，连续系统就是稳定的。

(2) 对于离散系统，其开环传递函数为

$$G(z)=Z\left[\frac{1-e^{-Ts}}{s}\times\frac{K}{s(s+1)}\right]=(1-z^{-1})Z\left[\frac{K}{s^2(s+1)}\right]$$

$$=K\left[\frac{(T-1+e^{-T})z+(1-e^{-T}-Te^{-T})}{(z-1)(z-e^{-T})}\right]$$

系统的特征方程为

$$D(z)=1+G(z)=z^2+[K(T-1+e^{-T})-(1+e^{-T})]z+[K(1-e^{-T}-Te^{-T})+e^{-T}]=0$$

当 $T=1$ 时，系统的特征方程为

$$D(z)=z^2+(0.368K-1.368)z+(0.264K+0.368)=0$$

将 $z=\frac{w+1}{w-1}$，代入特征方程中得

$$D(w)=0.632Kw^2+(1.264-0.528K)w+(2.736-0.104K)=0$$

劳斯表为

$$\begin{array}{lll} w^2 & 0.632K & 2.736-0.104K \\ w^1 & 1.264-0.528K & \\ w^0 & 2.736-0.104K & \end{array}$$

根据劳斯稳定判据，为保证系统稳定，应有

$$\begin{cases} 0.632K>0 \\ 1.264-0.528K>0 \\ 2.736-0.104K>0 \end{cases}$$

当 $T=1$ 时，系统稳定时 K 的取值范围为 $0<K<2.4$。

同理，当 $T=0.5$ 时，K 的取值范围为 $0<K<4.36$；当 $T=2$ 时，K 的取值范围为 $0<K<1.45$。

可见，连续系统变成离散系统后，离散系统的稳定性不如连续系统。同样，采样周期会影响到离散系统的稳定性。随着采样周期的增大，离散系统的稳定性变差。离散系统和连续系统一样，系统的稳定性都与开环增益有关，增加开环增益有可能会使系统的稳定性变差，甚至不稳定。

2. 朱利（Jury）稳定判据

朱利稳定判据是直接在 z 域内应用的稳定判据，它根据离散系统闭环特征方程 $D(z)=0$ 的系数，判断闭环极点是否全部位于 z 平面的单位圆内，从而判别离散系统是否稳定。

设线性定常离散系统的闭环特征方程为

$$D(z)=a_0+a_1z+a_2z^2+\cdots+a_nz^n\quad(a_n>0)$$

利用特征方程的系数，构造 $(2n-2)\times(n+1)$ 朱利表，见表 8-4。表中第一行由特征方程系数 $a_0\sim a_n$ 组成，偶数行的元素按照奇数行元素反顺序排列。1、2 行构成一个行对，3、4 行构成一个行对，注意到下一个行对系数的序号总比上一个行对小 1，当一行中只有 3 个数值时，朱利表就结束了。

表 8-4　　朱　利　表

行数	z^0	z^1	z^2	z^3	…	z^{n-k}	…	z^{n-2}	z^{n-1}	z^n
1	a_0	a_1	a_2	a_3	…	a_{n-k}	…	a_{n-2}	a_{n-1}	a_n
2	a_n	a_{n-1}	a_{n-2}	a_{n-3}	…	a_k	…	a_2	a_1	a_0

续表

行数	z^0	z^1	z^2	z^3	…	z^{n-k}	…	z^{n-2}	z^{n-1}	z^n
3	b_0	b_1	b_2	b_3	…	b_{n-k}	…	b_{n-2}	b_{n-1}	
4	b_{n-1}	b_{n-2}	b_{n-3}	b_{n-4}	…	b_{k-1}	…	b_1	b_0	
5	c_0	c_1	c_2	c_3	…	c_{n-k}	…	c_{n-2}		
6	c_{n-2}	c_{n-3}	c_{n-4}	c_{n-5}	…	c_{k-1}	…	c_0		
⋮	⋮	⋮	⋮	⋮	⋮					
$2n-5$	p_0	p_1	p_2	p_3						
$2n-4$	p_3	p_2	p_1	p_0						
$2n-3$	q_0	q_1	q_2							
$2n-2$	q_2	q_1	q_0							

从第三行起，表中各系数可按下式计算

$$b_k=\begin{vmatrix} a_0 & a_{n-k} \\ a_n & a_k \end{vmatrix} \quad (k=0,1,\cdots,n-1)$$

$$c_k=\begin{vmatrix} b_0 & b_{n-k-1} \\ b_{n-1} & b_k \end{vmatrix} \quad (k=0,1,\cdots,n-2)$$

$$\cdots$$

$$q_0=\begin{vmatrix} p_0 & p_3 \\ p_3 & p_0 \end{vmatrix};\quad q_1=\begin{vmatrix} p_0 & p_2 \\ p_3 & p_1 \end{vmatrix};\quad q_2=\begin{vmatrix} p_0 & p_1 \\ p_3 & p_2 \end{vmatrix}$$

朱利稳定判据，即线性定常离散系统稳定的充分必要条件是：

(1) $$D(1)=D(z)\big|_{z=1}>0 \tag{8-61}$$

(2) $$D(-1)\begin{cases} >0(n\ 为偶数) \\ <0(n\ 为奇数) \end{cases} \tag{8-62}$$

(3) 朱利表中的元素满足下列 $n-1$ 个约束条件

$$|a_0|<a_n,\ |b_0|>|b_{n-1}|,\ |c_0|>|c_{n-2}|,\ \cdots,\ |p_0|>|p_3|;\ |q_0|>|q_2| \tag{8-63}$$

当以上所有条件均满足时，系统稳定，否则不稳定。

【例 8-19】 用朱利稳定判据求解［例 8-17］。

解 系统的闭环特征方程为 $D(z)=-39+119z-117z^2+45z^3=0$，在 z 域内可直接应用朱利稳定判据判断系统的稳定性。

(1) $D(1)=8>0$。

(2) $D(-1)=-320<0(n=3)$，满足条件。

(3) 继续计算，列朱利表，见表 8-5。

表 8-5　［例 8-19］朱利表

行数	z^0	z^1	z^2	z^3
1	−39	119	−117	45

续表

行数	z^0	z^1	z^2	z^3
2	45	−117	119	−39
3	$\begin{vmatrix} -39 & 45 \\ 45 & -39 \end{vmatrix}=-504$	$\begin{vmatrix} -39 & -117 \\ 45 & 119 \end{vmatrix}=624$	$\begin{vmatrix} -39 & 119 \\ 45 & -117 \end{vmatrix}=-792$	
4	−792	624	−504	

$|a_0|=39<a_4=45$，满足条件；$|b_0|=504<|b_2|=792$，不满足稳定条件，所以系统不稳定。

【例 8-20】 用朱利稳定判据求解［例 8-18］，当 $T=1$ 时，K 的取值范围。

解 当 $T=1$ 时，离散系统的特征方程为

$$D(z)=z^2+(0.368K-1.368)z+(0.264K+0.368)=0$$

因为 $n=2$，故 $2n-2=2$，$n+1=3$，即本例中的朱利表为 2 行 3 列，所求的朱利表见表 8-6。

表 8-6　［例 8-20］朱利表

行数	z^0	z^1	z^2
1	$0.264K+0.368$	$0.368K-1.368$	1
2	1	$0.368K-1.368$	$0.264K+0.368$

由朱利稳定判据可知，欲使系统稳定，必须满足：

(1) $D(1)=0.632K>0$，解得 $K>0$。

(2) $D(-1)=-0.104K+2.736>0$，解得 $K<26.3$。

(3) $|a_0|<a_2$，即 $0.264K+0.368<1$，解得 $K<2.4$。

根据以上三个条件，联立求得 $0<K<2.4$。

8.6 动态性能分析

和连续系统一样，不仅要求系统是稳定的，而且还希望它具有良好的动态性能指标。通常先求取离散系统的阶跃响应脉冲序列 $c^*(t)$，再按动态性能指标的定义，确定超调量、峰值时间、调节时间以及稳态误差等性能指标。

8.6.1 离散系统极点分布与动态响应的关系

在连续系统中，闭环极点在 s 平面上的位置与系统的瞬态响应有着密切的关系。在离散系统中，闭环极点在 z 平面的位置决定了系统时域响应中瞬态响应各分量的类型。闭环极点在单位圆内的分布对系统的动态响应具有重要的影响。明确它们之间的关系，对离散系统的分析与综合是有益的。

设系统的闭环脉冲传递函数为

$$\Phi(z)=\frac{M(z)}{D(z)}=\frac{k\prod_{i=1}^{m}(z-z_i)}{\prod_{i=1}^{n}(z-p_i)}\quad(n>m) \tag{8-64}$$

式中：z_i 为系统的闭环零点；p_i 为系统的闭环极点。

当 $r(t)=1(t)$，$R(z)=\dfrac{z}{z-1}$ 时，系统输出的 Z 变换为

$$C(z)=\Phi(z)R(z)=\frac{k\prod_{i=1}^{m}(z-z_i)}{\prod_{i=1}^{n}(z-p_i)}\times\frac{z}{z-1}$$

当特征方程无重根时，$C(z)$ 可展开为

$$C(z)=\frac{Az}{z-1}+\sum_{i=1}^{n}\frac{B_i z}{z-p_i} \tag{8-65}$$

式中

$$A=\left.\frac{M(z)}{D(z)}\right|_{z=1}$$

$$B_i=\left.\frac{M(z)(z-p_i)}{D(z)(z-1)}\right|_{z=p_i}$$

对式（8-65）进行 Z 反变换可得

$$c(kT)=A+\sum_{i=1}^{n}B_i p_i^k \tag{8-66}$$

式中：A 是 $c^*(t)$ 的稳态分量；$\sum_{i=1}^{n}B_i p_i^k$ 是瞬态分量，其各分量的形式由闭环极点 p_i 在 z 平面的位置决定。

下面分几种情况进行讨论。

1. 实数极点

当闭环极点 p_i 在实轴上时，对应的瞬态分量为

$$c_i(kT)=B_i p_i^k$$

(1) 当 $0<p_i<1$，$c_i(kT)$ 为单调衰减正脉冲序列，且 p_i 越接近 0，衰减越快。

(2) 当 $p_i=1$，$c_i(kT)$ 为等幅脉冲序列。

(3) 当 $p_i>1$，$c_i(kT)$ 为发散脉冲序列。

(4) 当 $-1<p_i<0$，$c_i(kT)$ 为交替变号的衰减脉冲序列。

(5) 当 $p_i=-1$，$c_i(kT)$ 为交替变号的等幅脉冲序列。

(6) 当 $p_i<-1$，$c_i(kT)$ 为交替变号的发散脉冲序列。

闭环实数极点分布与相应的瞬态响应如图 8-18 所示。

2. 共轭复数极点

如果闭环脉冲传递函数有共轭复数极点 $p_{i,\,i+1}=a+\mathrm{j}b$，可以证明这一对共轭复数极点所对应的瞬态响应分量为

$$c_i(kT)=A_i\lambda_i^k\cos(k\theta_i+\varphi_i) \tag{8-67}$$

$$\lambda_i=\sqrt{a^2+b^2}=|p_i|$$

$$\theta_i=\arctan\frac{b}{a}$$

式中：A_i 和 φ_i 是由部分分式展开式的系数所决定的常数。

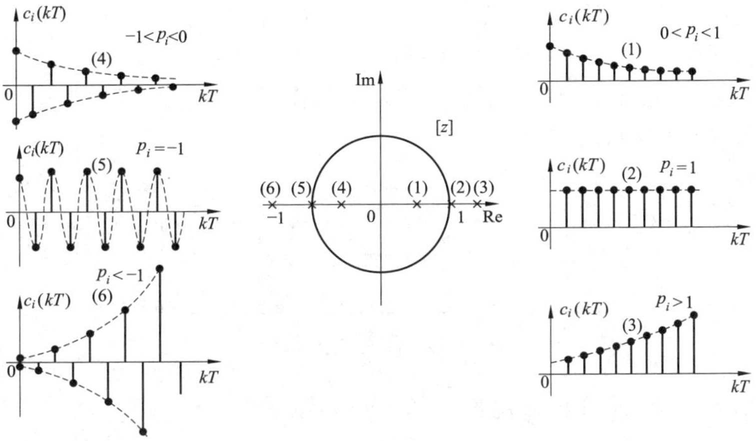

图 8-18　实数极点分布与相应的瞬态响应

由此可见，共轭复数极点对应的瞬态响应是余弦振荡序列。

(1) 当 $|p_i|<1$，$c_i(kT)$ 为衰减振荡脉冲序列，共轭复数极点越接近原点，衰减越快。

(2) 当 $|p_i|=1$，$c_i(kT)$ 为等幅振荡脉冲序列。

(3) 当 $|p_i|>1$，$c_i(kT)$ 为发散振荡脉冲序列。

复数极点的瞬态响应如图 8-19 所示。

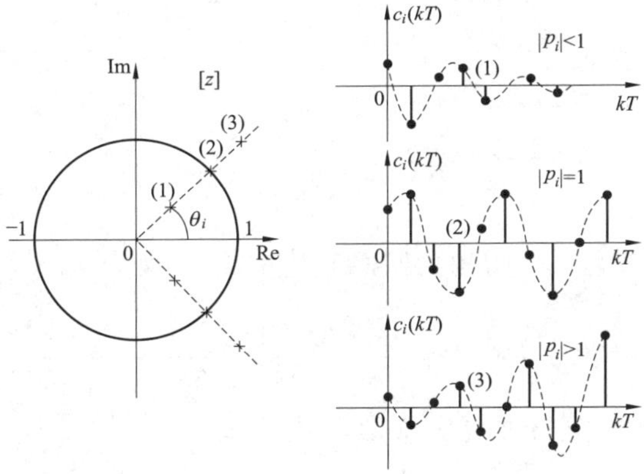

图 8-19　复数极点对应的瞬态响应

综上所述，离散系统的动态特性与闭环极点的分布密切相关。当闭环极点位于左半单位圆内的实轴上时，由于输出衰减脉冲交替变号，故动态过程性能很差；当闭环复数极点位于左半单位圆内时，由于输出是衰减的高频脉冲，故系统动态过程性能欠佳。因此，在设计离散系统时，应将闭环极点配置在 z 平面的右半单位圆内的实轴上，且尽量靠近原点。

8.6.2　动态性能分析

设离散系统的闭环脉冲传递函数为 $\Phi(z)=\dfrac{C(z)}{R(z)}$，则系统单位阶跃响应的 Z 变换为

$$C(z)=\Phi(z)R(z)=\frac{z}{z-1}\Phi(z) \tag{8-68}$$

通过对上式进行 Z 反变换，可以求出输出信号的脉冲序列 $c^*(t)$；同时可以根据单位阶跃响应的脉冲序列 $c^*(t)$，确定离散系统的动态性能指标。

【例 8-21】 设有零阶保持器的闭环离散系统如图 8-20 所示，其中 $r(t)=1$，$T=1\text{s}$，$K=1$。试分析该系统的动态性能。

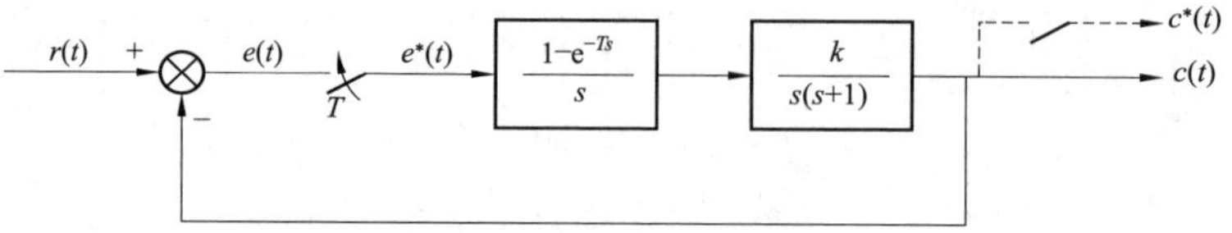

图 8-20　闭环离散系统

解　离散系统的开环脉冲传递函数 $G(z)$ 为

$$G(z)=\frac{z-1}{z}\times Z\left[\frac{1}{s^2(s+1)}\right]=\frac{z-1}{z}\times Z\left[\frac{1}{s^2}-\frac{1}{s}+\frac{1}{s+1}\right]$$

$$=\frac{z(T+\mathrm{e}^{-T}-1)+(1-T\mathrm{e}^{-T}-\mathrm{e}^{-T})}{z^2-z(1+\mathrm{e}^{-T})+\mathrm{e}^{-T}}$$

闭环脉冲传递函数为

$$\Phi(z)=\frac{C(z)}{R(z)}=\frac{G(z)}{1+G(z)}=\frac{z(T+\mathrm{e}^{-T}-1)+(1-T\mathrm{e}^{-T}-\mathrm{e}^{-T})}{z^2-z(2-T)+(1-T\mathrm{e}^{-T})}$$

将 $T=1\text{s}$ 代入上式得

$$\Phi(z)=\frac{C(z)}{R(z)}=\frac{0.368z+0.264}{z^2-z+0.632}$$

将 $R(z)=\dfrac{z}{z-1}$ 代入上式，得单位阶跃响应的 Z 变换为

$$C(z)=\Phi(z)R(z)=\frac{0.368z^{-1}+0.264z^{-2}}{1-2z^{-1}+1.632z^{-2}-0.632z^{-3}}$$

利用长除法，将 $C(z)$ 展开成无穷级数形式，即

$$C(z)=0.368z^{-1}+z^{-2}+1.4z^{-3}+1.4z^{-4}+1.147z^{-5}+0.895z^{-6}+0.802z^{-7}+0.868z^{-8}+0.993z^{-9}+1.077z^{-10}+\cdots$$

由 Z 变换定义，可得到系统单位阶跃响应各时刻的 $c(kT)$ 为

$c(0)=0$，$c(T)=0.368$，$c(2T)=1$，$c(3T)=1.4$，$c(4T)=1.4$，$c(5T)=1.147$，$c(6T)=0.895$，$c(7T)=0.802$，$c(8T)=0.868$，$c(9T)=0.993$，$c(10T)=1.077$，…

单位阶跃响应的脉冲序列 $c^*(t)$ 为

$$c^*(t)=0.368\delta(t-T)+\delta(t-2T)+1.4\delta(t-3T)+1.4\delta(t-4T)+1.147\delta(t-5T)+0.895\delta(t-6T)+0.802\delta(t-7T)+\cdots$$

根据 $c(kT)$ 的值，可以绘出单位阶跃响应 $c^*(t)$，如图 8-21 所示。

由响应的序列值可以确定离散系统的近似性能指标：上升时间 $t_r=2\text{s}$，峰值时间 $t_p=3\text{s}$，调节时间 $t_s=12\text{s}$，超调量 $\sigma_p=40\%$。

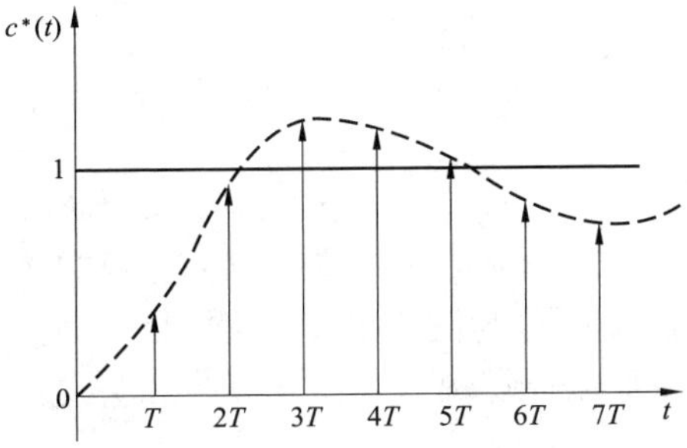

图 8-21　系统单位阶跃响应

8.7　稳态性能分析

在连续系统中，系统的稳态性能是用系统响应的稳态误差来表征，计算稳态误差的方法有终值定理法和静态误差系数法，在一定条件下可以推广到离散系统。与连续系统不同的是，离散系统的稳态误差只对采样点而言。

8.7.1　终值定理法

离散系统误差信号的脉冲序列 $e^*(t)$ 反映在采样时刻，即系统期望输出与实际输出之差。当 $t \geqslant t_s$ 时，即过渡过程结束之后，系统误差信号的脉冲序列就是离散系统的稳态误差，一般记为 $e_{ss}^*(t)(t \geqslant t_s)$。

$e^*(t)$ 是一个随时间变化的信号，当时间 $t \to \infty$ 时，可以求得线性离散系统在采样点上的稳态误差终值 $e_{ss}^*(\infty)$ 为

$$e_{ss}^*(\infty) = \lim_{t\to\infty} e^*(t) = \lim_{t\to\infty} e_{ss}^*(t)$$

如果误差信号的 Z 变换为 $E(z)$， 在满足 Z 变换终值定理使用条件的情况下，可以利用 Z 变换的终值定理求离散系统的稳态误差终值 $e_{ss}^*(\infty)$ 为

$$e_{ss}^*(\infty) = \lim_{t\to\infty} e^*(t) = \lim_{z\to1}(z-1)E(z) \tag{8-69}$$

因为离散系统没有唯一的典型结构形式，所以误差脉冲传递函数 $\Phi_E(z)$ 也给不出一般的计算公式。离散系统的稳态误差需要针对不同形式的离散系统来求取。这里，仅针对单位反馈的离散系统进行讨论。

单位反馈离散系统如图 8-22 所示。其中，$G(s)$ 为连续部分的传递函数，$e(t)$ 为系统连续误差信号，$e^*(t)$ 为系统采样误差信号。

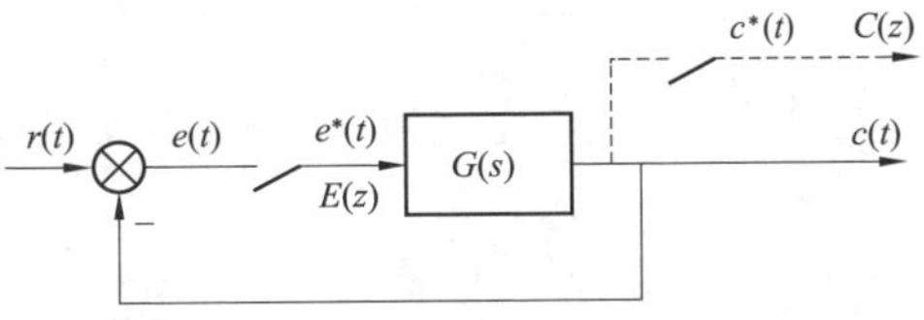

图 8-22　单位反馈离散系统

该系统的开环脉冲传递函数为

$$G(z) = Z[G(s)]$$

系统闭环脉冲传递函数为

$$\Phi(z) = \frac{C(z)}{R(z)} = \frac{G(z)}{1+G(z)}$$

系统闭环误差脉冲传递函数为

$$\Phi_E(z)=\frac{E(z)}{R(z)}=\frac{1}{1+G(z)}$$

系统误差信号为

$$E(z)=R(z)-C(z)=\Phi_E(z)R(z)$$

如果离散系统是稳定的，即系统的闭环脉冲传递函数 $\Phi(z)$ 或误差脉冲传递函数 $\Phi_E(z)$ 的全部极点位于 z 平面以原点为圆心的单位圆内，并且 $(z-1)E(z)$ 满足终值定理的应用条件，则应用终值定理可以计算离散系统的稳态误差为

$$e_{ss}^*(\infty)=\lim_{t\to\infty}e^*(t)=\lim_{z\to1}[(z-1)E(z)]=\lim_{z\to1}\left[\frac{(z-1)}{1+G(z)}R(z)\right] \tag{8-70}$$

式 (8-70) 表明，线性定常离散系统的稳态误差不仅与系统本身的结构和参数有关，而且与输入的序列形式、幅值和采样周期有关。和连续系统一样，在系统稳态误差计算中起主要作用的还是系统的型别及开环增益。

【例 8-22】 离散系统结构如图 8-22 所示，其中，$G(s)=\dfrac{1}{s(s+1)}$，采样周期 $T=1\text{s}$，试计算当输入连续信号分别为 $r(t)=1(t)$ 和 $r(t)=t$ 时，离散系统的稳态误差。

解 系统开环传递函数为

$$G(z)=Z\left[\frac{1}{s(s+1)}\right]=Z\left[\frac{1}{s}-\frac{1}{s+1}\right]=\frac{z}{z-1}-\frac{z}{z-e^{-T}}=\frac{z(1-e^{-1})}{(z-1)(z-e^{-1})}$$

系统的误差脉冲传递函数为

$$\Phi_E(z)=\frac{E(z)}{R(z)}=\frac{1}{1+G(z)}=\frac{(z-1)(z-0.368)}{z^2-0.736z+0.368}$$

闭环极点 $z_{1,2}=0.368\pm j0.482$，且 $|z_{1,2}|=0.61<1$，闭环极点位于 z 平面的单位圆内，系统稳定。可以应用终值定理求稳态误差：

(1) 当 $r(t)=1(t)$，相应 $r(nt)=1(nt)$ 时，$R(z)=\dfrac{z}{z-1}$，则

$$e_{ss}^*(\infty)=\lim_{z\to1}[(z-1)E(z)]=\lim_{z\to1}\left[(z-1)\times\frac{(z-1)(z-0.368)}{z^2-0.736z+0.368}\times\frac{z}{z-1}\right]=0$$

(2) 当 $r(t)=t$，相应 $r(nt)=nt$ 时，$R(z)=\dfrac{Tz}{(z-1)^2}$，则

$$e_{ss}^*(\infty)=\lim_{z\to1}[(z-1)E(z)]=\lim_{z\to1}\left[(z-1)\times\frac{(z-1)(z-0.368)}{z^2-0.736z+0.368}\times\frac{Tz}{(z-1)^2}\right]=T=1$$

8.7.2 静态误差系数法

由 Z 变换的定义 $z=e^{Ts}$ 可知，如果开环传递函数 $G(s)$ 有 v 个 $s=0$ 的开环极点，即 v 个积分环节，则与 $G(s)$ 相对应的 $G(z)$ 必有 v 个 $z=1$ 的开环极点。在连续系统中，将开环传递函数 $G(s)$ 中具有 $s=0$ 的极点个数 v 作为划分系统型别的标准；在线性离散系统中，对应将开环脉冲传递函数 $G(z)$ 具有 $z=1$ 的开环极点的个数 v 作为划分离散系统型别的标准，即将 $G(z)$ 中 $v=0$、1、2 的系统分别称为 0 型、Ⅰ型、Ⅱ型离散系统。

为了评价系统的稳态精度，通常用典型输入信号作用下稳态误差的大小或者系统的静态误差系数来表示。

1. 阶跃（位置）输入时的稳态误差

当系统输入为阶跃函数 $r(t)=A\cdot 1(t)$ 时，其 Z 变换函数为

$$R(z)=\frac{Az}{z-1}$$

由式（8-70）知，系统稳态误差为

$$e_{ss}(\infty)=\lim_{z\to 1}\left[(z-1)\frac{1}{1+G(z)}\times\frac{Az}{z-1}\right]=\lim_{z\to 1}\frac{Az}{1+G(z)}$$

$$=\frac{A}{1+\lim\limits_{z\to 1}G(z)}=\frac{A}{1+K_p} \tag{8-71}$$

其中

$$K_p=\lim_{z\to 1}G(z) \tag{8-72}$$

式中：K_p 为系统的静态误差系数。

2. 斜坡（速度）输入

当系统输入为阶跃函数 $r(t)=At$ 时，其 Z 变换函数为

$$R(z)=\frac{ATz}{(z-1)^2}$$

系统的稳态误差为

$$e_{ss}(\infty)=\lim_{z\to 1}\left[(z-1)\frac{1}{1+G(z)}\times\frac{ATz}{(z-1)^2}\right]=\lim_{z\to 1}\frac{ATz}{(z-1)[1+G(z)]}$$

$$=\frac{AT}{\lim\limits_{z\to 1}[(z-1)G(z)]}=\frac{AT}{K_v} \tag{8-73}$$

其中

$$K_v=\lim_{z\to 1}[(z-1)G(z)] \tag{8-74}$$

式中：K_v 为系统的静态速度误差系数。

3. 抛物线（加速度）输入

$$r(t)=\frac{1}{2}At^2$$

$$R(z)=\frac{AT^2z(z+1)}{2(z-1)^3}$$

系统的稳态误差为

$$e_{ss}(\infty)=\lim_{z\to 1}\left[(z-1)\frac{1}{1+G(z)}\times\frac{AT^2z(z+1)}{2(z-1)^3}\right]$$

$$=\lim_{z\to 1}\frac{AT^2z(z+1)}{2[(z-1)^2+(z-1)^2G(z)]}$$

$$=\lim_{z\to 1}\frac{AT^2}{(z-1)^2G(z)}=\frac{AT^2}{K_a} \tag{8-75}$$

其中

$$K_a = \lim_{z\to 1}[(z-1)^2 G(z)] \tag{8-76}$$

式中：K_a 为系统的静态加速度误差系数。

在三种典型信号作用下，当 $t\to\infty$ 时，0 型、Ⅰ型、Ⅱ型负反馈离散系统的稳态误差见表 8-7。

表 8-7　　离散系统稳态误差

稳定系统的型别	位置误差 $r(t)=A\cdot 1(t)$	速度误差 $r(t)=At$	加速度误差 $r(t)=\frac{1}{2}At^2$
0 型	$\frac{A}{1+K_p}$	∞	∞
Ⅰ型	0	$\frac{AT}{K_v}$	∞
Ⅱ型	0	0	$\frac{AT^2}{K_a}$

表 8-7 中，$K_p=\lim\limits_{z\to 1}G(z)$，$K_v=\lim\limits_{z\to 1}[(z-1)G(z)]$，$K_a=\lim\limits_{z\to 1}[(z-1)^2G(z)]$。

类似地，可以讨论离散系统的动态误差系数，由于推导过程中需要涉及较多工程数学的知识，这里不再讨论。

【例 8-23】 闭环离散系统结构如图 8-23 所示，采样周期 $T=0.2\text{s}$，当输入信号 $r(t)=1+t+\frac{1}{2}t^2$ 时，试计算系统的稳态误差。

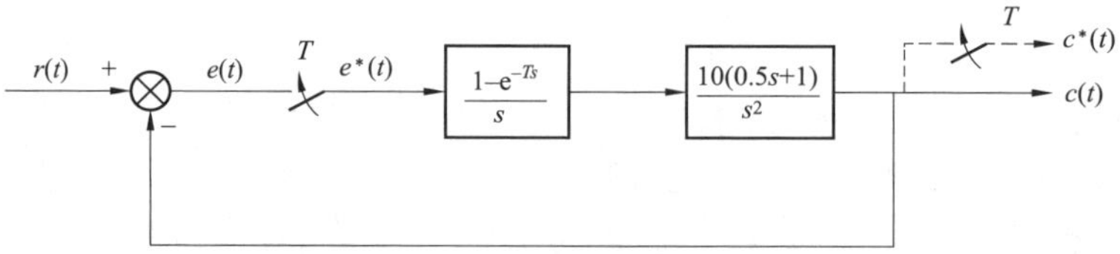

图 8-23　闭环离散系统结构图

解　$$G(z)=(1-z^{-1})\times Z\left[\frac{10(0.5s+1)}{s^3}\right]=\frac{z-1}{z}\times Z\left(\frac{10}{s^3}+\frac{5}{s^2}\right)$$

$$=\frac{z-1}{z}\left[\frac{5T^2z(z+1)}{(z-1)^3}+\frac{5Tz}{(z-1)^2}\right]$$

将采样周期 $T=0.2\text{s}$ 代入上式，化简得

$$G(z)=\frac{1.2z-0.8}{(z-1)^2}$$

经判断，系统稳定，且系统为Ⅱ型系统。

$$K_p=\lim_{z\to 1}G(z)=\lim_{z\to 1}\frac{1.2z-0.8}{(z-1)^2}=\infty$$

$$K_v=\lim_{z\to 1}(z-1)G(z)=\lim_{z\to 1}\left[(z-1)\frac{1.2z-0.8}{(z-1)^2}\right]=\infty$$

$$K_a = \lim_{z\to 1}[(z-1)^2 G(z)] = \lim_{z\to 1}\left[(z-1)^2 \frac{1.2z-0.8}{(z-1)^2}\right] = 0.4$$

故系统的稳态误差为　$e(\infty) = \frac{1}{K_p} + \frac{T}{K_v} + \frac{T^2}{K_a} = 0 + 0 + \frac{0.04}{0.4} = 0.1$

小　结

本章主要讨论了离散控制系统的基础理论。实现离散控制首先要将连续信号变换为离散信号，这就是采样。采样过程可视为一种脉冲调制过程。为能无失真地恢复连续信号，采样频率的选定应符合香农采样定理。同时，为了要控制连续的对象，将脉冲序列控制信号无失真地恢复成连续信号，这个过程就是信号的复现。常用按恒值外推原理构成的零阶保持器来实现信号的复现。

线性离散系统的数学模型是建立在 Z 变换基础上的，而 Z 变换在离散系统中所起的作用和拉氏变换在连续系统中起的作用相类似，所以 Z 变换是使系统的分析由 s 域变换至 z 域的重要工具。本章介绍了 Z 变换的性质，求 Z 变换、Z 反变换的方法；还介绍了求解离散系统的闭环脉冲传递函数。

在离散系统的稳定性能分析方面，主要介绍了劳斯稳定判据和朱利稳定判据，前者需要使用双线性变换，并变换到 w 域进行，而后者可直接在 z 域使用。

在离散系统的动态性能分析方面，主要介绍了闭环极点对系统暂态性能的影响，举例定量分析系统的动态性能。线性离散系统稳态误差的计算可以运用稳态误差终值定理法和静态误差系数法。

常用术语和概念

数字计算机校正网络（digital computer compensator）：将数字计算机当作校正元件使用的系统。

数字控制系统（digital control system）：采用数字信号和数字计算机来调节被控过程的控制系统。

采样过程（sampled process）：通过采样开关将连续信号变为离散信号的过程。

采样周期（sampling period）：计算机总是在相同、固定的周期接收或输出数据，这个周期称为采样周期。所有的采样变量在采样周期内保持不变。

采样数据（sampled data）：仅在离散时间点上获得的系统变量的数据，通常每个采样周期获得一个数据。

z 平面（z-plane）：其水平轴为 z 的实部、垂直轴为 z 的虚部的复平面。

Z 变换（Z-transform）：由关系式 $z = e^{sT}$ 定义的从 s 平面到 z 平面的映射，是从 s 域到 z 域的变换。

采样系统的稳定性（stability of a sampled-data system）：当线性定常离散系统的闭环脉冲传递函数的所有极点都处于 z 平面的单位圆内时，采样系统是稳定的。

差分方程（difference equations）：描述离散时间系统的一种数学模型，类似于连续时间系统的微分方程数学模型。

思维导图

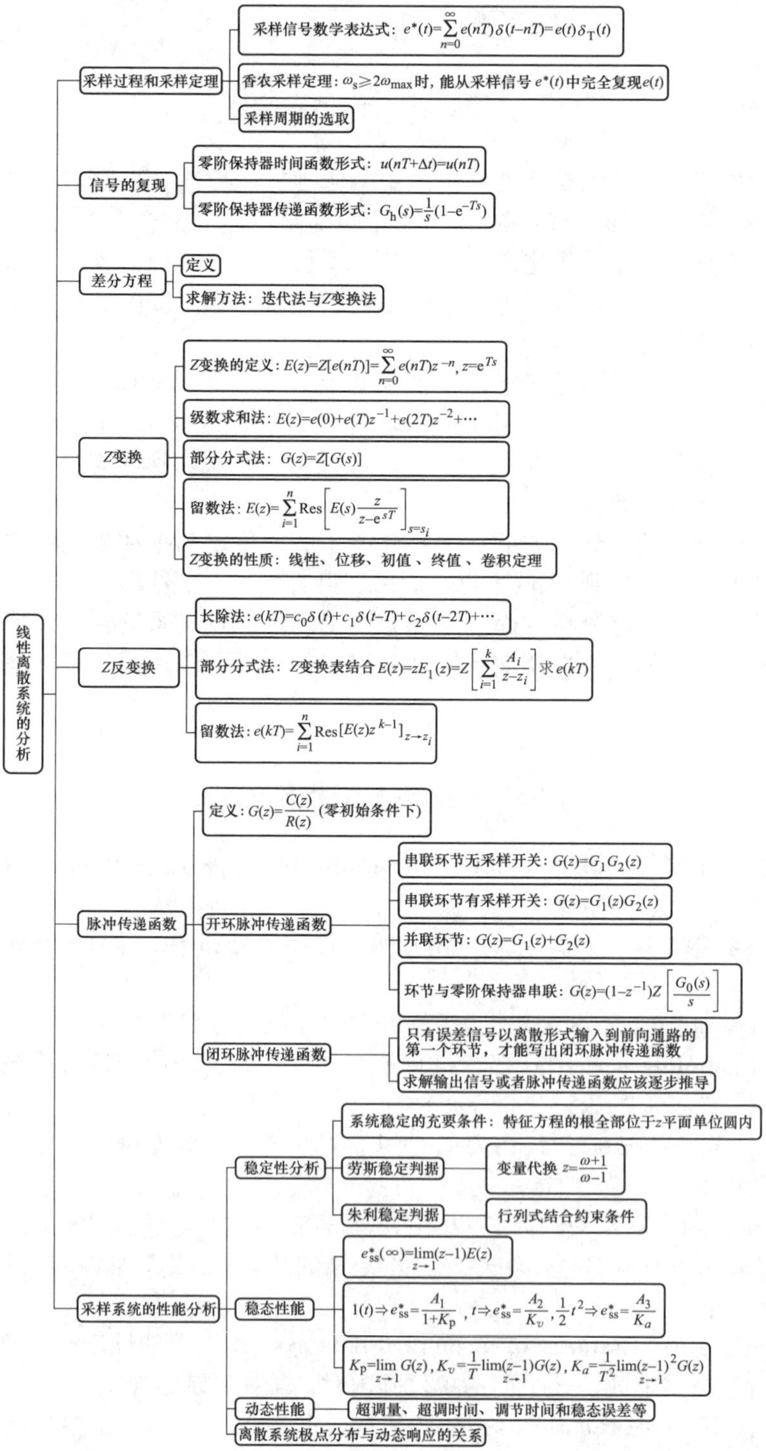
线性离散系统的分析
采样过程和采样定理
采样信号数学表达式：$e^*(t)=\sum_{n=0}^{\infty}e(nT)\delta(t-nT)=e(t)\delta_T(t)$
香农采样定理：$\omega_s \geqslant 2\omega_{max}$时，能从采样信号$e^*(t)$中完全复现$e(t)$
采样周期的选取
信号的复现
零阶保持器时间函数形式：$u(nT+\Delta t)=u(nT)$
零阶保持器传递函数形式：$G_h(s)=\frac{1}{s}(1-e^{-Ts})$
差分方程
定义
求解方法：迭代法与Z变换法
Z变换
Z变换的定义：$E(z)=Z[e(nT)]=\sum_{n=0}^{\infty}e(nT)z^{-n}, z=e^{Ts}$
级数求和法：$E(z)=e(0)+e(T)z^{-1}+e(2T)z^{-2}+\cdots$
部分分式法：$G(z)=Z[G(s)]$
留数法：$E(z)=\sum_{i=1}^{n}\text{Res}\left[E(s)\frac{z}{z-e^{sT}}\right]_{s=s_i}$
Z变换的性质：线性、位移、初值、终值、卷积定理
Z反变换
长除法：$e(kT)=c_0\delta(t)+c_1\delta(t-T)+c_2\delta(t-2T)+\cdots$
部分分式法：Z变换表结合$E(z)=zE_1(z)=Z\left[\sum_{i=1}^{k}\frac{A_i}{z-z_i}\right]$求$e(kT)$
留数法：$e(kT)=\sum_{i=1}^{n}\text{Res}[E(z)z^{k-1}]_{z\to z_i}$
脉冲传递函数
定义：$G(z)=\frac{C(z)}{R(z)}$（零初始条件下）
开环脉冲传递函数
串联环节无采样开关：$G(z)=G_1G_2(z)$
串联环节有采样开关：$G(z)=G_1(z)G_2(z)$
并联环节：$G(z)=G_1(z)+G_2(z)$
环节与零阶保持器串联：$G(z)=(1-z^{-1})Z\left[\frac{G_0(s)}{s}\right]$
闭环脉冲传递函数
只有误差信号以离散形式输入到前向通路的第一个环节，才能写出闭环脉冲传递函数
求解输出信号或者脉冲传递函数应该逐步推导
采样系统的性能分析
稳定性分析
系统稳定的充要条件：特征方程的根全部位于z平面单位圆内
劳斯稳定判据
变量代换 $z=\frac{\omega+1}{\omega-1}$
朱利稳定判据
行列式结合约束条件
稳态性能
$e_{ss}^*(\infty)=\lim_{z\to 1}(z-1)E(z)$
$1(t)\Rightarrow e_{ss}^*=\frac{A_1}{1+K_p}$，$t\Rightarrow e_{ss}^*=\frac{A_2}{K_v}$，$\frac{1}{2}t^2\Rightarrow e_{ss}^*=\frac{A_3}{K_a}$
$K_p=\lim_{z\to 1}G(z)$，$K_v=\frac{1}{T}\lim_{z\to 1}(z-1)G(z)$，$K_a=\frac{1}{T^2}\lim_{z\to 1}(z-1)^2G(z)$
动态性能
超调量、超调时间、调节时间和稳态误差等
离散系统极点分布与动态响应的关系

思考题

8-1 离散系统由哪些环节组成？

8-2 离散系统中的A/D、D/A转换器的作用是什么？

8-3 什么是采样？试写出采样信号的表达式。

8-4 叙述采样定理及其作用。

8-5 何谓零阶保持器？为什么在工程实际中多采用零阶保持器？写出零阶保持器的传递函数。

8-6 常用的 Z 变换有哪些方法？Z 变换有哪些基本定理？

8-7 Z 反变换的基本方法有哪些？

8-8 试总结离散系统差分方程的求解方法。

8-9 叙述脉冲传递函数的定义。

8-10 常用开环脉冲传递函数的连接方式有哪些？如何求取相应的脉冲传递函数？如何求取含有零阶保持器的传递函数？

8-11 怎样求闭环脉冲传递函数？

8-12 叙述 s 平面与 z 平面之间的映射关系。

8-13 线性离散系统稳定的条件是什么？

8-14 怎样进行双线性变换，以便于在离散系统中使用劳斯判据？

8-15 叙述应用朱利判据判断系统稳定性的步骤。

8-16 如何用 Z 变换中的终值定理计算离散控制系统的稳态误差？

8-17 怎样划分离散控制系统的型别？

8-18 怎样计算离散系统的静态位置误差系数、速度误差系数和加速度误差系数？

习 题

8-1 试求取下列函数的 Z 变换。

(1) $C(s)=\dfrac{s+3}{(s+1)(s+2)}$；　(2) $C(s)=\dfrac{s+1}{s^2}$；　(3) $C(s)=\dfrac{e^{-nTs}}{s+a}$（$T$ 是采样周期）；

(4) $e(t)=te^{-at}$；　(5) $C(s)=\dfrac{1-e^{-s}}{s^2(s+1)}$（采样周期 $T=1$）

8-2 分别用长除法、部分分式法和留数法求取 $C(z)=\dfrac{10z}{(z-1)(z-2)}$ 的 Z 反变换 $c(nT)$。

8-3 已知差分方程 $c(k)-4c(k+1)+c(k+2)=0$，初始条件为 $c(0)=0$、$c(1)=1$，试用迭代法求输出序列 $c(k)$　$(k=0,1,2,3,4)$。

8-4 试用 Z 变换法求解下列差分方程：

(1) $c(k+2)-6c(k+1)+8c(k)=r(k)$，初始条件为 $r(k)=1(k), c(k)=0$　$(k\leqslant 0)$；

(2) $c(k+2)+0.9c(k+1)+0.2c(k)=0$，初始条件为 $c(0)=0$，　$c(1)=1$；

(3) $c(k+3)+6c(k+2)+11c(k+1)+6c(k)=0$，初始条件为 $c(0)=c(1)=1$，$c(2)=0$。

8-5　试求图 8-24 所示离散系统的输出表达式 $C(z)$。

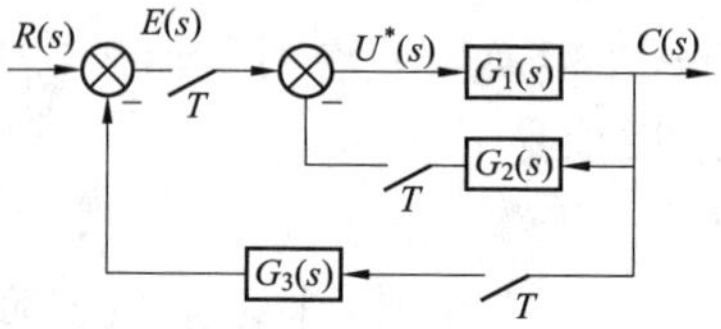

图 8-24　习题 8-5 图

8-6　线性离散系统结构如图 8-25 所示，其中放大系数 $K=1$，采样周期 $T=1\mathrm{s}$，试求取该离散系统的单位阶跃响应。

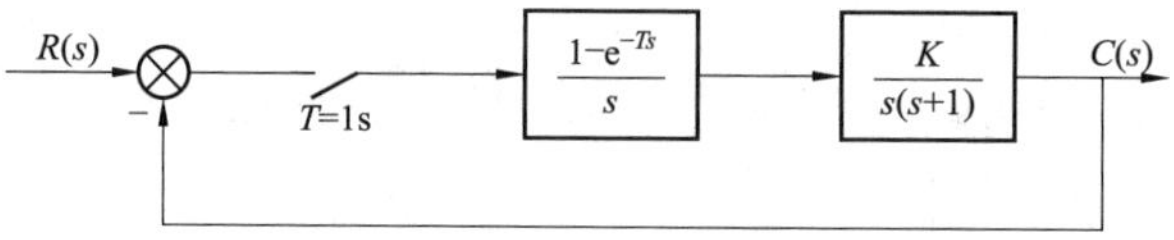

图 8-25　习题 8-6 图

8-7　已知 $G(s)=\dfrac{2}{s(0.05s+1)(0.1s+1)}$，采样周期 $T=0.2s$，试分析图 8-26 所示线性离散系统的稳定性。

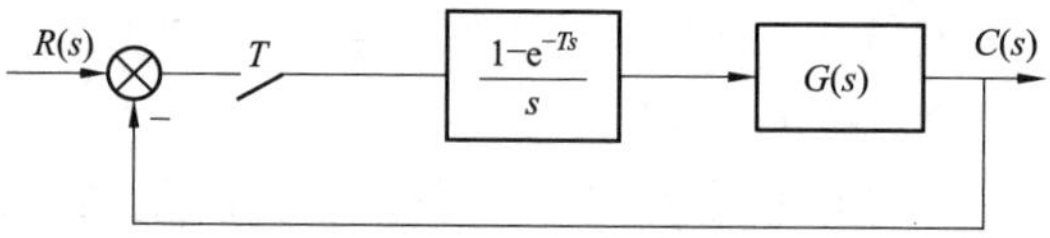

图 8-26　习题 8-7 图

8-8　如图 8-27 所示的采样控制系统，要求在 $r(t)=t$ 作用下的稳态误差 $e_{ss}=0.25T$，试确定放大系数 K 及系统稳定时 T 的取值范围。

8-9　离散系统如图 8-28 所示，周期 $T=1\mathrm{s}$，$e_2(k)=e_2(k-1)+e_1(k)$。试确定系统稳定时的 K 值范围。

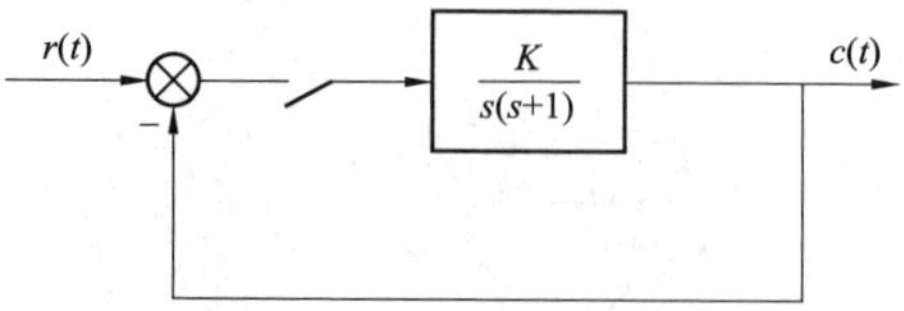

图 8-27　习题 8-8 图

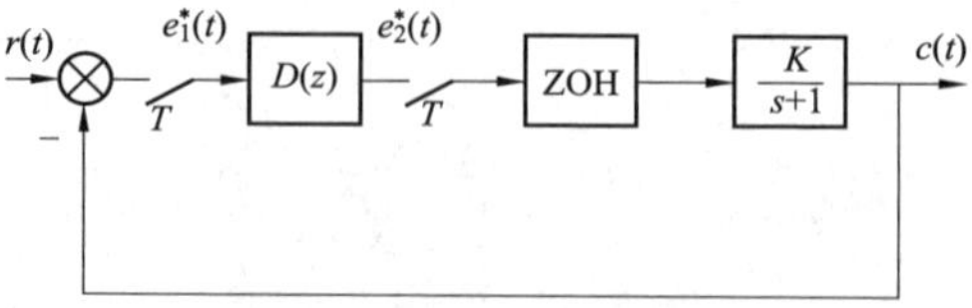

图 8-28　习题 8-9 图

8-10　闭环离散系统如图 8-29 所示，试分别求当 $r(t)=1(t)$，$r(t)=5t$，$r(t)=\dfrac{1}{2}t^2$ 时，系统的稳态误差，其中采样周期为 $T=1\mathrm{s}$。

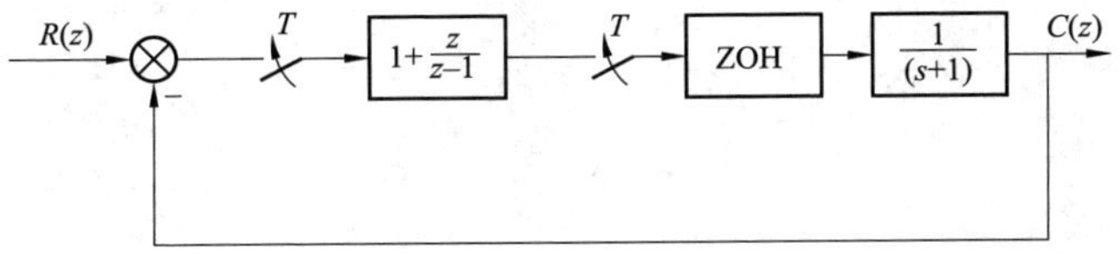

图 8-29　习题 8-10 图

第 9 章　MATLAB 语言和控制系统分析与设计

9.1　MATLAB 语言简介

MATLAB 是目前常用的控制系统计算机辅助设计软件，可以进行高级的数学分析与运算，用作动态系统的建模与仿真。MATLAB 是以复数矩阵作为基本编程单元的一种程序设计语言，它提供了各种矩阵运算与操作，并具有强大的绘图功能，如控制系统、信号处理、最优控制、鲁棒控制及模糊控制工具箱等。本章主要介绍 MATLAB 常用的命令、控制系统工具箱及 Simulink 仿真工具软件。在控制科学的发展进程中，控制系统的计算机辅助设计对于控制理论的研究和应用一直起着很重要的作用。

9.1.1　MATLAB 的数值运算基础

1. 常量

MATLAB 中使用的常量有实数常量与复数常量两类。在 MATLAB 中，虚数单位 j 或 i=sqrt（−1），在工作空间显示为：

```
j=
ans=
   0+ 1.0000j
```

复数常量的生成可以利用如下语句：

```
Z= a+ bj      或      z= r* exp ( θ * j )
```

其中：r 是复数的模；θ 是复数轴角的弧度数。

2. 变量

MATLAB 里的变量无须事先定义。一个程序中的变量，以其名称在语句命令中第一次合法出现定义。请注意 MATLAB 变量名称的命名不是任意的，其命名规则如下：

（1）变量名可以由英语字母、数字和下划线组成。

（2）变量名应以英语字母开头。

（3）组成变量名的字符长度不大于 31 个。

（4）MATLAB 区分大小写英文字母。

MATLAB 的部分特殊变量与常量：

ans	默认变量名，以应答最近一次操作运算结果
i, j	虚数单位，定义为 $\sqrt{-1}$

pi　　　　　圆周率
eps　　　　 浮点数的相对误差
realmax　　 最大的正实数
realmin　　 最小的正实数

MATLAB 中还可以设置全局变量。只要在该变量前添加 MATLAB 的关键字“global”，就可以将该变量设定为全局变量了。全局变量必须在使用前声明，即这个声明必须放在主程序的首行；而且作为一个惯用的规则，在 MATLAB 程序中尽量用大写英文字母书写全局变量。

3. 运算符

MATLAB 可完成基本代数运算操作，如+、-、*、/、^（^表示平方）、标准三角函数、双曲线函数、超越函数（log 为自然对数，log10 为以 10 为底的对数）及开平方等。MATLAB 主要进行多种矩阵运算。

在矩阵 $\boldsymbol{A}$、$\boldsymbol{B}$ 满足维数条件时，可直接用下列指令进行矩阵加、减、乘、除、乘方运算：

C=A+B，C=A-B，C=A*B，C=A/B，B=A^2，C=A^（-1），D=A^（0.5）

MATLAB 还可以完成其他的矩阵函数运算，例如求行列式（det）、矩阵求反（inv）、求矩阵特征值（eig）、求秩（rank）、求迹（trace）和模方（norm）等。强大的矩阵运算函数是 MATLAB 运算功能的核心。其他运算功能还有：求一个数的实部（real）、求一个数的虚部（imag）、求一个数的绝对值（abs）（复数的绝对值或幅值）和求共轭运算（conj）。

例如矩阵求反：

```
>> B= inv(A)
  B=
     - 4.3333    4.0000   - 0.3333
     5.6667   - 5.5000    0.6667
     - 2.3333    2.5000   - 0.3333
```

9.1.2　矩阵及矩阵函数

MATLAB 的基本元素是双精度的复数矩阵。这不仅是它的一般表达方法，而且也包含了实数、复数与常数。它也间接地包含了多项式与传递函数。在 MATLAB 环境下，输入一行矢量很简单，只需要使用方括号，并且每个元素之间用空格或用逗号隔开即可。

矩阵元素定位地址方式为：

```
A(m, n)
```

其中，m 为行号，n 为列号。例如，A（3，4）表示第三行第四列元素；A（:，2）表示所有的第二列元素；A（1：2，1：3）表示从第一行到第二行和第一列到第三列的所有元素。

如果在原矩阵中一个不存在的地址位置设定一个数，则该矩阵自动扩展行列数，并在该位置上添加这个数，而在其他没有指定的位置补 0。

1. 一维数组

用户可以在 MATLAB 工作环境中键入命令，也可以由它定义的语言编写一个或多个应用程序，MATLAB 基本的赋值语句结构为：

变量名= 表达式

行向量

```
A= [1, 2, 3, 4] 或 A= [1 2 3 4]
```

列向量

```
A= [1; 2; 3; 4]
```

输出结果：

```
A=
1
2
3
4
```

2. 多维数组

在 MATLAB 中输入数组需要遵循以下基本规则：

(1) 把数组元素列入括号 [] 中。

(2) 每行内的元素间用逗号或空格分开。

(3) 行与行之间用分号或回车隔开。

例如输入矩阵

```
A= [1 3 5; 2 4 6; 8 9 7]
```

表示矩阵

```
A=
        1    3    5
        2    4    6
        8    9    7
```

矩阵的转制用 A′表示，例如：

```
> > A'
        ans=
             1     2     8
             3     4     9
             5     6     7
```

ans 是英文单词“answer”的缩写。在 MATLAB 中，冒号“:”是很有用的命令符。例如：

```
> > t= [0: 0.1: 10]
```

它将产生一个从 0 到 10 的行矢量，而且元素之间间隔为 0.1。如果增量为负值，可以得到一个递减的顺序矢量。

矩阵需要逐行输入，每个行矢量之间要用分号或者回车隔开。例如：

```
> > A= [1 2 3; 4 5 6; 7 8 9 ]
ans=
      1 2 3
      4 5 6
      7 8 9
```

每个数据之间的空格数可以任意设定。

3. 矩阵函数

多项式表示以降阶排列含有多项式系数的矢量。利用求根（root）命令，可以求得多项式的根。例如，求 $2s^3+3s^2+4s+5$ 的根可用下列命令：

```
>> P= [2 3 4 5];
>> roots(P)
ans =
  - 1.3711
  - 0.0644 +  1.3488i
  - 0.0644 -  1.3488i
```

求多项式（poly）命令的功能是由多项式的根求得一多项式。其结果是由多项式系数组成的行矢量。其命令如下：

```
 >> P2= poly( [- 1 - 2])
P2=
  1  3  2
```

如果 poly 的命令输入参数为矩阵，则可得到该矩阵的特征多项式（行矢量），特征多项式是 $A=\det(\lambda I-A)$。

9.1.3　MATLAB 的绘图功能

MATLAB 具有较强的绘图功能，只需键入简单的命令，就可绘制出用户所需要的图形。下面介绍几种常用的绘图命令。

1. plot 命令

该命令是绘制 y 对应 x 的轨迹的命令，即 plot（x，y）。y 与 x 均为矢量，且具有相同的元素数量。如果其中有一个参数为矩阵，则另一个矢量参数分别对应该矩阵的行或者列的元素绘制出一簇曲线（究竟是对应行还是列绘制函数曲线，取决于哪个参数排在前面）。如果两个参数都是矩阵，则 x 的列对应 y 的列绘制出一簇曲线。

如果 y 是复数矢量，那么 plot（y）将绘制该参数虚部与实部对应的曲线。plot 命令的这个特点在绘制奈奎斯特图时很有用。

在 MATLAB 中，通过函数 polyval（p，v）可以求得多项式在给定点的值，该函数的调用格式为

```
Polyval(p, v)
```

【例 9-1】 画出在 t=0：0.1：10 范围内的正弦曲线。

解　应用如下命令：

```
>> t= 0: 0.1: 10;
>> y= sin(t);
>> plot(t, y)
```

运行结果如图 9-1 所示。

如果在同一坐标内绘制多条曲线（对应某一坐标轴，具有相同的取值点），可以由数据组成一个矩阵来同时绘制多条曲线。如下例共有三组数据，要求在同一坐标轴内同时绘制三条曲线。其命令格式如下：

```
plot(t, [x1 x2 x3])
```

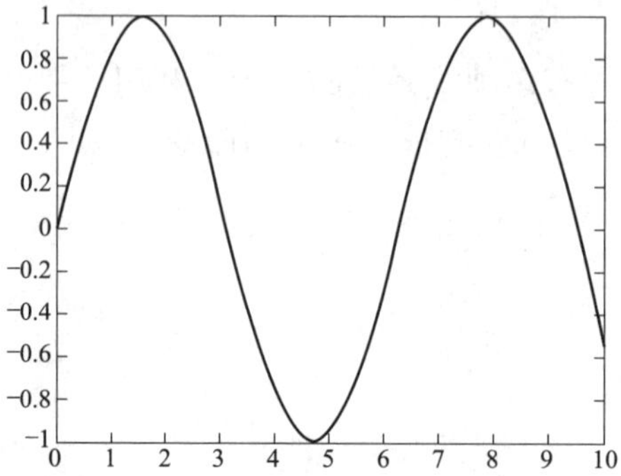

图 9-1　［例 9-1］运行结果

如果多重曲线对应不同的矢量绘制，可使用如下命令格式：

```
plot (t1, x1, t2, x2, t3, x3)
```

式中：表示 x1 对应 t1；x2 对应 t2；依此类推。在这种情况下，t1、t2 和 t3 可以具有不同的元素数量，但要求 x1、x2 和 x3 必须分别与 t1、t2 和 t3 具有相同的元素数量。

2. semilogx 和 semilogy 命令

命令 semilogx 绘制半对数坐标图形，x 轴取以 10 为底的对数，y 轴为线性坐标。

命令 semilogy 绘制半对数坐标图形，y 轴取以 10 为底的对数，x 轴为线性坐标。

【例 9-2】 在对数极坐标上显示 $y=\lg x$ 的图像。

解　应用如下命令：

```
>> w= logspace(-1, 3, 100);
>> y= log10(w);
>> semilogx(x, y)
```

运行结果如图 9-2 所示。

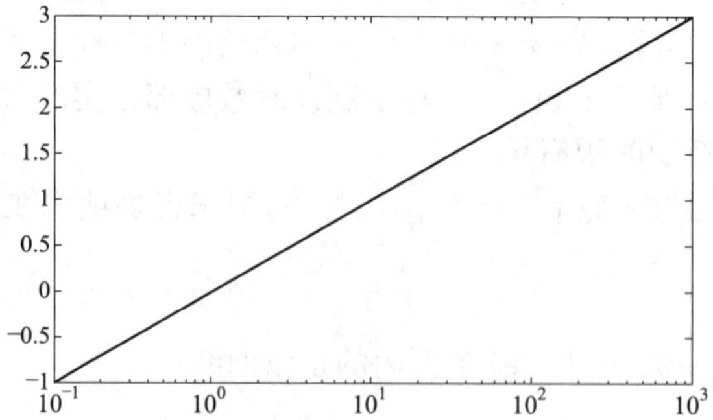

图 9-2　［例 9-2］运行结果

3. 其他常用命令

subplot 命令使得在一个屏幕上可以分开显示 n 个不同坐标，且可分别在每一个坐标中绘制曲线。其命令格式如下：

```
subplot (r c p)
```

该命令将屏幕分成 $r\times c$ 个窗口，而 p 表示在第 P 个窗口。例如：subplot（2，1，2），将屏幕分成两个窗口。subplot（2，1，1）与 subplot（2，1，2）命令常用于控制系统伯德图（Bode）的绘制。窗口的排号是从左到右，自上而下。

执行如下命令可以在图中加入题目、标号、说明和分格线等。这些命令有 title、xlabel、ylabel、gtext 和 text 等。它们的命令格式如下：

```
title (`My Title`), xlabel (`My X- axis Label`)
ylabel (`My X- axis Label`)
gtext (`Text for annotation`)
text (x, y, `Text for annotation`), rgid
```

gtext 命令是使用鼠标定位的文字注释命令。当输入命令后，可以在屏幕上得到一个光标，然后使用鼠标控制它的位置。按鼠标的左键，即可确定文字设定的位置。该命令使用起来非常方便。

shg 和 clg 是显示与清除显示屏图形的命令。hold 是图形保持命令，可以将当前图形保持在屏幕上不变，同时在这个坐标内绘制另外一个图形。hold 命令是一个交替转换命令，即执行一次，转变一个状态（相当于 hold on、hold off）。

MATLAB 可以自动选择坐标轴的定标尺度，也可以使用 axis 命令定义坐标轴的特殊定标尺度。其命令格式如下：

```
axis ( [x- min, x- max, y- min, y- max] )
```

它可设置坐标轴为特殊刻度。设置坐标轴以后，plot 命令必须重新执行才能有效。axis 命令的另一个作用是控制纵横尺度的比例。例如，输入 axis（`square`）后，可得到一个显示方框。此时在该框内绘制一个圆形时［如：plot(sin(x)，cos(x))］，在屏幕上可以看到一个标准的圆（一般情况下，由于屏幕的不规则原因，只能看到一个椭圆）。再次输入 axis（`normal`）命令，屏幕返回到一般状态。

9.2　控制系统分析与设计

本节将介绍一些在经典控制系统分析中常用的命令。这些控制系统分析的常用命令被置于控制系统工具箱中。在自动控制系统分析中，主要讨论系统的脉冲响应、阶跃响应、一般输入响应、频率响应及由传递函数表示的系统根轨迹。传递函数 $G(s)$ 是由其分子的多项式与分母的多项式分别定义而确立的。MATLAB 将这些多项式在命令中解释为传递函数。

9.2.1　传递函数的常用命令

本节介绍一些常用于对函数进行分析与变换的命令。

printsys 命令是传递函数显示命令。其格式如下：

```
printsys (num, den)
```

例如：

```
ng= [1 2];
dg= [6 5 4 8];
printsys(ng,dg);
num/den =
```

```
          s + 2
------------------------
6 s^3 + 5 s^2 + 4 s + 8
```

求传递函数的极点与零点有多种方法。例如，可以使用 roots 命令分别求得分子多项式与分母多项式的根；也可以使用 tf2zp 或者 pzmap 命令。tf2zp 命令格式如下：

```
[z, p, k] = tf2zp (num, den)
```

该命令可以得到零点列矢量、极点列矢量与增益常量。该命令的逆命令为 zp2tf，它将用已知的零点与极点建立一个传递函数。

pzmap 的命令格式如下：

```
[p, z] = pzmap (num, den)
```

如果该命令中没有输出变量，则执行该命令后将会得到绘制好的系统零、极点图。该命令也可以用于绘制已知的极点列矢量与零点列矢量图形。

【例 9-3】 求系统的零、极点，该系统的闭环传递函数为

$$G(s)=\frac{2.5(s+6)}{(s^2+2s+3)(s+5)}$$

解 MATLAB 程序代码如下：

```
num= [2.5, 15];
den= conv ( [1, 2, 3], [1, 5]) ;
pzmap ( sys )                        % 输出零、极点
[p, z] = pzmap ( sys )
```

运行结果：

```
Transfer function:
     2.5 s + 15
-------------------------
s^3 + 7 s^2 + 13 s + 15
p =

  - 5.0000
  - 1.0000 + 1.4142i
  - 1.0000 - 1.4142i
z =

   - 6
```

【例 9-4】 某系统的传递函数为

$$G(s)=\frac{6.8s^2+61.2s+95.2}{s^4+7.5s^3+22s^2+19.5s}$$

求其零、极点。

解 对应的零、极点格式可由下面的命令得出。

MATLAB 程序代码如下：

```
num= [6.8, 61.2, 95.2];
den= [1, 7.5, 22, 19.5, 0];
G= tf(num, den); G1= zpk(G)
```

显示结果：

```
Zero/pole/gain:
    6.8 (s+7) (s+2)
-------------------------------
s (s+1.5) (s^2 + 6s + 13)
```

可见，在系统的零、极点模型中，若出现复数值，则在显示时将以二阶因子的形式表示相应的共轭复数对。

【例 9-5】 给定系统的传递函数

$$G(s)=\frac{s^3+7s^2+24s+24}{s^4+10s^3+35s^2+50s+24}$$

用以下命令对 $\frac{G(s)}{s}$ 进行部分分式展开。

解　MATLAB 程序代码如下：

```
num= [1, 7, 24, 24];
  den= [1, 10, 35, 50, 24];
  [r, p, k] = residue(num, [den, 0])

  r=

  - 1.0000
    2.0000
  - 1.0000
  - 1.0000
    1.0000


p =

  - 4.0000
  - 3.0000
  - 2.0000
  - 1.0000
         0


k =

     []
```

输出函数 $C(s)$ 为

$$C(s)=\frac{-1}{s+4}+\frac{2}{s+3}-\frac{1}{s+2}-\frac{1}{s+1}+\frac{1}{s}+0$$

拉氏变换得

$$C(t)=-\mathrm{e}^{-4t}+2\mathrm{e}^{-3t}-\mathrm{e}^{-2t}-\mathrm{e}^{-t}+1$$

9.2.2 时域分析命令

许多控制系统命令在没有引用左面变量（即输出变量）情况下，会自动绘制图形。基于极点与零点的位置，自动选取算法会找到最佳的时间或频率。然而自动绘图的结果不会生成数据，这种命令适用于初始的分析与设计。对于深入问题的分析，应该使用带有输出变量形式的命令。

单输入/单输出（SISO）系统 $G(s)=\mathrm{num}(s)/\mathrm{den}(s)$的阶跃响应 $y(t)$ 可以由 step 命令得到。命令格式如下：

```
y= step (num, den, t)
```

注意，时间 t 轴是事先定义的矢量。阶跃响应矢量与矢量 t 有相同的维数。对于单输入/多输出（SIMO）系统，输出结果将是一个矩阵，该矩阵应有与输出数量相同的列。对于这种情况，step 有其他命令格式。

【例 9-6】 计算并绘制下面传递函数的阶跃响应

$$G(s)=\frac{1}{s^2+0.4s+1}$$

试求其单位阶跃响应曲线。

解 MATLAB 程序代码如下：

```
num= [1]
den= [1, 0.4, 1]
t= [0: 0.1: 10]
[y, x, t] = step ( num, den, t )
plot ( t, y )
grid
xlabel ( `Time [sec] t` )
ylable ( `y` )
```

运行结果如图 9-3 所示。

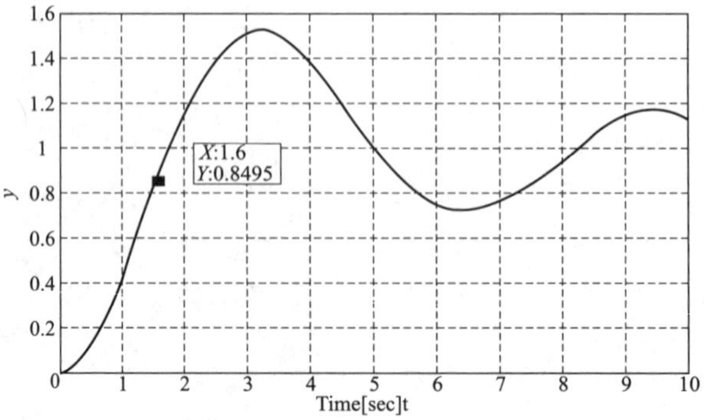

图 9-3 ［例 9-6］运行结果

【例 9-7】 已知一个二阶系统，其开环传递函数 $G(s)=\dfrac{K}{s(Ts+1)}$，其中 $T=1$，试绘制 K 分别为 0.1、0.2、0.5、0.8、1.0、2.4 时，其单位负反馈系统的单位阶跃响应曲线。

解 MATLAB 程序代码如下：

```
T= 1
k= [0.1, 0.2, 0.5, 0.8, 1.0, 2.4]
t= linspace (0, 20, 200)'
num= 1;
den= conv ([1, 0], [T, 1]);
for j= 1: 6;
   s1= tf (num* k (j), den)
  sys= feedback (s1, 1)
   y (:, j) = step (sys, t);
end
plot (t, y (:, 1: 6))
grid
gtext (`k= 0.1`)
gtext (`k= 0.2`)
gtext (`k= 0.5`)
gtext (`k= 0.8`)
gtext (`k= 1.0`)
gtext (`k= 2.4`)
```

运行结果如图 9-4 所示。

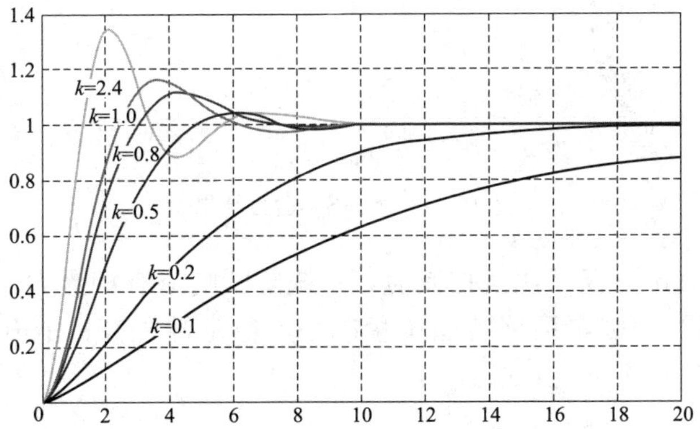

图 9-4　[例 9-7] 运行结果

【例 9-8】 $G_0(s)$ 为三阶对象

$$G_0(s)=\frac{1}{(s+1)(s+2)(s+5)}$$

$H(s)$ 为单位反馈，采用比例-微分控制，比例系数 $K_P=2$，微分系数分别取 $\tau=0$、0.3、0.7、1.5、3，试求各比例-微分系数下系统的单位阶跃响应，并绘制响应曲线。

解 MATLAB 程序代码如下：

```
G= tf ( 1, conv ( conv ( [1, 1], [2, 1]) , [5, 1]) ) ;
kp= 2
tou= [0, 0.3, 0.7, 1.5, 3]
for i= 1: 5;
    G1= tf ( [kp* tou ( i ) , kp], 1)
    sys= feedback ( G1* G, 1) ;
    step ( sys )
    hold on
end
gtext ( `tou= 0` )
gtext ( `tou= 0.3` )
gtext ( `tou= 0.7` )
gtext ( `tou= 1.5` )
gtext ( `tou= 3` )
```

单位阶跃响应曲线如图 9-5 所示。

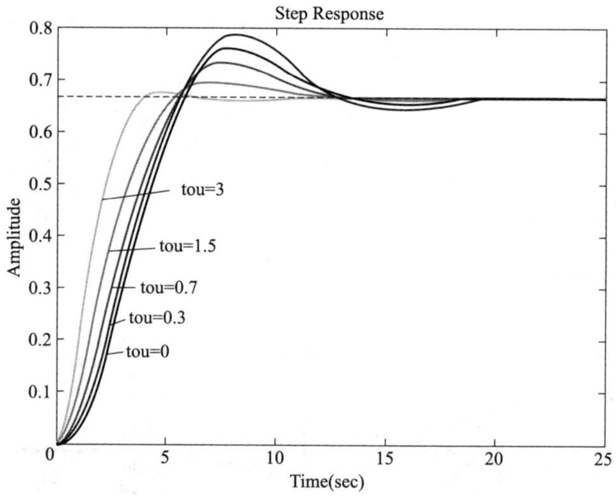

图 9-5 ［例 9-8］运行结果

从图 9-5 中可以看出，仅有比例控制时，系统阶跃响应有相当大的超调量和较强烈的振荡，随着微分作用的加强，系统的超调量减小，稳定性提高，上升时间减小，快速性提高。

9.2.3 根轨迹法命令

rlocus 命令可以得到连续的单输入/单输出系统的根轨迹。该命令有两种基本形式：

`rlocus (num, den)` 或 `rlocus (num, den, k)`

在这些命令中，根轨迹图是自动生成的。如果第三个参数（矢量 $\boldsymbol{k}$）是指定的，命令将按照给定的参数绘制根轨迹图，否则增益自动确定。

```
clpoles= rlocus (num, den)
(或 clpoles= rlocus (num, den, k)
```

```
plot (real (clpoles), imag (clpoles), 3* 3)
```

上面的命令可求得系统的闭环极点。可以通过使用所选择的一个符号，绘制闭环极点的实部与虚部，得到一个系统的根轨迹图。

【例 9-9】 已知开环传递函数为

$$G(s)=\frac{K}{s(s+1)(0.5s+1)}$$

试绘制系统根轨迹。

解 MATLAB 程序代码如下：

```
num1= 1;
den1= [conv ( conv ( [1 0], [1 1]) , [0.5 1]) ];
rlocus ( num1, den1 ) ;
```

由开环传递函数可知，三条根轨迹都趋向于无穷远处，这三条趋向无穷远的根轨迹的渐近线与实轴的交点为−1。输入以下命令，绘制根轨迹的渐近线：

```
hold on
num2= 1;
den2= [conv ( conv ( [1 1], [1 1]) , [1 1]) ];
rlocus ( num2, den2 )
axis ( [- 4 4 - 3 3])
grid on
```

运行结果如图 9-6 所示。

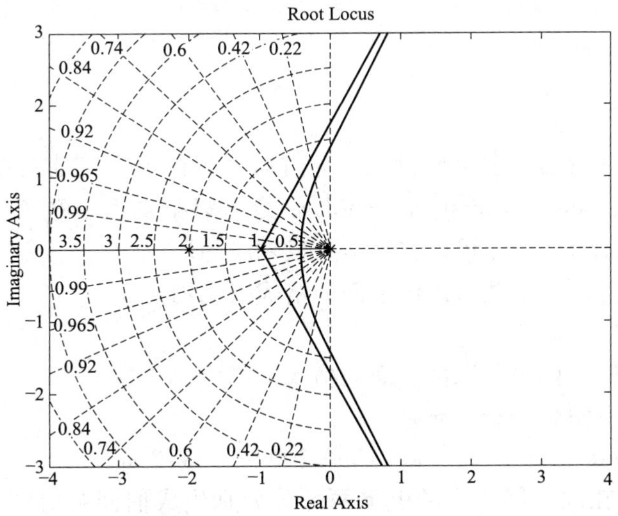

图 9-6 [例 9-9] 运行结果

【例 9-10】 已知系统的开环传递函数为

$$G(s)=\frac{k(s+8)}{s(s+2)(s^2+8s+32)}$$

试绘制其根轨迹。

解 MATLAB 程序代码如下：

```
num= [1,8];
den= conv([1,2,0],[1,8,32]);
sys= tf(num,den)                    % 计算根轨迹图
rlocus(num,den)                    % 调整绘制区
axis([- 15 5 - 10 10])              % 计算增益值和极点
[k,poles]= rlocfind(sys)
title(`根轨迹图`)
```

运行结果如图 9-7 所示。

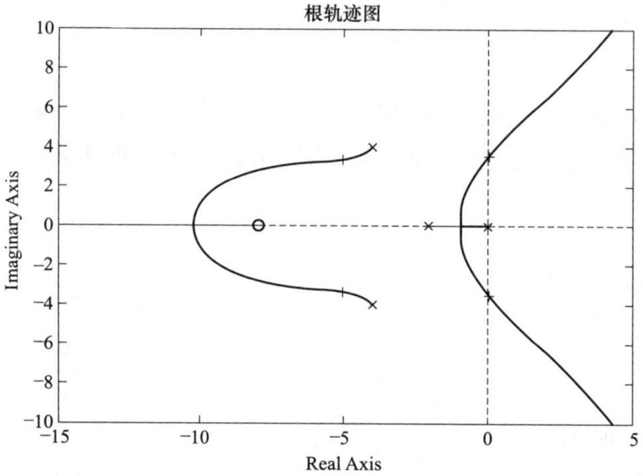

图 9-7 [例 9-10] 运行结果

9.2.4 频域命令

频率特性是控制系统的一个重要特性，通过频率特性可间接地对系统动态性能和稳态性能进行分析。使用 bode、nyquist 与 nichols 命令可以得到系统的频率响应。如果命令中没有使用输出变量，则这些命令可以自动地生成响应图形。

当不包含左端变量时，函数可以由下面的格式来调用：

```
bode (num, den)
```

当包含左端变量时，函数可以由下面的格式来调用：

```
[mag, phase, w] =bode (num, den)
[mag, phase] =bode (num, den, w)    % 命令中 w 表示频率 ω
```

上述第一个命令在同一屏幕中的上下两部分分别生成伯德幅值图（以 dB 为单位）与伯德相角平面图（以 rad 为单位）。在另外的格式中，返回的幅值与相角值为列矢量。此时幅值不是以 dB 为单位。第二种形式的命令自动生成一行矢量的频率点。在第三种形式中，由于用在定义的频率范围内，如果比较各种传递函数的频率响应，则第三种方式更方便。

margin 命令可以求得相对稳定性参数（增益裕度与相角裕度）。它的命令格式为：

```
[gm, pm, wpc, wpc] = margin (mag, phase, w)
```

```
margin (mag, phase, w)
```

命令的输入参数为幅值（不是以 dB 为单位）、相角与频率矢量。它们是由 bode 或 nichols 命令得到的。命令的输出参数是增益裕度（不是以 dB 为单位）、相角裕度（以 rad 为单位）和它们所对应的频率。第二个命令格式中没有左参数，它可以生成带有裕量标记的（垂直线）伯德图。如果在轴上有多个截止频率，则图中会标记稳定裕量最差的那个。第一种命令格式就没有绘出最差的裕量。注意，有时用 margin 命令计算出的结果是不准的。

【例 9-11】 已知系统开环传递函数

$$G(s)=\frac{100}{(s+5)(s+2)(s^2+4s+3)}$$

试画出该系统的伯德图。

解 MATLAB 程序代码如下：

```
num= 100;
den= [conv(conv([1 5],[1 2]),[1 4 3])];
w= logspace(- 1,2);
[mag,pha]= bode(num,den,w);
magdB= 20* log10(mag);
subplot(211),semilogx(w,magdB)
grid on
xlabel('Frequency(rad/sec)')
ylabel('Gain dB')
subplot(212),semilogx(w,pha)
grid on
xlabel('Frequency(rad/sec)')
ylabel('Phase deg')
```

运行结果如图 9-8 所示。

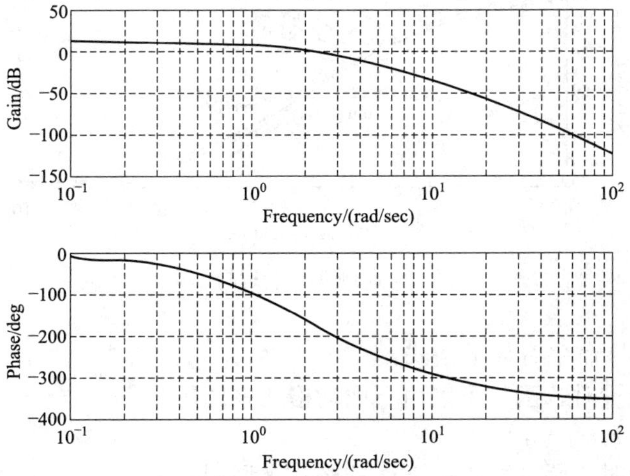

图 9-8　[例 9-11] 运行结果

【例 9-12】 已知一个系统的传递函数

$$G(s)=\frac{\omega_n}{s^2+2\xi\omega_n s+\omega_n^2}$$

其中 $\omega_n=0.7$，试分别绘制 $\xi=0.1$、0.4、1.0、1.6、2.0 时的伯德图。

解 MATLAB 程序代码如下：

```
w= [0,logspace(- 2,2,200)]
wn= 0.7
tou= [0.1,0.4,1.0,1.6,2.0]
for j= 1:5;
    sys= tf([wn* wn],[1,2* tou(j)* wn,wn* wn])
    bode(sys,w)
    hold on
end
gtext('tou= 0.1')
gtext('tou= 0.4')
gtext('tou= 1.0')
gtext('tou= 1.6')
gtext('tou= 2.0')
```

运行结果如图 9-9 所示。

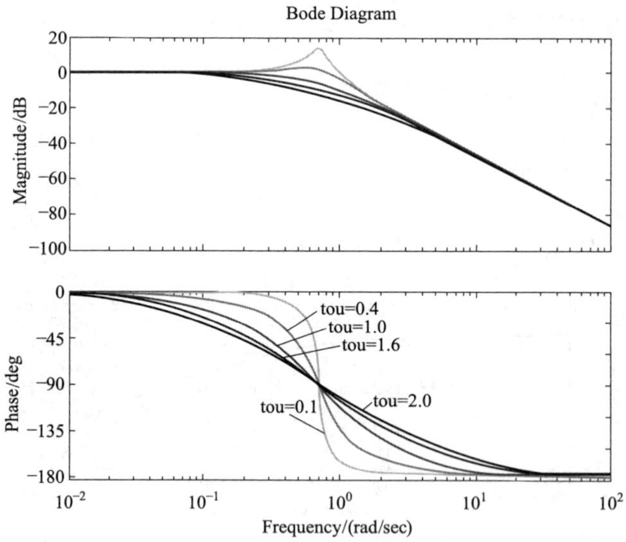

图 9-9 ［例 9-12］运行结果

nyqnist 与 nichols 命令有如下格式：

当不包含左端变量时，函数可以由下面的格式来调用：

```
[re, im] = nyquist (num, den, w)
```

当包含左端变量时，函数可以由下面的格式来调用：

```
[mag, phase] =nichols (num, den, w);
magdb= 20* log10 (mag);
```

nyquist 命令可计算 $G(j\omega)$ 的实部与虚部。在复平面上绘制虚部与实部的轨迹，亦可得到奈奎斯特图形。nichols 命令可计算幅值与相角值（以 rad 为单位）。如果已经执行了 bode 命令，可以通过绘制幅值与相角值直接得到相同的结果。使用 ngrid 命令，可以在 nichols 图上加画格线，即在提示符下输入 ngrid。

【例 9-13】 已知系统的传递函数为

$$G(s)=\frac{5}{s^3+2s^2+3s+2}$$

试绘制系统的奈奎斯特图。

解 MATLAB 程序代码如下：

```
num= 5;
den= [1, 2, 3, 2];
nyquist ( num, den )
```

运行结果如图 9-10 所示。

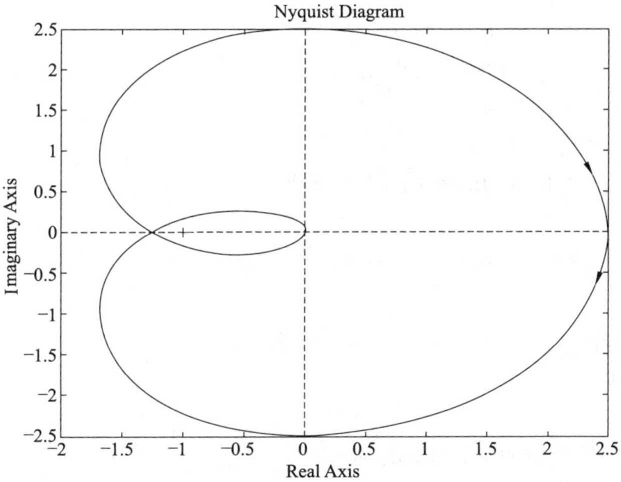

图 9-10　［例 9-13］运行结果

9.2.5　控制系统校正

针对于控制系统校正，需要用到 Bode 图中的一些参数，可借助 MATLAB 提供的两个命令语句来辅助求解 Bode 图的相关参数。

（1）[mag，phase，w]=bode(num，den) 有返回参数，无绘制图形，返回 Bode 图的幅值、相位和频率。

（2）[Gm，Pm，Wcg，Wcp] = margin(sys) 返回增益裕度 G_m、相角裕度 P_m、相位穿越频率 W_{cg}和截止频率 W_{cp}。

除以上两条辅助分析命令语言外，还需借助三次样条数据插值 spline 命令语言，其常用格式为：

yq=spline(x，y，xq) 返回 x_q 对应的插值 y_q，y_q 由 x 和 y 的关系式决定。

【例 9-14】 考虑二阶单位负反馈控制系统，开环传递函数为 $G_0(s)=\dfrac{K}{s(0.5s+1)}$，试用 Bode 图设计超前校正装置，给定设计要求为：系统的相角裕度不小于 50°，系统的斜坡响应的稳态误差为 5%。

解 MATLAB 程序代码如下：

```
ng= 20;
dg= [0.5 1 0];
G0= tf(ng,dg);
dPm= 50+ 10.6;% 附加量取 10.6°后所需相角裕度
[mag,phase,w]= bode(G0);% 返回 G0 的幅值、相位、频率
Mag= 20* log10(mag);
[Gm,Pm,Wcg,Wcp]= margin(G0);% 返回 G0 的幅值裕度、相角裕度、相角交越频率和剪切频率
phi= (dPm- Pm)* pi/180;% 所需补偿的相角裕度
alpha= (1+ sin(phi))/(1- sin(phi));% 求 α
Mn= - 10* log10(alpha);
Wcgn= spline(Mag,w,Mn);% 求剪切频率
T= 1/Wcgn/sqrt(alpha);% 确定周期 T
Tz= alpha* T;
disp('串联超前校正的传递函数为')
Gc= tf([Tz 1],[T 1])% 串联超前校正的传递函数
figure(1)
bode(G0,G0* Gc);% 绘制校正前后的 Bode 图
grid on
F0= feedback(G0,1);% 开环传函为 G0,构成单位负反馈
F= feedback(G0* Gc,1);
figure(2)
step(F0,F)% 绘制校正前后的单位阶跃响应
grid on
```

运行曲线如图 9-11、图 9-12 所示。

输出结果

串联超前校正的传递函数为：

```
Gc=
    0.2414 s +  1
---------------------------
0.04643 s +  1
```

【例 9-15】 设某控制系统不可变部分的开环传递函数为 $G_0(s)=\dfrac{K}{s(s+1)(0.5s+1)}$，要求系统具有如下性能指标：①开环增益 $K=5s^{-1}$；②相角裕度 $\gamma\geqslant 40°$；③幅值裕度 $k_g(\mathrm{dB})\geqslant 10\mathrm{dB}$。试确定串联滞后校正装置的参数。

解 MATLAB 程序代码如下：

```
num= 5;
```

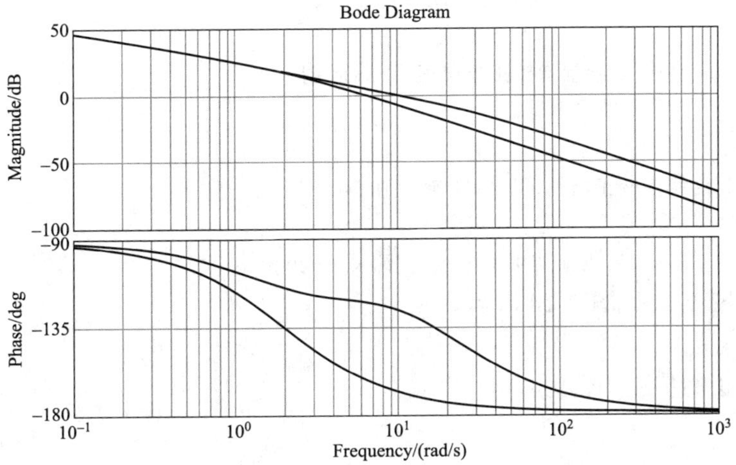

图 9-11　系统校正前后及校正装置的对数频率特性图

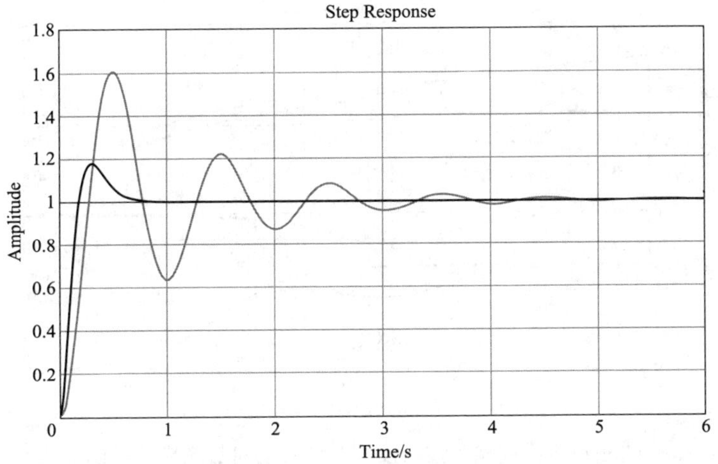

图 9-12　校正前后系统的单位阶跃响应曲线

```
den= [0.5 1.5 1 0];
G0= tf(num,den);% 构造校正前传递函数
[mag,phase,w]= bode(G0);% 求 G0 的幅值、角度、角频率
paim= 40+ 10- 180;% 补偿后相角
wc= spline(phase,w,paim);% 由三次样条插值函数中函数见关系求截止频率
magdb= - 20* log10(mag);% 求幅值裕度
mdb= spline(w,magdb,wc);% 求 wc 对应的幅值
beta= 10^(mdb/20);% 求 β
T= 5/(beta* wc);% 求 T
disp('串联滞后校正的传递函数为')
Gc= tf([beta* T 1],[T 1])% 构造校正装置的传递函数
F0= feedback(G0,1);% 构造未校正闭环传递函数
```

```
F= feedback(G0* Gc,1);% 构造校正后闭环传递函数
figure(1);
bode(G0,Gc,G0* Gc);% 绘制未校正与校正后 Bode 图
grid on;
figure(2);
step(F0,F);% 绘制未校正与校正后阶跃响应图
grid on
axis([0 20 - 1 2])% 定义阶跃响应图坐标范围:x[0,20],y[- 1,2]
```

运行曲线如图 9-13、图 9-14 所示。

输出结果

串联滞后校正的传递函数为：

```
Gc =
10.17 s + 1
-------------------
90.09 s + 1
```

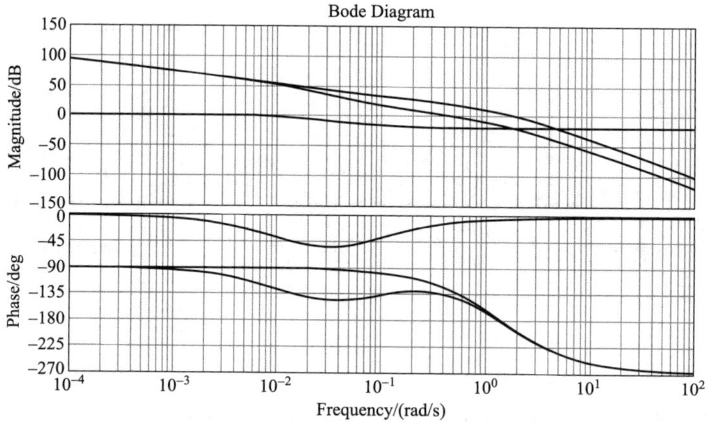

图 9-13　系统校正前后及校正装置的对数频率特性图

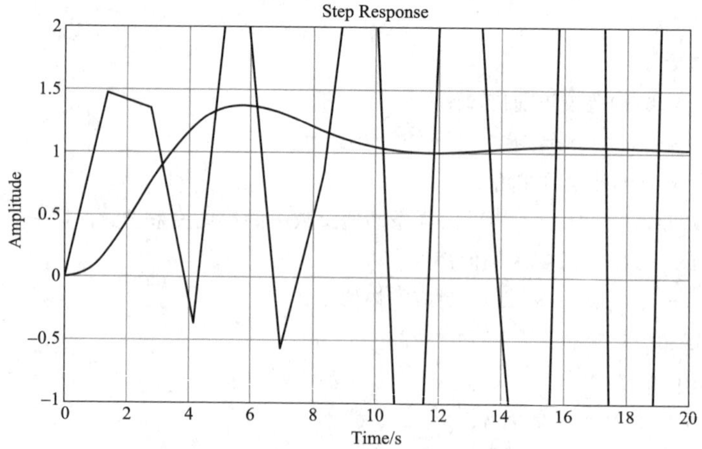

图 9-14　校正前后系统的单位阶跃响应曲线

【例 9-16】 设某控制系统不可变部分的开环传递函数为 $G_0(s)=\dfrac{K}{s(s+1)(0.5s+1)}$，要求系统具有如下性能指标：①开环增益 $K=10s^{-1}$；②相角裕度 $\gamma\geqslant 40°$；③幅值裕度 $k_g(\mathrm{dB})\geqslant 10\mathrm{dB}$。试设计滞后-超前校正装置的参数。

解　MATLAB 程序代码如下：

```
num= 10;
den= [0.5 1.5 1 0];
G0= tf(num,den);
[mag,phase,w]= bode(G0);% 求 G0 的幅值、角度、角频率
wc= spline(phase,w,- 180);
gamaaim= 45;
gama0= spline(w,phase,wc);
faim= gamaaim- (180+ gama0)+ 10;
phi= faim* pi/180;
alpha= (1+ sin(phi))/(1- sin(phi));% 角度转弧度后算 α
% alpha= (1+ sind(faim))/(1- sind(faim));直接用角度算 α
T= 1/wc/sqrt(alpha);
disp('超前校正装置传递函数')
Gcc= tf([alpha* T 1],[T 1])
Gchao= G0* Gcc;
[mag1,phase1,w1]= bode(Gchao);
mdb= spline(w1,mag1,wc);
beta= 1/mdb;
T2= 10/beta/wc;
disp('滞后校正装置传递函数')
Gcz= tf([beta* T2 1],[T2 1])
G= Gchao* Gcz;
F0= feedback(G0,1);% 构造未校正闭环传递函数
F= feedback(G,1);% 构造校正后闭环传递函数
figure(1);
bode(G0,G,Gcc* Gcz);% 绘制未校正与校正后 Bode 图以及校正装置 Bode 图
grid on;
figure(2);
step(F0,F);% 绘制未校正与校正后阶跃响应图
grid on
axis([0 20 - 1 2])% 定义阶跃响应图坐标范围:x[0,20],y[- 1,2]
```

运行曲线如图 9-15、图 9-16 所示。

输出结果

超前校正装置传递函数：

```
Gcc=
2.243 s +  1
------------------
```

```
0.223 s + 1
```

滞后校正装置传递函数：

```
Gcz =
7.071 s + 1
-------------------
74.76 s + 1
```

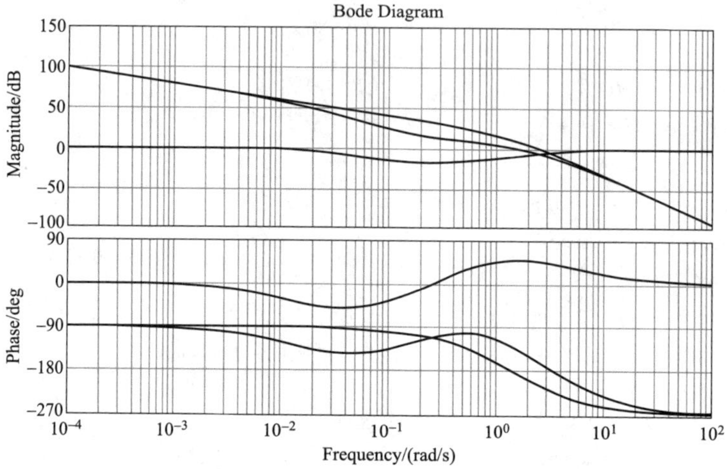

图 9-15　系统校正前后及校正装置的对数频率特性图

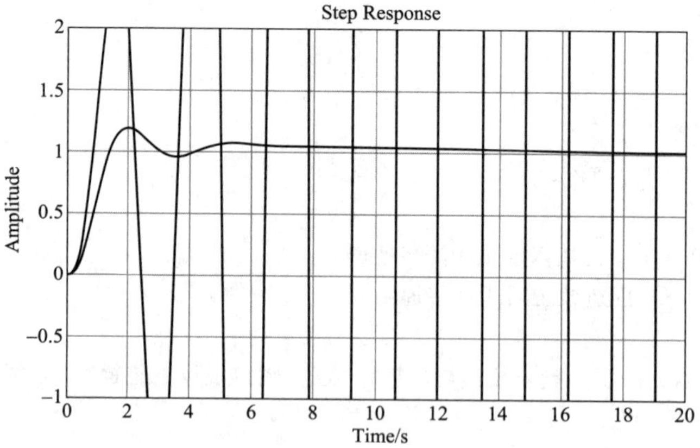

图 9-16　校正前后系统的单位阶跃响应曲线

9.2.6　线性离散控制系统分析

（1）脉冲传递函数在 MATLAB 中表示。

用 num＝[b_m，b_{m-1}，…，b_0] 表示分子，den＝[a_n，a_{n-1}，…，a_0] 表示分母多项式。建立具有多项式形式的脉冲传递函数格式为

sys＝tf[num,den,T]

其中，T 为采样周期。

（2）含有零阶保持器的连续模型转换为离散模型。

函数调用格式为：

sysd＝c2d(sys,Ts,method)

其中，T_s 为采样周期；method 用来指定离散化方法。methoud 为 ‘zoh’ 时，采用零阶保持器法；若 method 未指明，则默认为零阶保持器形式。

（3）求闭环脉冲传递函数。

可以用函数 feedback() 求取连续系统和离散系统的闭环传递函数。函数调用格式为：

sys＝feedback(sys1,sys2 ,sign)

[num,den]＝feedback(num1,den1,num2,den2,sign)

其中，num1 和 den1 分别是 sys1 的分子和分母多项式的系数；num2 和 den2 分别是 sys2 的分子和分母多项式的系数；sign 取＋1 表正反馈，取－1 表示负反馈，负反馈时可以省略。

（4）求离散系统的时间响应。

对于离散系统，函数 dstep() 用于求单位阶跃响应，dimpulse() 用于求单位脉冲响应。函数调用格式为：

dstep(numd,dend,n)

dimpulse(numd,dend,n)

应用举例如下。

【例 9-17】 离散系统的结构如图 9-17 所示，被控对象传递函数为 $G(s)=\frac{2}{s^2+s}$。试判断当采样周期 $T=1\text{s}$ 和 $T=2\text{s}$ 时离散系统的稳定性，并在一张图上绘制此时系统的单位阶跃响应曲线。

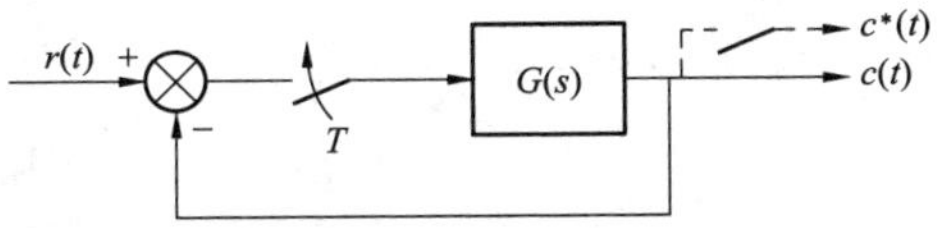

图 9-17　离散系统结构

解　MATLAB 程序代码如下：

```
num= 2;
den= [1 1 0];
sys= tf(num,den);T= [1,2];
for n= 1:length(T)
sysd= c2d(sys,T(n))
d= sys.den{1}+ sysd.num{1};
z= roots(d)
count= length(find(abs(z)> 1));
if count> 0
    sprintf('所以 T= % d时系统不稳定,有% d个单位圆外的闭环极点',T(n),count)
else
    sprintf('所以 T= % d时系统稳定',T(n))
```

```
end
GB= feedback(sysd,1);
dstep(GB.num,GB.den);
axis([0 60,- 3,3])
hold on
end
```

运行曲线如图 9-18 所示。

输出结果

```
sysd =
    0.7358 z +  0.5285
  ---------------------------
  z^2 -  1.368 z +  0.3679
  Sample time: 1 seconds
Discrete- time transfer function.
z =
  - 1.3419
  - 0.3938
ans =
```

所以 T= 1 时系统不稳定，有 1 个单位圆外的闭环极点。

```
sysd =
     2.271 z +  1.188
  ---------------------------
  z^2 -  1.135 z +  0.1353
Sample time: 2 seconds
Discrete- time transfer function.
z =
  - 2.8545
  - 0.4162
ans =
```

所以 T= 2 时系统不稳定，有 1 个单位圆外的闭环极点。

【例 9-18】 已知某单位反馈离散系统如图 9-19 所示，设采样周期为 $T_s=0.1$s，被控对象传递函数为 $G(s)=\dfrac{10}{s^2+s}$，完成：

（1）确定其开环脉冲传递函数和闭环脉冲传递函数。

（2）判断闭环系统落于单位圆外的极点个数。

（3）求系统单位阶跃响应的最大超调量、调节时间。

解 （1）MATLAB 程序代码如下：

```
Ts= 0.1;% 采样周期
Gs= tf([10],[1 1 0]);
Dz= c2d(Gs,Ts,'zoh')% 含零阶保持器的离散化
sys= feedback(Dz,1)% 单位反馈系统闭环脉冲传递函数
```

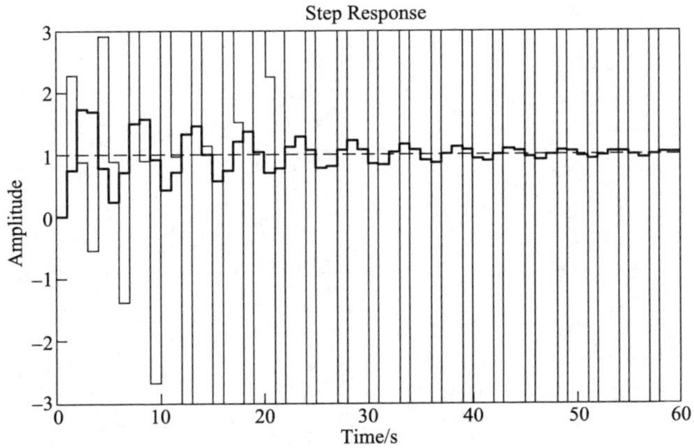

图 9-18　不同 T 时离散系统单位阶跃响应曲线

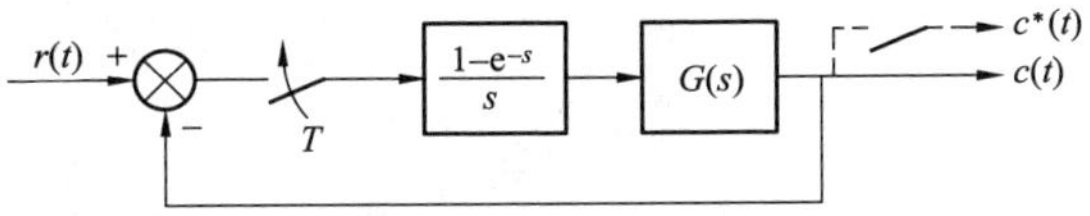

图 9-19　离散系统结构图

（2）MATLAB 代码如下：

```
[num,den]= tfdata(sys);% 读取闭环脉冲传递函数分子和分母多项式系数
denCLz= den{1,1};% 取闭环脉冲传递函数分母多项式系数
pCLz= roots(denCLz)% 计算闭环极点
n_outside= find(abs(pCLz)> 1)% 判断落于单位圆外的闭环极点
[r,n]= size(n_outside);
num_outside= r* n;% 统计闭环极点落于单位圆外的个数
disp(['闭环极点落于单位圆外的个数为:' num2str(num_outside)]);% 提示
```

（3）MATLAB 代码如下：

```
[y,t]= step(sys);% 计算闭环系统单位阶跃响应,t 为时间,y 为响应幅值
plot(t,y,'* - ');% 绘制曲线
xlabel('Time(sec)');ylabel('响应幅值');title('单位阶跃响应');% 定义 x、y 坐标轴及图表标题
grid on
overshoot= (max(y)- 1)/1;% 计算超调量,1 位稳态值,因为系统为 I 型,故稳态输出等于 1
n_err= find(abs(y- 1)> 0.05);% 确定落于误差带(100±5)% 外各点的序号
tuningtime= max(n_err)* Ts;% 最大序号后的点均落于误差带内,据此计算调节时间
disp(['超调量为:' num2str(overshoot)]);
disp(['调节时间为:' num2str(tuningtime)]);
```

运行曲线如图 9-20 所示。

输出结果：

```
Dz=
  0.048 37 z +  0.046 79
 ------------------------------------
```

```
z^2 -  1.905 z +  0.9048
Sample time: 0.1 seconds
Discrete- time transfer function.

sys =
  0.048 37 z +  0.046 79
  ------------------------------------------
z^2 -  1.856 z +  0.9516
Sample time: 0.1 seconds
  Discrete- time transfer function.

pCLz =
  0.9282 +  0.3000i
  0.9282 -  0.3000i

n_outside =
 空的 0×1 double 列矢量
 闭环极点落于单位圆外的个数为：0
 超调量为：0.779 39
 调节时间为：11.3
```

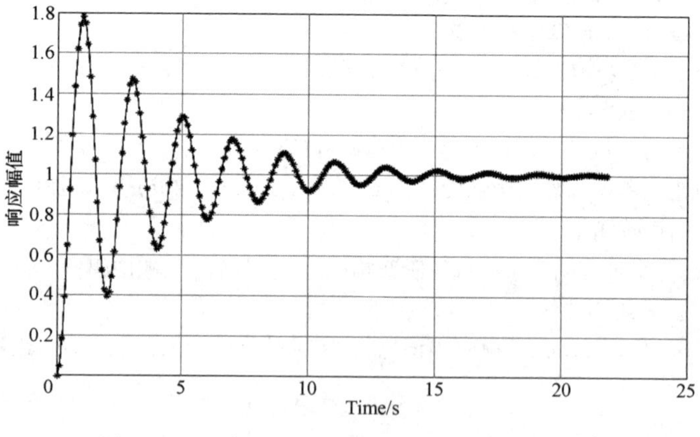

图 9-20　拟合后的离散系统单位阶跃响应曲线

【例 9-19】 离散系统结构如图 9-21 所示，采样周期为 $T_s=1\text{s}$，被控对象传递函数为 $G(s)=\dfrac{10}{s^2+s}$，试完成：

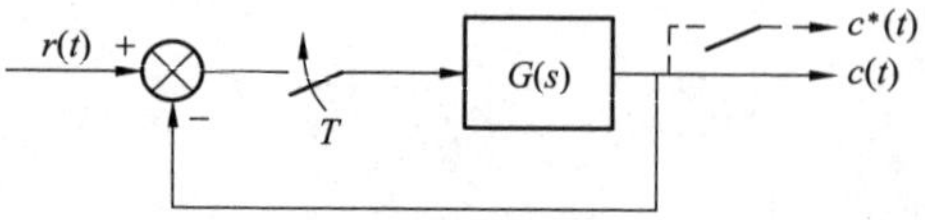

图 9-21　离散系统结构图

（1）求系统的开环传递函数。

（2）求系统的闭环传递函数。

（3）求系统的闭环单位阶跃响应。

（4）绘制系统的根轨迹。

（5）求出使系统稳定的 K 值范围。

解　MATLAB 程序代码如下：

```
num= 1;
den= [1 1 0];
Gk= tf(num,den);
disp('系统的开环传递函数为:')
Gkd= c2d(Gk,1) % 写出开环传递函数
disp('系统的闭环传递函数为:')
Gk1= feedback(Gkd,1)
[numd,dend]= tfdata(Gk1);
figure(1)
dstep(numd,dend);% 绘制阶跃响应图% 问题(4)、(5)
figure(2)
rlocus(Gkd);
axis([- 2.5 1.1,- 2.1,2.1])
axis equal;
set(findobj('market','x'),'markersize',8,'linewidth',1.5,'Color','k');
set(findobj('market','o'),'markersize',8,'linewidth',1.5,'Color','k');
```

运行曲线如图 9-22、图 9-23 所示。

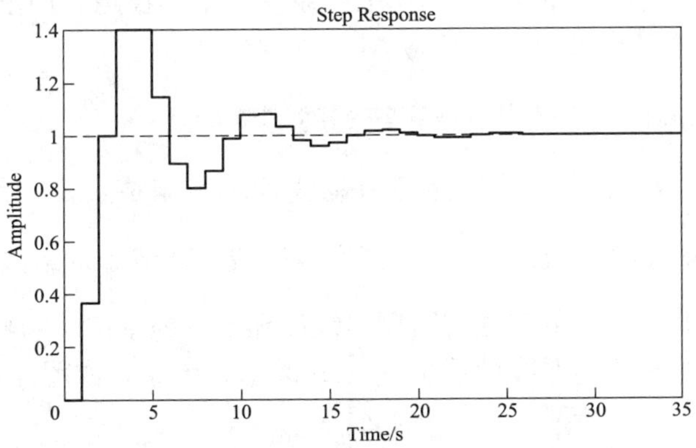

图 9-22　闭环离散系统的单位阶跃响应

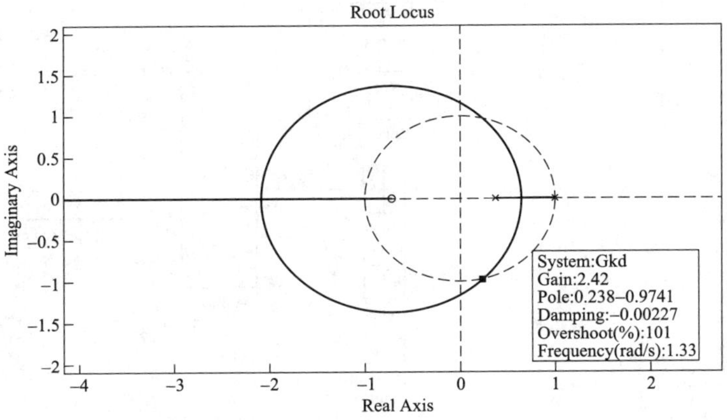

图 9-23　离散系统的根轨迹

输出结果

系统的开环传递函数为

```
Gkd =

  0.3679 z + 0.2642
  ----------------------------------
  z^2 - 1.368 z + 0.3679
Sample time: 1 seconds
Discrete- time transfer function.
```

系统的闭环传递函数为

```
Gk1 =

   0.3679 z + 0.2642
   -------------------
  z^2 - z + 0.6321
Sample time: 1 seconds
Discrete- time transfer function.
```

对于离散系统，当其根轨迹与单位圆相交时，系统的闭环极点的模为 1，对应的 K 值即为系统处于临界稳定时的 K 值，当 K 增大时系统变为不稳定。用鼠标单击单位圆上的任一点，得到闭环系统稳定的 K 值范围为 $0<K<2.42$。

9.2.7 基于 Simulink 求解非线性系统的时域响应

【例 9-20】 某非线性系统由非线性环节和线性环节组成，其中线性环节的传递函数 $G(s)=\dfrac{1}{s(4s+1)}$，系统的初始状态为 0。试完成非线性环节分别是饱和非线性环节、继电器非线性环节、死区非线性环节和磁滞回环非线性环节时的单位阶跃响应曲线及其相轨迹。

解 建立带有多路开关的非线性系统 Simulink 仿真模型，如图 9-24 所示。

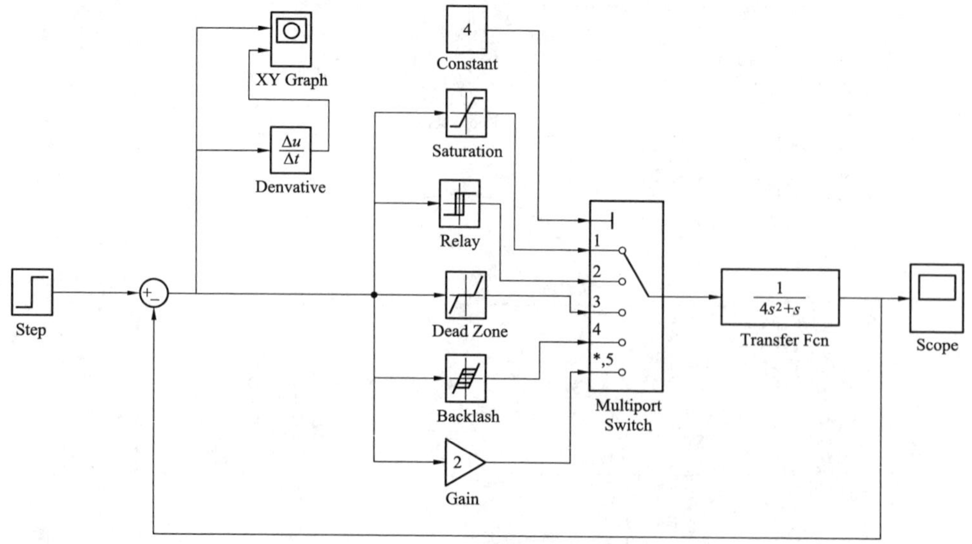

图 9-24 不同非线性环节的系统结构图

这里使用 Simulink 中的多路开关（multiport switch）来切换选择非线性环节的五种情况，改变常量（constant）的数值，可以选择相应的输入到输出端口，如常量值为 2，就可以把从上到下第 2 个输入端口的值送到输出端口。

要在 XY Graph 上绘出相轨迹，关键是得到 $e(t)$ 和 $\dot{e}(t)$ 信号，显然，$e(t)$ 直接取自比较器的输出，$\dot{e}(t)$ 可以在 $e(t)$ 后面加一个微分环节实现，然后将这两个信号接到 XY Grgh 便可画出相轨迹。

（1）选 constant 值为 1，相当于串联饱和非线性环节，其上限幅值取 0.5，下限幅值为−0.5。系统输出的单位阶跃响应曲线与相轨迹如图 9-25、图 9-26 所示。

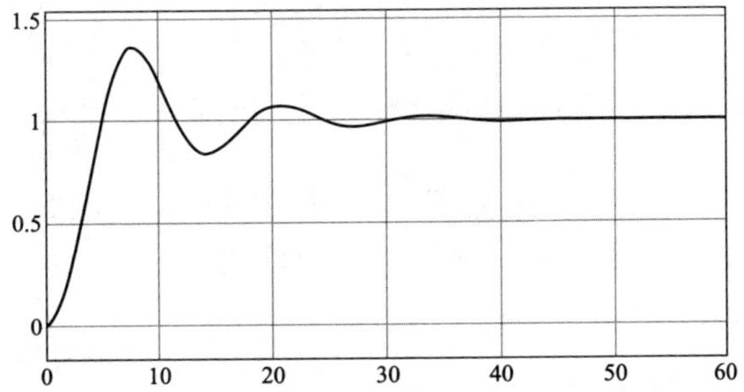

图 9-25　含有饱和特性环节的非线性系统单位阶跃响应曲线

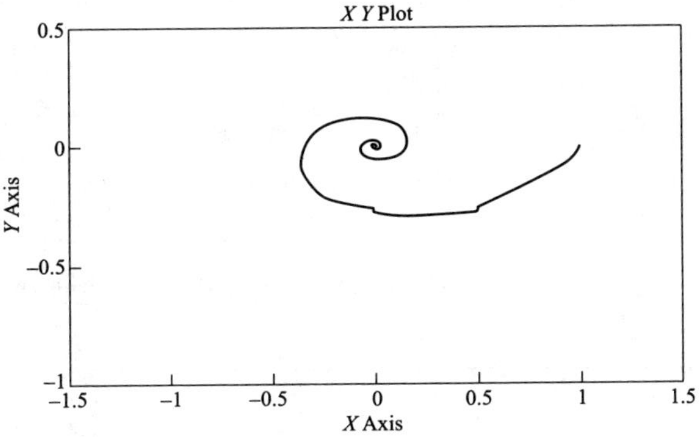

图 9-26　含有饱和特性环节的非线性系统相轨迹

（2）选 constant 值为 2，相当于串联理想继电器非线性环节，上限幅值为 0.2，下限幅值为−0.2。系统输出的单位阶跃响应曲线与相轨迹如图 9-27、图 9-28 所示。

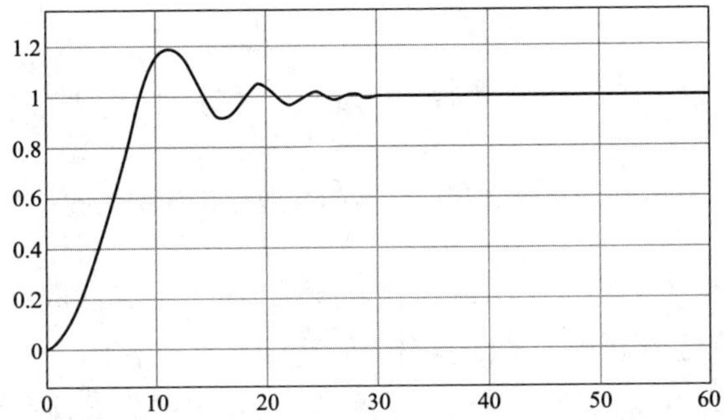

图 9-27　含有理想继电器环节的非线性系统单位阶跃响应曲线

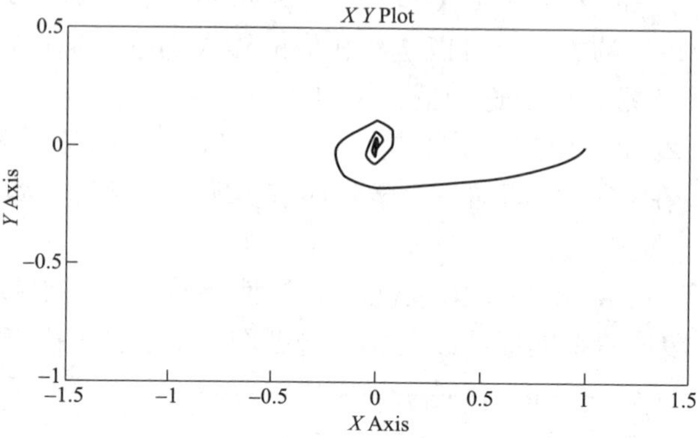

图 9-28　含有理想继电器环节的非线性系统相轨迹

（3）选 constant 值为 3，相当于串联死区非线性环节，死区宽度为±0.5。系统输出的单位阶跃响应曲线与相轨迹如图 9-29、图 9-30 所示。

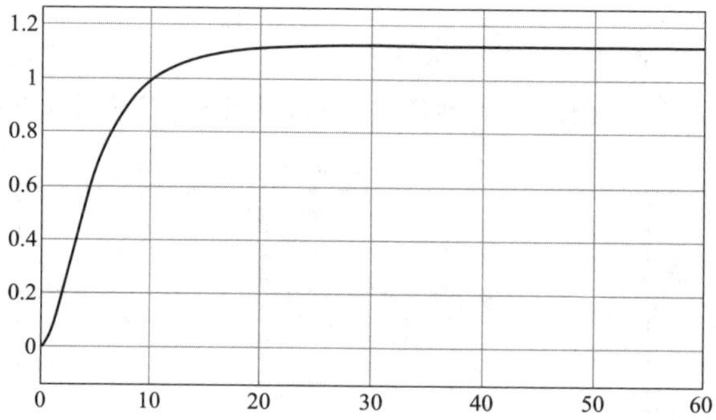

图 9-29　含有死区环节的非线性系统单位阶跃响应曲线

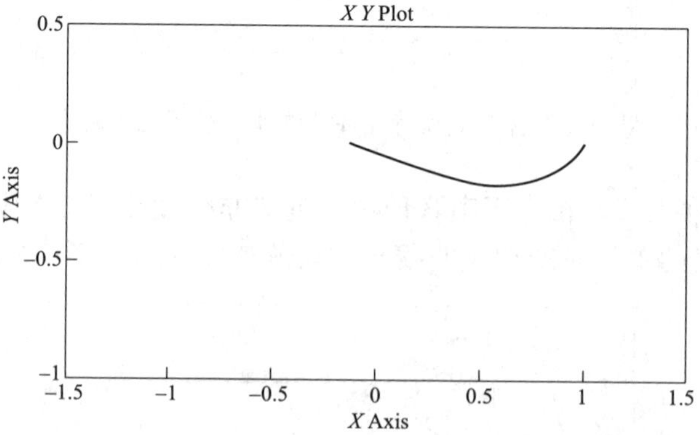

图 9-30　含有死区环节的非线性系统相轨迹

（4）选 constant 值为 4，相当于串联磁滞回环非线性环节，取回环宽度为 1，仿真时间选为 60s。系统输出的单位阶跃响应曲线与相轨迹如图 9-31、图 9-32 所示。

（5）选 constant 值为 5，相当于线性比例环节，取增益为 2。系统输出的单位阶跃响应曲线与相轨迹如图 9-33、图 9-34 所示。

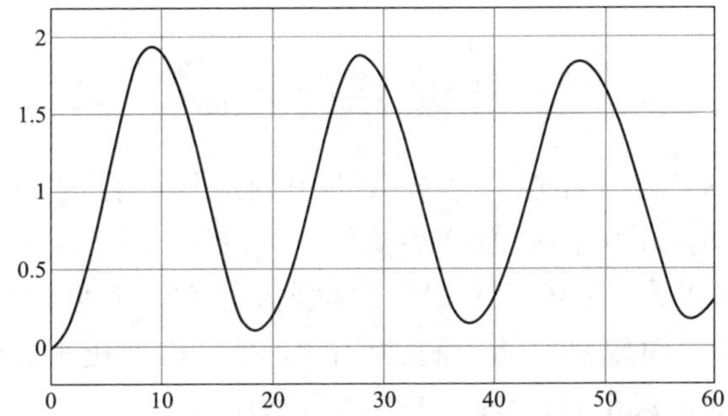

图 9-31　含有磁滞回环环节的非线性系统单位阶跃响应曲线

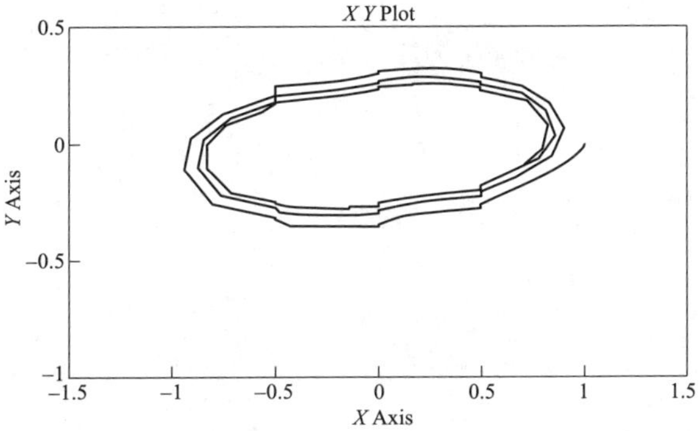

图 9-32　含有磁滞回环环节的非线性系统相轨迹

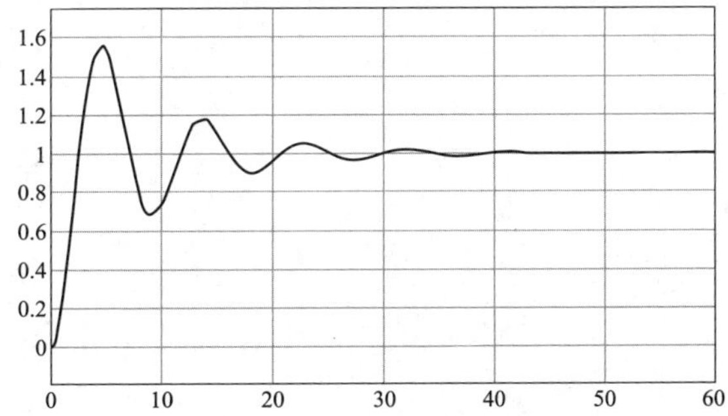

图 9-33　线性系统单位阶跃响应曲线

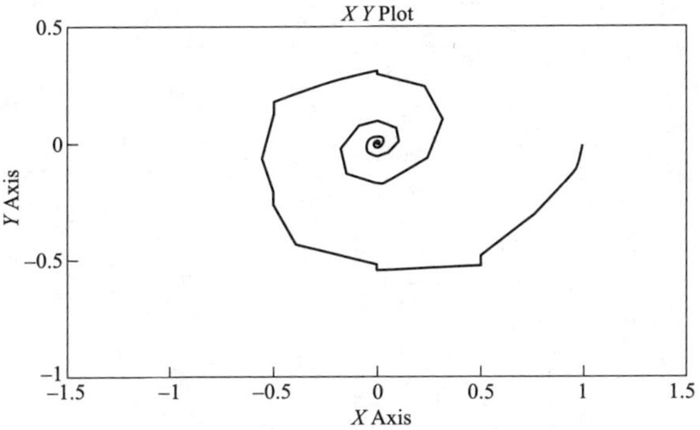

图 9-34　线性系统相轨迹

小　结

本章简单介绍了 MATLAB 在控制系统分析中的应用，目的是使读者对 MATLAB 如何分析控制系统有一个初步了解，以便今后更深入地使用 MATLAB 解决控制系统的分析与设计问题。虽然可以直接使用 MATLAB 这样强大的软件来解决控制系统问题，但决不能一味依赖于 MATLAB，而放弃反馈控制理论的学习。只有扎实理论基础，才能更好地利用 MATLAB 解决新问题，甚至自己编写函数为己所用。

参 考 文 献

[1] 田思庆．自动控制理论［M］．北京：中国水利水电出版社，2008.

[2] 田思庆．自动控制原理学习指导与习题详解［M］．北京：中国水利水电出版社，2011.

[3] 卢京潮．自动控制原理［M］．北京：清华大学出版社，2012.

[4] 黄家英．自动控制原理（上下册）［M］．2 版．北京：高等教育出版社，2003.

[5] 王万良．自动控制原理［M］．北京：科学出版社，2001.

[6] 刘胜．自动控制原理［M］．北京：国防工业出版社，2012.

[7] 鄢景华．自动控制原理［M］．哈尔滨：哈尔滨工业大学出版社，2000.

[8] 胡寿松．自动控制原理［M］．6 版．北京：科学出版社，2013.

[9] 李友善．自动控制原理［M］．3 版．北京：国防工业出版社，2012.

[10] 杨智，范正平．自动控制原理［M］．北京：清华大学出版社，2010.

[11] 夏德钤，等．自动控制原理［M］．北京：机械工业出版社，2013.

[12] 王建辉．自动控制原理［M］．北京：冶金工业出版社，2001.

[13] 何光明．自动控制原理学练考［M］．北京：清华大学出版社，2004.

[14] 吴仲阳．自动控制原理［M］．北京：高等教育出版社，2005.

[15] 邹伯敏．自动控制理论［M］．北京：机械工业出版社，2004.

[16] Richard C. Dorf Robert H. Bishop editor modern control systems［M］．10 版．北京：高等教育出版社，2008.

[17] 绪芳胜彦．现代控制工程［M］．卢伯英，等译．北京：电子工业出版社，2000.

[18] 黄忠霖．控制系统 MATLAB 计算及仿真［M］．北京：国防工业出版社，2004.

[19] 张秀玲．自动控制原理［M］．北京：清华大学出版社，2007.

[20] 蒋大明，等．自动控制原理［M］．北京：清华大学出版社，2003.

[21] 梅晓榕．自动控制原理［M］．北京：科学出版社，2002.

[22] 董玉红．机械控制工程基础［M］．哈尔滨：哈尔滨工业大学出版社，2003.

[23] 孙建平，等．自动控制原理［M］．2 版．北京：中国电力出版社，2014.

[24] 杨叔子，等．机械工程控制基础［M］．武汉：华中科技大学出版社，2000.